U0380566

普通高等教育“十一五”国家级规划教材

国家级精品资源共享课

电 机 学

第 3 版

林明耀　徐德淦　付兴贺　编著

王宏华　主审

机 械 工 业 出 版 社

本书是面向电气工程及其自动化专业的一本技术基础课教材，不同于面向专业某个方向的基础课教材。

本书共分总论、动力电机和微特电机三篇共十三章。其特点是突出每种电机的五个基本点（基本功能和用途、基本作用原理、基本结构、基本分析方法、基本特性）；强干削枝，力求内容少而精；例题、习题和思考题占本书篇幅约20%，并配有电子课件，附有部分习题参考答案，便于自学和引发学习兴趣。内容安排灵活，讲授时可根据具体情况进行次序调整和内容增减。

本书可作为高校电气工程及其自动化专业以及其他强弱电结合的本科专业和大专的教材，亦可供有关技术人员及电类专业硕士生作为参考用书。

欢迎选用本书作为教材的老师登录 www. cmpedu. com 注册后下载本书电子课件。

图书在版编目（CIP）数据

电机学/林明耀，徐德淦，付兴贺编著．—3 版．—北京：机械工业出版社，2016.9（2023.1 重印）

普通高等教育“十一五”国家级规划教材．国家级精品资源共享课

ISBN 978-7-111-55135-5

Ⅰ.①电…　Ⅱ.①林…　②徐…　③付…　Ⅲ.①电机学－高等学校－教材　Ⅳ.①TM3

中国版本图书馆 CIP 数据核字（2016）第 246418 号

机械工业出版社（北京市百万庄大街 22 号　邮政编码 100037）

策划编辑：路乙达　责任编辑：贡克勤　刘丽敏

责任校对：樊钟英　封面设计：张　静

责任印制：孙　炜

北京中科印刷有限公司印刷

2023 年 1 月第 3 版第 4 次印刷

184mm×260mm · 20.5 印张 · 493 千字

标准书号：ISBN 978-7-111-55135-5

定价：45.00 元

电话服务

客服电话：010-88361066

010-88379833

010-68326294

网络服务

机　工　官　网：www. cmpbook. com

机　工　官　博：weibo. com/cmp1952

金　　书　　网：www. golden-book. com

机工教育服务网：www. cmpedu. com

封底无防伪标均为盗版

第3版前言

本书是在2009年出版的普通高等教育“十一五”国家级规划教材《电机学》(第2版)基础上编写的。本书出版以来，深受广大师生好评。

电机学科是历史悠久、理论相对较为成熟的学科，20世纪80年代前“电机学”一直是强电类专业的一门主课，并往往分成若干门课程进行教学，学时数达三四百之多。随着科技发展，一方面，电机理论日臻完善，同时由于新兴学科丛生，以及电机的部分功能被电子技术所替代，导致电机学在电气工程专业内被日益削弱，以至于有些学校电专业将电机与其他课程合并，甚至干脆将电机学取消。国外有些高校的电气工程系甚至已没有电机学科组。

科技发展的另一方面，随着现代化的进程，电机的应用却越来越广泛，电机的应用达到了无所不在的程度。而今，电气工程技术人员不懂、不会使用电机是不可思议的，必将寸步难行。为解决上述矛盾，我们以电气工程专业教学改革指导思想——加强基础、淡化专业、着重培养学生的自学能力，来改革电机学科的教学，使电机学作为了电气工程及其自动化专业的一门重要技术基础课，而不同于面向专业的某个方向的专业基础课。

本书着重介绍电机的基本原理和分析方法，具体是抓住每种电机的五个基本点：基本功能和用途、基本作用原理、基本结构、基本分析方法和基本特性。

本书删减各种电机工程应用的分析研究。工程应用问题量大面广，并与相关的其他学科密切相关，放在电机课内学习收效甚微，且有无的放矢之嫌。当学生工作中遇到电机工程应用问题时，可以凭借学到的基本知识，通过自学去解决。

全书分为三篇13章。微特电机独立成篇。微特电机的原理虽然同动力电机，但对它们的要求和分析的着眼点不同，通过该篇的学习，可巩固和拓宽电机理论。

全书例题、习题和思考题共占总篇幅的20%左右，并配有电子课件，附有部分习题参考答案。

我们在选择例题、习题和思考题时，考虑了启发学生学习兴趣、补充知识、提高自学能力、拓宽视野等因素，其难易程度亦有较大差异。应用本书时，带“*”内容任课教师可依据专业要求、学时数多少、学生具体情况等酌情筛选。

本书此次修订是根据各兄弟院校在应用本书的实践中提出的意见和建议而进行的。修订的原则是保持本书的原有特色，总体结构基本不变，重点在吸收新技术和新成果，充实和改进某些内容。在第三篇微特电机中，增加了“永磁无刷直流电动机”和“风力发电机”两章。

此次修订由林明耀、徐德淦、付兴贺主持。具体是：第一篇由徐德淦执笔，第二篇、第三篇第十章、第十一章由林明耀执笔，第三篇其余由付兴贺执笔，全书由林明耀统稿。在本书编写过程中，东南大学电机及其控制学科的研究生李晖和黄仁志帮助整理了部分习题答案，在此表示衷心感谢。

本书由河海大学王宏华教授主审。本书在编写过程中，主审、兄弟院校任课教师，东南大学电机及控制系的同行等提出了许多宝贵和中肯的修改意见，在此谨致以衷心的感谢。

编　者

第2版前言

本书自2004年出版以来，深受广大师生好评，本书2008年被评选为普通高等教育“十一五”国家级规划教材。

“电机学”是一门历史悠久、理论相对较为成熟的学科，20世纪80年代前它一直是强电类专业的一门主课，并往往分成若干门课程进行教学，学时数达三四百之多。随着科技发展，一方面电机理论研究日臻完善，同时由于新兴学科丛生，以及电机的部分功能被电子技术所替代，导致电机学在电气工程专业内被日益削弱，以至于有些院校电专业将电机与其他课程合并，甚至将电机课干脆取消。国外有些高校的电气工程系甚至已没有电机学科组（类似我们的教研室）。

科技发展的另一方面，随着现代化的进程，电机的应用却越来越广泛，已达到无所不在的程度。而今，电气工程技术人员不懂、不会使用电机是不可思议的，必将寸步难行。为解决上述矛盾，我们以电气工程专业教学改革指导思想——加强基础、淡化专业、着重培养学生的自学能力，来改革电机学科的教学，把电机学作为电气工程及其自动化专业的一门技术基础课，而不同于面向专业的某个方向的专业基础课。

本书着重介绍电机的基本原理和分析方法，具体是抓住每种电机的5个基本：基本功能和用途、基本作用原理、基本结构、基本分析方法和基本特性。

本书删减各种电机工程应用的分析研究。工程应用问题量大面广，并与相关的其他学科密切相关，放在电机课内学习很难收效，且有无的放矢之嫌。当学生工作中遇到电机工程应用问题时，可以凭借学到的基本知识，通过自学去解决问题。

上述观点，编者曾撰文发表于2002年的电气工程高等教育国际研讨会，受到有关同志的重视和关注，并在机械工业出版社高等教育分社的鼓励和支持下，按上述观点编写了本书。

全书共分三篇11章。微特电机独立成篇。控制电机的原理虽然同动力电机，但对它们的要求和分析的着眼点不同，通过该篇的学习可起到对电机理论的巩固和拓宽作用。

全书例题、习题和思考题共占总篇幅的20%左右，并配有课件光盘。

我们在选择思考题、习题和例题时，考虑了启发学生学习兴趣、补充知识、提高自学能力、拓宽视野等因素。其难易程度亦有较大差异。应用本书时，任课教师可依据专业要求、学时数多少、学生具体情况等酌情筛选。

本书此次修订是根据各兄弟院校在应用本书的实践中提出的意见和建议而进行的。修订的原则是保持本书的原有特色，总体结构基本不变。重点在充实和改进某些内容，并进一步提高课件的质量，以更好地与书相配合，更有利于“教”与“学”。

此次修订由徐德淦、李祖明、林明耀、黄允凯主持。具体是：第一篇由徐德淦执笔，第二篇由李祖明执笔，第三篇除第十章由林明耀撰写外，其余由黄允凯执笔，全书由徐德淦统稿。课件光盘由黄允凯制作。在本书编写过程中，东南大学电机与控制学科的研究生张磊、顾娟、周谷庆、王燕萍、师敬涛、季振亚和王彬彬等录入了书稿的部分章节，在此表示衷心

的感谢。

本书由湖北工业大学周克定、廖家平两位教授主审。主审、兄弟院校任课教师以及南京航空航天大学刘迪吉教授、西华大学何建平教授、江苏科技大学刘维亭教授、南京工业大学王德明教授和张九根教授、南京师范大学王恩荣教授、扬州大学莫岳平教授、上海电器科学研究所季杏法教授、东南大学胡敏强教授和程明教授都对本书提出了许多宝贵的意见和建议，在此对他们表示衷心的感谢。

编　者

主要符号表

角标的含义：

“′”	归算值；瞬态值
“″”	超瞬态值
“＊”	标幺值

下标的含义：

a	电枢值
ad	附加
av	平均值
c	临界值；控制
e	有效；电动势
em	电磁
f	励磁
i	电流
k	短路
m	励磁
N	额定
0	空载
R	转子；接收机
S	定子；绕组元件总数
s	同步
T	变压器
ν	谐波次数
δ	气隙
σ	漏磁

主要符号

A	面积；A 相
a	绕组并联支路对数；复数算子
B	B 相；磁通密度
b	宽度；磁通密度瞬时值
C	C 相；绕组每槽并列圈边数
C_T	转矩常数
D	直轴；直径；差动式
E	电动势，对交流表示有效值
E_q	q 个线圈合成电动势
E_Q	虚拟电动势
e	电动势瞬时值
F	磁动势；励磁绕组
F_{q1}	q 个线圈的基波合成磁动势
f	频率
H	磁场强度
I	电流；对交流表示有效值
I_μ	励磁电流中的无功分量
i	电流瞬时值
J	转动惯量
K_m	过载能力
N	绕组总匝数：每相绕组串联匝数
N_c	每元件匝数；每圈边导体数
n	转速
P	功率
P_{mech}	机械功率
p	极对数；损耗功率
p_{Cu}	铜耗
p_{Fe}	铁耗
p_{mech}	机械损耗
Q	槽数；交轴
Q_e	虚槽数
q	每极每相槽数
r	交流电阻
R	直流电阻
S	视在功率；容量；绕组元件数
s	转差率
T	转矩；时间常数
T_c	换向周期
t	时间，时间常数
T_{a3}	三相突然短路非周期分量电流衰减时间常数
T''_{d3}	超瞬变电流分量衰减时间常数
T'_{d3}	瞬变电流分量衰减时间常数
T_{d0}	定子开路时励磁绕组电流自由分量衰减时间常数
U	电压，对交流为有效值
u	电压瞬时值
Δu	电压变化率

$2\Delta U$	电刷接触电压降	θ	位置角；失调角
W	功；能；绕组	Λ	磁导
W_m	磁场储能	μ	磁导率
x	电抗	τ	极距；时间常数
Y	导纳	Φ	磁通量
y	绕组合成节距	Φ_m	主磁通；每极磁通量
Z	阻抗，$Z = r + jx$；电枢总导体数	φ	功率因数角
α	角度；槽与槽间的夹角	Ψ	磁链
β	夹角；绕组短距角	ψ	内功率因数角
δ	气隙；功率角	Ω	机械角速度；磁阻
η	效率	ω	角频率；电气角速度

目　录

第一篇

总　论

第一节　电机的基本功能与分类

任何机器都是能量转换装置，**电机是以磁场为媒介进行机械能和电能相互转换的电磁装置**。其中除变压器外，均为机、电能量的转换，涉及的机械能主要是旋转机械功率。把机械能转换为电能的称**发电机**，其逆运行为**电动机**。**变压器**的功能是将某个电压的交流电能转换成同频率但不同电压的交流电能，它是静止不动的，故应称为器，不称机。只因为它的工作原理和分析方法与旋转电机密切关联，故无例外地将它列入电机范畴。

电机分类方法众多，常用的方法是：按电能的性质分为直流、交流电机；按同步转速 $n_s=60f/p$（单位为 r/min）分类，它是取决于电频率 f（单位为 Hz）和电机磁极对数 p 的一个常数。凡是电机转速等于 n_s 的称同步电机，不等于 n_s 的称异步电机或感应电机，没有固定 n_s 的为直流电机。

同步发电机是当前人类获取电能最重要的装置，无论火电厂、核电厂、水电站，它们只是获得初始能量的方法不同，由热能、核能、水的势能转换为机械能，最后都是通过同步发电机将机械能转换为电能。电动机是当今获取机械能最方便、灵活、可靠的装置，尤以异步电机最为常见。无论工业、商业、交通运输、办公民用，处处可见各种各样、大小不一、功能不同的电动机。电能传输宜用高电压（220～500kV，甚至更高），用电端电压较低（380V，220V）。为此，电力系统中必须把交流电压进行升降变换，绝大部分由变压器来完成。

从电机的容量、体积来看，其间差异极为悬殊。交流同步发电机的容量最大可达上千 MW（1000MW 的汽轮发电机，其转子直径达 1.25m，轴长近 10m）。容量为 700MW 的长江三峡电站水轮发电机，转子直径近 20m 之巨，相应的配套变压器的容量为 360MV·A、840MV·A，它们的重量竟达数千吨。反之，有些控制用微电机，外径不到10mm，转子轴直径不到1mm，其重量以克来计算，最小的微型电动机转子直径仅为100μm，可以在人体的血管中移动工作。不同电机的转速亦有极大差异，从一分钟数转到一分钟几十万转。

可见，电机的种类繁多，性能各异。本书只择其基本型、常见型、有代表性的电机分述于后。

第二节　电机的基本作用原理

电机是通过电磁感应原理来实现能量转换的，因此，电和磁是构成电机的两大要素。

电在电机中主要是以路的形式出现，即由导体、线圈、绕组构成电机的电路。可以是直流电路，也可以是单相、两相或对称三相交流电路。这些电路的理论和分析方法未超出先修课“电路”的内容，这里就不再重复了。但有一点值得一提的是，电机是旋转机械，必然有固定不动的部分（称它为**定子**）、能旋转的转动部分（称为**转子**），二者之间必须有**空气隙**才能正常工作。因此，定子上的电路属于普通的静止电路，转子上的电路是和转子一起旋转的旋转电路。外界的静止电路如何与转子电路连通，是电机电路的一个特殊问题，它可通过**滑动接触**来解决。滑动接触示意图如图0-1所示。其中图0-1a称为**集电环与电刷结构**，由石墨-碳导电材料制成的固定电刷与静止的外电路相连接，转子上的导体与由导电材料制成的环状集电环随转轴旋转，受有适当压力的电刷b_1始终通过滑动接触与集电环r_1（导体1）联通。同理，b_2与r_2（导体2）联通。此种结构只解决旋转电路（导体）与静止电路（电刷）的电气连接问题。图0-1b为换向片与电刷结构，由图可见，导电材料制成的瓦状换向片与导体随转轴一起旋转，固定的电刷b_1在半周中与换向片A（导体1）联通，在另外半周内改为与换向片B（导体2）联通。此类结构除了解决旋转和静止电路的联通外，还起着改换连接关系的作用，称为换向。上述结构中，前者常见于交流电机，后者主要用在直流电机中。

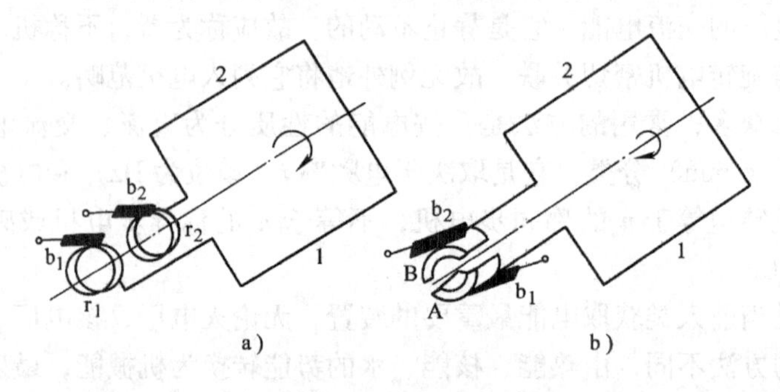

图0-1　滑动接触示意图

a）集电环与电刷结构　b）换向片与电刷结构

磁在电机中是以场的形式存在的，一般工程分析计算时，为了方便，常将磁场简化为磁路来处理。与电路相比，无论是磁路还是磁场，同学们相对接触较少，比较生疏。因此，有必要在先修课的基础上，对它们作一简要回顾并给予适当的延伸。

一、磁场、磁感应强度、磁通

运动电荷（电流）的周围空间存在着一种特殊形态的物质，人们称之为磁场。磁场可由位于该空间的载流导体所受到的一种力——洛仑兹力来确定它的存在及了解它的性质。具

体说来，上述洛仑兹力 dF 可表示为

$$dF = IdlB \tag{0-1}$$

式中，I 为载流导体中的电流（A）；dl 为导体微小单元长度（m）；dF 为该微小导体单元上受到的洛仑兹力（N），亦称为**电磁力**；B 为导体单元 dl 所在空间的磁场性质的一个基本物理量，称为磁感应强度，它是一个矢量，单位为 T（特斯拉）。式（0-1）的约束条件是 F、l、B 三者互相垂直，并且 F 有确定的方向。

在给定的磁场中，某一点的磁感应强度 B 的大小和方向都是确定的。若设想用假想的曲线来表示磁场的分布，则应规定曲线上的每一点的切线方向就是该点磁感应强度 B 的方向。这样的曲线叫做磁感应线或**磁力线**。要注意，磁力线是人为地设想出来用以描述磁场的，并非磁场中真的有这种线存在。

图 0-2 中示出了长导线、环形导线和螺线管载流时的磁感应线的图形，可见磁感应线具有以下特性：

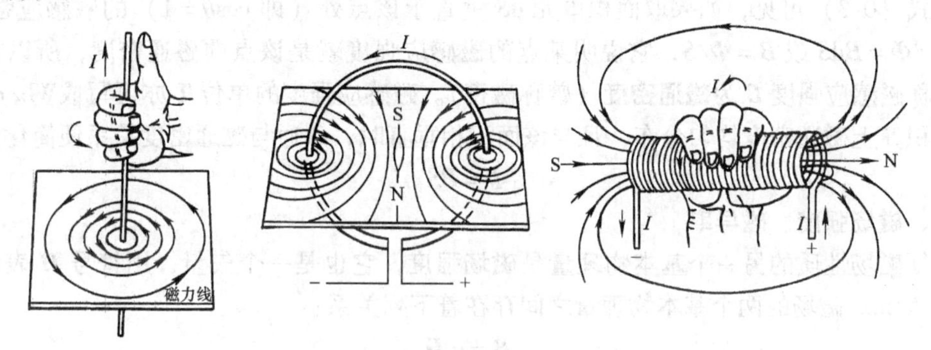

图 0-2 载流长导线、环形导线和螺线管载流时的磁感应线

1）磁感应线的回转方向和导体中电流的方向之间的关系遵守右手螺旋法则。

2）磁感应线不会相交，因为磁场中每点的磁感应强度的方向是唯一的。

3）磁感应线都是围绕电流的闭合曲线，没有起点，也没有终点。

为了使磁感应线不但能表示磁场的方向，而且能描述磁场各点的强弱，人们以磁感应线的疏密程度来表示该点处的磁感应强度 B 的大小。对磁感应线的多少规定如下：通过磁场中某点处垂直于 $\boldsymbol{B}$ 矢量的单位面积上的磁感应线的多少定义为该点 $\boldsymbol{B}$ 的数值，故亦称它为**磁感应线密度**。因此，磁场强的地方，B 大，磁感应线密；磁场弱的地方，B 小，磁感应线稀。

对均匀磁场来说，磁场中的磁感应线相互平行，各点的 B 相等；对非均匀磁场来说，各条磁感应线相互不平行，各处的 B 大小不相等。

工程上常把通过磁场中某一面积的磁感线数称为通过该面积的**磁通量**，简称**磁通**，用符号 Φ 表示，单位为 Wb（韦伯）。

根据上述磁感应强度和磁通的定义，由图 0-3 可见，在均匀磁场中，穿过面积 S 的磁通为

$$\Phi = BS\cos\theta \tag{0-2}$$

式中，θ 为面积 S（m^2）的法线 n 与磁感应强度 B 之间的夹角。

由式（0-2）可见，当磁感应线与 S 平面正交时（$\theta = 0°$），通过平面 S 的磁通量为最大；当两者平行时（$\theta = 90°$），通过平面 S 的磁通量为零。

通过任意曲面的磁通量为

$$\Phi = \int_S \mathrm{d}\Phi = \int_S B\cos\theta \mathrm{d}S \qquad (0\text{-}3)$$

式中，dS 为曲面上的单元面积，B 的面积分即为通过该曲面的磁通量。

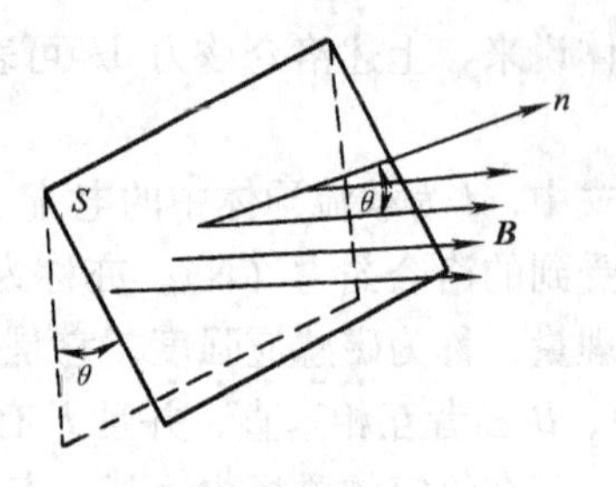

图 0-3 磁感应强度
n—平面 S 的法线

由于磁感应线是闭合的，无始端也无终端，因此，对任意封闭曲面来说，进入该闭合曲面的假设为正的磁感应线，它一定等于假设为负的穿出该闭合曲面的磁感应线，即通过任意封闭曲面的磁通量总和必等于零，用公式表示为

$$\oint_S B\cos\theta \mathrm{d}S = 0 \qquad (0\text{-}4)$$

这个结论叫做磁场的**高斯定理**，也称为**磁通连续性定理**。

由式（0-3）可见，如果取面积单元 dS 垂直于该点处（即 $\cos\theta = 1$）的磁感应强度 B，于是有 $\mathrm{d}\Phi = B\mathrm{d}S$ 或 $B = \Phi/S$，它说明某点的磁感应强度就是该点的磁通密度，所以在工程中常常称磁感应强度 B 为**磁通密度**（曾称磁密）。磁感应强度的单位 T 亦可写成 $\mathrm{Wb/m^2}$。若某一面积 S 上磁通密度均匀分布，且与该面积相垂直时，磁通与磁通密度关系便简化为

$$\Phi = BS \qquad (0\text{-}5)$$

二、磁场强度、磁导率

表征磁场性质的另一个基本物理量是**磁场强度**，它也是一个矢量，用符号 $\boldsymbol{H}$ 表示，其单位为 A/m。磁场的两个基本物理量之间存在着下列关系：

$$\boldsymbol{B} = \mu \boldsymbol{H} \qquad (0\text{-}6)$$

式中，μ 称为**磁导率**，由磁场该点处的介质性质所决定，其单位是 H/m（亨/米）。

磁导率的数值随介质的性质而异，变化范围很大。我们熟知的**真空导磁率** μ_0 为 $4\pi \times 10^{-7}$ H/m。在电机中应用的介质，一般按其导磁性能分为铁磁物质和非铁磁物质。后者如空气、铜、铝和各种绝缘材料等，它们的磁导率可认为等于真空磁导率；前者如铁、镍及其合金，其磁导率大于真空磁导率达数千甚至上万倍。通常以 μ_r 表示某物质的磁导率 μ 与真空磁导率 μ_0 的比值（倍数），称为**相对磁导率**，即

$$\mu_r = \frac{\mu}{\mu_0} \qquad (0\text{-}7)$$

众所周知，导电体与非导电体的电导率之比，其数量级可达 10^{16} 之巨。所以一般电流是沿着导电体流通，电流主要以由导电体构成的电路的形式出现。导磁体与非导磁体亦即铁磁物质与非铁磁物质的磁导率之比，其数量级仅为 $10^3 \sim 10^5$。所以磁感应线（磁通）不只顺着导磁体，且同时向周围的非导磁体散播流通。因此，除超导体外，不存在磁绝缘的概念，亦不存在磁绝缘体物质。实际上，磁是以场的形态存在的。

三、安培环路定律（全电流定律）

安培环流定律，亦称为**全电流定律**反映了由电流激励磁场的关系，式（0-8）即该关系的数学表达式

$$\oint_l \boldsymbol{H}\mathrm{d}l = \sum_{k=1}^{n} I_k \qquad (0\text{-}8)$$

它说明在磁场中，磁场强度矢量 $\boldsymbol{H}$ 沿任一闭合路径的线积分等于穿过该闭合路径的限定面积中流过电流的代数和。积分回路的绕行方向和产生该磁场的电流方向符合右手螺旋定则，参看图0-2。

人们定义磁场强度沿一条路径 l 的线积分为该路径上的**磁压**（亦称为磁位差），以符号 U_{M} 表示，其单位为A，即有

$$U_{\mathrm{M}} = \int_l H\mathrm{d}l \tag{0-9}$$

由于磁场是由电流所激励，故式（0-8）中回路所匝链的电流称为**磁动势**。通常以符号 F 表示，显然其单位和磁压相同，也为A。这样，说明电流和它所产生的磁场之间关系的安培环路定律，就可以定义为：沿着磁场中任一闭合回路，其 i 段的总磁压等于总磁动势，为

$$\sum U_{\mathrm{M}i} = \sum I_k \tag{0-10}$$

这与在闭合电路中，总的电压降等于总的电动势相似。

我们常常称某磁路段的磁压为某磁路段所需的磁动势，式（0-10）可理解为闭合磁路各段所需的磁动势由磁动势源（励磁安匝 $\sum I$）来提供。这样，就隐去了磁压这一名称。

四、磁路、磁路参数

在一般工程计算中，电机中的磁场常简化为磁路来处理。磁路的基本组成部分为磁动势源和导磁体。磁动势源可以是通电的线圈，亦可以是永久磁铁。导磁体一般是由电工钢片（硅钢片）、铸钢或合金材料构成，其作用是提供建立较大磁通的条件。如前所述，虽然没有什么磁绝缘，可是磁通的绝大部分是循着磁导率大的导磁体内流通的。

图0-4表示了单相壳式变压器的磁路，中间柱上通以电流的线圈为磁动势源，为简单起见，设变压器二次线圈开路，所以图中未予画出。由电工钢片叠成的铁心为导磁体，可以认为磁通完全在导磁体中通过。由式（0-10）可知，对磁路中任何一段，例如，截面积为 S_{c1}，长度为 l_{c1} 的中间心柱AB，可认为磁通在截面 S_{c1} 为均匀分布，其磁通密度为 B_{c1}，则该段磁路的磁通和所需的磁动势（磁压）为

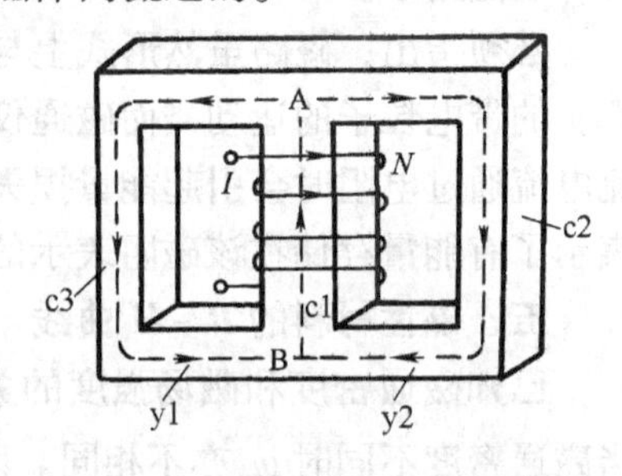

图0-4 单相壳式变压器的磁路

AB为中心柱c1、c2、c3为两侧心柱；y1、y2为磁轭

$$\left.\begin{aligned} \Phi_{\mathrm{c1}} &= B_{\mathrm{c1}} S_{\mathrm{c1}} \\ U_{\mathrm{c1}} &= H_{\mathrm{c1}} l_{\mathrm{c1}} \end{aligned}\right\} \tag{0-11}$$

与电路中的电流和电压降的关系相似，定义

$$\Omega_{\mathrm{c1}} = \frac{U_{\mathrm{c1}}}{\Phi_{\mathrm{c1}}} \tag{0-12}$$

为该心柱段的**磁阻**，单位为A/Wb，式（0-12）指出了一个磁路段上磁通与磁压间的关系，称为**磁路的欧姆定律**。

设 μ 为该段磁路导磁体的磁导率，则根据式（0-6）、式（0-11）、式（0-12），写出磁阻的广义表示式为

$$\Omega = \frac{l}{\mu S} \tag{0-13}$$

可见磁阻的表示式与导体电阻表示式相似。同样，称磁阻的倒数为**磁导**，用符号 Λ 表示。

即有

$$\Lambda=\frac{1}{\Omega}=\frac{\Phi}{U} \tag{0-14}$$

或

$$\Lambda=\mu\frac{S}{l} \tag{0-15}$$

其单位是 Wb/A 或 H（亨）。

和电路相似，磁路也可由磁阻或磁导等参数构成一个**等效磁路**。根据实际磁路作等效磁路时，用与电源相仿的磁动势源符号代替通有电流的励磁线圈。顺着磁通路径用相应的磁阻代替各磁路段。凡磁路段的截面积不同、材料不同、通过的磁通不同时，则需用不同的磁阻来表示。图 0-5 表示了图 0-4 中变压器的等效磁路。

根据每段磁路的几何尺寸及材料特性，便可按式（0-13）来计算各磁路段的磁阻值。根据前述磁通的连续性原理，流入磁路节点的磁通的代数和应等于零。如图 0-5 中的节点 A，有

$$\Phi_c-\Phi_{y1}-\Phi_{y2}=0 \tag{0-16}$$

式（0-16）亦称为**磁路的基尔霍夫第一定律**。实际上式（0-10）亦就是磁路的基尔霍夫第二定律。这样，就可以像求解电路那样，利用磁路的基尔霍夫定律来求解等效磁路了。

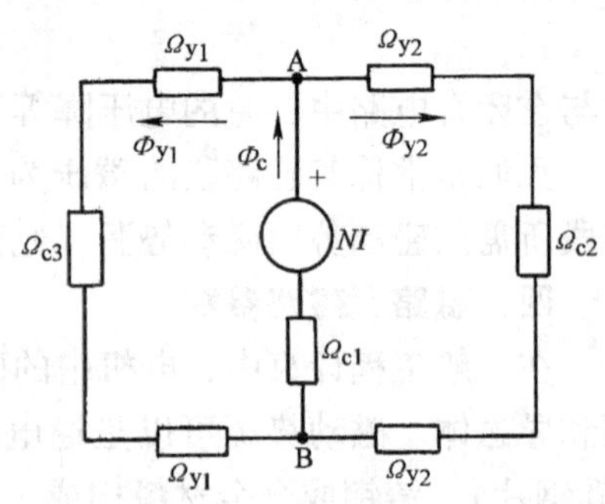

图 0-5 图 0-4 中变压器的等效磁路

必须指出，磁路虽然形式上与电路相似，但它们之间却存在着本质上的不同，如电流是真实的带电粒子的运动，而磁通仅仅是人们对磁场物理现象的一种描述方法和手段。又如直流电流通过电阻时会引起能量损失，而恒定磁通通过磁阻不会产生任何形式的能量损耗，却表示了有能量存储在该磁阻表示的磁段中。

五、磁性材料的 *B* - *H* 曲线

已知磁通密度和磁场强度的关系为 $B=\mu_r\mu_0H$，不同的磁性材料有不同的 μ_r，同一材料当磁通密度不同时 μ_r 亦不相同。因此不同的磁性材料有不同的 $B-H$ 曲线。它是磁性材料最基本的特性，亦称为材料的**磁化曲线**。

未被磁化的磁性材料放在磁场中，当改变磁场强度 H 时，材料中的磁通密度 B 会发生相应的变化，典型的磁化曲线如图 0-6 所示。图中区域Ⅰ称起始段，这时候材料的磁导率较小。继续增大 H，达到区域Ⅱ，此时磁导率迅速增大并基本上保持不变，$B-H$ 关系便是直线，称为线性区。达到区域Ⅲ其磁导率又变得很小，此时 H 增大，B 的变化甚小，该区称为饱和区。

如果 H 从某一数值减小，则发现曲线不沿原来的曲线返回。当 H 降到零，B 并不为零，H 的返回点不同，相应的曲线亦不同，如图 0-7 所示，这现象称为**磁滞现象**。如果磁场强度在 $+H_m \sim -H_m$ 区域内循环变化时，$B-H$ 曲线便是一封闭曲线。返回点

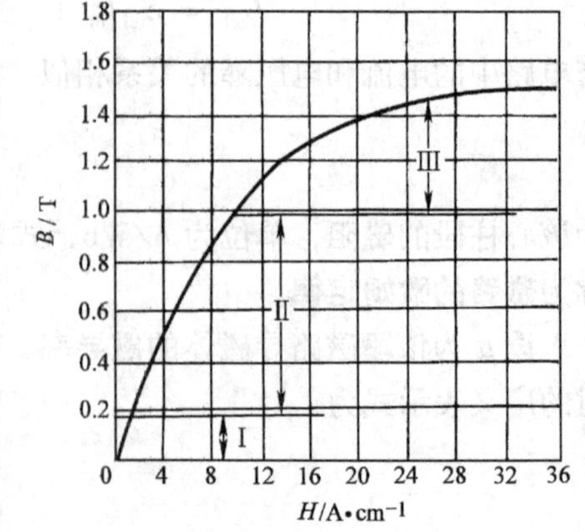

图 0-6 铁磁材料铸钢典型磁化曲线

H不同，回线的宽度和高度亦不相同，当材料充分饱和即达到H值再增大而B几乎不再增大时，回线包含的面积不再增大，此最大的回线称为极限磁滞回线或饱和磁滞回线，亦简称为**磁滞回线**。极限磁滞回线与纵坐标的交点B_r称为剩余磁感应强度或**剩余磁通密度**。该回线与横坐标的交点H_c称为**矫顽磁力**。

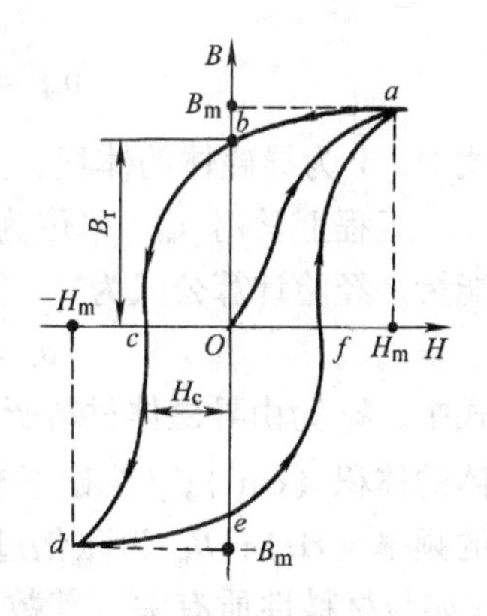

图0-7　铁磁材料的磁滞回线

B_r与H_c是磁性材料的重要参数。根据H_c的大小，磁性材料分为**软磁材料与硬磁材料**。

H_c小的为软磁材料，它容易被磁化，在较低的外磁场作用下就能产生较高的磁通密度，一旦外磁场消失，其磁性也基本上消失，电机中应用的导磁体，如电工钢片、铸钢、铸铁等均系软磁材料。

H_c大的为硬磁材料，它不容易磁化，也不容易去磁。一经磁化，当外磁场消失后，它能保持相当强且稳定的磁性。硬磁材料有铁氧体、铝镍钴及稀土钕铁硼等，常在电机中用作永久磁铁，以便在没有线圈电流产生磁动势的情况下为电机提供一个恒定磁场。近来发展很快的各类永磁电机就采用此类材料。硬磁（永磁）材料的性能由极限磁滞回线在第二象限内的部分来阐明，称该段曲线为**去磁曲线**，亦称**退磁曲线**。永久磁铁磁路和电激励磁路的本质不同在于：后者所提供的磁动势取决于励磁线圈的磁动势，一般说当线圈的电流一定时，磁路的磁动势也就一定；前者磁路的磁动势不是固定的，将视材料的去磁曲线和外磁路的状况而定。永磁电机基本磁路示意图如图0-8a所示，其中PM为永久磁铁，磁轭Y和转子R为软磁材料，g为空气隙。已知软磁材料的磁导率μ大于空气磁导率达几千倍，因此永磁的外磁路主要是空气隙。气隙的μ_0是常数，其$B-H$关系是一直线，气隙长度不同，反映在它的$B-H$直线的斜率也不同。如图0-8b中为气隙长度不同时的气隙线1和2，它和去磁曲线的交点P_1、P_2就是该永磁电机的工作点，可见同一永磁铁当外磁路不同时，它提供的磁场强度H_1、H_2亦是不同的。这是永磁磁路的一个特点。

永磁材料的去磁曲线上，各点P的H、B值的乘积称为**磁能积**，用（BH）表示，单位为J/m^3（焦/米^3）。不同点的磁能积是不等的。通常永磁材料的磁性能用剩磁B_r、矫顽力H_c和最大磁能积$(BH)_{max}$三项指标来表征，以大为好。

对于电机中应用最广的软磁材料，工程上都采用连接各磁滞回线顶点的曲线来表征该材料的$B-H$关系，这种$B-H$曲线称为**基本磁化曲线**。各种手册及本书中所列出的$B-H$曲线均是基本磁化曲线。

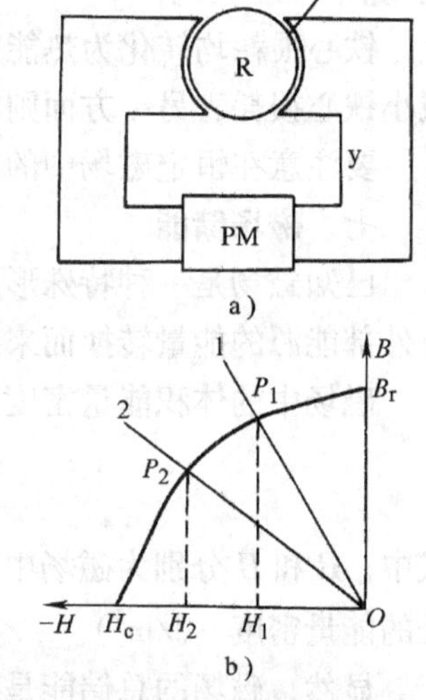

图0-8　简单的永久磁铁磁路

a）永磁电机基本磁路示意图

b）工作图

六、铁心损耗

当导磁材料位于交变磁场中被反复磁化时，材料内部的B、H关系便呈磁滞回线。此时，导磁材料中将引起能量损耗，称为铁心损耗。铁心损耗分为两部分：**磁滞损耗和涡流损耗**。

磁滞损耗是导磁体反复被磁化，其分子运动摩擦所消耗的能量。磁滞回线所包含的面积表示了单位导磁材料在磁化一周的进程中所消耗的能量为p_{hc}，则有

$$p_{hc} = V\oint H\mathrm{d}B \tag{0-17}$$

式中，V为导磁体的体积。

工程上常用p_h（单位为W）表示每秒消耗的磁滞损耗能量，经验计算公式为

$$p_h = k_h V f B_m^n \tag{0-18}$$

式中，k_h为由导磁体材料所决定的磁滞损耗常数；V为导磁体的体积（cm^3）；f为磁场交变频率亦即导磁体被反复磁化的频率（Hz）；B_m为磁化过程中最大磁通密度（T）；指数n亦与材料性质有关，其数值在1.5～2.0之间，作估算时可取$n=2.0$。基本磁化曲线如图0-9所示。

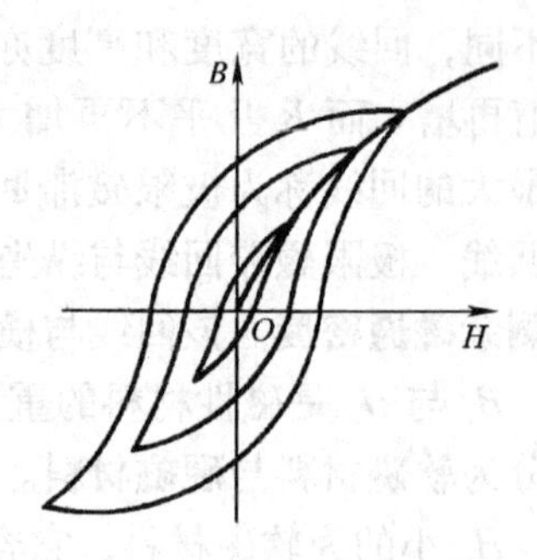

图0-9　基本磁化曲线

铁心本身既是导磁体亦是导电体，交变磁场在铁心中要感应电动势，它将引起在铁心中流通的涡电流（涡流），涡流在铁心中产生焦耳损耗，即所谓涡流损耗。分析表明，频率越高，磁通密度越大，涡流损耗亦越大；铁心的电阻率越大，涡流流过的路径越长，涡流损耗就越小。为此，铁心常用含硅（增大电阻率）的电工钢片，且使磁通穿过狭细的钢片截面积（增长路径）以减小涡流损耗。涡流损耗p_e的经验计算公式为

$$p_e = k_e V f^2 \tau^2 B_m^2 \tag{0-19}$$

式中，k_e为取决于铁心材料的涡流损耗系数；τ为电工钢片的厚度，电机常用钢片厚度为0.35～0.5mm，其余符号含义同前。

工程估算时，当电机工作的磁通密度在$1T < B_m < 1.8T$时，计算公式为

$$p_{Fe} = p_h + p_e = k_{Fe} f^{1.3} B_m^2 G \tag{0-20}$$

式中，k_{Fe}为铁心材料的损耗系数；G为铁心重量（kg）。

由式（0-20）可见，铁心损耗与频率（1.3次方）、磁通密度（二次方）和铁心重量成正比。

铁心损耗均转化为热能，使铁心温度升高，为防止电机过热损坏，一方面用电工钢片以减小铁心损耗，另一方面则应采取散热措施来降低铁心温度。

要注意在恒定磁场中的静止导磁体内是不会引起上述能量损耗的。

七、磁场储能

已知磁场是一种特殊形式的物质，磁场中能够储存能量，这能量是在磁场建立过程中，由外部能源的能量转换而来的。电机就是通过这磁场储能来实现机、电能量转换的。

磁场中的体积能量密度w_m可由下式确定

$$w_m = \frac{1}{2}BH \tag{0-21}$$

式中，B和H分别为磁场中某点的磁感应强度（T）和磁场强度（A/m）；w_m为磁场中该点处的能量密度（J/m^3）。

显然，磁场的总储能是磁能密度的体积分，即

$$W_m = \int_V w_m \mathrm{d}V = \frac{1}{2}\int_V BH\mathrm{d}V \tag{0-22}$$

考虑到导磁体的磁导率，式（0-21）可写成

$$w_m = \frac{1}{2}\mu H^2 = \frac{1}{2}\frac{B^2}{\mu} = \frac{1}{2}\frac{B^2}{\mu_r \mu_0} \tag{0-23}$$

旋转电机中定子和转子的磁路均系铁磁材料构成，其磁导率比电机气隙的磁导率要大数千倍。由式（0-22）、式（0-23）可见，虽然气隙的体积远小于定子、转子上磁性材料的体积，但**磁场的磁能却主要储存在空气隙中**。例如电机气隙中的 B_g 为 1T 时，其单位体积的磁场储能将高达 $3.98\times10^5 J/m^3$。电机空气隙中磁场能量的数值，直接决定着电机可能转换功率的大小，也关系到电机性能的好坏。合理地确定电机各部分的尺寸及选择工作磁通密度，使气隙磁场具有足够的能量，是设计电机时的主要依据之一。

八、电感

电机中的导体都是绕制成各种各样的线圈，线圈中通过电流将建立磁场产生磁通 Φ，如图 0-10 所示。磁通穿过线圈和线圈匝链形成所谓**磁链**，常用符号 Ψ 表示。设线圈有 N 匝，流过电流后产生匝链线圈的磁通为 Φ，则磁链为

$$\Psi = N\Phi \tag{0-24}$$

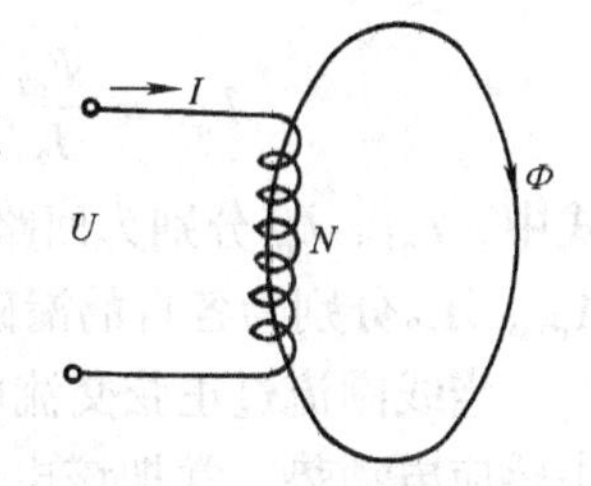

图 0-10 线圈的磁链

显然，磁链与流过线圈的电流 I 之间有正比关系，可表示为

$$\Psi = LI \tag{0-25}$$

或

$$L = \Psi/I \tag{0-26}$$

式中，比例系数 L 称为电感（H）。简言之，**一个线圈流过单位电流所产生的磁链称为该线圈的电感**。前文已阐明，线圈的磁动势 F 是线圈匝数与流过电流的乘积 NI，磁通则等于磁动势乘以磁导 Λ，于是式（0-26）可改写成

$$L = \frac{\Psi}{I} = \frac{N\Phi}{I} = \frac{N\Lambda F}{I} = \Lambda N^2 \tag{0-27}$$

由式（0-27）可见，电感与线圈的匝数二次方成正比，和磁场介质的磁导成正比，而和线圈所加的电压、电流或频率均无直接关系。

电感有自感和互感之分，图 0-10 表示的为线圈的自感。若有两个或两个以上的线圈处在同一介质的磁场中（见图 0-11），由回路 1 的电流 I_1 所产生而和回路 2 相匝链的磁链用 Ψ_{21} 表示，该磁链与电流 I_1 的比例系数为

$$M_{21} = \frac{\Psi_{21}}{I_1} \tag{0-28}$$

M_{21} 称为回路 1 对回路 2 的互感。同理，回路 2 对回路 1 的互感为

$$M_{12} = \frac{\Psi_{12}}{I_2} \tag{0-29}$$

Ψ_{21} 和 Ψ_{12} 称为互感磁链，下标第一个数字表示磁通所穿过的回路的代号，第二个数字表示产生磁通的电流回路的代号。和式（0-27）相似，可写出互感的表达式为

$$\left.\begin{aligned} M_{21} &= \frac{\Psi_{21}}{I_1} = \frac{N_2\Phi_{21}}{I_1} = \Lambda_{12}N_1N_2 \\ M_{12} &= \frac{\Psi_{12}}{I_2} = \frac{N_1\Phi_{12}}{I_2} = \Lambda_{21}N_1N_2 \end{aligned}\right\} \tag{0-30}$$

Ψ_{21} 与 Ψ_{12} 所经路径相同，因此，$\Lambda_{12} = \Lambda_{21}$，可见 M_{12} 与 M_{21} 是相等的。

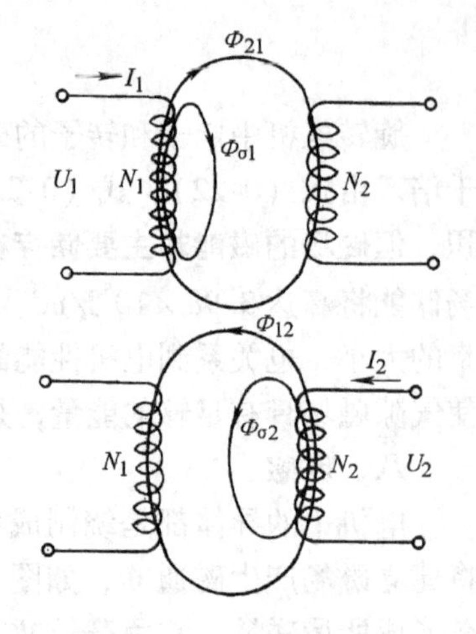

图 0-11 回路间的互磁通与漏磁通

参看图0-11，I_1 所产生的磁通可看成是由两部分组成：一部分为 Φ_{21}，它既匝链 N_1 亦匝链 N_2，称为**互磁通**；另一部分为 $\Phi_{\sigma1}$，它只匝链 N_1，称为回路1的**漏磁通**。因此，由电流 I_1 所产生的总磁通 Φ_{11} 可写成

$$\Phi_{11} = \Phi_{21} + \Phi_{\sigma1} \tag{0-31}$$

与式（0-27）相似，有

$$\left.\begin{aligned} L_{\sigma1} &= \frac{\Psi_{\sigma1}}{I_1} = \frac{N_1\Phi_{\sigma1}}{I_1} = \Lambda_{\sigma1}N_1^2 \\ L_{\sigma2} &= \frac{\Psi_{\sigma2}}{I_2} = \frac{N_2\Phi_{\sigma2}}{I_2} = \Lambda_{\sigma2}N_2^2 \end{aligned}\right\} \tag{0-32}$$

式中，$L_{\sigma1}$、$L_{\sigma2}$分别为回路1和2的漏电感，常简称为**漏感**；$\Lambda_{\sigma1}$、$\Lambda_{\sigma2}$分别为各自的漏磁通所经路径的磁导。

当线圈流过正弦交流电流时，产生的交变磁场将在线圈中感应电动势，常把该电动势当作负电压降（电抗电压降）来处理。这样，图0-10中的电压、电流由有效值表示，并不计线圈的电阻，则存在下列关系：

$$\frac{U}{I} = x_{\mathrm{L}} = \omega L \tag{0-33}$$

式中，x_{L}称为线圈的电抗。可见电感虽与频率无直接关系，但相应的电抗却与频率有正比关系。

在分析电机、建立电机的数学模型时，电机的电抗是一个非常重要的参数，它直接影响到电机的诸多特性。电机的电抗又非常复杂，因为它和磁场介质的磁导率成正比，而电机所用导磁材料的特性为非线性，磁路饱和程度不同，相应的磁导率亦就不同，所以电机的电抗与电机磁路的饱和密切相关。更有甚者（参看图0-10和图0-11），磁通 Φ_{12}、$\Phi_{\sigma1}$实际上并不一定匝链全部 N_1 匝，同样 $\Phi_{\sigma2}$、Φ_{21}亦不一定匝链全部 N_2 匝。普遍说来，磁链表示式应为

$$\Psi_{11} = \sum N_{x1}\Phi_x \tag{0-34}$$

式中，N_{x1}为回路1的某一部分匝数；Φ_x 为与 N_{x1}相匝链那一部分磁通。

由式（0-34）可见，电机的电抗不仅和电机磁路结构有关，而且与电机的电路（绕组）结构密切相关。

在分析电机时，为了方便，还常将电机中随时间和空间而变化的磁通看作由多个磁通所合成，于是对应于各个磁通又将引出相应的电抗。总之，电抗是各种电机的一个重要参数，要掌握电机的性能，必须对电机的各种电抗有充分的认识，在今后的学习中应对它加以重视。

九、电磁感应定律

设有一线圈位于磁场中，则该线圈的总磁链为

$$\Psi = \sum N_x\Phi_x \tag{0-35}$$

式中符号的含义同式（0-34）。当该磁链发生变化时，线圈中将产生感应电动势，这现象即称为电磁感应。这个感应电动势的数值与线圈所匝链的磁链的变化率成正比。**电动势的方向，将倾向于产生一个电流，该电流的磁化作用将阻止线圈中磁链发生变化**。如设定电流的正方向与磁通的正方向符合右手螺旋法则，感应电动势可用下式表示：

$$e = -\frac{d\Psi}{dt} \qquad (0\text{-}36)$$

必须指出，在建立式（0-36）时，各电、磁量的正方向十分重要，其基本物理概念是：线圈中的感应电动势倾向于阻止线圈中磁链的变化。如当磁通增加时，$d\Psi/dt$ 为正，而 e 为负值，将企图减少磁通；而当磁通减少时，$d\Psi/dt$ 为负，而 e 为正值，它企图增加磁通。这个规律称为**楞次定律**。电流、电动势和磁通的正方向如图0-12所示。

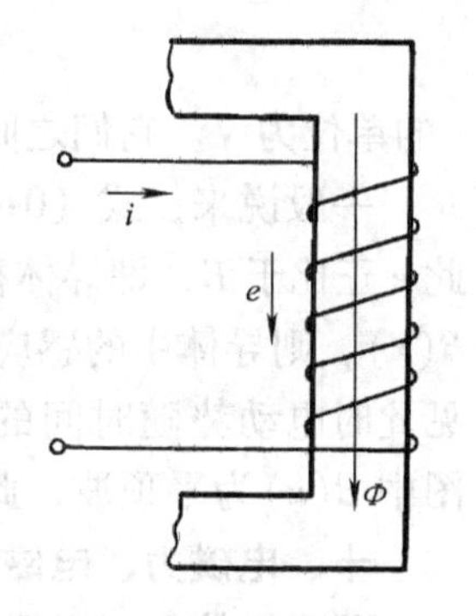

图0-12 电流、电动势和磁通的正方向

设所有的磁通都匝链线圈的全部匝数 N，则式（0-36）便可写成

$$e = -N\frac{d\Phi}{dt} \qquad (0\text{-}37)$$

式中，Φ 的单位为 Wb；时间 t 的单位为 s；e 的单位为 V。

线圈中磁链的变化，可以有以下两种不同的方式：

1）磁通本身是由交流电流所激励产生，也就是说，磁通本身随时间在交变着，即

$$\Phi = \Phi_m \sin\omega t \qquad (0\text{-}38)$$

它表示了由角频率为 ω 的交流（正弦变化）电流所产生的磁通的表示式，Φ_m为磁通的最大值。将式（0-38）代入式（0-37），有

$$e = -N\frac{d\Phi}{dt} = -N\omega\Phi_m\cos\omega t = E_m\sin(\omega t - 90°) \qquad (0\text{-}39)$$

式中，E_m为感应电动势的幅值，$E_m = N\omega\Phi_m$，当 Φ 的单位为 Wb、$\omega = 2\pi f$、f 的单位为 Hz 时，E_m的单位为 V。

式（0-39）表明，当磁通随时间按正弦规律变化时，线圈内的感应电动势也随时间按正弦规律变化，但电动势在相位上滞后于磁通 90°，如图 0-13 所示。当 e、Φ 均为正弦波时，e 的有效值为

$$E = \frac{E_m}{\sqrt{2}} = \frac{N\omega\Phi_m}{\sqrt{2}}$$

$$= \frac{2\pi f}{\sqrt{2}}N\Phi_m$$

$$= 4.44fN\Phi_m \qquad (0\text{-}40)$$

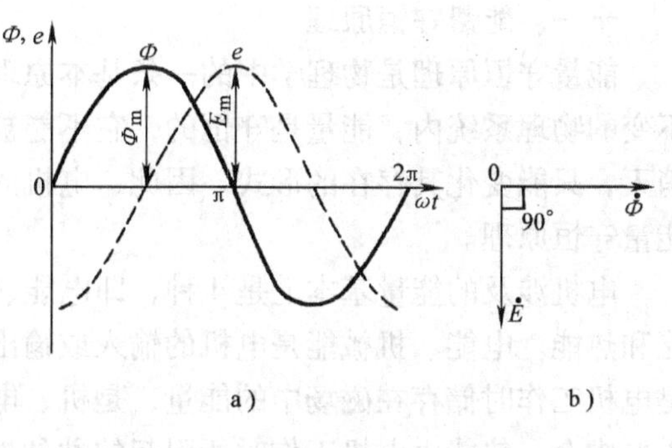

图0-13 电动势与磁通的相位关系
a）波形图 b）相量图

在今后讨论交流电机时，式（0-40）是常见的。

这种纯粹由于磁链本身随时间变化而感应的电动势便被称为**变压器电动势**。

2）磁通本身不随时间变化，但由于线圈与磁场间有相对运动而引起线圈磁链的变化，这样产生的电动势称为**运动电动势或速度电动势**。速度电动势的大小常用另一种公式来表示，形象的说法是：当导体在磁场中运动而切割磁力线时，该导体中将产生速度电动势。设磁场某处磁通密度 B_x（单位为 T），导体长 l（单位为 m），导体与磁场相对速度 v（单位为 m/s），且三者互相垂直时，则导体在空间 x 处的速度电动势为

$$e = B_x lv \tag{0-41}$$

e 的单位为 V。它们之间的方向关系可用图 0-14 的右手定则确定。

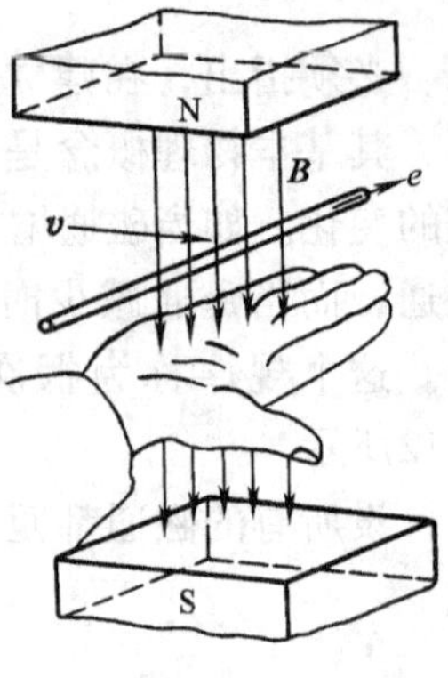

一般说来，式（0-41）中电机的导体 l 及其速度是常数，因此 e 正比于 B，即导体截切在空间按图 0-15 那样分布的磁通密度 $B(x)$，则导体中的感应电动势 $e(t)$ 将和 $B(x)$ 有同样的波形。可见此时电动势随时间的变化与磁场在空间的分布有相同的波形。图中 $B(x)$ 为平顶波，此种情况常见于后文将讨论的直流电机中。

图 0-14　右手定则

十、电磁力、电磁转矩

载流导体位于磁场中时，导体上将受到电磁力 F_{em}，当磁场与导体互相垂直时，它的表达式为

$$F_{em} = Bli \tag{0-42}$$

式中，B 为磁通密度（T）；l 为导体在磁场中的长度（m）。

当导体流过电流为 i（单位为 A）时，电磁力 F_{em} 的单位为 N。磁场、导体、电磁力的方向可用图 0-16 所示的左手定则来确定。

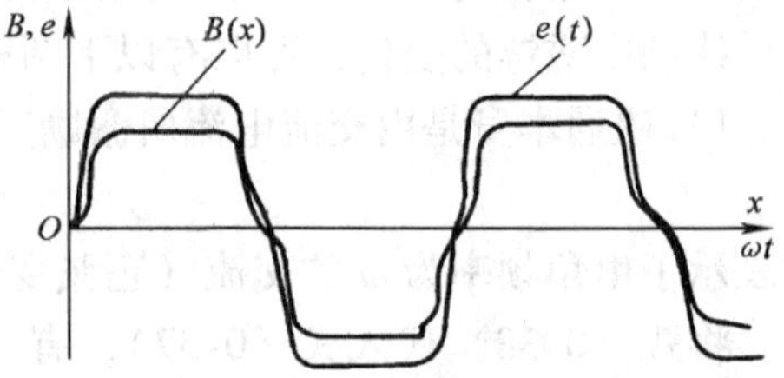

图 0-15　磁通 B（x）和速度电动势 e（t）

各种电机一般均系旋转运动，设所研究的导体位于电机的转子上，则所受的 F_{em} 乘以导体的旋转半径，便可得电磁转矩 T_{em}，即

$$T_{em} = Blir \tag{0-43}$$

式中，r 为半径（m）；T_{em} 为电磁转矩（N·m）；其他量的含义及单位同前。

十一、能量守恒原理

能量守恒原理是物理学中的一条基本原理，它说明在质量不变的物理系统内，能量是守恒的，它不能被产生，亦不能被消灭，只能变化其存在的形式。因此，电机的工作亦必然符合能量守恒原理。

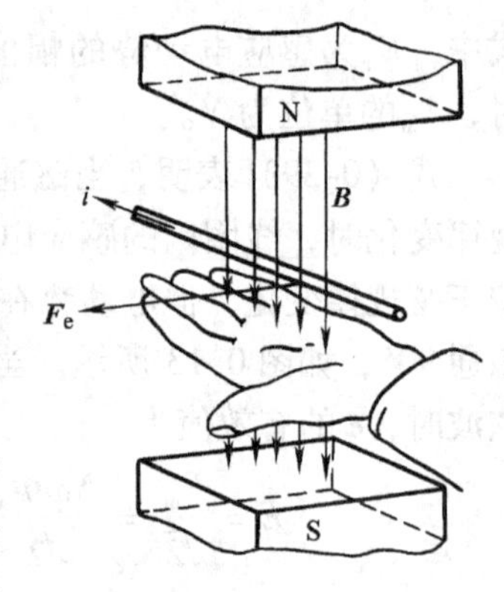

图 0-16　左手定则

电机涉及的能量基本上是 4 种，即电能、机械能、磁场储能和热能。电能、机械能是电机的输入或输出能量；磁场储能是电机工作时储存在磁场中的能量，是机、电能量之间转换的重要中介；热能由电机工作时所引起的种种损耗转变而来。根据能量守恒原理，它们之间存在下列平衡关系：

[输入的机械能或电能] = [磁场磁能的增量] + [电机内损耗转化的热能] + [输出的电能或机械能]

分析电机时常用功率平衡来反映能量守恒原理，一般电机稳定运行时，其磁场储能增量为零，于是得电机的功率平衡式为

$$P_1 = \sum p + P_2 \tag{0-44}$$

式中，P_1 为输入功率，对发电机，P_1 为机械功率，对电动机 P_1 为电功率；P_2 为输出功率，对发电机为电功率，对电动机为机械功率；$\sum p$ 为电机的各种损耗之和。

电机损耗主要有 3 种，即电流在导体电阻上产生的铜耗、磁场在导磁体内产生的铁心损

耗和转子旋转引起的摩擦、通风等机械损耗。损耗最后全转化为热能，并且是一个不可逆过程，即它们不能再转换成电能或机械能。

十二、电机的可逆性原理

在电机轴上外施机械功率，则旋转的导体切割磁力线将产生感应电动势可输出电功率，如在电机电路中输入电功率，则载流导体在磁场作用下所产生电磁力可使电机旋转而输出机械功率。可见，任何电机既可作为发电机运行，也可作为电动机运行，发电机和电动机只是一台电机的两种不同运行方式，这一性质被称为电机的可逆性原理。

必须指出，虽然功率转换的可逆性是一切电机的普遍原理，但在实用上是有所偏重的。例如，实用的交流发电机都是同步发电机；实用的交流电动机以异步电动机为最普遍。同一品种的电机，也将根据它在正常情况下用作发电机或者电动机，而在设计和制造上有不同的处理。

已经知道，只要导体切割磁力线，导体中便有感应电动势产生；只要位于磁场中的导体有电流流通，导体上便会有电磁力作用。这样，不论发电机或电动机，导体上同时作用有感应电动势和电磁力。当导体中的感应电动势 e 大于外接端电压 u 时，电流 i 将顺 e 方向流出，电功率便经导体电路输出，呈发电机功能。同时，载流导体上将受到电磁力 F_{em} 的作用，根据左手定则可知 F_{em} 的方向与导体运动的方向相反，具有阻力作用，必须由外施机械力来克服，导体才能继续运动以产生感应电动势。显然，这时机械功率由外界输入电机，电机作发电机运行。也就是，发电机作用表现在外，电动机作用隐蔽在内，被掩盖了的电磁力称为发电机的**电磁阻力**。

反之，若外施端电压 u 大于导体电路的感应电动势 e 时，则电流 i 逆电动势 e 的方向流入，电功率自外电源输入电机导体电路。载流导体受作用于它的电磁力 F_{em} 的驱动，顺电磁力方向运动，这时电机为电动机运行。电动机作用表现在外，发电机作用隐蔽在内，被掩盖的电动势 e 称为电动机的**反电动势**。

总而言之，要记住在发电机中也有电磁力，在电动机中也有感应电动势。发电机和电动机不应视为两种截然不同的电机，而只是同一电机的两种不同运行方式。

第三节 电机的基本结构

一、定子

旋转电机的基本结构如图 0-17 所示。电机的固定不动部分——定子，一般由定子铁心、定子绕组和机座组成。

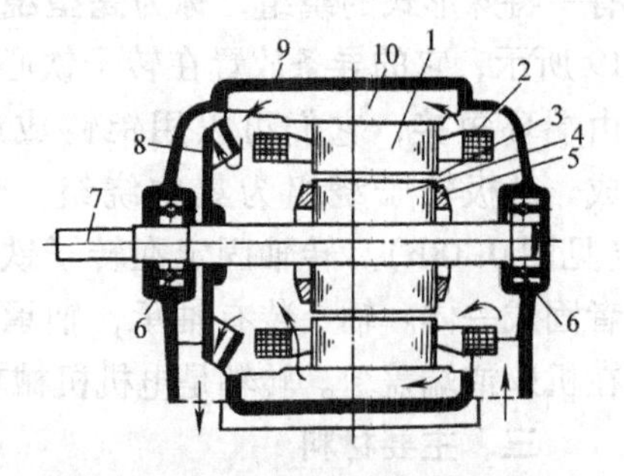

图 0-17 旋转电机基本结构示意图
1—定子铁心 2—定子绕组 3—空气隙 4—转子铁心 5—转子绕组 6—轴承 7—轴 8—风扇 9—机壳 10—风道

定子铁心是电机主磁路的一部分。如铁心中流过的是交变磁通，则为减小铁心损耗，一般采用 0.5mm 厚的电工钢片冲切成环形冲片，再叠成圆筒形铁心，并将它压入机壳中，称为**隐极式定子**，常见于交流电机。如铁心中流过的是恒定磁通，则定子铁心可为圆筒形铸钢，且在内腔均匀设置如图 0-18a 所示的磁极来构成，称为**凸极式定子**，主要是直流电机的结构。

定子绕组是电机电路的一部分。对隐极式铁心，则将导体嵌在圆筒形铁心内腔均匀分布的槽中，导体按电动势相加的原则连成**线圈**，众多线圈又将按各种不同的要求连成不同形式的**绕组**，这种绕组称为**分布绕组**，它构成定子电路。对凸极式铁心，则定子绕组是套在磁极上的许多匝同心线圈，它亦称为**集中绕组**。

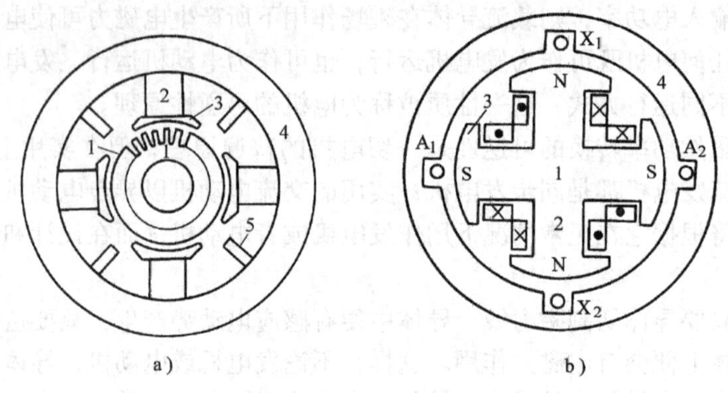

图 0-18 磁极的安置

a）磁极安置于定子 b）磁极安置于转子

1—转子 2—磁极极心 3—磁极极靴 4—磁轭 5—换向极

机座是电机的机械支撑部分，一般由铸铁、铸铝或钢板焊接而成。其外形应有利于散热，便于安装固定。此外，为适应周围环境，它尚有下列种类：封闭式、防护式、潜水型及矿用隔爆型等，还可按其防护能力分为若干等级。

二、转子

电机的旋转部分——转子，由转子铁心、转子绕组和转轴三部分组成。

转子铁心亦有隐极与凸极之分，前者铁心中流通的是交变磁通，它由冲切成圆形的0.5mm厚的电工钢片叠成圆柱形；后者为圆柱形铸钢，表面刻铣有不均匀分布的槽使铁心形成磁极（如汽轮发电机）。亦可直接将电工钢片叠成的磁极设置在圆柱形的铸钢体上（如水轮发电机），如图0-18b所示。

转子绕组嵌在圆柱形铁心外表面的槽中，与转子一起旋转。绕线转子的绕组结构与定子绕组相似，为与外电路连通，要经过由集电环电刷或换向器电刷组成的滑动接触。感应电机有一特殊形式的绕组，称为**笼型绕组**，如图0-19所示，它的导条放置在转子铁心槽中，两端由端环短接，它们可以用铝铸成或用铜条焊成。凸极转子绕组为集中绕组，套在极体上（见图0-18b）。转轴固定在转子铁心中央，两者固成一体。轴上装有轴承，轴承座一般安装在机座或端盖上。转轴是电机机械功率输入、输出的枢组。

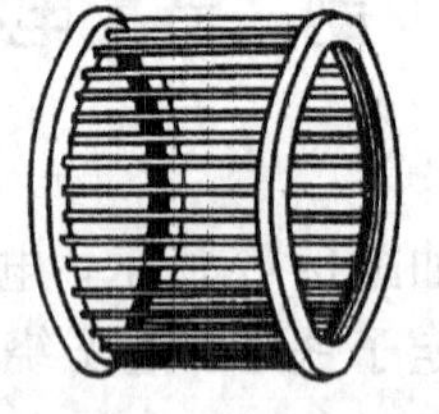

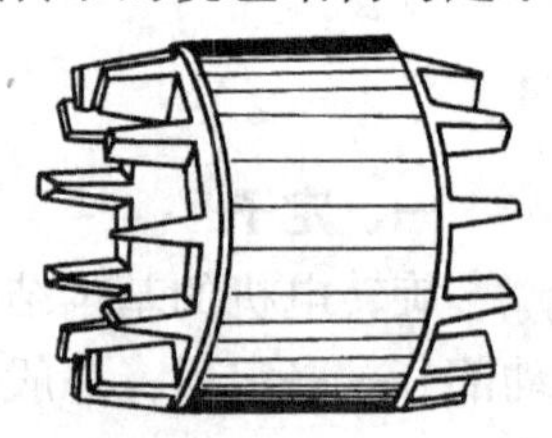

图 0-19 笼型绕组

a）焊接型 b）铸铝型

三、主要材料

电机结构复杂，应用材料较多，但按材料功能来看，不外有下列5种：导电、导磁、绝缘、散热和机械支撑。

（1）导电材料 为减小电阻损耗，导电材料必须有良好的导电性能。电机绕组主要采

用含纯铜量在99.9%以上的电解铜，其20℃时的电阻率为$17.24\times10^{-9}\Omega\cdot m$。铝亦是良导体，电阻率为铜的1.6倍左右，在电机定子绕组中不被普遍采用，常用于铸造上述笼型转子。碳也是应用于电机的一种导电材料，出于力学性能的要求，滑动接触中的电刷常用碳-石墨制成。

（2）导磁材料　为了在一定的电流下能产生较强的磁场，电机采用导磁性能较高的铸钢、钢板制成磁路。当磁路为交变磁场时，为了减小铁心损耗，无例外地采用电工钢片，其标准厚度有0.35mm、0.5mm、1.0mm等。鉴于对材料机械强度的要求，静止的变压器铁心用较薄的电工钢片（0.35mm），旋转电机常用较厚的（0.5mm）电工钢片。永磁材料铝镍钴、钕铁硼和铁氧体等既是导磁材料又是磁动势源，是永磁电机中常用的材料。

（3）绝缘材料　导体与导体、导体与机座及铁心间都必须用绝缘材料隔开。绝缘材料的种类很多，可分为天然的和人工的、有机的和无机的，有时还用多种不同绝缘材料的组合。绝缘材料的寿命和它的工作温度有很大关系。长时间在高温下工作，绝缘材料会逐渐老化，即丧失其机械强度和绝缘性能。为了保证电机在合理的较长的年限内可靠地工作，规定了绝缘材料的极限容许温度。

绝缘材料常分为下列7级，见表0-1。

表0-1　绝缘材料的等级

绝缘级别	O	A	E	B	F	H	C
极限允许温度/℃	90	105	120	130	155	180	180以上
主要材料	棉纱，天然丝，纸等	经过油或树脂处理过的O类有机材料	环氧树脂聚脂薄膜等有机合成树脂	用有机粘合物制成的云母、石棉、玻璃丝等无机物质	B级中用耐热有机漆，如聚脂漆为粘合剂	B级中用耐热硅有机树脂，硅有机漆为粘合剂	云母、玻璃、瓷、石英等

其中，E、B、F级应用较普遍。此外，变压器油是一种特种矿物油，在变压器中同时起绝缘和散热两种作用。

（4）帮助散热的结构材料　电机工作时产生的损耗，最后均转化为热能，使电机升温，若不采取措施，高温会使电机绝缘加速老化，缩短工作寿命甚至短时间内烧毁。电机虽然效率很高（一般均在85%以上），但鉴于其本身容量巨大，损耗的绝对值十分可观，散热是电机的一个重要研究课题。中小型电机可利用增大机壳的表面积来帮助散热；大中型电机用空心导体，铁心中埋管子通以水或氢气来散热称为内冷式。机内由轴上装设的风扇运送空气或氢气在机内专设的风道中流通来帮助散热。

（5）机械支撑材料　主要是铝合金、钢板制成机座、端盖、转轴和轴承。铁心槽口要用槽楔封闭，以固定放置在槽内的导体。一般用非磁性材料制成，加固转子绕组用的绑线亦用非磁性钢。当钢的成分中含有25%镍或12%锰时，即可使其失去磁性。

第四节　电机的基本分析方法

一、电路方程式

对各种电机的电路应用基本电路理论，可以列出它们的电压方程式。一般稳态运行时，

这些方程都很简单不难求解。关键是求找并确定电机电路的参数。这些参数通常可通过计算或试验来确定。为计算的方便而且概念清晰，计算时常用相对单位制，如以有关的额定值作相对单位的基数，称为标幺值。

二、等效电路

电机往往有电气上不直接连接而靠电磁场耦合在一起的各种电路。为便于求解，需要寻找将这些电路的电压方程式联系起来的等效电路，也就是建立电机的数学模型。建立等效电路的关键之一是“**归算**”，即将一个绕组的参数归算到另一个绕组，要弄清归算的物理意义及具体算法。电机的等效电路一般是极易求解的两端口网络。

三、相量图

交流电机常用相量图来帮助分析。相量图实质上是电压方程式的图解。但它具有相互关系明朗的优点。相量图在分析同步电机时应用最普遍。作得相量图后求解方法只要简单的三角、几何知识就够了。

四、旋转磁场

分析电机磁场时，主要是研究电机的气隙磁场。它沿空气隙圆周按某种曲线分布；沿圆周空间各点处的磁通密度又往往随时间变化，所以气隙磁场是时间和空间的函数，较为复杂。人们形象化地提出了一个旋转磁场的概念，极有助于对磁场的理解和方便于分析。设转子上有一对磁极 N 和 S，如图 0-20a 所示。当转子旋转时，气隙磁场显然就是一个旋转磁场。图 0-20b 中曲线 1 便是气隙磁场沿空间 x 的分布图，所示为正弦波，若磁场空间分布为任意其他波形，则曲线表示的为其基波。

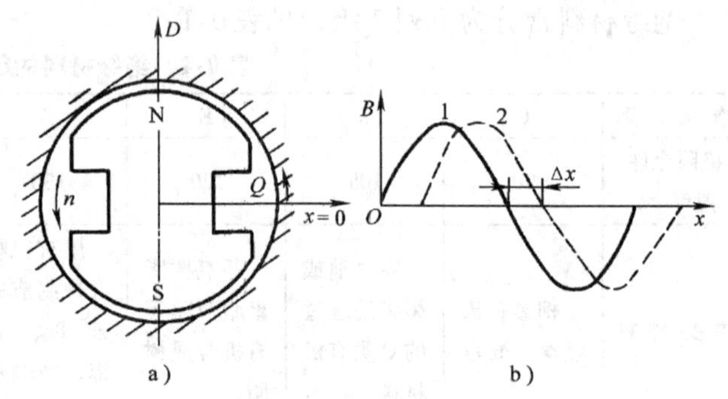

图 0-20 旋转磁场

a）说明电机空间的截面图

b）$B=f(x,t)$

如曲线 1 表示某一瞬间 $t=0$ 的情况，则经过 Δt，转子位移了 Δx，其时气隙磁场分布波将如曲线 2 所示，余类推。可见空间任一点的磁通密度 B_x 是在交变着，整个气隙磁场是时间和空间的函数。旋转磁场只是它的一种形象化表示方法。这样的磁场亦可在隐极式电机的定子或转子的对称三相绕组中流通三相对称电流时获得。这两个“对称”在交流电机正常稳态运行时是存在的。因此，用旋转磁场理论来分析交流电机亦极为方便。

亦常用**交轴磁场**理论（亦称**双反应法**）来分析电机。图 0-20a 的磁极中心线称为**直轴**，用 ***D* 轴**表示。与它正交的，亦即是两个磁极 N 和 S 的几何中性线称为**交轴**，用 ***Q* 轴**表示。显然这两个轴线上磁路的磁阻是不同的，在整个气隙圆周中 D 轴磁阻最小，Q 轴磁阻最大。在不计饱和时 D、Q 轴磁路的磁阻是个固定量。为此，将气隙磁场分解为作用于 D、Q 轴的两个磁场，由于两处的磁阻以及相应的参数为常数，便为分析带来很大的方便。此方法常用于同步电机的分析研究中。

五、功率平衡

根据能量守恒、功率平衡原理，对各种电机可作出功率流图。图 0-21 是异步电动机的一个典型的功率流图。输入电功率 P_1，扣除在定子绕组中产生的定子铜耗 p_{Cu1} 和定子铁心中的铁

心损耗 p_{Fe}，余下部分通过电磁感应作用传递到转子，该部分称为**电磁功率** P_{em}，到达转子的 P_{em} 中一部分又变为转子铜耗 p_{Cu2}，其余部分转换为机械功率 P_{mech}，再扣除转子旋转所消耗的机械损耗功率 P_{mech}，便是轴上输出的机械功率 P_2。该图清楚地表示了电机中各部分的功率关系，极有利于电机的性能分析。

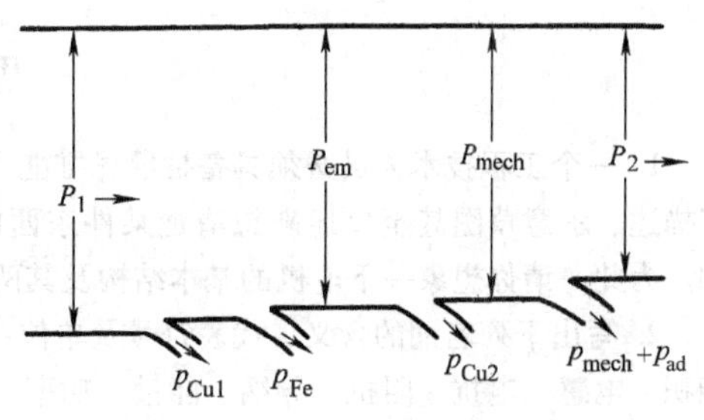

图 0-21　异步电动机的功率流图

六、对称分量法

它是一种线性变换的数学方法，在分析电机时它的作用是将一个不对称三相系统，换算为三个对称的三相系统。然后对各个对称系统应用前述方法分别加以分析。最后，综合之，便较方便地求得了三相不对称运行时电机的工作性能。

七、傅里叶级数

这是先修课中已学过的数学内容，在分析电机时，藉以将周期性非正弦变化的电磁量分解为一系列频率不同的正弦量，即所谓基波和各次谐波。然后分别应用前述方法对各次谐波分别进行分析。最后，加以综合，解决了电磁量为非正弦时对电机性能的分析。

第五节　电机的基本特性

反映电机性能的参数很多，通常用它们的工作特性曲线来表示其各种性能。其中重要的性能有：

一、外特性

它表示电机输出量之间的关系。对发电机来说，输出端电压随输出电流而变化的关系 $U=f(I)$ 为发电机的外特性；对电动机来说，轴上输出的转矩随转速而变化的关系 $T_2=f(n)$ 为电动机的外特性亦称为**机械特性**。这些特性都有一定的约束条件，因为影响它们之间关系的因素众多，相当复杂，加以一定约束条件后，其间关系才能简单明了地用直角坐标来表示。

二、效率特性

电机的效率随运行情况而变化，它随输出功率而变化的关系 $\eta=f(P_2)$ 为效率特性。藉它可以确定电机的经济运行条件。

三、电机的起动特性

电机自静止至到达某一稳定转速的过程称为起动。电机起动时的起动电流和起动转矩的大小反映了其特性的优劣。起动电流过大将对电源引起干扰，对电机本身亦不安全。起动转矩太小，又会延长起动时间。为此，需要研究在一定的起动电流下获得较大起动转矩的措施。

四、电机的调节特性

发电机的端电压和电动机的转速都应能根据其负载的要求进行调节。调节的经济性（损耗小），调节范围的宽广和连续性，操作的方便性均是电机调节性能好坏的判据。为此，需要研究各种电机调节方便，经济性高，范围宽广的措施。

思 考 题

1. 一个工程技术人员必须具备抽象思维能力，不能够对什么东西非要看到实物才能理解，应该能由文字描述、示意草图甚至口述来想清楚某件东西的形状结构，并能据此绘出草图。这是“创新”能力的基础。为此，请你想象一下电机的基本结构及其两种滑动接触的构造。

2. 写出下列名词的含义、代表符号及单位：磁通 磁通密度 磁场强度 磁动势 磁导 磁导率 磁能积 电感 电抗 阻抗 导纳 能量 功率 效率 力 转矩。

3. 你能正确熟练地应用左手和右手定则吗？

4. 磁滞回线中哪一段叫去磁曲线？为什么它反映了永磁材料的特性？

5. 试比较下列感应电动势表示式的差异：

$$e=-\frac{\mathrm{d}\Psi}{\mathrm{d}t};\quad e=-N\frac{\mathrm{d}\Phi}{\mathrm{d}t};\quad e=-L\frac{\mathrm{d}i}{\mathrm{d}t};E=4.44fN\Phi_{\mathrm{m}}$$

6. 假设你能看到图0-20中在旋转着的$B(x)$波，请按下列要求来观察（摄像）它，以加深对旋转磁场的理解：

1）观察整个图面；

2）注视空间某一点（相当于用一圆盘，上面刻有径向缝隙，同心地放在画面上，观察缝隙中B的变化）；

3）上面2）中的圆盘随$B(x)$同向同步旋转，注视圆盘缝隙中B的变化情况。

习 题

0-1 请填充下表中的括号：

电 路	磁 路
电动势 E（V）	磁动势 （ ）
电 流 I（A）	磁 通 Φ（ ）
电 阻 $R=\rho\frac{l}{A}$ （Ω）	磁 阻 $\Omega=\frac{l}{\mu A}$（ ）
电 导 $G=\frac{1}{R}$ （S）	磁 导 $\Lambda=\frac{1}{\Omega}$（ ）
电 路 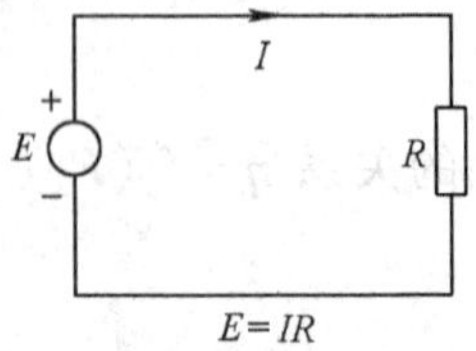 I E + − R $E=IR$	等效磁路 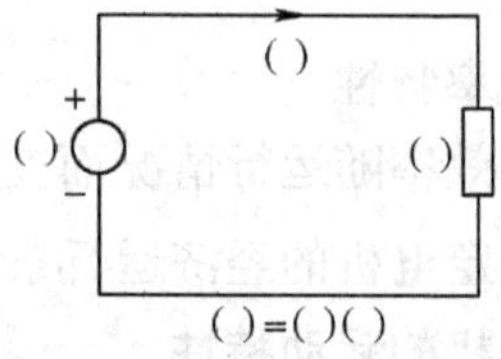 （） （）+ − （） （）=（）（）
节 点 $\sum I=0$	节 点 $\sum$（ ）$=0$
回 路 $\sum U=\sum IR$	回 路 $\sum$（ ）$=\sum u$
场 强 $\oint E\mathrm{d}l=U$	场 强 $\oint H\mathrm{d}l=$（ ）
密 度 $j=\frac{I}{A}$ （$\mathrm{A/m^2}$）	密 度 $B=\frac{\Phi}{A}$（ ）
电导率 $\sigma=\frac{j}{E}$ （S/m）	磁导率 $\mu=\frac{B}{H}$（ ）

0-2 例题

图0-22所示磁路由电工钢片叠成，其磁化曲线如图0-22b所示。图中尺寸单位是mm，

励磁线圈为1000匝。试求当铁心中磁通为1×10^{-3}Wb时，励磁线圈的电流应为多少？

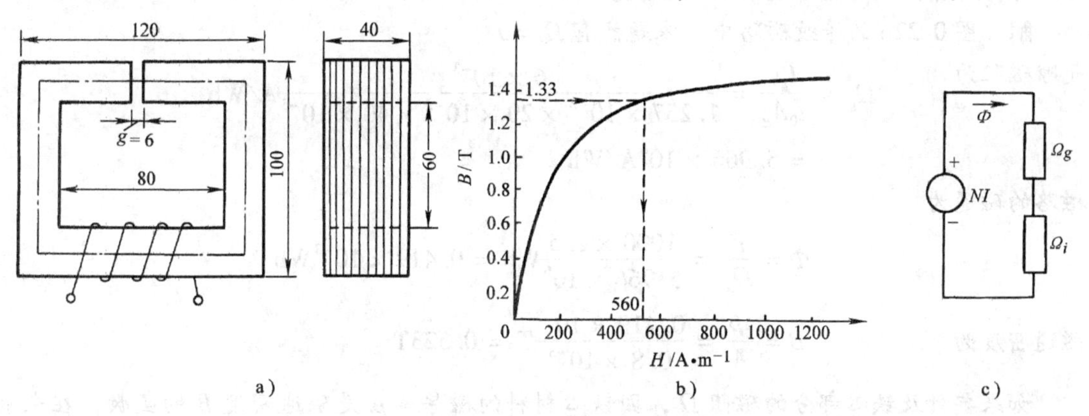

图0-22 习题0-2图

a）磁路 b）磁化曲线 c）等效磁路

解 设铁心的叠片因数（叠片净厚度与总厚度之比）为0.94，则铁心的净面积为

$$A_i=(20\times10^{-3}\times40\times10^{-3}\times0.94)\ \mathrm{m}^2=0.752\times10^{-3}\mathrm{m}^2$$

铁心磁路的平均长度为

$$l_i=[2\times(100+80)-6]\mathrm{mm}=354\mathrm{mm}=0.354\mathrm{m}$$

按题意，铁心中的平均磁通密度为

$$B_i=\frac{\Phi}{A_i}=\frac{1\times10^{-3}}{0.752\times10^{-3}}\mathrm{T}=1.33\mathrm{T}$$

由图0-22b的磁化曲线查得相应的铁心磁场强度H_i为560A/m，于是可知铁心段磁路所需的磁动势为

$$F_i=H_il_i=(560\times0.354)\ \mathrm{A}=198\mathrm{A}$$

设不计气隙g处的磁通扩散现象，则气隙与铁心中的磁通相同，因此气隙的磁通密度、磁场强度和所需磁动势分别为

$$B_g=\frac{\Phi}{A_g}=\frac{1\times10^{-3}}{20\times10^{-3}\times40\times10^{-3}}\mathrm{T}=1.25\mathrm{T}$$

$$H_g=\frac{B_g}{\mu_0}=\frac{1.25}{1.257\times10^{-6}}\mathrm{A/m}=0.994\times10^6\mathrm{A/m}$$

$$F_g=H_g\,l_g=(0.994\times10^6\times6\times10^{-3})\mathrm{A}=5967\mathrm{A}$$

该磁路所需的总磁动势为

$$F_t=F_i+F_g=(198+5967)\mathrm{A}=6165\mathrm{A}$$

励磁线圈所需电流为

$$I=\frac{F_t}{N}=\frac{6165}{1000}\mathrm{A}=6.165\mathrm{A}$$

由以上数值可见，铁心段虽然长度较气隙长了近60倍，但其所需磁动势却仅占总磁动势的3.2%。因此，在计算电机磁路时，可以只计算气隙段所需磁动势，亦不会带来太大的误差。

本例磁路，如不计铁心段的磁阻，并设叠片因数为1。当励磁线圈中流通2.50A的励磁电流时，计算铁心中的磁通和磁通密度。

解　图0-22c的等效磁路中，依题意有$\Omega_i=0$

气隙磁阻为

$$\Omega_g=\frac{l_g}{\mu_0 A_g}=\frac{6\times10^{-3}}{1.257\times10^{-6}\times20\times10^{-3}\times40\times10^{-3}}\text{A/Wb}=5.966\times10^{6}\text{A/Wb}$$

磁路的磁通为

$$\Phi=\frac{F}{\Omega_g}=\frac{1000\times2.5}{5.966\times10^{6}}\text{Wb}=0.419\times10^{-3}\text{Wb}$$

磁通密度为

$$B=\frac{\Phi}{A}=\frac{0.419\times10^{-3}}{0.8\times10^{-3}}\text{T}=0.523\text{T}$$

如果要计及铁心部分的磁阻Ω_i，因铁心材料的磁导率μ是磁通密度B的函数，在未求得该段磁路段的磁通密度B时，无法确定该段的磁导率μ。所以虽然已知各段磁路的尺寸亦不能算得相应的磁阻。解决的办法是用试探法、逐步逼近法。借助所用材料的B—H曲线和计算值，即可迅速求出该磁路的磁化曲线$B=f(F)$，在该曲线上便可从已知的磁动势F找出相应的磁通密度。这与非线性电路的解法相似，这里不再赘述。

0-3　一圆形铁环的平均半径为30cm，铁环的截面积为一直径等于5cm的圆形，在铁环上绕有线圈，当线圈中的电流为5A时，铁心中的磁通为0.003Wb，试求：

1）线圈应有的匝数；

2）若铁环不是闭合的而留有1mm的空气隙，不计气隙处的磁通扩散现象，则线圈应有匝数为多少。

铁心系铸钢制成，其磁化曲线数据如下：

H/A·cm^{-1}	5	10	20	30	40	50	60	80	110	140	180	250
B/T	0.55	1.10	1.36	1.48	1.55	1.60	1.64	1.72	1.78	1.83	1.88	1.95

注：应用磁化曲线从已知B求对应H时，可用插值法。

0-4　例题

设有一长方形线框，其尺寸如图0-23所示。$a=10$cm，$b=20$cm，其上绕线圈100匝，线框环绕b边中点的轴线以均速$n=1000$r/min旋转，磁场为均匀分布的交变磁场，交变频率为50Hz，其最大磁密$B_m=0.8$T，试求：

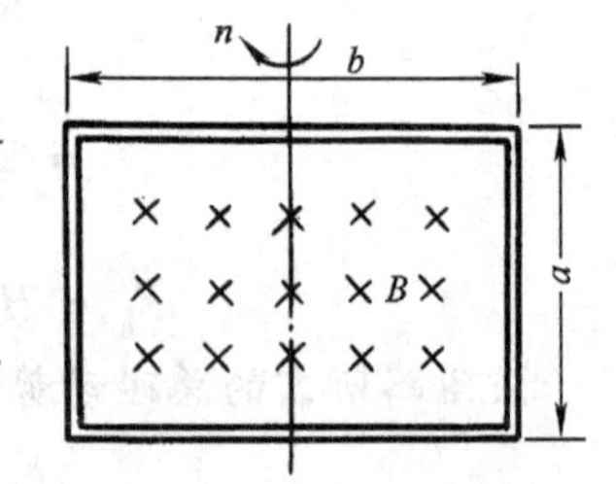

图0-23　习题0-4图

1）设线圈不动，其平面与磁力线垂直时，线圈中感应电动势表示式；

2）设线圈不动，其平面与磁力线间有60°的夹角时，线圈中感应电动势表示式；

3）设线圈以$n=1000$r/min的速度旋转时，且当线圈平面垂直于磁力线时交变磁通适达最大值，线圈中感应电动势表示式。

解　1）线圈此时的最大磁链为

$$\Psi_m=N\Phi_m=(100\times0.8\times0.1\times0.2)\text{ Wb}=1.6\text{Wb}$$

交变磁场的角频率

$$\omega = 2\pi f = 2\pi \times 50\text{s}^{-1} = 314\text{s}^{-1}$$

令磁通为最大值时 $t=0$，则磁链随时间变化为

$$\Psi = \Psi_m \cos\omega t = 1.60\cos 314t\ \text{Wb}$$

故得感应电动势表示式为

$$e = -\frac{d\Psi}{dt} = 1.60 \times 314\sin 314t\ \text{V} = 502\sin 314t\ \text{V}$$

2）当线圈平面与磁力线间有60°夹角时

$$\Psi_m = N\Phi_m \sin 60° = 1.60 \times 0.866\text{Wb} = 1.385\text{Wb}$$

同理可得 $$e = 1.385 \times 314\sin 314t\ \text{V} = 435\sin 314t\ \text{V}$$

3）此时线圈的旋转机械角速度为

$$\Omega = 2\pi n/60 = 2\pi \times \frac{1000}{60}\text{s}^{-1} = 104.7\text{s}^{-1}$$

当交变磁通为最大值时，令 $t=0$，此时线圈的磁链也有最大值，即

$$\Psi_m = 1.60\text{Wb}$$

磁链随时间变化关系为

$$\begin{aligned}\Psi &= \Psi_m \cos\omega t \cos\Omega t \\ &= \frac{\Psi_m}{2}\left[\cos(\omega-\Omega)t + \cos(\omega+\Omega)t\right] = 0.8 \times \left[\cos 209.3t + \cos 418.7t\right]\ \text{Wb}\end{aligned}$$

于是有 $$e = -\frac{d\Psi}{dt} = (167\sin 209.3t + 335\sin 418.7t)\ \text{V}$$

0-5 习题0-4中的线框，位于均匀的恒定磁场中，磁通密度 $B=0.8\text{T}$，当线圈中通以10A直流电时：

1）当线圈平面与磁力线垂直时，线圈各边所受的力是多少？作用力的方向如何？作用在该线圈上的转矩为多少？

2）当线圈平面与磁力线平行时，线圈各边所受的力是多少？作用力的方向如何？作用在线圈上的转矩为多少？

第二篇

动力电机

第一章　直流电机

第一节　直流电机的基本功能与用途

直流电机的主要功能是实现直流电能与机械能之间的转换。亦即是直流发电机和直流电动机。

作为直流电源的直流发电机，必须有原动机来驱动，以输入机械功率。输入直流发电机的机械能，以电机中的磁场为媒介实现机电能量转换，最后才获得直流电能。鉴于这样的一个过程和相应的装置有结构复杂、效率偏低、需要频繁维护等不利因素，因此已逐渐被整流装置所替代，后者将在电子技术课程内讲授。小容量的直流电源，又往往为便于携带的各种蓄电池所替代。故而直流发电机的重要性及应用范围已失去了昔日的辉煌。

直流电动机却不然，因为它具有调速性能好（调速范围宽广、能迅速实现加速或减速、操作方便和调速的经济性高）的突出优点，故仍有一定的使用场合。如需要任意调节转速和转矩的大型造纸机、轧钢机中经常可以看到直流电动机（功率可达几千甚至近万千瓦）和它专用的直流电源（M-G系统）。此外，电气机车、各种起重机、电动汽车、自行车、电瓶车、携带式电动工具等仍经常采用各种性能的直流电动机。虽然近期由于电子器件和电子技术的发展导致交流调速得到了迅速的发展，大大压缩了直流电机的应用场合，可是静止整流器和蓄电池的发展，又给直流电动机保留甚至开拓了应用范畴。

第二节 直流电机的基本作用原理

电机一般有两类绕组：主要用来激励电机内部磁场的**励磁绕组**；产生感应电动势的绕组，它是电机中实现能量转换的一个枢纽，故被称为**电枢绕组**，并将其所处的铁心叫做**电枢铁心**。

机械角度和电角度。由图 0-15 已知导体与磁场相对移过一对磁极，导体电动势 e_c 变化一个周期。在电路理论中，认为一个周期为 360°电角度。为此，在电机理论中相应地把一对磁极所对应的角度亦定义为 360°电角度。在几何学中早已把一个圆周所对应的角度定为 360°机械角度，分析电机时常需把机械角度化为电角度，显然，将机械角度乘以磁极对数 p，便表示为相应的电角度。

一般直流电机均系磁极（励磁线圈）固定，电枢旋转的结构型式。为简明地说明直流电机的工作原理，可用图 1-1 所示最简单的直流电机模型来加以阐明。图中定子为磁极，未画出励磁线圈，转子电枢线圈 abcd 两端连接有两圆弧形铜瓦 A 和 B，它们由绝缘体隔开，安装在转子上与线圈一起旋转，称为两片换向片，由它们形成了一个最简单的仅有两片换向片的换向器。b_1 和 b_2 是两块静止不动的电刷，用以从换向器引入或导出电枢的电动势和电流。

由前文已知，当导体与气隙磁场有相对运动时将产生感应电动势，它随时间的变化规律

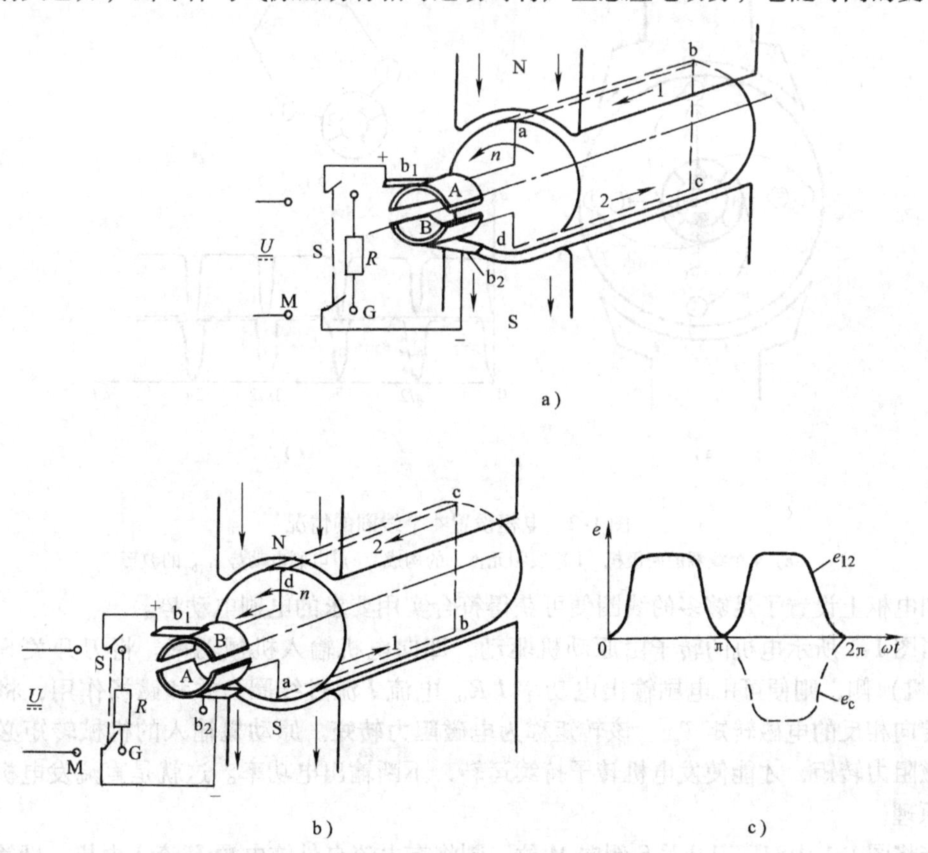

图 1-1 直流电机最简模型

a）电刷与换向片图 b）由“a”转过 180° c）$e=f(t)$

与气隙磁场沿电枢表面的空间分布规律相一致。如图1-1所示，线圈的电动势是随时间变化的一个交流电动势。但由电刷引出的电动势e_{12}却不再是交变电动势了。因为电刷b_1总是通过换向片和位于N极面下的导体相连通；同样，电刷b_2总是和位于S极面下的导体相连通。图1-1a所示瞬间，电刷b_1和换向片A相接，电刷b_2与换向片B相接。由右手定则可知，电刷的极性是b_1为“+”，b_2为“-”。当转子转过半圈，如图1-1b所示，导体ab和cd交换了位置，其中的电动势亦改变了方向，换向片的极性也倒转，A为“-”，B为“+”。可是此刻电刷b_1已改为与换向片B相接，电刷b_2与换向片A相接，故**电刷的极性不变**，仍是b_1为“+”，b_2为“-”。图1-1c表示了线圈电动势e_c和电刷电动势e_{12}随时间变化的情况。可见e_{12}犹如e_c的全波整流那样，为一含有很大脉动分量但极性不变的直流电动势。这种电动势由于脉动太大，不适合应用。

如在图1-1a的电枢上，增加线圈，如图1-2a所示。图中①表示放在槽中的上层导体；①′为放在槽中下层的导体。①和①′构成线圈1，如图1-2b所示。图1-2a中共有4个线圈，它们通过换向片连接起来。由电刷b_1b_2引出的将是线圈1和线圈2的串联电动势；线圈3和4的电动势亦串联后由电刷b_1b_2引出，如图1-2a所示。线圈1的电动势e_1和线圈2的电动势e_2在时间上相差90°电角度，如图1-2c所示。电刷电动势$e_{b_1b_2}$为e_1和e_2之和，可见此时的电刷电动势的脉动较图1-1c要平稳。

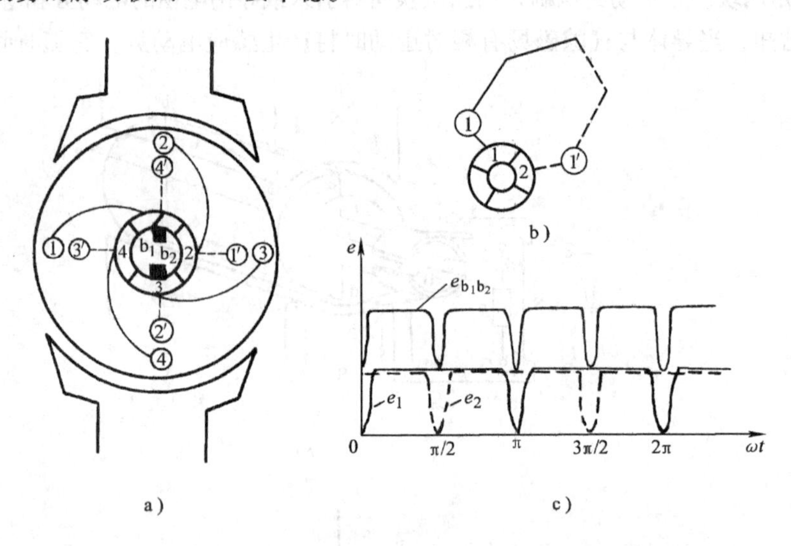

图1-2　电枢设置4个线圈的情况

a) 4个线圈的两极机　b) 线圈元件1的构成　c) 电刷电动势$e_{b_1b_2}$的波形

如电枢上设置了足够多的线圈便可获得符合实用要求的电刷电动势。

当图1-1所示电机的转子由原动机驱动，即向电机输入机械功率。将刀开关S倒向G（发电机）侧，则便可由电刷输出电功率I^2R。电流I流过线圈，并和磁场作用，将产生与转子转向相反的电磁转矩T_{em}。该转矩称为**电磁阻力转矩**。原动机输入的机械转矩必须克服该电磁阻力转矩，才能使发电机转子持续运转，不断输出电功率。这就是直流发电机的基本工作原理。

当将图1-1中双掷刀开关S倒向M位，则将有电流自外施电源U流入电机，即输入电功率。由于换向片的作用，线圈导体中的电流便不断改变方向，导体每转到N极面下时，电流便

自电刷 b_1 流入；导体转到S极面下时，电流便向电刷 b_2 流出。由左手定则可知，导体上所受电磁转矩 T_{em} 的方向始终是逆时针方向，为**驱动转矩**，电机转子将输出机械功率。导体旋转又将引起感应电动势，由右手定则可知该电动势对外施电源是一**反电动势**，外施电源电压必须大于反电动势才能不断输入电功率和输出机械功率。这就是直流电动机的基本工作原理。

第三节　直流电机的基本结构

图1-3所示为直流电机的剖面示意图，并画出了主磁场 Φ 的路径，它流经两次磁极、两次气隙、转子电枢铁心和定子磁轭。图1-4为直流电机的结构图。下面分别对直流电机的主要构件作简要说明。

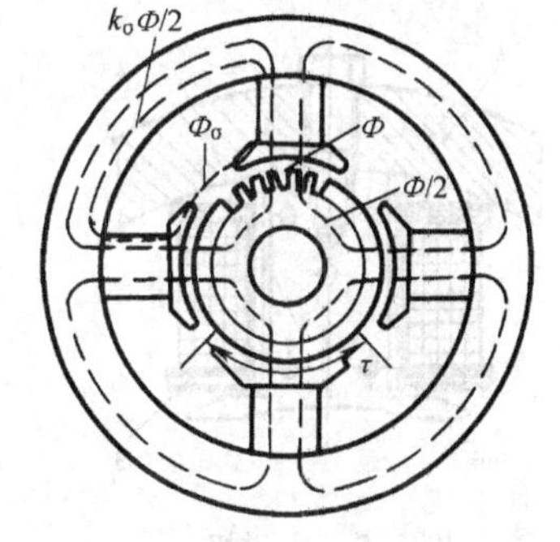

图1-3　直流电机的剖面示意图

一、主磁极与励磁线圈

如图1-5所示，它的铁心由厚1～1.5mm的钢片叠压紧固而成，磁极近气隙处截面较大的部分称为**极靴**，其作用除了改善气隙磁场的分布外，尚便于固定套在极心上的励磁线圈。极靴表面沿着圆周的长度称为**极弧**。沿着电枢圆周表面相邻两个磁极中心间的距离称为**极距 τ**。极弧与极距之比通常为0.6～0.7。主磁极是由螺杆固定在和底座相连的由钢板卷成的**磁轭**（机壳）上。

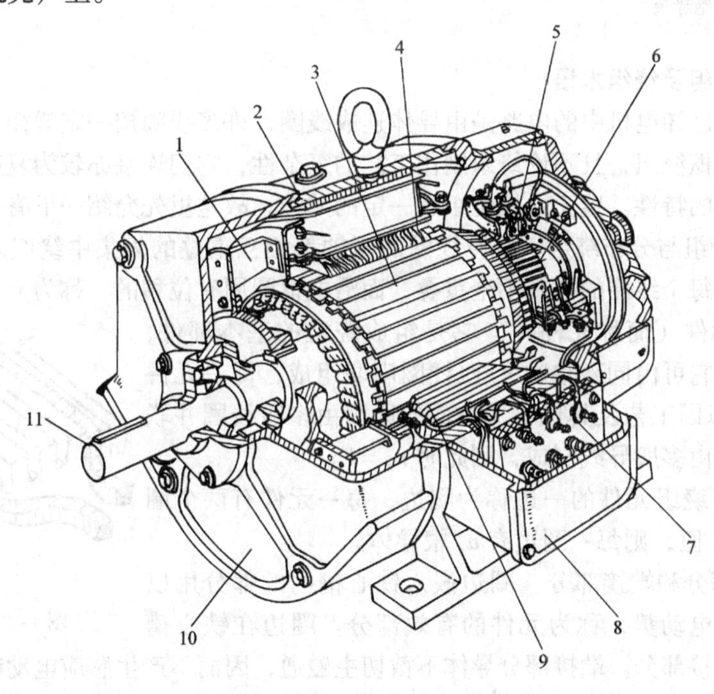

图1-4　直流电机的结构图

1—风扇　2—机座　3—电枢　4—主磁极　5—电刷及其附件　6—换向器
7—接线板　8—出线盒　9—换向极　10—端盖带轴承座　11—转轴

励磁线圈。根据不同要求用不同截面的绝缘铜线用线模在绕线机绕制后，经过绝缘处理，然后套在主磁极上。励磁线圈可以直接和外施直流电源连接，亦可和电枢绕组并联或串联。前者称**并励线圈**常由匝数较多、截面积较小的圆形铜线绕成；后者则常由匝数较少，截面积较大的矩形扁铜线绕成，称**串励线圈**。励磁线圈联接时应使相邻主磁极呈不同极性，即使N、S极交替排列。主磁极如用永久磁铁制成，则毋需再设置励磁线圈。

二、电枢铁心

虽然直流电机的主磁场是恒定磁场，但由于电枢铁心在主磁场中旋转，电枢铁心中的磁通是交变的。为减小铁心损耗它由0.5mm厚的电工钢片叠压而成。小型电机的电枢铁心冲片如图1-6a所示，可直接压装在转轴上，大型电机则先将冲片压装在转子支架上，再将支架和转轴固定在一起。冲片表面凹凸外形叠成后形成安置电枢绕组的齿槽，如图1-6b所示。

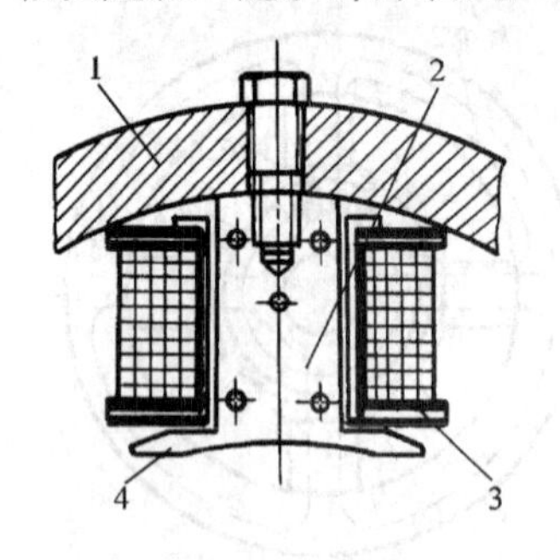

图1-5　主磁极

1—磁轭　2—极心

3—励磁线圈和绝缘板

4—极靴

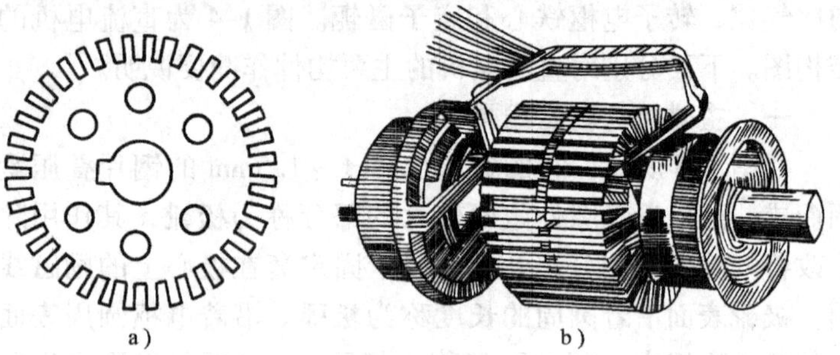

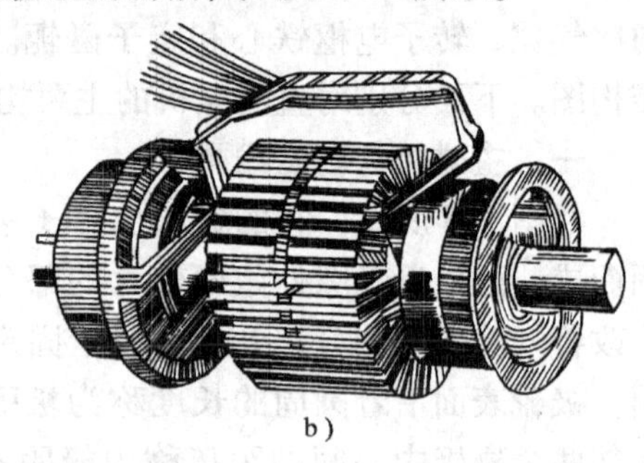

图1-6　电枢铁心

a) 冲片　b) 外貌

三、电枢绕组及绕组术语

电枢绕组。已知电机中的电路是由导体连成线圈，许多线圈按一定规律连成电气性能各异的不同型式电枢绕组，且不论绕组制作工艺的复杂性，它们连接亦较为复杂，而且不同的连接方法有不同的特性。鉴于电机绕组有一定的共性，故这里先介绍一下有关的术语。

(1) 集中绕组与分布绕组　每匝线圈的磁轴都相互重叠的为集中绕组。线圈沿电枢铁心槽分布放置，每个线圈的磁轴不全重叠，而沿电枢圆周有位移的，称为分布绕组。

(2) 绕组元件（简称元件）　它是组成绕组的基本部件，如图1-7所示，它可由同磁轴的n_c匝线圈串联组成，即一元件有n_c匝，亦可以因工艺及其他电气方面的原因由多匝线圈并联组成，亦即元件由多股导线制成，则此时$n_c=1$。

(3) 圈边　绕组元件的一边称为圈边，每一元件有两个圈边。设元件有n_c匝，则每一圈边有n_c根导体。

(4) 有效部分和端接部分　圈边嵌入铁心槽内的部分用以截切磁通而感应电动势，称为元件的有效部分。圈边在铁心槽外的部分称为端接部分。端接部分导体不截切主磁通，因而不产生感应电动势，仅作为有效部分的连接线。

图1-7　绕组元件

(5) 单层绕组和双层绕组　每个电枢铁心槽中只有一个圈边的为单层绕组，如有两个上下放置的圈边则称为双层绕组。直流电机全用双层绕组，交流电机大多亦为双层绕组。

(6) 虚槽　大型电机中，每一铁心槽中可能有c个圈边并列，如图1-8所示。此时为分析绕组的方便常引入一个虚槽的概念，即取槽中一个上层圈边与一个下层圈边组成一个虚

槽。图中 $c=3$，$n_c=4$。令 Q 为实际槽数，Q_e 为虚槽数，则有

$$Q_e = cQ \tag{1-1}$$

一个元件有两个圈边，一个虚槽由两个圈边组成，因此绕组的元件数 S 等于虚槽数。

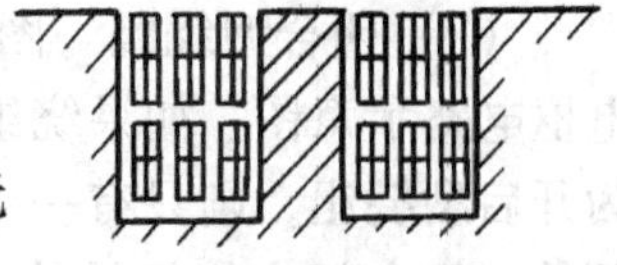

图 1-8 说明虚槽示意图

(7) 绕组节距 绕组节距是描述元件宽度和元件间连接方式的几个重要术语。**第一节距** y_1 表示元件的宽度。一个元件的两个圈边是放置在电枢铁心的两个槽中的，故以其所跨越的虚槽数而不用几何尺寸来表示 y_1。出于结构的对称性，元件的两个圈边是这样放置的，即其一个圈边放在槽的上层(用实线表示)，其另一个圈边则在下层（用虚线表示），如图 1-9 所示。我们称绕组中前一元件的下层圈边与相联的后一元件的上层圈边之间的距离为**第二节距** y_2，亦用虚槽数表示。紧相串联的两个元件的对应圈边在电枢表面上所跨过的距离称为合成节距 y。参看图 1-9b，如以 y_1 的行进方向为正，则 y_2 的行进方向与 y_1 相同时亦为正；反之，若 y_2 的行进方向与 y_1 相反时则为负，如图 1-9a 所示。于是合成节距是第一、第二节距的代数和

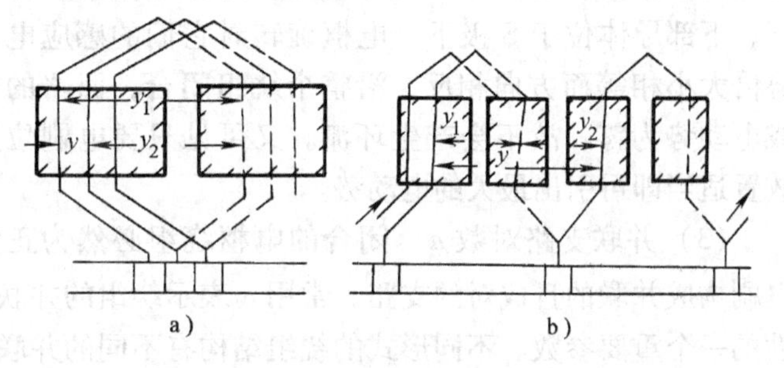

图 1-9 绕组节距

a) y_1（+）、y_2（−）叠绕组 b) y_1（+）、y_2（+）波绕组

$$y = y_1 + y_2 \tag{1-2}$$

(8) 整距绕组、短距绕组 为了使元件中的感应电动势获得最大值，元件的宽度第一节距应等于一个极距 τ。因节距用虚槽数表示，所以极距 τ 除了用尺寸（单位为 m）表示外，也常用虚槽来度量，即 $\tau = Q_e/(2p)$。圈边必须位于槽内，所以极距 $Q_e/(2p)$ 为整数时，取 y_1 亦等于 $Q_e/(2p)$，这样的元件构成的称为整距绕组。如 $Q_e/(2p)$ 不能为整数，常取 y_1 为略小于 $Q_e/(2p)$ 的整数，为短距绕组。直流电机常取整距或尽量接近整距的短距绕组，以获得尽可能大的感应电动势；交流电机常有意选择适当的短距绕组以改善电动势波形。

(9) 开启式绕组和闭合式绕组 绕组自一圈边出发，依次串联所有该绕组的圈边后，即行停止，即绕组有作为对外引出端的绕组出发端和终止端，这种绕组称为开启式绕组，常用于交流电机。绕组从电枢上某一圈边出发，按一定规律串联了电枢上所有圈边后仍返回到出发点，形成无头无尾的闭合回路，这样的绕组被称为闭合式绕组，常用于直流电机。

四、直流电机电枢绕组的特点

直流电枢绕组除了具备各种上述绕组共性外，尚有下列个性特点：

(1) 带有换向器 直流电枢绕组与换向器是连成一体的。每个元件的两个端点分别连到两片换向片，每片换向片都连到两个不同元件，换向片成了两个元件串联的连接点。显然，换向器上换向片的数目 K，与绕组的元件数及电枢的虚槽数相等，当 S 代表元件总数时，则有

$$K = S = Q_e \tag{1-3}$$

令 Z 为电枢绕组总的导体数，则有

$$Z = 2Sn_c = 2Q_e n_c = 2cQn_c \tag{1-4}$$

（2）闭合型绕组　图1-10表示了未画出换向器的电枢电路示意图。如果绕组在某处断开（图中×处）成为开启型绕组，则只有一半导体在工作，显然是极不合理的。只有闭合绕组导体才能在任何时候都正常工作。闭合绕组要满足两个要求：闭合电路中不应有环流；能将电动势合理引出。由图1-10可见，上部导体位于N极下，下部导体位于S极下，电枢旋转时它们的感应电动势恰大小相等而方向相反，沿整个绕组闭合，回路的合成电动势为零，故不会产生环流。又可见只要电刷位置放置适当即可引出最大的电动势。

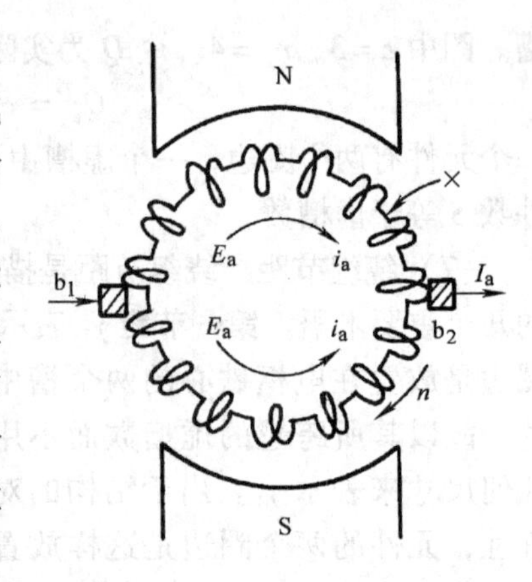

图1-10　电枢电路示意图

（3）并联支路对数 a　闭合的电枢绕组必然为正负电刷构成并联的且成对的支路，常用 a 表示绕组的并联支路对数。a 是反映直流电枢绕组特性的一个重要参数。不同形式的绕组结构有不同的并联支路对数。

（4）电刷位置　电刷是静止的，其位置是相对固定的。放置的原则是能够从换向器引出最大的电动势。由图1-10可见只有电刷放在与两极中间轴线（称**几何中性线**）处导体相联通，才可引出最大电动势。一般说来，元件端接部分是对称制作的，所以元件宽度等于或接近一个极距时，位于几何中性的圈边必然连到位于磁极中心线处的换向片。电刷是通过换向片联通元件圈边的。因此电刷的实际位置是在磁极中性线处。电刷的对数一般等于电机磁极对数。

下面举两个具体的简单绕组例子以进一步加强对直流电枢绕组的理解。

五、单叠绕组

图1-11所示为一单叠绕组的展开图。它不反映具体几何尺寸，只表示元件、换向器、电刷和主磁极的相互关系。图中实线表示上层圈边，虚线表示下层圈边，一实一虚两根线表示一个虚槽。换向片及其相连的上层圈边和它所属元件取同一编号，槽按其中上层圈边编号。

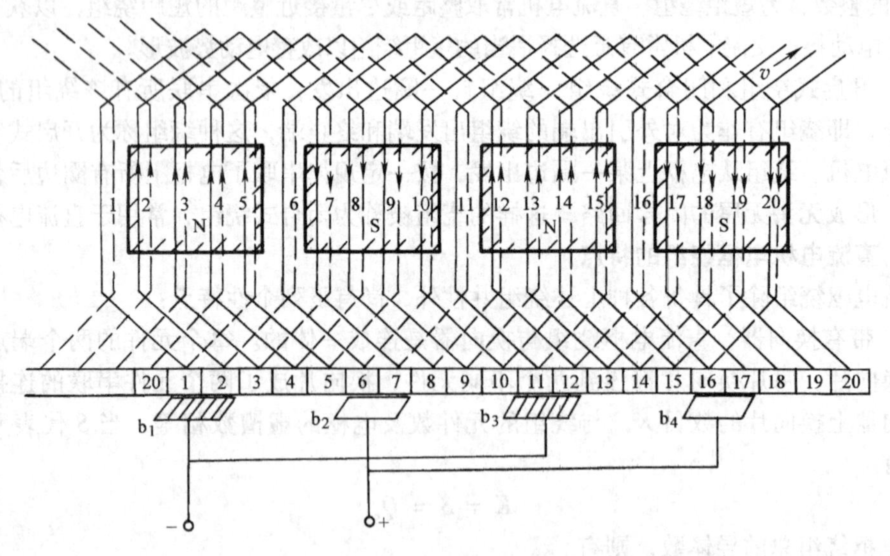

图1-11　单叠绕组的展开图

图示单叠绕组的各项数据如下：

$$Q=20,\quad c=1,\quad Q_e=Q,\quad n_c=1,$$
$$S=20,\quad K=20,\quad \tau=5,\quad p=2,$$
$$y_1=5,\quad y_2=-4,\quad y=1,\quad m(\text{场移})=1,$$
$$a=2$$

图 1-12 表示了上述单叠绕组的元件连接次序和该瞬间的电路图。图中所示该瞬间元件 1、6、11、16 正在换向过程中，它们中的电流经过被电刷短路的过程改变了方向，我们称元件被电刷短路的全过程称为**换向周期**。元件随电枢旋转，电刷固定不动，所以每个元件都有换向过程，前一元件换向结束，后一元件便开始进入换向过程。换向过程中元件中的电磁现象将在后文中讨论。

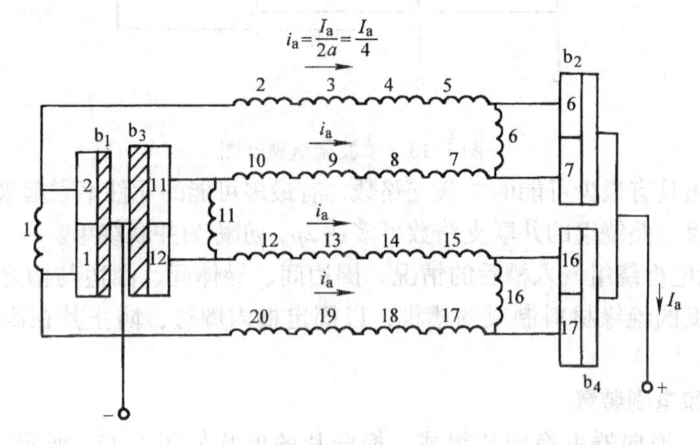

图 1-12　图 1-11 单叠绕组所示瞬间的电路图

上述绕组中后一元件叠在前一元件上，故称叠绕组，前一元件与紧相连的后一元件移过一个虚槽，亦即 $y=1$，故称单叠绕组，其主要特点是绕组的并联支路对数等于极对数 $a=p$。推理，如上述叠绕组中令 $y=2$，即为**双叠绕组**，相当于两个单叠绕组并联而成，其特性为 $a=2p$。

六、单波绕组

如图 1-13 所示，图中编号方法同前。它的各项数据如下：

$$Q=19\qquad c=1\qquad Q_e=19\qquad n_c=1$$
$$S=19\qquad K=19\qquad \tau=4\frac{3}{4}\qquad p=2$$
$$y_1=5\qquad y_2=4\qquad y=9\qquad a=1$$

单波绕组的特征是后一元件不是和前一元件相重叠，而是像波浪似的向前放置，一个元件跨过一对极，经过 p 个元件跨过 p 对极后，不能回到起点，应返回到起点左或右侧槽中，绕组才能继续放置下去。因此波绕组的换向片数（或虚槽数）和磁极数的配合受到制约，即 K/p 不能等于整数。定义前后相连的元件在磁场中移过的距离为**场移**，用 m 表示。即经过 p 个元件才在磁场中移过一个槽，即有 $pm=1$，亦因而称这种绕组为单波绕组，其特性是 $a=1$。

如经过 p 个元件跨过 p 对磁极后，返回到起点左侧相隔一槽，即 $pm=2$，便是双波绕组。它相当于两个单波绕组由电刷并联起来，其特性是 $a=2$。

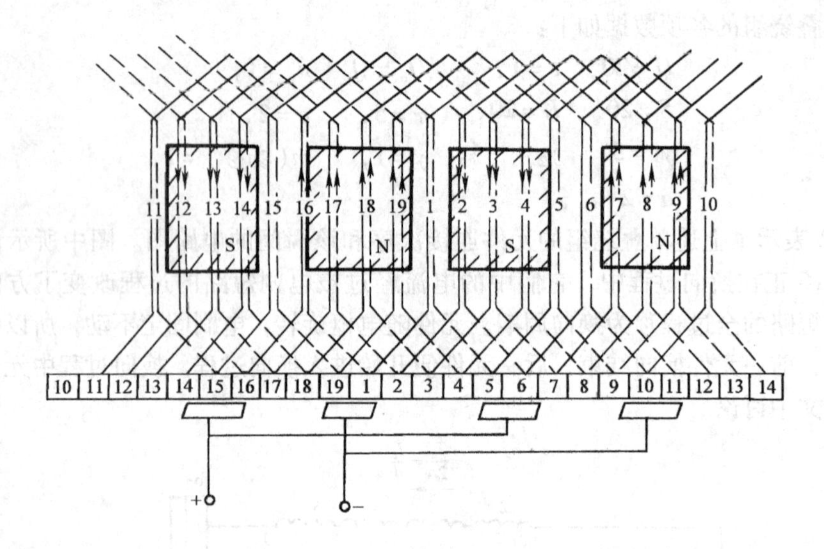

图 1-13　单波绕组展开图

鉴于单波绕组具有最少可能的并联支路数，有最多可能的元件串联起来，故波绕组又称为串联绕组。相反，叠绕组的并联支路数可多达 $2p$，亦称为并联绕组。

图 1-14 表示电枢绕组嵌入槽后的情况。圈边间、导体间、圈边与槽之间均须绝缘。槽口有具有一定刚度的绝缘材料制成的槽楔，以固定槽内圈边，防止其在高速旋转时飞出槽外。

七、换向器和电刷装置

（1）换向器　换向器由换向片组成。换向片的形状如图 1-15a 所示，为燕尾形铜片。换向片嵌入金属套筒的 V 形槽中排列成圆筒形，如图 1-15b 所示。片间及片与套筒间用云母绝缘。现在小型直流电机的换向器系用塑料热压工艺使换向片固定为换向器。换向片高出部分有小凹槽，用以和绕组元件的线端相焊接。

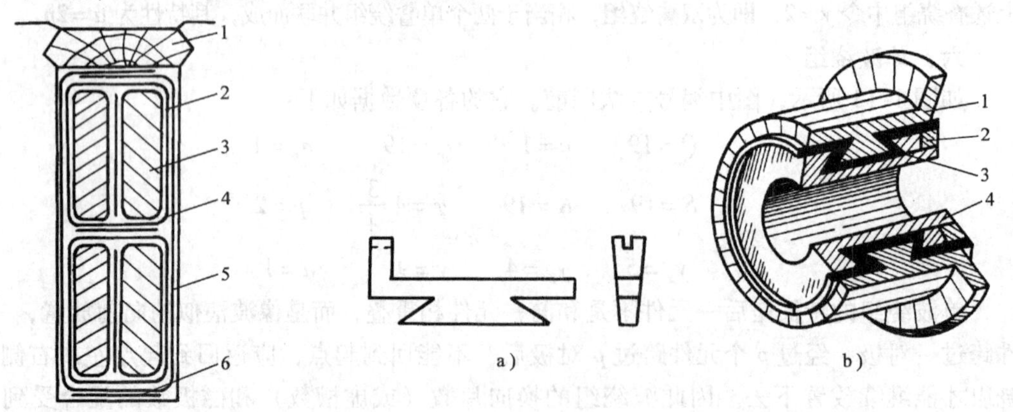

图 1-14　导体圈边在槽内的情况
1—槽楔　2—线圈绝缘
3—导体　4—层间绝缘
5—槽绝缘　6—槽底绝缘

图 1-15　换向器的构造
a）换向片　b）换向器切面图
1—换向片　2—垫圈
3—绝缘层　4—套筒

（2）电刷装置　直流电枢绕组中的电流由旋转着的换向器通过静止的电刷流向外电路。

电刷一般用碳—石墨制成，电刷插在刷握中。电刷上固定有称为刷辫的多股柔软导线通到电机的接线柱。为保持电刷与换向器有良好的接触并防止两者压得过紧而引起磨损，在刷顶上有可调节的弹簧压板。如电枢电流较大时，可用几个刷握电刷并列成一组。图 1-16 中是两个刷握成一组。围绕换向器有 $2p$ 组电刷均匀分布并固定在座圈上。座圈固定在机座或端盖上，座圈可以适当转动，以微调电刷组在换向器上的位置。刷握和座圈间应妥善绝缘。

八、换向极

在两个主磁极之间常有用来改善换向的小磁极，结构基本与主磁极相同，换向极线圈由匝数较少的粗导线组成，它流过的是电枢电流。

九、气隙

直流电机定子为凸极，转子表面呈圆柱形。因此，沿转子圆周气隙是不均匀的。即使在主磁极面下由于极靴表面不是纯粹圆弧，气隙亦不均匀（其目的是使气隙磁场分布更合理）。主磁极中心线处气隙最小，该轴线常称为**直轴**用 ***D* 轴**表示；两主磁极中间即几何中性线处气隙最大，称为**交轴**用 ***Q* 轴**表示。

在某些大型直流电机中尚有补偿绕组，它嵌在主磁极极靴的槽中，用以抵消电枢绕组产生的电枢反应磁场带来的不良影响。此外还可能有均压连接线，它是按某些规律连接在换向器上某些换向片间的导线，用以改善由不正常原因引起的环流的危害。

十、机座和端盖

直流电机的机座既是电机结构的机械框架，又是主磁路的一部分。由于流经机座磁轭的是恒定磁通，所以机座一般用钢板弯成圆筒形，再焊接而成，亦可用铸钢制成。圆筒体两端为用螺杆固定的端盖，端盖上装有轴承座，套有轴承的电机转轴由端盖中央穿出。

在工程实际中用图 1-17 所示的圆表示直流机转子，波纹线表示励磁线圈。门形框表示永久磁铁。

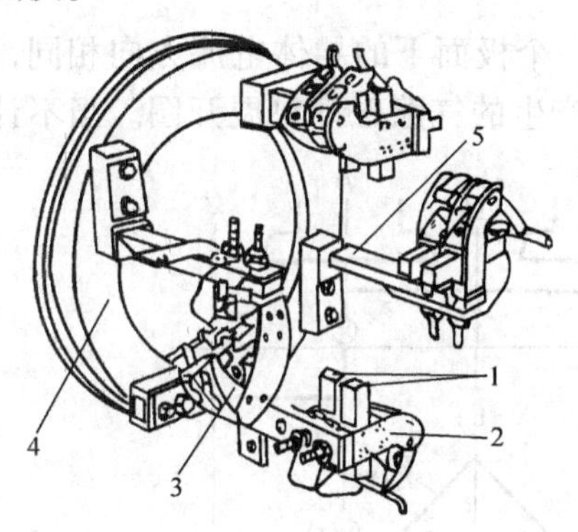

图 1-16　电刷装置

1—电刷　2—刷握　3—弹簧压板

4—座圈　5—刷握杆

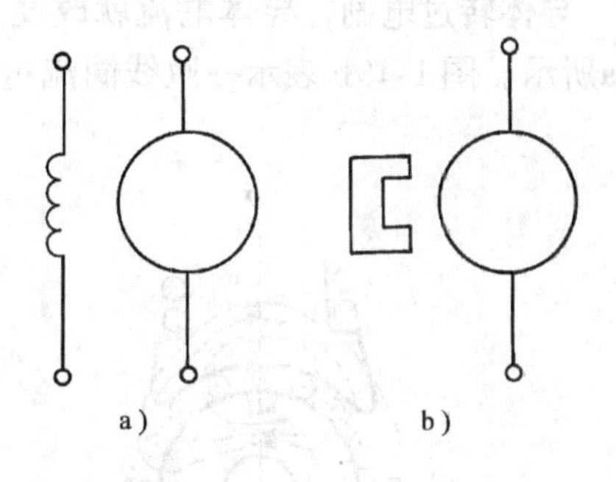

图 1-17　直流电机工程表示

a）电枢和励磁线圈　b）永磁直流电机

第四节　直流电机的基本分析方法

分析电机的基本方法不外乎：研究气隙磁场的特点和作用；写出各个回路的电压方程式；尽可能找出相应的等效电路，最后通过不难的数学方法求出电机的各种运行特性。下面便依此来介绍直流电机的基本分析方法。

一、气隙磁场

气隙磁场中主要是主磁极所建立的主磁场。直流电机的空载是指输出功率 P_2 为零，当为发电机运行时，$P_2=0$，即 $I_a=0$；当为电动机运行时，$P_2=0$，此时有电枢电流，但很小，可以忽略不计，认为电枢电流为零。所以空载时，气隙磁场由主磁极励磁磁动势单独产生。图1-18为直流电机空载气隙磁场示意图。极靴下气隙短，磁场强，最大磁通密度为 B_δ。极靴外气隙大，磁通扩散，磁场减弱。几何中性线处磁通密度为零，磁密分布曲线如图中 $b_0(x)=b_f(x)$ 所示。实际上电枢铁心表面有齿槽，极靴下气隙亦不均匀，面对齿处气隙小相应磁通密度大些，面对槽处气隙大对应的磁通密度小些。图1-18所示 $b_0(x)$ 为不计电枢齿槽影响时的情况。

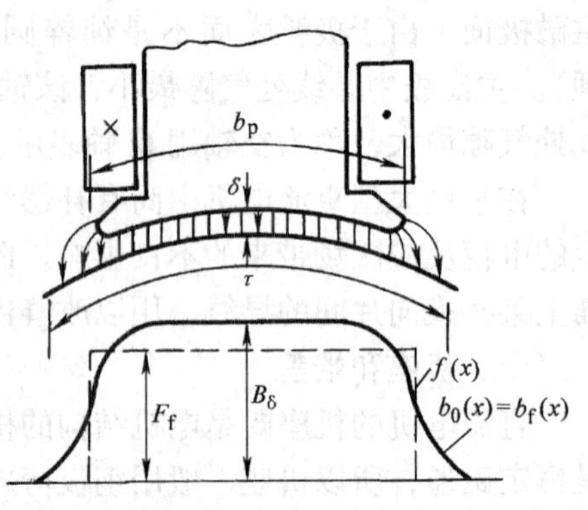

图1-18　直流电机空载气隙磁场示意图
b_p—极弧宽度　τ—极距　δ—气隙
F_f—励磁磁动势

主磁场是为电机能正常工作而特意输入励磁电流激励的。但电机在工作时，电枢绕组必将流通电流，电枢电流亦将在电机中产生磁场，该磁场将使空气隙磁场分布情况改变，这种现象称为**电枢反应**。直流电机中这电枢磁场不是我们故意引入的，是“不请自来”。为此，若它不影响电机正常工作，可任其存在；若有不利影响，则需采取措施来消除其不良影响。

电枢绕组是分布绕组，它产生的气隙磁场和集中绕组（主磁极的励磁线圈）激励的磁场不同。图1-19是常用来分析电枢磁场的示意图。图中未画换向器故电刷放在和位于几何中性线的导体相联通的位置。导体转过电刷，导体电流就改变方向。所以一个极面下的导体电流方向相同，如图1-19a所示。图1-19b表示一匝线圈流过电流 i_a 时所产生的气隙磁动势展开图。当不计铁心

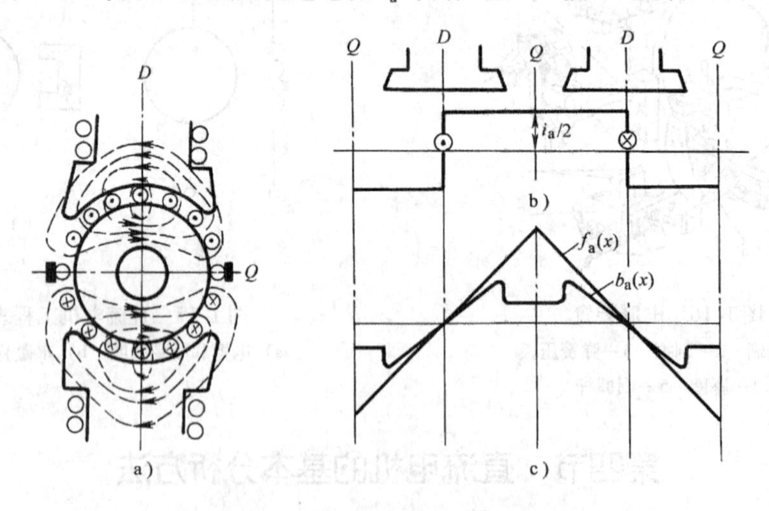

图1-19　直流电机电枢磁场示意图
a）说明电枢电流和电枢磁场的电机剖面示意图　b）一匝电枢绕组的磁动势
c）电枢磁动势和磁场的分布曲线

磁阻时，则磁动势全降落在磁路所经过的两次气隙中，为一幅值为 $i_a/2$ 且正负半周对称的矩形波。其方向由右手螺旋法则确定。每对极面下电枢绕组有 $Z/(2p)$ 匝线圈，将产生 $Z/(2p)$ 个幅值为 $i_a/2$ 的矩形波，但每个波形空间位移一个槽距，每极对下电枢合成磁动势即为 $Z/(2p)$ 个矩形波叠加而成的级形波。如不计电枢槽齿的影响，且槽数相当多时，可视作一个位于几何中线（Q 轴）的三角形波。它的幅值为

$$F_{aq} = \frac{1}{2}\frac{Z}{2p}\frac{I_a}{2a} = \frac{ZI_a}{8pa} \tag{1-5}$$

式中，$I_a/(2a)$ 为 i_a，即电枢导体中的电流；Z 为电枢绕组总导体数。

引入一个电机常用的参数 A，称为**线负载**，定义为沿电枢圆周表面每单位长度内的电流安培数。τ 为极距表示沿电枢表面一个主磁极所占的宽度，取其单位为 m，则 A（单位为 A/m）的表示式为

$$A = \frac{1}{\tau}\frac{Z}{2p}\frac{I_a}{2a} = \frac{ZI_a}{4pa\tau} \tag{1-6}$$

于是式（1-5）可改写为

$$F_{aq} = \frac{1}{2} \times \frac{ZI_a}{4pa}\frac{\tau}{\tau} = \frac{1}{2}A\tau \tag{1-7}$$

A 为电机设计时的一个重要参数，直流电机一般取在 100～600A/cm 范围内，大容量电机用大数值。

磁动势 $f_a(x)$ 产生磁通密度 $b_a(x)$，其间关系取决于各 x 点处的磁阻大小，亦即是其气隙的长短，极面下气隙均匀，$b_a(x)$ 与 $f_a(x)$ 成正比，极靴外交轴处气隙特大，所以虽然该处磁动势最大，但磁通密度反而较小，如图 1-19 中马鞍形曲线 $b_a(x)$ 所示。

电机负载时气隙磁通密度分布波 $b_\delta(x)$ 为主磁场 $b_0(x)$ 与电枢磁场 $b_a(x)$ 的合成。

由图 1-20 可见，由于电枢反应气隙磁场使 $b_0(x)$ 畸变成 $b_\delta(x)$。这个畸形带来三个不利影响：

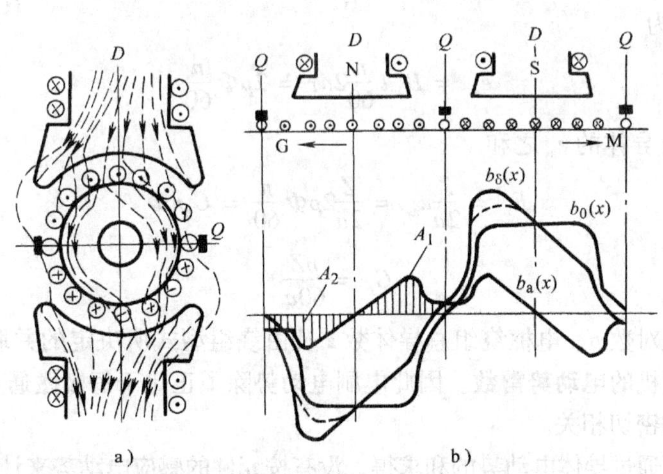

图 1-20 电枢反应

a）负载时合成磁场示意图 b）负载时气隙磁磁分布图

1）气隙磁通密度分布波的过零点偏离几何中性线，Q 轴处磁通密度不为零，将对元件的换向增加困难。这不利影响可用换向极来予以补偿或消除。

2）因饱和作用使每极磁通略有减小，图中 $b_0(x)$ 与 $b_a(x)$ 相加获得 $b_\delta(x)$ 是只适合于线性系统，电机磁路铁心为非线性，应由磁动势 $f_0(x)$ 和 $f_a(x)$ 合成气隙磁动势 $f_\delta(x)$，再由 $f_\delta(x)$ 求出气隙磁通密度 $b_\delta(x)$。有一个极尖处磁动势很大，可能引起该处铁心饱和，相应的铁心磁阻便增大，该极尖处的磁密将如虚线所示，亦即图中面积 $A_2 < A_1$，表示了每极磁通略有减少，这个影响可用适当增加主磁极的励磁电流来解决。

3）可能引起环火烧毁换向器。电枢反应引起的磁场畸变，使某极尖处磁通密度达到很高的数值，电枢元件切割该处磁通密度就将感应较高的电动势，与这些元件相连的换向片间电压相应升高。如这电压超过一定限度时，片间绝缘将被击穿。电枢在旋转，每个元件都将切割那个高磁通密度，导致所有片间绝缘全被击穿而烧毁整个换向器。这时片间会产生所谓电位差火花，在整个换向器表面形成环火。在大型直流电机中常采用补偿绕组来消除这个不利影响。补偿绕组放置在主磁极极靴专门设置的槽中，使电枢电流流过该绕组，其磁动势方向恰和它面对的电枢绕组的磁动势相反，得以消除电枢反应引起的这个不利影响。

气隙磁场的每极总磁通 Φ 可由平均磁通密度 B_{av} 求得，不计电枢反应即相当于电机空载则 B_{av} 是 $b_0(x)$ 在极距 τ 范围内的平均值，如计及电枢反应的去磁作用，则 B_{av} 为 $b_\delta(x)$ 的平均值，显然

$$\Phi = B_{av} l \tau \tag{1-8}$$

式中，l 为电枢铁心长度（m）；τ 为极距（m）。

二、电刷间的感应电动势 E_a

极面下的元件串联成一条支路，E_a 便是支路元件电动势相加的和，因此可方便地用导体的平均电动势 e_{av} 来求取电刷间的电动势亦即并联支路的电动势 E_a。即有

$$e_{av} = B_{av} l v \tag{1-9}$$

式中

$$v = \frac{n}{60} 2p\tau \tag{1-10}$$

式（1-9）可改写为

$$e_{av} = B_{av} l \frac{n}{60} 2p\tau = 2p\Phi \frac{n}{60} \tag{1-11}$$

E_a 为一条支路所含导体的 e_{av} 之和

$$E_a = \frac{Z}{2a} e_{av} = \frac{Z}{2a} 2p\Phi \frac{n}{60} = C_e n\Phi \tag{1-12}$$

式中

$$C_e = \frac{pZ}{60a} \tag{1-13}$$

为一取决于电机极对数 p、电枢绕组总导体数 z 及由绕组型式所决定的并联支路对数 a 的常数，称它为直流电机的**电动势常数**。因此电刷电动势除了正比于每极磁通和电机转速外，亦和电机的绕组结构密切相关。

式（1-12）可通过导体电动势的和求得，没有按元件的感应电动势来计算，即认为绕组元件为整距。若绕组为短距，则实际的电刷电动势要比式（1-12）算出的小。直流电机元件即使是短距，但比整距缩短亦是很小的，对 E_a 的影响极小，在计算电刷间感应电动势时，短距的影响可不予考虑。式（1-12）亦已计入了不同型式绕组的差异，这差异已由式中的并联支路对数 a 来体现了。因此，式（1-12）为适用于各种型式绕组的直流电机电动势的普遍公式。

三、直流电机的电磁转矩 T_{em}

当电枢绕组中有电流流通时，载流的电枢导体和气隙磁场相互作用，将使电枢受到一个电磁转矩。这个转矩的表示式可用推导电刷感应电动势表示式相类似的方法导出。

设流过电刷的电流为 I_a，则电枢导体中的电流为 $I_a/(2a)$，电枢导体轴向有效长度为 l（单位为 m），则气隙 x 处的导体受到的电磁力为

$$F_x = B_x l \frac{I_a}{2a} \tag{1-14}$$

式中，B_x 为气隙 x 点处的磁通密度。

设电枢直径为 D_a（单位为 m），则该导体受到的电磁转矩为

$$T_x = F_x \frac{D_a}{2} = B_x l \frac{I_a}{2a} \frac{D_a}{2} \tag{1-15}$$

它与求电刷感应电动势的方法相同，可用一根导体在一极面下所受的平均电磁转矩来求取：

$$T_{av} = B_{av} l \frac{I_a}{2a} \frac{D_a}{2} \tag{1-16}$$

电枢共有总的导体数为 Z，所以总的电磁转矩 T_{em}（N·m）为

$$T_{em} = ZT_{av} \tag{1-17}$$

因为 $\pi D = 2p\tau$ 及 $\Phi = B_{av} l\tau$，式（1-17）可改写成

$$T_{em} = ZB_{av} l \frac{I_a}{2a} \frac{2p\tau}{2\pi} = \frac{1}{2\pi} \frac{p}{a} Z\Phi I_a \tag{1-18}$$

或

$$T_{em} = C_T \Phi I_a \tag{1-19}$$

式中，$C_T = \frac{1}{2\pi} \frac{p}{a} Z$。

对于已制成的电机来说 C_T 和 C_e 一样是个常数；称为**转矩常数。由式（1-19）可见电机的电磁转矩与电枢电流和每极磁通成正比。**

式（1-19）表示的电磁转矩在电动机中是可用来带动机械负载的驱动转矩；在发电机中就是所谓阻力转矩。

四、电磁功率 P_{em}

熟知转轴上的转矩和角速度的乘积为旋转机械功率。同理，上述转子上的电磁转矩 T_{em} 与转子角速度 Ω 的乘积亦是一种旋转机械功率，称之谓电磁功率 P_{em}，即

$$P_{em} = T_{em}\Omega \tag{1-20}$$

式中，电磁转矩 T_{em}的单位是 N·m，角速度 Ω 与转速 n（单位为 r/min）的关系为 $\Omega = \frac{2\pi n}{60}$。将式（1-12）和式（1-18）引入式（1-20），可得

$$P_{em} = T_{em}\Omega = C_T\Phi I_a \frac{2\pi n}{60} = \frac{p}{a} Z \frac{n}{60} \Phi I_a = E_a I_a \tag{1-21}$$

式（1-21）中，$E_a I_a$是电磁功率 P_{em}的另一种表示形式。

对于发电机，电刷电动势 E_a 与电枢电流同方向，表示转子电枢输出电功率，对应的 $T_{em}\Omega$便是轴上输入的机械功率。对于电动机，I_a 与 E_a 反向，$E_a I_a$ 为转子电枢吸收的电功率，对应的 $T_{em}\Omega$ 为转子输出可以驱动机械负载的机械功率。所以 **P_{em} 是电机的能量转换过程中，电功率和机械功率之间可以互相转换的功率。**图 1-21 表示了电机能量转换的示意图。定子

上的励磁电路虽然没有参与电能和机械能之间的转换，但励磁电流的大小决定电磁耦合的强弱程度，亦就是控制着电磁功率的大小。

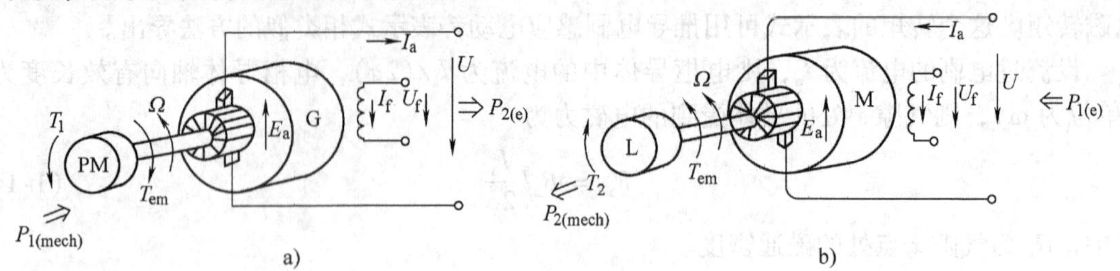

图 1-21 直流电机转子能量转换

a）发电机 b）电动机

PM—原动机 L—机械负载

T_1—来自原动机的发电机 G 的输入转矩

T_2—电动机 M 所驱动的机械负载的阻转矩

五、电压方程式

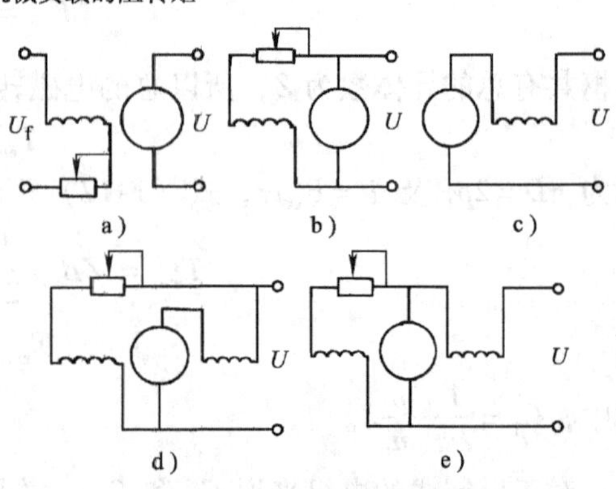

图 1-22 绕组联结方法

a）他励 b）并励 c）串励 d）、e）复励

写回路的电压方程式必须先知道回路的构成。直流电机主要是电枢和励磁两个回路，前文已分别对它们作了简单分析。实际电机中它们之间有下列 4 种连接方式，如图 1-22 所示，它们的联结方式亦称为励磁方式。图 1-22a 为他励方式，励磁回路由外电源独立供电，和电枢回路无电的连接；图 1-22b 为并励方式，两回路并联；图 1-22c 为串励方式，两回路串联；图 1-22d 和 e 为复励方式，励磁线圈有两个：一个为多匝细导线和电枢回路并励；一个为几匝粗导线和电枢串联。图 1-22c 和 d 只是连接时有先串后并和先并后串的差异，串联励磁线圈中电流 I_s 稍有不同而已。

根据图 1-23 可写出并励电机电路方程式为

按发电机惯例有

$$\left.\begin{aligned} E_a &= U + I_a R_a + 2\Delta U \quad (E_a > U) \\ U &= I_f R_f, \quad I_a = I_f + I_L \end{aligned}\right\} \tag{1-22}$$

按电动机惯例有

$$\left.\begin{aligned} U &= E_a + I_a R_a + 2\Delta U \quad (U > E_a) \\ U &= I_f R_f, \quad I_L = I_a + I_f \end{aligned}\right\} \tag{1-23}$$

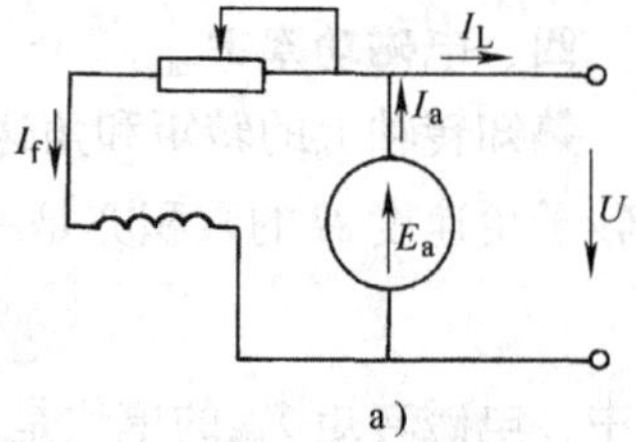

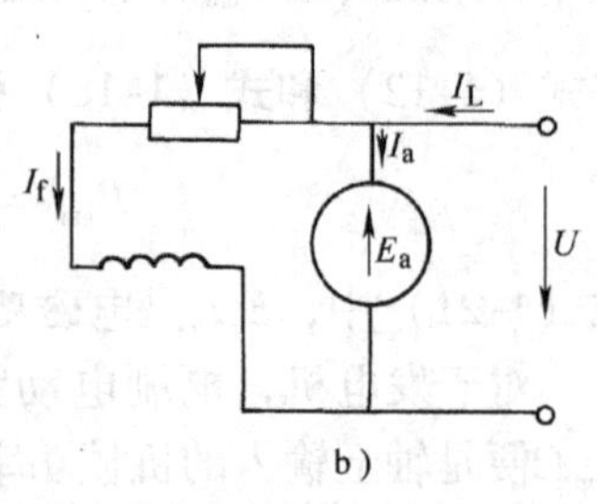

图 1-23 并励直流电机

a）发电机 b）电动机

式中，R_f为励磁回路总电阻（励磁线圈电阻和调节电阻之和）；R_a为电枢回路总电阻；$2\Delta U$ 为电枢电流流过正负两电刷与换向器接触电阻所产生的电压降。

因为碳—石墨与铜制换向器的接触电阻是非线性电阻，它随流过电流的大小甚至流向而变化，具有电流大时阻值小，电流小时阻值大的特性，故电流和该种接触电阻的乘积

即电刷接触电阻电压降 ΔU 却可认为是常数。因此，通常将这接触电阻自 R_a 中移出，以 ΔU 表示于电压方程式中。一般取 $2\Delta U=2V$。

对其他励磁方式，电压方程式有相同形式，唯几个电流（电枢电流 I_a，并励回路励磁电流 I_f，串联励磁线圈电流 I_s，线电流 I_L）之间的关系略有不同而已。

六、功率平衡方程式

对直流发电机，由式（1-22）所示电压方程式两侧乘以电枢电流 I_a，可得电磁功率 P_{em} 的另一种表示式，并注意到图1-23中的 $I_a=I_L+I_f$，有

$$E_aI_a = UI_L+UI_f+I_a^2R_a+2\Delta UI_a \tag{1-24}$$

$$P_{em} = P_2+p_{Cuf}+p_{Cua}+p_{Cub} \tag{1-25}$$

式中，P_2 为输出电功率；p_{Cuf}、p_{Cua}、p_{Cub} 分别为励磁回路、电枢回路和电刷接触电阻的铜耗。

由图1-21a可见，输入机械功率 $P_1=T_1\Omega$，它驱动转轴后，必先供给转子铁心损耗 p_{Fe}、机械损耗 p_{mech} 以及附加损耗 p_{ad}（亦称杂散损耗），余下部分才是可以转换为电功率的电磁功率 P_{em}。附加损耗 p_{ad} 是电机中一些难以准确计算的几种损耗之和，例如换向元件中的铜耗、转子齿槽略过极靴使靴面磁通产生切线方向振动所引起的极靴表面铁耗等。它的数值较小，一般取 $p_{ad}=0.01P_N\left(\dfrac{I_a}{I_N}\right)^2$，$P_N$ 为电机的额定功率。综上所述，功率关系可表示如下：

$$P_1 = P_{em}+p_{Fe}+p_{mech}+p_{ad} \tag{1-26}$$

合并式（1-25）、式（1-26）得并励发电机的功率平衡式

$$P_1 = P_2+p_{Cuf}+p_{Cua}+p_{Cub}+p_{Fe}+p_{mech}+p_{ad} \tag{1-27}$$

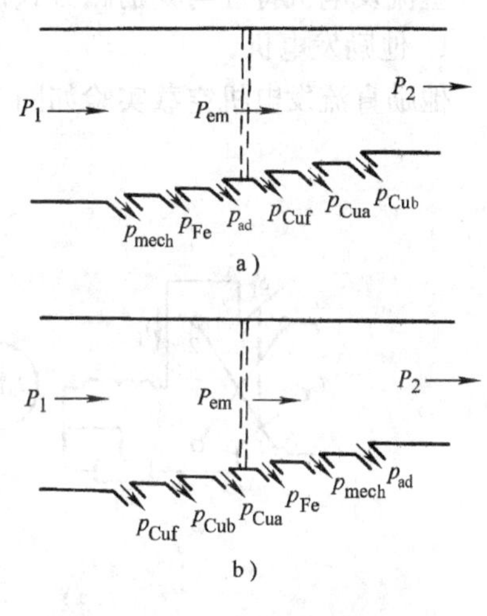

图1-24 直流电机功率流图
a）发电机 b）电动机

式中，p_{Fe} 和 p_{mech} 即使 $I_a=0$、$P_2=0$ 电机空载时亦存在，故称它们之和为**空载损耗 p_0**，即

$$p_0 = p_{Fe}+p_{mech} \tag{1-28}$$

而 p_{Cua}、p_{Cub} 则当电机带有负载 $I_a\neq0$ 时才存在，故称它们为**负载损耗**。

同理，可得直流电动机的功率平衡式为

$$P_1 = P_2+p_{mech}+p_{Fe}+p_{Cua}+p_{Cub}+p_{Cuf}+p_{ad} \tag{1-29}$$

式中，P_1 为输入电功率；P_2 为轴上输出机械功率。

图1-24为式（1-27）、式（1-29）对应绘制的功率流图。

第五节 直流电机的基本特性

一、直流发电机的基本特性

在实际运行时，发电机的转速通常保持不变 $n=c$，其可变的量为负载电流 I_L、端电压

U、励磁绕组中的电流 I_f（或励磁回路中的电阻 R_f）。因此，普遍说来，发电机有4种主要的特性曲线，即将三个变量中一个保持不变，其他两个变量间的关系用直角坐标中的曲线表示，它们是：

R_f = 常数	$U=f(I_L)$	外特性
I_L = 常数	$U=f(I_f)$	负载特性
U = 常数	$I_f=f(I_L)$	调节特性
$U=U_N$	$\eta=f(P_2)$	效率特性

外特性是反映电机运行时候的重要特性。负载特性中 $I_L=0$ 的那一条称为**空载特性**，空载时 $U=E_a$，所以空载特性即是直流发电机的**磁化曲线**，常由它来判断直流发电机工作时铁心的饱和程度。

直流发电机特性与其励磁方式密切相关，现分别讨论如下：

1. 他励发电机

他励直流发电机空载实验如图1-25所示。

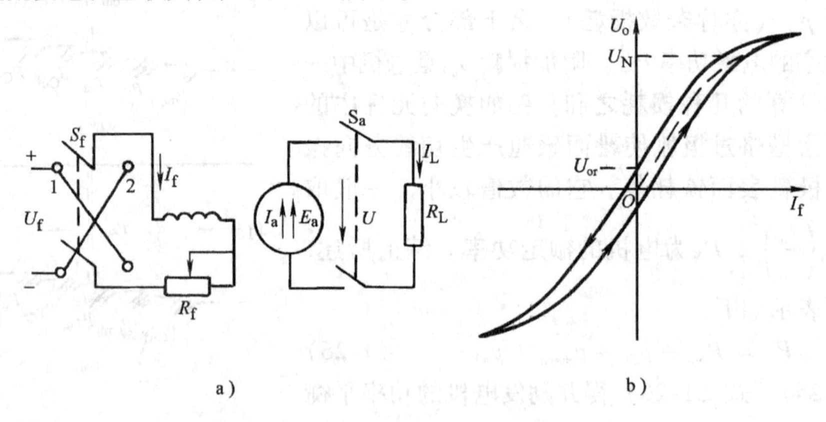

图1-25 他励直流发电机空载实验

a）他励直流发电机接线图 b）空载特性曲线

（1）空载特性 $E_a=f(I_f)$，$I_L=0$。已知 $E_a=C_e n\Phi$，所以空载特性与电机磁化曲线 $\Phi=f(I_f)$ 只相差一个比例常数。后者可以通过第一篇介绍的方法计算获得。写成前者形式更可以通过实验获得，这个实验便是空载试验。发电机由原动机驱动，保持额定转速 n_N 不变。图1-25中刀开关 S_a 打开，$I_L=0$。刀开关 S_f 倒向位置1，调节 R_f 改变 I_f，使 U_0 达到1.1～1.3倍额定电压值，然后逐步减小 I_f 直至 $I_f=0$（断开 S_f），再使 I_f 反向（S_f 倒向位置2），逐渐增大 I_f 使反向的 U_0 与正向 U_0 相等为止，中间逐点记录对应的 I_f 及 U_0 值，即得该直流发电机磁路磁滞回线的一半（下降支）。类似操作可得回线另一半（上升支）。励磁后的直流发电机再将励磁回路断开，$I_f=0$，由于材料的特性会保持很小的磁性，即剩余磁通密度 B_r，它将感应电动势 U_{0r}，一般它只是额定电动势的2%～4%，称为**剩磁电动势**。空载特性曲线如图1-25b所示。

（2）外特性 $U=f(I_L)$，R_f = 常数。由图1-25可见，他励时电枢回路电压方程极其简单，为

$$U=E_a-I_LR_a-2\Delta U \tag{1-30}$$

当合上刀开关 S_a 有负载电流流通时，将有两种因素影响端电压：其一，I_L 即 I_a 在电枢回

路中引起的电压降，即 I_aR_a 及 $2\Delta U$；其二，由于饱和引起的电枢反应去磁作用，使每极磁通略为减小，导致感应电动势 E_a 略为降低。但因这两个影响都不大，引起端电压的变化亦不大，所以外特性比较平坦，其电压基本上是恒定的。常用**电压变化率** $\Delta u_N\%$ 来衡量外特性端电压的变化，即

$$\Delta u_N\% = \frac{U_0 - U_N}{U_N} \times 100\% \tag{1-31}$$

式中，U_N 为发电机额定电压；U_0 为发电机从额定运行状态（$U = U_N$，$I_L = I_{LN}$）卸去负载后（拉开刀开关 S_a）的端电压；他励发电机的 $\Delta u_N\%$ 一般只有 5% ~10%。

显然，为保持端电压为额定值不变，随着负载电流 I_L 的增大，必须同时增大励磁电流。图 1-26 表示了他励发电机的外特性和调节特性。

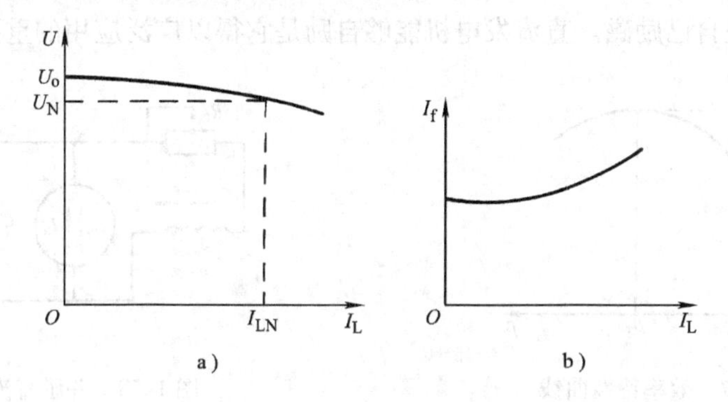

图 1-26 他励发电机特性

a）他励发电机的外特性，R_f = 常数 b）调节特性，U = 常数

（3）效率特性 $\eta = f(I_L)$ 或 $f(P_2)$，$U = U_N$。按定义效率可表示如下：

$$\eta = \frac{P_2}{P_1} = \frac{P_1 - \sum p}{P_1}$$

$$= \frac{P_2}{P_2 + \sum p} = 1 - \frac{\sum p}{P_2 + \sum p} \tag{1-32}$$

可见除了 $\sum p$，负载 P_2 的大小亦影响效率的高低。$\sum p$ 中共有 6 项，其中 p_{mech}、p_{Fe} 和 p_{Cuf} 总称为空载损耗，当端电压 $U = U_N$ 不变且转速 $n = n_N$ 为常数时，空载损耗亦是常数，故亦称它为**不变损耗 p_0**。其余三项均随负载 P_2（亦即随负载电流 I_L）的变化而变化，即是负载损耗，亦称为**可变损耗** p_L，一般可认为它与负载电流 I_L 的二次方成正比。

令 $\beta = \frac{P_2}{P_N} = \frac{I_L}{I_N}$ 为发电机的**负载系数**或负载率，当任意负载 $P_2 = \beta P_N$ 时，相应的负载损耗为 $\beta^2 p_{LN}$，则式（1-32）可改写成

$$\eta = \frac{P_2}{P_1} = \frac{\beta P_N}{\beta P_N + p_0 + \beta^2 p_{LN}} \tag{1-33}$$

为求取最高效率及出现最高效率时的负载率，可通过对式（1-33）取 $d\eta/d\beta = 0$ 找到。其极限条件是

$$p_0 = \beta^2 p_{LN} \tag{1-34}$$

即最高效率发生在

$$\beta_e = \sqrt{\frac{p_0}{p_{LN}}} \tag{1-35}$$

β_e可称为**经济负载率**，直流发电机一般设计为0.8~0.9之间，最高效率为

$$\eta_{max} = \frac{\beta_e P_N}{\beta_e P_N + 2p_0} \tag{1-36}$$

效率特性曲线$\eta = f(\beta)$如图1-27所示。在$\beta = \beta_e$处出现η_{max}，是曲线的拐点（转折点）。发电机应尽量工作在β_e附近。

2. 并励发电机

并励直流发电机如图1-28所示。并励直流发电机的根本特点是励磁电流I_f由本身的电枢电动势供应，是自己励磁。直流发电机能够自励是它得以广泛应用的重要因素。

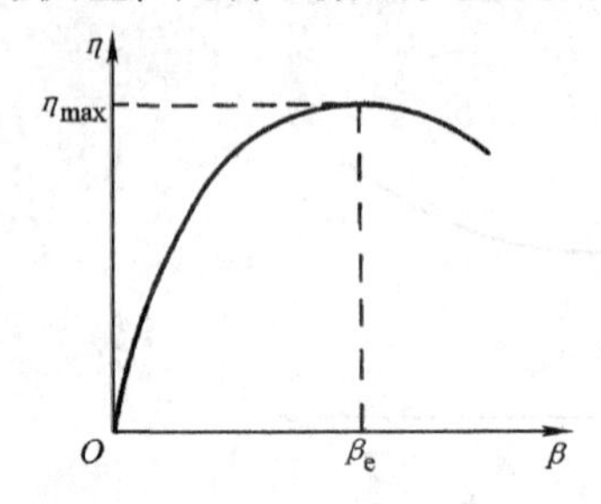

图1-27　效率特性曲线
$\eta = f(\beta)$

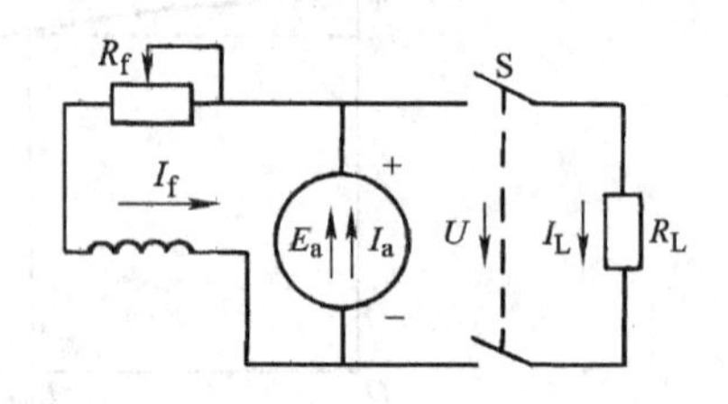

图1-28　并励直流发电机

图1-28中刀开关S断开时，$I_L = 0$发电机空载，但电枢电流$I_a \neq 0$，仍流有励磁电流I_{f0}。鉴于I_{f0}很小，可以略去I_{f0}在电枢回路引起的电压降，认为此时端电压即为电枢感应电动势，即$U_0 = E_{a0}$。由图可见，U_0与I_f必须同时满足下列两个关系式：

$$U_0 = I_f R_f \tag{1-37}$$

$$U_0 = f(I_f) \tag{1-38}$$

式（1-37）系对励磁电路应用欧姆定律写出，式（1-38）为发电机的空载特性。因为后者无简单的解析公式，故常用图解法来求解，如图1-29所示。图中空载特性OCC是带有剩磁感应电压U_{0r}的饱和空载特性曲线；OR_f为$U_0 = I_{f0}R_f$称为场阻线，其斜率取决于场阻R_f。两特性线的交点A（I_{f0}，U_0）为该场阻R_f时所建立的稳定端电压U_0和对应的励磁电流I_{f0}。

U_0靠I_f建立，I_f由U_0产生，两者如何互相制约？何者为先？幸而空载特性具有剩磁电压U_{0r}和饱和现象，这是发电机能自励的两个必要条件。如果再具备场阻R_f小于临界场阻值R_{fc}和U_{0r}产生微小的励磁电流对B_r（剩余磁密）是正反馈，这是发电机能自励的两个充分条件，并励直流发电机就能实现自励，建立起稳定的端电压U_0。称与空载特性曲线直线段相切的场阻线的场阻R_{fc}为临界场阻。由图1-29可见，若$R_f \geqslant R_{fc}$，则不能建立足够大且可以工作的稳定端电压。

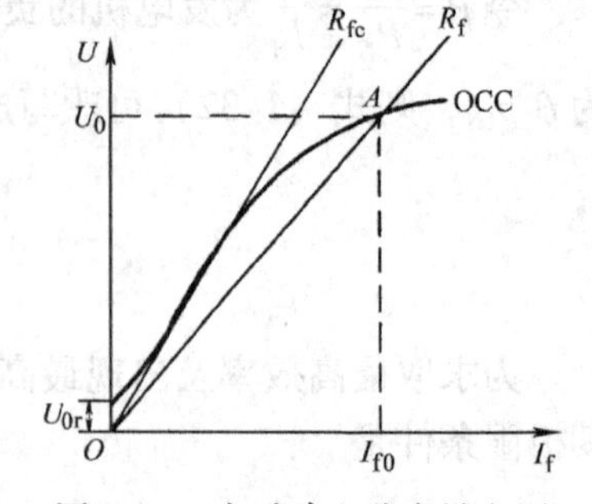

图1-29　自励建立稳定端电压

励磁回路所消耗的功率p_{Cuf}和发电机的输出功率P_L（P_2）相比，仅是很小的一部分，故自励不致使发电机的容

量受到影响，实际运行的直流发电机几乎无例外为自励式。

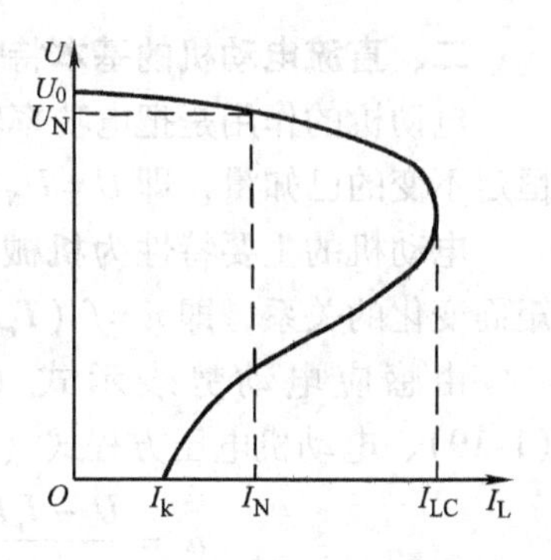

图 1-30 并励发电机外特性

并励发电机外特性和他励相比有两点差别：其一，发电机供给负载后端电压 U 下降，除了两个与他励相同的原因外，多了一个因素。即端电压下降将导致励磁电流的减小，继而引起 E_a 下降，端电压下降。所以并励发电机的电压变化率较他励的为大，可达 30% 左右。其二，亦鉴于上述这个因素，外特性中 I_L 有一最大值 I_{LC} 称临界负载电流。最后，电枢端点直接短路，负载电流将为不大的短路电流 I_k。它是剩磁电压 U_{0r} 产生的短路电流，如图 1-30 所示。

3. 串励发电机

图 1-31 为串励发电机的接线图和外特性。负载电流 I_L 越大亦即串接励磁线圈的励磁电流 I_s 越大，电枢电动势相应随之升高，故外特性呈上升特性。只因发电机磁路存在饱和现象，外特性曲线才有弯曲部分，发电机方能稳定工作。但端电压 U 变化太大，不适用于目前广泛运行的恒压供电系统。

4. 复励直流发电机

图 1-32 是复励发电机的接线图。发电机采用复励是为了改善并励发电机的外特性。通用的复励发电机其串联励磁线圈的磁化方向与并联励磁线圈的相同，称为**积复励**。串联磁动势 I_sN_s 的作用是补偿发电机负载时电枢反应的去磁作用，并使电枢电动势 E_a 升高以补偿电枢电阻的电压降，从而达到减小发电机电压变化率的目的。若两种励磁线圈的磁化方向相反，则称为**差复励**，这种方式很少采用。

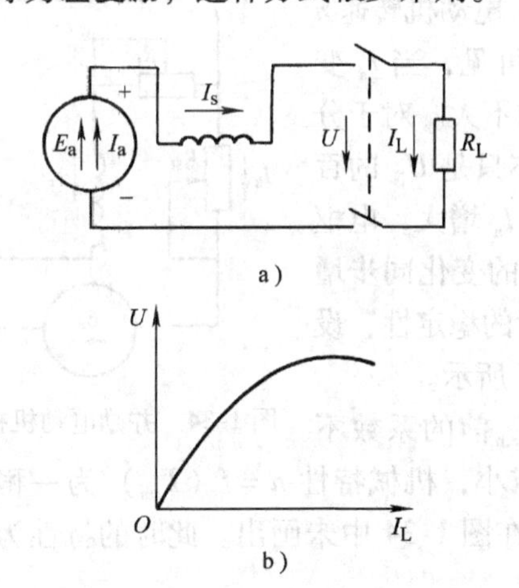

图 1-31 串励发电机的接线图和外特性

a) 串励发电机接线图 b) 外特性

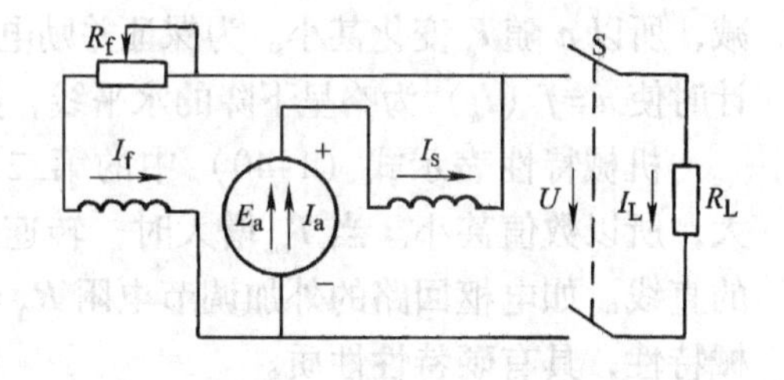

图 1-32 复励发电机的接线图

根据串励磁动势的强度，复励又有**超复励**、**平复励**及**欠复励**之分。这三种积复励的外特性如图 1-33 所示。

我们可以根据不同的复励补偿程度获得所需的外特性，一般平复励直流发电机应用较广。

并、复励发电机的负载、调节和效率特性与他励相似，不再讨论。

二、直流电动机的基本特性

电动机的作用是把电功率转变为机械功率，故电动机需由电源供电，电动机的端电压为恒定不变的已知量，即 $U=U_N$。

电动机的主要特性为**机械特性**，表示电动机转速随转矩而变化的关系，即 $n=f(T_{em})$。

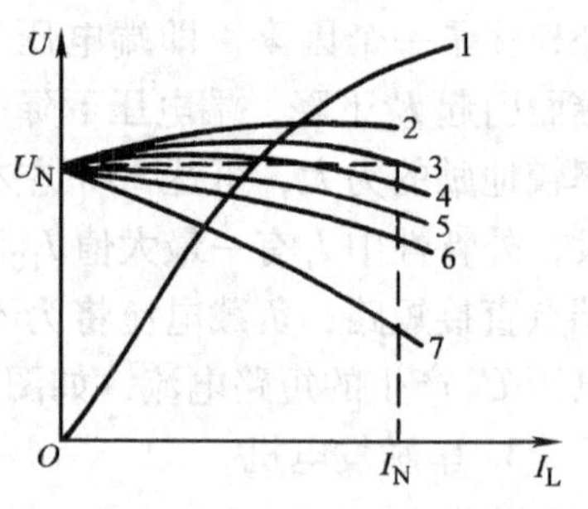

图1-33 复励直流发电机的外特性
1—串励 2—超复励 3—平复励
4—欠复励 5—他励 6—并励
7—差复励

由感应电动势表示式（1-12）、电磁转矩表示式（1-19）、电动机电压方程式（1-23）不难得出：

$$n=\frac{U-I_aR_a-2\Delta U}{C_e\Phi} \tag{1-39}$$

和

$$n=\frac{U-2\Delta U}{C_e\Phi}-\frac{R_a}{C_e\Phi}\frac{T_{em}}{C_T\Phi} \tag{1-40}$$

式（1-40）即为直流电动机的转速公式和机械特性表示式，它适用于各种不同的励磁方式，但因主磁通随着负载电流而变化的情况依励磁方式的不同而不同，导致不同励磁方式的电动机特性差别很大。直流电动机中各个绕组都由外电源供电，故电动机不存在自励问题。按励磁方式直流电动机分为并励电动机、串励电动机和复励电动机。有时候将电动机的励磁绕组和电枢绕组分别接至不同的外电源，以便励磁电压和电枢电压可以分别调节，则这一电动机亦可称为他励电动机。

1. 并励电动机

并励电动机接线图如图1-34所示，图中 R_{st} 为起动变阻器。

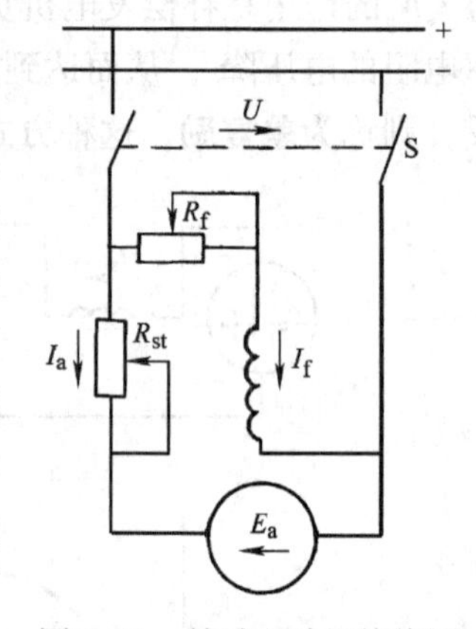

图1-34 并励电动机接线图

先观察当 $U=U_N$，且励磁回路电阻 R_f 不变时，电动机转速 n 随 I_a（负载）变化的情况。由转速公式（1-39）可见，当 I_a 变化时，式（1-39）的分子分母均有变化，但变化均不大。对于分子，因功率回路的电阻 R_a 是很小的，一般 $I_{aN}R_a$ 亦只是 U_N 的百分之几，所以 I_a 增大时分子略为减小；对于分母，I_a 增大，电枢反应的去磁作用将使 Φ 略为减小。分子分母随 I_a 的变化同步增减，所以 n 随 I_a 变化甚小。为保证并励电动机运行的稳定性，设计时使 $n=f(I_a)$ 为略呈下降的水平线，如图1-35所示。

机械特性表示式（1-40）中的第二项，因 T_{em} 前的系数不大，所以数值甚小。当 T_{em} 增大时，转速 n 略为减小，机械特性 $n=f(T_{em})$ 为一稍为下降的直线。如电枢回路的外加调节电阻 $R_\Delta=0$，R_Δ 在图1-34中未画出。此时的特性为自然机械特性，具有**硬特性**性质。

并励电动机运行时，励磁回路切不可断路。若发生断路 $I_f=0$，电动机气隙中的磁通将骤降至微小的剩磁，电枢感应电动势 E_a 将随着减小，电枢电流将急剧增大。电动机可能出现两种情况：若电枢电流 I_a 增大程度低于每极磁通 Φ 的减小程度，由式（1-19）可知电磁转矩 T_{em} 将减小，电动机将减速甚至停转；若 I_a 增大程度超过 Φ 减小程度，T_{em} 将增大，电动机将升速，甚至达到危险的高速。两种情况中，I_a 均将超过额定值好多倍，将引起电枢绕组过热而烧毁。所以在接线时，**励磁回路中不允许串有刀开关或熔丝**。并励电动机的机械特性如图1-36所示。

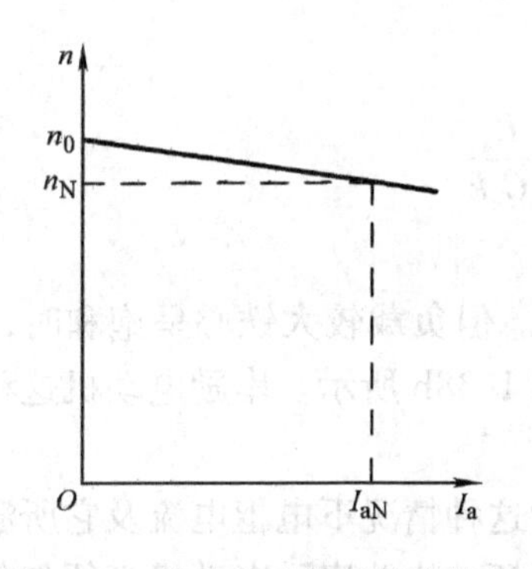

图1-35　并励电动机的转速特性

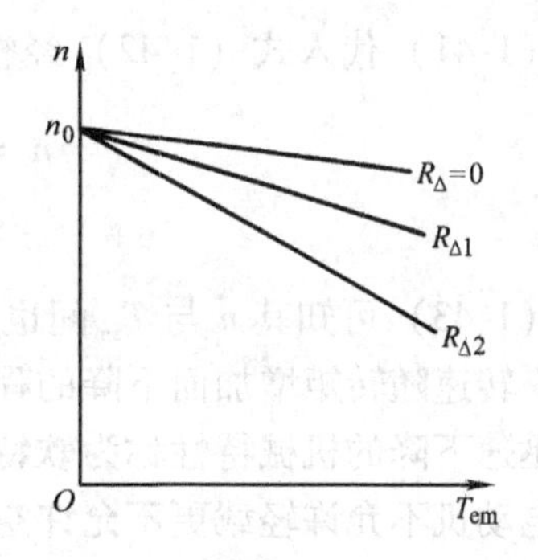

图1-36　并励电动机的机械特性

R_Δ—电枢回路外加调节电阻

$R_{\Delta2}>R_{\Delta1}>R_\Delta$

2. 串励电动机

图1-37为串励电动机的接线图。其特点是励磁电流（即电枢电流）$I_s=I_a$，电动机主磁场随负载而变化。

当电动机轻载，电枢电流较小时，电动机铁心处于未饱和状态，则每极磁通Φ与电枢电流成正比，即有$\Phi=kI_a$。将此关系代入电磁转矩表示式（1-19）得

$$T_{em}=C_T\Phi I_a=C_TkI_a^2=C_T\frac{1}{k}\Phi^2 \tag{1-41}$$

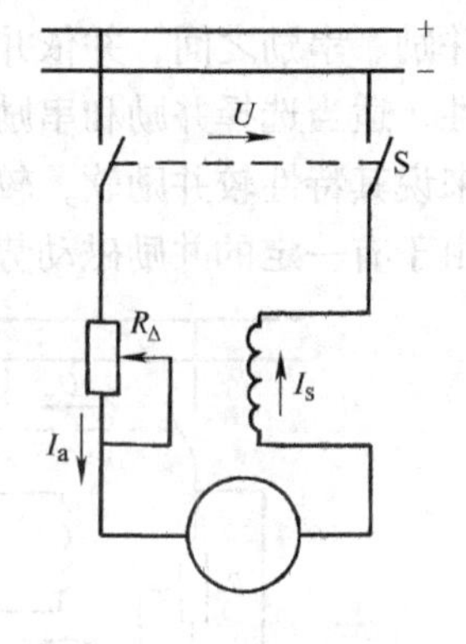

图1-37　串励电动机的接线图

可见轻载时，$T_{em}=f(I_a)$为一抛物线。但当负载增大、I_a增大到铁心呈饱和状态时，每极磁通变化甚微，电磁转矩与电枢电流又近似成正比关系，如图1-38所示。

当负载较小时，$\Phi=kI_a$，代入机械特性表示式（1-40）可得

$$n=\frac{U-2\Delta U}{C_ekI_a}-\frac{R_a}{C_ek} \tag{1-42}$$

由式（1-42）可知其时转速与电枢电流之间的关系为一双曲线。但当负载较大、铁心饱和后，每极磁通Φ的变化就甚小，此时情况与并励相近，转速n将随I_a的增加而略为下降，如图1-38a所示。电枢回路外加调节电阻R_Δ，其机械特性如图1-38b所示。

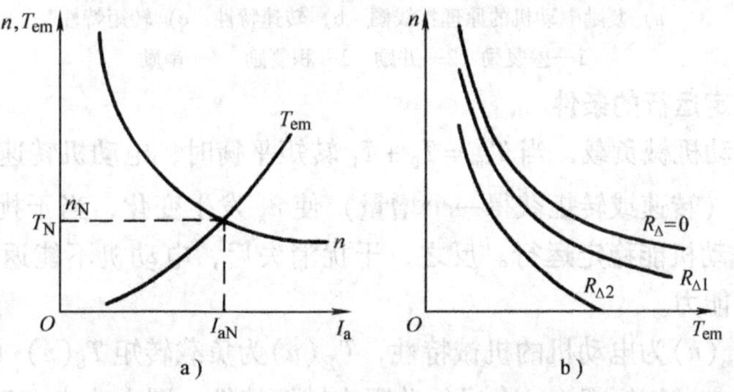

图1-38　串励电动机的转速、转矩及机械特性

a）转速、转矩特性　b）机械特性

R_Δ—电枢回路外加调节电阻　$R_{\Delta2}>R_{\Delta1}>R_\Delta$

将式（1-41）代入式（1-42）经整理可得

$$n = \frac{U - 2\Delta U}{C_e \sqrt{\frac{kT_{em}}{C_T}}} - \frac{R_a}{C_e k} \tag{1-43}$$

由式（1-43）可知其 n 与 T_{em} 间也是双曲线关系。但负载较大铁心呈饱和时，每极磁通变化甚小，转速随转矩增加而下降的程度变缓，如图1-38b所示。串励电动机这种转速随转矩增加而迅速下降的机械特性称为**软特性**。

串励电动机不允许轻载更**不允许空载运行**，因为这种情况下电枢电流及它所激励的主磁通均很小，将使电动机转速急剧上升，导致电动机损坏。为此串励电动机必须与其机械负载直接耦合，不容许用可能发生断裂和滑落的传送带传动。

3. 复励电动机

复励电动机的原理接线图如图1-39a所示。通用的复励电动机都是积复励。其特性介于并励、串励之间，并依并励磁动势和串励磁动势的相对强弱而有所不同，孰强就靠近孰的特性，适当选择并励和串励磁动势的相对强弱，可使复励电动机具有负载所需要的特性。一般来说其特性较并励软，较串励硬。以串励磁动势为主的复励电动机既保留了串励的优点，且由于有一定的并励磁动势存在，它还可以轻载甚至空载运行。

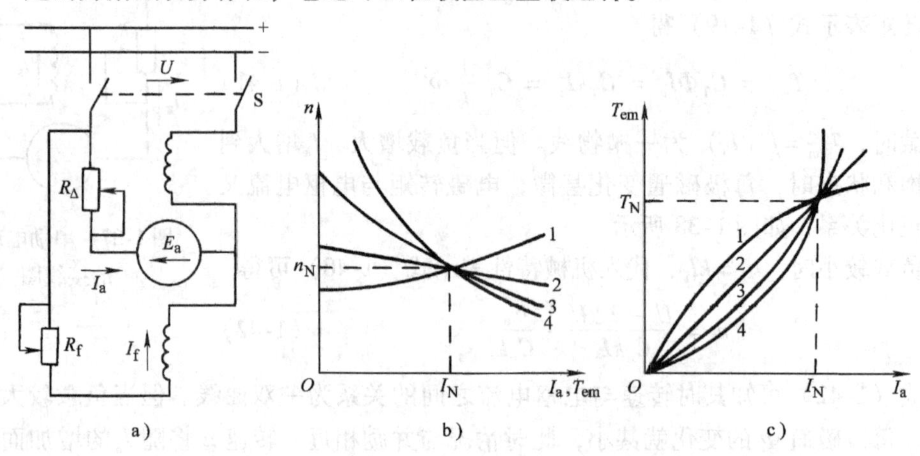

图1-39 复励电动机的原理接线图及特性

a）复励电动机的原理接线图 b）转速特性 c）转矩特性

1—差复励 2—并励 3—积复励 4—串励

三、电动机稳定运行的条件

直流电动机拖动机械负载，当 $T_{em} = T_0 + T_L$ 转矩平衡时，电动机转速为某 n_a，如果此时轴上受到一个干扰（转速或转矩获得一个增量）使 n_a 发生变化，当干扰消失后，电动机能返回到原 n_a，则电动机能稳定运行。反之，干扰消失后，电动机不能返回原 n_a，则该电动机不具备稳定运行能力。

图1-40a中 $T_{em}(n)$ 为电动机的机械特性，$T_\Sigma(n)$ 为负载转矩 $T_L(n)$（其形状将依负载特性而定）和电动机空载转矩 $T_0(n)$ 合成的总阻力转矩特性。图中 A 点，T_{em} 等于 T_Σ，电动机转速为 n_a。设由于某种原因，电动机的转速获得了一个增量（干扰）转速由 n_a 增大到 n_2，从图中特性曲线可见，此时阻力转矩 T_Σ 大于电动机的电磁转矩 T_{em}，电动机便将减速，直到

恢复到原转速 n_a 为止；反之，如增量为负，电动机转速由 n_a 降到 n_1，此时 T_{em} 将大于 T_Σ，电动机便将加速，直到恢复至原有转速 n_a 为止。因此，图 1-40a 为稳定运行。若用数学公式来表示，则稳定运行的条件为

$$\frac{dT_{em}}{dn}<\frac{dT_\Sigma}{dn} \tag{1-44}$$

通常，负载转矩 $T_L(n)$ 是恒转矩，或者是转矩随转速上升而增大，即 $\frac{dT_L}{dn}\geqslant 0$，则式（1-44）可改写成

$$\frac{dT_{em}}{dn}<0 \tag{1-45}$$

即表示**电动机稳定运行的条件是具有下降的机械特性曲线**。

同理，由图 1-40b 可得出其不稳定运行的结论。

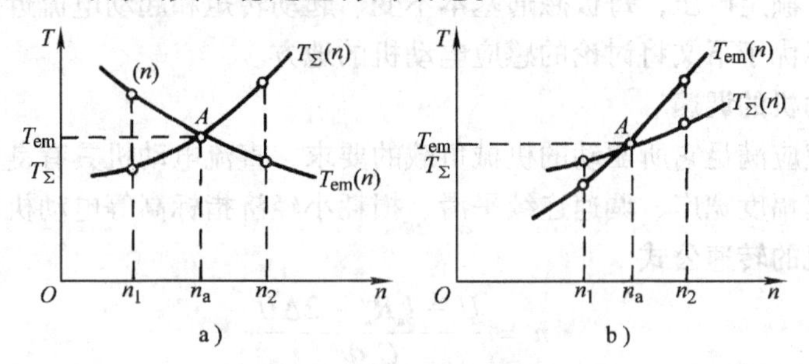

图 1-40　电动机稳定运行条件

a）稳定运行　b）不稳定运行

四、直流电动机的起动

电动机接到电源以后，转速从零达到稳定转速的过程称为起动过程。电动机起动时，必须满足下列两项要求：①应有足够的起动转矩，以缩短起动过程所需时间；②应把起动电流限制在安全范围以内。为满足上述要求，电动机不得不采用一些起动设备。对起动设备的要求是简单、经济、可靠。

起动过程本身为一过渡过程。因为电气的过渡过程时间要比机械过渡过程的时间快得多，通常可以认为电动机还没有来得及转动，流入电动机的电流就已达到稳定值。当电动机转子静止不动，即 $n=0$ 时，电枢绕组中的反电动势亦为零。这时若把额定电压外施至电动机，则流入电枢回路的电流仅受电枢电阻的限制。由于电枢电阻是很小的，一般当额定电流流过电枢绕组产生的电压降约为额定电压的 2%～10%，因此这时候的电枢电流亦就是起动电流，可达额定电流的 10～50 倍。这样大的起动电流可能引起“环火”，使电枢绕组烧坏。所以直流电动机起动要采取措施来限制起动电流。只有容量仅为数十瓦的微型直流电动机，才允许在额定电压下直接起动，这是由于微型电动机电枢电阻相对较大，且其转动惯量很小，起动时转速上升很快的缘故。

一般的直流电动机，在起动时在电枢回路中串入变阻器，以限制起动电流。专为电动机起动用的变阻器称为**起动器**。起动器实质上是一可变电阻，当转速逐渐上升，电枢反电动势逐渐增大时，可把起动器的电阻逐级切除。直到电动机的转速上升至稳定值，就把起动器的电阻全部切除，起动过程才告完毕。

并励和复励电动机所用的起动器，通常有三点起动器和四点起动器，串励电动机采用两点起动器。这些均系人工起动器，人工操作起动器的手柄来逐渐切除电阻。如果操作人员不熟练，电阻切除太快，将使起动电流过大，难以保证安全。较大的电机宜采用自动起动器。自动起动器按不同的构造原理而有不同的种类。例如：定时起动器是每隔一定的时间间隔，切除一部分电阻；根据转速来切除电阻，即每当转速升至某一预定值时，就切除一部分电阻。利用自动起动器，起动手续大为简化而安全，仅需按一下起动按钮即可。

大容量直流电动机尚有采用减压起动方式，这时必须有专用的调压直流电源。所谓“**发电机—电动机组**”就是电动机由专用的发电机供电，可以实行减压起动。其优点是起动电流小，起动时消耗能量少，升速比较平稳。近代还采用由晶闸管整流电源组成的“**整流器—电动机组**”，也适用于减压起动。应注意的是，并励和复励电动机采用减压起动时只降低电枢电压，并励绕组的电压应保持额定，不能降低，否则起动转矩将变小，对起动不利。亦因为并励绕组有额定电压，每极磁通基本不变、起动转矩和起动电流近似成正比，这是直流电动机起动性能优于下文将讨论的感应电动机的地方。

五、直流电动机的调速

电动机的转速应满足它所驱动的机械负载的要求，直流电动机具有良好的调速特性，它比较容易满足调速幅度宽广、调速连续平滑、损耗小经济指标高等电动机调速的基本要求。

从直流电动机的转速公式

$$n = \frac{U - I_a R_a - 2\Delta U}{C_e \Phi} \tag{1-46}$$

可知，电动机的转速可由下述三种方法来调节：

1）调节励磁电流以改变每极磁通 Φ。

2）调节外施电源电压 U。

3）电枢回路中引入可调电阻 R_Δ 以增大 R_a。

下面结合电动机励磁方式来讨论，且都是在负载转矩保持不变的前提下进行的。

先分析并励电动机：

方法一：调节励磁电流以改变每极磁通来调速。改变图1-34中励磁回路的电阻 R_f，可调节励磁电流 I_f，每极磁通便相应改变，达到调节转速的目的。例如增大 R_f，I_f及 Φ 变小，由于负载转矩不变，相应的电动机稳定状态时的电磁转矩 T_{em}亦基本不变。由式（1-19）可知，电枢电流便将相应增大来保持 T_{em}不变。由式（1-39）可见，Φ 减小倾向于使转速上升；I_a增大则倾向于使转速减小。但鉴于 $I_a R_a$电枢电压降很小（仅为 U 的百分之几），而分母中的 Φ 则直接影响转速 n，故**增大 R_f 可调高电动机的转速**。同理，若减小 R_f，则电动机转速将降低。

并励绕组中的电流 I_f较小，磁场变阻器 R_f的体积不大，又便于连续而平滑地调节，因此这是一种最简便、最经济和有效的调速方法。其最低转速与最高转速之比一般为1∶2，特殊设计制造的调速电动机的调速范围可达1∶3～1∶4。它的最高转速受转子机械强度及换向火花的限制，最低转速受励磁绕组本身固有电阻及磁路饱和的限制。

方法二：调节外施电源电压 U。由转速公式（1-46）可知，当励磁电流一定时，Φ 基本不变，因有负载转矩不变的前题，I_a亦基本不变，故转速 n 与电源电压 U 成正比。改变外施电压可以在很宽广的范围内平滑调速。但是这种方法只有在电动机有专用可控整流电源时

才能实现。

方法三：电枢回路引入可调电阻 R_{Δ}。由转速公式（1-46）可知，在励磁电流一定、负载转矩保持不变时，转速与 R_{Δ} 成反比。此方法只能调低转速，因一般说来 R_{Δ} 不能为负值，R_{Δ} 只能增大电枢回路的电阻。其次很不经济，因负载转矩不变，转速下降意味着输出功率 P_2 减小，但 I_a 未变，即输入功率仍保持原值，没有因转速降低而减小，故效率因 $I_a^2R_{\Delta}$ 的存在而降低。此外，当电动机轻载时，I_a 很小，此法的效果亦差。

复励电动机的调速方法与上述并励电动机的调速方法完全相同。

串励电动机可以电枢回路内串联一变阻器来进行调速，也可以在串励绕组的两端并接一可调分流电阻，用以调节串励绕组的电流，改变每极磁通的方法来达到调速的目的。其原理与在并励电动机的励磁回路中接入串联的磁场变阻器相同。

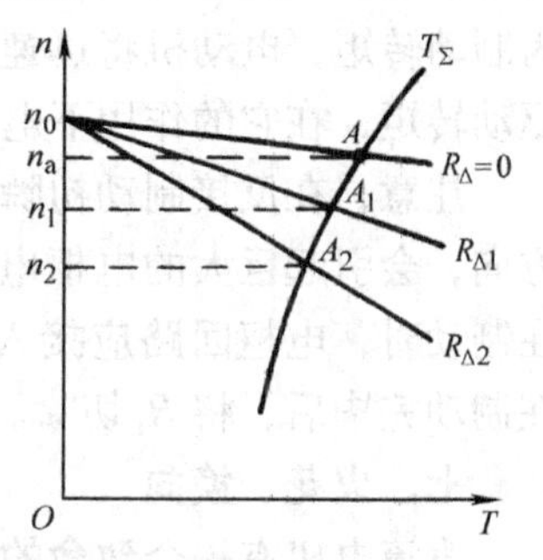

图 1-41 并励电动机用机械特性说明利用 R_{Δ} 调速

$R_{\Delta2} > R_{\Delta1}$

以上均系定性分析，亦可通过电动机的机械特性来阐明。例如并励电动机的利用 R_{Δ} 调速，由机械特性曲线公式（1-40）可作出不同 R_{Δ} 时的机械特性曲线如图 1-38 所示。图中 $R_{\Delta}=0$ 时的称为自然机械特性，串入 $R_{\Delta1}$ 后曲线倾斜度增大，将负载转矩特性 T_{Σ}（n）画入图 1-36，如图 1-41 所示，它与电动机机械特性的交点 A，即为稳定工作点。如 R_{Δ} 为零时，电动机转速为 n_a，当电阻为 $R_{\Delta1}$ 时，工作点为 A_1，电动机转速便降低到 n_1；同理当增大到 $R_{\Delta2}$ 时，电动机转速降低到 n_2，工作点为 A_2。

六、直流电动机制动的概念

电动机所驱动的负载，有时候要求从高转速迅速降为低转速，甚至停转、反转，就需要对电动机采取措施以保证负载的要求，这种措施称为电动机的制动。**制动的基本原理是使电动机转子上产生一个反力矩，**具体有以下三种方法：

1. 能耗制动

能耗制动原理接线图如图 1-42 所示。通常当电动机自电源切断时，由于贮藏在电动机转动部分的动能使电动机继续旋转，直到将所有贮藏的动能消耗完毕，才会停止旋转。对中大型电动机消耗这部分动能所需时间甚长，达几十秒甚至几分钟。如要电动机迅速停转、不切断电源而是利用双刀双掷开关将电枢电路从电源侧倒向电阻 R 侧，此时电动机便作为发电机运行，上述动能转变为电能，消耗在电阻 R 中。作为发电机运行时，其电枢电流方向倒转，它所产生的电磁转矩与转子旋转方向相反，形成制动转矩，使电动机迅速停转。这种将动能消耗掉的方法称为能耗制动。

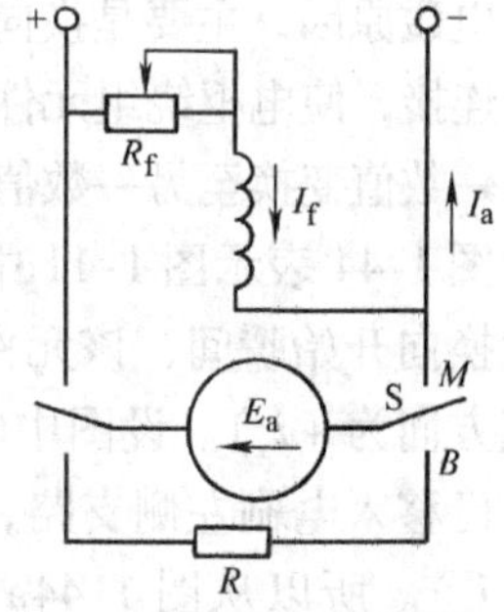

图 1-42 能耗制动原理接线图

2. 回馈制动

如果将被制动的电动机不从电网切断，则当为了制动而把电动机暂时用作发电机时，将由动能转换来的电能不是消耗在电阻上，而把它反馈至电网，这种方法称作回馈制动。此方法主要用以限制电动机转速过分升高。例如，电动机车下坡时，重力加速度将使车速增高，为了安全需要制动限速。当电动机转速升高而增大的电枢感应电动势大于电网电压时，电动机便变为发电机运行，它的电枢电流和电磁转矩的方向都将倒转，就限制了转速进一步增高，起了制动作用。电枢电流方向倒转，电功率回馈到电网，故称为回馈制动，回馈的电功率来源于电动机车下坡时所释放出来的位能。

3. 反接制动

如果负载要求迅速停转后接着向反方向旋转，则可采用反接制动法，其反接制动原理如图1-43所示，当将电枢电路的双刀双掷开关切换位置时，电枢电流方向倒转，电磁转矩也随之反向成为制动转矩，电动机将迅速减速并停转，然后该电磁转矩又成为驱动转矩，在它的作用下电动机向相反方向旋转。

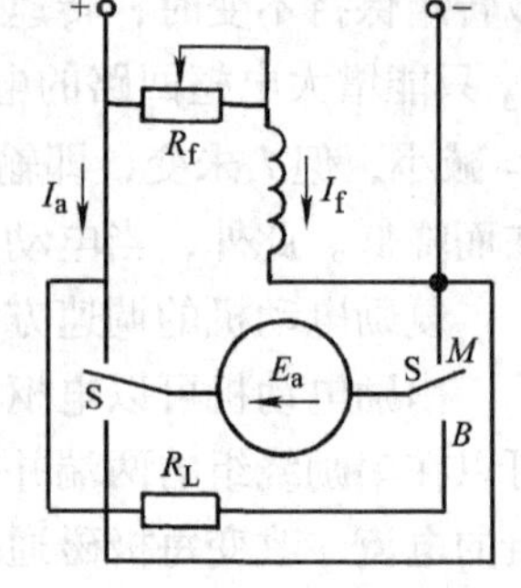

图1-43　反接制动原理

注意，在反接制动初瞬，外施电网电压与电枢感应电动势同方向，会引起巨大的电枢电流，危及电动机安全。避免的方法是在制动时，电枢回路应接入适当的电阻 R_L，如图1-43所示，并在制动完毕后，将 R_L 切除。

七、火花、换向

直流电机有一个**致命的弱点**就是换向器和电刷构成的滑动接触。电机运行时电刷与换向片间常会产生火花，严重时火花会形成环火，造成正、负电刷短路，烧毁换向器。此外，火花也是一种电磁波，它可能干扰周围设备正常工作，尤其是电子仪器和通信设备。

引起这种火花的原因众多，其中主要的是**机械原因和电磁原因**。

机械原因主要有换向器偏心、某些换向片间的绝缘突出、电刷上的压力不当、换向器或电刷接触面粗糙不清洁、转子不平衡等原因都可能使电刷发生振动，使电刷与换向器接触不良而产生火花。

电磁原因，主要是换向不良引起火花。什么是换向？换向便是用机械方法强制改变电路元件的连接，使电枢绕组元件在极短的时间内从一条支路移入另一条支路，从而使该元件的电流从某一数值变换至另一数值。对直流电动机而言，元件换向前后的电流大小相等，方向相反。

图1-44表示图1-11中元件1的换向过程。为清晰起见，设电刷与换片等宽。图1-44a所示换向开始瞬间，该元件位于电刷右边的支路，元件中的电流为 i_a 顺时针方向流通（设该电流方向为 $+i_a$）。设图中电枢和换向器为自右向左转动。图1-44c表示换向结束瞬间，元件1已移入电刷左侧支路，元件中的电流 i_a 已倒转了方向，成了逆时针方向（设该电流方向为 $-i_a$）。所以从图1-44a到图1-44c，元件1经历了换向过程，其所经历的时间称为**换向周期**，通常用 T_c 表示。T_c 很短暂一般只几个毫秒或更小。图1-44b表示元件1在换向周期内某一瞬间的情况，此时元件1被电刷短路。由元件1、换向片1、电刷、换向片2所构成的闭合电路称为**换向电路**。换向电路中有一电流 i 在流通，这电流称为**换向电流**。在开始换向瞬间 $t=0$ 换向电流为 $+i_a$ 则换向完毕 $t=T_c$ 时换向电流便是 $-i_a$，如图1-45所示。在换向周期内 i 如何变化则将由换向元件中的参数(电动势、电阻

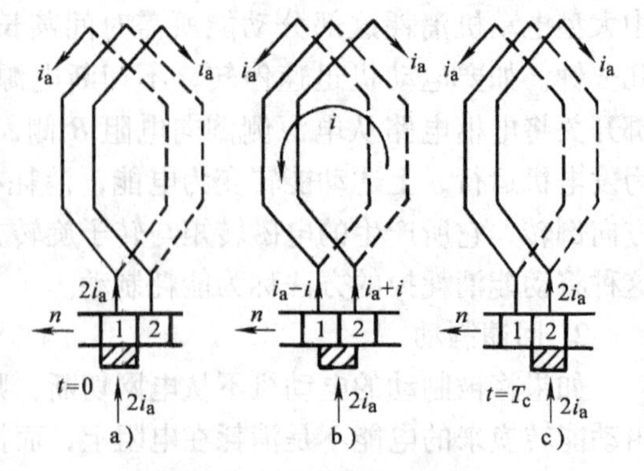

图1-44　元件的换向过程

a）换向开始　b）换向过程中　c）换向完毕

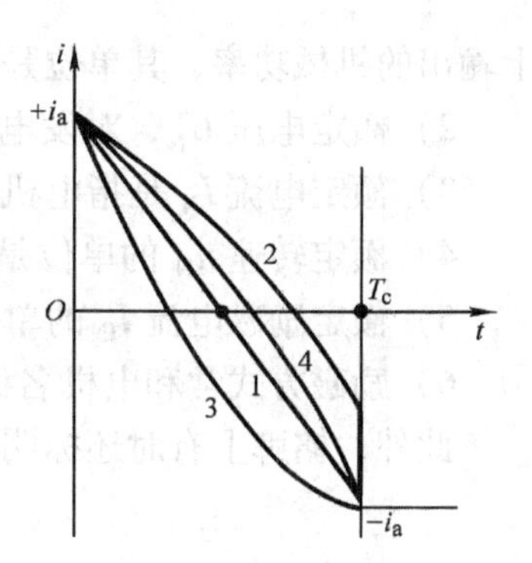

图 1-45　换向电流的变化情况

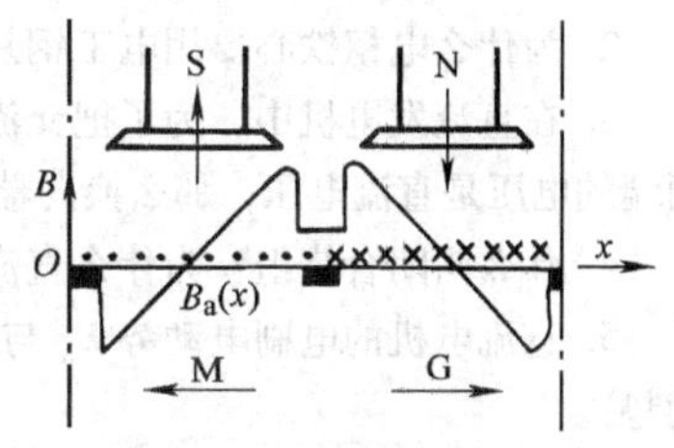

图 1-46　电枢反应磁场对换向的影响

等）来决定。显然，我们希望 i 在 T_c 过程中平稳地由 $+i_a$ 变为 $-i_a$，如图中直线 1 所示，这种换向称为**直线换向**，电刷和换向器间一般不会产生火花，换向情况良好。若换向电路中没有任何感应电动势，且电刷与换向器的接触电阻和它们之间接触面积成反比，在这种理想状态下，i 在 T_c 周期内便是直线变化，自 $t=0$，$i=+i_a$；$t=\frac{T_c}{2}$，$i=0$；到 $t=T_c$，$i=-i_a$。实际上换向电路中有电动势存在，其一是电抗电动势 e_r，因为换向元件是一铁心线圈，存在电感 L_e，当 i 变化时将产生电抗电动势 $e_r=-L_e\frac{di}{dt}$。根据楞次定律，电动势 e_r 总是阻碍电流 i 变化的；其二是换向元件切割电枢反应磁场而产生速率电动势 e_s，换向元件处于电机磁场的交轴，该处主磁场磁通密度为零，但电枢反应磁场正作用在交轴。由图 1-46可见，无论是直流发电机或电动机，换向元件切割电枢反应在交轴处的磁通密度所产生的电动势 e_s 的方向总是与换向前的电流同向。换言之 e_s 和 e_r 均是阻碍换向的。阻碍换向的含义是使 i 在 T_c 周期内变化缓慢，如图 1-45 中曲线 2。甚至到 $t=T_c$ 时，i 还大大地偏离 $-i_a$。可是当 $t=T_c$ 时，换向必须结束，元件移入另一支路，电流必然变为 $-i_a$。这样，在 $t=T_c$ 瞬间由机械的原因电流发生突变，强制变成 $-i_a$，此刻 di/dt 理论上趋向无穷大，短路的换向元件在断开时，巨大的 di/dt 将引起严重的火花。这火花的能量来自换向元件的磁场储能。图 1-45 中曲线 2、4 表示的情况称为延迟换向。

为改善严重的延迟换向引起火花，可以在换向电路中引入一个 e_k 称为换向极电动势。在电动机交轴设置一磁极，其磁性与该轴处电枢反应磁动势相反，它建立的磁通密度为 B_k，换向元件切割 B_k 产生速度电动势 e_k，它的方向适和 e_r 和 e_s 相反。因 e_s 和 e_r 均与 i_a 成正比，故换向极绕组中的励磁电流应该采用 I_a。这样，通过合理设计，可能在任何负载时获得 $e_k \approx e_r+e_s$，即换向电路中 $\sum e \approx 0$ 的效果，使换向略为超前（图 1-45 中曲线3）或轻微延迟（曲线4），都不会在电刷下引起电磁原因产生的火花。

电枢在旋转，不断有绕组元件自一条支路，经过被电刷短路（换向）而移入另一支路，因此前一元件换向完毕就是下一元件换向开始。任何时候都有元件在换向，每一元件都要经过换向并在电机运行时经历无数次换向。因此，虽然换向周期很短暂，但其影响却是涉及整个电动机的。

八、铭牌数据

电机除了由制造厂随机提供的说明书外，在机壳上固定有一块铭牌。铭牌上除了标明电机名称、制造厂厂名、生产日期外，尚标有电机的一些重要的额定值。

额定值是设计制造电机时，在指定的电机运行条件下所规定的一些数量。当电机在这些数量下运行时，电机可以长期可靠地工作，并具有优良的性能。铭牌的额定值有：

1）额定容量 P_N 是指电机的输出功率，对发电机讲是输出的电功率，对电动机讲是轴上输出的机械功率，其单位是 W 或 kW。

2）额定电压 U_N，对发电机是输出的端电压，对电动机是外施电源电压，单位是 V。

3）额定电流 I_N 是指电机的线电流，单位是 A。

4）额定转速 n_N 的单位是 r/min。

5）额定励磁电流 I_{fN} 的单位是 A。

6）励磁方式常和电机名称合在一起来表示。

此外，铭牌上有时还标明电机的允许温升、额定运行时的效率 η_N 等。

思 考 题

1. 仔细观察直流电机的结构（见图1-4），熟悉各个部件。然后在脑海中建立直流电机的图像，再到实验室去对照，以检验自己的思维想象能力。

2. 为什么电枢铁心要用电工钢片叠成，而磁轭却可用铸钢或钢板组成？

3. 在直流发电机中，为了把交流电转变为直流电采用了换向器装置，但在直流电动机中，外加在电刷两端的电压是直流电压，那么换向器装置起什么作用？

4. 什么叫闭合绕组？为什么直流电机的电枢绕组必须用闭合绕组？

5. 直流电机的电刷电动势 E_a 与电刷和磁极的相对位置密切相关，试回答下列情况下 E_a 是什么样的电动势：

1）电刷位于直轴处的换向片上，恰与交轴处的导体相接触；

2）电刷位于交轴处的换向片上，恰与位于直轴处的导体相接触；

3）电刷位置在上述1）与2）之间的位置；

4）假设电刷可随着电刷座圈一起转动，当电刷在换向器上旋转一周；

5）同4），但座圈以 n_b（单位为 r/min）旋转；

6）假设磁极可随着磁轭机壳一起旋转，当其转速为 n_f（单位为 r/min）但电刷在空间静止不动；

7）假设磁极、电刷均能转动，且当 $n_b = n_f$ 及转向相同时。

8）直流电机展开图中不画出换向器，则电刷应位于交轴，试默绘直流电机空载磁动势分布曲线 $F_0(x)$；空载磁通密度分布曲线 $B_0(x)$；电枢磁动势分布曲线 $F_a(x)$；电枢磁场分布曲线 $B_a(x)$ 和合成磁场分布曲线 $B_\delta(x)$。

6. 直流电机的电枢电动势 E_a 和电磁转矩均正比于每极磁通 Φ，那么 $B_\delta(x)$ 的分布情况对直流电机的运行有何影响？

7. 用平均磁通密度 B_{av} 和电枢总导体数求取 E_a 和 T_{eM}，有无误差？

8. 安装在主磁极极靴表面槽中的补偿绕组是用来抵消电枢反应磁动势的，试想补偿绕组能否安装在电枢槽内？

9. 如果没有磁饱和现象，直流发电机能否自励？为了能建起稳定的 E_a，对励磁回路的场阻 R_f 有何要求？

10. 并励发电机为何可以短路？串励发电机短路时有无危险？

11. 一台在正常运行的并励直流发电机，如要改变电刷的正负极性，该如何操作？

12. 一台在正常运行的并励电动机，如要改变它的旋转方向，该如何操作？

13. 直流电动机起动时，为什么一方面要限制起动电流不要过大，另一方面又要注意不要把起动电流限制得过小？

14. 根据并励电动机的转速公式，有几种可能的调速方法？讨论各种调速方法的优缺点。

15. 图1-47为可以在宽广的范围内平滑地调速的发电机—电动机系统，图中 M_1 为被调速的直流电动机，交流电动机 M_2 驱动两台直流发电机 G_1 和 G_2，G_1 专为 M_1 供电，并励发电机 G_2 称为励磁发电机，供

电给 G_1 和 M_1 的励磁回路。试分析 M_1 的起动和几种可能的调速方法，使它停转及改变旋转方向的操作步骤。

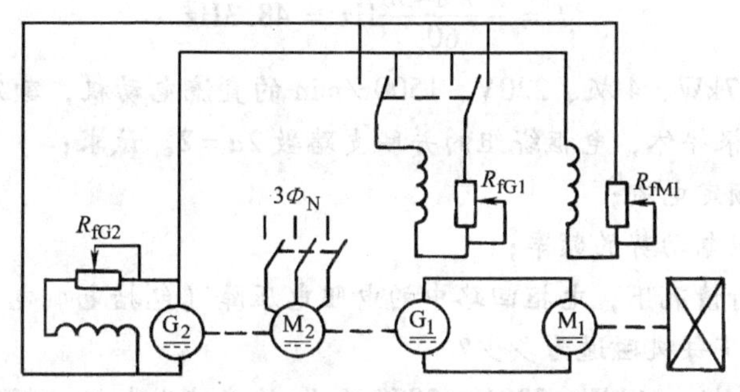

图 1-47　发电机—电动机系统

16. 根据图 1-46 判断电枢反应磁场，不论对直流发电机或直流电动机均是起阻碍换向作用的。

17. 一台小型的两极直流电机，却只有一个换向极位于两个主磁极之间，试问这是什么缘故？

18. 设正常运行时，某并励电动机电枢回路总的电压降（含 ΔU）为外施电压的 5%，现励磁回路发生断路，试问下列情况，该电动机将减速还是加速：

1）当剩磁为每极磁通的 10% 时；

2）当剩磁为每极磁通的 2% 时。

19. 有一台用作“测功器”的特殊他励直流发电机。它的机壳上除了一对常规的轴承外，另有一对轴承固定在机组基础上的轴承座中，用以支撑整台发电机并可让它的定子（磁极、磁轭、电刷装置）自由回转。机壳上还配有指针和可以读出定子回转角度的角度盘，试想象该发电机的结构型式。

工作时，先加上他励励磁电流 I_f，电枢外接可变负载电阻以输出电流 I_a，其转子由被测电动机驱动。试问这时该发电机定子是否会回转？指针读数反映的是什么？如何调节被测电动机的输出转矩？如要测定被测电动机的输出功率，还要测什么数据？

20. 一台他励直流发电机，如果用 50Hz 交流电源来供给励磁电流，则将获得一个怎么样的电刷电动势？

习　　题

1-1　一台并励直流发电机，额定容量 $P_N=9\text{kW}$，额定电压 $U_N=115\text{V}$，额定转速 $n_N=1450\text{r/min}$，电枢电阻 $R_a=0.07\Omega$，电刷电压降 $\Delta U=1\text{V}$，并励回路电阻 $R_f=33\Omega$，额定负载时电枢铁耗 $p_{Fe}=410\text{W}$，机械损耗 $p_{mech}=101\text{W}$，试求：

1）额定负载时的电磁转矩；

2）额定负载时的效率。

1-2　例题

设有一台直流发电机，4 极，31 槽，每槽有 12 根导体，转速为 1450r/min，电枢绕组有两条并联支路。

当电枢绕组的感应电动势为 115V 时，每极磁通应为多少？导体中感应电动势的频率为多少？

解　已知极数 $2p=4$，并联支路数 $2a=2$，即 $a=1$，导体总数 $Z=31\times12=372$

故得
$$E_a = 115\text{V}$$

$$\Phi = \frac{115\times60}{2\times372\times1450}\text{Wb} = 0.0064\text{Wb}$$

导体中的感应电动势的频率

$$f=\frac{2\times1450}{60}\text{Hz}=48.3\text{Hz}$$

1-3　设有一台17kW、4极、220V、1500r/min的直流电动机，额定效率为83%，电枢有39槽，每槽有12根导体，电枢绕组的并联支路数$2a=2$。试求：

1）该电动机的额定电流；

2）电枢导体感应电动势的频率；

3）如在额定运行情况下，电枢回路中的电阻电压降（包括电刷电压降）为外施电压的10%，则在额定情况下每极磁通为多少？

1-4　设有一台4极、10kW、230V、2850r/min的直流发电机，额定效率为85.5%，电枢有31槽，每槽有12根导体，电枢绕组的并联支路数为2。试求：

1）该发电机的额定电流；

2）该发电机的额定输入转矩；

3）如该发电机在额定运行情况下，电刷间的端电压为230V，电枢绕组中的电阻电压降（含ΔU）为端电压的10%，则额定情况下每极磁通为多少？

4）电枢导体感应电动势的频率；

5）电枢绕组是什么型式？

1-5　例题

设有一台500kW、460V、8极直流发电机，电枢直径$D_a=99$cm，电枢绕组共有460根导体，电枢绕组并联支路数$2a=4$，试求在额定运行情况下，电枢的线负载和电枢磁动势的幅值。

解　电机额定电流

$$I_N=\frac{P_N}{U_N}=\frac{500\times10^3}{460}\text{A}=1087\text{A}$$

每一导体的电流 $\dfrac{I_N}{2a}=\dfrac{1087}{4}\text{A}\approx272\text{A}$

极距　$\tau=\dfrac{\pi D_a}{2p}=\dfrac{\pi\times99}{2\times4}\text{cm}=38.8\text{cm}$

线负载 $A=\dfrac{ZI_N}{2a}\dfrac{1}{\pi D_a}=\dfrac{460\times272}{\pi\times99}\text{A/cm}=403\text{A/cm}$

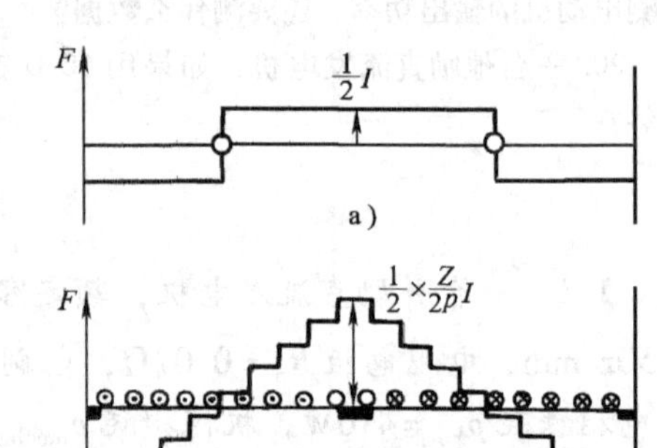

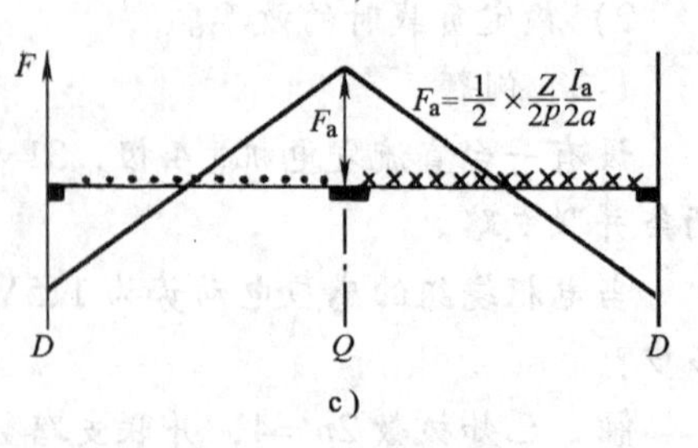

图1-48　电枢磁动势波

a）一匝线圈　b）一对极的磁动势波

c）电枢导体无限多时的电枢磁动势波

直流发电机的电枢磁动势是幅值固定且幅值位于交轴的空间分布波。参看图1-48a，表示了一个线圈流过电流I时所产生的气隙磁动势展开图。它是一个幅值为$I/2$，正半周与负半周对称的矩形波。图1-48b为每对磁极下的线匝数$Z/(2p)$流过导体电流I时的磁动势波。图1-48c为导体甚多时，图1-48b的级形波便趋近于三角形波，其振幅作用在交轴；幅值F_a为

$$F_a=\frac{1}{2}\times\frac{Z}{2p}\frac{I_a}{2a}=\frac{ZI_a}{8pa}=\frac{460\times1087}{8\times4\times2}\text{A}=7810\text{A}$$

F_a亦可由线负载A来计算，将上面A、F_a的表示式合

并，即有

$$F_a = \frac{1}{2}A\tau = \frac{1}{2} \times 403 \times 38.8\text{A} = 7810\text{A}$$

1-6　例题

设有一台积复励发电机，额定功率20kW，额定电压220V，电枢电阻 $R_a = 0.156\Omega$，$2\Delta U$ 取2V，串励绕组电阻为0.00174Ω，并励绕组回路电阻为73.3Ω，已知机械损耗 p_{mech} 和铁心损耗 p_{Fe} 共1kW，略去附加杂散损耗，求额定负载情况下各绕组的铜耗、电磁功率、输入功率及效率。

解　电机接线图如图1-49所示，已知 $P_N = 20\text{kW}$，$U_N = 220\text{V}$，所以负载电流

$$I_L = \frac{P_N}{U_N} = \frac{20 \times 10^3}{220}\text{A} = 90.9\text{A}$$

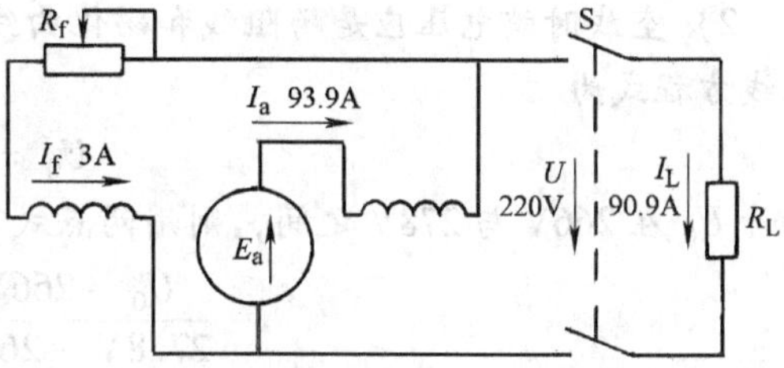

并励电流　$I_f = \frac{U_N}{R_f} = \frac{220}{73.3}\text{A} = 3\text{A}$

图1-49　习题1-6的接线图

电枢电流

$$I_a = I_c + I_f = (90.9 + 3)\text{A} = 93.9\text{A}$$

感应电动势

$$E_a = U_N + I_a(R_a + R_s) + 2\Delta U$$
$$= [220 + 93.9 \times (0.156 + 0.00714) + 2]\text{V}$$
$$= 237.3\text{V}$$

电磁功率

$$P_{em} = E_a I_a = (237.3 \times 93.9)\text{W} = 22.3\text{kW}$$

并励绕组铜耗　$p_{Cuf} = U_N I_f = (220 \times 3)\text{W} = 0.66\text{kW}$

电枢绕组铜耗　$p_{Cua} = I_a^2 R_a = (93.9^2 \times 0.156)\text{W} = 1.38\text{kW}$

串励绕组铜耗　$p_{Cus} = I_a^2 R_s = (93.9^2 \times 0.00714)\text{W} = 0.063\text{kW}$

输入功率　$P_1 = P_{em} + p_{mech} + p_{Fe} = (22.3 + 1)\text{kW} = 23.3\text{kW}$

效率　$\eta = \frac{P_2}{P_1} = \frac{20}{23.3} = 85.8\%$

1-7　例题

设有一台26kW、230V、1450r/min的并励发电机，电枢电阻 $R_a = 0.1485\Omega$，$2\Delta U = 2\text{V}$，在额定转速下录取的空载特性曲线数据如下表所示：

I_f/A	1	2	3	4	5	6	7
E_0/V	139	217	246	266	278	289	298

试求：1）额定负载时并励回路的电阻 R_f；

2）场阻保持不变时的空载电压；

3）同2）但原动机的转速升高为1500r/min。

解　1）满载电流　$I_{LN} = \frac{P_N}{U_N} = \frac{26000}{230}\text{A} = 113\text{A} \approx I_{aN}$

满载时感应电动势　$E_a = U_N + I_{aN}R_a + 2\Delta U$

$$= (230 + 113 \times 0.1485 + 2)\text{V}$$
$$= 248.8\text{V}$$

由磁化曲线用插值法得 E_a 为 248.8V 时的励磁电流

$$I_f = \left(3.0 + 1.0 \times \frac{248.8 - 246}{266 - 246}\right)\text{A} = 3.14\text{A}$$

当不计电枢反应去磁作用时，可得

$$R_f = \frac{U_N}{I_f} = \frac{230}{3.14}\Omega = 73.25\Omega$$

2）空载时端电压应是场阻线和磁化曲线的交点，今 $R_f = 73.25\Omega$，I_f 单位为 A，所以场阻线方程式为

$$U_0 = 73.25 I_f$$

估计 U_0 在 266V 与 278V 之间，则用两点式可写出该段磁化曲线方程式为

$$\frac{U_0 - 266\text{V}}{27.8\text{V} - 266\text{V}} = \frac{I_f - 4\text{A}}{5\text{A} - 4\text{A}}$$

把上两式联立求解得　$I_f = 3.56\text{A}$，发现 I_f 在估计区间之外，不合理。重新估计在 246V 与 266V 之间，则该段磁化曲线方程式为

$$\frac{U_0 - 246\text{V}}{266\text{V} - 246\text{V}} = \frac{I_f - 3\text{A}}{4\text{A} - 3\text{A}}$$

联立求解得　$I_f = 3.49\text{A}$ 在估计区内，合理。最后得空载端电压为

$$U_0 = (73.25 \times 3.49)\text{V} = 255.64\text{V}$$

3）因磁化曲线与发电机转速成正比，将上列磁化曲线中 E_0 值乘以 1500/1450，即得 1500r/min 时的磁化曲线，用 2）中相同方法可求得新转速时的空载端电压。下表即为 1500r/min 时的磁化曲线。

I_f/A	1	2	3	4	5	6	7
E_0/V	143.8	224.5	254.5	275	287.6	299	308

仍估计 U_0 在 254.5V 与 275V 之间，则该段磁化曲线为

$$\frac{U_0 - 254.5\text{V}}{275\text{V} - 254.5\text{V}} = \frac{I_f - 3\text{A}}{4\text{A} - 3\text{A}}$$

与场阻线联立求解得 $I_f = 3.65\text{A}$，估计正确，空载端电压

$$U_0 = (3.65 \times 73.25)\text{V} = 268\text{V}$$

1-8　例题

一台 22kW 并励电动机，$U_N = 220\text{V}$，$\eta_N = 0.85$，电枢电阻 $R_a = 0.1\Omega$，设计一台专用的起动变阻器，把起动电流限制在（1.75～1.30）I_N 的上下限之间，算出起动变阻器应有多少级及每级电阻值。

解　额定输入功率　　$P_1 = \dfrac{P_2}{\eta} = \dfrac{22}{0.88}\text{kW} = 25.9\text{kW}$

额定电流　　$I_N = \dfrac{P_1}{U_N} = \dfrac{25.9 \times 10^3}{220}\text{A} = 117.5\text{A}$

最大允许起动电流　　$I_1 = 1.75 \times 117.5\text{A} = 206\text{A}$

最小保证起动电流　　$I_2 = 1.30 \times 117.5\text{A} = 153\text{A}$

令 R_1 为起动初瞬电枢回路的总电阻，R_2 为变阻器切除一级以后电枢回路的总电阻，R_3 为切除两级后的总电阻，余类推。

起动时物理过程可描述如下：

电源合闸瞬间 $n=0$，$E_a=0$，$U=I_1R_1$，I_L 自零上升到 I_1，$n_1\uparrow$，$E_{a1}\uparrow$，$I_L\downarrow$。当起动电流降 I_2 值时，便可切除第一级电阻，使 R_1 降为 R_2。R_2 使起动电流上升为 I_1，于是 $n_2\uparrow$，$E_{a2}\uparrow$，$I_L\downarrow$。当电流又降到 I_2 时，又可以切除第二级电阻，R_2 降为 R_3，$I_L\uparrow$ 为 I_1，$n_3\uparrow$，$E_{a3}\uparrow$，$I_L\downarrow$。当又降到 I_2 时……余类推。电阻切除瞬间 n 和 E_a 来不及改变，故第一次切除一级电阻，R_1 变为 R_2，有电压方程式

电阻变换前　　$U = E_{a1} + I_2R_1 + 2\Delta U$

电阻变换后　　$U = E_{a1} + I_1R_2 + 2\Delta U$

即得　　$I_2R_1 = I_1R_2$

或　　$R_2 = \left(\dfrac{I_2}{I_1}\right)R_1$

第二次切除一级电阻，R_2 下降为 R_3，有电压方程式

$$U = E_{a2} + I_2R_2 + 2\Delta U$$

$$U = E_{a2} + I_1R_3 + 2\Delta U$$

解得　　$R_3 = \left(\dfrac{I_2}{I_1}\right)R_2 = \left(\dfrac{I_2}{I_1}\right)^2 R_1$

同样可推得　　$R_4 = \left(\dfrac{I_2}{I_1}\right)R_3 = \left(\dfrac{I_2}{I_1}\right)^3 R_1$

$$R_5 = \left(\frac{I_2}{I_1}\right)R_4 = \left(\frac{I_2}{I_1}\right)^4 R_1$$

$$\vdots$$

已知　$\dfrac{I_2}{I_1}=\dfrac{1.30}{1.75}=0.742$，$R_1=\dfrac{U}{I_1}=\dfrac{220}{206}\Omega=1.068\Omega$，代入上列算式后，得

$$R_2 = 0.742 \times 1.068\Omega = 0.792\Omega$$
$$R_3 = 0.742 \times 0.792\Omega = 0.587\Omega$$
$$R_4 = 0.742 \times 0.587\Omega = 0.436\Omega$$
$$R_5 = 0.742 \times 0.436\Omega = 0.324\Omega$$
$$R_6 = 0.742 \times 0.324\Omega = 0.240\Omega$$
$$R_7 = 0.742 \times 0.240\Omega = 0.178\Omega$$
$$R_8 = 0.742 \times 0.178\Omega = 0.132\Omega$$
$$R_9 = 0.742 \times 0.132\Omega = 0.098\Omega < 0.1\Omega$$

R_9 已小于电动机 R_a，故该变阻器应分为 8 级。变阻器每级的电阻值为

第一级　　$R_1 - R_2 = 0.276\Omega$

第二级　　$R_2 - R_3 = 0.205\Omega$

第三级　　$R_3 - R_4 = 0.151\Omega$

第四级　　$R_4 - R_5 = 0.112\Omega$

第五级　　$R_5-R_6=0.084\Omega$

第六级　　$R_6-R_7=0.062\Omega$

第七级　　$R_7-R_8=0.046\Omega$

第八级　　$R_8-R_a=0.032\Omega$

1-9　例题

一台额定电压为200V的并励直流电动机，其场阻R_f为200Ω，电枢电阻0.5Ω，取$2\Delta U=2V$，电动机空载时的转速为1000r/min，$I_{a0}=4A$，试求：

1）当负载时的电磁转矩为100N·m时的电枢电流及电动机转速；

2）当驱动负载为10kW、1200r/min时，并励回路中应串入的电阻$R_{f\Delta}$及电枢电流I_a。

计算时不计磁路饱和影响并忽略电枢反应。

解　已知电枢电动势的表示式（1-12），即

$$E_a=C_en\Phi$$

将式中n改用机械角速度ω_m表示，并注意到式（1-13）、式（1-18）和式（1-19），上式可改写为

$$E_a=C_e\frac{60\omega_m}{2\pi}\Phi=C_T\Phi\omega_m$$

当略去电枢反应并不计饱和现象时Φ正比于励磁电流I_f，即有

$$\Phi=C_fI_f$$

式中，C_f亦是取决于电动机结构的一个常数，可称之为励磁常数。

此时电枢电动势表示式又可改写成

$$E_a=C_TC_fI_f\omega_m=CI_f\omega_m$$

$C=C_TC_f$当然亦是一个同样性质的常数。

同理，电磁转矩表示式可改写为

$$T_{em}=C_T\Phi I_a=C_TC_fI_fI_a=CI_fI_a$$

在分析计算时，用容易求得的I_f代替Φ，有时会感到较为方便。

1）依题意　$$I_f=\frac{U}{R_f}=\frac{200}{200}A=1A$$

空载时电枢电动势

$$E_{a0}=U-I_{a0}R_a-2\Delta U=(200-4\times0.5-2)V=196V$$

由改写后的电枢电动势表示式可求出系数C，即

$$C=\frac{E_a}{I_f\omega_m}=\frac{196}{1\times\left(\frac{2\pi}{60}\times1000\right)}\Omega\cdot s=1.87\Omega\cdot s$$

当负载为100N·m时，可认为$T_{em}\approx100N\cdot m=CI_fI_a$

$$I_a=\frac{T_{em}}{CI_f}=\frac{100}{1.87\times1}A=53.48A$$

其时电枢电动势为

$$E_a=U-I_aR_a-2\Delta U=(200-53.48\times0.5-2)V=171.26V$$

角速度应是

$$\omega_m = \frac{E_a}{CI_f} = \frac{171.26}{1.87 \times 1}s^{-1} = 91.58s^{-1}$$

即得转速为

$$n = 91.58 \times \left(\frac{60}{2\pi}\right)r/min = 875r/min$$

2）依题意　$$T_{em} = \frac{P_2}{\omega_m} = \frac{10 \times 10^3}{\frac{2\pi}{60} \times 1200}N \cdot m = 79.57N \cdot m$$

现在可以用上述改写过的电动势和转矩表示以及电压方程式，联立求解，找出 I_f 及 I_a。

由转矩式 $T_{em} = CI_fI_a$，可得 $I_a = \frac{79.57N \cdot m}{I_f \times 1.87\Omega \cdot s} = \frac{42.55A^2}{I_f}$

由电压数值方程式　$U = E_a + 0.5I_a + 2$

$$200 = 1.87\left(\frac{2\pi}{60} \times 1200\right)I_f + 0.5I_a + 2$$

写成　$235I_f^2 - 198I_f + 21.27 = 0$

解得　$I_f = 0.716A$ 或 $0.126A$

相应的电枢电流为

$$I_a = 59.43A \text{ 或 } 337.7A$$

两个解中，I_a 为 337.7A 则电枢电压降为 I_aR_a，达到 169V，显然不合理，故合理的是

$$I_f = 0.716A \quad I_a = 59.43A$$

励磁回路电路　$$\Sigma R_f = \frac{U}{I_f} = \frac{200}{0.716}\Omega = 279.3\Omega$$

励磁回路应串入的附加电阻为

$$R_{f\Delta} = \Sigma R_f - R_f = (279.3 - 200)\Omega = 79.3\Omega$$

注：在阅读各例题时，请注意一些参数的数量级，如各个电阻、电压降、效率等。

1-10　一台他励电动机，$U_N = 220V$，$I_N = 100A$，$n_N = 1150r/min$，电枢电阻 $R_a = 0.095\Omega$，$\Delta U = 1V$，不计电枢反应，励磁电流保持不变，试求：

1）空载转速；

2）转速变化率；

3）额定电磁转矩；

4）额定效率，设空载损耗为 1500W。

（提示：不计电枢反应，表示当 I_f 一定时，电动机空气隙每极磁通保持不变，即 $C_e\Phi$ 为常数。转矩常数 C_T 可由电动势常数 C_e 求出）

第二章　变　压　器

第一节　变压器的基本功能与用途

变压器的主要功能是把交流电源电压按使用要求升高或降低。

变压器的类别众多，应用在电力系统中供输电和配电用的统称为**电力变压器**，它又分为用来升高电压的**升压变压器**和用来降低电压的**降压变压器**。通常变压器都为**双绕组变压器**，即变压器有两个独立绕组：一个连接电源的称为**一次绕组**，另一个连接负载的称为**二次绕组**。如降压变压器一次为高压，二次为低压；升压变压器则恰相反。容量较大的变压器可能有三个绕组，用以连接三种不同电压的系统，称为**三绕组变压器**。**自耦变压器**只有一个绕组，其一部分作为一次，一部分用作二次。按变压器的相数可分为单相变压器和三相变压器。

此外，尚有各种专门用途的特殊变压器。例如，用于测量仪表的电压互感器和电流互感器、试验用的高压变压器、电炉用的变压器、电焊用的变压器等。如按变压器的工作频率来分，上述各种均工作在固定的 50Hz，但尚有电子线路中用的变压器，它们可能是工作在音频、超高频、不同宽窄频带。

为各种不同目的而制造的变压器差别极大，应用于电子线路中的某些变压器容量只有几个伏安，其重量以克计算。而应用于电力系统中的变压器容量却大至数十万千伏安。电压等级可从几伏到几十万伏。相应的变压器体积和重量差别可达亿万倍。例如 1000MW 发电机配用的主变压器容量为 380MV·A 单相，其长×宽×高的尺寸为 10.5m×6.4m×12.2m，重量近 300t。

根据变压器的功能，可知变压器的用途极为宽广，任何需要改变交流电压的场合，均有它的身影。

尽管如此，各种变压器的基本作用原理仍是相同的，不同变压器只是加上某些约束条件而已。本教材主要讨论工作在我国标准工业频率 50Hz 的电力变压器。

第二节　变压器的基本作用原理

种类繁多的变压器其基本作用原理却是相同的，下面通过图 2-1 所示双绕组变压器来予以阐明。图中一次绕组的匝数为 N_1，一次绕组的量用下标“1”表示，二次绕组的匝数为 N_2，属于二次的量用下标“2”表示。

变压器的主要功能是改变交流电源的电压，现通过变压器空载时的工作状态来分析它改变电压的原理。所谓空载是指图 2-1 中的刀开关 S 打开，二次绕组开路，而将交流电源 u_1 外施于一次绕组的运行情况。在 u_1 作用下，一次绕组流通交流电 i_{10}，（因是空载故下标加“0”）称为空载电流，或励磁电流 I_m。励磁电流产生交变磁动势 $i_{10}N_1$，建立交变磁通 Φ_1。根据磁通的作用，把该交变磁通分为主磁通（或互感磁通）Φ 和漏磁通 $\Phi_{1\sigma}$ 两部分，主磁通 Φ 同时匝链一次和二次绕组，它所行经的路径为沿铁心而闭合的磁路，磁阻小且有饱和现

象。漏磁通 $\Phi_{1\sigma}$ 只匝链一次绕组，故称为一次漏磁通，它所行经的路径大部分为非磁性物质，磁阻大但无饱和现象。

Φ 与 $\Phi_{1\sigma}$ 都是交变磁通，根据电磁感应定律，它们将在其所匝链的绕组中感应电动势。此外空载电流还将在一次绕组的电阻 r_1 上产生压降。综上所述，变压器空载时的电磁现象如图 2-2 所示。图中点画线框以内为磁路关系，框外为电路关系。

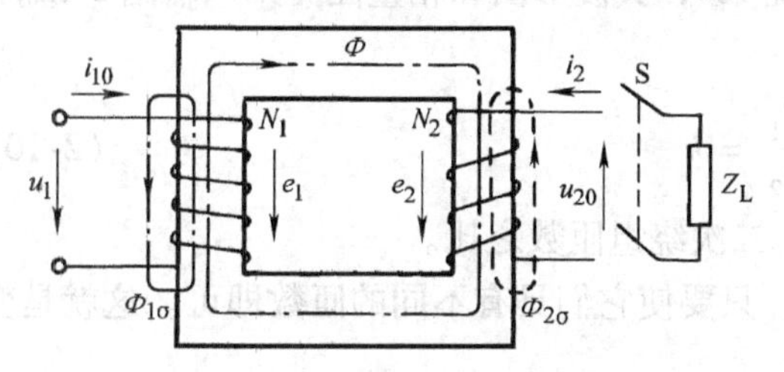

图 2-1　双绕组变压器的示意图

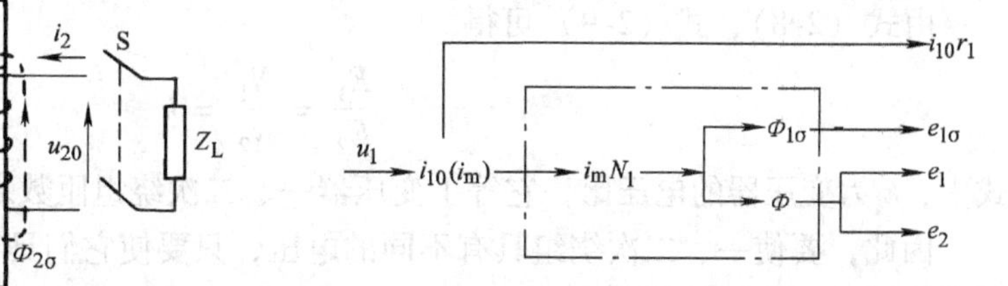

图 2-2　变压器空载时电磁关系

图 2-1 中的电压、电流、电动势、磁动势和磁通都是时间函数，基本上随时间按正弦律变化，它们的参考正方向及电动势表示式均在第一篇中作过介绍。鉴于正方向的设定在交流电机分析中十分重要，这里再予以适当重复。在电机理论中习惯上规定电流的正方向与该电流所产生的磁通正方向符合“右手螺旋”定则，规定磁通的正方向与其感应的电动势的正方向也符合“右手螺旋”定则。这意味着在电路理论中常把电流的正方向与感应电动势的正方向取向一致，这样才能把感应电动势公式写成式 (0-37) 所示的 $e=-N\dfrac{\mathrm{d}\Phi}{\mathrm{d}t}$ 形式。图 2-1中各物理量的正方向（箭头）就是按这个惯例作出的。需要强调指出：正方向可以任意设定。但选择不同的正方向，列出相应的表达式则是不同的。各物理量的实际变化规律不会因正方向的不同选择而改变。

由图 2-1 可以方便地写出变压器空载时的一、二次电压方程式：

$$u_1 = i_{10}r_1 - e_{1\sigma} - e_1 \tag{2-1}$$

$$u_{20} = e_2 \tag{2-2}$$

式中，e_1、e_2 分别为一、二次感应电动势；$e_{1\sigma}$ 为一次漏磁感应电动势；u_{20} 为二次空载端电压；$i_{10}r_1$ 为一次回路电阻压降；u_1 为外施电源电压。

就电力变压器而言，空载电阻降 $i_{10}r_1$ 和 $e_{1\sigma}$ 均很小，如略去不计，则式 (2-1) 可写成 $u_1=-e_1$。如外施电源电压 u_1 按正弦规律变化，则 Φ 和 e_1、e_2 也都随时间按正弦规律变化。参照第一篇式 (0-38) ~式 (0-40) 可得

$$\Phi = \Phi_{\mathrm{m}}\sin\omega t \tag{2-3}$$

$$e_1 = -N_1\frac{\mathrm{d}\Phi}{\mathrm{d}t} = -\omega N_1\Phi_{\mathrm{m}}\cos\omega t = E_{1\mathrm{m}}\sin(\omega t - 90°) \tag{2-4}$$

$$e_2 = -N_2\frac{\mathrm{d}\Phi}{\mathrm{d}t} = -\omega N_2\Phi_{\mathrm{m}}\cos\omega t = E_{2\mathrm{m}}\sin(\omega t - 90°) \tag{2-5}$$

式中

$$E_{1\mathrm{m}} = \omega N_1\Phi_{\mathrm{m}} \tag{2-6}$$

$$E_{2\mathrm{m}} = \omega N_2\Phi_{\mathrm{m}} \tag{2-7}$$

有效值为

$$E_1 = \frac{E_{1\mathrm{m}}}{\sqrt{2}} = 4.44fN_1\Phi_{\mathrm{m}} \tag{2-8}$$

$$E_2 = \frac{E_{2m}}{\sqrt{2}} = 4.44fN_2\Phi_m \tag{2-9}$$

式中，Φ_m 为互磁通的最大值；ω 为磁通变化的角频率亦即电源电压 u_1 的角频率，$\omega=2\pi f$；f 为它们的频率；E_{1m}、E_{2m} 为一、二次电动势最大值；E_1、E_2 为一、二次电动势的有效值。

电动势 E_1、E_2 在时间上滞后于磁通 Φ 相位 90°，其波形图和相量图见第一篇图 0-13。

由式（2-8）、式（2-9）可得

$$\frac{E_1}{E_2} = \frac{N_1}{N_2} = k \tag{2-10}$$

式中，k 为变压器的**电压比**，它等于变压器一、二次绕组匝数之比。

因此，要使一、二次绕组具有不同的电压，只要使它们具有不同的匝数即可。这就是变压器能够改变电压的原理。

当略去电阻压降和漏磁电动势，式（2-1）、式（2-2）可改写成复数形式

$$\dot{U}_1 = -\dot{E}_1 \tag{2-11}$$

$$\dot{U}_{20} = \dot{E}_2 \tag{2-12}$$

因而电压比又可写成

$$k = \frac{U_1}{U_{20}} \tag{2-13}$$

即电压比近似为一次电压 U_1 与二次空载端电压 U_{20} 之比。当不知变压器绕组匝数 N_1 和 N_2 时，可通过试验由式（2-13）找出电压比。

合上图 2-1 的刀开关 S，二次绕组接上负载阻抗 Z_L，二次回路中便有 i_2 流通，将有电功率输出到负载。变压器一次和二次绕组间没有电的连接，电功率是怎样由一次电路通过电磁感应作用传递到二次电路的呢？将由变压器的负载运行来予以阐明。

空载时，二次电流及磁动势为零，所以二次电路的存在对一次电路毫无影响。当变压器接上负载，二次电路有电流 i_2，将产生二次磁动势 i_2N_2。在该磁动势的作用下，铁心中的互磁通 Φ 趋于改变；相应地一次电动势 e_1 亦趋于改变，导致一次电流 i_1 发生变化。对于电力变压器一般 U_1 为常数，则主磁通 Φ 亦近似为不变常数。因此负载时作用在磁路上的总磁动势 $i_1N_1+i_2N_2$ 应等于激励这主磁通的磁动势 i_mN_1，即

$$i_1N_1 + i_2N_2 = i_mN_1 \tag{2-14}$$

式（2-14）称为**磁动势平衡式**，表示了变压器负载时作用在主磁路上的全部磁动势等于激励互（主）磁通所需的磁动势。

式（2-14）可改写成

$$i_1 = i_m + \left(-i_2\frac{N_2}{N_1}\right) = i_m + i_{1L} \tag{2-15}$$

式中，i_{1L}为一次电流的负载分量，$i_{1L}=-i_2\dfrac{N_2}{N_1}$。

式（2-15）表明当变压器负载运行时，一次电流 i_1 包含有两个分量，其中 i_m 用以激励互磁通，负载分量 i_{1L}的作用是产生磁动势 $i_{1L}N_1$ 以抵消二次磁动势 i_2N_2 对主磁路的影响，即有

$$i_{1L}N_1 = \left(-i_2\frac{N_2}{N_1}\right)N_1 = -i_2N_2 \quad (2\text{-}16)$$

$$i_{1L}N_1 + i_2N_2 = 0 \quad (2\text{-}17)$$

由于 $e_1/e_2 = N_1/N_2$，式（2-17）经整理为

$$-e_1i_{1L} = e_2i_2 \quad (2\text{-}18)$$

式中带负号的左侧表示从电源输入变压器一次侧的电功率，右侧表示从变压器输出的电功率。该公式说明了一次绕组从电源吸取的电功率，通过一、二次绕组的磁动势平衡和电磁感应作用就传递到了二次绕组，并输出给负载。这就是变压器一、二次侧间能量传递的原理。

综上所述，变压器负载运行时的电磁关系如图 2-3 所示。

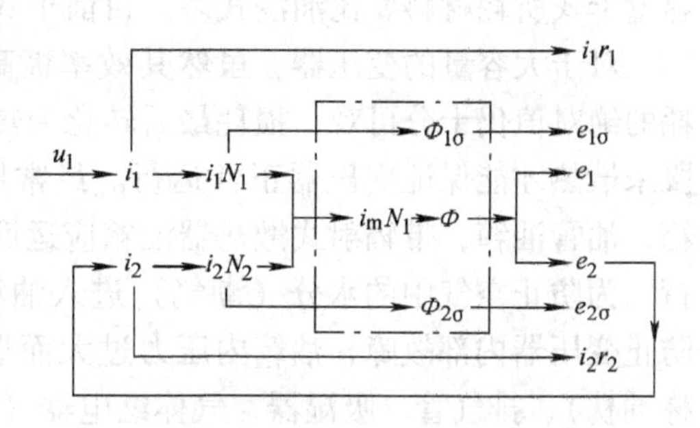

图 2-3 变压器负载运行时的电磁关系

第三节 变压器的基本结构

变压器属静止电器，结构相对比较简单，其主体是绕组和铁心。

变压器的绕组为集中绕组，各匝线圈的磁轴是重叠的。根据绕组中电流的大小，绕组用不同截面积，不同形状的铜线绕制而成，小截面的一般用圆导线，大截面的则往往用扁铜线。根据绕组电压的高低，线圈本身及绕组之间有不同材料、不同厚度的绝缘层。

变压器铁心是耦合一、二次绕组的磁路。为减小交变磁场引起的铁心损耗，铁心一般由厚度为 0.30～0.35mm 的电工钢片剪成各种形状的冲片叠成。图 2-4 示出了一些冲片及其交叠装配的情况。图 2-4 中的 c 为套装绕组的**心柱**，y 为**磁轭**，起闭合磁路的作用。虽然变压器的容量大小差异巨大，铁心的构成各异，但铁心的构成必须满足两个基本要求：首先是将冲片通过拼、叠、嵌、插等方法形成闭合磁路，应尽量避免和减小缝隙以减小磁路的磁阻，并少用如固定螺栓等机械固件；其次，铁心的磁轭应能方便拆卸，以套上预先绕制好的一、二次绕组。

按照铁心和绕组的相对位置关系，可分为心式变压器和壳式变压器，如图 2-5 所示。壳式变压器虽然铁心机械强度较高，但制造复杂，一般只有小型变压器采用。电力变压器均采用心式变压器。

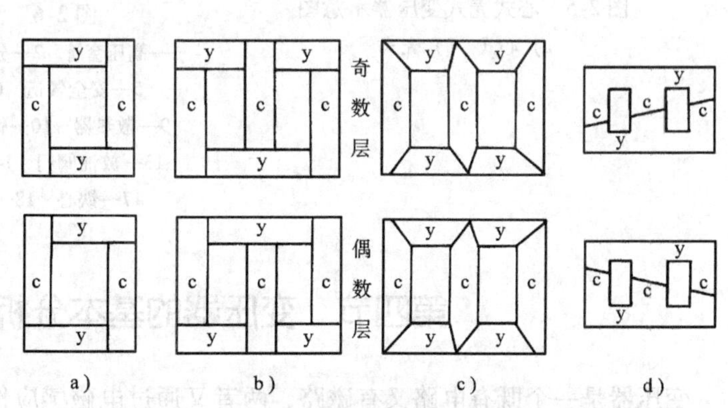

图 2-4 变压器铁心冲片

a）单相心式 b）三相心式 c）适用于磁导有方向性的冷轧电工钢片，心式 d）小型壳式

变压器结构尚有干式和油浸式之分。电力变压器一般均系油浸式，即铁心及绕组都浸在由石油分馏得来的矿物油——变压器油中，以增强绝

缘性能和有利于散热。容量小、电压低的小型变压器及用于电气及电子装置中的变压器均为干式变压器。鉴于油浸变压器有燃烧和爆炸的可能性，近期在一些重要的公共场所为了安全常采用由环氧树脂等材料封闭的干式变压器。由于空气的绝缘和散热性能都比油差，所以同容量干式所耗材料要比油浸式多。目前干式变压器的容量已达几千千伏安。

对于大容量的变压器，虽然其效率极高可达98%以上，但因容量巨大，1%～2%的损耗的绝对值仍十分可观，损耗最后转化为热能使变压器的温度急剧升高，必须采用专门的手段来散热才能保证变压器正常运行。最常用的方法就是增大油箱的散热表面，于是波纹油箱，油管油箱，带辐射式散热器油箱应运而生。变压器油的质量直接影响到变压器的安全运行，为防止空气中的水分（潮气）进入油箱，被变压器油吸收而大大降低其绝缘性能；为防止变压器内部故障，油箱内压力过大而爆炸，油箱上设置了一系列附件，如储油柜（亦称油枕）、排气管、吸湿器、气体继电器（亦称瓦斯继电器）等。

对应于各种不同的高电压，绕组引出线穿过油箱时均要借助于各种大小、结构不同的瓷质绝缘套管。

图2-6所示为油浸式变压器的结构示意图。

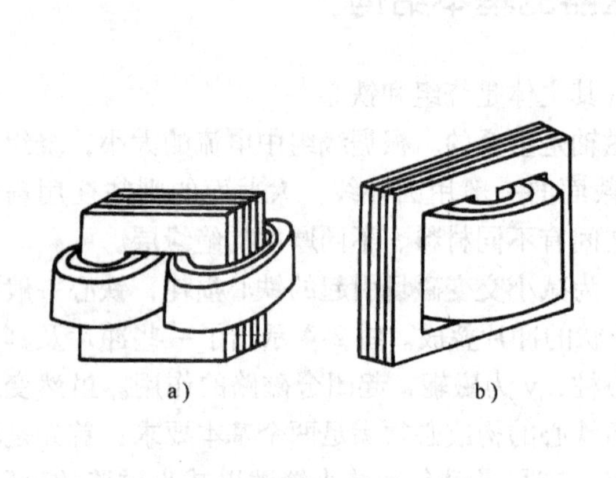

图2-5 心式壳式变压器示意图

a）心式 b）壳式

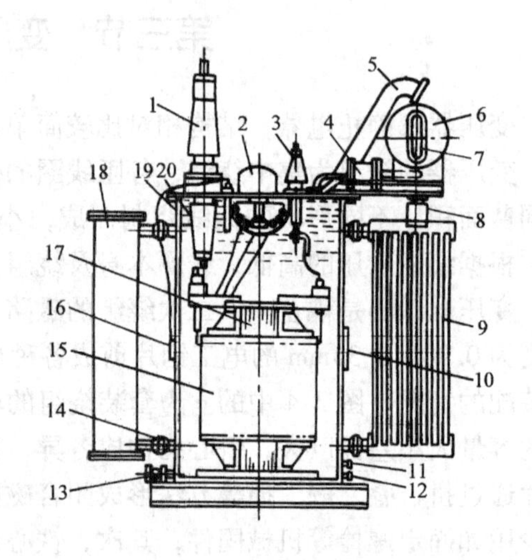

图2-6 油浸式变压器的结构示意图

1—高压套管 2—分接开关 3—低压套管 4—气体继电器 5—安全气道 6—储油柜 7—油位计 8—吸湿器 9—散热器 10—铭牌 11—接地螺栓 12—取油样阀门 13—放油阀门 14—活门 15—绕组 16—信号温度计 17—铁心 18—净油器 19—油箱 20—变压器油

第四节 变压器的基本分析方法

变压器是一个既有电路又有磁路，两者又通过电磁感应作用互相耦合的电磁装置。所以分析起来就比较麻烦。为此，设法从变压器的基本方程式出发，应用简单的数学方法——变数替换，将变压器的电磁耦合关系用一个纯电路形式的等效电路来表示，它既能正确地反映变压器的电磁关系、能量传递关系，又便于进行计算，这就是变压器的基本分析方法。

一、变压器的基本方程式

根据惯例绘出变压器的工作原理图，如图2-7所示，并写出一、二次电压方程式及磁动势平衡方程式

$$u_1 = i_1 r_1 + N_1 \frac{\mathrm{d}\Phi_{1\sigma}}{\mathrm{d}t} + N_1 \frac{\mathrm{d}\Phi}{\mathrm{d}t} \tag{2-19}$$

$$u_2 = -i_2 r_2 - N_2 \frac{\mathrm{d}\Phi_{2\sigma}}{\mathrm{d}t} - N_2 \frac{\mathrm{d}\Phi}{\mathrm{d}t} \tag{2-20}$$

$$i_1 N_1 + i_2 N_2 = i_m N_1 \tag{2-21}$$

或写成

$$u_1 = i_1 r_1 - e_{1\sigma} - e_1 \tag{2-22}$$

$$u_2 = -i_2 r_2 + e_{2\sigma} + e_2 \tag{2-23}$$

$$i_m = i_1 + \frac{i_2}{k} \tag{2-24}$$

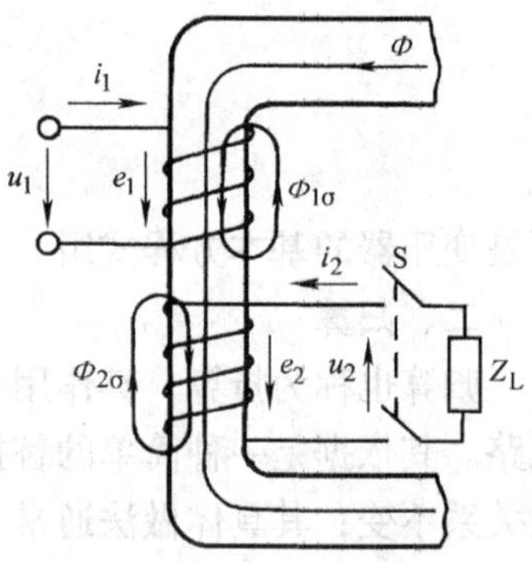

图2-7 变压器工作原理示意图

在第一篇式（0-32）、式（0-33）已提及 Φ_σ 产生的电动势 e_σ 可以把它当作电抗负电压降看待。当各物理量均按正弦规律变化时，其关系用复数形式表示为

$$\dot{E}_{1\sigma} = -\mathrm{j}\dot{I}_1 x_{1\sigma} \tag{2-25}$$

$$\dot{E}_{2\sigma} = -\mathrm{j}\dot{I}_2 x_{2\sigma} \tag{2-26}$$

式中，$x_{1\sigma}$、$x_{2\sigma}$为一、二次绕组的漏电抗，由于它对应的磁路是非磁性介质，其磁导不存在饱和现象，所以这些漏抗是不变的常数。

对于互磁通 Φ 所感应的电动势亦可作类似处理把它当作电压降，但考虑到互磁通 Φ 在铁心中要引起铁心损耗，激励 Φ 的电流 $\dot{I}_m$ 和 $\dot{E}_1$ 之间就不能用纯电抗来表示，必须引入一个阻抗 Z_m，才能正确地反映变压器的基本电磁关系，即有

$$\dot{E}_1 = -\dot{I}_m Z_m \tag{2-27}$$

式中，Z_m 称为变压器的励磁阻抗，$Z_m = r_m + \mathrm{j}x_m$；$x_m$ 为励磁电抗，为一受铁心饱和影响的参数，r_m 称为励磁电阻，它是一个假想的电阻，对应于铁心损耗的一个等效电阻，即

$$I_m^2 r_m = p_{Fe} \tag{2-28}$$

变压器运行时，如外施电压 $\dot{U}_1$ 不变，则铁心中的互磁通亦基本不变，于是上述 Z_m、r_m、x_m 亦可视为常数。最后式（2-22）~式（2-24）可写成

$$\dot{U}_1 = \dot{I}_1 r_1 - \dot{E}_{1\sigma} - \dot{E}_1 = -\dot{E}_1 + \dot{I}_1 r_1 + \mathrm{j}\dot{I}_1 x_{1\sigma} = -\dot{E}_1 + \dot{I}_1 Z_{1\sigma} \tag{2-29}$$

$$\dot{U}_2 = -\dot{I}_2 r_2 + \dot{E}_{2\sigma} + \dot{E}_2 = \dot{E}_2 - \dot{I}_2 r_2 - \mathrm{j}\dot{I}_2 x_{2\sigma} = E_2 - \dot{I}_2 Z_{2\sigma} \tag{2-30}$$

$$\dot{I}_m = \dot{I}_1 + \frac{\dot{I}_2}{k} \tag{2-31}$$

上列方程式与式（2-27）

及

$$\left.\begin{aligned}-\dot{E}_1 &= \dot{I}_m Z_m\\ \dot{U}_2 &= \dot{I}_2 Z_L\\ k &= \frac{\dot{E}_1}{\dot{E}_2}\end{aligned}\right\} \tag{2-32}$$

便是变压器的基本方程式组。

二、归算

归算也称为折算，其作用是将变压器的一、二次电路连接起来成为一纯电路形式的等效电路。其依据是一种简单的替换变数的方法；其约束条件是新参数必须保持变压器原有的电磁关系不变；其具体做法通常是将二次绕组归算到一次绕组，也就是假想把二次绕组的匝数 N_2 换成 N_1。对应于原来匝数为 N_2 的各个参数，当换算成 N_1 匝后，均在其右上角加一撇"′"以示区别。

这样的变换使互磁通在一次绕组感应的电动势 E_1 等于归算后的二次绕组感应电动势 E_2'，因为它们有相同的匝数。即

$$\dot{E}_1 = \dot{E}_2' \tag{2-33}$$

这个关系式为将一、二次电路连接起来创造了条件。

根据约束条件，归算后二次侧的磁动势应保持不变。即有

$$N_1 I_2' = N_2 I_2 \quad 或 \quad I_2' = \frac{N_2}{N_1} I_2 = \frac{1}{k} I_2 \tag{2-34}$$

变压器中二次侧对一次侧的影响是通过其磁动势 I_2N_2 来体现的。现今归算前后二次侧磁动势未变，因此归算与否对一次侧的影响是一样的。所以这样的归算保证了互磁通 Φ 不变，其感应的电动势就只和绕组的匝数成正比，故有

$$\frac{E_2'}{E_2} = \frac{N_1}{N_2} = k \tag{2-35}$$

或

$$E_2' = kE_2 \tag{2-36}$$

同理有

$$E_{2\sigma}' = kE_{2\sigma} \tag{2-37}$$

且因

$$\dot{E}_{2\sigma} = -\mathrm{j}\dot{I}_2 x_{2\sigma} \quad 及 \quad \dot{E}_{2\sigma}' = -\mathrm{j}\dot{I}_2' x_{2\sigma}'$$

得

$$x_{2\sigma}' = \frac{-\dot{E}_{2\sigma}'}{\mathrm{j}\dot{I}_2'} = \frac{-k\dot{E}_{2\sigma}}{\mathrm{j}\,\dfrac{\dot{I}_2}{k}} = k^2\left(\frac{-\dot{E}_{2\sigma}}{\mathrm{j}\dot{I}_2}\right) = k^2 x_{2\sigma} \tag{2-38}$$

归算后二次侧铜耗亦应保持不变，于是

$$I_2^2 r_2 = I'^2_2 r_2' \quad 或 \quad r_2' = \frac{I_2^2}{I'^2_2} r_2 = k^2 r_2 \tag{2-39}$$

二次侧端电压及其所接负载阻抗 Z_L 的归算为

$$\dot{U}_2' = \dot{E}_2' - \dot{I}_2' Z_{2\sigma}' = k\dot{E}_2 - \frac{1}{k}\dot{I}_2 k^2 Z_{2\sigma}$$

$$= k(\dot{E}_2 - \dot{I}_2 Z_{2\sigma}) = k\dot{U}_2 \tag{2-40}$$

$$Z_L' = \frac{\dot{U}_2'}{\dot{I}_2'} = \frac{k\dot{U}_2}{\frac{1}{k}\dot{I}_2} = k^2\frac{\dot{U}_2}{\dot{I}_2} = k^2 Z_L \tag{2-41}$$

至此，经整理可写出二次侧归到一次侧后变压器的基本方程式组为

$$\left.\begin{aligned} \dot{U}_1 &= -\dot{E}_1 + \dot{I}_1 Z_{1\sigma} \\ -\dot{E}_1 &= \dot{I}_m Z_m \end{aligned}\right\} \tag{2-42}$$

$$\left.\begin{aligned} \dot{U}_2' &= \dot{E}_2' - \dot{I}_2' Z_{2\sigma}' \\ \dot{I}_m &= \dot{I}_1 + \dot{I}_2' \\ \dot{E}_1 &= \dot{E}_2' \\ \dot{U}_2' &= \dot{I}_2' Z_L' \end{aligned}\right\} \tag{2-43}$$

三、变压器的等效电路

根据基本方程式（2-42）、式（2-43）可以画出与它们对应的电路，如图 2-8 所示，图2-8a 为一次电路，图 2-8b 为励磁电路，图 2-8c 为二次电路。由于经过归算，$\dot{E}_1 = \dot{E}_2'$，及电流 $\dot{I}_m = \dot{I}_1 + \dot{I}_2'$，所以三个电路可以连接起来，如图 2-9 所示。该电路能反映变压器的电磁关系和运行情况，故称它为等效电路。又因其形状像字母“T”，通常称它为变压器的 **T 形等效电路**。

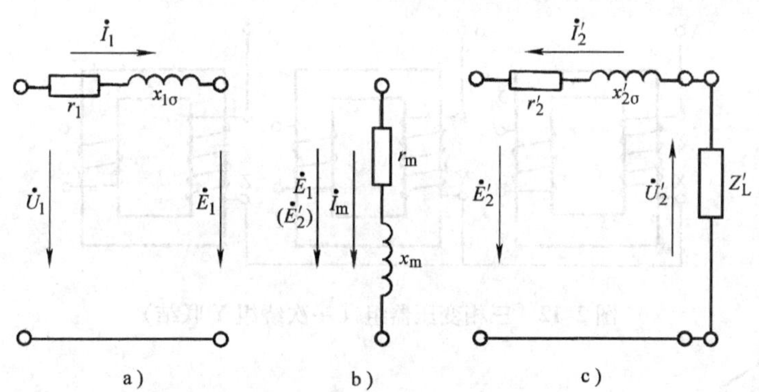

图 2-8 基本方程对应的电路

a）一次电路 b）励磁电路 c）二次电路

鉴于变压器的 I_m 及 $Z_{1\sigma}$ 数值相对较小，将图 2-9中的励磁支路移到外施电源 $\dot{U}_1$ 端，如图2-10 所示，称为变压器的**近似等效电路**。一般说来，这种处理带来的误差仍在工程计算允许范围内，但支路移前后，对求解该电路却带来了很大的方便。更有甚者，有时干脆不计 I_m，即将励磁支路移走，所得的电路称为变压器的**简化等效电路**。图 2-11 中的 $r_k = r_1 + r_2'$，$x_k = x_{1\sigma} + x_{2\sigma}'$ 称为短路电

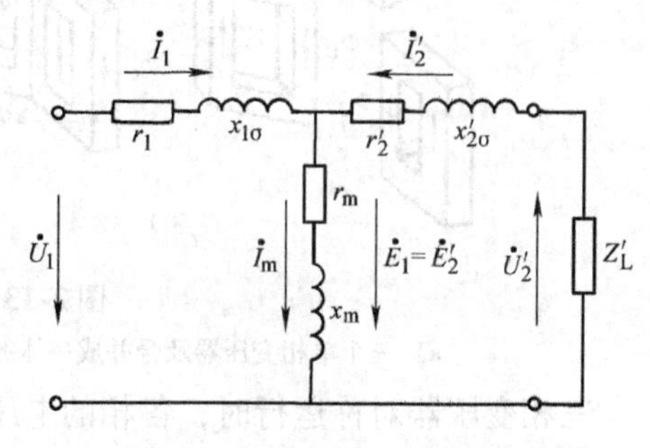

图 2-9 变压器的 T 形等效电路

阻和短路漏抗。$r_k + jx_k = Z_k$ 称为短路阻抗。

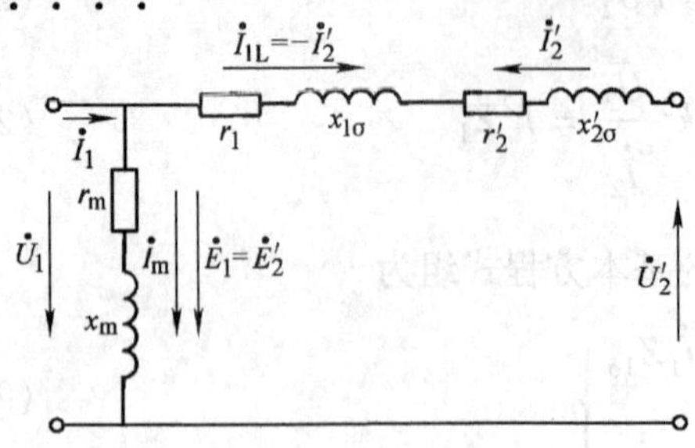

图2-10　变压器的近似等效电路

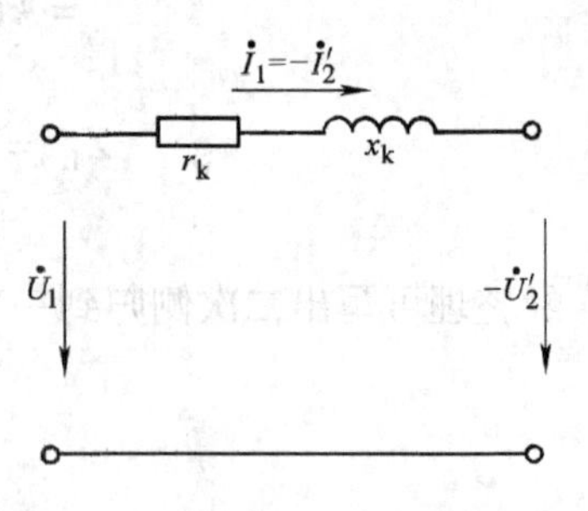

图2-11　变压器的简化等效电路

有了等效电路，分析计算变压器的各种特性只是一个求解简单的电路问题了。当然，求得的是归算值，还需还原算出其实际值。

四、关于三相变压器

上面分析的均为一个一次、一个二次绕组的情况，亦就是一台单相变压器。但电力系统是三相制，所以三相变压器的应用极为广泛。三相变压器可由三台独立的单相变压器组成，如图2-12所示，其磁路是各相独立的。亦可以是三相铁心合成一体的心式或壳式三相变压器，如图2-13所示。图2-13a为三个单相变压器及合并成一体的铁心结构，当三相对称运行时，三相磁通之和等于零，中间心柱可以省略，将留下的三个心柱安排在一个平面内，就得如图2-13c所示的三相心式变压器。其磁路的特点是任何一相的磁路都以其他两相的磁路作为回路。

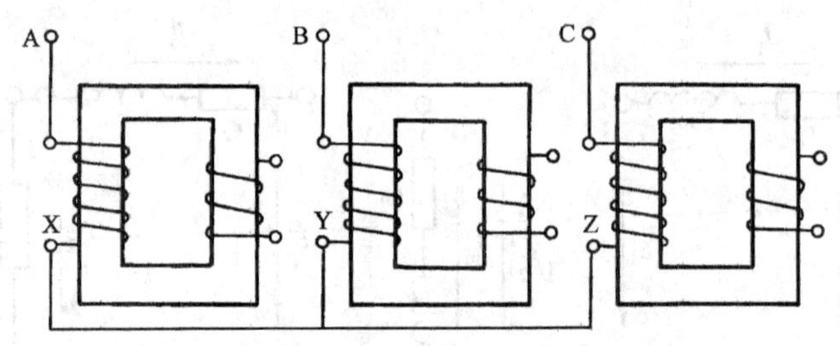

图2-12　三相变压器组（一次绕组Y联结）

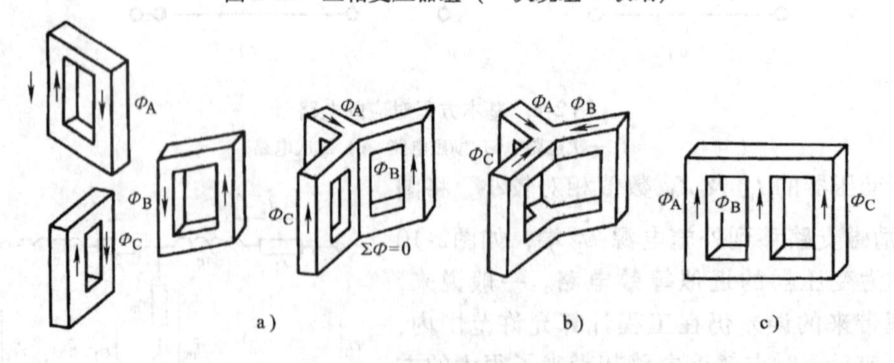

a)　b)　c)

图2-13　三相变压器的铁心

a）三个单相变压器及合并成一体的铁心结构　b）去掉中间心柱　c）三相心式铁心

三相变压器对称运行时，各相的电压、电流大小相等，相位相差120°。在分析计算时，可取任一相来研究，即三相化为单相来处理。上述基本方程式、等效电路均可直接拿来应

用，求得任一相的值，即可写出另两相的数值。

关于三相绕组的联结方法及磁路结构特点引起的影响，将在下一节中讨论。

五、变压器的相量图

第一篇中已阐明，相量图仅是方程式的一种图形表示法。由方程式绘相量图前提条件是各种量值均为同频率的正弦变化量。作相量图时首先要选定参考轴。取哪一个量为参考，一般就将它放在坐标 x（时间）轴的正方向。

对变压器来说，习惯将二次端电压 $\dot{U}_2'$为参考轴，然后根据已知的负载电流 $\dot{I}_2'\underline{/\varphi_2}$，绘出二次相量图如图 2-14 中的Ⅰ区所示。其次根据感应出电动势 $\dot{E}_1$、$\dot{E}_2'$的互磁通 Φ 应超前这些电动势 90°。由于存在铁心损耗，所以激励互磁通的 $\dot{I}_m$ 必然超前 Φ 一个损耗角 ρ，$\dot{I}_m$ 可分解为 $\dot{I}_{mr}$及 $\dot{I}_{ma}$，后者与 $\dot{E}_1$ 反相，为一有功分量。与 $\dot{E}_1$ 反相表示等于铁心损耗 p_{Fe} 的 $\dot{E}_1 I_m$ 是由电源输入到变压器的。有了相量 $\dot{I}_2'$和 $\dot{I}_m$，便可按 $\dot{I}_1=\dot{I}_m+(-\dot{I}_2')$ 绘出表示在Ⅱ区的电流相量图。最后，根据找出的 $\dot{E}_1$、$\dot{I}_1$ 即可按一次电压方程式绘出表示在Ⅲ区的一次相量图。

如果为三相变压器，则图 2-14 的数值均系每相值。

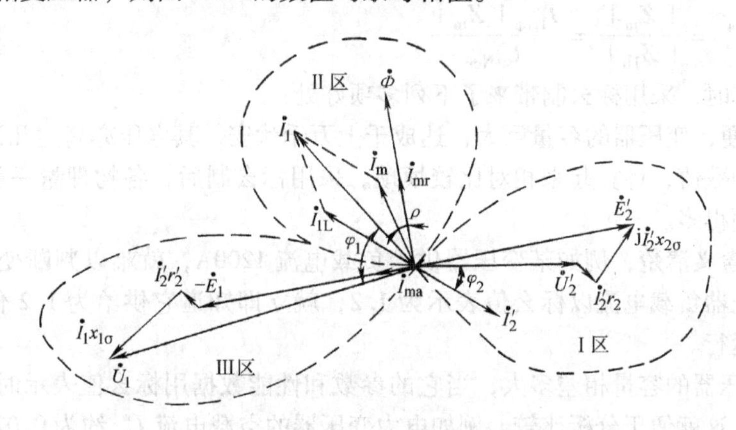

图 2-14 对应变压器 T 形等效电路的相量图

Ⅰ区—二次侧相量图 Ⅱ区—电流相量图 Ⅲ区—一次侧相量图

相量图的优点是各个量之间的相位关系比较清晰，有利于对变压器性能的理解和分析。

六、标幺制

标幺制实际上是一种相对单位制，在这种制式下，各种物理量不用带有单位（量纲）的实际值，而是以某一给定的带单位的数值作为**基数**的相对值来表示。这样表示的物理量就称为它的标幺值，为一不带单位的纯数值。

在电机的运算中，常取其额定电压、额定电流作为电压、电流的基数。电压、电流基数取定之后，相应的功率基数和阻抗基数亦就随着确定了，即有

$$\left.\begin{array}{ll} U_b = U_N & I_b = I_N \\ S_b = U_b I_b & |Z_b| = \dfrac{U_b}{I_b} \end{array}\right\} \tag{2-44}$$

式中，下标“b”表示基数；“N”表示额定值。

对于变压器来说，一、二次侧有不同的额定电压和电流，因此一、二次侧将分别以额定的值为相应的基数，即

$$\left.\begin{aligned} U_{1b} &= U_{1N\phi} \quad & U_{2b} &= U_{2N\phi} \\ I_{1b} &= I_{1N\phi} \quad & I_{2b} &= I_{2N\phi} \end{aligned}\right\} \tag{2-45}$$

相应的阻抗基数为

$$|Z_{1b}| = \frac{U_{1b}}{I_{1b}} = \frac{U_{1N\phi}}{I_{1N\phi}} \quad |Z_{2b}| = \frac{U_{2b}}{I_{2b}} = \frac{U_{2N\phi}}{I_{2N\phi}} \tag{2-46}$$

基数确定以后，一、二次侧物理量的标幺值便可方便地写出，右上角标“ * ”表示该值为标幺值。即有

$$\left.\begin{aligned} U_1^* &= \frac{U_1}{U_{1b}} = \frac{U_1}{U_{1N\phi}} & U_2^* &= \frac{U_2}{U_{2b}} = \frac{U_2}{U_{2N\phi}} \\ I_1^* &= \frac{I_1}{I_{1b}} = \frac{I_1}{I_{1N\phi}} & I_2^* &= \frac{I_2}{I_{2b}} = \frac{I_2}{I_{2N\phi}} \\ Z_{1\sigma}^* &= \frac{|Z_{1\sigma}|}{|Z_{1b}|} = \frac{I_{1N\phi}|Z_{1\sigma}|}{U_{1N\phi}} & Z_{2\sigma}^* &= \frac{|Z_{2\sigma}|}{|Z_{2b}|} = \frac{I_{2N\phi}|Z_{2\sigma}|}{U_{2N\phi}} \\ Z_m^* &= \frac{|Z_m|}{|Z_{1b}|} = \frac{I_{1N\phi}|Z_m|}{U_{1N\phi}} \end{aligned}\right\} \tag{2-47}$$

变压器运算时，采用标幺制带来了下列多项好处：

1）计算方便，变压器的容量巨大，达成千上万千伏安，其电压亦高达几万到几百千伏，都是位数很多的数值，计算起来相对比较烦琐。采用标幺制后，各物理量一般均是个位数，计算起来就方便得多。

2）标幺值含义清楚，例如某变压器供给负载电流 1200A，就难以判断变压器的负载是轻是重。若变压器负载电流以标幺值表示为 1.2，就立即知道它供给为 1.2 倍的额定电流，变压器在超载运行。

3）不论变压器的容量相差多大，当它的参数和性能数据用标幺值表示时，一般都在一定的范围以内，这就便于分析比较。例如电力变压器的空载电流 I_0^* 约为 0.02 ~ 0.10，短路阻抗 Z_k^* 约为 0.04 ~ 0.10。

4）采取标幺值后变压器参数就不需要再归算。这是由于一、二次侧分别采用了不同的基数，基数间已包含了电压比（亦即是归算）关系。

5）对于有多种电压，多台变压器的电力系统采用标幺值更有其优越性，这里就不再展开了。

七、变压器参数的测定

在用等效电路或相量图求解变压器时，必须先知道变压器的 r_m、x_m、r_1、$x_{1\sigma}$、r_2'、$x_{2\sigma}'$ 等 6 个参数，它们可通过下述两个基本试验来测定。

1. 空载试验以测定励磁阻抗 Z_m

空载实验接线图如图 2-15 所示，图 2-15a 为单相变压器，图 2-15b 为三相变压器。

实验可在高压侧也可在低压侧进行。一般电源加在低压侧而高压侧开路。设所测得的数据均已化成每相值。令 U_0 为外施相电压，I_0 为相电流，P_0 为每相输入功率，此时输入功率

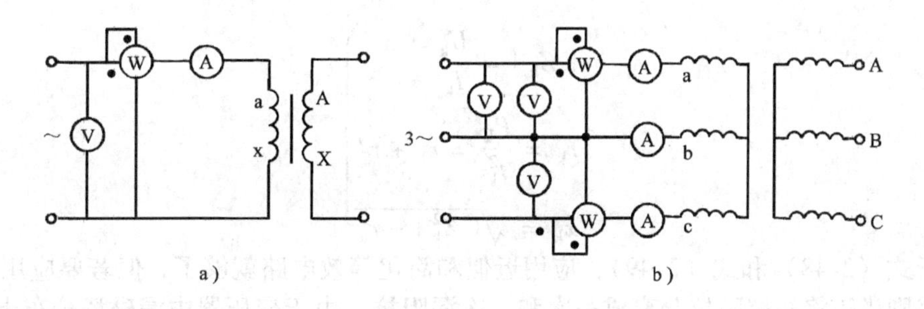

图 2-15 变压器空载试验接线图

a）单相变压器 b）三相变压器

全部是损耗功率，故 P_0 亦等于每相空载损耗 p_0。因为都已是**每相值**，所以单相、三相变压器有相同的计算公式，即

$$\left.\begin{aligned} |Z_0| &= \frac{U_0}{I_0} \\ r_0 &= \frac{P_0}{I_0^2} = r_1 + r_m \approx r_m \\ x_0 &= \sqrt{|Z_0^2| - r_0^2} = x_1 + x_m \approx x_m \end{aligned}\right\} \tag{2-48}$$

必须指出，励磁参数是随铁心的饱和程度而变化的。由于变压器总是在额定电压或很接近于额定电压的情况下运行，空载试验时应调节外施电压 U_0 等于额定电压，这样所求得的 Z_m 才是变压器实际运行时的数值。

还需注意，上述方法测得的励磁阻抗是在低压侧的数值，即为归算到低压侧的数值。

2. 短路试验以测定短路阻抗 Z_k

变压器短路试验接线图如图 2-16 所示。一般做法是电源外施在高压侧而将低压侧短接。

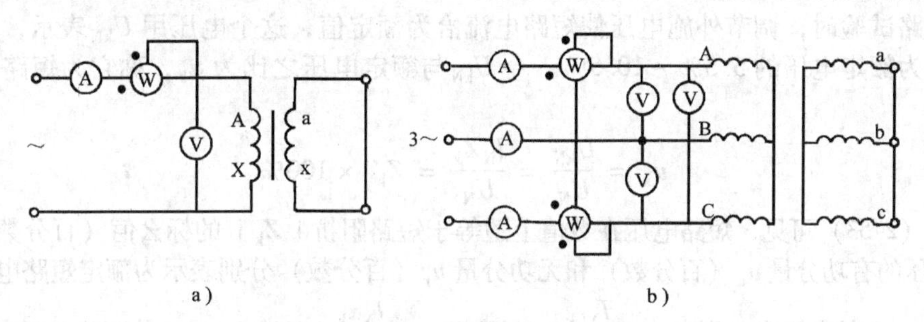

图 2-16 变压器短路试验接线图

a）单相变压器 b）三相变压器

变压器二次侧短路，外施电压 U_k 全部降落在变压器内部的短路阻抗上。因为 Z_k 很小，如果 $U_k = U_N$ 即外施 U_k 等于额定电压，则流入的短路电流 I_k 可达 10 ~20 倍的额定电流，将烧毁变压器。通常应调节 U_k 使短路电流 $I_k = I_N$ 为额定值，此时的外施电压只为额定电压的 4% ~10%，励磁电流很小，可略去不计，这样即可由简化等效电路看出，求得的便是短路阻抗。

设 U_k、I_k 表示相电压和相电流，P_k 为每相输入功率即等于每相短路损耗 p_k，则每相的短路参数为

$$\left.\begin{aligned}|Z_k| &= \frac{U_k}{I_k}\\ r_k &= \frac{P_k}{I_k^2} = r_1 + r_2'\\ x_k &= \sqrt{|Z_k^2| - r_k^2}\end{aligned}\right\}\tag{2-49}$$

有了式（2-48）和式（2-49），应用近似和简化等效电路就够了，但若要应用“T”形等效电路则尚需将短路阻抗分离成一次和二次漏阻抗。由于变压器中漏磁场分布十分复杂，要把 x_k 分离成 $x_{1\sigma}$ 和 $x_{2\sigma}'$ 极为困难，工程上就近似地取

$$x_{1\sigma} = x_{2\sigma}' = \frac{1}{2}x_k \tag{2-50}$$

对于电阻则可通过测量一、二次绕组的直流电阻 r_{1D}、r_{2D} 和式（2-49）中的 r_k，写出下列关系式：

$$\left.\begin{aligned}r_k &= r_1 + r_2'\\ \frac{r_1}{r_{1D}} &= \frac{r_2'}{r_{2D}'}\\ r_{2D}' &= k^2 r_{2D}\end{aligned}\right\}\tag{2-51}$$

联立求解可得 r_1 和 r_2'。

须指出，上述短路参数全得自高压侧，为归算到高压侧的数值。

按国家标准规定，短路试验测得的 r_k 要换算到75°C时的数值，才允许代入等效电路去计算变压器的各种性能。设 θ 为试验时的室温，则可用下式进行换算：

$$\left.\begin{aligned}r_{k75°C} &= r_{k\theta}\frac{234.5°C + 75°C}{234.5°C + \theta}\\ |Z_{k75°C}| &= \sqrt{r_{k75°C}^2 + x_k^2}\end{aligned}\right\}\tag{2-52}$$

式（2-52）适用于铜线绕组。

如短路试验时，调节外施电压使短路电流恰为额定值，这个电压用 U_{kN} 表示，它的量值很小，仅为额定电压的5.5%～10.5%。令 U_{kN} 与额定电压之比为 u_k，称它为短路电压百分数，即有

$$u_k = \frac{U_{kN}}{U_N} = \frac{I_N Z_k}{U_N} = Z_k^* \times 100\% \tag{2-53}$$

由式（2-53）可见，短路电压在数值上适等于短路阻抗 $|Z_k|$ 的标幺值（百分数）。同样，令短路电压的有功分量 u_a（百分数）和无功分量 u_r（百分数）分别表示为额定短路电流在电阻 r_k 和电抗 x_k 上的电压降。则有 $u_a = \frac{I_N r_k}{U_N}\times 100\%$ 和 $u_r = \frac{I_N x_k}{U_N}\times 100\%$。另一种短路电压表示方法采用标幺值，有 $u_k^* = \frac{I_N Z_k}{U_N} = Z_k^*$，$u_a^* = \frac{I_N r_{k75°C}}{U_N} = r_k^*$，$u_r^* = \frac{I_N x_k}{U_N} = x_k^*$。短路电压是变压器的重要参数，常标注在变压器的铭牌上。因此，有时可以不需进行短路试验，直接由铭牌上的数据获得短路阻抗的标幺值。有功分量尚可写成 $r_k^* = u_a = \frac{I_N^2 r_k}{U_N I_N} = \frac{p_{kN}}{S_N}$，即额定短路损耗和容量之比值。

第五节　变压器的基本特性

使用变压器的目的是为了得到工作所需的交流电压。对交流电则必须关注它的电压、频

率、波形和相位等标志交流电性质的要素，下面依次进行分析。

一、电压

它指负载改变时变压器输出电压大小变化情况，可用**电压调整率**来表示。当变压器一次接到额定电压 $U_{1N\Phi}$，二次空载电压即为其额定值 $U_{2N\Phi}$。接上负载，由于负载电流在漏阻抗上产生的压降，二次端电压便将发生变化。漏阻抗压降不仅和负载电流大小成正比，且与负载的功率因数 $\cos\varphi_2$ 有关。定义电压调整率为空载时和在额定功率因数下供给额定电流时，两个二次电压的算术差数与额定电压的比值，用 $\Delta U\%$ 表示。依定义有

$$\Delta U\% = \frac{U_{2N} - U_2}{U_{2N}} \times 100 = \frac{U_{1N} - U_2'}{U_{1N}} \times 100 \tag{2-54}$$

式中的电压都是每相值。

对精度要求不很高的工程计算中，$\Delta U\%$ 可由简化等效电路及其相应的相量图图 2-17 来求取。

通常漏阻抗电压降的数值较小（图 2-17 中未按实际比例绘制，漏阻抗电压降放大了），$\dot{U}_{1N}$ 与 $\dot{U}_2'$ 间的夹角 α 很小，因此，可近似认为有

$$U_{1N} - U_2' \approx a + b \tag{2-55}$$

$$\left.\begin{aligned} a &= I_{2N}' r_k \cos\varphi_2 \\ b &= I_{2N}' x_k \sin\varphi_2 \end{aligned}\right\} \tag{2-56}$$

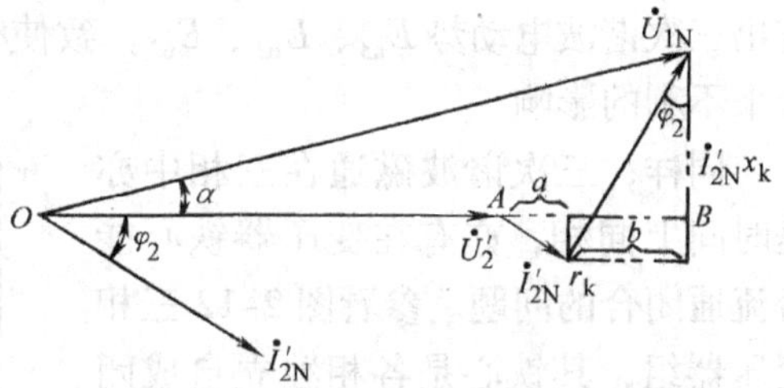

图 2-17　与简化等效电路相对应的相量图

将式（2-55）和式（2-56）代入式（2-54）得

$$\Delta U\% = \frac{I_{2N}' r_k \cos\varphi_2 + I_{2N}' x_k \sin\varphi_2}{U_{1N}} \times 100$$

$$= (r_k^* \cos\varphi_2 + x_k^* \sin\varphi_2) \times 100 \tag{2-57}$$

式中，φ_2 为负载功率因数角，当负载为感应性时，φ_2 取正值；当负载为电容性时，φ_2 取负值。

由前述已知，短路电压 u_k^* 及其有功分量 u_a^* 和无功分量 u_r^* 数值上分别等于短路阻抗标幺值 Z_k^* 及短路电阻的标幺值 r_k^* 和短路电抗的标幺值 x_k^*。因此，式（2-57）可改写成

$$\Delta U\% = (u_a^* \cos\varphi_2 + u_r^* \sin\varphi_2) \times 100 \tag{2-58}$$

二、波形与频率

把波形与频率它们放在一起分析是因为变压器一般都工作在工频，通常二次侧的频率与外施于一次侧的电源频率相同均为 50Hz。但如果变压器电动势的波形偏离正弦波，则其中就会有高次谐波，所以变压器电动势的频率与波形是密切相关的。

根据变压器的工作原理，由于铁心有饱和现象，其磁化曲线如图 2-18a 所示。为激励正弦波的 Φ，所需的励磁电流可由图 2-18b 所示方法求得为一尖顶波，若应用傅里叶级数分解可知其中包含较强的三次谐电流 i_{m3}。

已知铁心中的磁通 Φ 是一、二次电流共同激励，所以只要变压器中无论一次还是二次能流通 i_{m3}，就可激励正弦波 Φ，继而感应出正弦波的电动势，且其频率为电源频率 f_1。

三次谐波电流的频率为基波频率的 3 倍，即 $f_3 = 3f_1$。这个电流在单相变压器的一、二

次绕组中均能流通，所以单相变压器中Φ与E均呈正弦波形。但在三相变压器中则不然。i_{m3}能否在一、二次绕组中流通要视三相绕组的连接方式而定。三相系统中A、B、C相对称时，其基波各各相差120°相位差，而三相中的三次谐波各各相差3×120°=360°，即i_{mA3}、i_{mB3}、i_{mC3}在时间上同相。由电路理论中已知三相电路的接法有星形（Y），三角形（D）及带中性线星形（Yn）几种。显然Y接时i_{m3}不能流通。励磁电流近似正弦波。这正弦波励磁电流用图2-18类似的方法可求出激励的磁通波为平顶波，如图2-19所示。它也包含较强的三次谐波磁通Φ_3，并将在绕组中感应出三次谐波电动势E_{a3}、E_{b3}、E_{c3}，致使变压器的电动势波形偏离正弦波，会对电网运行带来不利的影响。

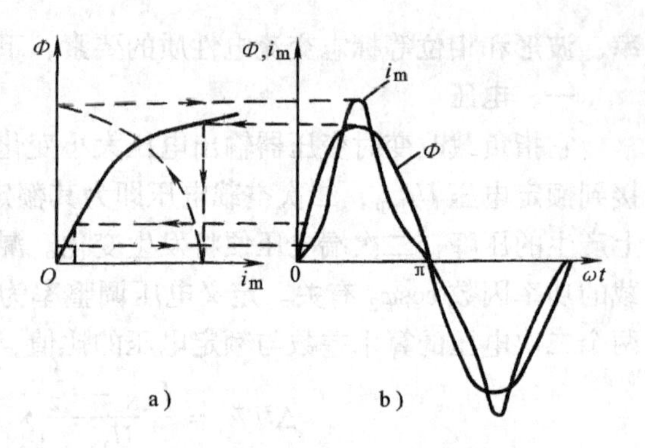

图2-18 作图法求励磁电流
a）磁化曲线 b）磁通波和励磁电流波

同样，三次谐波磁通在三相中亦是时间上同相，亦有在变压器铁心能否流通闭合的问题。参看图2-12三相变压器组，其铁心是各相独立自成闭路，所以三次谐波磁通可以在铁心中闭合，其值较大，我们不希望它存在Φ_3。参看图2-13三相心式变压器，Φ_{a3}、Φ_{b3}、Φ_{c3}同相便不能在铁心中闭合，只能经过油和油箱闭合，磁阻很大，所以Φ_3的数值较小，Φ基本上近似为正弦波。

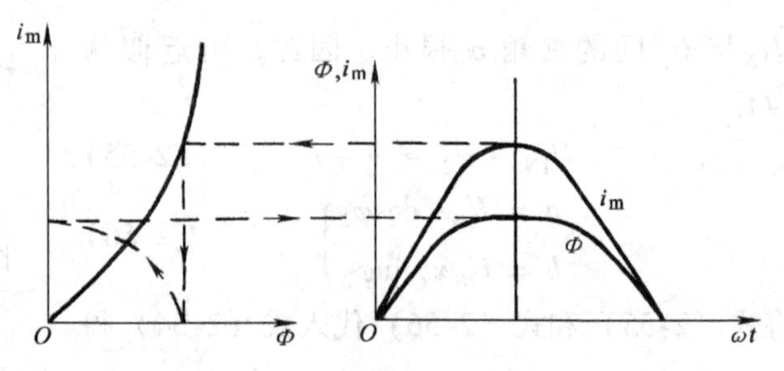

图2-19 正弦励磁电流激励平顶波Φ

对于三角形联结和带中性线星形联结，相绕组中均能流通三次谐波电流，所以磁通波及电动势波基本均为正弦波。

综上所述，为了使电动势波形为正常的正弦波，须注意：

1）三相变压器组不能采用一、二次绕组均接成星形的Yy联结。

2）一、二次绕组中最好有一侧为三角形联结。在大容量高电压变压器中，如需要两侧都是星形联结时，可专门设置一接成三角形的小容量第三绕组，以使励磁电流中有三次谐波分量。

三、相位角

讨论的是变压器一、二次电动势之间的相位角。对单台运行的变压器讨论这个相角没有什么必要，但当两台或两台以上的变压器并联运行时，这相位角便是一个至关重要的参数，必须详加讨论。

1. 变压器的标志

变压器每个绕组都有两个端点：一个称始端，一个称末端。三相绕组的始端分别以A、B、C、a、b、c表示，末端用X、Y、Z、x、y、z表示。大写表示高压绕组，小写表示低压绕组。一般三相变压器的绕组有两种联结方式：星形联结和三角联结，前者是将三相的末端

连在一起，用 Y 联结表示，如将星形中性点引出，则表示为 YN；后者是三相的始末相连成一闭合电路，例如 A 连 Y，B 连 Z，C 连 A，用 D 联结表示。

2. 同名端

图 2-20 表示了变压器一相的工作情况。一、二次绕组被同一互磁通 Φ 所匝链，交变磁通 Φ 将同时在两个绕组中感应电动势，任一瞬间两个绕组都有一个端点的电位相对于另一端点为正。人们称这两个同时为正电位的端点为同名端，并在绕组端点旁加符号“·”表示之。

3. 相电动势间的相位角

为清晰起见感应电动势用双下标表示，例如 E_{XA} 表示由末端 X 到始端 A 的电动势（电压升）。实际上制成的变压器，其各个绕组的绕向都是相同的。但由于标志不同，一、二次电动势间相角有两种可能，即同相或反相。都以同名端标为始端，如图 2-21a 所示，则一、二次电动势同相。反之，如图 2-21b 所示，一个同名端取作始端，另一同名端取作末端，则一、二次电动势反相。可见一相的一、二次电动势只有同相和反相两种可能性，且是由标志来决定的。

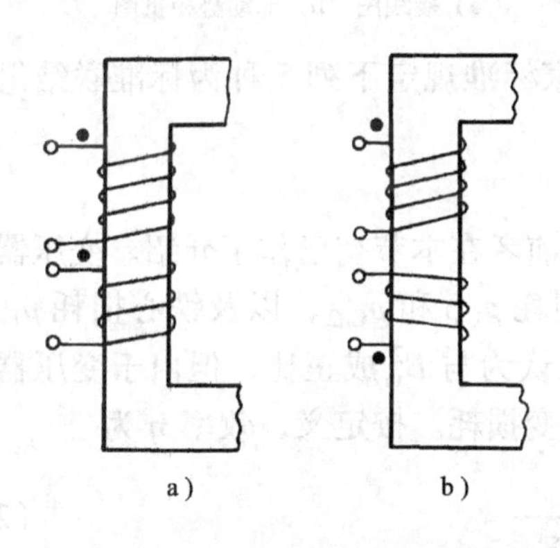

图 2-20 同名端和绕组绕向的关系
a）绕向相同 b）绕向相反

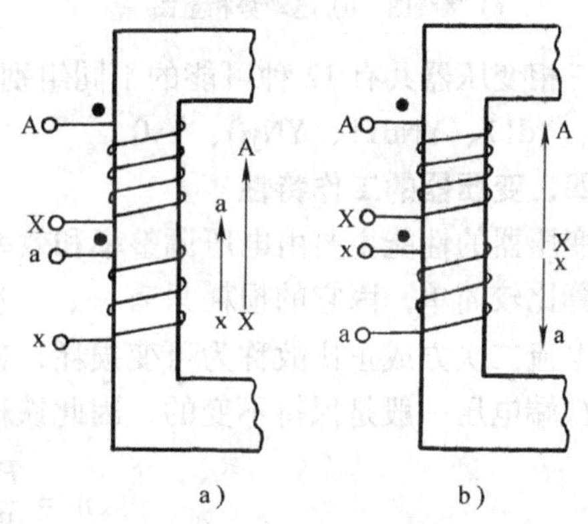

图 2-21 相绕组极性
a）同标志 b）异标志

4. 联结组

它是用来说明三相变压器绕组的联结方式及其一、二次线电动势间相位角的。三相变压器两侧相电动势不是同相就是反相，但线电动势则不然，其间的相位角将随绕组的联结而不同，比较复杂。但经分析知道，一、二次线电动势间相位角总是 30°及 30°的倍数。为清晰易记，提出了一种**时钟表示法**来阐明两侧线电动势的相角。以高压侧线电动势 $\dot{E}_{AB}$ 作为时钟的长针指向 12，低压侧线电动势 $\dot{E}_{ab}$ 作为时钟的短针，然后以钟点来表示两侧绕组线电动势间的相位角。

图 2-22 为 Yy0 联结组，即高低压绕组都是星形联结，0 表示零点钟，即两侧线电动势同相。图中同名端均标为始端，所以相电动势同相，按惯例画出高压侧电动势星形图，取 E_{AB} 垂直向上表示长针指向钟面的 12。按 $\dot{E}_{xa}$ 与 $\dot{E}_{XA}$ 同相，作出低压侧电动势星形，看到 $\dot{E}_{ab}$ 亦指向钟面 12，即表示两侧线电动势同相，为零点（或 12 点）。

图 2-23 为 Yd11 联结组，表示高压侧星形联结，低压侧三角形联结，11 点钟表示低压

线电动势 E_{ab} 超前高压线电动势 E_{AB} 30°相位角。图中同名端都标为始端，所以相电动势同相，先按惯例画出高压侧电动势星形图，同时取 E_{AB} 垂直向上。再按接线图中 a 连 y，b 连 z，c 连 x 作出低压侧电动势三角形，可见 E_{ab} 超前 E_{AB} 30°，即为 11 点钟。

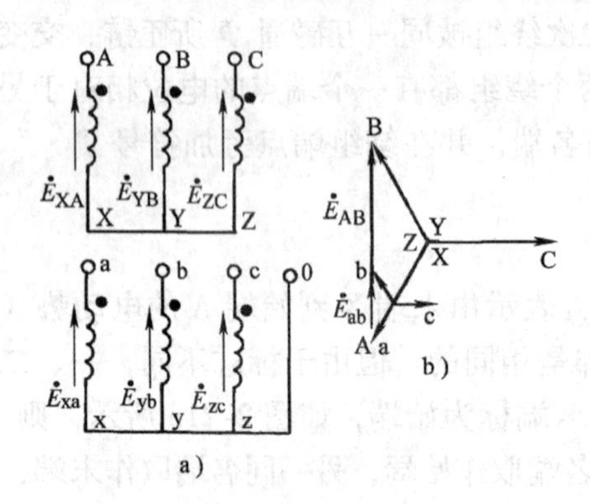

图 2-22　Yy0 联结组

a）接线图　b）电动势相量图

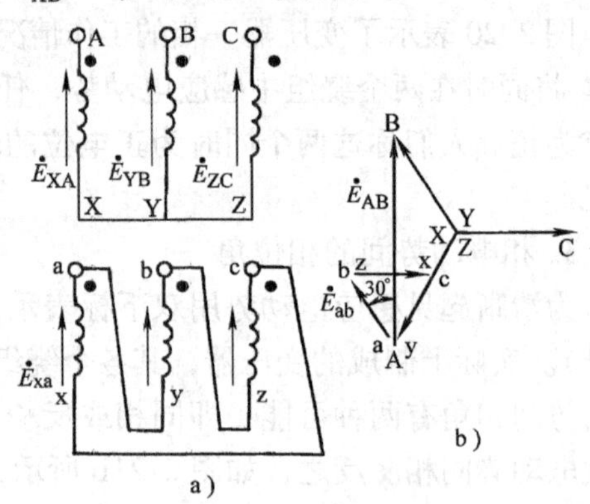

图 2-23　Yd11 联结组

a）接线图　b）电动势相量图

三相变压器共有 12 种可能的不同组别。我国国家标准规定下列 5 种为标准联结组，即 Yyn0、Yd11、YNd11、YNy0、Yy0。

四、变压器的工作特性

变压器的性能主要由电压调整率和效率来说明。前者在本节初已作了介绍。变压器的效率计算比较简单，因它的损耗只有一、二次绕组的铜耗 p_{Cu1} 和 p_{Cu2}，以及铁心损耗 p_{Fe}。铜耗与电流二次方成正比故称为可变损耗，铁耗可近似认为与 B_m^2 成正比，但由于变压器运行时一次端电压一般是保持不变的，因此铁耗可视作不变损耗。按定义，效率 η 为

$$\eta = \frac{P_2}{P_1} = \frac{P_2}{P_2 + \sum p} \tag{2-59}$$

根据等效电路可以算出任一给定负载下的效率，但运算量较大。当然亦可按给定负载直接加至变压器二次侧，实测输入、输出功率来测定效率。但鉴于变压器的效率甚高，达 95% ~99%，所以 P_1、P_2 差值极小，测量误差将直接影响所得结果的准确性，且当变压器容量很大时，难以找到相当的大容量负载，故国家标准规定电力变压器可应用简接法来计算效率。具体做法是利用空载和短路试验测得的 p_{kN} 及 p_0 来计算效率。

已知 $p_{kN} = I_{kN}^2 r_k$ 为额定电流时的铜耗，则任意负载时的铜耗为

$$\begin{aligned} p_k &= p_{Cu1} + p_{Cu2} = I_2^2 r_k = \frac{I_2^2}{I_{2N}^2} I_{2N}^2 r_k \\ &= \beta^2 p_{kN} \end{aligned} \tag{2-60}$$

式中，β 为负载系数，$\beta = \frac{I_2}{I_{2N}}$。

在计算效率时，p_{kN} 应是换算到 75℃时的数值。计算时允许近似取 $U_2 = U_{2N}$，即不计漏阻抗压降，于是输出功率为

$$P_2 = U_{2N} I_2 \cos\varphi_2 = \frac{I_2}{I_{2N}} U_{2N} I_{2N} \cos\varphi_2$$

$$=\beta S_N\cos\varphi_2, P_1 = P_2 + p_{\sum} = \beta S_N\cos\varphi_2 + \beta_N p_{kN} + p_0 \quad (2\text{-}61)$$

最后可得效率的**惯例效率**计算式为

$$\eta = \frac{\beta S_N\cos\varphi_2}{\beta S_N\cos\varphi_2 + \beta^2 p_{kN} + p_0} \quad (2\text{-}62)$$

所谓惯例效率是指公认的习惯计算方法算出的效率。式（2-62）既适用于单相变压器亦适用于三相变压器，唯后者则式中 S_N、p_{kN}、p_0 均应是三相值。

由式（2-62）可见，变压器的效率不仅与负载的大小有关，并且受负载性质 φ_2 的影响。当负载性质为指定值不变时，$\eta = f(\beta)$ 即为变压器的效率特性曲线，如图 2-24 所示。与直流电机一样，令 $\frac{d\eta}{d\beta}=0$，可求得出现最高效率的**经济负载率** β_e，它亦出现在可变损耗等于不变损耗时，即

$$\beta_e = \sqrt{\frac{p_0}{p_{kN}}} \quad (2\text{-}63)$$

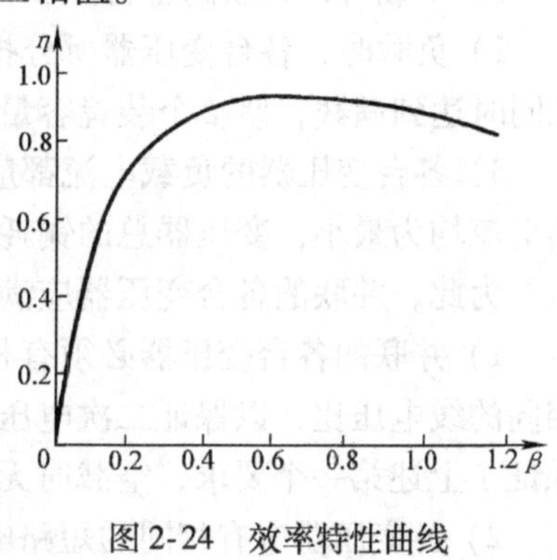

图 2-24　效率特性曲线

$\cos\varphi = \text{const}$

一般电力变压器的 β_e 为 0.5～0.6。因为变压器的负载随季节、昼夜而变化，相应的可变损耗也随之而变化，可是变压器投入运行后，不论负载大小，铁心损耗总是存在的，故设计时应使铁心损耗较小一些，有利于提高变压器全年的能量效率。

第六节　变压器的几种运行方式

一、并联运行

变压器的并联运行是指两台或两台以上的变压器它们的一次和二次绕组分别并联到共同的高、低压母线，如图 2-25 所示。图 2-25a 为单线图表示变压器并联，工程上常用两个重叠的圆代表双绕组变压器。图 2-25c 为它们归算到二次侧的简化等效电路图。

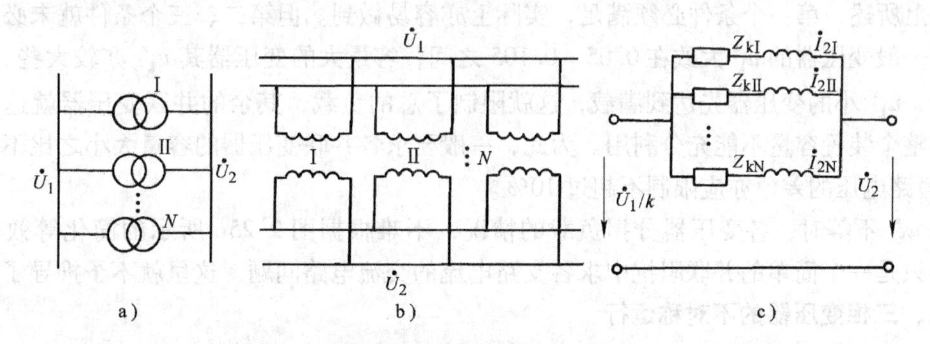

图 2-25　变压器并联运行

a）单线图表示变压器并联　b）接线图　c）简化等效电路图

并联运行的目的是：

1）提高供电可靠性。当其中某台变压器故障不能工作时，余下的变压器仍能供给一定的负载。

2）提高供电的经济性。根据负载的峰谷，投入必要的变压器台数，以提高运行效率。

3）提高建设投资的合理性。负载总是在一定年限内逐步发展的，并联运行允许随着负载的发展，相应地增加变压器的台数。

对变压器并联运行的要求：

1）空载时，并联的各台变压器之间不产生环流。

2）负载时，各台变压器所分担的负载电流应该与它们的容量成正比，亦即各台变压器能同时达到满载，使整个装置容量得到充分的利用。

3）各台变压器的负载电流都应同相。这样，当总负载电流为一定时，每台变压器分担的电流均为最小，变压器总的铜耗相应地为最小，运行较为经济。

为此，并联的各台变压器应满足下列条件：

1）并联的各台变压器必须有相同的电压等级和相同的联结组别，亦即是各变压器应有相同的线电压比，以保证二次电压相同；相同的联结组可以保证各二次电压同相。这条件就保证了上述第一个要求，空载时无环流。

2）各变压器应有相同的短路电压，以保证上述第二项要求，各并联变压器能同时达到满载，因为由图2-25c可见，各变压器同时满载则有

$$\dot{I}_{\mathrm{N\,I}} Z_{\mathrm{k\,I}} = \dot{I}_{\mathrm{N\,II}} Z_{\mathrm{k\,II}} = \dot{I}_{\mathrm{N\,III}} Z_{\mathrm{k\,III}} = \cdots \tag{2-64}$$

式（2-64）除以各变压器共同的额定电压，则有

$$u_{\mathrm{k\,I}}^{*} = u_{\mathrm{k\,II}}^{*} = u_{\mathrm{k\,III}}^{*} = \cdots \tag{2-65}$$

式（2-65）表示各并联变压器应有相同的短路电压标幺值。

3）各并联变压器应有相同的短路电压有功分量和相同的短路电压无功分量，即

$$\left.\begin{aligned} u_{\mathrm{a\,I}}^{*} &= u_{\mathrm{a\,II}} = u_{\mathrm{a\,III}} = \cdots \\ u_{\mathrm{r\,I}} &= u_{\mathrm{r\,II}} = u_{\mathrm{r\,III}} = \cdots \end{aligned}\right\} \tag{2-66}$$

这样，各变压器的短路电阻与短路电抗的比值相等，保证了上述第三个要求，各变压器负载电流同相。

综上所述，第一个条件必须满足，实际上亦容易做到。但第二、三个条件就未必能完全满足。一般变压器的u_{k}^{*}大致在0.05～0.105之间，容量大的变压器其u_{k}^{*}亦较大些。当u_{k}^{*}不等时，u_{k}^{*}小的变压器先达到满载，这就限制了总的负载，其余的并联变压器就达不到满载，使整个装置容量不能充分利用。为此，一般要求各并联变压器的容量大小之比不要超过3:1，短路电压的差值亦应限制不超过10%。

当u_{k}^{*}不等时，各变压器分担负载的情况，不难根据图2-25c所示的简化等效电路求得，那只是一个简单的并联阻抗中求各支路电流的交流电路问题，这里就不予推导了。

二、三相变压器的不对称运行

三相变压器在实际运行时，可能由于外施电压不对称或各相负载不对称而处于不对称运行状态，导致输出电压不对称。三相电压是否对称是衡量供电质量的一项重要指标。为此，在正常情况下应合理安排各相的负载，尽量使各相电流对称。本节将简要介绍电机理论中常用以分析三相不对称运行的一种方法——对称分量法，并分析一下其相关的阻抗参数和等效电路，为具体计算不对称运行指出一个方向。

1. 对称分量法

从数学观点来看它只是进行一种线性变换。不对称三相系统中的三相电压 $\dot{U}_A$、$\dot{U}_B$ 和 $\dot{U}_C$ 互不相关，它们的大小不等，亦不存在固定的相位关系，是三个独立变量。对称分量法就是用三个新变量来替代这三个老变量。新变量必须有约束，即新变量对电机的作用可用在对称运行时已经讨论过的方法来求解。当求得新变量后，再用逆转换方法求出老变量，即不对称运行时的数值。具体做法如下：

对于对称三相系统，其中 $\dot{U}_A$、$\dot{U}_B$ 和 $\dot{U}_C$ 它们大小相等，相位各各相差120°，因此三者只是一个独立变量，知道其中一个就可写出其余两个，例如已知 $\dot{U}_A$，则有

$$\left.\begin{aligned}\dot{U}_B &= a^2\dot{U}_A\\ \dot{U}_C &= a\dot{U}_A\end{aligned}\right\}\tag{2-67}$$

式中，a 是一个复数算子，其定义为

$$\left.\begin{aligned}a &= e^{j120°} = e^{-j240°} = -0.5 + j0.866\\ a^2 &= e^{j240°} = e^{-j120°} = -0.5 - j0.866\\ a^3 &= e^{j360°} = e^{j0°} = 1\end{aligned}\right\}\tag{2-68}$$

对于不对称三相系统，$\dot{U}_A$、$\dot{U}_B$ 和 $\dot{U}_C$ 为独立变量，现按对称分量法以三个新变量 $\dot{U}_{A+}$、$\dot{U}_{A-}$和 $\dot{U}_{A0}$来替代，其约束条件是它们均是独立的三相对称系统，即以三个对称三相系统来替代一个不对称三相系统。$\dot{U}_{A+}$、$\dot{U}_{B+}$和 $\dot{U}_{C+}$称为**正序系统**，$\dot{U}_{A-}$、$\dot{U}_{B-}$和 $\dot{U}_{C-}$称为**负序系统**，$\dot{U}_{A0}$、$\dot{U}_{B0}$和 $\dot{U}_{C0}$为**零序系统**。每个系统中的三个相量只有一个独立变量。因为按照式（2-67）可写出：

$$\left.\begin{aligned}&\text{正序系统}\quad \dot{U}_{B+} = a^2\dot{U}_{A+},\quad \dot{U}_{C+} = a\dot{U}_{A+}\\ &\text{负序系统}\quad \dot{U}_{B-} = a\dot{U}_{A-},\quad \dot{U}_{C-} = a^2\dot{U}_{A-}\\ &\text{零序系统}\quad \dot{U}_{B0} = \dot{U}_{A0},\quad \dot{U}_{C0} = \dot{U}_{A0}\end{aligned}\right\}\tag{2-69}$$

新老变量间的关系为

老变量		新变量		
不对称电压		正序	负序	零序

$$\left.\begin{aligned}\dot{U}_A &= \dot{U}_{A+} + \dot{U}_{A-} + \dot{U}_{A0} = \dot{U}_{A+} + \dot{U}_{A-} + \dot{U}_{A0}\\ \dot{U}_B &= \dot{U}_{B+} + \dot{U}_{B-} + \dot{U}_{C-} = a^2\dot{U}_{A+} + a\dot{U}_{A-} + \dot{U}_{A0}\\ \dot{U}_C &= \dot{U}_{C+} + \dot{U}_{C-} + \dot{U}_{C0} = a\dot{U}_{A+} + a^2\dot{U}_{A-} + \dot{U}_{A0}\end{aligned}\right\}\tag{2-70}$$

这种对称分量法的电路示意图如图 2-26 所示。

根据式（2-70）可求得变数间的逆变换式为

$$\left.\begin{aligned}\dot{U}_{A+} &= \frac{1}{3}(\dot{U}_A + a\dot{U}_B + a^2\dot{U}_C)\\ \dot{U}_{A-} &= \frac{1}{3}(\dot{U}_A + a^2\dot{U}_B + a\dot{U}_C)\\ \dot{U}_{A0} &= \frac{1}{3}(\dot{U}_A + \dot{U}_B + \dot{U}_C)\end{aligned}\right\} \tag{2-71}$$

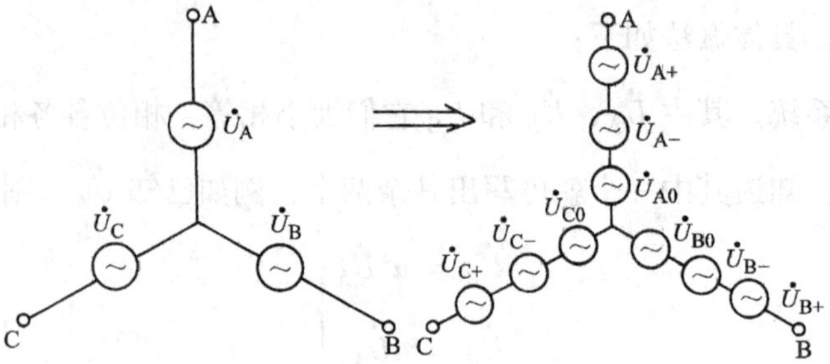

图 2-26 对称分量法的电路示意图

可以证明上述新老变量间的对应关系是唯一的。上述方法同样适用于三相不对称电流系统。

2. 各序阻抗及其等效电路

变压器的正序阻抗 Z_+ 与负序阻抗 Z_- 是相同的。由式（2-69）可见正序的相序为 ABC，负序的相序为 ACB，都是对称三相系统。何论变压器的绕组如何连接；这两者的电流均能在变压器绕组中流通，变压器无论相电流线电流中均可包含这两序电流。两者激励的磁通亦均能在铁心中闭合。所以变压器对两者的反映是一样的，两者电流所遇到的是相同的短路阻抗 Z_k。两者的等效电路如图 2-27 所示，图 2-27a为正序等效电路，图 2-27b 为负序等效电路，图中只画了 A 相，省略了归算符号“′”，用 A、a 代表了一、二次的下标，略去了励磁电流，属简化等效电路。

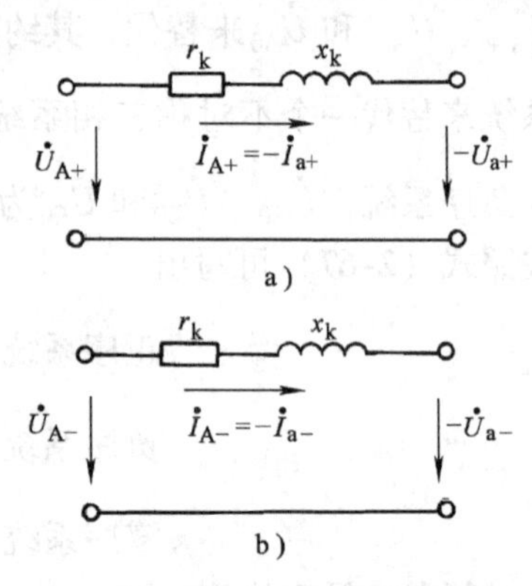

图 2-27 正、负序等效电路
a) 正序 b) 负序

零序的情况比较复杂，由式（2-69）可见，零序系统三相变量大小相等，相位相同，其特性与前述三次谐波有些相似。零序电流能否在变压器中流通与绕组连接方式有关，零序电流激励的零序磁通能否在铁心中闭合将视铁心结构而定。与其相应的零序阻抗及零序等效电路亦就大不相同。下面将仅以常见的 YNd 联结的三相变压器为例来阐明零序阻抗及零序等效电路。图 2-28 为零序电流在变压器中的流通情况，一次侧相电流、线电流中均可能有 I_0，而二次侧却只在相绕组中可流通 I_0，其线电流（即负载电流）中不能有 I_0。据此，可画出相应的等效电路如图 2-29 所示。由于三角形联结侧对零序犹如一闭合环路，所以等效电路二次侧为短路，且与负载断开，这样处理便与图 2-28 相符。

需要注意，图 2-29 中的励磁阻抗 Z_{m0} 将随变压器铁心的结构而变。对三相变压器组，I_0 所激励的零序磁通 Φ_0 可以在三个各自独立的铁心中闭合。其情况和正、负序中的励磁阻抗 Z_{m+}，Z_{m-} 一样，具有很大的数值，此时 Z_0 为

$$Z_0 = Z_1 + \frac{Z_2' Z_{m0}}{Z_2' + Z_{m0}} \approx Z_1 + \frac{Z_2' Z_{m0}}{Z_{m0}} = Z_1 + Z_2' = Z_k \tag{2-72}$$

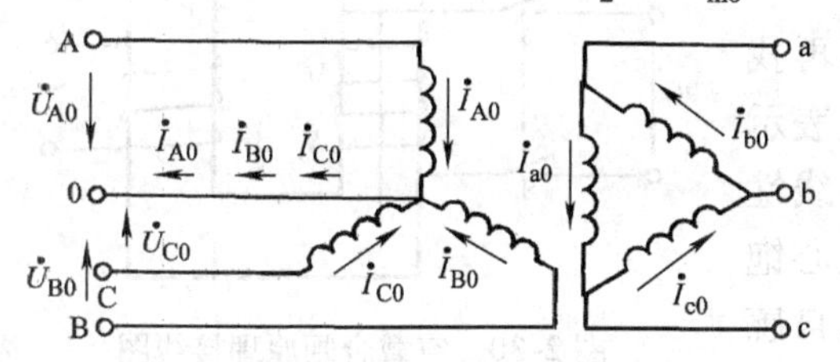

图 2-28　YNd 联结时零序电流流通情况

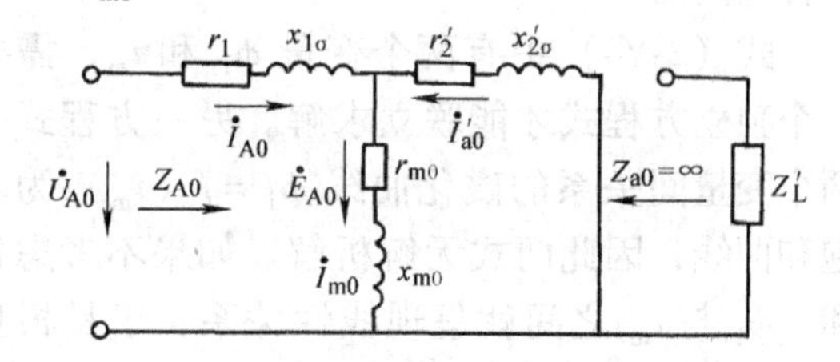

图 2-29　YNd 联结时的零序等效电路

对三相心式变压器，同相 Φ_{A0}、Φ_{B0}、Φ_{C0} 不能在铁心中闭合，要以变压器油和油箱壁为回路，磁路磁阻相对甚大，Z_{m0} 就很小，与漏抗相当。此时的 Z_0 便为

$$Z_0 = Z_1 + \frac{Z_2' Z_{m0}}{Z_2' + Z_{m0}} \approx Z_1 + \frac{Z_{m0}}{2} < Z_k \tag{2-73}$$

综上所述，可见 YNd 联结的零序阻抗总是很小的，因为 $\dot{I}_{A0} = \dot{U}_{A0}/Z_0$，即使出现不大的零序电压 $\dot{U}_{A0}$，亦将引起很大的零序电流，可能导致变压器过热。所以这种变压器应有相应的监视保护装置，以确保变压器的安全。

根据上述例子的方法，不难导出不同联结方式的变压器的各序阻抗（主要是零序阻抗）和其相应的等效电路。有了各序等效电路分析变压器的不对称运行就简单了。例如当外施电压不对称，要求各相电流，则由不对称运行的端点电压方程（老变量），按式（2-71）求出各序电压分量（新变量），代入相应的等效电路便可算得各序电流分量（新变量），最后可利用式（2-70）的关系由各序电流求出各相的实际电流值。

三、变压器的瞬态过程

以上讨论变压器的各种运行，都属于**稳态运行**，此时绕组上的电压、流过的电流以及铁心中的磁通都有稳定不变的幅值。但在实际运行过程中常会受到外界因素的急剧扰动，例如负载急剧变化、二次侧突然短路、空载合闸、遭受雷击使绕组承受冲击电压波等，都将破坏原有的稳定状态，其电压、电流和磁通都将经历急剧的变化才能达到新的稳定状态。由于这个变化过程时间很短暂，故称这个急剧变化过程为**瞬态过程或暂态过程**。瞬态过程时间虽短，但期间会产生极大的过电压、过电流现象，并伴随着产生巨大的电磁力，导致变压器损坏。

瞬态与稳态在分析方法上有所不同，后者的电压、电流和磁通都有稳定不变的幅值，可列出复数方程式来求解；前者上述诸变量的幅值每个周期都在变化，需列出微分方程式来求解。

本课程中仅以分析空载合闸时所发生的过电流现象为例，介绍一下瞬态过程的基本分析方法。

变压器正常运行时，励磁电流很小，通常只为额定电流的 3% ~8%，大型变压器甚至不到 1%。可是在空载合闸时，瞬时的励磁电流有时会达到几倍额定电流。空载合闸的原理接线图如图 2-30 所示，设外施电压 u_1 按正弦规律变化，则一次电压方程式为

$$u_1 = \sqrt{2} U_1 \sin(\omega t + \alpha) = N_1 \frac{d\phi_1}{dt} + i_m r_1 \tag{2-74}$$

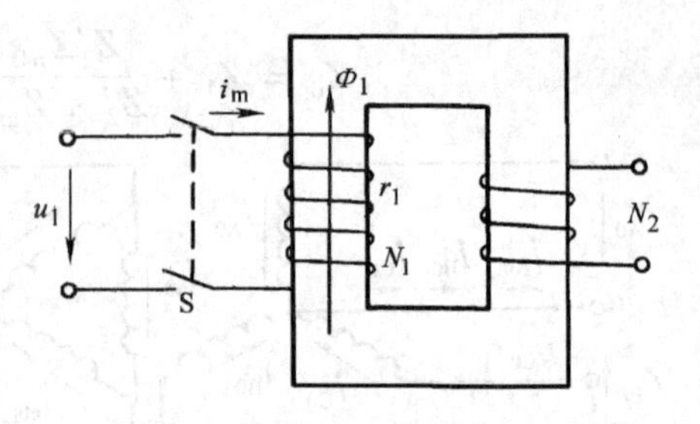

图2-30 空载合闸原理接线图

式中，α 为外施电压 u_1 在合闸时的初相角；其余符号含义同前。

式（2-74）中有两个变量 ϕ_1 和 i_m，需要再找一个独立方程式才能联立求解。另一方程式是表示两个变量间关系的磁化曲线 $\phi_1=f(i_m)$ 为非线性饱和曲线，因此两式无解析解。如果不考虑铁心饱和，ϕ_1 与 i_m 之间就呈现线性关系，于是根据自感的定义可写出一次电感 L_1 为

$$L_1=\frac{N_1\phi_1}{i_m} \tag{2-75}$$

将式（2-75）表示 ϕ_1 与 i_m 的线性关系代入式（2-74），并注意到 r_1 很小，将 Φ_1 作为待求变量，可得只有变量 ϕ_1 的线性方程式

$$\frac{d\phi_1}{dt}+\frac{r_1}{L_1}\phi_1=\frac{\sqrt{2}U_1}{N_1}\sin(\omega t+\alpha) \tag{2-76}$$

式（2-76）有解析解，其全解有两个分量即**稳态分量**（或称**强制分量**）ϕ_1'和**瞬态分量**（或称**自由分量**）ϕ_1''，解该线性方程可得

$$\begin{aligned}\phi_1&=\phi_1'+\phi_1''\\&=\frac{L_1}{N_1}\frac{\sqrt{2}U_1}{\sqrt{r_1^2+(\omega L_1)^2}}\sin\left(\omega t+\alpha-\arctan\frac{\omega L_1}{r_1}\right)+Ce^{-\frac{r_1}{L_1}t}\end{aligned} \tag{2-77}$$

由于 $r_1 \ll \omega L_1$，并注意到式（0-40）则有

$$\left.\begin{aligned}\frac{L_1}{N_1}\frac{\sqrt{2}U_1}{\sqrt{r_1^2+(\omega L_1)^2}}&=\frac{\sqrt{2}U_1}{N_1\omega}\approx\Phi_m\\\arctan\frac{\omega L_1}{r_1}&\approx 90°\end{aligned}\right\} \tag{2-78}$$

于是式（2-77）可改写为

$$\phi_1=\Phi_m\sin(\omega t+\alpha-90°)+Ce^{-\frac{r_1}{L_1}t} \tag{2-79}$$

式中，C 为积分常数，由初始条件决定。为简化起见，设合闸时 $t=0$，铁心无剩磁 $\phi_1=0$，代入式（2-79）可求得积分常数 C 为

$$C=\Phi_m\cos\alpha \tag{2-80}$$

将式（2-80）代入式（2-79），得到磁通的解析式

$$\phi_1=-\Phi_m\cos(\omega t+\alpha)+(\Phi_m\cos\alpha)e^{-\frac{r_1}{L_1}t} \tag{2-81}$$

求出磁通的变化规律后，由磁化曲线便可找到相应的励磁电流，即合闸冲击电流 i_1。

现在来分析两种极端情况：

1）合闸时初相角 $\alpha=0$，则由式（2-81）得

$$\phi_1=\phi_1'+\phi_1''=-\Phi_m\cos\omega t+\Phi_m e^{-\frac{r_1}{L_1}t} \tag{2-82}$$

这是**最不利的情况**。图2-31 表示了式（2-82）的波形。可见在合闸后的半个周期 $\omega t=\pi$ 时

ϕ_1'和ϕ_1''瞬时值叠加可接近$2\Phi_m$，即$\phi_{1(t=\frac{\pi}{\omega})}\approx 2\Phi_m$。显然此时铁心必然非常饱和，由该$\Phi_1$到饱和磁化曲线找出相应的电流$i_{1(t=\frac{\pi}{\omega})}$可达几倍额定电流，或者说为正常励磁电流的几百倍。

2）合闸时初相角$\alpha=90°$，则式（2-81）改写为

$$\phi_1=\phi_1'=\Phi_m\sin\omega t \tag{2-83}$$

式（2-83）表示磁通ϕ_1中不存在自由分量，合闸后即进入稳态，避免了冲击电流。

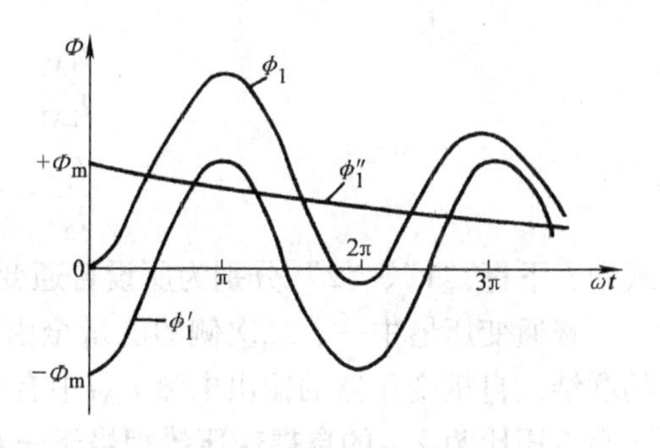

图2-31　在最不利情况下空载合闸时的磁通波形

ϕ_1中的自由分量ϕ_1''是随时间推移而衰减的，其衰减速度取决于时间常数$T_1=L_1/r_1$。大容量变压器T_1较大，衰减较慢，有的可达几秒以上，会引起过电流保护动作而跳闸，必须采取措施来防止。最简单的方法是，在一次侧串入一适当的电阻，合闸时该电阻有减小冲击电流幅值并加快衰减速度的作用。待瞬态过程结束后再将该电阻切除。

瞬变过程是十分复杂的，单是其中的电磁瞬变过程，虽然上述分析中已经作了简化假设还是相当复杂，何况其中还有机械方面的和热方面的瞬变过程，全是复杂的场的问题，并且它们之间又是互为因果和互相影响的。本课程中就不展开了。

第七节　几种特殊结构的变压器

应用于不同场合的特殊结构变压器甚多，本节只介绍几种常用常见的。

一、自耦变压器

自耦变压器的特点是一、二次绕组间不仅有磁的耦合，而且两侧绕组直接有电的连接，其接线图如图2-32所示。图中AX段绕组有N_1匝称为串联绕组，下部ax段有N_2匝，它既是自耦变压器一次绕组的一部分，又是二次绕组，故称它为公共绕组。一般说来两段绕组的导线截面积不同，匝数亦不等，通常是$N_1 \ll N_2$。设k_{AT}为自耦变压器的电压比，则按定义有

$$k_{AT}=\frac{U_{1AT}}{U_{2AT}}=\frac{U_{Ax}}{U_{ax}}=\frac{N_1+N_2}{N_2} \tag{2-84}$$

式中，下标“AT”表示该量属自耦变压器；下标“Ax”为双下标表示法，U_{Ax}指A到x的电压降。

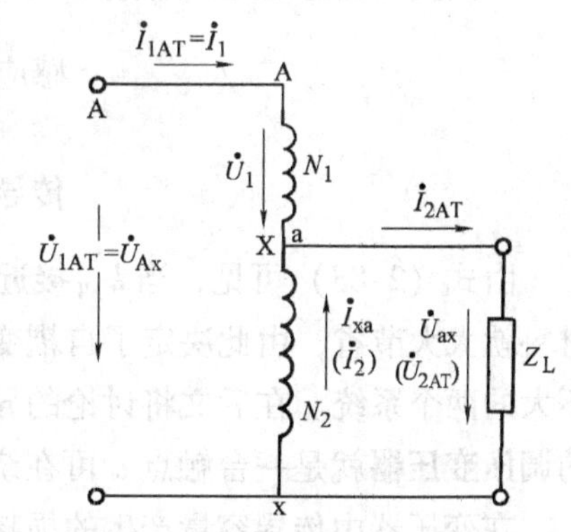

图2-32　自耦变压器的接线图

为了分析的方便，可以应用前述变压器的理论，将图2-32的自耦变压器视作一台一次绕组为AX二次绕组为ax的普通变压器，两个绕组由端点X与a连接在一起。其电压比k按定义为

$$k=\frac{U_1}{U_2}=\frac{U_{AX}}{U_{ax}}=\frac{U_{Ax}-U_{ax}}{U_{ax}}=k_{AT}-1 \tag{2-85}$$

不难证明它们的电流比分别为

$$\left.\begin{aligned}\frac{I_{1AT}}{I_{2AT}} &= \frac{1}{k_{AT}} = \frac{1}{1+k}\\ \frac{I_1}{I_2} &= \frac{1}{k} = \frac{1}{k_{AT}-1}\end{aligned}\right\} \tag{2-86}$$

式中，下标“1”、“2”分别为所设普通变压器一、二次侧的量。

普通变压器中一、二次侧的能量全由电磁感应作用传递，而由图2-32可见由于X与a的联结，自耦变压器的输出电流I_{2AT}中有一部分I_{AX}是从一次侧直接传导过来的。综上所述，**一台电压比为k_{AT}的自耦变压器相当于一台电压比为$k_{AT}-1$的普通变压器外加一部分直接传导的功率**。因此，自耦变压器也就可以利用普通变压器的理论来分析了。

根据上述结论，即可直接画出自耦变压器的简化等效电路，如图2-33所示。图中自耦变压器的短路阻抗Z_{kAT}是

$$Z_{kAT} = Z_{AX} + (k_{AT}-1)^2 Z_{ax} \tag{2-87}$$

而两侧端电压间的电压比为k_{AT}，即

$$U_{2AT}' = U_{2AT}k_{AT}$$

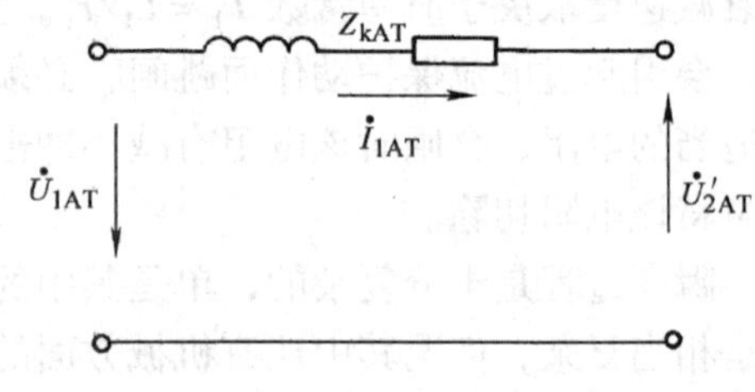

图2-33　自耦变压器的简化等效电路

由于自耦变压器有传导功率，因此它的容量表示有些特殊。自耦变压器的额定容量决定着它总的输出功率，又称为**通过容量**。自耦变压器的**绕组容量**或称为**感应容量**决定着由电磁感应作用传递的那一部分功率。电磁容量是需要用有效材料（铁心和铜线）来实现的。对普通变压器而言，两者是相等的，所以不用区分。自耦变压器中因有传导功率，两者不再相等，且一般情况下额定容量要较绕组容量大得很多，故需加以区分。

自耦变压器总的输出容量$S=U_{2AT}I_{2AT}$中，感应传递和传导传递的容量所占比例分别为

$$\left.\begin{aligned}\text{感应部分}\quad \frac{I_{xa}}{I_{2AT}} &= \frac{k_{AT}-1}{k_{AT}}\\ \text{传导部分}\quad \frac{I_{AX}}{I_{2AT}} &= \frac{1}{k_{AT}}\end{aligned}\right\} \tag{2-88}$$

由式（2-88）可见，当k_{AT}接近1时，传导容量远大于感应容量，自耦变压器所用有效材料就大大节省，由此决定了自耦变压器的应用范围。在电力系统中用以连接电压级别相差不大的两个系统。在后文将讨论的异步电动机起动时亦常用自耦变压器。实验室中应用极广的**调压变压器**就是一台触点a可在绕组Ax上滑动的自耦变压器。

在变压器中传导容量产生的损耗远较感应容量产生的损耗小，故自耦变压器有较高的效率。自耦变压器的缺点是Z_{kAT}较小，发生短路故障时有较大的短路电流。其次是因两侧有电的连接，低压侧所接设备有可能经受高压侧的电压，必须有相应的绝缘配合。特别在k_{AT}较大时，增加绝缘水平花费甚大，这时看来就反而不经济了。

二、三绕组变压器

三绕组变压器的结构特点是每个铁心柱亦即是每相有高、中、低压三个绕组。主要用途是连通三个不同电压等级的电网。它起着两台甚至三台双绕组变压器的作用，所以较为经济。运行时可以由一侧向另两侧供电，亦可以两侧共同向第三侧供电。

由于每相有三个绕组（如图 2-34 中表示的 1、2、3），磁路方面相互耦合，在建立基本方程式时，不可能像双绕组变压器那样简单地使用漏磁通和互磁通的概念。必须用每一绕组的自感系数和各绕组间的互感系数作为基本参数。令各绕组的自感系数分别为 L_1、L_2 和 L_3，两个绕组间的互感系数分别为 M_{12}，M_{23} 和 M_{31}，并且 $M_{12}=M_{21}$，$M_{13}=M_{31}$ 及 $M_{23}=M_{32}$。当绕组 1 为一次，2、3 为二次且外施电压 U_1 为正弦波时，可建立稳态电压方程式如下，其电压、电流的正方向按惯例设定

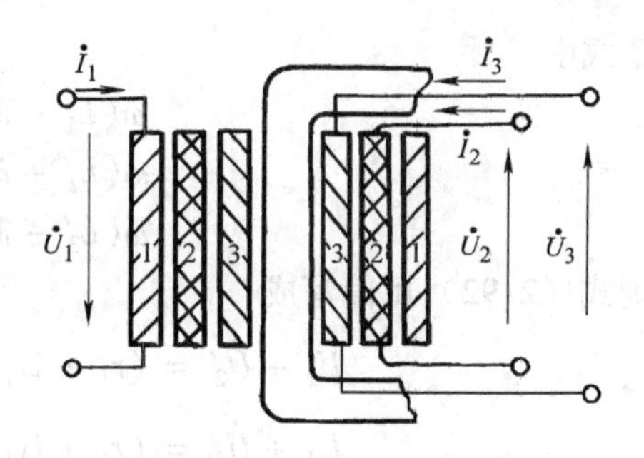

图 2-34 三绕组变压器示意图

$$\left.\begin{aligned} \dot{U}_1 &= \dot{I}_1 r_1 + j\omega L_1 \dot{I}_1 + j\omega M_{12}\dot{I}_2 + j\omega M_{13}\dot{I}_3 \\ -\dot{U}_2 &= \dot{I}_2 r_2 + j\omega L_2 \dot{I}_2 + j\omega M_{21}\dot{I}_1 + j\omega M_{23}\dot{I}_3 \\ -\dot{U}_3 &= \dot{I}_3 r_3 + j\omega L_3 \dot{I}_3 + j\omega M_{31}\dot{I}_1 + j\omega M_{32}\dot{I}_2 \end{aligned}\right\} \tag{2-89}$$

设 N_1、N_2 和 N_3 分别为三个绕组的匝数，则各绕组之间的电压比为 $k_{12}=N_1/N_2$，$k_{13}=N_1/N_3$，$k_{23}=N_2/N_3=k_{13}/k_{12}$，按电压比将各种数量归算到绕组 1，其归算表示式为

$$U_2'=k_{12}U_2 \qquad U_3'=k_{13}U_3$$

$$I_2'=\frac{I_2}{k_{12}} \qquad I_3'=\frac{I_3}{k_{13}}$$

$$r_2'=k_{12}^2 r_2 \qquad r_3'=k_{13}^2 r_3$$

$$L_2'=k_{12}^2 L_2 \qquad L_3'=k_{13}^2 L_3$$

$$M_{12}'=k_{12}M_{12} \qquad M_{13}'=k_{13}M_{13}$$

$$M_{23}'=k_{12}k_{13}M_{23}$$

将上述关系代入式（2-89），稍加整理可得

$$\left.\begin{aligned} \dot{U}_1 &= \dot{I}_1 r_1 + j\omega L_1 \dot{I}_1 + j\omega M_{12}'\dot{I}_2' + j\omega M_{13}'\dot{I}_3' \\ -\dot{U}_2' &= \dot{I}_2' r_2' + j\omega L_2' \dot{I}_2' + j\omega M_{12}'\dot{I}_1 + j\omega M_{23}'\dot{I}_3' \\ -\dot{U}_3' &= \dot{I}_3' r_3' + j\omega L_3' \dot{I}_3' + j\omega M_{13}'\dot{I}_1 + j\omega M_{23}'\dot{I}_2' \end{aligned}\right\} \tag{2-90}$$

不计励磁电流，则由磁动势平衡关系有

$$\dot{I}_1 + \dot{I}_2' + \dot{I}_3' = 0 \tag{2-91}$$

将式（2-90）中第一、二式相减，并用式（2-91）消去 I_3'；将式（2-90）中第一、三式相减，并消去式中 $\dot{I}_2'$，得

$$\left.\begin{aligned} \dot{U}_1-(-\dot{U}_2') &= [r_1 + j\omega(L_1 - M_{12}' - M_{13}' + M_{23}')]\dot{I}_1 \\ &\quad -[r_2' + j\omega(L_2' - M_{12}' - M_{23}' + M_{13}')]\dot{I}_2' \\ \dot{U}_1-(-\dot{U}_3') &= [r_1 + j\omega(L_1 - M_{12}' - M_{13}' + M_{23}')]\dot{I}_1 \\ &\quad -[r_3' + j\omega(L_3' - M_{13}' - M_{23}' + M_{12}')]\dot{I}_3' \end{aligned}\right\} \tag{2-92}$$

令式中

$$\omega(L_1 - M_{12}' - M_{13}' + M_{23}') = x_1$$
$$\omega(L_2' - M_{12}' - M_{23}' + M_{13}') = x_2'$$
$$\omega(L_3' - M_{13}' - M_{23}' + M_{12}') = x_3'$$

则式（2-92）可简写成

$$\left.\begin{aligned}\dot{U}_1 + \dot{U}_2' &= (r_1 + \mathrm{j}x_1)\dot{I}_1 - (r_2' + \mathrm{j}x_2')\dot{I}_2' = Z_1\dot{I}_1 - Z_2'\dot{I}_2' \\ \dot{U}_1 + \dot{U}_3' &= (r_1 + \mathrm{j}x_1)\dot{I}_1 - (r_3' + \mathrm{j}x_3')\dot{I}_3' = Z_1\dot{I}_1 - Z_3'\dot{I}_3'\end{aligned}\right\} \tag{2-93}$$

需要指出，式中x_1、x_2'、x_3'不是各个绕组的漏电抗，而是上述自漏磁通、互漏磁通所对应的一些电抗的组合，可称为**组合电抗或等效电抗**，与其相应的阻抗Z_1、Z_2'、Z_3'便称为**组合阻抗或等效阻抗**。它们亦可用短路试验求得。

根据式（2-93）可作出其相应的等效电路如图2-35所示。

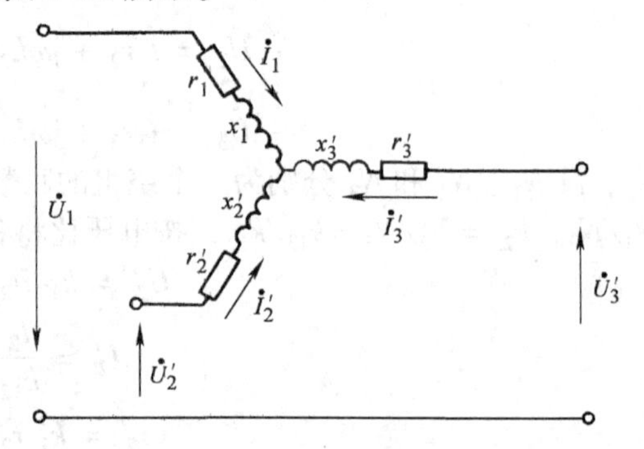

图2-35 三绕组变压器的等效电路

有时候计算短路试验测量所得的组合电抗中可能有一个为负值。负值电抗为容性电抗，这当然不是变压器的绕组真的为容性。组合电抗是多个不同电抗的组合，并不表示为漏抗，各绕组间的漏抗分别为$x_1 + x_2'$、$x_1 + x_3'$和$x_2' + x_3'$，它们是不会出现负值的。

如图2-34所示的三绕组变压器，运行时可能某一个二次侧多输出些功率，而另一个二次侧少输出一些，只要三个绕组的电流均不超过各自的额定值，各种负载分配都是允许的。因此三个绕组的额定容量可以设计成相等，也可不等，即三者容量配合可以是100%、100%、100%或100%、100%、50%等。

三、互感器

在测量高压线路的电压、电流时，为安全起见要求测量仪表与高压线路间有电气隔离；同样，在对交流大电流进行测量时，为了安全，要求不是实测而是采样。互感器就是用来实现这要求的。互感器是一种特殊结构和特殊运行方式的变压器，它的一次绕组与高压线路相连，二次绕组接测量仪表，因变压器一、二次侧间无电的连接，这就实现了高压线路与测量仪表间的电气隔离。

按功能，互感器有电压互感器和电流互感器之分，现分述于后。

1. 电压互感器

电压互感器原理图如图2-36所示。实际上它是一台$U_1/U_2 = U_1/100\text{V}$的变压器。一次匝数很多接至高压线路，二次匝数很少，额定电压为100V。二次负载为电压表，它的阻抗很大。因此，电压互感器工作时犹如一台空载变压器，在略去励磁电流及漏阻抗压降时有$U_1/U_2 = N_1/N_2$，所以由U_2直接就得知高压线路的电压U_1。

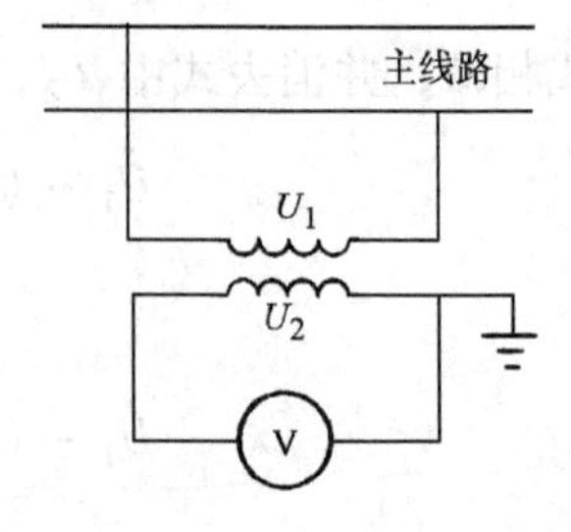

图2-36 电压互感器原理图

为了保证测量的精度，电压互感器在结构上应具有下列特

点：铁心不饱和、采用铁耗小的高档电工钢片、绕组导线较粗以减小电阻，绕组绕制时应尽量减小漏磁通。

使用电压互感器时要特别注意以下两点：其一，**二次侧绝对不允许发生短路**，因为短路电流很大，可能发热烧坏互感器一、二次间的绝缘，导致高压电侵入低压回路，危及人身和设备安全；其二，为保障人身安全，**电压互感器的铁心和二次绕组的一端必须可靠接地**。

2. 电流互感器

电流互感器原理接线图如2-37所示，其一次绕组串联在需测量电流的高压或大电流线路中。因为匝数极少，一般只有一匝或几匝，且导线很粗，保证一次串联到高压线路中，不影响被测线路的工作状态。二次绕组匝数很多，其额定电流设计成5A或1A。电流互感器工作时二次侧接阻抗极小的电流表，相当于工作在短路状态的变压器。如略去励磁电流，则按磁动势平衡有$I_1N_1=I_2N_2$，或$I_1=\frac{N_2}{N_1}I_2$，由二次电流就直接得知高压线路或大电流电路中的电流I_1了。实际上由于存在铁耗和励磁电流，两侧电流既不简单地与匝数成正比会带来数值上的误差，而且两侧电流亦不是简单地反相180°，存在相位误差。为提高精度，电流互感器要选用优质电工钢片，而且铁心磁通密度要尽量选取低值，铁心制作时要尽量减小气隙，绕组要求电阻、漏抗尽量地小。

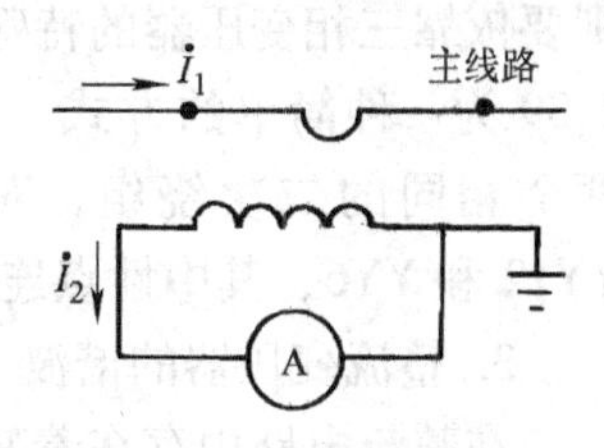

图2-37　电流互感器接线图

在使用电流互感器亦有两点要特别注意，一是**二次侧绝对不允许开路**，否则一次侧的巨大线路电流全部变成励磁电流，铁心磁通密度剧增会引起严重发热，二次侧将出现危险的过电压。其次是防止高压因绝缘损坏而侵入二次侧，**铁心和二次绕组一端必须可靠接地**。

四、整流装置中的变压器

变压器在整流装置中运行的主要问题是输出回路中可能有直流电流分量，以及整流时会产生众多的高次谐波。

1. 整流变压器的容量配合问题

一般整流电路的输入都经过变压器。图2-38表示了一种半波整流装置的电路图。输出的直流功率亦称**整流功率**为$P_d=u_di_d$，如何根据P_d来估算整流变压器应有的容量S是整流变压器的一个特殊问题。整流变压器一、二次侧视在功率可能相等，亦可能不相等，将视整流线路的具体结构而定。通常取一、二次侧的视在功率S_1、S_2的平均值$\left(S=\frac{S_1+S_2}{2}\right)$作为依据来选择变压器的容量。这里仅以单相半波和单相桥式整流电路带有纯电阻负载，这种最简单整流电路的有关数据来阐明本问题。单相半波整流输出电压波动极大，二次负载电流i_2中包含交流分量$i_{2\sim}$和直流分量$i_{2=}$，后者不能感应到一次侧，但对铁心起直流磁化作用，导致铁心饱和对变压器带来不良影响。只有$i_{2\sim}$才能耦合到一次侧，引起一次负载分量i_{1L}。根据电路分析不难求得此时$S_2=3.49P_d$，$S_1=2.69P_d$，$S=\frac{S_1+S_2}{2}=3.09P_d$，设$P_d$分别对$S_1$、$S_2$和$S$之比为变压器的**利用系数**，可见一次侧利用系数为0.37，二次侧利用系数为0.29和平

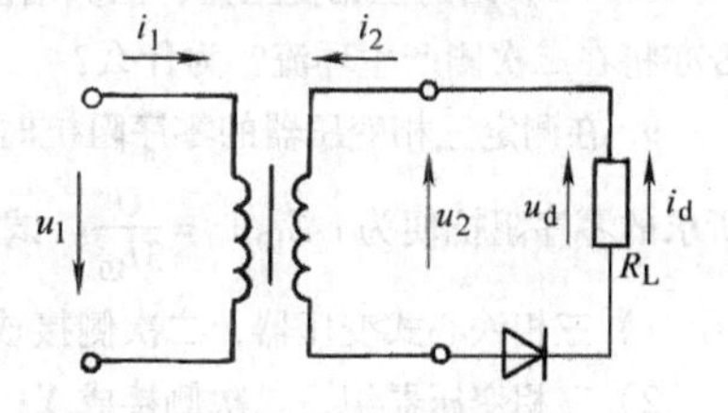

图2-38　一种半波整流装置电路图

均利用系数0.324。由此可见半波整流装置变压器的利用率极低，且有较大的直流分量，故而很少采用。单相桥式全波整流装置，二次侧无直流分量，故一、二次侧容量相等。当接纯电阻负载时可算得 $S_1=S_2=S=1.23P_d$，利用率达0.813，性能比单相半波优越。上列数据的具体算法见本章例题。整流电路种类繁多，但基本算法类同，只是较为复杂而已。

2. 整流变压器相数的改变

在一些大型整流装置中为了获得平稳的直流，常采用多相整流电路，如三相、六相甚至十二相。这种多相电路均由整流变压器提供。三相比较简单，即一般的三相变压器均可利用。六相、十二相则要依靠三相变压器的特殊连接方式才能获得。图2-39为一种简单的方式，一台三相变压器每相有两个相同的二次绕组，对应于一次侧它们连成YY12和YY6，其中性点连通便得对称六相电压。

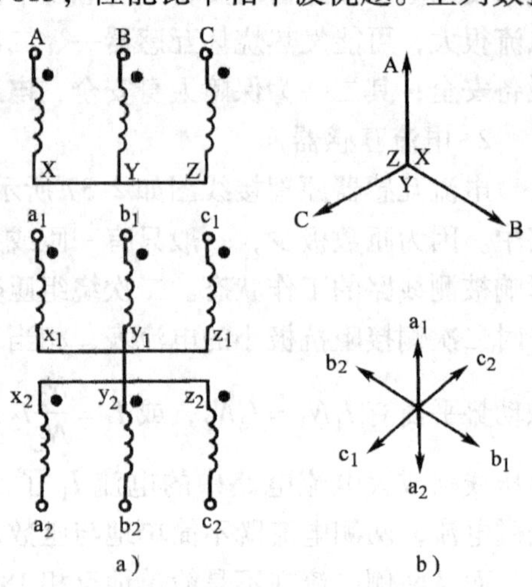

图2-39　利用变压器三相变六相

a）接线图　b）相量图

3. 整流变压器的谐波

在整流电路中存在着变压器的漏抗、电感有使电流不能突变的作用，因而在整流装置中导通相切换时有可能导致相间短路或称为换向重叠，造成电压波形发生畸变，谐波分量增大。此外，现在广泛应用的可控整流装置中亦存在着高次谐波。将对电网中其他用电设备以及变压器的运行带来不良影响。所以除了在电路中要采用滤波措施外，在变压器容量的选择上还要计及谐波引起的损耗发热等影响。

思　考　题

1. 设变压器的电压比为 k，试比较下列表示式的准确性，其原因是什么？

$$k=\frac{N_1}{N_2},\ k=\frac{E_1}{E_2},\ k=\frac{u_1}{u_2},\ k=\frac{I_2}{I_1},\ k=\frac{u_1}{u_{20}}。$$

2. 请分析变压器中将磁通分为互磁通和漏磁通的必要性。

3. 试默绘变压器的T形等效电路及其相应的相量图。

4. 误将变压器接到直流电源将有什么后果？一台50Hz变压器用于60Hz电网，试分析其运行情况。

5. 为什么通常在做空载试验时电源加在低压侧而高压侧开路？做短路试验时电源加在高压侧而低压侧短路？

6. 当变压器的负载电流值一定时，其电压调整率将如何随负载电流的功率因数而变化？

7. 为什么要将 r_1、r_2 及 r_k 换算到75℃？r_m 要不要进行同样的换算？

8. Yd联结的三相变压器，三次谐波电动势 E_3 将在二次侧三角形中产生环流，那么基波电动势 E_1 是否亦将在二次侧产生环流？为什么？

9. 在测定三相变压器的零序阻抗时，把一次侧各相串联，然后测量外施电压 U 和电流 I_{k0}，见图2-40。所求的零序阻抗便为 $|Z_{k0}|=\frac{U}{3I_{k0}}$。试比较下列各种情况下所测得的零序阻抗的大小：

1）三相铁心式变压器，二次侧接成Y；

2）三相变压器组，二次侧接成Y；

3）三相变压器组，二次侧接成d。

10. 一台三相铁心式变压器，如果一次绕组三个同名端的标志不一致，例如两个标为始端另一个标为末端，当接通三相电源时，会发生什么现象？请设计一个试验方法，来校验一下变压器的标志是否正确（一致）。

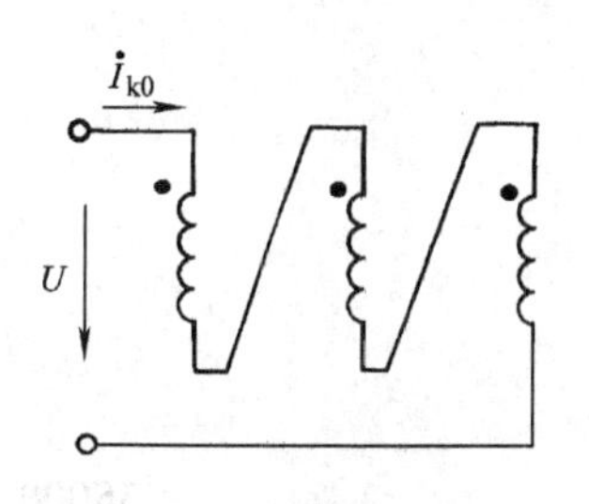

图 2-40　变压器零序阻抗的测定

11. 对变压器并联运行有什么要求和满足这些要求的条件。

12. 弄清自耦变压器的通过容量和感应容量的定义及两者之间的关系。由式（2-88）可知，k_{AT}越近 1 时越经济，那么取 $k_{AT}=1$ 不是更好吗？为什么不行？

13. 为什么在分析稳态运行时只需列出复数代数方程式？而在分析瞬态过程时必须列出微分方程式？

14. 我们介绍了变压器的空载合闸的瞬态过程，如果变压器二次侧先与负载阻抗接通，然后一次侧合闸，则其瞬态过程将有什么不同？

15. 为什么国标 GB 50060—1992 规定："在高层民用主体建筑中，设置在首层或地下层的变压器不宜选用油浸变压器，设置在其他层的变压器严禁选用油浸变压器。"因此，自 20 世纪末，国内外均在研究制作不用变压器油的结构。大致有下列三类：

电缆变压器。绕组用聚氯乙烯电缆绕制，与超高压发电机相似。有些技术问题尚待解决，且价格昂贵，目前还无法进入市场。

干式变压器。铁心和绕组用环氧树脂浇注，主要特点是阻燃、防爆、免维护。此外有抗短路能力强、过载能力强等优点。我国已生产 110kV，31500kV · A 的干式变压器，可供选用。

SF_6 气体绝缘变压器（GIT）。它用不可燃且绝缘性能优异的六氟化硫气体代替变压器油。目前已生产 500kV，300MV · A 的容量。此类变压器 SF_6 须配置冷却装置，比较复杂，而且 SF_6 是一种温室气体，其分解物有毒。在越来越关注环境保护的大潮中，其前景尚难定论。

试比较上述三种方案的优缺点。

习　　题

2-1　设有一台 16MV · A、三相、110/11kV、Yd 联结的双绕组变压器（一次侧三相接成星形，二次侧接成三角形）。试求高低压两侧的额定线电压、线电流和额定相电压、相电流。

2-2　例题

一台单相变压器，额定容量 600kV · A，额定电压为 35/6.3kV，试验数据见表 2-1。求近似等效电路的参数。

表 2-1　试验数据

试验类型	电压/V	电流/A	功率/W	备　注
短路	2275	17.14	9500	高压侧测量
空载	6300	5.24	3300	低压侧测量

解　高压侧的短路阻抗、电阻、电抗为

$$|Z_k| = \frac{U_k}{I_k} = \frac{2275}{17.14}\Omega = 132.7\Omega$$

$$r_k = \frac{p_k}{I_k^2} = \frac{9500}{17.14^2}\Omega = 32.34\Omega$$

$$x_k = \sqrt{|Z_k|^2 - r_k^2} = 128.7\Omega$$

低压侧的励磁阻抗、电阻和电抗为

$$|Z_m| = \frac{U_0}{I_0} = \frac{6300}{5.24}\Omega = 1202.3\Omega$$

$$r_m = \frac{p_0}{I_0^2} = \frac{3300}{5.24^2}\Omega = 120.2\Omega$$

$$x_m = \sqrt{|Z_m|^2 - r_m^2} = 1196.3\Omega$$

变压器的电压比 $k \approx \frac{35000}{6300} = 5.556$，$Z_m$ 等归算到高压侧，有

$$|Z_m'| = k^2|Z_m| = 30.86 \times 1202.3\Omega = 37108\Omega$$

$$r_m' = k^2 r_m = 30.86 \times 120.2\Omega = 3709.3\Omega$$

$$x_m' = k^2 x_m = 30.86 \times 1196.3\Omega = 36818\Omega$$

归算到高压侧的近似等效电路如图2-41所示。

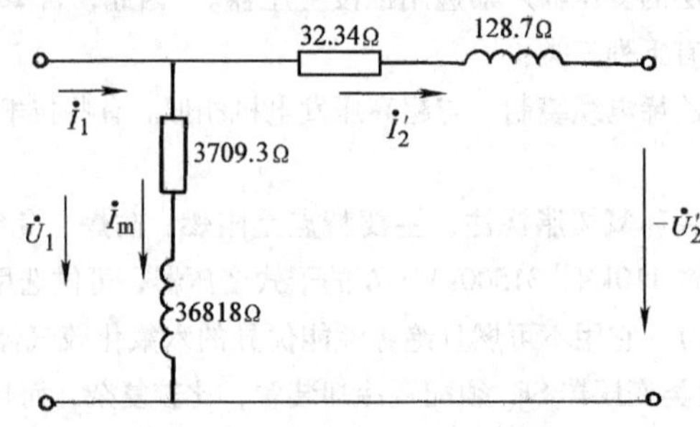

图2-41 习题2-2等效电路（归算到高压侧）

其阻抗基数为

$$|Z_{1b}| = \frac{U_{1N}}{I_{1N}} = \frac{U_{1N}^2}{S_N} = \frac{35000^2}{600 \times 10^3}\Omega = 2042\Omega$$

$$|Z_{2b}| = \frac{U_{2N}}{I_{2N}} = \frac{U_{2N}^2}{S_N} = \frac{6300^2}{600 \times 10^3}\Omega = 66.15\Omega$$

高压侧参数为

$$|Z_k^*| = \frac{|Z_k|}{|Z_{1b}|} = \frac{132.7}{2042} = 0.065$$

$$r_k^* = \frac{r_k}{|Z_{1b}|} = \frac{32.34}{2042} = 0.0158$$

$$x_k^* = \frac{x_k}{|Z_{1b}|} = \frac{128.7}{2042} = 0.063$$

低压侧参数为

$$|Z_m^*| = \frac{|Z_m|}{|Z_{2b}|} = \frac{1202.3}{66.15} = 18.18$$

$$r_m^* = \frac{r_m}{|Z_{2b}|} = \frac{120.2}{66.15} = 1.82$$

$$x_m^* = \frac{x_m}{|Z_{2b}|} = \frac{1196.7}{66.15} = 18.1$$

若将归算后的值再用标幺值表示，则有

$$|Z_m'^*| = \frac{|Z_m'|}{|Z_{1b}|} = \frac{37108}{2042} = 18.18$$

说明用了标幺值就不需要归算，因为基数已含归算了。使用标幺值的等效电路如图2-42所示。

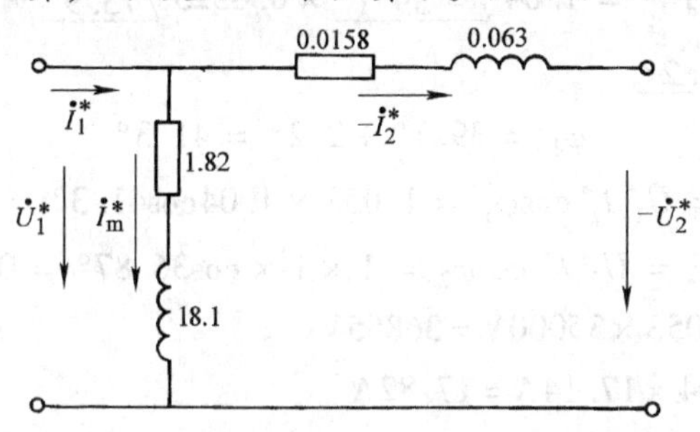

图2-42 习题2-2的等效电路用标幺值表示

请通过本例题体会一下采用标幺制的好处。

2-3 例题

上题的变压器设 $Z_{1\sigma}^* = Z_{2\sigma}^* = \frac{1}{2}Z_k^*$ 可作出其T形等效电路如图2-43所示。二次端电压为额定值且供给功率因数为0.8滞后的额定电流。试求该情况下一次端电压、电流、输入功率及效率。

注：在解电路时，为计算方便，常把图中 $\dot{U}_2'$ 和 $\dot{I}_2'$ 方向倒转，如图2-43所示。这只相当于将二次绕组端点的标志对换一下，不影响变压器内部的电磁关系。

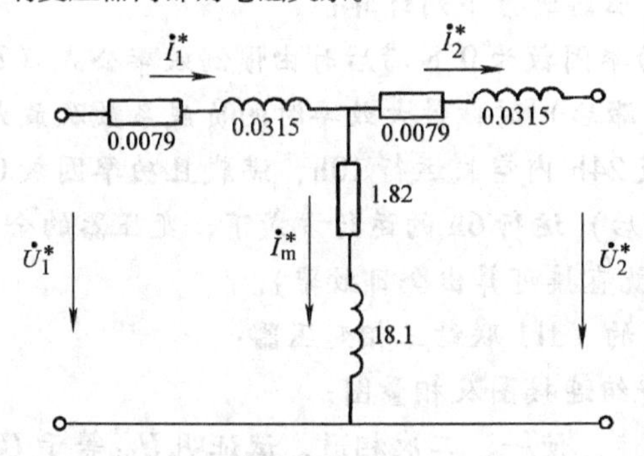

图2-43 习题2-3变压器的T形等效电路

解 设二次端电压为参考轴，依题意有

$$U_2^* = 1 + j0 = 1 \angle 0°$$

$$I_2^* = 1 \angle -36.87° = 0.8 - j0.6$$

$$Z_{2\sigma}^* = 0.0079 + j0.0315 = 0.0325 \angle 75.9°$$

$$E_1^* = U_2^* + I_2^* Z_{2\sigma}^* = 1 \angle 0° + 1 \angle -36.87° \times 0.0325 \angle 75.9°$$

$$= 1.0254 \angle 1.15°$$

$$I_m^* = \frac{E_1^*}{Z_m^*} = \frac{1.0254 \angle 1.15°}{1.82 + j18.1}$$

$$= 0.0068 - \mathrm{j}0.056$$

$$I_1^* = I_2^* + I_m^* = 0.8 - \mathrm{j}0.6 + 0.0068 - \mathrm{j}0.056$$

$$= 1.04 \angle -39.1^\circ$$

$$U_1^* = I_1^* Z_{1\sigma}^* + E_1^* = 1.04 \angle -39.1^\circ \times 0.0325 \angle 75.9^\circ + 1.0254 \angle 1.15^\circ$$

$$= 1.053 \angle 2.2^\circ$$

$$\varphi_1 = 39.1^\circ + 2.2^\circ = 41.3^\circ$$

$$P_1^* = U_1^* I_1^* \cos\varphi_1 = 1.053 \times 1.04\cos 41.3^\circ = 0.82$$

$$P_2^* = U_2^* I_2^* \cos\varphi_2 = 1 \times 1 \times \cos 36.87^\circ = 0.8$$

最后求得　$U_1 = 1.053 \times 35000\mathrm{V} = 36855\mathrm{V}$

$I_1 = 1.04 \times 17.14\mathrm{A} = 17.82\mathrm{A}$

$P_1 = 0.82 \times 600\mathrm{kW} = 492\mathrm{kW}$

$P_2 = 0.8 \times 600\mathrm{kW} = 480\mathrm{kW}$

$$\eta = \frac{480}{492} = 0.976$$

2-4　对题2-3用近似等效电路求解。

2-5　对题2-3用简化等效电路求解，并以题2-3的数据为准，计算一下题2-4、题2-5近似、简化后带来的误差。

2-6　对题2-2中的变压器求 u_a^*、u_r^* 并用式（2-58）的简化公式求功率因数为0.8（滞后）和0.8（超前）时的电压调整率及 U_2 值（注意 $\cos\varphi_2$ 对 ΔU 的影响）。

2-7　对题2-2中的变压器进行下列计算：

1）供给额定电流且功率因数为0.8滞后时由惯例效率公式（2-62）计算效率；

2）功率因数为0.8（滞后）时，最大效率时的负载系数及最大效率；

3）该变压器在一昼夜24h内空载运行10h，满载且功率因数0.95（滞后）8h，10%过载且功率因数为0.85（滞后）运行6h的运行方式下，变压器的全日效率（提示：先找出全日总损耗和全日总输出，就直接可算出全日效率）。

2-8　一台电压比为 k 的Yd11联结三相变压器：

1）画出该变压器的绕组连接图及相量图；

2）将相量图A、a相连，使一、二次相通，试证明 U_{Bb} 等于 U_{Cc} 且符合下列算式：

$$U_{Bb} = U_{ab}\sqrt{1 - \sqrt{3}k + k^2}$$

提示：对 ΔABb 应用余弦定律。应用题示方程式可用一台电压表检查联结组的正确性。

2-9　例题

推导图2-25并联运行变压器负载分配的近似计算式。

解　由图2-25c的简化等效电路，求出各变压器的负载电流为

$$\dot{I}_{2\mathrm{I}} = \frac{1}{Z_{k\mathrm{I}}}\left(\frac{\dot{U}_1}{k} - \dot{U}_2\right)$$

$$\dot{I}_{2\mathrm{II}} = \frac{1}{Z_{k\mathrm{II}}}\left(\frac{\dot{U}_1}{k} - \dot{U}_2\right)$$

$$\vdots$$

式中，Z_k 均为归算到二次绕组的数值。

总负载电流 $\dot{I}_2 = \dot{I}_{2\text{Ⅰ}} + \dot{I}_{2\text{Ⅱ}} + \cdots$，即

$$\dot{I}_2 = \left(\frac{\dot{U}_1}{k} - \dot{U}_2\right)\sum_{i=1}^{n}\frac{1}{Z_{ki}}$$

将 $\left(\frac{\dot{U}_1}{k} - \dot{U}_2\right) = \frac{\dot{I}_2}{\sum_{i=1}^{n}\frac{1}{Z_{ki}}}$ 代入各负载电流表示式，并消去括号值，可得

$$\dot{I}_{2\text{Ⅰ}} = \frac{\frac{1}{Z_{k\text{Ⅰ}}}}{\sum_{i=1}^{n}\frac{1}{Z_{ki}}}\dot{I}_2$$

$$\dot{I}_{2\text{Ⅱ}} = \frac{\frac{1}{Z_{k\text{Ⅱ}}}}{\sum_{i=1}^{n}\frac{1}{Z_{ki}}}\dot{I}_2$$

$$\vdots$$

上列诸式均为复数方程式。为简单起见认为各变压器的负载电流都同相，这对并联变压器的最大最小容量之比不超过 3∶1 时是近似存在的，于是上式可用绝对值进行计算，用 $|Z_k|$ 代替 Z_k。又因为

$$u_k^* = Z_k^* = \frac{|Z_k|}{|Z_b|} = \frac{|Z_k|}{\frac{U_N}{I_N}} = |Z_k|\frac{I_N}{U_N} = |Z_k|\frac{S_N}{U_N^2}$$

$$\frac{1}{|Z_k|} = \frac{1}{u_k^*}\frac{S_N}{U_N^2}$$

代入各变压器的负载电流计算式，且因 $U_{N\text{Ⅰ}} = U_{N\text{Ⅱ}}\cdots = U_N$ 可将其在式中消去，于是有

$$I_{2\text{Ⅰ}} = \left(\frac{S_{N\text{Ⅰ}}}{u_{k\text{Ⅰ}}^*}\Big/\sum_{i=1}^{n}\frac{S_{Ni}}{u_{ki}^*}\right)I_2$$

$$I_{2\text{Ⅱ}} = \left(\frac{S_{N\text{Ⅱ}}}{u_{k\text{Ⅱ}}^*}\Big/\sum_{i=1}^{n}\frac{S_{Ni}}{u_{ki}^*}\right)I_2$$

$$\vdots$$

鉴于并联运行，各变压器有共同的 U_2 和 $\cos\varphi_2$，因此，上列电流计算式中可用 S 代替 I，便是各台变压器所承担的负载 $S_{2\text{Ⅰ}}$，$S_{2\text{Ⅱ}}$，……和总负载 S_2 间的关系式。即

$$S_{2\text{Ⅰ}} : S_{2\text{Ⅱ}} : \cdots : S_{2n} = \frac{S_{N\text{Ⅰ}}}{u_{k\text{Ⅰ}}^*} : \frac{S_{N\text{Ⅱ}}}{u_{k\text{Ⅱ}}^*} : \cdots : \frac{S_{Nn}}{u_{kn}^*}$$

2-10　设有两台变压器并联运行，其数据如下表所示。

变压器	Ⅰ	Ⅱ
容量/kV·A	500	1000
线电压 U_{1N}/V	6300	6300
线电压 U_{2N}/V	400	400
在高压侧测得的	250V	300V
短路试验数据	32A	82A
联结组	Yd11	Yd11

试求：

1）该两台变压器的短路电压 $u_{k\mathrm{I}}^*$ 及 $u_{k\mathrm{II}}^*$；

2）并联供给总负载为1200kV·A，每一台变压器供给的负载；

3）当负载增加时哪一台变压器先满载，若任一台都不容许过载，两台并联后所能供给的最大负载。

2-11 图2-44表示同心式圆筒形变压器绕组及其漏磁通分布情况，图中 B_d 为漏磁通密度 B 的轴向分量，B_q 为其径向分量。试在图2-44b和c中画出 B_d 和 I，B_q 和 I 作用而产生的电磁力的方向。变压器瞬态过程中电流可能很大，相应的电磁力十分巨大，根据线圈受力情况，线圈必须制成不易变形的圆形，绕组的各个线圈之间以及绕组与心柱和磁轭之间必须有牢固的支撑。

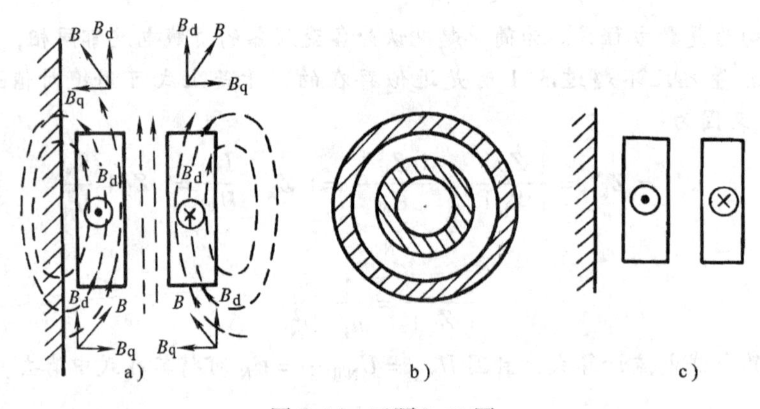

图2-44 习题2-11图

a）同心式圆筒形绕组的漏磁分布情况 b）径向受力 c）轴向受力

2-12 例题

关于整流装置中变压器容量配合问题。

对于半波整流电路，其电流、电压波形如图2-45所示。设变压器二次电压为

$$u_2 = \sqrt{2}U_2\sin\omega t$$

则输出的直流电压平均值是

$$U_d = \frac{1}{2\pi}\int_0^{\pi}\sqrt{2}U_2\sin\omega t\mathrm{d}(\omega t) = 0.45U_2$$

输出直流电流的平均值是

$$I_d = \frac{U_d}{R_L} = 0.45\frac{U_2}{R_L}$$

变压器二次电流的有效值为

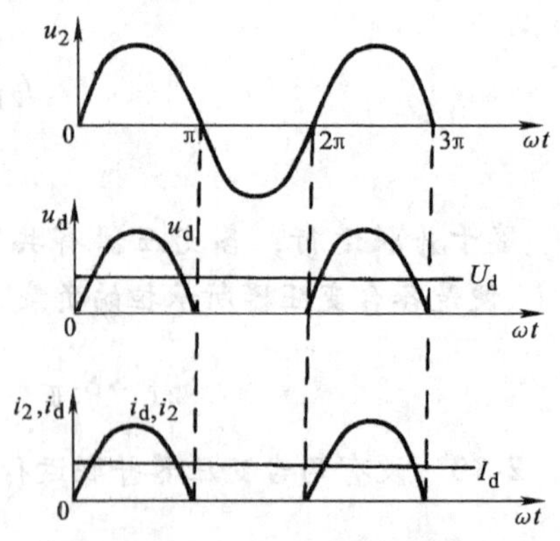

图2-45 图2-32半波整流的电压、电流波形图

$$I_2 = \sqrt{\frac{1}{2\pi}\int_0^{\pi}\left(\frac{\sqrt{2}U_2}{R_L}\sin\omega t\right)^2 d(\omega t)}$$
$$= \frac{U_2}{\sqrt{2}R_L} = \frac{I_d}{0.45\sqrt{2}}$$
$$= 1.57I_d$$

由图2-45可见，二次电流为脉动电流，其中包含不能反映到一次侧的直流分量，设略去励磁电流，则一次电流为

$$I_1 = \frac{1}{k}\sqrt{I_2^2 - I_d^2} = 1.21\frac{I_d}{k}$$

于是可写出变压器一、二次侧的容量，一次侧容量为

$$S_1 = U_1I_1 = kU_2I_1 = \frac{kU_d}{0.45}\times 1.21\frac{I_d}{k} = 2.69P_d$$

二次侧容量

$$S_2 = U_2I_2 = \frac{U_d}{0.45}\times 1.57I_d = 3.49P_d$$

式中，P_d为整流电路输出功率，$P_d = U_dI_d$。

可见$S_1 \neq S_2$，便将它们的平均值称为整流变压器的计算容量S，则有

$$S = \frac{S_1 + S_2}{2} = \frac{2.69 + 3.49}{2}P_d = 3.09P_d$$

令S/P_d为利用系数，则有变压器一、二次侧的利用系数分别为0.372和0.286。利用系数甚低，且二次侧有直流分量，故这种整流电路很少采用。另一种简单的单相桥式整流电路性能稍好，如图2-46所示，为简单起见亦设带纯电阻负载。用上述方法可得

$$U_d = \frac{1}{2\pi}\int_0^{2\pi}\sqrt{2}U_2\sin\omega t d(\omega t)$$
$$= 0.9U_2$$

$$I_2 = \frac{U_2}{R_L} = \frac{1.11U_d}{R_L} = 1.11I_d$$

由图可见，i_2中无直流分量，当不计励磁电流时有

$$I_1 = \frac{I_2}{k} = 1.11\frac{I_d}{k}$$

且一、二次侧容量相等为

$$S_1 = S_2 = S = U_2I_2 = 1.11U_d \times 1.11I_d = 1.23P_d$$

变压器的利用系数为

$$\frac{P_d}{S} = 0.813$$

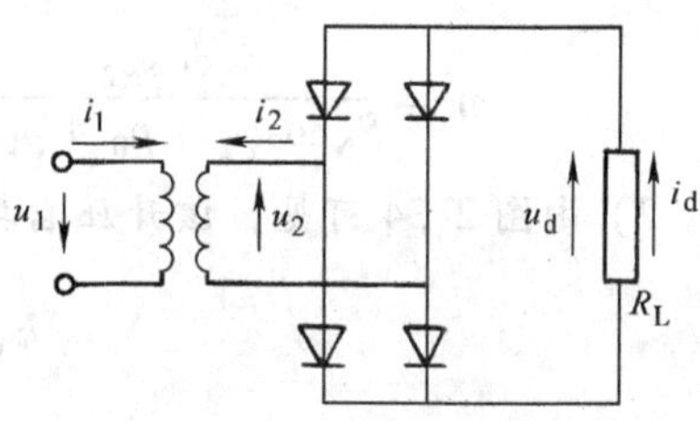

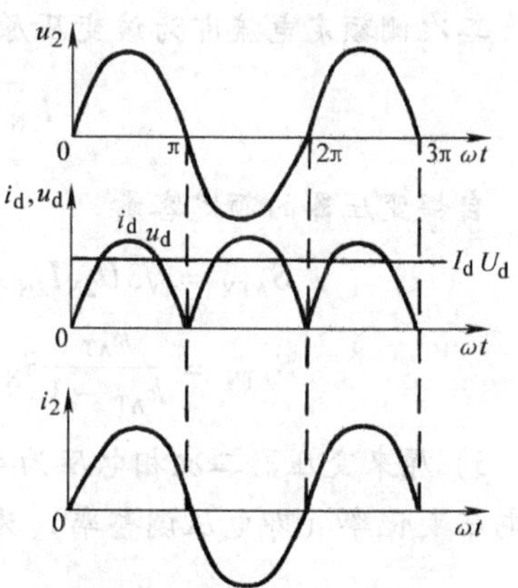

图2-46 单相桥式整流电路接线图及电压电流波形图

可见较半波整流大为提高。

2-13 例题

有一台三相 Yy 0 联结 320kV · A，6300/400V 的变压器，已知其 $p_0=1450\text{W}$；$p_{kN}=5700\text{W}$；$u_k=5.5\%$。

试求：

1）供给功率因数为 0.8 滞后的额定负载时，它的电压变化率及效率；

2）将它连接成如图 2-47 作为升压自耦变压器，它的电压比 k_{AT} 和额定容量 S_{AT}；

3）当该自耦变压器供给功率因数为 0.8 滞后的额定负载时，它的电压变化率及效率。

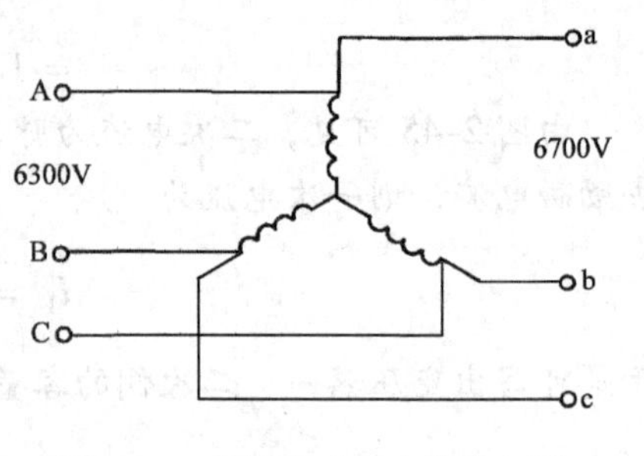

图 2-47 连接成升压自耦变压器

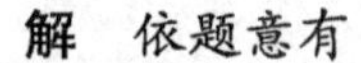
解 依题意有

$$u_k^* = 0.055$$

$$u_a^* = \frac{p_{kN}}{S_N} = \frac{5.7\times10^3}{320\times10^3} = 0.0178$$

$$u_r^* = \sqrt{u_k^{*2} - u_a^{*2}} = \sqrt{0.055^2 - 0.178^2} = 0.052$$

1）电压变化率（即电压调整率）为

$$\Delta U\% = (u_a^*\cos\varphi_2 + u_r^*\sin\varphi_2)\times100 = (0.0178\times0.8 + 0.052\times0.6)\times100 = 4.54$$

效率为

$$\eta = \frac{S_N\cos\varphi_2}{S_N\cos\varphi_2 + p_0 + p_{kN}} = \frac{320\times10^3\times0.8}{320\times10^3\times0.8 + 1450 + 5700} = 97.28$$

2）由图 2-34 可见，该升压自耦变压器的电压比为

$$k_{AT} = \frac{6700/\sqrt{3}}{6300/\sqrt{3}} = 1.0635$$

二次侧额定电流即为该变压原来二次绕组的额定电流，即

$$I_{2N} = \frac{3200\times10^3}{\sqrt{3}\times400}\text{A} = 461.88\text{A}$$

自耦变压器的额定容量

$$S_{ATN} = \sqrt{3}U_{2N}I_{2N} = \sqrt{36700}\times461.88\text{kV}\cdot\text{A} = 5360\text{kV}\cdot\text{A}$$

或

$$S_{ATN} = \frac{k_{AT}}{k_{AT}-1}S_N = \frac{1.0635}{1.0635-1}\times320\text{kV}\cdot\text{A} = 5360\text{kV}\cdot\text{A}$$

3）原来变压器二次相电压为 $400/\sqrt{3}$V，现在升高为 $6700/\sqrt{3}$V，但漏阻抗降落未变，所以电压变化率（即电压调整率）为

$$\Delta U_{AT}\% = 4.54\%\times\frac{400/\sqrt{3}}{6700/\sqrt{3}} = 0.27\%$$

或

$$\Delta U_{AT}\% = \Delta U\frac{k_{AT}-1}{k_{AT}} = 4.54\%\ \frac{1.0635-1}{1.0635} = 0.27\%$$

因损耗未变，而容量已升高为 5360kV · A，所以效率为

$$\eta_{AT} = \frac{S_{ATN}\cos\varphi_2}{S_{ATN}\cos\varphi_2 + p_0 + p_{kN}} = \frac{5360 \times 0.8}{5360 \times 0.8 + 1.45 + 5.7}$$
$$= 0.9983 = 99.83\%$$

由本题可见当 k_{AT} 接近 1 时，自耦变压器的优点十分显著。

2-14　一台 Yd11 联结变压器，额定容量为 1250kV · A，额定电压 10/3.15kV，试验数据如下：

试验型式	电压	电流	功率
空载试验	U_N	1.6%	2350W
短路试验	5.5%	I_N	16400W

现将该变压器的一、二次绕组串联，接成 Yy0 联结降压自耦变压器运行，并以 10kV 为低压侧的输出电压。试求：

1）该自耦变压器的电压比；

2）该自耦变压器的额定容量和绕组容量之比；

3）当该自耦变压器供给功率因数为 0.9（滞后）的 80% 额定负载时，它的电压调整率及效率。

2-15　例题

三绕组变压器等效电路中的参数测定。参数的测定需通过三次不同的短路试验，即

1）外施电压至绕组 1，绕组 2 短路，绕组 3 开路，测量 U_{k12}、I_{k12} 和 P_{k12}，然后可像两绕组变压器一样计算出

$$r_{k12} = r_1 + r_2'$$
$$x_{k12} = x_1 + x_2'$$

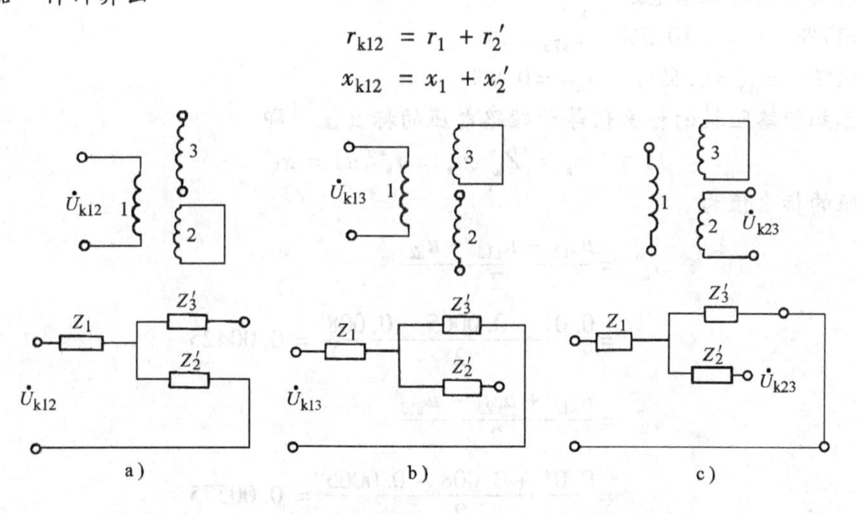

图 2-48　三绕组变压器短路试验接线图和相应的等效电路

2）外施电压至绕组 1，绕组 3 短路、绕组 2 开路，测量 U_{k13}，I_{k13} 和 P_{k13} 后可算得

$$r_{k13} = r_1 + r_3'$$
$$x_{k13} = r_1 + x_3'$$

3）外施电压至绕组 2，绕组 3 短路、绕组 1 开路，测量 U_{k23}、I_{k23} 和 P_{k23}，它们是在绕组 2 侧测得的数据，要归算到绕组 1，还应乘以 k_{12}^2，即有

$$k_{12}^2 r_{k23} = r_{k23}' = r_2' + r_3'$$

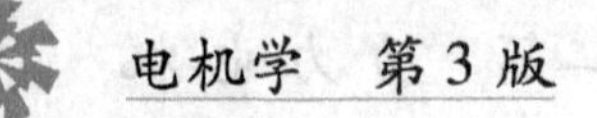

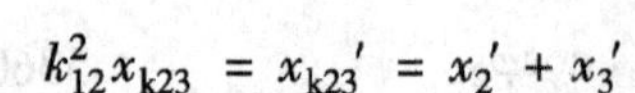

$$k_{12}^2 x_{k23} = x_{k23}' = x_2' + x_3'$$

为分离出 r_1、r_2'、r_3'和 x_1、x_2'、x_3'，可将上列算式中的第一式联立求解得 r_1、r_2'、r_3'；第二式联立求解得 x_1、x_2'、x_3'，即

$$r_1 = \frac{r_{k12} + r_{k13} - r_{k23}'}{2}$$

$$r_2' = \frac{r_{k12} + r_{k23}' - r_{k13}}{2}$$

$$r_3' = \frac{r_{k13} + r_{k23}' - r_{k12}}{2}$$

$$x_1 = \frac{x_{k12} + x_{k13} - x_{k23}'}{2}$$

$$x_2' = \frac{x_{k12} + x_{k23}' - x_{k13}}{2}$$

$$x_3' = \frac{x_{k13} + x_{k23}' - x_{k12}}{2}$$

下面利用变压器铭牌数据，用上述公式来求三绕组变压器等效电路的参数。铭牌上有下列数据：

电压：121/38.5/11kV；容量：16000/5000/10000kV·A

联结：YNyno d11；

归算到高压侧的短路电压

$u_{k12} = 17\%$ $u_{k13} = 10.5\%$ $u_{k23} = 6\%$

$u_{a12} = 1\%$ $u_{a13} = 0.65\%$ $u_{a23} = 0.8\%$

解 已知短路阻抗的标幺值等于短路电压的标幺值，即

$$u_k = Z_k^*, u_a = r_k^*, u_r = x_k^*$$

故各相电阻的标幺值为

$$r_1^* = \frac{u_{a12} + u_{a13} - u_{a23}}{2}$$

$$= \frac{0.01 + 0.0065 - 0.008}{2} = 0.00425$$

$$r_2^* = \frac{u_{a12} + u_{a23} - u_{a13}}{2}$$

$$= \frac{0.01 + 0.008 - 0.0065}{2} = 0.00575$$

$$r_3^* = \frac{u_{a13} + u_{a23} - u_{a12}}{2}$$

$$= \frac{0.0065 + 0.008 - 0.01}{2} = 0.00225$$

短路电压无功分量

$$u_{r12} = \sqrt{u_{k12}^2 - u_{a12}^2}$$

$$= \sqrt{(0.17)^2 - (0.01)^2} \approx 0.17$$

$$u_{r13}=\sqrt{u_{k13}^2-u_{a13}^2}$$
$$=\sqrt{(0.105)^2-(0.0065)^2}\approx 0.105$$
$$u_{r23}=\sqrt{u_{k23}^2-u_{a23}^2}$$
$$=\sqrt{(0.06)^2-(0.008)^2}=0.0595$$

于是各相组合电抗的标幺值为

$$x_1^*=\frac{u_{r12}+u_{r13}-u_{r23}}{2}$$
$$=\frac{0.17+0.105-0.0595}{2}=0.108$$
$$x_2^*=\frac{u_{r12}+u_{r23}-u_{r13}}{2}$$
$$=\frac{0.17+0.0595-0.105}{2}=0.0622$$
$$x_3^*=\frac{u_{r13}+u_{r23}-u_{r12}}{2}$$
$$=\frac{0.105+0.595-0.17}{2}=-0.00275$$

所以等效电路中的参数用标幺值表示为

$$Z_1^*=0.00425+j0.108$$
$$Z_2^*=0.00575+j0.0622$$
$$Z_3^*=0.00225-j0.00275$$

如果以归算列高压侧的实际值表示，已知相电压为

$$U_{1N}=\frac{121\times 10^3}{\sqrt{3}}\text{V}=69680\text{V}$$

相电流为

$$I_{1N}=\frac{10000\times 10^3}{\sqrt{3}\times 121\times 10^3}\text{A}=47.71\text{A}$$

高压侧阻抗基数

$$|Z_{1b}|=\frac{U_{1N}}{I_{1N}}=\frac{69680}{47.71}\Omega=1464\Omega$$

于是得归算至高压侧的等效电路参数为

$$r_1=r_1^*|Z_{1b}|=0.00425\times 1464\Omega=6.2\Omega$$
$$r_2'=r_2^*|Z_{1b}|=0.00575\times 1464\Omega=8.4\Omega$$
$$r_3'=r_3^*|Z_{1b}|=0.00225\times 1464\Omega=3.3\Omega$$
$$x_1=x_1^*|Z_{1b}|=0.108\times 1464\Omega=158\Omega$$
$$x_2'=x_2^*|Z_{1b}|=0.0622\times 1464\Omega=91\Omega$$
$$x_3'=x_3^*|Z_{1b}|=-0.00275\times 1464\Omega=-4\Omega$$

上列数据中有 $x>>r$，所以在电力系统的工程计算中常可把电阻略去。

第三章 感应电机

第一节 感应电机的基本功能与用途

感应电机的主要作用是实现交流电能和机械能之间的转换。由电机可逆性原理可知，它可以作感应发电机运行，将机械能转换为交流电能；亦可作感应电动机运行，将交流电能转换为机械能。由于它作发电机运行时有些约束条件，影响了它的工作性能，故而很少用作发电机。反之，作电动机运行，却具有结构简单、操作方便、运行可靠，性能价格比好等优点，获得了广泛的采用。按电源的相数，感应电动机有单相、三相之分；按容量它可大达几千千瓦、小至几瓦。所以无论在工矿企业、商业办公以及家庭民用等场合，都得到了普遍的应用。原先由于感应电动机在起动、调速性能方面尚有不足之处，比不上直流电动机，而今由于电力电子技术的发展，交流变频电源的性能和可靠性日臻完善，价格日趋合理。藉变频电源的帮助，感应电动机的起动、调速特性已获得了根本的改进，感应电动机有了更为旺盛的生命力，几乎凡是需要机械功率的场合，都有它的身影。

本书主要讨论的是感应电动机。

第二节 感应电机的基本作用原理

感应电机的基本作用原理可以通过已熟知的直流电机来阐明。图 3-1 为直流电机的工作原理图。它的磁极和电刷是静止不动的，转子为旋转体，图中未画出换向器，电刷直接和转子绕组导体接触。现在假设使磁极和电刷一起同步地以 n_s（单位为 r/min）向顺时针方向旋转，则电枢绕组中感应电动势的方向如图中箭头所示。若将电刷短接，则电枢绕组中将有电流 i_a 流通，其方向同感应电动势。按左手定则可知转子上将受到顺时针方向的电磁转矩，使转子亦按顺时针方向旋转，设其转速为 n（单位为 r/min），此时，转子没有与外电路连接，**转子中的能量是由旋转磁极感应过去的**，这就是感应电动机的基本作用原理。亦是称为感应电动机的依据。显然，若 $n = n_s$，则磁场（磁极）与电枢导体相对静止，随时间恒定不变的磁极磁场不会在电枢绕组中产生感应电动势，于是 i_a、T_{em} 均将为零。因此，这种电动机的转子转速不会亦不能等于 n_s，作为电动机运行必然 $n < n_s$。常称磁极磁场的转速 n_s 为**同步速**，则感应电动机的转速总是小于同步转速，因此感应电动机亦称为**异步电动机**。

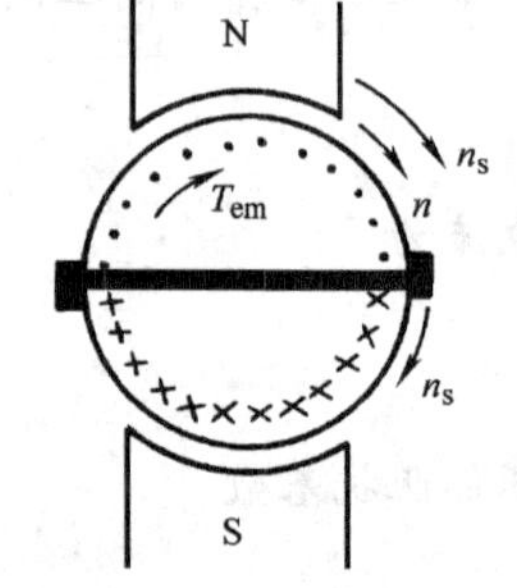

图 3-1 用直流电机阐明感应电动机工作原理

实际上图 3-1 中的磁极和电刷要旋转是十分困难的。幸运的是，我们可以通过在静止的定子铁心中设置交流绕组，通以交流电流来获得与图 3-1 磁极旋转有同样功效的在空间旋转的磁场，简称**旋转磁场**。同样，图 3-1 中的被电刷短路的转子电枢回路亦可不用换向器、电

刷与短接线等结构，代之以本身可以短接的交流绕组或特殊结构的短路绕组——**笼型绕组**，可以获得同样的效果。

下一节将具体讨论怎样的定子结构，通过什么方法可以获得旋转磁场；怎样的转子结构可以不由外电源传导而是通过旋转磁场获得能量。前一问题与其他交流电机亦密切相关，所以会占较多篇幅，亦将是学习的一个重点。

第三节 感应电机的基本结构

感应电机具有与一般旋转电机类同的机械支撑传动、绝缘、散热结构。这里主要介绍产生气隙旋转磁场的定子结构和短路转子构造。

一、定子铁心

气隙旋转磁场可由交流电流流过定子绕组形成的磁动势激励产生。定子铁心的作用有二：一是减小磁路的磁阻，使同样的电流可激励更强的磁场；另一作用是固定定子绕组。作用在铁心上的是交变磁场，为减小铁心损耗，定子铁心由内圆冲有槽齿的电工钢片叠合而成，如图3-2所示。其外圆柱面压入机壳，使铁心固定不动，内圆槽内放置交流绕组。按电机容量大小选绕组导体粗细和定子铁心槽形。图3-3 表示的有半闭口槽、半开口槽及开口槽。

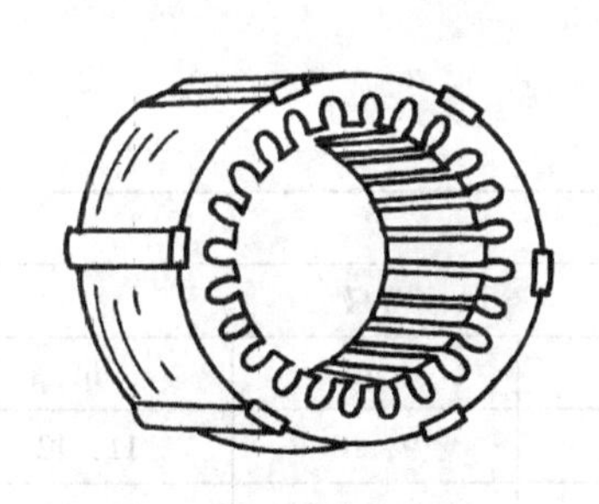

图3-2 定子铁心

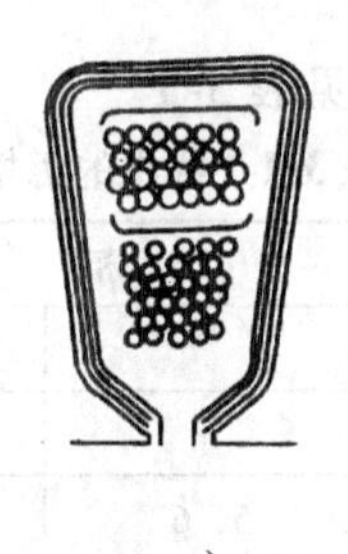

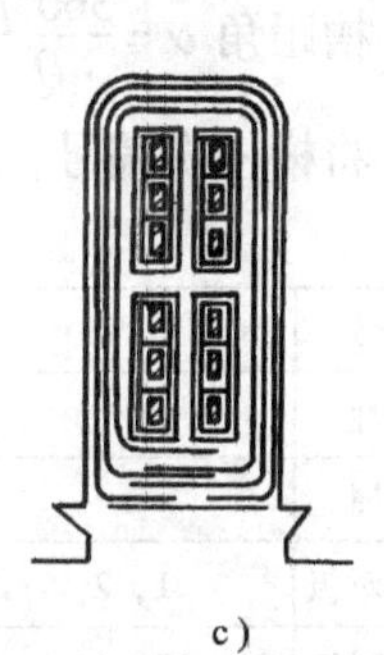

图3-3 定子槽型

a) 半闭口槽 b) 半开口槽 c) 开口槽

二、定子绕组

感应电机定子铁心槽中放置的是交流绕组。交流绕组应具有两个主要功能：其一是当绕组流过交流电流时，产生幅值大、波形好（正弦波形）的合成磁动势，以激励电机工作所要求的旋转磁场；其二是当与旋转磁场作用时，能感应出幅值大、波形好的感应电动势。

交流绕组按相数可分为单相、两相、三相和多相绕组；按槽内绕组圈边数可分为单层、双层绕组；亦可按端接的联结方法分为链式、交叉式和同心式。本节主要介绍三相绕组。

讨论交流绕组时，除了已知的直流绕组的一些术语外，尚有下列术语名称。

（1）槽距角 α 铁心相邻两槽间的电角度，即

$$\alpha = \frac{360° p}{Q} \quad \text{（电角度）} \tag{3-1}$$

（2）每极每相槽数 q 每个极面下每相所占有的槽数，即

$$q = \frac{Q}{2pm} \tag{3-2}$$

式中，Q 为定子铁心总的槽数；p 为电机的极对数；m 为相数。

(3) 相带　每个极面下每相绕组所占有的宽度，以电角度表示。一个极面为180°电角度，分配到 m 相，每相的相带为 $180°/m$。三相电机 $m=3$，其相带为60°。相带的划分如图3-4所示。把每对极所对应的定子铁心分为6等分，然后作a、c′、b、a′、c、b′的次序标出每个相带的相属。带撇的表示该相带与不带撇的处于不同极性的极面下。若从它们所能感应的电动势来说，有撇与无撇相带内导体电动势方向是相反的。

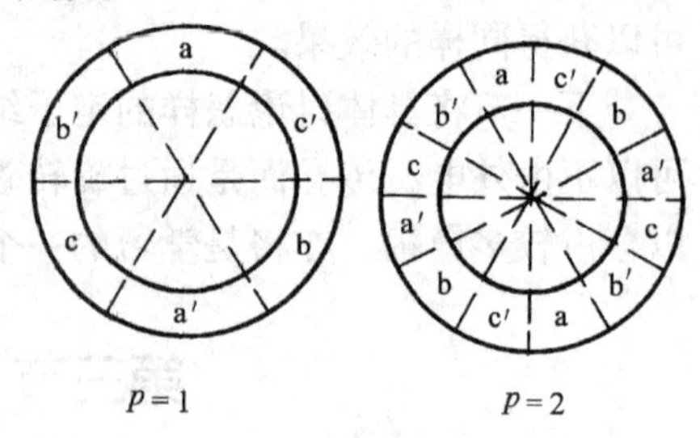

图3-4　60°相带的划分

虽然将一对极所对应的定子铁心三等分，每相带占120°电角度，亦可得到三相对称绕组，但其性能不如60°相带。所以一般电机均采用60°相带绕组。

下面通过两个具体三相对称绕组来阐明交流绕组的构成。

设一个三相单层绕组，有数据为

相数 $m=3$　　极数 $2p=4$

总槽数 $Q=24$　　每极每相槽数 $q=\dfrac{Q}{2pm}=2$

槽距角 $\alpha=\dfrac{360°p}{Q}=30°$电角度

将槽依次编号，并按相带分配，见表3-1。

表3-1　绕组的每相槽号

相带	相　带					
极性	N极			S极		
相属	a	c′	b	a′	c	b′
第一对极	1，2	3，4	5，6	7，8	9，10	11，12
第二对极	13，14	15，16	17，18	19，20	21，22	23，24

根据表3-1可作单层三相绕组，如图3-5所示。先画24根直线代表槽，并依次编号。不同极面下的槽，标上方向相反代表电动势的箭头。按槽的相属及电动势箭头将导体连成线圈，如槽1和7连成线圈Ⅰ，2和8连成线圈Ⅱ…。可见A相共有4个线圈，或两个线圈组Ⅰ与Ⅱ、Ⅲ与Ⅳ。这两个线圈组在磁场中完全对称，可以并联或串联，将视设计要求而定。图3-5a表示了串联情况。为节省端接部分用铜，该绕组亦可将2、7连成线圈，同时1、20；8、13；14、19亦各自连成线圈，如图3-5b所示。若将1，8；2，7；14，19；13，20各自连成线圈，亦完全符合绕组连接的原则，如图3-5c所示。图3-5a、b、c的电磁性能是等效的。图3-5a、b、c分别按端接的形式称为交叉式、链式和同心式绕组。图3-5d是按图3-5b将三相绕组全部画出，根据对称三相关系，先标定A相首端A和末端X，与A相相隔120°电角度处标B，再隔120°标C，便得一三相对称单层绕组。图3-5e表示图3-5d的元件连接顺序。

单层绕组一般用于小功率电机，功率较大或对电动势和磁动势波形要求较高的电机，通常都采用双层绕组。

图3-6所示为一个 $m=3$、$2p=4$、$Q=24$ 的三相双层绕组。其槽距角 $\alpha=\dfrac{360°p}{Q}=30°$，

每极每相槽数 $q=\frac{Q}{2pm}=2$。其画法同前，以一实线一虚线表示一个槽，前者表示上层圈边，后者表示下层圈边。按对称要求必然是一个上层圈边和一个下层圈边构成一个线圈。

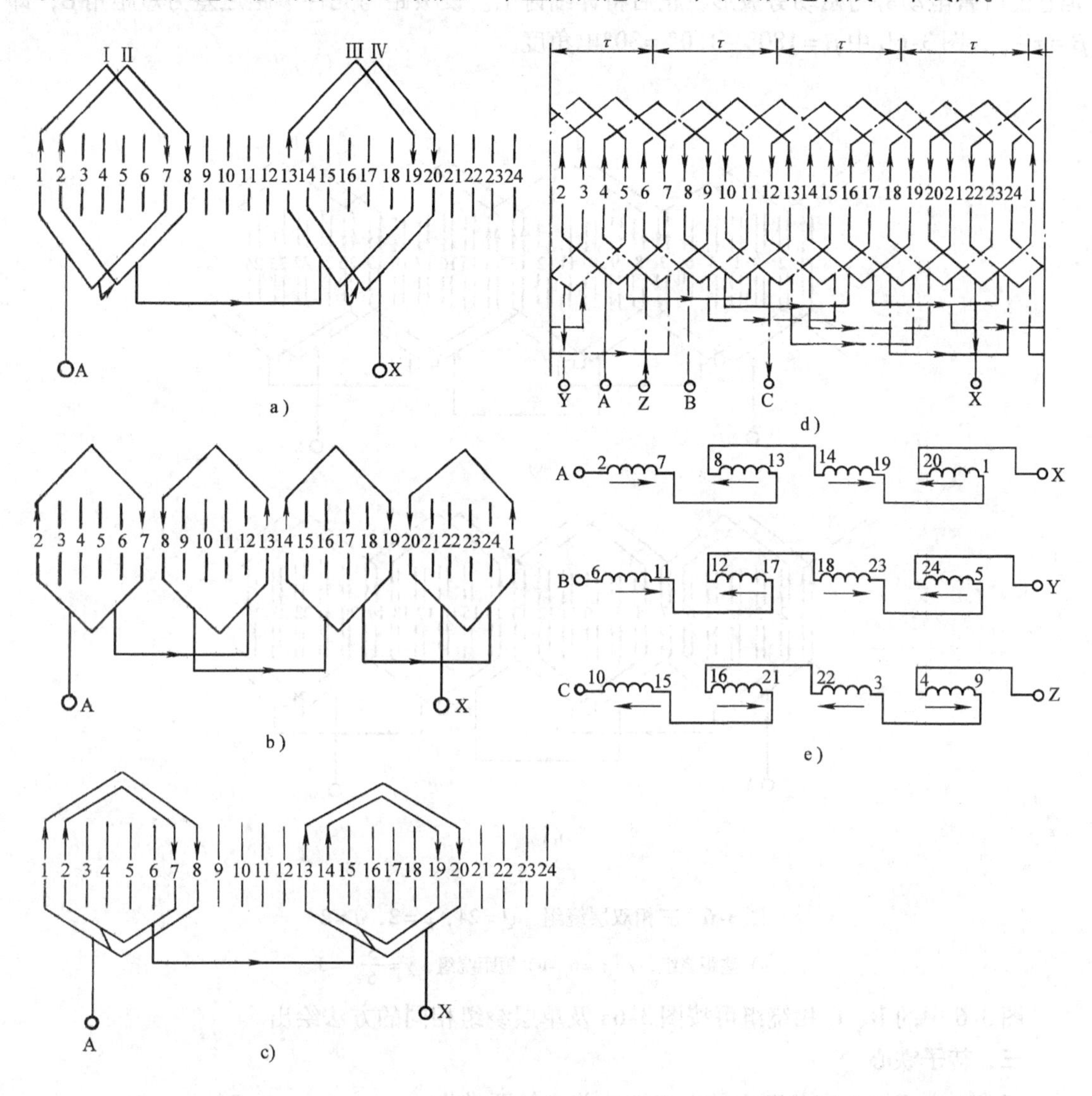

图 3-5 单层绕组

a）交叉式，$p=2$ b）链式，$p=2$ c）同心式，$p=2$ d）三相绕组，$p=2$ e）元件连接顺序图

上层圈边可同样按照表 3-1 划分相带，如下层圈边的相带同上层，则是整距绕组。如图 3-6a 所示即为整距绕组（只绘出了 A 相绕组）。槽内圈边的编号与槽号相同。但为区别上下层，下层圈边号加“撇”以资区别。图中 1-7′-2-8′，7-13′-8-14′，13-19′-14-20′，19-1′-20-2′是按绕组连接原则连成的Ⅰ、Ⅱ、Ⅲ、Ⅳ四个元件组。图 3-6a 是按电动势相加，将Ⅰ、Ⅱ、Ⅲ、Ⅳ串联成 A 相绕组。如通以电流，则由右手螺旋定则可见磁动势将形成 4 极磁场。

如下层圈边的相带划分，相对于上层圈边向左移过一槽距，如图 3-6b 所示，这时 4 个元件组分别由 1-6′-2-7′，7-12′-8-13′，13-18′-14-19′，19-24′-20-1′构成。线圈节距 $y=5<\tau$

=6，故称为短距绕组。短距绕组的缺点是元件组的电动势变小了（图示瞬间6′圈边的电动势与其余三圈边1、2、7′的方向相反），但其优点是端接连线较短，可节省铜线，更可贵的是它能改善电动势与磁动势波形，稍后将详细讨论。设极距与元件节距之差为短距角β，即$\beta=\tau-y$，图3-6b中$\beta=180°-150°=30°$电角度。

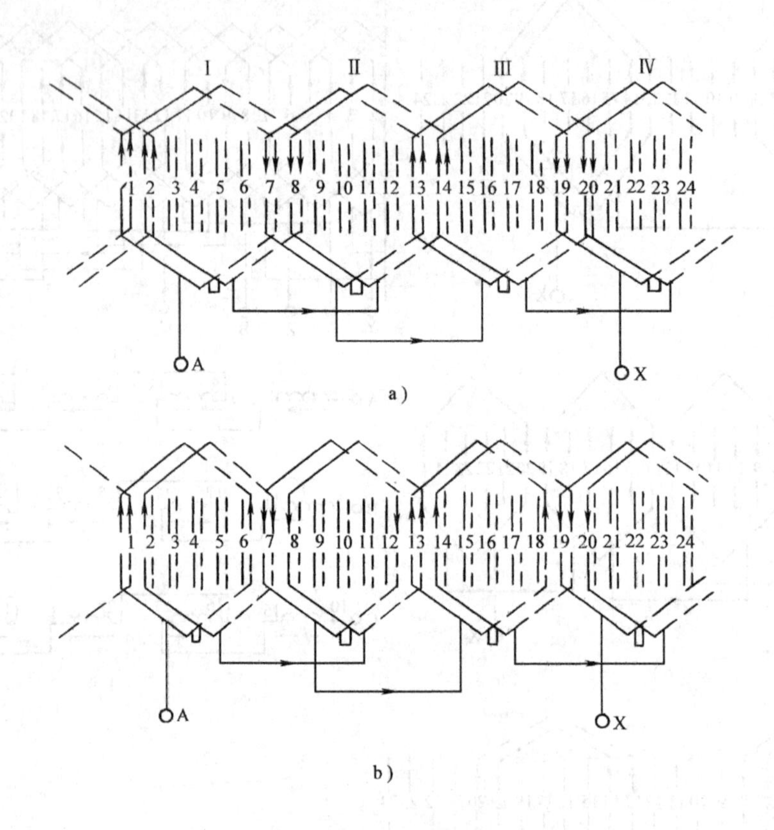

图3-6　三相双层绕组　$Q=24$，$p=2$，$q=2$

a）整距绕组，$y=\tau=6$　b）短距绕组，$y=\frac{5}{6}\tau=5$

图3-6中的B、C相绕组可按图3-6a及单层绕组相同的方法绘出。

三、转子铁心

通常由定子铁心套裁下来的电工钢冲剪成外圆带齿槽，中心有轴孔的圆片叠压而成。转子外圆槽中设置短路的转子绕组。转子绕组有两种型式，绕线转子型（见图3-7）和笼型。

四、绕线转子绕组

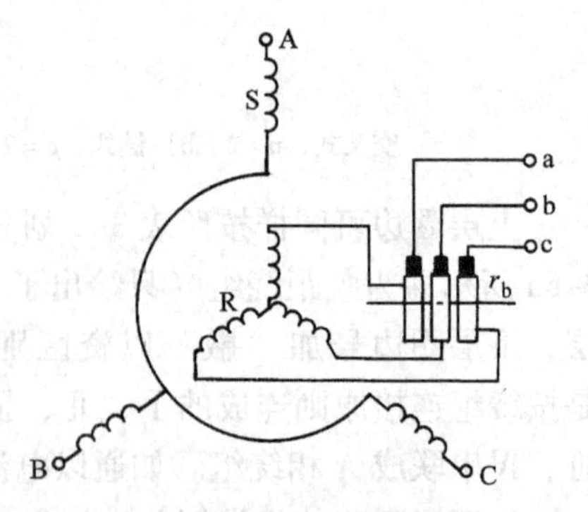

图3-7　绕线转子电路示意图

S—定子　R—转子　r_b—集电环电刷

转子槽中设置由绝缘导线组成的三相对称绕组，一般它的极数与定子绕组的相等，但不一定要求有相同的相数，实际上常常制成相同的相数，且接成星形。绕组的三个出线端接到设置在转轴一端的三个集电环（曾称滑环）上，再通过电刷与外面静止电路连通。外电路为三相电阻，转子接入电阻可以改善感应电动机的起动和调速性能。

五、笼型绕组

它由插入每个转子槽中的铜条（亦称转子导条）和两侧环形端环焊接而成。如去掉转子铁心，该绕组的形状犹如一只笼子，故称笼型，如图 0-19a 所示。为节约铜材和简化工艺，中小型感应电动机常采用铸铝转子，即把熔化的铝注入转子槽中，且把风扇和端环在同一道工序中铸成，如图 0-19b 所示。转子槽常制成与转轴有一倾斜角度，这种布置称为斜槽，如图 3-8 所示。采用斜槽的目的是减小齿谐波，详细情况将在后文说明。

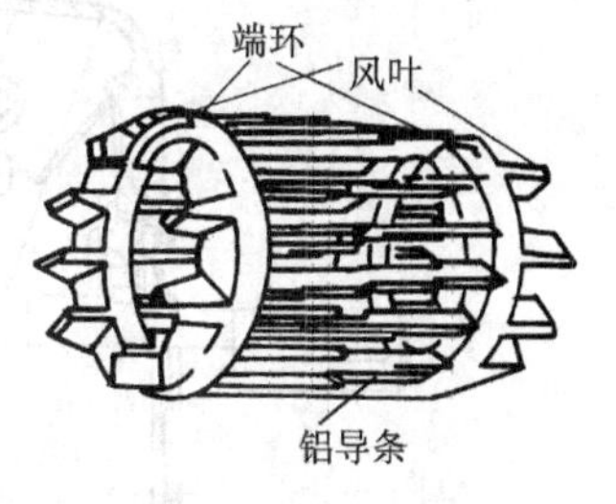

图 3-8　斜槽型转子（铁心未画出，为铸铝型）

六、气隙

感应电机的气隙是均匀的，即沿圆周各点气隙的长度是一样的，它的存在主要是机械上的要求。从电气方面看，它的存在将增大感应电机的励磁电流，影响电机的性能。所以感应电机的气隙长度应为机械条件所容许的最小值，中小型电机的气隙长度一般为 0.2 ~ 2mm，微型电机将更小。

图 3-9 为一台封闭式笼型感应电动机的总装配结构图。

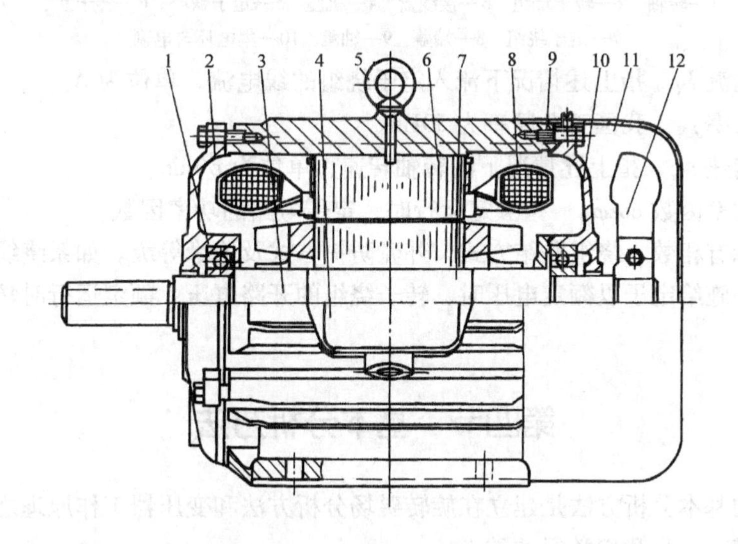

图 3-9　封闭式笼型感应电动机总装配结构图

1—轴承　2—后端盖　3—转轴　4—接线盒　5—吊攀　6—定子铁心
7—转子　8—定子绕组　9—机座　10—前端盖　11—风罩　12—风扇

所谓封闭式是指电动机内腔与机外不连通，只靠电机外表面的散热来冷却，宜应用于空气中含尘或含腐蚀性物质的场合。

图 3-10 为一中型绕线转子感应电动机的总装配结构图。

七、铭牌数据和额定值

每台电动机的机座上都有一块铭牌，上面标有额定值和有关技术数据：

（1）额定功率 P_N　指在电动机额定运行时，转轴上输出的机械功率，单位为 W 或 kW。

（2）额定电压 U_N　指电动机在额定方式运行时，定子绕组上应加的线电压，单位 V 或 kV。

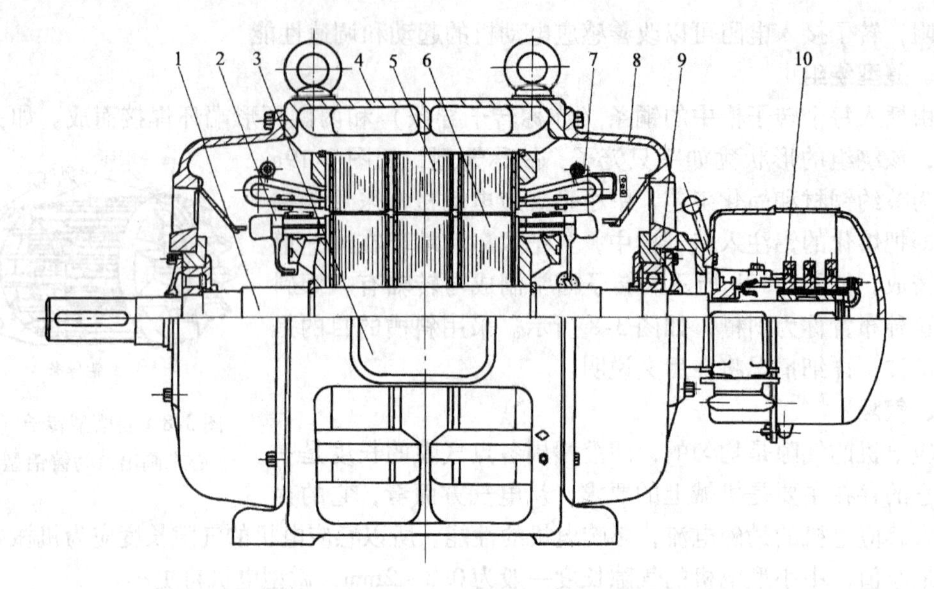

图 3-10 绕线转子感应电动机总装配结构图

1—转轴 2—转子绕组 3—接线盒 4—机座 5—定子铁心 6—转子铁心

7—定子绕组 8—端盖 9—轴承 10—集电环与电刷

（3）额定电流 I_N 指上述情况下流入定子绕组的线电流，单位为 A。

（4）额定频率 f_N 我国工业频率为 50Hz。

（5）额定转速 n_N 指上述情况下的转轴转速，单位为 r/min。

（6）额定功率因数 $\cos\varphi_N$ 指额定运行时，定子电路的功率因数。

此外，尚标有相数、绕组联结方式，外壳防护方式及绝缘等级。如系绕线转子感应电动机，还应标明外施给定子以额定电压时，转子绕组的开路电压，额定运行时转子绕组的额定电流值。

第四节 基本分析方法

感应电机的基本分析方法是建立在旋转磁场分析方法和变压器工作原理之上。前者是交流电机的理论基础，是我们学习的重点。

一、旋转磁场

如前述，在电机气隙中建立旋转磁场是感应电机工作的基础。已知感应电机定子的基本结构是一个对称的三相交流绕组，当通以三相对称电流，将在气隙中产生的磁动势，不仅是时间而且亦是空间的函数，性质较为复杂。为此，本节将由简到繁，由浅入深逐步展开讨论。

在具体讨论前作如下假设：①绕组中的电流随时间按正弦规律变化，暂不考虑高次谐波电流；②定、转子间的气隙均匀，不考虑由于齿槽引起的气隙磁阻变化，认为沿圆周各点的气隙磁阻是常数；③略去定、转子铁心的磁阻（或磁位降），认为磁动势全降落在气隙。这样的假设简化了分析，又不影响气隙磁场的基本性能。

1. 整距元件的磁动势

图 3-11a 表示一个整距元件通以电流后的磁场分布情况，设元件的匝数为 n_c，电流为

i_c，则作用在磁路上的磁动势为 $n_c i_c$。每个气隙的磁位降，按上述假设可知为元件磁动势的一半，即 $n_c i_c/2$，如图 3-11b 所示。此图与图 1-19b 相似，但现在的电流是交流电，气隙磁动势是随时间交替变化，如图 3-12 所示。设 $i_c=\sqrt{2}I_c\sin\omega t$，则当 $\omega t=2k\pi+\frac{\pi}{2}$时，$i_c$ 为最大值$\sqrt{2}I_c$；$\omega t=k\pi$ 时，$i_c=0$；$\omega t=2k\pi-\frac{\pi}{2}$时，$i_c$ 为负的最大值$-\sqrt{2}I_c$，式中 k 为任意整数。可见磁动势空间分布波 $f(x)$ 的振幅和极性随时间而变化，人们形象化地称这种性质的磁动势为**脉动磁动势**，其脉动频率等于电流的频率。

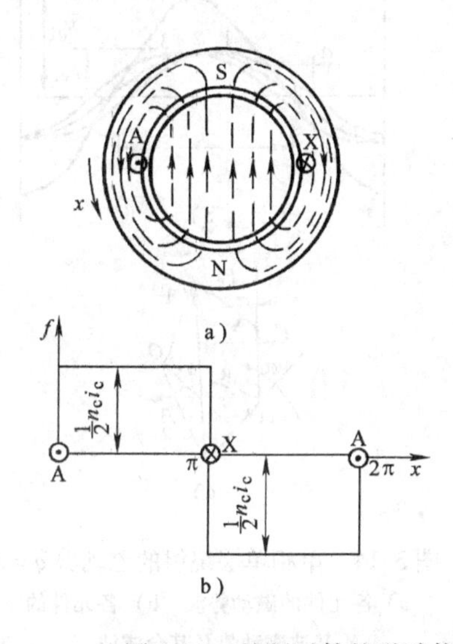

图 3-11 整距元件的磁动势

a）磁场分布 b）磁动势空间分布波 $f(x)$

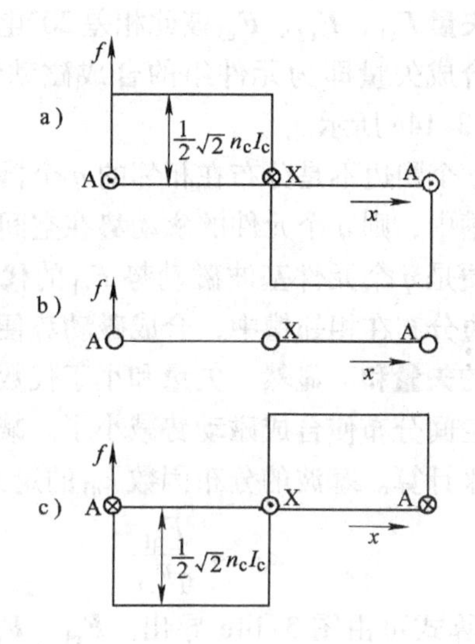

图 3-12 磁动势随时间变化

a）$i_c=\sqrt{2}I_c$ b）$i_c=0$ c）$i_c=-\sqrt{2}I_c$

图 3-12 的矩形波脉动磁动势，应用傅里叶级数表示为

$$f=\frac{1}{2}\sqrt{2}n_c I_c\sin\omega t\left[\frac{4}{\pi}\left(\sin x+\frac{1}{3}\sin 3x+\frac{1}{5}\sin 5x+\cdots\right)\right]$$

$$=F_{c1}\sin\omega t\sin x+F_{c3}\sin\omega t\sin 3x+F_{c5}\sin\omega t\sin 5x+\cdots \tag{3-3}$$

式中，$F_{c1}=0.9n_c I_c$ 为磁动势空间基波的幅值；$F_{c\nu}=\frac{1}{\nu}F_{c1}$ 为磁动势空间 ν 次谐波的幅值，$\nu=3,5,7,\cdots$，等奇数；x 为沿气隙的空间电角度。

图 3-13 表示式（3-3）的波形，为了图面清晰，只画出了基波、3 次和 5 次空间谐波。

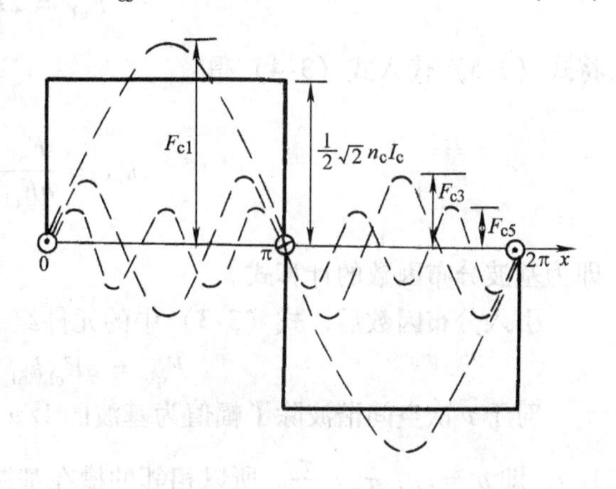

图 3-13 矩形磁动势波分解为基波和谐波

2. 单相单层绕组的磁动势

单层绕组在每对极面下有 q 个元件组成的元件组，各元件在空间依次相距 α（电角度），设各元件的匝数 n_c 相等（对单层绕组

n_c 亦即等于每槽导体数）。当其中流过电流，便产生 q 个振幅相等的矩形磁动势波，它们在空间依次相距 α（电角度），如图 3-14a 所示，图中 $q=3$，$\alpha=20°$，共有三个矩形波。

把每个矩形波进行傅里叶级数分解，每个矩形波都有如式（3-3）所表示的基波和谐波。这里先分析它们的基波分量，为图 3-14b 中的三个振幅相等，空间相位差 20°电角度的正弦波，把 1、2、3 三个正弦波相加便得元件组的基波磁动势如图 3-14b 中的曲线 4，令其幅值为 F_{q1}。空间正弦分布波可用空间矢量表示，矢量长度表示正弦波的幅值，在本例中为三个大小相等的**空间矢量** $\boldsymbol{F}_{c1}$、$\boldsymbol{F}_{c2}$、$\boldsymbol{F}_{c3}$ 彼此相差 20°电角度，按矢量加法，其合成矢量即为元件组的合成磁动势的基波幅值 F_{q1}，如图 3-14c 所示。

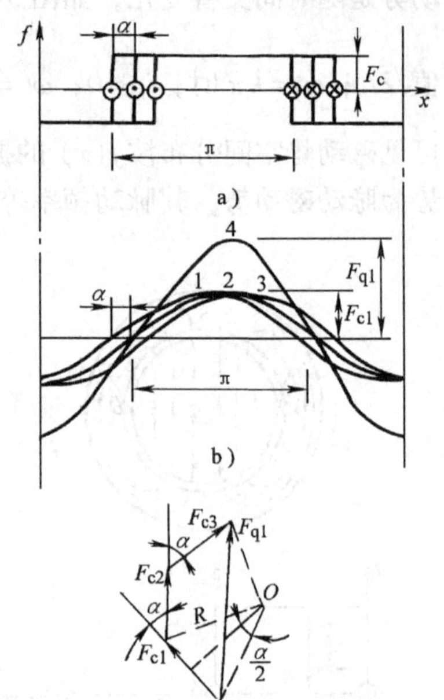

图 3-14　单相单层绕组的磁动势 $q=3$

a）各元件的磁动势波　b）各元件的基波磁动势及其合成波　c）由矢量求基波合成磁动势

如果 q 个圈边不是分布在相邻的 q 个槽中，而是集中放在一个槽中，则 q 个元件的磁动势在空间同轴线，其合成磁动势便是 q 个元件基波磁动势 F_{c1} 的**代数和** qF_{c1}。现在 q 个圈边分布在相邻槽中，合成磁动势便是 q 个元件基波磁动势的**矢量和**。显然，矢量和小于代数和，即表示由于绕组的空间分布使合成磁动势减小了。减小的程度常用**分布因数**来计算。基波的分布因数 k_{d1} 的定义为

$$k_{d1} = \frac{F_{q1}}{qF_{c1}} \tag{3-4}$$

k_{d1} 的算式可由图 3-14c 导出。$\boldsymbol{F}_{c1}$、$\boldsymbol{F}_{c2}$、$\boldsymbol{F}_{c3}$ 为一正多边形的三条边，其外接圆的圆心为 O 点。外接圆的半径为 R。每个元件磁动势矢量所对的圆心角为 α，元件组磁动势矢量所对的圆心角为 $q\alpha$。从圆心 O 点分别作对 F_{q1} 和 F_{c1} 的垂直等分线，可得

$$\left.\begin{aligned} F_{q1} &= 2R\sin\frac{q\alpha}{2} \\ F_{c1} &= 2R\sin\frac{\alpha}{2} \end{aligned}\right\} \tag{3-5}$$

将式（3-5）代入式（3-4）得

$$k_{d1} = \frac{F_{q1}}{qF_{c1}} = \frac{\sin\dfrac{q\alpha}{2}}{q\sin\dfrac{\alpha}{2}} \tag{3-6}$$

即为基波分布因数的计算式。

引入分布因数后，式（3-3）中的元件组磁动势的基波幅值为

$$F_{q1} = qF_{c1}k_{d1} = 0.9qk_{d1}n_cI_c \tag{3-7}$$

对于 ν 次空间谐波除了幅值为基波的 $1/\nu$ 外，它的极对数是基波的 ν 倍，极距为基波的 $1/\nu$，即 $p_\nu=\nu p$；$\tau_\nu=\dfrac{\tau}{\nu}$。所以相邻的槽在基波相隔 α 角，对 ν 次谐波便是相隔 $\nu\alpha$ 角。在式（3-6）中用 $\nu\alpha$ 替代 α，便得 ν 次谐波的分布因数 $k_{d\nu}$，即

$$k_{d\nu}=\frac{\sin\frac{q\nu\alpha}{2}}{q\sin\frac{\nu\alpha}{2}} \tag{3-8}$$

元件组的 ν 次空间谐波磁动势的幅值为

$$F_{q\nu}=qF_{c\nu}k_{d\nu}=0.9\frac{1}{\nu}qk_{d\nu}n_cI_c \tag{3-9}$$

单相单层绕组的磁动势表示式为

$$\begin{aligned}f&=F_{q1}\sin\omega t\sin x+F_{q3}\sin\omega t\sin 3x+F_{q5}\sin\omega t\sin 5x+\cdots\\&=0.9qn_cI_c\sin\omega t\left[k_{d1}\sin x+\frac{1}{3}k_{d3}\sin 3x+\frac{1}{5}k_{d5}\sin 5x+\cdots\right]\end{aligned} \tag{3-10}$$

式中，n_c 为绕组每个元件的匝数；qn_c 便是单相单层绕组每对极的匝数。

3. 单相双层绕组的磁动势

从产生磁场的观点来看，磁动势只取决于槽内导体电流的大小和方向，与元件的组成次序无关。所以双层绕组的磁动势可以看成是上层圈边产生的磁动势，即为一单层绕组产生的基波合成磁动势 $\boldsymbol{F}_{q1H}$ 和下层圈边所产生的基波合成磁动势 $\boldsymbol{F}_{q1L}$ 的和。图3-15a为图3-6a的A相槽电流分布情况，其上层磁动势 $\boldsymbol{F}_{q1H}$ 和下层磁动势 $\boldsymbol{F}_{q1L}$ 在空间同轴，如图3-15b所示，它们的合成基波磁动势 $\boldsymbol{F}_{p1}$ 便为上、下层磁动势的代数和。图3-15c表示了短距角为 β 时的短距绕组的A相槽电流分布。此时 $\boldsymbol{F}_{q1H}$ 与 $\boldsymbol{F}_{q1L}$ 相隔了 β 角，如图3-15d所示，其合成磁动势便是 $\boldsymbol{F}_{q1H}$ 与 $\boldsymbol{F}_{q1L}$ 的矢量和 $\boldsymbol{F}_{p1}$。可见由于采用短距，合成磁动势减小了，由代数和变成矢量和，减小的程度可引入绕组的**节距因数** k_p 来计算。基波节距因数 k_{p1} 的定义为

$$k_{p1}=\frac{F_{p1}}{2F_{q1}} \tag{3-11}$$

由图3-15f可见，层合成磁动势有相同的幅值 F_{q1}，但上下层的磁动势空间相隔 β 角，由矢量和得

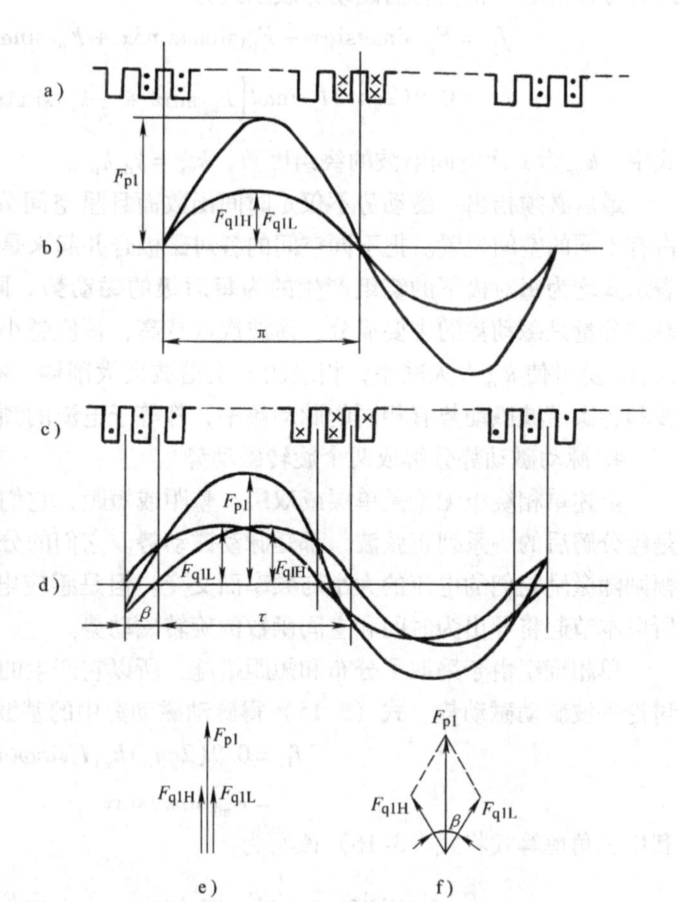

图3-15　双层绕组磁动势

a）整距绕组槽电流分析　b）整距绕组上、下层磁动势基波分量及其合成 F_{p1}　c）短距绕组槽电流分布　d）短距绕组上、下层基波磁动势及合成 F_{p1}　e）矢量图求整距时的 F_{p1}　f）矢量图求短距时的 F_{p1} 及 k_{p1}

合成磁动势为 $F_{p1}=2F_{q1}\cos\frac{\beta}{2}$，于是

$$k_{p1}=\frac{2F_{q1}\cos\beta/2}{2F_{q1}}=\cos\beta/2 \tag{3-12}$$

引入 k_{p1}后，双层绕组的合成磁动势为

$$\begin{aligned}F_{p1}&=2F_{q1}k_{p1}=0.9(2qn_c)k_{p1}k_{d1}I_c\\&=0.9(2qn_c)k_{w1}I_c\end{aligned} \tag{3-13}$$

式中，$2qn_c$ 为单相双层绕组每对极的匝数；k_{w1} 为磁动势的基波**绕组因数**，$k_{w1}=k_{p1}k_{d1}$。

同理，ν 次空间谐波的节距因数是

$$k_{p\nu}=\cos\frac{\nu\beta}{2} \tag{3-14}$$

最后可得双层单相绕组的磁动势表示式为

$$\begin{aligned}f_p&=F_{p1}\sin\omega t\sin x+F_{p3}\sin\omega t\sin3x+F_{p5}\sin\omega t\sin5x+\cdots\\&=0.9(2qn_c)I_c\sin\omega t\left[k_{w1}\sin x+\frac{1}{3}k_{w3}\sin3x+\frac{1}{5}k_{w5}\sin5x+\cdots\right]\end{aligned} \tag{3-15}$$

式中，$k_{w\nu}$为 ν 次空间谐波的绕组因数，$k_{w\nu}=k_{d\nu}k_{p\nu}$。

最后必须指出：磁动势不仅是时间函数而且呈空间分布，各对磁极分别有各自的磁路，占有不同的空间位置。把不同空间的各对磁极合并起来是没有物理意义的。所以上列磁动势表示式均为每对极下的绕组产生的为**每对极的磁动势**。同时由式（3-15）可知，磁动势的基波分量是磁动势的主要成分，谐波次数越高，幅值越小，并且采用分布绕组和适当的短距角β，更可使 $k_{w\nu}$大大减小，相应的 ν 次谐波大大削弱，有利于**改善磁动势的波形**。空间基波和各次谐波磁动势有相同的脉动频率，都等于电流的频率。

4. 脉动磁动势分解成两个旋转磁动势

上述单相绕组无论是单层或双层，整距或短距，它们所产生的无论是矩形波、级形波还是经分解后的一系列正弦波，都是脉动磁动势。它们的分布轴线在空间是固定不变的，其振幅则随激励它们的电流的大小与频率而交变。但是感应电机所需要的却是气隙旋转磁动势，所以本节起将导出为时间和空间函数的旋转磁动势。

单相绕组由于采取了分布和短距措施，所以它产生的磁动势中主要成分是基波。我们先讨论基波脉动磁动势。式（3-15）得脉动磁动势中的基波分量为

$$\begin{aligned}f_1&=0.9(2qn_c)k_{w1}I_c\sin\omega t\sin x\\&=F_{m1}\sin\omega t\sin x\end{aligned} \tag{3-16}$$

利用三角恒等式将式（3-16）改写为

$$F_{m1}\sin\omega t\sin x=\frac{1}{2}F_{m1}\cos(\omega t-x)+\frac{1}{2}F_{m1}\cos(\omega t+x-\pi) \tag{3-17}$$

式（3-17）左边即是一个空间正弦分布，振幅 F_{m1} 随时间 ωt 交变的脉动磁动势。图3-16a表示了该基波脉动磁动势f_1 在不同时间的波形图。

式（3-17）右边第一项为一在空间按正弦规律分布，幅值为$\frac{1}{2}F_{m1}$不变，但幅值位置总出现在 $\omega t-x=0$ 处，不同时间出现在不同空间位置的正弦波。例如当 $\omega t=0$ 时，幅值出现

在空间 $x=0$ 处；随着时间的推移，当 $\omega t=\pi/2$ 时，幅值出现在 $x=\pi/2$ 处，余类推，如图3-16b所示。可见该项磁动势具有旋转性质，由于旋转方向顺着 x 的正方向，故称它为**正向旋转磁动势 f_+**。

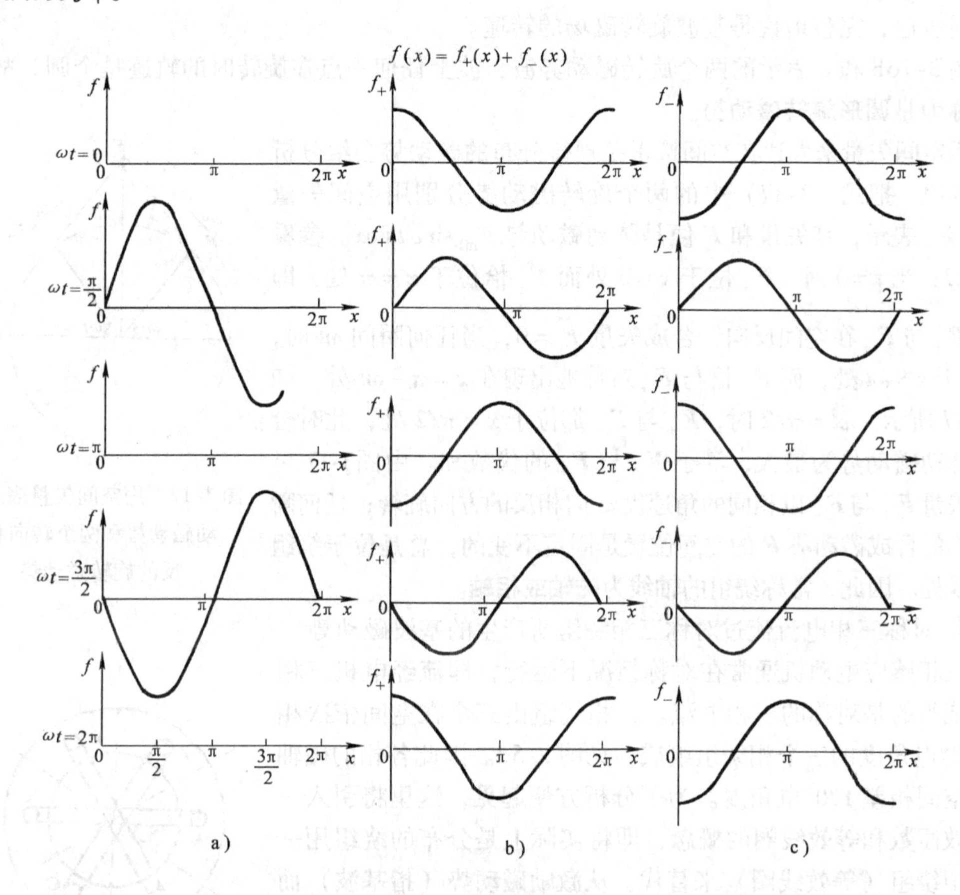

图3-16 脉动磁动势分解后旋转磁动势

（图中表示了不同时间的波形）

a）脉动磁动势波 f_1 b）正向旋转磁动势 f_+ c）反向旋转磁动势 f_-

同理，式（3-17）右边第二项也是一个旋转磁动势。它亦是在空间按正弦规律分布，幅值等于 $\frac{1}{2}F_{m1}$ 且保持不变，但其幅值总出现在 $(\omega t+x-\pi)=0$ 处。例如当 $\omega t=0$ 时，幅值出现在 $x=\pi$ 处；当 $\omega t=\pi/2$ 时，幅值出现在 $x=\pi/2$ 处，余类推，如图3-16c所示。由于其旋转方向逆着 x 的正方向，故称它为**反向旋转磁动势 f_-**。

这两个旋转磁动势的转速可由令 $(\omega t-x)$ 及 $(\omega t+x-\pi)$ 等于常数，微分一次后求得，两者的角速度（单位为电 rad/s）是相同的，但旋转方向相反，即

$$\frac{dx}{dt}=\pm\omega=\pm 2\pi f$$

或写成 $2\pi f/p$（单位为 rad/s）。

上式表示磁动势旋转的角速度与电流的角频率相等，即电流在时间上经过 θ 角的变化期间，磁动势恰在空间移过相等的 θ（电角度），可见**两者时空同步**。通常转速 n_s 以 r/s 或

r/min表示，即

$$n_s = \frac{f}{p}(\mathrm{r/s}) = \frac{60f}{p}(\mathrm{r/min}) \tag{3-18}$$

称为同步速，完整地说是基波旋转磁场的转速。

图3-16b和c表示的两个旋转磁动势波，波上任何一点在旋转时的轨迹是个圆，故它们亦被称为是**圆形旋转磁动势**。

用空间矢量来表达在空间按正弦规律分布的磁动势会给分析带来方便。把式（3-17）中的两个旋转磁动势分别用空间矢量 $\boldsymbol{F}_+$ 和 $\boldsymbol{F}_-$ 表示，其矢量和 $\boldsymbol{F}$ 便是脉动磁动势 $F_{m1}\sin\omega t\sin x$。参看图3-17，当 $t=0$ 时，$\boldsymbol{F}_+$ 位于 $x=0$ 处而 $\boldsymbol{F}_-$ 恰位于 $x=\pi$ 处，即矢量 $\boldsymbol{F}_+$ 与 $\boldsymbol{F}_-$ 在空间反向，合成矢量 $\dot{F}=0$；当任何瞬间 ωt 时，$\boldsymbol{F}_+$ 位于 $x=\omega t$ 处，而 $\boldsymbol{F}_-$ 恰与 $\boldsymbol{F}_+$ 对称地出现在 $x=\pi-\omega t$ 处，如图3-17所示。$\omega t=\pi/2$ 时，$\boldsymbol{F}_+$ 与 $\boldsymbol{F}_-$ 都位于 $x=\pi/2$ 处，此时合成的脉动磁动势为最大，等于 $\boldsymbol{F}_+$ 与 $\boldsymbol{F}_-$ 的代数和。由图3-17可见，矢量 $\boldsymbol{F}_+$ 与 $\boldsymbol{F}_-$ 以相同的角速度 ω 向相反的方向旋转；任何瞬间它们的合成磁动势 $\boldsymbol{F}$ 的空间位置是固定不变的，总是位于绕组的轴线处。因此，常称绕组的轴线为**磁轴或相轴**。

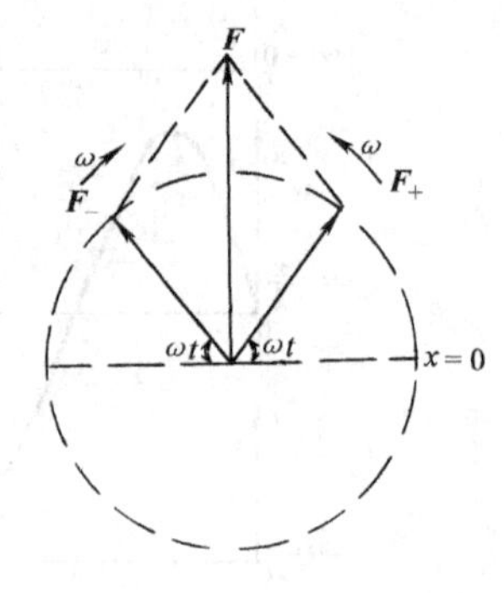

图3-17　用空间矢量表示脉动磁动势和两个转向相反的旋转磁动势

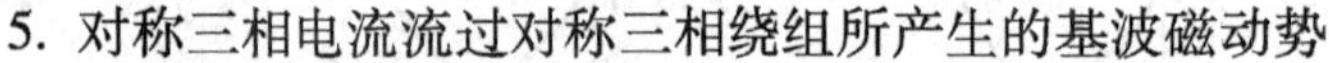

5. 对称三相电流流过对称三相绕组所产生的基波磁动势

三相感应电动机通常在对称情况下运行，即流经电机三相对称绕组的是对称的三相电流。三相绕组由三个在空间依次相隔120°电角度的三个相绕组组成，见图3-5d。因此各相的磁轴亦在空间相差120°电角度。为了分析方便起见，这里将引入一个有效匝数和等效线圈的概念，即将实际上是分布的绕组用一个集中绕组（等效线圈）来替代。从激励磁动势（指基波）而言，该集中绕组与实际分布绕组是等效的。

设定子绕组每相（串联）匝数为 N_1，则每对极每相匝数为 $N_1/p=2n_cq$，这里 n_c 仍为每绕组元件的匝数或每个圈边的导体数，$2n_c$ 便为双层绕组每槽导体数。每对极每相匝数乘上该分布绕组的绕组因数 k_{w1}，即 $\frac{N_1k_{w1}}{p}$ 便是等效线圈的匝数，称之为有效匝数。

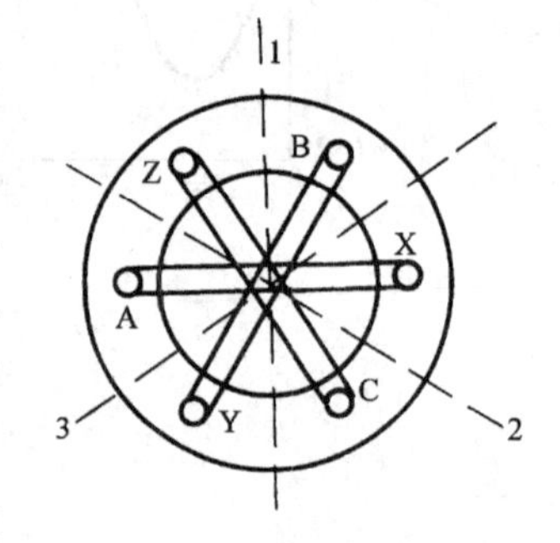

图3-18　三相等效线圈及它们的磁轴线

1—A相磁轴　2—B相磁轴

3—C相磁轴

图3-18表示了 $p=1$ 时，由等效线圈替代实际分布绕组的情况。设空间正方向是逆时针方向。当外施瞬时值为 i_a、i_b 和 i_c 的三相对称电流，则各相磁动势的基波分量分别为

$$\left.\begin{aligned} f_A &= \frac{1}{2}\times\frac{4}{\pi}\times\frac{N_1k_{w1}}{p}i_a\sin x \\ f_B &= \frac{1}{2}\times\frac{4}{\pi}\times\frac{N_1k_{w1}}{p}i_b\sin(x-120^\circ) \\ f_C &= \frac{1}{2}\times\frac{4}{\pi}\times\frac{N_1k_{w1}}{p}i_c\sin(x+120^\circ) \end{aligned}\right\} \tag{3-19}$$

三相对称电流为

$$i_a = \sqrt{2}I\sin\omega t$$

$$i_b = \sqrt{2}I\sin(\omega t - 120°)$$

$$i_c = \sqrt{2}I\sin(\omega t + 120°)$$

代入式（3-19），得

$$\left.\begin{aligned} f_A &= F_{m1}\sin\omega t\sin x \\ f_B &= F_{m1}\sin(\omega t - 120°)\sin(x - 120°) \\ f_C &= F_{m1}\sin(\omega t + 120°)\sin(x + 120°) \end{aligned}\right\} \quad (3\text{-}20)$$

式中，F_{m1}为每相脉动磁动势的幅值，$F_{m1} = \frac{1}{2}\times\frac{4}{\pi}\times\frac{N_1 k_{w1}}{p}\sqrt{2}I = 0.9\frac{N_1 k_{w1}}{p}I$。

利用三角恒等式将式（3-20）中三个脉动磁动势分解为6个旋转磁动势，得

$$\left.\begin{aligned} f_A &= \frac{1}{2}F_{m1}\cos(\omega t - x) - \frac{1}{2}F_{m1}\cos(\omega t + x) \\ f_B &= \frac{1}{2}F_{m1}\cos(\omega t - x) - \frac{1}{2}F_{m1}\cos(\omega t + x + 120°) \\ f_C &= \frac{1}{2}F_{m1}\cos(\omega t - x) - \frac{1}{2}F_{m1}\cos(\omega t + x - 120°) \end{aligned}\right\} \quad (3\text{-}21)$$

由式（3-21）可见，各相电流所产生的正向旋转磁动势在空间均为同相，所产生的反向旋转磁动势在空间各各相隔120°，所以在合成时，三个正向旋转磁动势适能直接相加，而三个反向旋转磁动势恰相抵消，于是三相对称电流产生的合成磁动势f为

$$f = f_A + f_B + f_C = \frac{3}{2}F_{m1}\cos(\omega t - x) \quad (3\text{-}22)$$

它是一正向旋转的圆形磁动势；它的幅值为每相脉动磁动势振幅的3/2倍；其转速为同步转速。所谓正方向旋转是指由带有超前电流的相转向带有滞后电流的相，如电流相序为A、B、C则正向旋转是指由A相转向B相，若电流相序反转为A、C、B则旋转方向亦反转，变为由B相转向A相；其极对数与绕组的极对数相同。

这个圆形旋转磁动势的幅值是不变的，但幅值的位置则随时间而变化，总出现在$\omega t - x = 0$，即$x = \omega t$处。由此可见，当某相电流为最大值时，合成磁动势的幅值恰好转到该相绕组的磁轴处。例如$\omega t = 90°$时，A相电流达到最大值，旋转磁动势的幅值恰转到$x = 90°$处，即A相的磁轴位置。

上述分析可由三相推广到m相系统，当m相对称电流流过m相对称绕组，即可产生一个圆形旋转磁动势，其幅值为每相脉动磁动势振幅的$m/2$倍，其转速（基波分量）仍为同步转速$n_s = \frac{60f}{p}$，其他的特性均与上述三相系统的旋转磁动势相同。

6. 不对称三相电流流过对称三相绕组所产生的基波磁动势

当感应电机工作在不对称运行方式时，其三相绕组将流通不对称的三相电流。这时采用第二章中已介绍过的对称分量法来分析最为方便。

设I_+为各相的正序电流的有效值，I_-为各相的负序电流的有效值，I_0为各相零序电流

的有效值；θ_+、θ_-、θ_0 分别为正序、负序、零序电流的初始相位角，即有

$$\left.\begin{aligned}i_A &= \sqrt{2}I_+\sin(\omega t+\theta_+)+\sqrt{2}I_-\sin(\omega t+\theta_-)\\&\quad+\sqrt{2}I_0\sin(\omega t+\theta_0)\\i_B &= \sqrt{2}I_+\sin(\omega t+\theta_+-120°)+\sqrt{2}I_-\sin(\omega t+\theta_-+120°)\\&\quad+\sqrt{2}I_0\sin(\omega t+\theta_0)\\i_C &= \sqrt{2}I_+\sin(\omega t+\theta_++120°)+\sqrt{2}I_-\sin(\omega t+\theta_--120°)\\&\quad+\sqrt{2}I_0\sin(\omega t+\theta_0)\end{aligned}\right\}\tag{3-23}$$

把式（3-23）代入式（3-19），将各相磁动势也分解为三个分量。下面将分别考虑各序电流所产生的基波磁动势分量。

当正序电流流过三相绕组时，如前所述将产生一个正序或正向旋转磁动势 $f_+=\frac{3}{2}F_{1+}\cos(\omega t+\theta_+-x)$。同理，负序电流将产生负序或反向旋转磁动势 $f_-=\frac{3}{2}F_{1-}\cos(\omega t+\theta_-+x)$。三相合成的零序磁动势为零，即**不存在零序合成磁动势**。因为三相的零序电流为同相位，它们产生的三相零序磁动势在空间相差120°电角度，适相抵消，不产生旋转磁动势。还须指出，若三相绕组为星形联结，各相零序电流为零，根本就不会有零序磁动势存在。

综上所述，不对称运行时，在气隙中存在两个旋转磁动势，即

$$\begin{aligned}f &= \frac{3}{2}F_{1+}\cos(\omega t+\theta_+-x)-\frac{3}{2}F_{1-}\cos(\omega t+\theta_-+x)\\&= F_+\cos(\omega t+\theta_+-x)-F_-\cos(\omega t+\theta_-+x)\end{aligned}\tag{3-24}$$

式中，$\boldsymbol{F}_+$、$\boldsymbol{F}_-$ 分别为正、负序旋转磁动势的幅值，$F_+=\frac{3}{2}F_{1+}$、$F_-=\frac{3}{2}F_{1-}$。

正序旋转磁动势和负序旋转磁动势在空间均按正弦规律分布。两者以同步转速向相反方向旋转，故可用空间旋转矢量表示。图3-19中因 $\boldsymbol{F}_+$ 表示正序旋转磁动势，$\boldsymbol{F}_-$ 表示负序旋转磁动势，它们各以同步角速度 ω 向相反方向旋转。$\boldsymbol{F}$ 为 $\boldsymbol{F}_+$ 和 $\boldsymbol{F}_-$ 的空间矢量和。虽然 $\boldsymbol{F}_+$ 和 $\boldsymbol{F}_-$ 的幅值是不变的（圆形旋转磁动势），但由图3-19可见 $\boldsymbol{F}$ 的幅值是变化的。下面将证明 $\boldsymbol{F}$ 的端点轨迹为一椭圆，因此称这个气隙合成磁动势为**椭圆形旋转磁动势**。

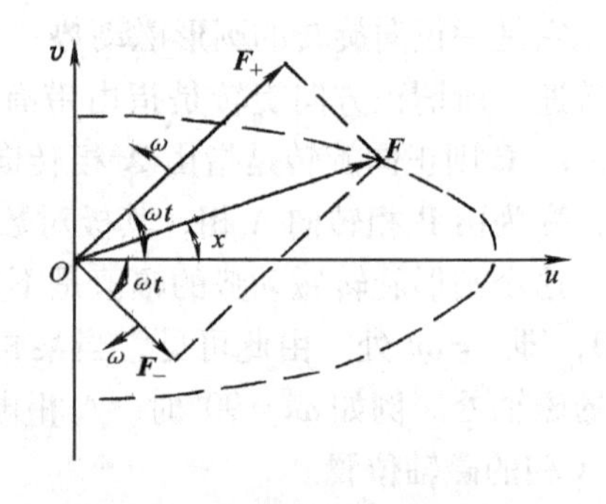

图3-19 有空间旋转矢量表示椭圆形旋转磁势

图3-19中我们已适当地选择 x 空间和时间 t 的参考点。$\boldsymbol{F}_+$ 与 $\boldsymbol{F}_-$ 反向旋转，总有两者相重合的瞬间，取这瞬间为 $t=0$。此瞬间 $\boldsymbol{F}_+$、$\boldsymbol{F}_-$ 所在的空间位置亦就是 $\boldsymbol{F}$ 的位置，设为参考轴，即 $x=0$。设 F 在 $t=0$ 时的轴线为横坐标 u，与它垂直的为纵坐标 v，如图3-19所示。由图可得任一瞬间 ωt 有

$$\left.\begin{aligned}u &= F_+\cos\omega t+F_-\cos\omega t=(F+F_-)\cos\omega t\\v &= F_+\sin\omega t-F_-\sin\omega t=(F_+-F_-)\sin\omega t\end{aligned}\right\}\tag{3-25}$$

将式（3-25）二次方后相加，经整理得

$$\frac{u^2}{(F_+ + F_-)^2} + \frac{v^2}{(F_+ - F_-)} = 1 \tag{3-26}$$

这是椭圆方程，F 的振幅为

$$F = \sqrt{u^2 + v^2} = \sqrt{F_+^2 + F_-^2 + 2F_+ F_- \cos 2\omega t} \tag{3-27}$$

图中 $\boldsymbol{F}$ 与横坐标 u 之间的空间位置角为 x，则有

$$\tan x = \frac{v}{u} = \frac{F_+ - F_-}{F_+ + F}\tan\omega t$$

所以

$$x = \arctan\left(\frac{F_+ - F_-}{F_+ + F_-}\tan\omega t\right)$$

对 x 微分一次便得

$$\frac{\mathrm{d}x}{\mathrm{d}t} = \omega\frac{F_+^2 - F_-^2}{F^2} \tag{3-28}$$

由式（3-28）可见，虽然 $\boldsymbol{F}_+$ 与 $\boldsymbol{F}_-$ 的转速都是同步转速，可合成磁势 $\boldsymbol{F}$ 的转速 $\mathrm{d}x/\mathrm{d}t$ 却是一个变数，与 $\boldsymbol{F}^2$ 成反比，而 $\boldsymbol{F}$ 本身又是个变数，故**椭圆形旋转磁动势的转速在一周内是不均匀的**，当 $\boldsymbol{F}$ 出现在 u 轴时，振幅最大，而转速最小；$\boldsymbol{F}$ 出现在 v 轴时，振幅最小，而转速最快。

值得注意的是式（3-24）表示的**椭圆形旋转旋磁动势是气隙磁动势最普遍的情况**，当 $\boldsymbol{F}_+$ 和 $\boldsymbol{F}_-$ 中任何一个为零时，式（3-24）便表示为圆形旋转磁动势；当 $F_+ = F_-$ 时，气隙磁动势便为一脉动磁动势。

7. 磁动势的空间谐波分量

气隙中的磁动势实际上是级形波，即除了空间基波分量外，还存在空间谐波，据傅里叶级数分析知谐波中只有奇次分量。本节将讨论对称三相电流流过对称三相绕组所产生磁动势中的各次空间谐波的性质。

由式（3-3）可推得

$$\left.\begin{aligned}
f_{\mathrm{A}} &= F_{\mathrm{m1}}\sin\omega t\sin x + F_{\mathrm{m3}}\sin\omega t\sin 3x + F_{\mathrm{m5}}\sin\omega t\sin 5x \\
&\quad + F_{\mathrm{m7}}\sin\omega t\sin 7x + \cdots \\
f_{\mathrm{B}} &= F_{\mathrm{m1}}\sin(\omega t - 120°)\sin(x - 120°) + F_{\mathrm{m3}}\sin(\omega t - 120°)\sin 3(x - 120°) \\
&\quad + F_{\mathrm{m5}}\sin(\omega t - 120°)\sin 5(x - 120°) \\
&\quad + F_{\mathrm{m7}}\sin(\omega t - 120°)\sin 7(x - 120°) + \cdots \\
f_{\mathrm{C}} &= F_{\mathrm{m1}}\sin(\omega t + 120°)\sin(x + 120°) + F_{\mathrm{m3}}\sin(\omega t + 120°)\sin 3(x + 120°) \\
&\quad + F_{\mathrm{m5}}\sin(\omega t + 120°)\sin 5(x + 120°) \\
&\quad + F_{\mathrm{m7}}\sin(\omega t + 120°)\sin 7(x + 120°) + \cdots
\end{aligned}\right\} \tag{3-29}$$

将式（3-29）中次数相同的各次谐波逐项合成，可得

$$\begin{aligned}
f &= f_{\mathrm{A}} + f_{\mathrm{B}} + f_{\mathrm{C}} \\
&= \frac{3}{2}F_{\mathrm{m1}}\cos(\omega t - x) - \frac{3}{2}F_{\mathrm{m5}}\cos(\omega t + 5x) \\
&\quad + \frac{3}{2}F_{\mathrm{m7}}\cos(\omega t - 7x) + \cdots
\end{aligned} \tag{3-30}$$

由式（3-30）可见：基波分量合成正向旋转磁动势；3次谐波适相抵消，合成为零不存在合成磁动势；5次谐波合成反向旋转磁动势；7次谐波合成正向旋转磁动势，均为圆形旋转磁动势。

推而广之，其中3次谐波及3的倍数的奇次分量，例如$\nu=3$，9，15，…等，只存在相磁动势，但三相的合成磁动势为零。其中$\nu=6k-1$，k为整数，即$\nu=5$，11，17，…等次谐波的气隙合成磁动势为反向旋转磁动势。其中$\nu=6k+1$，即$\nu=7$，13，19，…等次谐波的气隙合成磁动势为正向旋转磁动势。

按推导式（3-18）的同样方法，可得ν次谐波合成旋转磁动势的转速为

$$n_{\nu}=\frac{60f}{p_{\nu}}=\frac{60f}{\nu p}=\frac{n_{s}}{\nu} \tag{3-31}$$

式中，$p_{\nu}=\nu p$为ν次空间谐波的极对数。

实际上电机气隙中存在着多个旋转磁动势，我们可以利用叠加原理分别考虑各个磁动势对电机的影响，这样就可获得三相对称电流流过三相对称绕组所产生的总的影响。但由于空间谐波磁动势的次数越高，其幅值越小，其作用也越小，因此，一般只需考虑其中一些次数较低的谐波，较高次数的谐波的影响可以忽略不计。实际上采用适当的短距和分布绕组，利用绕组因数$k_{w\nu}$来削作甚至消除某些影响大的谐波分量，亦就改善气隙磁动势的波形。

二、感应电动机与变压器的比较

通过上面的讨论了解了气隙磁动势的基本特性，下面将对感应电动机和变压器作一比较，并应用分析变压器的方法来分析感应电动机。

感应电动机和变压器的异同：

当三相变压器接到三相电源，在一次绕组中流通三相对称电流，激励一次绕组产生脉动的磁通Φ_1，其中的主磁通Φ同时匝链一、二次绕组，并在绕组中分别感应电动势E_1和E_2。若二次绕组接有负载，将有电流I_2在二次回路中流通并输出电功率。该电功率是藉磁动势平衡关系，由一次侧感应到二次侧的。一、二次绕组间没有电的连接。

当感应电动机定子接通三相电源，就有三相对称电流在定子三相对称绕组中流通，并激励产生气隙旋转磁动势。这里先考虑气隙基波分量。该基波旋转磁动势与所产生的旋转磁场有同样的波形，因为感应电动机的气隙是均匀的。这个旋转磁场同时匝链定子和转子的对称三相绕组（暂先以绕线转子感应电动机为讨论对象，笼型转子容后再分析），并在它们中感应电动势。定子犹如变压器的一次侧，转子犹如二次侧，感应电动机转子为短接绕组，于是便有三相对称对流I_2在转子绕组中流通，I_2和气隙磁场作用将产生电磁转矩使转子以某个转速n旋转，并输出机械功率。转子所获得的电功率也是通过定、转子间的磁动势平衡关系感应过来的。定子与转子之间设有电的连接。

以上为感应电动机和变压器的基本工作情况，亦即它们的共同点，但它们之间尚有下列不同点。

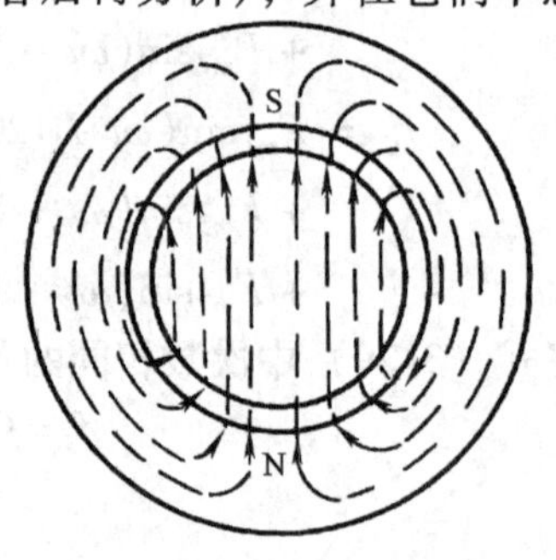

图3-20　感应电动机主磁通的磁路

差异之一：磁路　变压器的磁路是在铁心中闭合的，感应电动机的主磁路却两次穿过空气隙，如图3-20所示。所以

感应电动机的主磁路磁阻及激励同样的磁场所需的励磁电流都较变压器为大。

差异之二：绕组 变压器的一、二次绕组均为集中绕组，感应电动机定、转子均为分布绕组。

差异之三：磁场 变压器铁心中是随时间按正弦律变化的脉动磁场，感应电动机的定子磁场、转子磁场和气隙中的合成磁场均为旋转磁场。

差异之四：转子 变压器中没有旋转体，绕组、铁心均是静止体，感应电动机定子不动，但转子是个以转速 n 旋转的旋转体。

分析一下上列4个差异：其一，磁路磁阻大小不影响变压器的基本电磁关系，亦不会改变变压器基本方程式的写法，只是磁阻大，导致励磁电流大，对性能稍带来些不良影响而已；其二，分布绕组可用匝数为有效匝数的等效集中绕组来替代，只需在变压器有关的方程式中引入一个绕组因数 k_w，不需对变压器的基本方程式作其他更改；其三，从绕组中感应电动势来看，由频率为 f 交变的脉动磁场和由频率为 f 的三相电流激励的以同步速旋转的旋转磁场，若两者有相同的幅值 Φ_m，则它们在绕组中感应的电动势是相同的。图3-21a表示脉动磁场 Φ_p 在一个周期内，等效绕组匝链的磁通变化量 $d\Phi_p$ 的情况。图3-21b 表示旋转磁场 Φ_R 一对极掠过等效绕组期间，磁通变化量 $d\Phi_R$ 的情况，当两者 Φ_m 相同时，$d\Phi_p = d\Phi_R$。又因为图3-21a 和 b 所占的时间均为 $1/f$。证明了两者在等效绕组中感应的电动势是一样的。故而它们的基本方程不因磁场不同而不同；其四，感应电动机转子（二次侧）以转速 n 旋转，旋转磁场以同步速 n_s 旋转，两者同转向，所以磁场对转子的相对转速是 $n_s - n$，称为转差速率，如用同步转速的相对值或百分值来表示则有

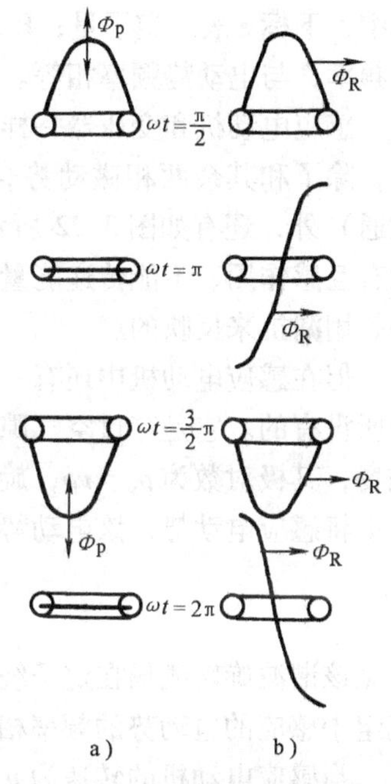

图3-21 脉动磁场 Φ_p 旋转磁场 Φ_R 对定子等效绕组的匝链情况

$$\frac{n_s - n}{n_s} = s \tag{3-32}$$

式中，s 称为**转差率**，是感应电机一个十分重要的参数，后文将分析它不仅决定了感应电机的运行方式，亦反映感应电机的工作性能。

旋转磁场以转差速率 sn_s 掠过转子绕组，所以转子绕组中的感应电动势的大小及频率都是随 s 而变化的数值，这在变压器中是不存在的。

至此，可见虽存在上面前三个差异，但仍可将感应电机当作变压器来分析。唯最后一个差异需要有特殊的处理方法才能套用变压器分析方法。下面暂且不考虑最后一个差异，就可很方便地应用变压器的分析方法于感应电机。

三、转子卡住不动时的绕线转子感应电动机

这就是暂不考虑上述第四个差异。以有效匝数为 $k_w N_\phi$ 的等效绕组来代替定子实际的绕组。这里 N_ϕ 为每相绕组的串联匝数，电动势仅是时间的函数，不同极对下的绕组的电动势可以相加，且一般情况下不同极对下对应相绕组的电动势在时间上同相位，可以直接代数相加。因此，在求每相绕组电动势时，就用每相匝数 N_ϕ 而不像在磁动势表示式中要用每对极

每相匝数 $N_{p\phi}$。

当定子三相三个等效绕组接上三相对称电源，在气隙中便产生基波和谐波旋转磁场。这里先讨论基波旋转磁场。它掠过定、转子等效绕组将分别感应产生感应电动势。如前所述，感应电动势表示式除了多了一个绕组因数外，与变压器的一、二次绕组电动势有相同形式，参考式（2-8）可得

$$\left.\begin{aligned}&\text{定子绕组每相电动势}\quad E_s=4.44fk_{ws}N_{\phi s}\varPhi_m\\&\text{转子绕组每相电动势}\quad E_R=4.44fk_{wR}N_{\phi R}\varPhi_m\end{aligned}\right\}\tag{3-33}$$

式中，下标 s 表示定子量；R 表示转子量；ϕ 表示每相值；$\varPhi_m$ 为母极磁场的幅值；f 为电源的频率，与电动势频率相等。

感应电动机和变压器一样，定子每相磁动势产生的磁通中，除了和其余两相磁动势合成穿过气隙的旋转磁场（主磁通）外，还有如图3-22所示的仅匝链定子绕组、与转子没有互感作用、不能传递能量的漏磁通。这些漏磁通的影响都是用漏抗来反映的。

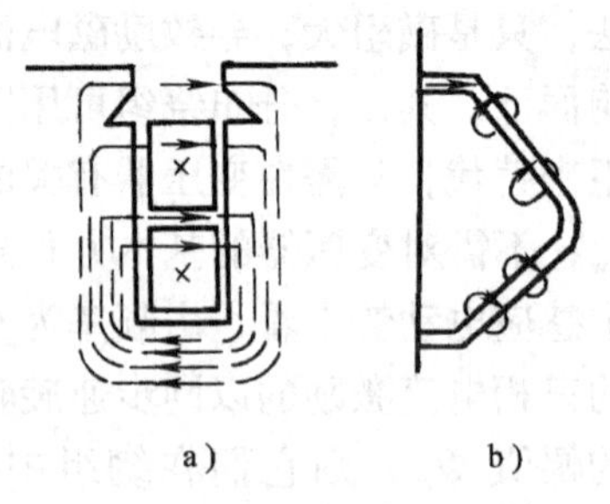

图3-22　定子绕组的漏磁通
a）槽漏磁通　b）端部漏磁通

但在感应电动机中还有一种空间谐波旋转磁场是变压器中所没有的。它是穿过空气隙和转子电路间存在互感作用的磁场，其极对数为 $p_\nu=\nu p$，旋转速度 $n_\nu=n_s/\nu$，它在定子绕组中将感应电动势，该电动势的频率为

$$f_{s\nu}=\frac{p_\nu n_\nu}{60}=f_1\tag{3-34}$$

可见该谐波旋转磁场在定子绕组中感应出的电动势亦具有基波频率，与基波旋转磁场在定子绕组中感应的电动势的频率相同。

当感应电动机的转速为 n，基波旋转磁场与谐波旋转磁场在转子绕组中感应的电动势频率分别为

$$f_{R1}=\frac{p(n_s-n)}{60}=sf_1\tag{3-35}$$

和

$$f_{R\nu}=\frac{\nu p\left(\dfrac{n_s}{\nu}-n\right)}{60}\tag{3-36}$$

可见二者是不等的。

鉴于空间谐波旋转磁场的上述特点，通常把全部高次空间谐波磁通归并到定子漏磁通，它们的影响将由定子漏抗、漏磁电动势来反映，并称它们为定子**谐波漏磁通或差漏磁通**。

同样，对于转子除了槽漏磁通、端部漏磁通外，也包含有转子谐波漏磁通。

至此，就可以把变压器的分析方法应用到感应电动机，感应电动机的定子绕组相当于变压器的一次绕组，转子绕组相当于二次绕组。由于感应电动机转子电路是短路的，因此，转子不动时的感应电动机的电压方程式与变压器二次短路时的电路方程式完全相似。这里仍以下标“1”和“2”区别定子和转子的各物理量。感应电动机各相电路示意图如图3-23所示。图中符号的含义与变压器中相同。由图3-23可写出相电压方程。同变压器一样，通过磁动势平衡关系；将电动势、电流、阻抗进行归算（注意在归算中要引入相数 m_1、m_2 及绕

组因数 k_{w1}、k_{w2}，即以 $k_{w1}N_1$ 代替 N_1；$k_{w2}N_2$ 代替 N_2）。便可写出同变压器基本方式（2-42）与式（2-43）一样的感应电动机的基本方程式，如式（3-37）所示。

$$\left.\begin{aligned}\dot{U}_1 &= -\dot{E}_1 + \dot{I}_1(r_1 + jx_{1\sigma})\\ 0 &= \dot{E}_2' - \dot{I}_2'(r_2' + jx_{2\sigma}')\\ \dot{I}_1 &= \dot{I}_m + (-\dot{I}_2') = \dot{I}_m' + \dot{I}_{1L}'\\ \dot{E}_1 &= \dot{E}_2'\\ -\dot{E}_1 &= \dot{I}_m Z_m = \dot{I}_m(r_m + jx_m)\end{aligned}\right\} \tag{3-37}$$

式中，$\dot{I}_m$ 为励磁电流；$\dot{I}_{1L}$ 为定子电流中的负载分量；Z_m 为励磁阻抗，$Z_m = r_m + jx_m$；r_m 为反映铁耗的等效励磁电阻；x_m 为对应于主磁通的励磁电抗。

经过归算的基本方程式可藉以画出等效电路，图 3-24 即为转子不动时感应电动机的 T 形等效电路。

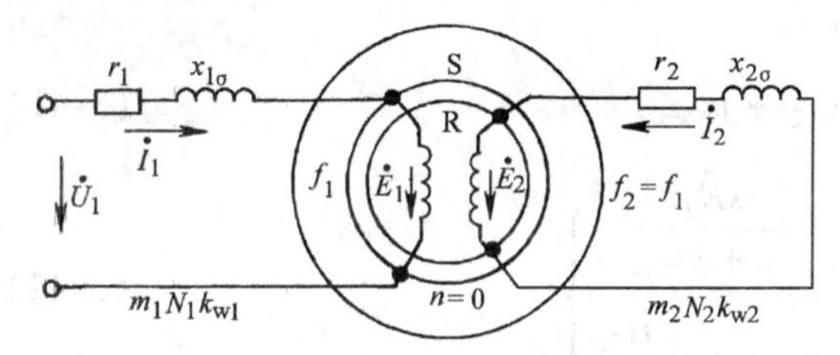

图 3-23　转子不动时感应电动机相电路示意图

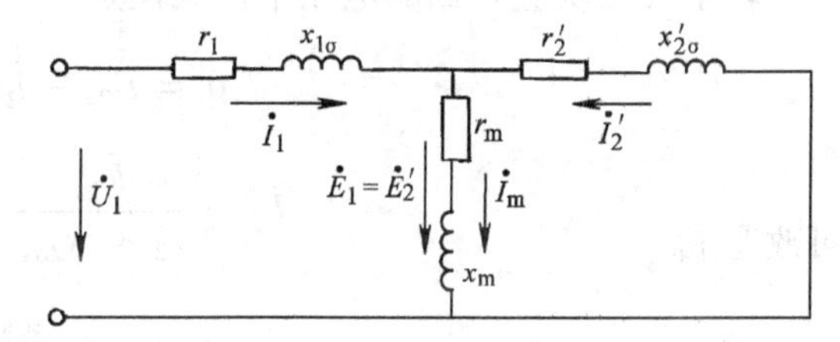

图 3-24　转子不动时感应电动机的 T 形等效电路

四、转子转动后的绕线转子感应电动机

实际上，感应电动机正常运行时，转子是以转速 n（单位为 r/min）在旋转着。因此，如再要应用变压器的分析方法于感应电动机，必须处理好上述第四个差异。

不论转子是否旋转，定子电动势、电流的频率总是电源的频率 f_1，它们产生的气隙旋转磁场的转速总是同步转速 n_s。转子转动后，气隙旋转磁场与转子的相对速度为 $n_s - n$，所以转子绕组电动势和电流的频率为

$$f_2 = p\frac{n_s - n}{60} = \frac{n_s - n}{n_s}p\frac{n_s}{60} = sf_1 \tag{3-38}$$

气隙旋转磁场在绕线转子的短路三相绕组中感应产生的三相对称电动势和电流亦将激励圆形旋转磁场，这个转子旋转磁场对转子本身的转速为 $60f_2/p = sn_s$。又因转子自身以转速 n 旋转，故转子旋转磁场相对于定子的转速为

$$sn_1 + n = n_s \tag{3-39}$$

由此可见，不论转子旋转与否，不论转子的转速如何，由转子电流所产生的旋转磁动势总和由定子电流所产生的旋转磁动势以同方向相同的转速旋转。也就是说，**转子磁动势与定子磁动势之间没有相对运动，是相对静止的**。从磁动势平衡角度看，无论转子转动与否，感应电动机定、转子之间，相当于变压器一、二次侧之间藉以传递能量的磁动势平衡关系始终同样存在，应用变压器的分析方法于感应电动机的基本依据始终存在。

但是，由于定、转子频率不同，不能简单地将定、转子电路连成等效电路。为了获得等

效电路，不仅要进行转子（二次侧）绕组归算到定子（一次侧）绕组的绕组归算，而且要进行转子频率归算到定子频率的**频率归算**。

所谓频率归算，就是寻找一个与定子电路有相同频率的等效转子电路。根据电磁感应基本原理知道，转子静止不动时，定、转子电路才具有相同的频率，故等效转子电路应该是静止不动的。但这等效转子电路应能保证定子电流的大小及相位以及输入、输出功率和各种损耗不受影响，保持不变。只要保持频率归算后，亦就是等效转子电路的转子电流的大小和相位不变，就可实现上述目的。

频率归算的具体方法如下：

转子转动后，转子频率为转速函数 $f_2=sf_1$，它直接决定转子绕组的电动势及漏抗，令 E_{2s}、$x_{2\sigma s}$分别表示转动后转子电动势及漏抗，则

$$\left.\begin{aligned}E_{2s}&=4.44f_2k_{w2}N_2\Phi_m=4.44f_1s\,k_{w2}N_2\Phi_m=sE_2\\x_{2\sigma s}&=2\pi f_2L_{\sigma2}=2\pi sf_1L_{\sigma2}=sx_{2\sigma}\end{aligned}\right\}\tag{3-40}$$

式中，E_2、$x_{2\sigma}$分别为转子不动时的转子每相电动势和漏抗；$L_{\sigma2}$为转子每相漏电感。

转子（二次侧）回路电压平衡式便是

$$0=\dot{E}_{2s}-\dot{I}_2(r_2+jx_{2\sigma s})\tag{3-41}$$

可改写成

$$\left.\begin{aligned}\dot{I}_2&=\frac{\dot{E}_{2s}}{r_2+jx_{2\sigma s}}=\frac{s\dot{E}_2}{r_2+jx_{2\sigma s}}\\\theta_2&=\arctan\frac{x_{2\sigma s}}{r_2}=\arctan\frac{sx_{2\sigma}}{r_2}\end{aligned}\right\}\tag{3-42}$$

式中，θ_2 为转子电流的相位角。

将式（3-42）分子、分母均除以转差率 s，则

$$\left.\begin{aligned}\dot{I}_2&=\frac{\dot{E}_2}{\dfrac{r_2}{s}+jx_{2\sigma}}=\frac{\dot{E}_2}{\left(r_2+r_2\dfrac{1-s}{s}\right)+jx_{2\sigma}}\\\theta_2&=\arctan\frac{x_{2\sigma}}{\dfrac{r_2}{s}}=\arctan\frac{sx_{2\sigma}}{r_2}\end{aligned}\right\}\tag{3-43}$$

从式（3-42）到式（3-43），只是在保持 I_2 与 θ_2 不变的条件下进行了一个简单的数学变换，但却带来了不同的物理意义和对感应电动机进行分析的简单有效的方法。

式（3-42）表示转子转动时的实际情形，转子电动势为 E_{2s}，转子频率为 f_2，转子转速为 n，转轴上输出机械功率，如图 3-25a 所示。

式（3-43）表示频率归算后的情形，转子电动势为 E_2，转子频率为 f_1，转子不动 $n=0$，转轴不输出机械功率，如图 3-25b 所示。

仔细观察图 3-25，图 3-25a 与 b 中转子电流大小相位均相同，对定子来说两个转子电路是等效的，由定子通过磁动势平衡传递到转子的功率是相同的，图 3-25a 中定子传递到转子的功率可分为两部分：一部分是消耗在 r_2 上的转子铜耗；另一部分是由旋转转轴输出的机械功率。图 3-25b 中定子传递到转子的功率亦可分为两部分：一部分同样是消耗在 r_2 上的

转子铜耗；另一部分为 $I_2^2 r_2 \frac{1-s}{s}$ 形式亦是铜耗，但实际转动的电动机中并无此项电阻。通过对比可见消耗在该电阻 $r_2 \frac{1-s}{s}$ 上的电功率相当于图 3-25a 中转轴上输出的机械功率，故称电阻 $r_2 \frac{1-s}{s}$ 为**模拟电阻**。利用它可间接地求出感应电机输出的机械功率。

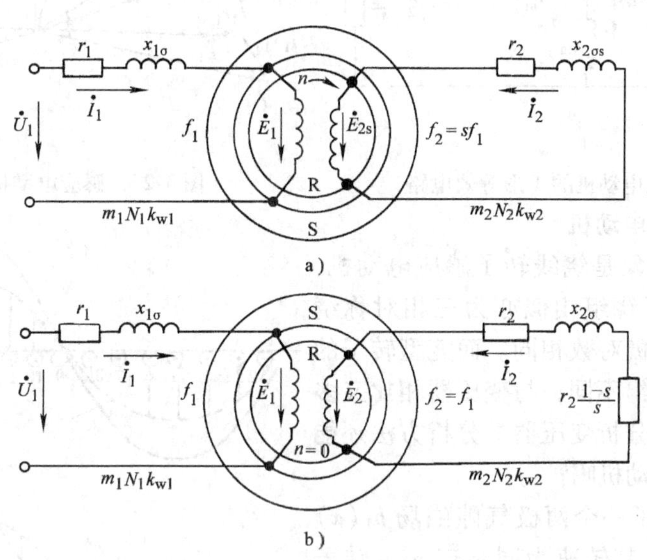

图 3-25 转子转动后感应电动机定、转子电路图

a）转子转动时 b）频率归算后转子不动时

需要指出，图 3-25 中的电路是按每相画出的，故所求得机械功率为每相值，感应电动机的输出机械功率应乘以相数 $m_1=3$。

五、感应电动机的基本方程式和等效电路

经频率归算后的转子，还应进行绕组归算，即将转子参数归算到定子。归算后的基本方程式如下：

$$
\left.\begin{aligned}
\dot{U}_1 &= -\dot{E}_1 + \dot{I}_1(r_1 + \mathrm{j}x_{1\sigma}) \\
0 &= \dot{E}_2' - \dot{I}_2'\left(\frac{r_2'}{s} + \mathrm{j}x_{2\sigma}'\right) \\
\dot{I}_1 &= \dot{I}_\mathrm{m} + (-\dot{I}_2') \\
\dot{E}_1 &= \dot{E}_2' \\
-\dot{E}_1 &= \dot{I}_\mathrm{m} Z_\mathrm{m} = \dot{I}_\mathrm{m}(r_\mathrm{m} + \mathrm{j}x_\mathrm{m})
\end{aligned}\right\} \qquad (3\text{-}44)
$$

按照基本方程式可画出感应电动机的 T 形等效电路如图 3-26 所示。它和变压器接有纯电阻负载时的等效电路相似，所接纯电阻即为模拟电阻，在模拟电阻消耗的电功率等于感应电动机输出的机械功率。利用该等效电路便可计算感应电动机的各种性能。

相量图是基本方程的一种图解表示法，但一些参量间的关系在相量图中更为清晰。其画法与接纯电阻负载的变压器的相量图的画法相同。模拟电阻上的电压降相当于变压器的二次

电压，如图3-27所示。

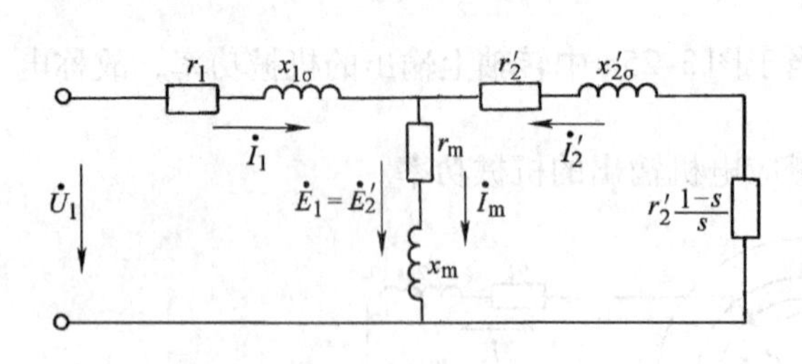

图3-26 感应电动机的T形等效电路

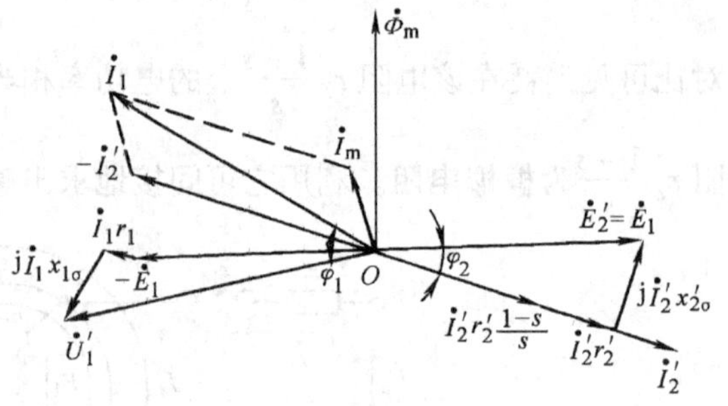

图3-27 感应电动机的相量图

六、笼型感应电动机

上面分析的对象是绕线转子感应电动机，其转子绕组与定子绕组相似亦为三相对称绕组，两者的相数、极对数相同。而笼型转子的转子绕组与定子绕组不同，与变压器相比又多了一个差异。本节分析变压器的分析方法还能应用于笼型感应电动机吗？

图3-28表示了一个两极气隙磁场 $b_1(x)$（如图中曲线1），其转速为同步速 n_s，转子以转速 n 同向旋转，则磁场以 n_s-n 的速率掠过转子导条。每根导条将感应有电动势，因为 $e=BLv$，电动势瞬时值正比于该瞬间导条所掠过的磁通密度 B，所以导条电动势瞬时值的分布情况 $e_2(x)$ 如图3-28a中的虚线波形2。导条由端环短接，e_2 将产生转子电流 i_2，由于导条和端环有电阻和漏抗。所以 i_2 将在时间上滞后 e_2 一个阻抗角 φ_2。由于 $b_1(x)$ 以同步速旋转且具有时间和空间同步的特性，电流时间上滞后 φ_2（电角度），磁场恰在空间移过 φ_2（电角度），如图3-28b所示，图中点画线3表示导条内电流瞬时值的空间分布情况 $i_2(x)$。导条电流产生的磁动势空间分布波如图3-28c中的曲线4所示，可见笼型转子绕组所产生的磁动势的极数与在空间的转速均与气隙磁动势 $b_1(x)$ 一致。转子对定子的影响是通过转子磁场、磁动势平衡来实现的，笼型转子对定子的影响与绕线转子相同。上述**变压器的分析方法不仅适用于绕线转子电动机，同样适用于笼型感应电动机。**

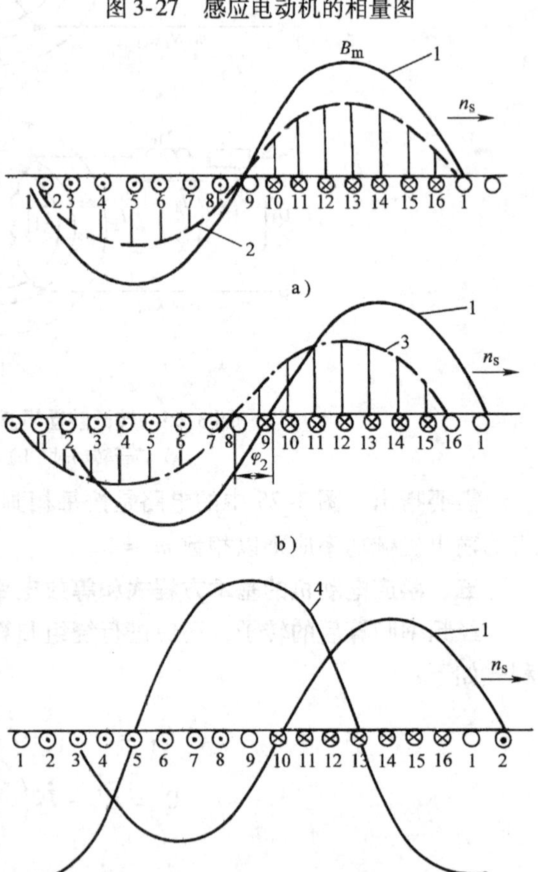

图3-28 笼型转子导条中的感应电动势、电流的空间分布情况及转子磁动势波

a）导条中电动势分布 $e_2(x)$ b）导条中电流分布 $i_2(x)$ c）转子磁动势波 $f_2(x)$

1—定子产生的气隙磁场 $b_1(x)$ 2—导条电动势分布 $e_2(x)$ 3—导条电流分布 $i_2(x)$ 4—转子磁动势波

七、感应电动机等效电路参数的测定

和变压器相似，亦可通过两个基本试验来测定。

空载试验：定子外施电压可调节的三相电源，转轴上不带机械负载。此时转速 $n \approx n_1$ 接近同步速，亦即 $s \approx 0$。在图 3-26 中代入 $s=0$ 即得感应电动机的理想空载等效电路，如图 3-29a所示。与变压器不同，空载时输入功率 P_{10} 中除了消耗在定子电阻的铜耗 p_{Cu1} 和消耗在铁心的铁心损耗外 p_{Fe}，还有因转子旋转而消耗的机械损耗 p_{mech}，因此通过空载试验除了和变压器一样**可以找到励磁支路参数 r_{m}、x_{m} 外，还可找出 p_{mech}**。

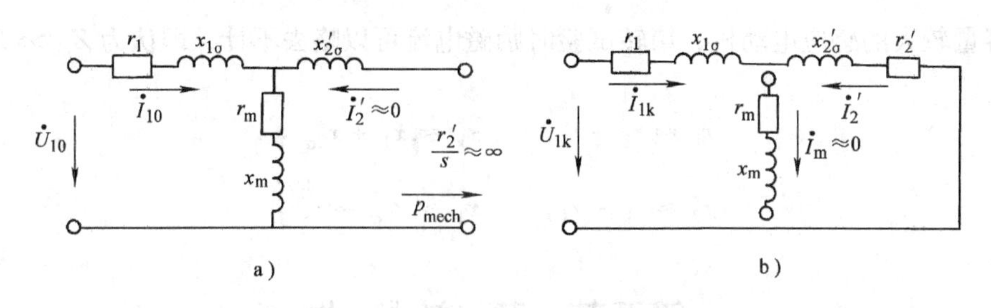

图 3-29　感应电动机空载和堵转等效电路
a) 空载时的等效电路　b) 堵转时的等效电路

空载试验的具体做法与变压器的空载试验相似，调节外施三相对称电压，自 1.2 ~ 1.3U_{N} 逐步下降到 30% U_{N} 左右（应保持感应电动机转速仍近似等于同步速）。每次记录输入的电压、电流和功率。令 U_{10}、I_{10} 为定子相电压和相电流，P_{10} 为三相功率，于是有

$$P_{10} = p_{\mathrm{Cu1}} + p_{\mathrm{Fe}} + p_{\mathrm{mech}} \tag{3-45}$$

已知 $p_{\mathrm{Fe}} \propto B^2 \propto E_1^2 \propto U_1^2$；$p_{\mathrm{mech}} \propto n$，改写式（3-45）为

$$P_{10} - p_{\mathrm{Cu1}} = p_{\mathrm{Fe}} + p_{\mathrm{mech}} \tag{3-46}$$

画曲线 $p_{\mathrm{Fe}} + p_{\mathrm{mech}} = f(U_{10}^2)$ 如图 3-30 所示。延长该曲线使交纵坐标于点 A，该点 $U_{10}=0$，p_{Fe} 不再存在，所以 $\overline{OA}$ 段便是机械损耗 p_{mech}。图中 $p_{\mathrm{Cu1}} = 3I_{10}^2 r_1$，定子绕组每相电阻 r_1 可用电桥或欧姆法测出。B 点电压为 $U_{1\mathrm{N}}^2$，于是便找出正常工作时的 p_{Fe}。

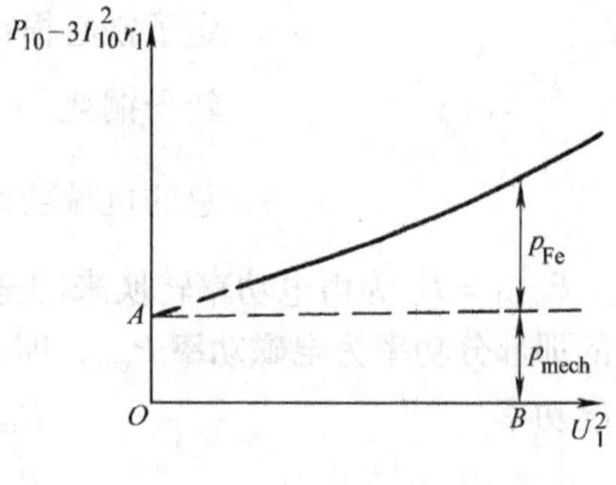

图 3-30　分离铁心损耗和机械损耗

励磁支路参数为

$$\left.\begin{aligned} r_{\mathrm{m}} &= \frac{p_{\mathrm{Fe}}}{3I_{10}^2} \\ |Z_0| &= \frac{U_{10}}{I_{10}} \\ x_0 &= \sqrt{|Z_0|^2 - r_0^2} = x_1 + x_{\mathrm{m}} \end{aligned}\right\} \tag{3-47}$$

式中，定子每相漏抗 x_1 将由下述堵转试验求得。

堵转试验：所谓堵转是将感应机转子卡住不让转动，即有 $s=1$。由图 3-26 中代入 $s=1$ 得堵转时的感应电动机等效电路图如图 3-29b 所示。试验具体做法与变压器短路试验相同，可藉以求得感应电动机的漏阻抗 Z_{k}、r_{k} 和 x_{k}，即

$$\left.\begin{aligned}|Z_k| &= \frac{U_{1k}}{I_{1k}}\\ r_k &= \frac{P_{1k}}{3I_{1k}^2}\\ x_k &= \sqrt{|Z_k|^2 - r_k^2}\end{aligned}\right\} \tag{3-48}$$

式中，U_{1k}为使堵转时定子电流I_{1k}为额定时的外施相电压；P_{1k}为该情况下定子输入的三相总功率。

对容量较大的感应电动机，堵转试验时励磁电流可以略去不计，即认为$Z_m >> Z_2$，则近似认为

$$\left.\begin{aligned}r_k &\approx r_1 + r_2', \qquad x_k \approx x_1 + x_{2\sigma}'\\ r_2' &\approx r_k - r_1, \qquad x_1 \approx x_{2\sigma}' \approx \frac{x_k}{2}\end{aligned}\right\} \tag{3-49}$$

第五节　基 本 特 性

第四节中已求得感应电动机的等效电路及电路的参数，本节讨论感应电动机的基本特性只是按要求去求解等效电路而已。

一、功率关系

一切电机运行时都必须遵守能量守恒法则，输入功率必然等于输出功率与各种损耗之和。

由等效电路可算得各项功率和损耗：

$$\left.\begin{aligned}&\text{输入功率} && P_1 = mU_1I_1\cos\varphi_1\\ &\text{定子铜耗} && p_{Cu1} = mI_1^2r_1\\ &\text{定子铁心损耗} && p_{Fe} = mI_m^2r_m\\ &\text{转子铜耗} && p_{Cu2} = mI_2'^2r_2'\\ &\text{总的机械功率} && P_{mech} = P_i = mI_2'^2r_2'\frac{1-s}{s}\end{aligned}\right\} \tag{3-50}$$

$P_{mech} = P_i$为由电功率转换来的全部机械功率，亦称它为**内功率**。又称由定子传递到转子的那部分功率为**电磁功率**P_{em}，即有

$$\left.\begin{aligned}&\text{电磁功率} && P_{em} = P_1 - p_{Cu1} - p_{Fe}\\ &\text{及} && P_i = P_{em} - p_{Cu2}\end{aligned}\right\} \tag{3-51}$$

因为感应电动机正常工作时，转速接近同步速，转差率s甚小，转子铁心磁场的频率只为2～3Hz，所以转子铁耗可忽略不计，电磁功率只需扣除转子铜耗便得内功率。

内功率尚不能全部输出，还应扣除转子旋转引起的摩擦损耗、风阻损耗即统称为机械损耗的p_{mech}，以及由高次谐波、基波漏磁通等在导电体导磁体中引起的铁耗和铜耗，统称为附加损耗p_{ad}，才是转轴输出的机械功率P_2，即

$$P_2 = P_i - p_{mech} - p_{ad} \tag{3-52}$$

综合式（3-50）～式（3-52）可得感应电动机的功率平衡式，即

$$P_1 = P_2 + p_{Cu1} + p_{Fe} + p_{Cu2} + p_{mech} + p_{ad} = P_2 + \sum p \tag{3-53}$$

该平衡式可用图 3-31 的等效电路和功率流图清晰地表示。

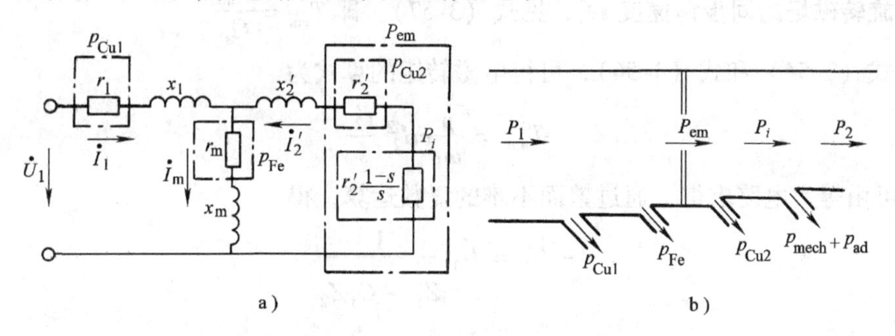

图 3-31　感应电动机的功率和损耗

a) 用等效电路表示　b) 用功率流图表示

下面再导出两个很有用的关系式，即

$$
\left.\begin{aligned}
P_{em} &= p_{Cu2} + P_i = mI_2'^2 r_2' + mI_2'^2 r_2' \frac{1-s}{s} \\
&= \frac{mI_2'^2 r_2'}{s} = \frac{p_{Cu2}}{s} \\
p_{Cu2} &= sP_{em} \\
P_i &= (1-s)P_{em}
\end{aligned}\right\} \tag{3-54}
$$

所以（上式第三行）

由图 3-27 感应电动机的相量图可见

$$I_2' \frac{r_2'}{s} = E_2' \cos\varphi_2$$

代入式（3-54），得

$$P_{em} = mI_2'^2 \frac{r_2'}{s} = mE_2' I_2' \cos\varphi_2 \tag{3-55}$$

二、转矩公式

从基本物理知识知道，转矩乘上转体的机械角速度 Ω 便是对应的机械功率。Ω 的单位是 rad/s。电机常用转速 n（单位为 r/min）来表示，则有 $\Omega=\frac{2\pi n}{60}$。在感应电动机中更常用同步转速 n_s（单位为 r/min）和转差率 s 来表示，$\Omega=\frac{2\pi n_s}{60}(1-s) = (1-s)\frac{\omega_1}{p}$。$\omega_1$ 是电源的角频率，亦等于旋转磁场的同步角速度，p 为极对数。

感应电动机的机械转矩 T（单位为 N · m）相对应的是内功率 P_i，于是有

$$T = \frac{P_i}{\Omega} \tag{3-56}$$

将式（3-54）和式（3-55）代入式（3-56），得

$$T = \frac{(1-s)P_{em}}{\Omega} = \frac{(1-s)}{(1-s)\frac{\omega_1}{p}} P_{em} = \frac{p}{\omega_1} P_{em} \tag{3-57}$$

可见机械转矩 T 亦与电磁功率成正比，故 T 亦被称为电磁转矩。**用内功率（机械功率）求电磁转矩 T 时，应除以转子的机械角速度 Ω**，见式（3-56）。**用电磁功率求电磁转矩时，**

则应除以旋转磁场的同步角速度 Ω_s，见式（3-57）。即 $T_{em}=\frac{P_{em}}{\Omega_s}$。

合并式（3-54）和式（3-56），可得电磁转矩的算式为

$$T_{em}=\frac{p}{\omega_1}mI_2'^2\frac{r_2'}{s} \tag{3-58}$$

式中，I_2'可由等效电路求得，通过繁而不难的复数运算，得

$$-\dot{I}_2'=\dot{U}_1\frac{1}{Z_1+\dot{C}_1Z_2} \tag{3-59}$$

式中，$\dot{C}_1$称为**修正系数**，是个复数，表示式为

$$\dot{C}_1=1+\frac{Z_1}{Z_m}=1+\frac{r_1+\mathrm{j}x_{1\sigma}}{r_m+\mathrm{j}x_m} \tag{3-60}$$

实际感应电动机中，由于 $r_1<x_{1\sigma}$，$r_m\ll x_m$，如果略去 r_1 和 r_m，则式（3-60）便变成实数，即

$$C_1=1+\frac{x_{1\sigma}}{x_m}$$

以 C_1 代替 $\dot{C}_1$，式（3-59）可写成

$$-\dot{I}_2'=\frac{\dot{U}_1}{\left(r_1+C_1\frac{r_2'}{s}\right)+\mathrm{j}(x_{1\sigma}+C_1x_{2\sigma}')} \tag{3-61}$$

代入式（3-58）得电磁转矩的计算式为

$$T_{em}=\frac{mp}{\omega_1}U_1^2\frac{\frac{r_2'}{s}}{\left(r_1+C_1\frac{r_2'}{s}\right)^2+(x_{1\sigma}+C_1x_{2\sigma}')^2} \tag{3-62}$$

感应电动机的转速在0～n_s之间，即其相应的转差率 s 在1～0之间。在该范围内设一系列的 s 值，由式（3-62）算出相应的电磁转矩 T_{em}，便可作出 $T_{em}=f(s)$ 曲线，如图3-32所示。

由式（3-55）电磁转矩还有另一种表示式，即

$$T_{em}=\frac{p}{\omega_1}mE_2'I_2'\cos\varphi_2 \tag{3-63}$$

以 $E_2'=E_1=4.44f_1N_1k_{w1}\Phi_m$ 及 $\omega_1=2\pi f$ 代入式（3-63），得

$$T_{em}=\frac{pm}{\sqrt{2}}N_1k_{w1}\Phi_mI_2'\cos\varphi_2=C_T\Phi_mI_2'\cos\varphi_2 \tag{3-64}$$

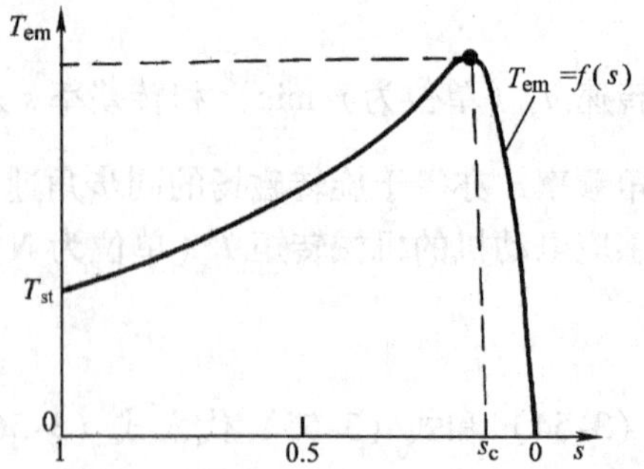

图3-32　感应电动机的 $T_{em}=f(s)$ 曲线

式中，$C_T=\frac{pm}{\sqrt{2}}N_1k_{w1}$是由电机结构决定的常数。

式（3-64）表示**电磁转矩与气隙磁通和转子电流的有功分量的乘积成正比**。此式与直

流电机的转矩表示式雷同，物理概念清晰，常用于定性分析，式中 I_2' 及 $\cos\varphi_2$ 均是转速的函数。（图 3-32 中纵坐标用标幺值表示，曲线为一般感应电动机的典型数值。）

仔细观察图 3-32，可见如下特点：

（1）起动时，$s=1$、$n=0$　这时转子电流很大，定子电流相应亦很大，可达额定电流的 4 ~7 倍；E_2'亦因 I_1Z_1 大而较小；转子参数 r_2'/s 和 $\cos\varphi_2$ 很小。所以虽然起动电流很大但起动转矩却不大，一般起动转矩倍数 $T_{st}/T_N=1\sim2$。这表明感应电动机的起动特性不好：起动电流大而起动转矩小。将 $s=1$ 代入式（3-62），可得起动转矩表示式为

$$T_{st}=\frac{mp}{\omega_1}U_1^2\frac{r_2'}{(r_1+C_1r_2')^2+(x_{1\sigma}+C_1x_{2\sigma}')^2} \tag{3-65}$$

由式（3-65）可见，**增大转子电阻，可以增大起动转矩**，如图 3-33 所示。图中曲线 1 的 r_2 最小，曲线 4 的 r_2 最大。

（2）最大转矩 T_{max}　式（3-62）的曲线 $T=f(s)$ 有一个最大转矩 T_{max}，可令 $dT_{em}/ds=0$，先求出出现 T_{max}时的**临界转差率** s_c 为

$$s_c=\pm\frac{C_1r_2'}{\sqrt{r_1^2+(x_{1\sigma}+C_1x_{2\sigma}')^2}} \tag{3-66}$$

将 s_c 代入式（3-62）便得最大转矩表示式为

$$T_{max}=\pm\frac{pm}{\omega_1}U_1^2\frac{1}{2C_1[\pm r_1+\sqrt{r_1^2+(x_{1\sigma}+C_1x_{2\sigma}')^2}]} \tag{3-67}$$

式中，“+”号对应感应电机运行在电动机情况；“-”号对应运行在感应发电机情况。

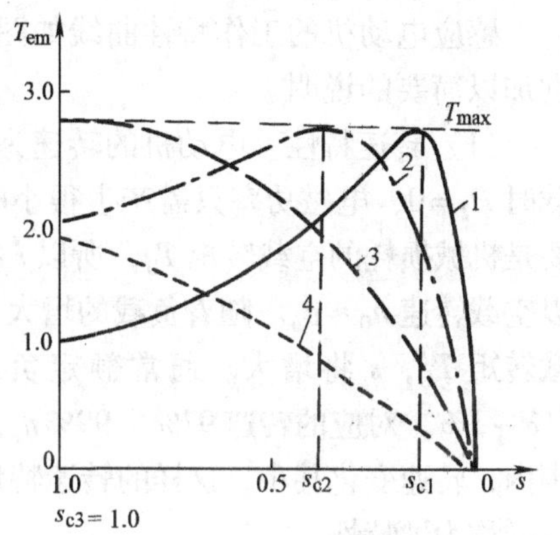

图 3-33　不同转子电阻时的 $T_{em}=f(s)$ 曲线

当 $r_1 \ll (x_{1\sigma}+x_{2\sigma}')$ 并取 $C_1=1$ 时，式（3-66）、式（3-67）可改写为

$$\left.\begin{aligned}s_c&\approx\pm\frac{r_2'}{x_{1\sigma}+x_{2\sigma}'}\\T_{max}&\approx\pm\frac{pm}{\omega_1}U_1^2\frac{1}{2(x_{1\sigma}+x_{2\sigma}')}\end{aligned}\right\} \tag{3-68}$$

由式（3-68）可见：

1）感应电动机的**最大转矩与电源电压的二次方成正比**，与定、转子漏抗之和近似成反比。

2）**最大转矩的大小与转子电阻值无关**。

3）**临界转差率与转子电阻 r_2 成正比**。

图 3-33 中 $T=f(s)$ 曲线亦说明上述结论，随着 r_2 的增大，s_c 相应增大，曲线 3 的 $s_c=1$，曲线 4 的 s_c 出现在 $s>1$ 的时候。

（3）稳定运行范围和过载能力　感应电动机的 $T_{em}=f(s)$ 曲线就是机械特性，只是其画法与前述直流电动机的机械特性不同，纵横坐标对换了一下。在第二章直流电动机的讨论中，曾推知电动机稳定运行的条件是机械特性呈下降形。现重画 $T=f(s)$ 为 $s=f(T_{em})$ 或 $n=f(T_{em})$，如图 3-34 所示。可见感应电动机只有 $0<s<s_c$ 的一段呈下降形，能够稳定运行。并由此导出一个感应电动机的性能指标，即**过载能力** K_m，其定义为

$$K_m = \frac{T_{max}}{T_N} \tag{3-69}$$

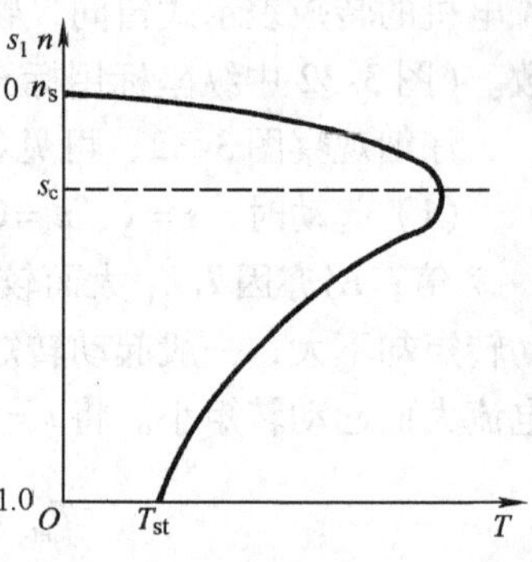

图3-34　感应电动机的机械特性

它表示最大转矩对额定转矩的倍数。因为正常运行的感应电动机，负载转矩增大，转差率 s 相应随之而增大，到 $s \geqslant s_c$ 时，运行点滑到机械特性曲线的下半段，电动机将停转，故命 K_m 为过载能力。通常 $K_m = 1.6 \sim 2.3$。

三、感应电动机的工作特性

感应电动机的工作特性是指在外施电源为三相对称额定电压和额定频率保持不变的条件下，其转速、输出转矩、定子电流、定子功率因数、效率等与输出功率的关系曲线：$n, T_2, I_1, \cos\varphi, \eta = f(P_2)$。表示感应电动机的主要指标有额定效率 η_N 和额定功率因数 $\cos\varphi_N$。

感应电动机的工作特性曲线如图3-35所示，下面分别加以简要的说明。

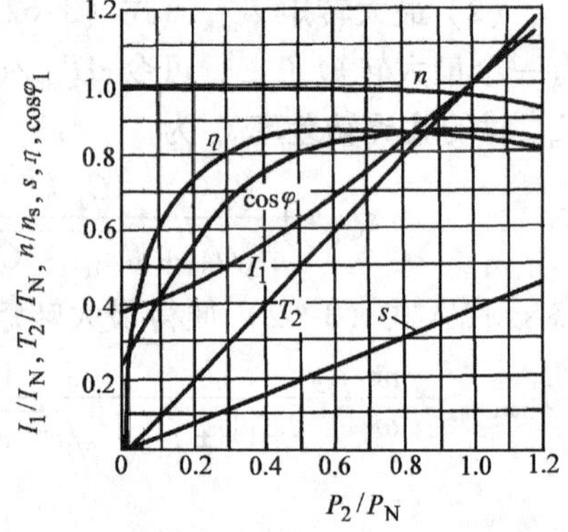

图3-35　感应电动机的工作特性曲线

(1) 转速特性　电动机的转速为 $n = (1-s)n_s$。空载时 $P_2 = 0$，电磁功率只需产生很小的电磁转矩以克服主要是机械损耗的空载转矩 T_0，所以 s 很小，接近于零，所以空载转速 $n_0 \approx n_s$。随着负载的增大，电磁转矩要克服负载转矩 T_L，s 将增大。通常额定负载时的转差率 s_N = 1% ~3%，对应的转速 97% ~99% n_s。可见在正常运行范围内，转速变化甚小，这样的转速特性和直流并励电动机一样称为硬特性。

(2) 输出转矩特性　输出转矩 $T_2 = \dfrac{P_2}{\Omega} = \dfrac{P_2}{2\pi \frac{n}{60}}$。由于在正常运行范围内，转速变化甚小，故而 $T_2 = f(P_2)$ 近似为一直线。

(3) 定子电流特性　定子电流包含两个分量，即 $\dot{I}_1 = \dot{I}_m + (-\dot{I}'_2)$，空载时 $\dot{I}'_2 \approx 0$，所以定子电流几乎全部是励磁电流；随着负载增大，$\dot{I}'_2$ 增大，定子电流将随之增大。由于 $\dot{I}'_2$ 和输出功率不是简单正比关系，且 $\dot{I}_m$ 和 $\dot{I}'_2$ 是相量和。故而 $\dot{I}_1 = f(P_2)$ 也是非线性关系。

(4) 功率因数特性　$\cos\varphi_1$ 表征输入的有功功率与视在功率的比值，是一个很重要的性能指标。从等效电路为感性电路可知功率因数恒为滞后。空载时定子电流基本上是励磁电流，所以功率因数很低，一般小于0.2。负载后，输出的机械功率增加，定子电流中的有功分量也增大，功率因数就逐渐提高。但负载增加到一定程度时，由于 s 增大，导致 $\dot{E}_2$ 和 $\dot{I}_2$ 间的相位角 $\varphi_2 = \arctan \dfrac{sx_{2\sigma}}{r_2}$ 增大，转子电流与定子电流中的无功分量随之增大，$\cos\varphi_1$ 又趋减小。由此可见，在某负载时会出现最大功率因数。设计电机时，通常令最大功率因数出现在额定负载或略低于额定负载时。

(5) 效率特性　感应电动机的效率特性曲线与其他电机类同。同样可以证明可变损耗（定、转子绕组铜耗）等于不变损耗（铁心损耗，机械损耗）时，电动机的效率为最大。一

般设计使 η_{max} 在 $0.7 \sim 1.0P_N$ 范围内，而额定效率一般在75% ~95%之间。

综上所述，感应电动机的两个重要力能指标 η 及 $\cos\varphi_1$ 的最大值均出现在额定负载附近。因此选用电动机容量时应与负载相匹配。如选择电动机的容量过大，不仅投资大，且运行在轻载时其 η 及 $\cos\varphi_1$ 均低，还增大了运行费用，即要防止俗称“大马拉小车”。

四、感应电动机的起动

1. 感应电动机本身固有的起动性能

电动机的起动特性主要由起动电流和起动转矩来表示。希望起动转矩足够大以较快地带动机械负载达到额定转速；同时希望起动电流不要太大，以免给供电系统造成冲击和电压波动，影响供电系统中其他电气设备的正常工作。

可是，感应电动机，如不采取措施，直接接到电网起动，其本身固有特性恰是：起动电流甚大，可达额定电流的5 ~7 倍；起动转矩却不按起动电流的倍数增长，只为额定转矩的1 ~2 倍。可见感应电动机固有的起动性能很差。

起动电流较大的原因是起动时，定子产生的气隙旋转磁场以较大的相对速度切割转子绕组，引起较大的转子电动势，产生较大的转子电流，由磁动势平衡关系，定子绕组中将流过较大的起动电流。

起动转矩不大的原因是起动时 $s \approx 1$，转子回路的参数因 $r_2'/s \approx r_2'$，$x_{2\sigma s}' = sx_{2\sigma}' \approx x_{2\sigma}'$，$x_{2\sigma}' >> r_2'$，故导致转子电流的功率因数很低。更由于起动时定子回路漏阻抗压降随起动电流增大，使 Φ_m 比正常运行时要小。由转矩公式 $T_{em} = C_T\Phi_m I_2' \cos\varphi_2$ 可见，由于 $\Phi_{m(st)}$、$\cos\varphi_{2(st)}$ 较小，起动转矩将不按起动电流倍数而增大。

由等效电路已经导出的公式可写出起动电流和起动转矩的表示式。

感应电动机起动瞬间，励磁电流在起动电流中所占比重是很小的，可以忽略不计，由式（3-61）代入 $s=1$，近似取 $C_1 \approx 1$，得

$$I_{st} \approx I_{2st}' = \frac{U_1}{\sqrt{(r_1 + r_2')^2 + (x_{1\sigma} + x_{2\sigma}')^2}} \tag{3-70}$$

由式（3-62）得

$$T_{st} = \frac{mp}{\omega_1} U_1^2 \frac{r_2'}{(r_1 + r_2')^2 + (x_{1\sigma} + x_{2\sigma}')^2} \tag{3-71}$$

2. 改善感应电动机固有起动特性的途径

由表示起动特性的式（3-70）和式（3-71）可见，降低起动时的电源电压虽可减小起动电流，但起动转矩将随电源电压的二次方减小，故降低 U_1 只适用于驱动那些对起动转矩要求不高的机械负载的感应电动机。例如用驱动各种机床设备及风机、水泵的场合。增大 r_2' 则不仅可增大起动转矩，同时亦能减小起动电流。可是简单地增大转子电阻将导致电动机正常运行时的效率的降低。绕线转子感应电动机则有其独特的优点，其转子回路通过集电环电刷在起动时串联接入附加电阻，亦称之为起动电阻。在电机运行时可藉电刷将电阻切除，使转子回路直接短接，这样既改善了起动特性，亦不影响正常运行时的效率。

笼型感应电动机不具备上述接入起动电阻的条件，但却具有构造简单，坚实可靠，价格低廉等优点。为了既能改善起动特性，又保留笼型的优点，研究制造了特殊构造的笼型电机，即深槽笼型和双笼型结构的感应电动机。

3. 改善感应电动机起动特性的具体方法

改善起动特性的方法除能使电动机能具有足够大的起动转矩和不太大的起动电流外，还应要求起动时所用设备尽可能简单可靠、易于操作和有合理的价格。

(1) 笼型感应电动机的起动　主要有两种方法：直接起动与减压起动。

1) 直接起动。直接起动就是用刀开关或交流接触器将感应电动机接电压为电动机额定值的三相对称电源。起动瞬间，$s=1$，起动电流就是电机的堵转电流，可达电动机额定电流的5～7倍，起动转矩与额定转矩之比在1～2之间。这种直接起动方法操作方便、设备简单，缺点是起动电流大。但是随着供电网容量的增大，这种方法的适用范围得到迅速扩大。多大容量的感应电动机可采用直接起动，各地电业管理部门都有规定。

2) 减压起动。主要有利用自耦变压器和星－三角切换两种。

自耦变压器减压起动的原理接线图如图3-36所示。起动时六刀双掷开关S倒向起动侧，电源加到三相星形联结自耦变压器AT，AT的电压比为k_a，所以电动机的起动电压降低到$1/k_a$，相应的电动机起动电流也减小到$1/k_a$。此时电动机的起动电流是AT的二次电流，电源供给的却是AT的一次电流，AT的一、二次电流相差k_a倍。所以电源供给的起动电流比直接加额定电压至电机的起动电流减小到$1/k_a^2$。转矩与电动机端电压的二次方成正比，故起动转矩亦减小到直接起动时的$1/k_a^2$。电机转速升到某定值时，刀开关S倒向运行侧，电动机全压正常运行。

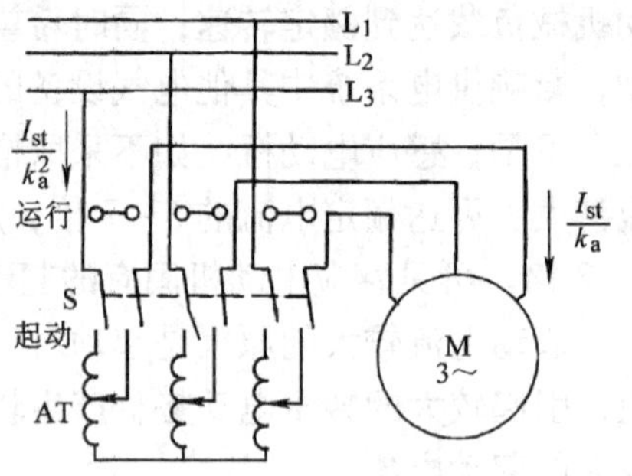

图3-36　自耦变压器减压起动的原理接线图
AT—自耦变压器　M—感应电动机

图3-36中AT及S可组装在一起，称为补偿起动器，S的动作可以手动，亦可按转速或电动机定子电流通过专用电路来实现自动切换。AT还可有2～3个抽头，视供电系统的容量和负载的要求来选用不同的k_a值。

Y—△起动的原理接线图如图3-37a所示。此方法仅适用于正常运行时定子三相绕组为△联结的感应电动机。起动时三刀双掷刀开关S倒向起动侧Y，定子绕组成星形联结，相电压降为额定电压的$1/\sqrt{3}$，电动机每相起动电流I_ϕ亦下降到$1/\sqrt{3}$。如电动机直接起动，则电源供给的是线电流I_L为相电流的$\sqrt{3}$倍。令相电流下降$\sqrt{3}$倍，而电源供给的为星形联结的线电流，即等于相电流。由此可见，与直接起动电源供给的起动电流相比，降到直接起动的1/3。起动时相电压下降$1/\sqrt{3}$，故起动转矩下降到直接起动的1/3。到转速上升接近额定转速时，刀开关S倒向运行侧△，电机成三角形联结，正常工作。

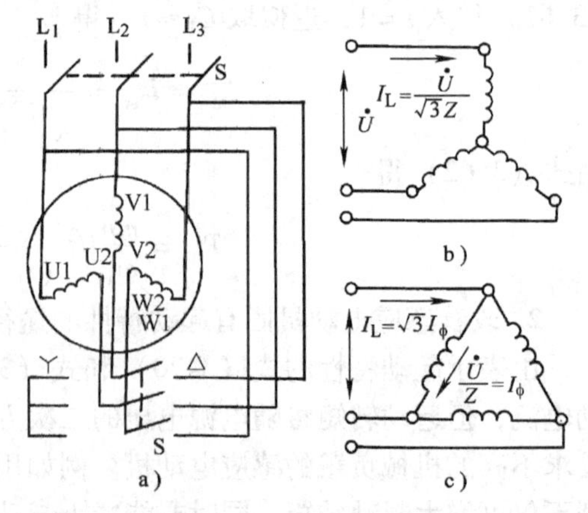

图3-37　Y－△减压起动电路
a) 原理接线图　b) Y联结起动时定子绕组接线图
c) △联结起动时定子绕组接线图

(2) 绕线转子感应电动机的起动　其原理接线图如图3-38所示。起动时将可调起动电

阻放在阻值最大位置，随着电动机转速上升，逐步减小其阻值，最后到电动机接近额定转速时，使电阻短接，电动机进入正常工作状态。为避免电刷与集电环间的摩擦损耗，容量较大的电动机设有集电环直接短路和举刷装置。

由图3-33知，不同的转子电阻有不同的起动转矩。根据感应电动机的 T_{em}（s）特性，知道最大起动转矩的极限值是最大转矩 T_{max}，可使 $s_c=1$ 来求得为此应具有的 r'_{2st}，即令

$$s_c=\frac{C_1(r'_2+r'_{2st})}{\sqrt{r_1^2+(x_{1\sigma}+C_1x'_{2\sigma})^2}}=1$$

求得

$$r'_{2st}=\frac{1}{C_1}\sqrt{r_1^2+(x_{1\sigma}+C_1x'_{2\sigma})^2}-r_2 \tag{3-72}$$

注意，r'_{2st}为归算到定子侧的每相起动电阻值。

（3）深槽式与双笼型感应电动机　这是为改善笼型感应电动机的起动特性，同时又能保持其结构优点的两种笼型感应电动机。

1）深槽式笼型感应电动机。其转子槽形窄而深。深与宽之比在10:1以上。当转子导体中流通交流电流时，所产生的漏磁通将如图3-39a所示。设想把槽中导体沿槽的深度分割为许多股导线并联组成，由图可见，位于槽底的导线匝链的漏磁通要较槽口的导线匝链漏磁通为多，沿槽深各导线的漏抗将各不相同。槽口处导线漏抗最小，槽底处导线漏抗最大。但在一个槽内转子导体沿铁心长度各导线的电压降必须相等，因此槽中导线内的电流分布与它们的阻抗成反比，当大部分电流集中在转子导条的槽口部分，如图3-39b所示，相当于导条的有效截面积减小，这种现象称为**趋肤效应**。亦即转子导体的有效电阻增大。r'_{2st}的增大可产生较大的起动转矩，改善了起动特性。频率越高，趋肤效应越强，槽的深宽比越大，趋肤效应亦越显著。这恰恰满足了我们的要求。感应电动机起动时，转子频率高，等于电源频率，趋肤效应强，增大起动转矩效果大，电动机进入正常运行时，转子频率将随转速上升而下降，约为0.5～2Hz，趋肤效应几乎消失，导条中电流分布接近于沿整个导条截面均匀分布，导条电阻减小近似等于直流电阻值。所以电动机的工作特性将与一般笼型式感应电动机相近。

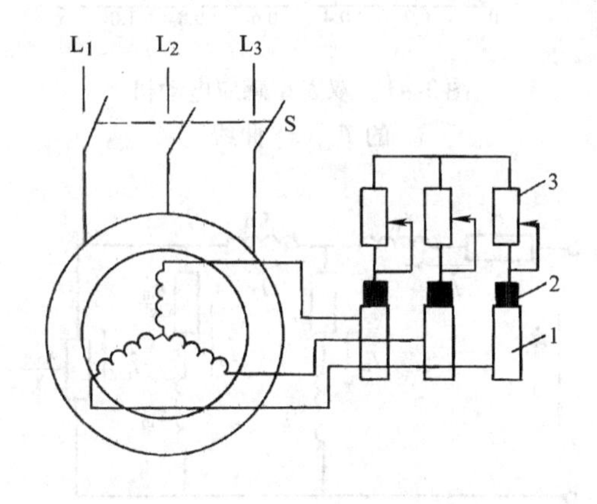

图3-38　绕线转子感应电动机转子串起动电阻起动

1—集电环　2—电刷　3—三相可调起动电阻

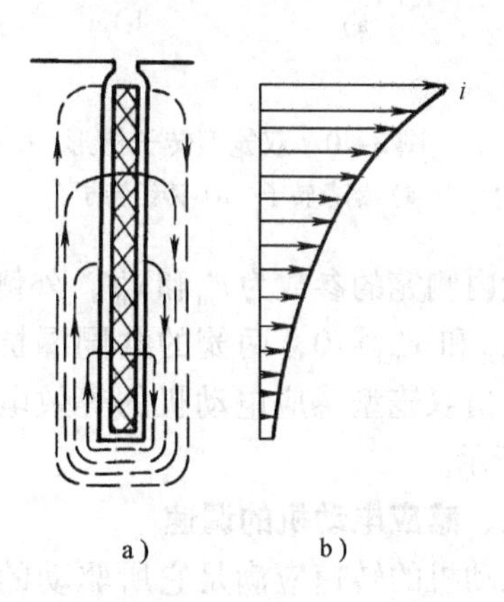

图3-39　深槽笼型感应电动机的槽形

a）槽漏磁通分布　b）沿槽深电流密度分布

深槽感应电动机的等效电路与普通感应电动机的相似，唯其转子参数随转差率变化的范围要大得多。

2）双笼型感应电动机。它有外层、内层两个笼型绕组，两者可以有各自独立的端环。外侧笼采用电阻率较高的合金铜制成导条，内侧笼由电阻率低的纯铜或电解铜制成导条，并从截面积上来增大外侧笼的电阻，减小内侧笼的电阻，即外侧笼导条截面积小，内侧笼导条截面积大。双笼型亦可用铸铝制成，两个笼是连成一体的，如图3-40b所示。两个笼间留有一缝隙，以形成内侧笼漏抗大，外侧笼漏抗小。

起动时，转子频率$f_2=f_1$，与深槽笼型相似，内侧笼漏抗较大，电阻较小，所产生的电磁转矩也较小；外侧笼漏抗甚小，但电阻较大所产生的电磁转矩也较大，所以外侧笼又称为**起动笼**。

起动过程结束，转子频率变得很小，内外笼的漏抗都很小，内外两笼的电流分配近似与它们的电阻成反比。由于内侧笼电阻小，所以电流较大，在产生电磁转矩方面起主要作用，内侧笼又称为**运行笼**。

按上所述，以T_{out}表示外侧笼产生的电磁转矩，T_{in}表示内侧笼所产生的电磁转矩，电动机的总转矩T_{em}应为T_{out}和T_{in}之和，其$T_{em}(s)$曲线如图3-41所示。

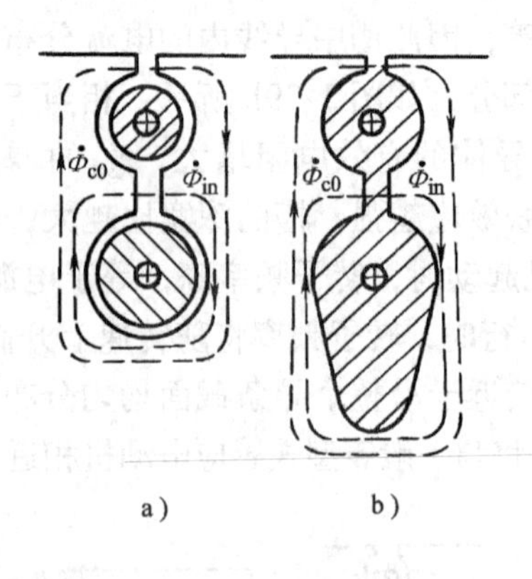

图3-40 双笼型转子槽形

a）铜条转子 b）铸铝转子

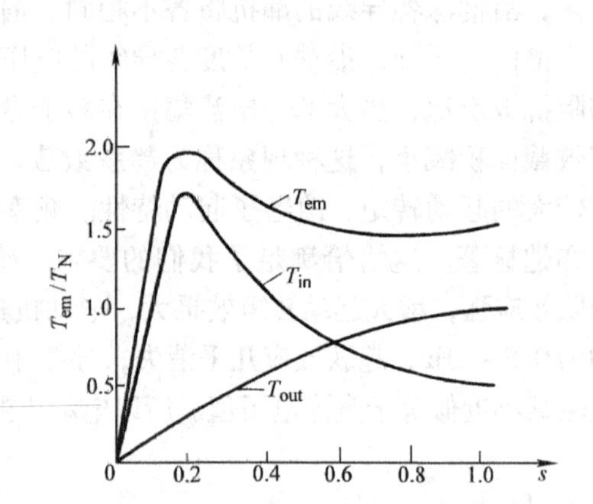

图3-41 双笼型感应电动机的$T_{em}(s)$曲线

设内侧笼的参数为r'_{in}和x'_{in}，外侧笼的参数为r'_{out}和$x'_{out}\approx 0$，两笼的共同漏抗为x'_{c0}，则可写出双笼型感应电动机的等效电路如图3-42所示。

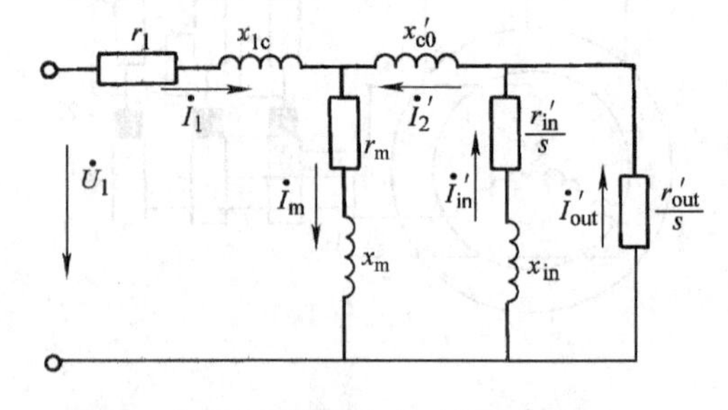

图3-42 双笼型感应电动机等效电路

五、感应电动机的调速

电动机的转速应满足它所驱动的机械负载的要求，总的说来，要求调速范围宽广并能连续平滑地调节转速、操作方便、具有较好的经济性，即机组能有较高的效率和简单可靠、价格合理的起动设备。

从感应电动机的基本作用原理可知，调速的途径主要有二：其一是改变气隙旋转磁场的

同步速 n_s；其二是在固定的气隙旋转磁场转速下改变转差率 s。具体方法如下：

1. 改变气隙旋转磁场的同步转速 n_s

已知 $n_s=60f/p$，所以改变电源频率 f 或改变电机的极对数 p 均可改变 n_s。

（1）变频调速　如若电源频率可以连续调节，则电动机的转速就能连续、平滑地调节，为**无级调速**。

变频调速时希望气隙磁场的 Φ_m 能基本保持不变，即可保持铁心磁路的饱和程度。励磁电流和电动机的功率因数基本不变。这样，此种调速方法不仅调速范围大，效果好，而且效率亦较高。如略去感应电动机的定子漏阻抗压降，则

$$U_1 \approx E_1 = 4.44 f_1 N_1 k_{w1} \Phi_m$$

为要使 Φ_m 保持不变，应使电压 U_1 随频率按正比例变化，即

$$\frac{U_1}{f_1} \approx \frac{E_1}{f_1} = 4.44 N_1 k_{w1} \Phi_m = \text{const} \tag{3-73}$$

也就是说，在改变频率的同时，必须相应调节电压，这种变频调速称为变压变频调速，常用英文 VVVF 来表示。

由最大转矩表示式（3-68）可见，$x_{1\sigma}$ 和 $x'_{2\sigma}$ 均正比于 ω_1，而 $\omega_1=2\pi f$，故得

$$T_{max} \approx C\frac{U_1^2}{f^2} = C\left(\frac{U_1}{f}\right)^2 \tag{3-74}$$

即表示在 VVVF 时，最大转矩 T_{max} 将保持不变，$T_{em}(n)$ 曲线如图 3-43 所示。图中曲线 1 表示电压、频率均为额定值其同步速为 $n_s=\dfrac{60f}{p}$；曲线 2、3 表示频率降为 $0.75f$ 和 $0.5f$，并且电压相应降低时的曲线，它们的同步转速分别为 $n'_s=0.75n_s$ 和 $n''_s=0.5n_s$。当电动机转速等于同步转速时电动机的电磁转矩为零。三条曲线有相同的 T_{max}。

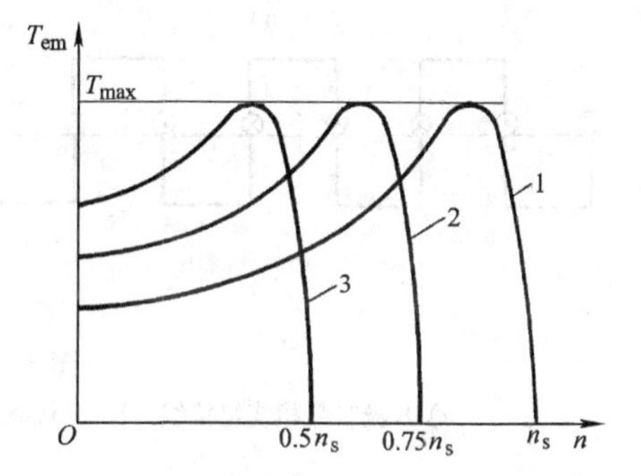

图 3-43　VVVF 调速 $\dfrac{U}{f}=C$ 时 $T_{em}(n)$ 曲线

1—f，U_N 时　2—$0.75f$，$0.75U_N$ 时

3—$0.5f$，$0.5U_N$ 时

从转矩表示式 $T_{em}=C_T\Phi_m I'_2\cos\varphi_2$ 可见，当在负载转矩不变条件下调速时，如 Φ_m 保持不变，I'_2 也基本不变，相应的定子电流 I_1 亦将基本不变，所以这是一种接近于恒转矩的调速方法。

由图 3-43 可见，利用 VVVF 调速，亦可用来起动感应电动机。可按负载的起动力矩要求，选择合适的起动频率 f_{st}，获得所需的起动转矩，然后随着电动机转速的上升相应地升高电源频率，这种方式称为**软起动**。

综上所述，这种调速方法性能良好，但需要专门的变频变压电源。目前感应电动机通用的变频变压装置为**脉宽调制变频器**（PWM 变频器），为一台由电力电子器件组成的交—直—交变频装置。近年来，由于电力电子技术的发展，变频器的价格不断降低，性能和可靠性不断提高，导致感应电动机的调速性能已有接近直流电动机的趋势。

但应注意，变频器输出的电压电流波形中往往带有高次谐波，这会对电动机的运行性能带来不良影响。

（2）变极对数调速　极对数 p 与同步速成反比，增加极对数便可降低同步速达到调速的

目的。但极对数一定是整数，所以同步转速只能跳跃变化，调速不是平滑而是分级的。

改变感应电动机的极对数，只能由改变定子绕组的二次接线来实现，二次接线是指绕组的元件组之间的连接。亦有定子上设置两套极数不同的绕组的变极电动机。为了避免改变转子绕组的联结，变极调速电动机一定是笼型转子结构。

下面仅以双速电动机为例从物理概念上简要地说明变极的原理。

一台8极24槽定子绕组，$q=1$，其A相的接线如图3-44a所示。当有电流流过A相绕组时，产生的磁动势波如图3-44b所示，为一个8极磁场。同理，可画出B、C相绕组及其磁动势波，同样为8极，唯各相相距120°电角度。

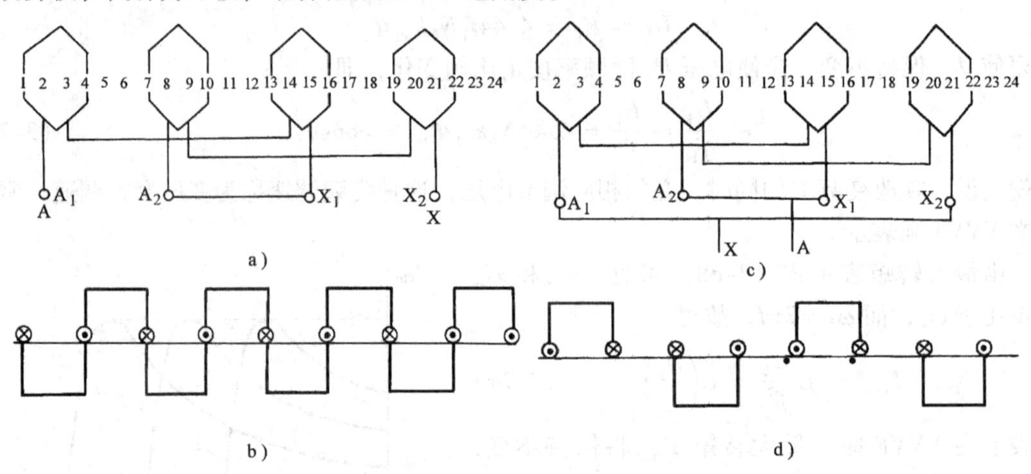

图3-44 8/4极变极接法

a) 8极时某相绕组接线 b) 8极磁动势波 c) 4极时某相绕组接线 d) 4极磁动势波

如改变上述绕组的二次接线，如图3-44c所示，可见有一半绕组的电流方向倒转，它产生的磁动势波如图3-44d所示，为一个4极磁场。B、C相用同样方法连接，亦产生4极磁场。

二次接线变换时，三相的相序可能反转，如要在两种转速下保持电动机的旋转方向，则应在改变极数的同时，把绕组任意两个出线端对换。

现有的多速电动机不仅有倍极比，如4/8极、2/4极等；还有非倍极比，如4/6极、6/8极等。此外，还有三速甚至四速变极电动机。为适应不同机械负载的需要，变极电动机还可制成恒转矩或恒功率。欲使不同极数时电动机运行均有较好的性能，其绕组的设计难度很大，这里不再展开讨论。

变极电动机的尺寸一般要比同容量的普通电动机稍大，不同转速往往有不同的额定容量，电动机运行性能亦稍差。电动机的出线端较多，并要配备专用的换接开关，均为其不足之处。但对某些需要跳跃式调速的负载，对整个传动系统来说仍是一种可取的、较经济的选择。

2. 改变转差率调速

当气隙磁场的转速保持n_s不变时，可用下述方法改变转差率s来调速。

(1) 改变外施电源电压调速　已知当改变感电动机的外施电压U_1时，最大转矩T_{max}将随U_1的二次方而变化，但出现最大转矩的临界转差率s_c则与U_1无关，保持不变。据此，可画出不同U_1时的转矩-转差率曲线如图3-45所示。图3-45a表示了$U_1=U_N$，$U_1=0.8U_N$，

$U_1=0.6U_N$ 三种不同外施电压时的 $T_{em}(s)$ 曲线。因为一般感应电动机 $s_c<0.4$，当负载为恒转矩时，由图可见，即使外施电压下降20%，工作点由 a 点变为 b 点，转差率由 s_1 变为 s_2，变化量甚小，仅百分之几。因此调速范围很小，调速不灵敏。另一方面，外施电压又不能降低太多，因为 $T_{max}\propto U_1^2$，若电动机最大转矩降低到小于负载转矩，电动机将停止转动。例如电动机过载能力 $K_m=2$，则当 U_1 降到 $0.7U_N$ 时，T_{max} 将降至原来的0.49，即 $T_{max}=0.98T_N$，就驱动不了额定转矩的负载了。

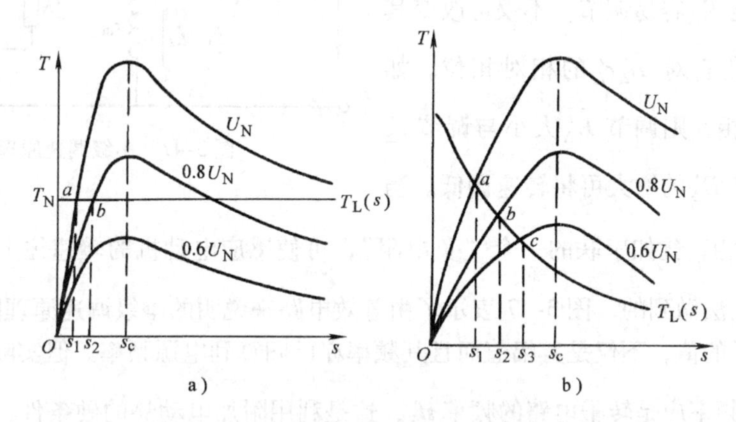

图3-45 改变外施电压调速

a）一般笼型感应电动机带恒转矩负载 b）高转差感应电动机带风机类负载

但对于转子电阻较大、s_c 较大的感应电动机，其稳定工作区域较宽，用来驱动阻力转矩与转速二次方成正比的机械负载，如风机、水泵类机械负载时，则如图3-45b所示，利用改变 U_1 调速可有较大的调速范围，并有较好的节能效果，配合以晶闸管调压器，控制简单、价格较低、操作维护均很方便。缺点是有谐波影响，调速精度较差。

（2）转子外加电阻调速 此法只适用于绕线式感应电动机。已知感应电动机的最大转矩与转子电阻无关，临界转差率则与转子电阻成正比。据此，作出转子电阻不同时的 $T_{em}(s)$ 曲线，如图3-46所示。图中曲线1为外加转子电阻 $r'_\Delta=0$，为感应电动机固有的机械特性，曲线2为接入附加电阻 r'_Δ 以后的人为机械特性，如负载的机械特性为直线5，则加入 $r'_{\Delta1}$ 后，电动机转差率将由 s_1 变为 s_2。调速范围与附加电阻的大小成正比，当 r'_Δ 加大到 $r'_{\Delta2}$ 则转速降到 s_3。

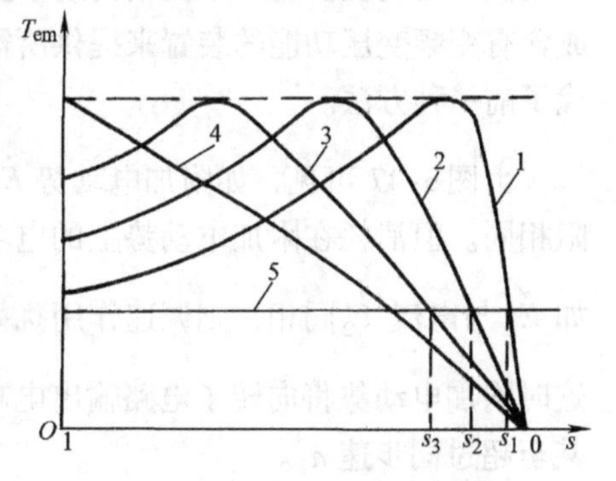

图3-46 转子回路串电阻调速

1—$r'_\Delta=0$ 2—$r'_{\Delta1}$ 3—$r'_{\Delta2}>r'_{\Delta1}$

4—$r'_{\Delta3}>r'_{\Delta2}$ 5—$T_L(s)$

这是一种能耗较大、不经济的调速方法。因为当负载转矩一定时，接入附加电阻后，转子电流必须保持不变，导致转子回路铜耗增大。转子电流不变，则定子电流及输入功率亦保持不变；转速下降，输出功率降低，效率也随之降低。此外，由图3-46可见，调速范围与负载转矩大小有关，如负载转矩较小，则其调速范围也很有限。再者，绕线转子又失去了笼型转子的许多优点。故此方法仅在中小型绕线转子感应电动机中偶有应用。

(3) 串级调速　此方法是为改善转子串电阻的调速方法而衍生。所以亦只适用于绕线转子感应电动机。

串级调速形式很多，但它们的基本原理均是转子电路中串联引入一个附加电动势 $\dot{E}'_{\Delta}$，来替代串电阻调速方法中的电压降 $\dot{I}'_2r'_{\Delta}$。其优点是 $\dot{E}'_{\Delta}$容易调节，不仅可改变其大小而且可改变它对 $\dot{I}'_2r'_{\Delta}$的相对相位。如 $-\dot{E}'_{\Delta}$和$\dot{I}'_2r'_{\Delta}$同相，则调节 $\dot{E}'_{\Delta}$大小与调节 r'_{Δ}大小一样，随着 $\dot{E}'_{\Delta}$的增大可将转速调低。当

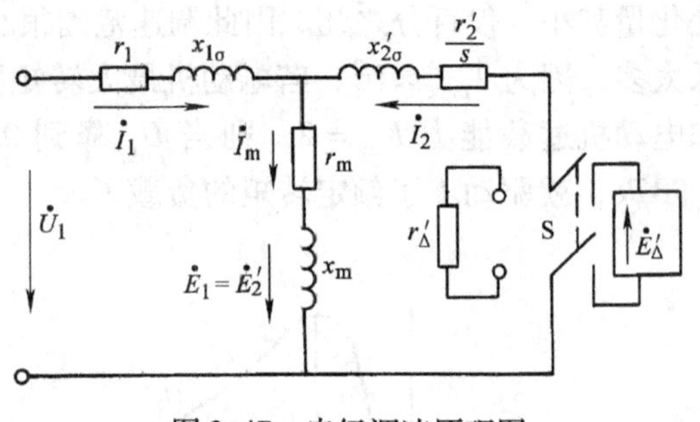

图 3-47　串级调速原理图

$-\dot{E}'_{\Delta}$与 $\dot{I}'_2r'_{\Delta}$反相，犹如串联的一个“负电阻”，可使感应电动机的转速往上调，这是用附加电阻调速所无法做到的。图 3-47 表示了由等效电路来说明的串级调速原理图。图中 $\dot{E}'_{\Delta}$是已经归算到定子的值，不仅是其幅值而且其频率亦已归算到电源频率。但实际串联接入的附加电动势 $\dot{E}_{\Delta}$的频率应是转子电路的频率 sf_1，这是利用附加电动势的硬条件，不同频率的电动势加入转子回路是无法使感应电动机正常工作的。要满足这个条件颇为不易，因为在调速过程中 s 是变数，$\dot{E}_{\Delta}$的频率要随 s 而改变。

频率为 sf_1 的 $\dot{E}_{\Delta}$基本上可用两种方法获得：一种方法是用感应电动机同轴驱动的变频(发电)机，或将变频机与感应电动机装在同一机座中，形成一种新机型，称之为并励反馈交流换向器电机。这种电机结构过于复杂，现已很少采用；另一种方法是由电力电子器件组成含有变频变压功能的装置来提供所需的 E_{Δ}。鉴于电力电子器件及相关技术的发展，已取代了前一种方法。

由图3-47 可见，如附加电动势 $\dot{E}'_{\Delta}$与 $s\dot{E}_2$反相，亦即与 $\dot{I}'_2$反相，其调速作用与用附加电阻相同。但消耗在附加电动势上的电功率却为附加装置所吸收，可加以利用或返回给电网。如 $\dot{E}'_{\Delta}$与电流 $\dot{I}'_2$同相，则调速作用犹如串入了“负电阻”，转速将向上升方向变化，s 减小。这时附加电动势将向转子电路输出电功率。不断增大这个 $\dot{E}'_{\Delta}$，感应电动机的转速可以等于甚至超过同步速 n_s。

串级调速较用附加电阻调速耗损小、效率较高、调速范围宽、精度高，其不足之处是设备较昂贵。

第六节　单相感应电动机

由单相电源供电的笼型感应电动机，因为具有结构简单、操作方便等优点，故颇受欢迎。因其性能比三相感应电动机稍差，通常制成几百瓦以下的小容量电动机，常称为分马力电动机。可是单相电源远较三相电源容易获得。所以在小功率领域特别在家用电器

中单相感应电动机占有不可替代的位置，恰如在工矿企业中三相感应电动机占有绝对优势相似。

单相感应电动机的基本工作原理可用图3-48来阐明。图3-48a为转子不动即$n=0$时的情况。定子单相绕组接通单相交流电源将产生一个脉动磁通Φ_p，它将在转子的导条中感应变压器电动势e_T，e_T的方向由楞次定律确定，图中表示Φ_p在增大瞬时的情况。E_T将在短接的导条中产生电流，其方向与电动势e_T相同，导条电流与Φ_p作用所产生的电磁力，其方向由左手定则确定。显然，电磁力产生的转矩一半顺时针，一半逆时针，合成转矩为零，所以转子保持不动（$n=0$），即单相感应电动机起动转矩为零。图3-48b表示$n\neq0$时，即转子由外力驱动后，转子导条中除了不能产生转矩的变压器电动势e_T外，尚有导条掠过Φ_p而产生的速率电动势e_V。e_V及其产生的电流方向如图所示，这个由e_V产生的电流与Φ_p作用将产生与n同方向的转矩，转子上受该转矩驱动将保持旋转。

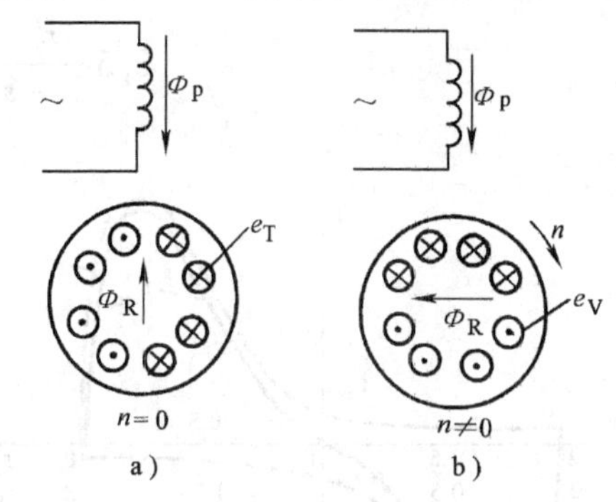

图3-48　单相感应电动机的基本工作原理
a）$n=0$时　b）$n\neq0$时

以上分析亦称为交轴磁场理论，图3-48a中转子磁场Φ_R与定子磁通Φ_p同轴线，不会产生转矩。图3-48b中Φ_R与Φ_p正交，Φ_R称为交轴磁通。两个磁场间的空间电角度称为转矩角θ_T，只有存在转矩角，才会产生转矩。图3-48a中$\theta_T=0°$，图3-48b中$\theta_T=90°$。

上面用交轴磁场理论仅是定性分析，若要定量分析，可运用旋转磁场理论和三相感应电动机的基本分析方法。

按前述已知，一个脉动磁场可分解为两个转速相同为同步速n_s、转向相反、幅值相等且恒定的圆形旋转磁场。其中与转子转速n同方向旋转的称为前进或正向旋转磁通Φ_f，另一个为后退或反向旋转磁通Φ_b。转子不动时，这两个旋转磁通对转子的作用和三相感应电动机中的情况相同，都将产生电磁转矩，唯二者所产生的电磁转矩方向相反。图3-49中画出了Φ_f产生的正向转矩T_f、Φ_b产生的反向转矩T_b以及二者的合成转矩T_{em}与转差率s的关系曲线。

转子对正向旋转磁场的转差率s_f

$$s_f=\frac{n_s-n}{n_s}=s=1-\frac{n}{n_s} \tag{3-75}$$

与三相感应电动机的转差率相同。转子对反向旋转磁场的转差率s_b

$$s_b=\frac{n_s+n}{n_s}=1+\frac{n}{n_s}=2-s \tag{3-76}$$

因为Φ_f与Φ_b的幅值均等于脉动磁通振幅的一半，电动机总的励磁阻抗和漏抗可以平分到两个磁通的作用中去。于是可按三相感应电动机的分析方法画出单相感应电动机的等效电路，如图3-50所示。图中r_1、$x_{1\sigma}$为定子绕组的电阻和漏抗；z_m为对应于脉动磁通Φ_p的励磁阻抗。上述正转和反转电路中的励磁阻抗均为$0.5z_m$；r_2'和$x_{2\sigma}'$为归算到定子绕组的转子电阻和漏抗，在正反转电路中转子电阻和漏抗的归算值为$0.5r_2'$和$0.5x_{2\sigma}'$；E_f和E_b分别为Φ_f和Φ_b在定子绕组中感应的电动势。注意正反转磁场对转子的转差率如式（3-75）、式

(3-76)所示为 s 和 $2-s$，所以正反转转子回路的总等效电阻分别为

$$\left.\begin{aligned}0.5\frac{r_2'}{s}&=0.5r_2'+0.5\frac{1-s}{s}r_2'\\0.5\frac{r_2'}{2-s}&=0.5r_2'-0.5\frac{1-s}{2-s}r_2'\end{aligned}\right\}\tag{3-77}$$

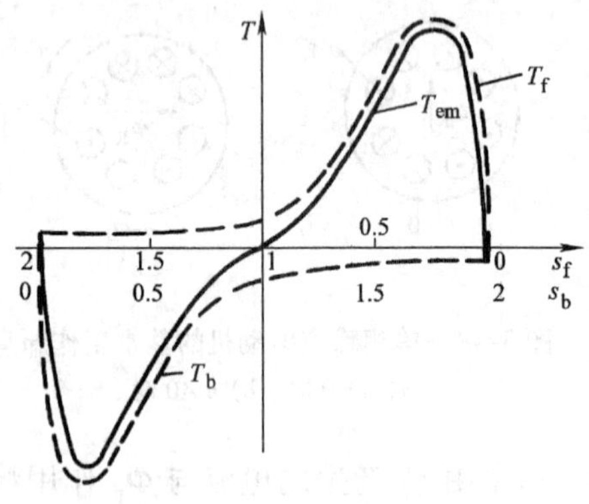

图3-49　单相感应电动机的 $T_f(s)$、$T_b(s)$ 和 $T_{em}(s)$ 曲线

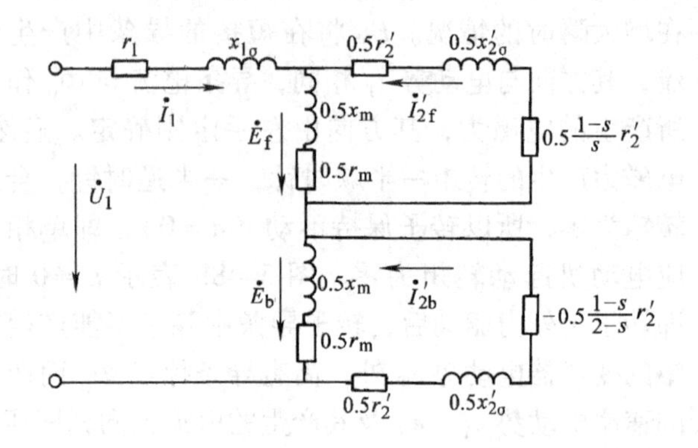

图3-50　单相感应电动机的等效电路

由图3-50可见，转子不动时 $s=1$，$E_f=E_b$，正反向转子回路完全相同，其产生转矩 $T_f=T_b$，没有起动转矩。转子旋转后，$s<1$，$(2-s)>1$，等效电阻 $0.5\times\frac{r_2'}{s}>0.5\times\frac{r_2'}{2-s}$，故 $E_f>E_b$，说明 Φ_f 增强、Φ_b 削弱、$T_f>T_b$，存在驱动转矩。当正常运转时，s_N 很小，Φ_f 的幅值将数倍于 Φ_b，$T_f>>T_b$，反向转矩的影响已很小了。

单相感应电动机的最大转矩、效率均低于三相感应电动机。

图3-50电路中的参数，亦可用空载和堵转试验来确定，并可像三相电动机那样，由该等效电路算出定子电流、功率因数及转矩 $T_{em}=T_f-T_b$。

单相感应电动机没有起动转矩，必须采取一些特殊方法来帮助起动。主要方法有二：即**裂相起动和罩极起动**。

1）裂相起动：裂相起动的单相感应电动机的定子上有两个空间相隔90°电角度的绕组，一个为主绕组 w_m，一个为辅助绕组 w_a。辅助绕组串联一个离心开关或速度继电器后与主绕组并联，再一起接到单相电源，基本作用原理是使两个绕组不对称，接到同一电源后，使两个绕组的电流 i_m 和 i_a 不同相位，大小亦不相等。根据旋转磁场理论，i_m 与 i_a 产生的两个不对称脉动磁场将合成为一椭圆形旋转磁场，亦就是两个大小不等，转向相反，转速均为同步速 n_s 的圆形旋转磁场。椭圆磁场能产生起动转矩，使电动机旋转起来。

裂相具体有下列4种方式，如图3-51所示。

图3-51a为电阻裂相，辅助绕组较主绕组有较大的电阻对电抗的比值，令 i_a 与 i_m 不同相，气隙磁场为椭圆形，产生起动转矩。

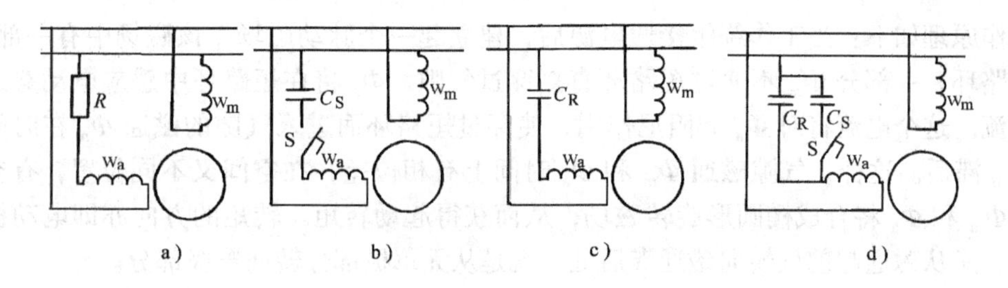

图 3-51　几种裂相电动机

a）电阻裂相　b）电容裂相　c）电容电动机　d）双电容电动机

图 3-51b 为电容裂相，辅助绕组串联电容器使主绕组和辅助绕组的电流不同相，在起动结束后，通过离心开关动作将辅助绕组切除，电动机转入单绕组运行。

图 3-51c 称为电容电动机，辅助绕组所串电容器在整个电动机运行过程都不被切除。它不仅帮助起动，并且改善了运行特性。

图 3-51d 为双电容电动机，辅助绕组串有两个并联的电容 C_R 和 C_S，运行电容 C_R 直接固定连接，起动电容 C_S 串有离心开关或继电器。在起动后被切除，这种方式兼有较好的起动及运行性能。

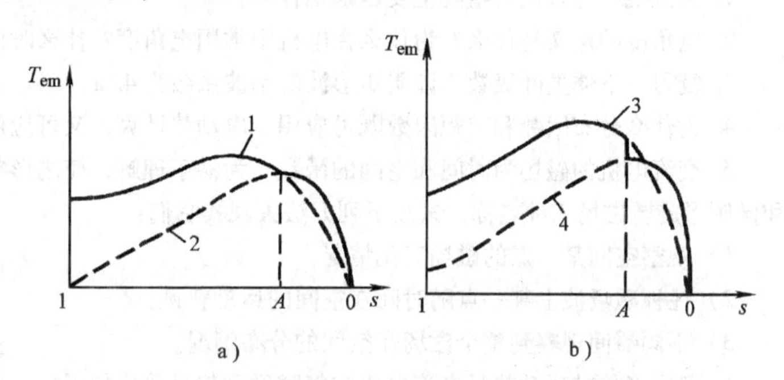

图 3-52　裂相起动 $T(s)$ 曲线

a）裂相起动　b）双电容电机

1—主、辅绕组共同工作时　2—仅主绕组工作时

3—双电容共同工作时　4—运行电容单独工作时

图 3-52 表示了上列起动方法的机械特性。图 3-52a 为图 3-51a、b 的裂相起动时的 $T(s)$ 曲线。曲线 1（A 点左的实线和 A 点右的虚线）为主、辅绕组同时工作时的机械特性，曲线 2（A 点左的虚线和 A 点右的实线）为仅有主绕组工作时的特性。A 点为离心开关动作点，此刻运行工作点由曲线 1 滑向曲线 2。整个起动过程的 $T_{em}(s)$ 曲线如图 3-52a 实线所示。同样，图 3-52b 表示双电容电动机的机械特性。曲线 3 为当 C_R 和 C_S 均工作时的情况，曲线 4 表示 C_S 切除后的情况。

2）罩极起动：用此方法起动的电动机称为罩极电动机。其定子为凸极式，转子为笼型结构的单相感应电动机。定子极上设有单相工作绕组，极面上开有一个小槽，上套一短路环，称为罩极绕组，电动机即由此而命名。短路环所环绕的磁极铁心截面积约为整个极面积的 1/3，如图 3-53a所示。

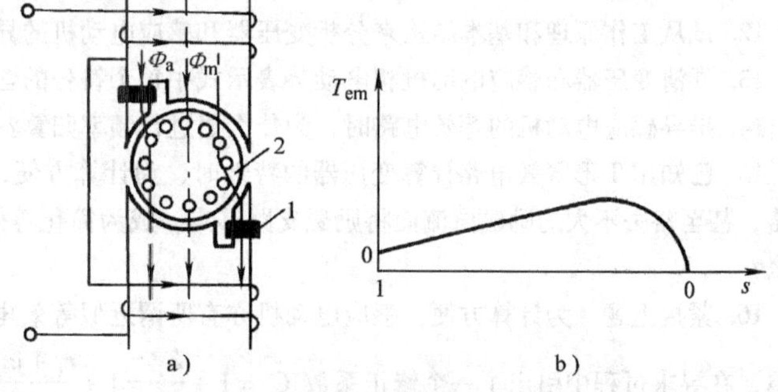

图 3-53　罩极电动机及其机械特性

a）结构示意图　b）典型的 $T_{em}(s)$ 曲线

1—罩圈（短路环）　2—笼型转子

工作原理如下：当工作绕组接通电源后，建立起一个脉动磁场，该磁场中有一部分 Φ_a 穿过短路环，一部分 Φ_m 不通过短路环直接穿过气隙。Φ_a 将在短路环中感应电动势，产生短路电流。这个电流将对 Φ_a 起阻尼作用，使穿过短路环而进入气隙的磁通 Φ_a 在时间相位上较 Φ_m 滞后。这样，气隙磁通 Φ_m 和 Φ_a 时间上有相位差，在空间又不同位置，有空间相角差。Φ_m 和 Φ_a 将合成椭圆形旋转磁场，从而获得起动转矩。转矩的方向亦即电动机的旋转方向，是从磁通超前处转向磁通滞后处，就是从无罩极部分转向罩极部分。

罩极电动机的起动转矩较小、效率较低。但由于结构简单、造价低廉，故常被采用于对起动转矩要求不高的设备中。罩极电动机的功率小，通常只有几瓦到几十瓦。

思　考　题

1. 交流绕组与直流绕组的主要区别是什么？

2. 电角度的定义是什么？为什么在电机中常用电角度？什么时候又要用机械角度和机械角速度？

3. 复习一下傅里叶级数，证明矩形波的基波系数为 $4/\pi$。

4. 为什么分布因数和节距因数既可应用于电动势计算，又可应用于磁动势计算？

5. 交流电机的磁场为时间和空间的函数，为易于理解，使之形象化，提出了脉动磁场、圆形旋转磁场和椭圆形旋转磁场三种名称，试按下列方法去观察它们：

1）观察空间某一点的磁场变化情况；

2）注视磁场波上某一点随时间在空间的运动轨迹；

3）不同瞬间观察到整个磁场在空间的分布情况。

6. 椭圆形旋转磁动势是交流电机空气隙磁动势最普遍的形式。在什么情况下它将被简化成圆形旋转磁动势？在什么情况下它将被简化成脉动磁动势？

7. 如何确定圆形旋转磁动势的幅值、转速、转向及当某相电流为最大值时，其幅值所在的空间位置？

8. 多相对称电流流过多相对称绕组将产生基波及 ν 次空间谐波旋转磁场，它们在该绕组中感应的电动势频率各为多少？若转速为 n（单位为 r/min）的转子上有一 ν 次空间磁动势波，将在定子电枢绕组中感应的电动势频率又为多少？

9. 如果流入电枢绕组的电流中有高次时间谐波分量，亦将产生旋转磁场，试分析这个磁场的转速及它在电枢绕组中感应电动势的频率。

10. 基波旋转磁场的转速 n_s 称为同步速，你是如何理解“同步”二字的？

11. 椭圆形旋转磁动势的转速不是常数，但它的两个分量 $\boldsymbol{F}_+$ 和 $\boldsymbol{F}_-$ 的转速都是均匀的同步速，为什么？椭圆形旋转磁场的平均转速为多少？

12. 试从工作原理和基本结构来分析变压器和感应电动机的异同。

13. 弄清变压器和感应电动机相电动势表示式中每个符号的含义。

14. 推导感应电动机的等效电路时，为什么要进行频率归算？是如何归算的？

15. 已知用T形等效电路计算变压器的特性时，为计算方便，可将励磁支路移到电源端成为近似等效电路，甚至略去不大的励磁电流而将励磁支路移走，成为简化等效电路，在感应电动机能同样处理吗？为什么？

16. 紧接上题，为计算方便，感应电动机亦有所谓近似等效电路和简化等效电路，但不像变压器那样简单，在寻求过程中引出了一个修正系数 $\dot{C}=1+\dfrac{Z_1}{Z_m}=1+\dfrac{r_1+jx_{1\sigma}}{r_m+jx_m}$。由于 $r_1<x_{1\sigma}$；$r_m<<x_m$。可略去 r_1 和 r_m，修正系数便变成一实数 $C_1=1+\dfrac{x_{1\sigma}}{x_m}$。经数学运算可得经过修正的近似等效电路，如图3-54a所示。对容量较大的电动机 $x_{1\sigma}<<x_m$，可令 $C=1$，则近似等效电路便变为简化等效电路。你清楚引起上述麻烦的原

因是什么吗？

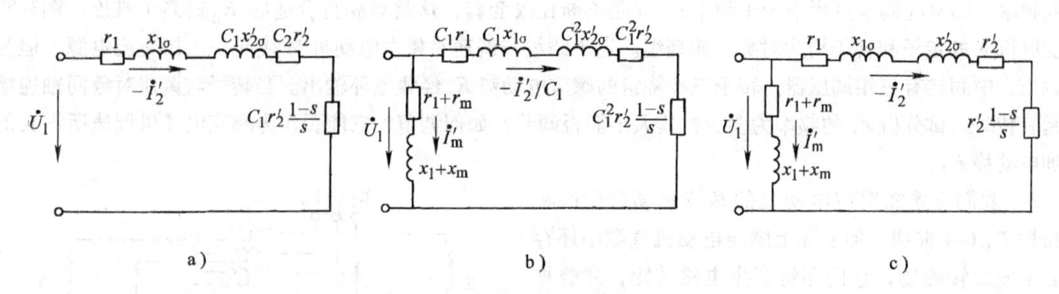

图 3-54 感应电动机的等效电路

a）求转子电流的近似等效电路 b）求定子电流的近似等效电路 c）感应电动机的简化等效电路

17. 为什么说空载试验和短路（堵转）试验是变压器和感应电动机的基本试验？为什么说感应电动机的堵转试验相当于变压器的短路试验？

18. 如何从感应电动机的空载试验中找出机械损耗？

19. 感应电动机功率流图中的内功率和电磁功率各自的定义是什么？它们与电磁转矩的关系有什么差别？

20. 因为 T_{max} 和它出现的临界转差率 s_c 决定着感应电动机的机械特性 $T_{em}(s)$ 的形状，所以必须了解电动机哪些参数对它有影响，哪些没有影响，可以通过什么方法来改变 s_c 的大小。

21. 综合比较感应电动机的各种起动方法的优缺点。

22. 图 3-55 所示是一种称为延边三角形的减压起动方法，电动机每相绕组要多引出一个抽头，其抽头位置由起动要求确定。起动时接线如图 3-55a 所示，起动结束，电动机转入正常运行时接线如图 3-55b 所示。试将它与星—三角起动作一简单比较。

23. 铁心损耗最后都转变为热能消耗掉，是不可逆转的损耗，所以电动机中总要想方设法来减小它。但有时候亦可利用它来完成某些功能，频敏变阻器就是一个例子。图 3-56a 为它的结构示意图。由较厚的钢板或铁板甚至用铸铁制成三相铁心式电感线圈，其等效电路如图 3-56b 所示。r_m 为与铁心中磁场变化频率的二次方近似成正比的铁心损耗的等效电阻，即 $r_m \propto f^2$。r 和 x 为匝数不多的线圈的电阻和电抗。试分析把它接入绕线转子感应电动机转子回路中，是如何改善起动特性的。

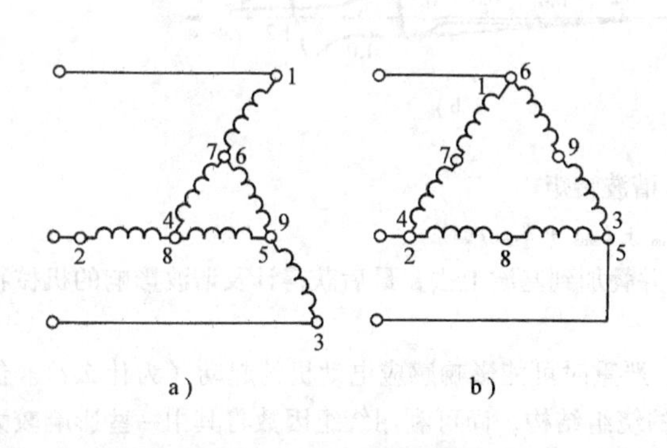

图 3-55 延边三角形减低起动

a）起动时接线 b）运行时接线

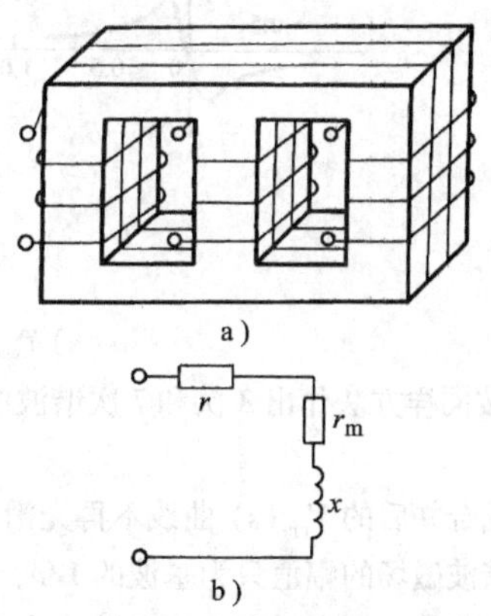

图 3-56 频敏变阻器

a）结构示意图 b）等效电路

24. 为什么绕线转子感应电动机不能采用变极调速？

25. 简单扼要地综述感应电动机的各种调速方法，并指出各种方法应用的局限性。

26. 已知用附加电动势 E_{Δ} 对绕线转子感应电动机进行调速有许多优点，但要求 E_{Δ} 的频率与转子电动势同频率，而且在调速过程中转子频率 sf_1 又是不断在改变着，这就对获得合适的 $\dot{E}_{\Delta}$ 提高了难度。图3-57中变频机 F 的定子和转子均为对称三相绕组。定子绕组与调速对象主电动机 M 接同一三相交流电源，但为了调压，中间接有三相调压器。转子三相绕组的感应电动势 E_r 经集电环输出。当转子与调速对象同轴连接一起旋转时，试分析 E_r 的频率为多少？其大小能否调节？如何调节？它能否作为感应电动机调速所需要的附加电动势 E_{Δ}。

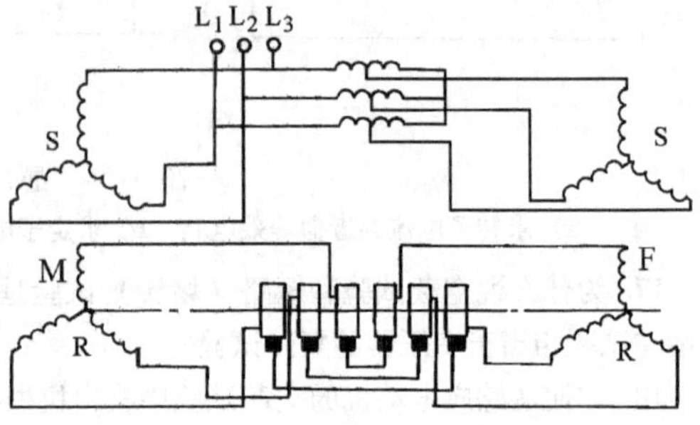

图3-57　一种可获得 E_{Δ} 的交流变频电机

M—主电动机（绕线转子感应电动机）

F—变频机　S—定子　R—转子

27. 我们已熟知感应电动机的基波磁场产生的机械特性 $T_{em}(s)$ 曲线，但实际上感应电动机气隙中还存在着谐波旋转磁场，它们亦将产生电磁转矩，并叠加到基波的 $T_{em}(s)$ 曲线上。以5次谐波旋转磁场为例，其转速为 $n_{s5}=-\frac{1}{5}n_s$（5次谐波旋转磁场为反转旋转磁场）。和基波同样分析可知 $T_{em5}(s_5)$ 的形状和 $T_{em}(s)$ 是相似的。在 $s_5=0$ 时，即转子转速与 n_{s5} 相等时，相对转速为零，$T_{em5}=0$。$T_{em5}(s_5)$ 的曲线如图3-58a所示。为与 $T_{em}(s)$ 叠加，可将 $T_{em5}(s_5)$ 改画成 $T_{em5}(s)$ 曲线。因为转子转速 n 等于 n_{s5} 时，$T_{em5}=0$，其时 $s=\frac{n_s+n_{s5}}{n_s}=\frac{n_s+\frac{n_s}{5}}{n_s}=1.2$。于是将图3-58a中 $T_{em5}=0$ 的点移到 $s=1.2$ 处，即为 $T_{em5}(s)$ 曲线，如图3-58b所示。

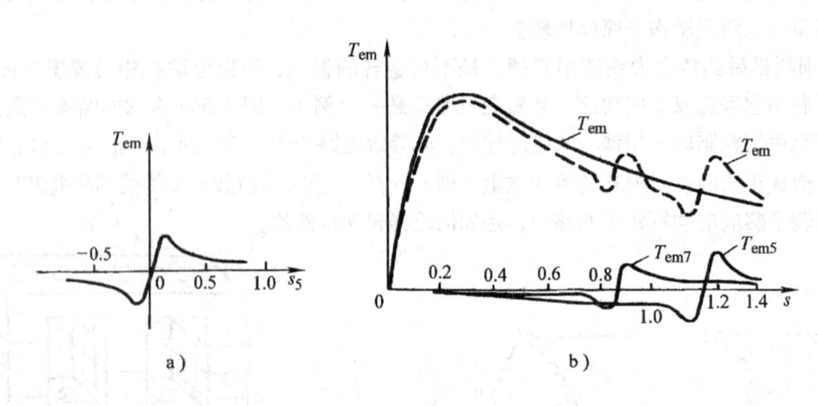

图3-58　谐波转矩

a) $T_{em5}(s_5)$　b) $(T_{em}+T_{em5}+T_{em7})(s)$

试按同样方法作出3次和7次谐波的电磁转矩，并叠加到基波上去，最后获得计及谐波影响的机械特性。

可见合并后的 $T_{em}(s)$ 曲线不再光滑，有凸有凹，严重时可能影响感应电动机的起动（为什么?）。但实际上谐波磁场的幅值只为基波的 $1/\nu$，且采用合理的绕组结构，尚可利用绕组因数将其中一些影响较大的谐波削弱甚至消灭，所以正常设计的感应电动机可以不考虑谐波转矩带来的影响。

28. 关于斜槽。经常看到感应电动机的转子齿槽是沿着轴长斜扭过一个左右定子齿距，称为斜槽。这是什么原因？因为由于齿槽的存在引起气隙磁导不均匀，面对齿部有较大的磁导，面对槽部磁导较小，所以即使气隙磁动势按正弦规律分布，齿槽部磁导的变化也会引起谐波磁场，此种谐波称为**磁导齿谐波**。它亦将在转子导条中感应电动势并产生电流，激励相应的谐波磁场及电磁转矩。虽然只有极对数相同，转向一

致的旋转磁场才能产生平均转矩（为什么?），但某些谐波转矩平均转矩虽为零，仍会导致转矩的波动电机振动，不利于电动机的正常运转。所以应尽量消除这些谐波的影响。斜槽的作用就是消除这种磁导齿谐波的影响。

参看图3-59。其中图3-59a为定子齿槽；图3-59b是从气隙磁场中分离出来的磁导齿谐波磁场。试分析图3-59c所示直槽转子（其导条沿轴向和定子齿槽对齐）和图3-59d斜槽转子（转子导条沿轴向斜扭一个定子齿距）两种不同情况下，齿谐波在导条中的感应电动势有什么区别；进而理解斜槽的作用。

29. 图3-60表示感应电动机的三种运行情况。图中 T_{em} 为旋转磁场产生的电磁转矩，设 T 为外转矩。图3-60b转子导体的转速 n 与气隙旋转磁场的同步速 n_s 同方向，但 $n<n_s$；图3-60c表示 n 与 n_s 同方向但 $n>n_s$；图3-60a表示 n 与 n_s 转向相反。试标上 T 的方向（稳定运行时 T_{em} 与 T 应相等相反，为什么?），以及它们的转差率 s；在感应电动机的 $T_{em}(s)$ 曲线标出三种情况的区域；并判断哪个区域是电动机运行情况，哪个是发电机运行情况，哪个是制动运行情况。

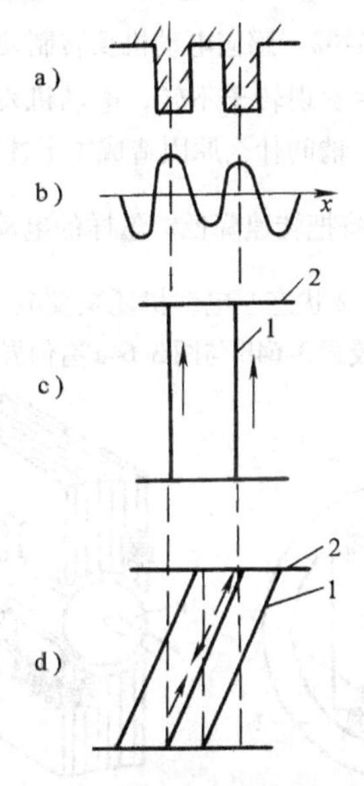

图3-59　应用斜槽消除齿波的影响

a）定子齿　b）定子磁导齿谐波

c）直槽转子　d）斜槽转子

1—导条　2—端环

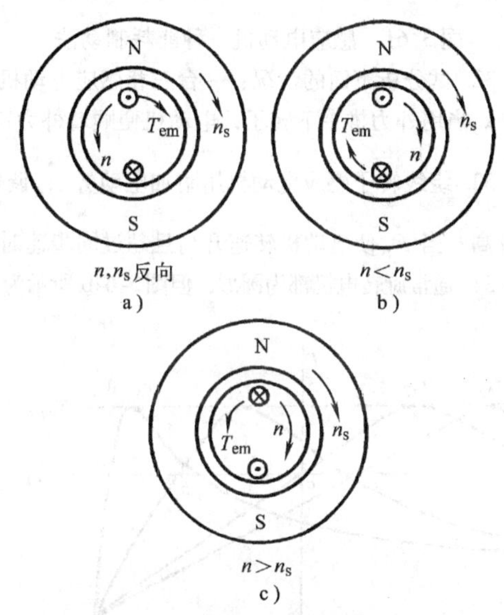

图3-60　感应电动机的三种运行情况

a）n 与 n_s 反方向

b）$n<n_s$　c）$n>n_s$

30. 关于制动。制动是机械负载对驱动电动提出的特殊要求。例如，要求电动机迅速地自高转速减到低转速；要求在规定的短时间内迅速地停止转动；要求迅速地反转等，都需要制动。正在运行中的电动机从电源断开后，转动部分贮藏的动能将使电动机继续旋转，直到动能全部消耗掉，电动机才会停转。由于动能只消耗在机械损耗上，所以需要较长的时间才能将动能耗完。容量越大的电动机所需的时间越长。如需迅速停转，必须采取制动措施。所谓制动就是设法在原有旋转方向上施加一个反方向的转矩。在直流电动机一章中，已经介绍过几种直流电动机的制动方法。感应电动机亦有类似的制动方法。

参看图3-61，合上开关 S_1，电动机正常运行。为使电机能尽快停转，在断开 S_1 后立即合上开关 S_2。试分析经上述操作后电动机的工作情况。

图3-62为另一种制动方法。开关S倒向位置“1”时电动机正常工作。试分析当开关倒向位置“2”时，电动机的工作情况。

31. 一台绕线转子感应电动机用于起重机械中，调节附加电阻 r_{Δ} 的工作情况如图3-63所示。当起重机械提升重物时运行在电动机状态。被提升重物的阻力转矩为 T_L。在平衡状态时电动机工作在 a 点，电动机的电

磁转矩 $T_{em}=T_L$。加大附加电阻可降低电动机转速，但继续举高重物但速度变低，试分析当增大附加电阻为 $r_{\Delta2}$ 时，工作点为 c；增大附加电阻为 $r_{\Delta3}$ 时，工作点为 d，这两种情况下电动机及起重机械的工作情况。

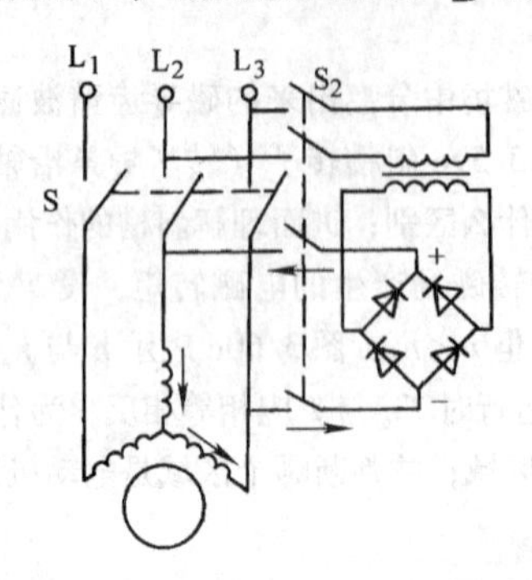

图 3-61　感应电动机一种能耗制动法

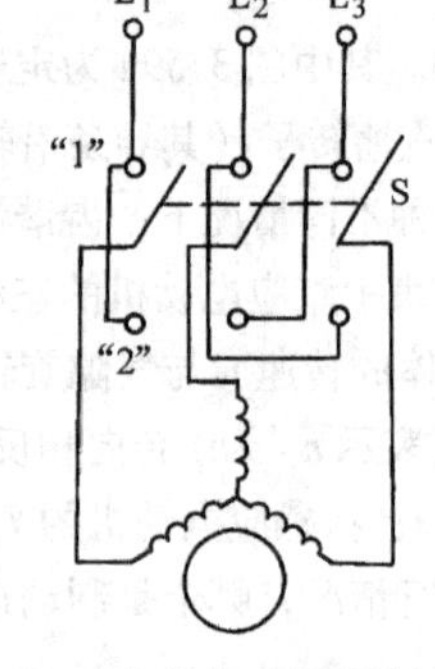

图 3-62　感应电动机反转制动法

32. 试分析下面的情况：一台三相感应电动机空载，合上电源后发现转子不转，电动机发出嗡嗡振动噪声。当用外力推一下转子，电动机便顺着外力矩的方向旋转起来。请问什么原因造成了上述现象？

33. 绕线转子感应电动机用附加电动势 $\dot{E}_\Delta$ 调速，怎样的电动势将把转速降低？怎样的电动势可以把转速升高？当 $\dot{E}_\Delta$ 使电动机转速升高且超过同步速时，电动机工作在什么状态？电动机还是发电机？

34. 通常旋转电机都为圆形，但图 3-64b 所示为一方形电机，试比较图 3-64b 与图 3-64a 有何异同。

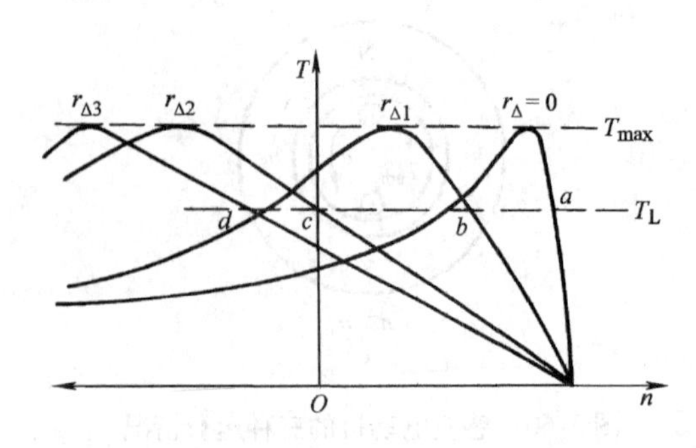

图 3-63　工作在起重机械中的绕线转子感应电动机工作状态分析

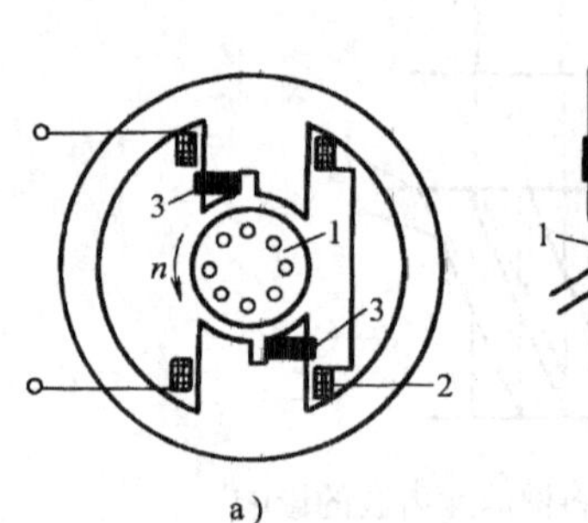

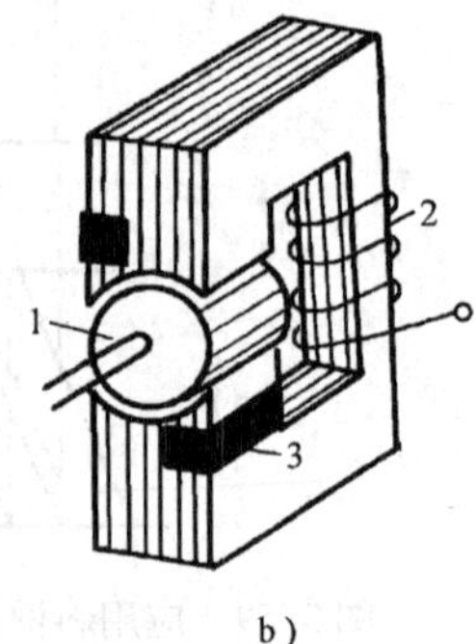

图 3-64　两种不同的罩极电机

1—笼型转子　2—主绕组　3—罩极线圈

习　题

3-1　有一台三相交流电机，定子：槽数 $z_1=36$，$2p=4$，$y=\frac{7}{9}\tau$，各相的元件组全部串联，试画出该双层叠绕组的展开图和元件连接次序图。

3-2　上题中每个元件匝数 $n_c=40$，试求每相绕组的串联匝数、基波、5 次谐波和 7 次谐波的绕组因数。

3-3　上题三相对称绕组中流入三相对称电流，电流的有效值为 10A，频率为 50Hz，试求合成磁动势中的基波、5 次谐波和 7 次谐波分量旋转磁动势的幅值、转速和转向。

3-4　各相空间相差 $2\pi/m$ 电角度的 m 相对称绕组中，通入各相时间相位差为 $2\pi/m$ 的 m 相对称电流，试问合成的气隙磁动势是什么性质？并求合成磁动势的基波幅值与每相脉动磁动势基波振幅之比。

3-5　一台交流电机定子铁心上有 a 与 b 两个绕组，它们的磁轴在空间相隔90°电角度，当 a 绕组中通入 $i_a = 2\sin\omega t$ A 时，下列两种情况下，为获得气隙磁场为圆形旋转磁场，则在 b 绕组中应通入电流 i_b 的表示式，且当：

1）绕组 a 与 b 有相同的有效匝数；

2）绕组 a 与 b 的有效匝数比为 1∶2。

3-6　一台 50Hz，$p=4$ 的三相感应电动机，额定转差率 $s_N = 0.043$，问该电动机的额定转速是多少？如该电动机运行在 700r/min 时，转差率是多少？当该电动机起动时，转差率是多少？当电动机空载时，转差率是多少？

3-7　一台 50Hz，6 极三相感应电动机，额定功率 7.5kW，额定转速 964r/min，额定电压380V，额定电流16.4A，额定功率因数为0.78（滞后），求额定运行时效率是多少？输出转矩是多少？

3-8　例题

一台三相笼型感应电动机，额定功率为 3kW，额定电压 380V，额定转速为 957r/min，定子绕组为星形联结，已知其参数如下：

$$r_1 = 2.08\Omega \qquad r_2' = 1.525\Omega \qquad r_m = 4.12\Omega$$
$$x_{1\sigma} = 3.12\Omega \qquad x_{2\sigma}' = 4.25\Omega \qquad x_m = 62\Omega$$

试分别用 T 形等效电路、近似等效电路、简化等效电路求电动机在额定转速时的定子电流、转子电流 I_2'、功率因数、输入功率、输出功率和效率。设电动机的机械损耗为 60W。

解　求额定转差率。因 $n_N = 957$r/min，此电动机极对数 p 一定是 3，为 6 极机，相应的同步速为 1000r/min。

$$s_N = \frac{n_s - n_N}{n_s} = \frac{1000 - 957}{1000} = 0.043$$

电动机为星形联结，故 $U_1 = \frac{380}{\sqrt{3}}\text{V} = 220\text{V}$，以相电压 $\dot{U}_1$ 为参考轴，则有 $\dot{U}_1 = 220\ \underline{/0°}$。

1）用 T 形等效电路求解：

定子电流

$$\dot{I}_1 = \frac{\dot{U}_1}{Z_1 + \dfrac{Z_{2s}' Z_m}{Z_{2s}' + Z_m}} = \frac{220\ \underline{/0°}}{2.08 + \text{j}3.12 + \dfrac{\left(\dfrac{1.525}{0.043} + \text{j}4.25\right)(4.12 + \text{j}62)}{\dfrac{1.525}{0.043} + \text{j}4.25 + 4.12 + \text{j}62}}\ \text{A}$$

$$= 6.822\ \underline{/-36.45°}\ \text{A}$$

转子电流归算值

$$-\dot{I}_2' = \frac{\dot{I}_1 Z_m}{Z_{2s}' + Z_m} = \frac{6.822\ \underline{/-36.45°}(4.12 + \text{j}62)}{\dfrac{1.525}{0.043} + \text{j}4.25 + 4.12 + \text{j}62}\ \text{A}$$

$$= 5.49\ \underline{/-9.38°}\text{A}$$

励磁电流

$$\dot{I}_m = \dot{I}_1 + \dot{I}_2 = (6.822\ \underline{/-36.45°} - 5.49\ \underline{/-9.38°})\ \text{A}$$

$$=3.16\angle-88.73°\text{A}$$

功率因数

$$\cos\varphi_1=\cos(-36.45°)=0.804(\text{滞后})$$

输入功率

$$P_1=3U_1I_1\cos\varphi_1=3\times220\times6.822\times0.804\text{W}=3620\text{W}$$

内功率

$$P_i=3\dot{I}_2'^2r_2'\frac{1-s}{s}=3\times5.49^2\times1.525\times\frac{1-0.043}{0.043}\text{W}$$

$$=3068\text{W}$$

输出功率 $$P_2=P_i-p_{\text{mech}}=(3068-60)\text{W}=3008\text{W}$$

效率

$$\eta=\frac{P_2}{P_1}=\frac{3008}{3620}=0.8309$$

2）用图3-54a求 $\dot{I}'_2$的等效电路求 $\dot{I}'_2$

修正系数 $$C_1=1+\frac{x_{1\sigma}}{x_{\text{m}}}=1+\frac{3.12}{62}=1.05$$

转子电流

$$-\dot{I}'_2=\frac{\dot{U}_1}{\left(r_1+C_1\frac{r_2'}{s}\right)+\text{j}(x_{1\sigma}-C_1x_{2\sigma}')}$$

$$=\frac{220\angle0°}{\left(2.08+1.05\frac{1.525}{0.043}\right)+\text{j}(3.12+1.05\times4.25)}\text{A}$$

$$=5.495\angle-10.91°\text{A}$$

用图3-54b求 $\dot{I}_1$的等效电路求 $\dot{I}'_{\text{m}}$和 $\dot{I}_1$

先求 $\dot{I}'_{\text{m}}$

$$\dot{I}'_{\text{m}}=\frac{\dot{U}_1}{(r_1+r_{\text{m}})\;+\text{j}\;(x_{1\sigma}+x_{\text{m}})}$$

$$=\frac{220\angle0°}{(2.08+4.12)\;+\text{j}\;(3.12+62)}\text{A}$$

$$=3.363\angle-84.56°\text{A}$$

定子电流 $$\dot{I}_1=\dot{I}'_{\text{m}}-\frac{\dot{I}'_2}{C_1}=\left(3.363\angle-84.56°+\frac{5.495}{1.05}\angle-10.91°\right)\text{A}$$

$$=6.978\angle-38.46°\text{A}$$

功率因数 $$\cos\varphi_1=\cos(-38.46)=0.783(\text{滞后})$$

输入功率 $$P_1=3U_1I_1\cos\varphi_1=3\times220\times6.978\times0.783\text{W}$$

$$=3604\text{W}$$

内功率 $$P_i=3I_2'^2r_2'\frac{1-s}{s}=3\times5.495^2\times1.525\frac{1-0.043}{0.043}\text{W}$$

$$=3074\text{W}$$

输出功率 $P_2=P_i-p_{mech}=(3074-60)\text{W}=3014\text{W}$

效率 $\eta=\dfrac{P_2}{P_1}=\dfrac{3014}{3604}=0.8363$

3）用图3-54c简化等电路来求解：

转子电流

$$-\dot{I}'_2=\frac{\dot{U}_1}{\left(r_1+\dfrac{r'_2}{s}\right)+\text{j}(x_{1\sigma}+x'_{2\sigma})}=\frac{220\angle 0°}{\left(2.08+\dfrac{1.525}{0.043}\right)+\text{j}(3.12+4.25)}\text{A}$$

$$=5.74\angle -11.1°\text{A}$$

励磁电流 $\dot{I}'_m=\dfrac{\dot{U}_1}{(r_1+r_m)+\text{j}(x_{1\sigma}+x_m)}=3.363\angle -84.56°\text{A}$

定子电流

$$\dot{I}_1=\dot{I}'_m-\dot{I}'_2=(3.363\angle -84.56°+5.74\angle -11.1°)\text{A}$$

$$=7.451\angle -36.99°\text{A}$$

功率因数 $\cos\varphi_1=\cos(-36.99°)=0.799$（滞后）

输入功率 $P_1=3U_1I_1\cos\varphi_1=3\times 220\times 7.451\times 0.799\text{W}$

$=3929\text{W}$

内功率

$$P_i=3I_2'^2r'_2\frac{1-s}{s}=3\times 5.74^2\times 33.94\text{W}$$

$$=3355\text{W}$$

输出功率 $P_2=P_i-p_{mech}=(3355-60)\text{W}=3295\text{W}$

效率 $\eta=\dfrac{P_2}{P_1}=\dfrac{3295}{3929}=0.8386$

下面列出了上列三种计算结果以T形等效电路的数据为基础的相对误差情况，见表3-2。

表3-2 相对误差情况

电动机物理量 \ 不同电路的相对误差	T形电路	近似电路	相对误差（%）	简化电路	相对误差（%）
转子电流 I'_2/A	5.49	5.495	−0.09	5.74	−4.5
定子电流 I_1/A	6.822	6.978	+2.3	7.451	+9.2
励磁电流 I_m/A	3.16	3.363	+6.4	3.363	+6.4
功率因数 $\cos\varphi_1$	0.804	0.783	−2.6	0.799	−0.6
输入功率 P_1/W	3620	3604	−0.44	3929	+8.5
内功率 P_i/W	3068	3074	+0.1	3365	+9.7
输出功率 P_2/W	3008	3016	+0.2	3295	+9.5
效率 η	0.8309	0.8368	+0.7	0.8386	+0.93

分析表3-2，发现由简化等效电路计算时，误差较大，这是因为该机功率小。计算时用 $C_1 \approx 1.05$ 代替了 $\dot{C}_1 = 1 + \dfrac{Z_1}{Z_m} = 1 + \dfrac{2.08 + j3.12}{4.12 + j6.2} = 1.0529 \underline{/-16.32^\circ}$，故有较大误差。对于中、大型感应电动机，$C_1$ 很接近1，所引起误差将大为降低。三种计算中，简化等效电路的复数计算量最少，且总的误差一般小于10%，故简化等效电路仍有其存在的价值。

3-9　例题

即使利用简化等效电路来计算感应电动机的特性，计算还是很烦琐，且必须知道电动机的参数，它们又须通过试验才能获得。下面将导出一个转矩实用计算公式，它可以从电动机铭牌或产品目录中提供的数据：额定转速 n_N 或相应的转差率 s_N；额定输出功率（即电机容量）；过载能力 K_m 及临界转差率 s_c，用简单的代数计算，求出感应电动机重要的机械特性 $T_{em}(s)$ 曲线。

将最大转矩表达式（3-67）去除转矩表达式（3-62）得，并令 $C_1 = 1$ 得

$$\frac{T_{em}}{T_{max}} = \frac{\dfrac{mp}{\omega_1}U_1^2 \dfrac{\dfrac{r_2'}{s}}{(r_1 + r_2'/s)^2 + (x_{1\sigma} + x_{2\sigma}')^2}}{\dfrac{mp}{\omega_1}U_1^2 \dfrac{1}{2\left[r_1 + \sqrt{r_1^2 + (x_{1\sigma} + x_{2\sigma}')^2}\right]}} = \frac{2r_2'\left[r_1 + \sqrt{r_1^2 + (x_{1\sigma} + x_{2\sigma}')^2}\right]}{s\left[\left(r_1 + \dfrac{r_2'}{s}\right)^2 + (x_{1\sigma} + x_{2\sigma}')^2\right]}$$

由临界转差率表达式（3-66），并令 $C_1 = 1$，得

$$\sqrt{r_1^2 + (x_{1\sigma} + x_{2\sigma}')^2} = \frac{r_2'}{s_c}$$

代入上式得

$$\frac{T_{em}}{T_{max}} = \frac{2r_2'\left(r_1 + \dfrac{r_2'}{s_c}\right)}{s\left[r_1^2 + 2\dfrac{r_1 r_2'}{s} + \dfrac{r_2'^2}{s^2} + (x_{1\sigma} + x_{2\sigma}')^2\right]} = \frac{2r_2'\left(r_1 + \dfrac{r_2'}{s_c}\right)}{s\left[\left(\dfrac{r_2'}{s_c}\right)^2 + \left(\dfrac{r_2'}{s}\right)^2 + \dfrac{2r_1 r_2'}{s}\right]}$$

上式分子分母乘以$\dfrac{s_c}{r_2'^2}$，可化简为

$$\frac{T_{em}}{T_{max}} = \frac{2\left(\dfrac{r_1}{r_2}s_c + 1\right)}{\dfrac{s}{s_c} + \dfrac{s_c}{s} + \dfrac{2r_1}{r_2'}s_c} = \frac{2 + \Delta}{\dfrac{s}{s_c} + \dfrac{s_c}{s} + \Delta} \tag{3-78}$$

式中，$\Delta = \dfrac{2r_1}{r_2'}s_c$，一般情况 s_c 在0.1～0.2之间，$r_1 \approx r_2'$，故 $\Delta \approx 0.2 \sim 0.4$ 比2小得多，在分母中 Δ 占的比重更小，因此，当忽略 Δ 后式（3-78）可写成

$$\frac{T_{em}}{T_{max}} = \frac{2}{\dfrac{s}{s_c} + \dfrac{s_c}{s}} \tag{3-79}$$

式（3-79）称为机械特性简化实用表达式。利用它根据铭牌数据，设一系列转差率 s 值，算出相应的电磁转矩 T_{em}，便可画出机械特性 $T_{em}(s)$ 曲线。

需强调指出，由于趋肤效应，饱和程度等的影响，电动机参数是变化的，用上式得到的机械特性只能算是估算值，尤其在 $s=s_c\sim1$ 那一段不稳定运行区的误差较大。但是，如果不是研究起动过程，仅只研究正常运行的一段，上述计算还是可取的。

3-10 上题中的表达式是由略去 Δ 后所得。而 $\Delta=\dfrac{2r_1}{r_2'}s_c$，试令 $r_1=0$，$C_1=1$，请直接导出上列机械特性简化实用表达式。并对某一 3kW 感应电动机算出其机械特性 $T_{em}(s)$ 曲线，由铭牌得知该机的额定转速为 960r/min，过载能力 $K_m=2$。

3-11 有一台 380V、50Hz、3kW，957r/min 星形联结的三相感应电动机，额定运行时的效率为 0.83，功率因数为 0.805，定子铁心的内直径 $D_a=14.8\text{cm}$，铁心轴向长 $l=11\text{cm}$，定子铁心有 36 槽，定子绕组为单层绕组，每槽有 40 导体，转子铁心槽数为 33 的笼型结构，试求：

1）该电动机的极数，同步转速及额定转差率；

2）额定输入功率及额定输入电流；

3）定子绕组的绕组因数及每相匝数；

4）设定子绕组额定电动势为端电压的 85%，求额定运行时的每极磁通及空气隙磁场的最高磁通密度；

5）在额定运行情况下每一转子导条的感应电动势及频率；

6）当额定电流流过定子绕组时，所产生的电枢磁动势的幅值。

3-12 一台 3000V，50Hz，90kW，$n_N=1457\text{r/min}$，星形联结三相绕线转子感应电动机，$\cos\varphi_N=0.86$，$\eta_N=0.895$；定子铁心内径 $D_a=35\text{cm}$，铁心轴向长度 $l=18\text{cm}$，定子铁心共有 48 槽，每槽有 40 个导体，定子绕组为双层短距绕组，线圈跨距为 10 槽；转子绕组为双层整距绕组，每一线圈只有 1 匝，转子铁心槽数为 60。试求：

1）该电动机的极对数、同步转速及在额定运行情况下的转差率；

2）定子额定输入功率及额定输入电流；

3）定子绕组的绕组因数及每相匝数；

4）转子绕组的绕组因数及每相匝数；

5）设在额定运行时，定子感应电动势为额定端电压的 90%，求每极磁通；

6）同上情况下，转子每相感应电动势及其频率；

7）同上情况下，气隙旋转磁场的最高磁通密度；

8）当额定电流流过定子绕组时，定子基波旋转磁动势的幅值。

3-13 一台额定容量为 5.5kW，频率为 50Hz 的三相 4 极感应电动机，在某一运行情况下，自定子方面输入的功率为 6.32kW，定子铜耗为 341W，转子铜耗为 237.5W，铁心损耗为 167.5W，机械损耗为 45W，杂散损耗为 29W，试绘出该电动机此时的功率流图，标明电磁功率、内功率、输出机械功率的数值。在这一运行情况下，该电动机的效率是多少？转差率是多少？转速是多少？电磁转矩及负载机械转矩是多少？

3-14 一台 10kW 星形联结感应电动机，$U_N=380\text{V}$，$2p=4$，$I_N=19.8\text{A}$，$f=50\text{Hz}$。由空载试验和堵转试验测得下列数据：

空载试验：$U_0=380\text{V}$，$I_0=10\text{A}$，$p_0=600\text{W}$，$p_{mech}=100\text{W}$

堵转试验：$U_k=100\text{V}$ $I_k=19\text{A}$，$p_k=1000\text{W}$

略去附加（杂散）损耗p_{ad}。测出定子每相电阻$r_1=0.6\Omega$，设$x_{1\sigma}=x'_{2\sigma}$，试画出感应电动机的T形等效电路并注上r'_2、$x_{1\sigma}$、$x'_{2\sigma}$、r_m、x_m的数值。

3-15 当$n_N=1450\text{r/min}$时，求上题电动机在额定运行时的输入功率、电磁功率、内功率以及各种损耗、最大电磁转矩、过载能力以及临界转差率。分别用T形等效电路及简化等效电路进行计算。

3-16 例题

一台三相感应电动机，$P_N=100\text{kW}$，$2p=6$，$f=50\text{Hz}$，$n_N=980\text{r/min}$，$p_{mech}=1\text{kW}$，$p_{ad}=0.5\%P_N$，在转子回路中接入变阻器把转速降低至750r/min，如负载转矩保持不变，试求消耗在变阻器中的功率。

解 该电动机的同步转速为

$$n_s=\frac{60f}{p}=\frac{60\times50}{3}\text{r/min}=1000\text{r/min}$$

额定转差率
$$s_N=\frac{n_s-n_N}{n_s}=\frac{1000-980}{1000}=0.02$$

根据功率关系有
$$P_{em}=P_2+p_{mech}+p_{Cu2}+p_{ad}$$

$$P_{em}=\frac{p_{Cu2}}{s}$$

代入已知的$P_2=100\text{kW}$，$p_{mech}=1\text{kW}$，$p_{ad}=0.5\text{kW}$，$s=0.02$，求解上列联立方程得

$$P_{em}=103.5\text{kW}$$

$$p_{Cu2}=2.07\text{kW}$$

依题意接入调速变阻器使转速降为750r/min，此时转差率为

$$s'=\frac{1000-750}{1000}=0.25$$

由于转矩保持不变，电磁功率也保持不变，接入变阻器后，转子回路总的铜耗为

$$p'_{Cu2}=s'P_{em}=0.25\times103.5\text{kW}=25.87\text{kW}$$

可见串入调速电阻后，转子铜耗增加了

$$\Delta p_{Cu2}=p'_{Cu2}-p_{Cu2}=(25.87-2.07)\text{kW}=23.8\text{kW}$$

因转矩不变、调速后的输出功率为

$$P'_2=P_2\frac{n'}{n}=100\times\frac{750}{980}\text{kW}=76.5\text{kW}$$

可见，这一调速方法很不经济，在本例情况下，消耗在调速变阻器中的铜耗竟达输出功率的31%。

3-17 一台380V，50Hz，1455r/min，定子为三角形联结的绕线转子感应电动机，已知每相参数为

$$r_1=r'_2=0.072\Omega\qquad x_{1\sigma}=x'_{2\sigma}=0.2\Omega$$

$$r_m=0.7\Omega\qquad x_m=5\Omega$$

试求：

1）额定电压下直接起动的定子电流及其功率因数，转子未接起动电阻而直接由转子集电环电刷短路；

2）额定运行情况下的定子电流，并写出1）中的起动电流倍数；

3）额定电压下直接起动时的起动转矩；

4）额定运行时的转矩，并写出起动转矩倍数；

5）要使起动时有最大转矩，求每相转子回路中应接入的电阻值（归算到定子方面的数值即 r'_{2st}），这时的起动电流为多少？

6）为限制起动电流不超过额定电流的 2 倍，求每相转子回路中应接入的电阻值，这时的起动转矩为多少？

7）如欲将转速调到 1420r/min，求调速电阻值。

3-18　题 3-17 的电动机，当转子回路直接短路，利用Y/△换接法起动，写出起动电流和起动转矩的数值。当应用自耦变压器减压起动，自耦变压器的电压比 k_a 为 2，此时电网和电动机的起动电流各为多少？

3-19　有一台三相，笼型感应电动机，$U_N = 380V$，定子绕组为三角形联结，查手册得知该机起动电流倍数为 6.5，起动转矩倍数为 2，试求：

1）应用Y/△起动法，起动电流和起动转矩为多少？

2）应用自耦变压器减压起动，使电机起动转矩大于额定转矩，而自耦变压器的抽头有两个，即 65% 和 80%，应选用哪一个抽头，此时电网和电动机的起动电流各为多少？起动转矩为多少？

注：手册查到的起动电流倍数、起动转矩倍数均指额定电压直接起动时的数值。

3-20　例题

本例题的目的是熟悉对称分量法。

设有一台三相、4 极、380V、50Hz，星形联结感应电动机，已知其参数为 $r_1 = 0.065\Omega$、$r'_2 = 0.05\Omega$，$x_{1\sigma} = x'_{2\sigma} = 0.2\Omega$，为简单起见，计算时可把励磁电流略去不计。试求当转差率为 2% 时，该电动机的电磁转矩和内功率及定子电流。设电动机电源的熔丝有一相烧断，试问这时电动机是两相运行，还是单相运行？假设负载阻力转矩和机械损耗都保持不变，试求该电动机在此情况下的转速及定子电流（设在双倍频率时，由于趋肤效应，转子电阻将增加 20%）。

解　当励磁电流略去不计，可取修正系数 $C_1 = 1$。

相电压

$$U_1 = 380V/\sqrt{3} = 220V$$

电磁转矩

$$\begin{aligned} T_{em} &= \frac{mp}{\omega_1} U_1^2 \frac{r'_2/s}{(r_1 + r'_2/s)^2 + (x_{1\sigma} + x'_{2\sigma})^2} \\ &= \frac{3 \times 2}{314} \times 220^2 \times \frac{0.05/0.02}{(0.065 + 0.05/0.02)^2 + (0.2 + 0.2)^2} \text{N} \cdot \text{m} \\ &= 343 \text{N} \cdot \text{m} \end{aligned}$$

转速

$$n = (1 - s) n_s = (1 - 0.02) \times \frac{60 \times 50}{2} \text{r/min} = 1470 \text{r/min}$$

内功率

$$P_i = T\Omega = 343 \times \frac{2\pi \times 1470}{60} \text{kW} = 52.8 \text{kW}$$

定子电流

$$I_1 = I'_2 = \frac{U_1}{\sqrt{(r_1 + r'_2/s)^2 + (x_{1\sigma} + x'_{2\sigma})^2}}$$

$$= \frac{220}{\sqrt{(0.065 + 0.05/0.02)^2 + (0.2 + 0.2)^2}}\text{A} = 84.7\text{A}$$

当一相熔丝烧断后，其接线图如图3-65所示，断开的为A相。应用对称分量法时先列出端点方程式，即有

$$\left.\begin{aligned} \dot{I}_A &= 0 \\ \dot{I}_B &= -\dot{I}_C \end{aligned}\right\} \tag{3-80}$$

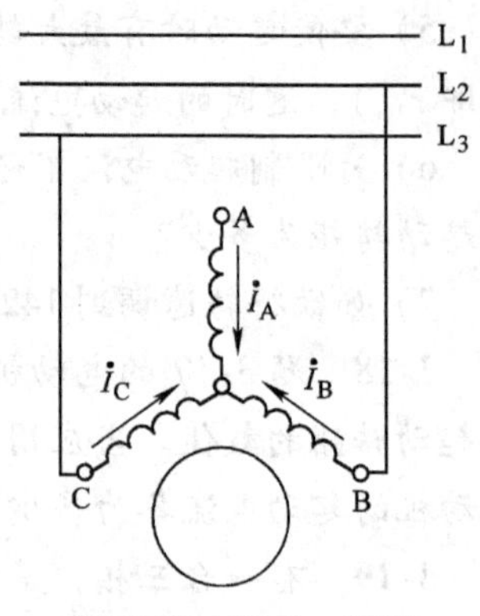

图3-65　定子一相断开时的感应电动机

分解为对称分量，并代入式（3-80）得

$$\left.\begin{aligned} \dot{I}_{A0} &= \frac{1}{3}(\dot{I}_A + \dot{I}_B + \dot{I}_C) = 0 \\ \dot{I}_{A+} &= \frac{1}{3}(\dot{I}_A + a^2 I_B + a I_C) = -\frac{\sqrt{3}}{3}\dot{I}_B \\ \dot{I}_{A-} &= \frac{1}{3}(\dot{I}_A + a\dot{I}_B + a^2 I_C) = \frac{\sqrt{3}}{3}I_B = -\dot{I}_{A+} \end{aligned}\right\} \tag{3-81}$$

流入B相的电流

$$\begin{aligned} \dot{I}_B &= \dot{I}_{B0} + \dot{I}_{B+} + \dot{I}_{B-} = \dot{I}_{A0} + a^2\dot{I}_{A+} + a\dot{I}_{A-} \\ &= (a^2 - a)\ \dot{I}_{A+} = -\mathrm{j}\sqrt{3}\dot{I}_{A+} = \mathrm{j}\sqrt{3}\dot{I}_{A-} \end{aligned} \tag{3-82}$$

自端点B至C的电压降为

$$\begin{aligned} \dot{U}_{BC} &= \dot{U}_B - \dot{U}_C = \dot{U}_{B0} + \dot{U}_{B+} + \dot{U}_{B-} - \dot{U}_{C0} - \dot{U}_{C+} - \dot{U}_{C-} \\ &= \dot{I}_{B0}Z_0 + \dot{I}_{B+}Z_+ + \dot{I}_{B-}Z_- - \dot{I}_{C0}Z_0 - \dot{I}_{C+}Z_+ - \dot{I}_{C-}Z_- \\ &= a^2\dot{I}_{A+}Z_+ + a\dot{I}_{A-}Z_- - a\dot{I}_{A+}Z_+ - a^2\dot{I}_{A-}Z_- \\ &= -\mathrm{j}\sqrt{3}\dot{I}_{A+}\ (Z_+ + Z_-) \\ &= \dot{I}_B\ (Z_+ + Z_-) \end{aligned}$$

所以

$$\dot{I}_B = \frac{\dot{U}_{BC}}{Z_+ + Z_-} \tag{3-83}$$

鉴于题意计及集肤效应、略去励磁电流，得

$$\left.\begin{aligned} Z_+ &= \left(r_1 + \frac{r_2'}{s}\right) + \mathrm{j}(x_{1\sigma} + x_{2\sigma}') \\ Z_- &= \left(r_1 + \frac{1.2r_2'}{2-s}\right) + \mathrm{j}(x_{1\sigma} + x_{2\sigma}') \end{aligned}\right\} \tag{3-84}$$

代入式（3-83）

$$I_B = \frac{U_{BC}}{\sqrt{\left(2r_1 + \frac{r_2'}{s} + \frac{1.2r_2'}{2-s}\right)^2 + (2x_{1\sigma} + 2x_{2\sigma}')^2}} \tag{3-85}$$

因正、负序的电磁转矩方向相反，于是由式（3-58）可写出

$$T_{em}=\frac{mp}{\omega_1}\left(I_{2+}'^2\frac{r_2'}{s}-I_{2-}'^2\frac{1.2r_2'}{2-s}\right) \tag{3-86}$$

不计励磁电流，则有

$$\left.\begin{aligned}I_{2+}'^2&=I_{A+}^2=\frac{I_B^2}{3}\\ I_{2-}'^2&=I_{A-}^2=\frac{I_B^2}{3}\end{aligned}\right\} \tag{3-87}$$

将式（3-87）代入式（3-86），得

$$\begin{aligned}T_{em}&=\frac{p}{\omega_1}I_B^2\left(\frac{r_2'}{s}-\frac{1.2r_2'}{2-s}\right)\\ &=\frac{p}{\omega_1}\frac{U_{BC}^2}{\left(2r_1+r_2'/s+\dfrac{1.2r_2'}{2-s}\right)^2+(2x_{1\sigma}+2x_{2\sigma}')^2}\left(\frac{r_2'}{s}-\frac{1.2r_2'}{2-s}\right)\end{aligned}$$

由图3-65可见，$U_{BC}=380V$，依题意负载转矩及机械损耗都保持不变，则电磁转矩亦不变仍为前面求得343N·m，将已知数值代入上式，得

$$343N\cdot m=\frac{2}{314}\frac{380^2}{\left(0.13+\dfrac{0.05}{s}+\dfrac{0.06}{2-s}\right)^2+0.8^2}\left(\frac{0.05}{s}-\frac{0.06}{2-s}\right)N\cdot m$$

由上式可求出 s，但求解很烦琐，工程上常用试探法求 s，经多次试探，逐步逼近地修正，最后求出 $s=0.132$，转子的转速为

$$n=(1-s)\frac{60f}{p}=(1-0.132)\times\frac{60\times50}{2}r/min=1302r/min$$

最后将 $s=0.132$ 代入式（3-85）得

$$I_B=\frac{380}{\sqrt{\left(0.13+\dfrac{0.05}{0.132}+\dfrac{0.06}{2-0.132}\right)^2+0.8^2}}A=393A$$

由上面计算可见，当线路中任意一相熔丝烧断，三相感应电动机仍在运转，但被迫处于单相运行，这时定子电流激剧增大，如无过电流、过热保护装置，电动机绕组将因过热而烧毁。实际上，许多三相感应电动机的烧坏，大部分都是由于断相运行而造成的。

3-21　例题

本题目的是由基本概念出发解题，而不是简单地套用公式。

设有一台200W，220V，50Hz，4极单相感应电动机，已知有下列数据：

$r_1=10\Omega$　　$x_{1\sigma}=x_{2\sigma}'=12.5\Omega$

$r_2'=11.5\Omega$　　$x_m=250\Omega$

额定电压时的铁心损耗　　$p_{Fe}=35W$

摩擦和风阻损耗（机械损耗）　　$p_{mech}=10W$

试求当转差率 $s=0.05$ 时，该电动机的定子电流、功率因数、内功率、轴上输出功率、转速、转矩和效率，设其时起动绕组已断开。

解　作出该电动机的等效电路图，如图3-66所示。因已知 $p_{Fe}=35W$，故在等效电路中

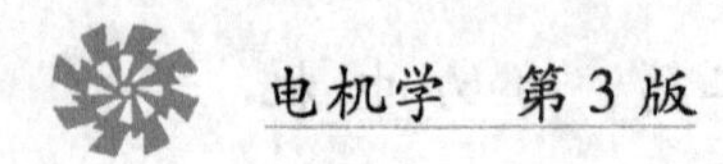

将表示铁耗的 r_m 移走。将已知数据代入图中各参数，得

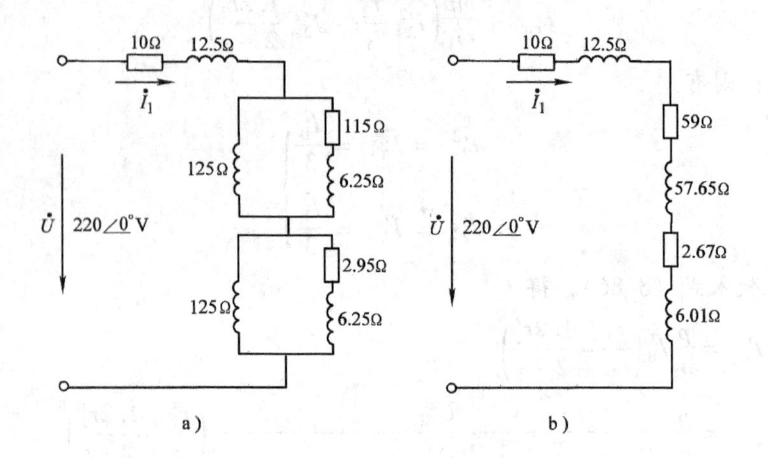

图3-66　例题3-21附图

a）等效电路　b）化简后的电路

$$\frac{0.5r_2'}{s}=\frac{11.5}{2\times0.05}\Omega=115\Omega$$

$$\frac{0.5r_2'}{2-s}=\frac{11.5}{2\ (2-0.05)}\Omega=2.95\Omega$$

$$\mathrm{j}0.5x_m=\mathrm{j}125\Omega$$

$$\mathrm{j}0.5x_{2\sigma}'=\mathrm{j}6.25\Omega$$

对正反转旋转磁场电路参数转化为

$$Z_f=\frac{(115+\mathrm{j}6.25)\mathrm{j}125}{115+\mathrm{j}131.25}=(59+\mathrm{j}57.65)\Omega=r_f+\mathrm{j}x_f$$

$$Z_b=\frac{(2.95+\mathrm{j}6.25)\mathrm{j}125}{2.95+\mathrm{j}131.25}=(2.67+\mathrm{j}6.01)\Omega=r_b+\mathrm{j}x_b$$

等效电路总的串联阻抗

$$Z_s=Z_1+Z_f+Z_b=71.67+\mathrm{j}76.16=104.6\ \underline{/46.74°}\Omega$$

定子输入电流

$$\dot{I}_1=\frac{220\ \underline{/0°}}{104.6\ \underline{/46.74}}\mathrm{A}=2.1\ \underline{/-46.74°}\mathrm{A}$$

功率因数

$$\cos\varphi_1=\cos46.74°=0.685\qquad（滞后）$$

内功率

$$\begin{aligned}P_i&=P_{\mathrm{emf}}-p_{\mathrm{Cu2f}}+P_{\mathrm{emb}}-p_{\mathrm{Cu2b}}\\&=I_2^2r_f-sI_2^2r_f+I_2^2r_b-(2-s)\ I_2^2r_b\end{aligned}$$

因为 $\dot{I}_2=\dot{I}_1$，故 $P_i=I_1^2\ (r_f-r_b)\ (1-s)$

$$=2.1^2\times(59-2.67)(1-0.05)\ \mathrm{W}=236\mathrm{W}$$

轴上输出机械功率

$$P_2 = P_i - p_{\text{mech}} - p_{\text{Fe}} = (236 - 10 - 35)\ \text{W} = 191\text{W}$$

转速

$$n = (1 - s)n_s = (1 - 0.05) \times \frac{60 \times 50}{2}\text{r/min} = 1425\text{r/min}$$

输出转矩

$$T_2 = \frac{P_i}{\omega} = \frac{141}{\frac{2\pi}{60} \times 1425}\text{N} \cdot \text{m} = 1.28\text{N} \cdot \text{m}$$

效率

$$\eta = \frac{P_2}{P_1} = \frac{191}{220 \times 2.1 \times 0.685} = 0.604 = 60.4\%$$

（注：读者看参考书时，首先必须弄清书上符号的意义，例如正转分量用 f 表示，亦常见用“+”表示…等等。）

3-22 一台美国工厂生产的单相电容起动感应电动机，已知数据如下：

容量 1/4hp（马力）（1hp = 746W） 额定电压 110V

额定频率 60Hz 极数为 4 极

$r_1 = 2\Omega$ $r_2' = 4\Omega$

$x_1 = 2.8\Omega$ $x_2' = 2\Omega$ $x_m = 70\Omega$

铁心损耗（额压运行时）$p_{\text{Fe}} = 25\text{W}$

摩擦风阻（机械损耗）$p_{\text{mech}} = 12\text{W}$

当起动绕组断开后，电动机运行在 $s = 0.05$ 时，试求输入电流、功率因数、输出机械功率、转速、转矩和效率。

3-23 例题

对感应电机运行在发电机状态有个基本了解。

一台 38V，50Hz，极对数 $p = 3$，星形联结的三相感应电机，其参数为

$r_1 = r_2' = 1.5\Omega$ $x_{1\sigma} = x_{2\sigma}' = 7.0\Omega$

$r_m = 15\Omega$ $x_m = 170\Omega$

如将它接在 380V 的电网上作发电机运行，求当转速为 1050r/min 时，该电机的输出电流、输出的有功和无功功率。

解 转速为 1050r/min 时，因为 $n_s = \frac{60f}{p} = 1000\text{r/min}$

故

$$s = \frac{1000 - 1050}{1000} = -0.05$$

等效电路如图 3-67 所示。设电网电压为参考轴，即 $\dot{U}_1 = 220\angle 0°\text{V}$，并把电流的正方向取作输出方向，则输出电流为

$$\dot{I}_1 = \frac{\dot{U}_1}{Z_1 + \dfrac{Z_{2s}' Z_m}{Z_{2s}' + Z_m}}$$

$$= \frac{220 \underline{/0^\circ}}{(1.5 + j7.0) + \dfrac{\left(\dfrac{1.5}{-0.05} + j7\right)(15 + j170)}{\left(\dfrac{1.5}{-0.08} + j7\right) + (15 + j170)}} \text{A}$$

$$= (6.62 + j3.57)\text{A} = 7.54 \underline{/28.3^\circ}\text{A}$$

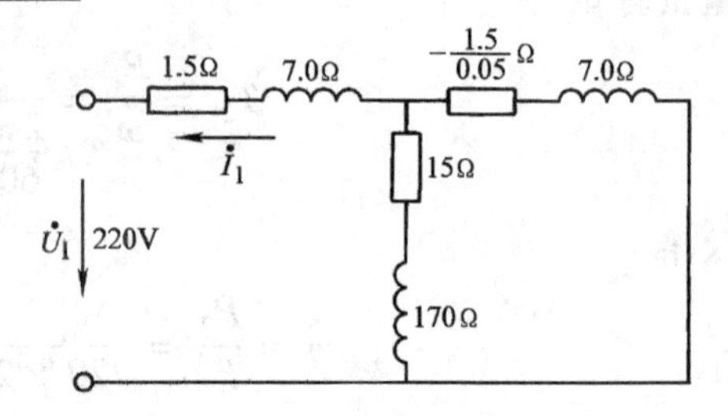

图 3-67 例题 3-23 插图感应发电机的等效电路

由于 $\dot{I}_1$ 超前 $\dot{U}_1$，可见输出电流的无功分量是容性电流；$\dot{I}_1$、$\dot{U}_1$ 间的相角为 28.3°，小于 90°，$\dot{I}_1$ 的有功分量电流为正值，表示电机向电网输出有功电功率，输出的有功功率为

$$P_2 = 3U_1 I_1 \cos\varphi_1 = 3 \times 220 \times 7.54 \times \cos 28.3^\circ \text{W}$$
$$= 4370\text{W} = 4.37\text{kW}$$

输出的容性无功功率为

$$Q_2 = 3U_1 I_1 \sin\varphi_1 = 3 \times 220 \times 7.54 \times \sin 28.3^\circ \text{var}$$
$$= 2356\text{var} = 2.356\text{kvar}$$

分析一下计算结果可知，输出的电功率来自电机转轴上输入的机械功率，因为 s 为负值，转速高于同步转速，电机的电磁转矩与转子转向相反，必须外施转矩克服电磁转矩，电机才能保持 s 为负值。亦就是说要输入机械功率，才能维持该转速，才能输出有功电功率，呈发电机运行状态。

输出的无功功率为容性，这是感应发电机的一个致命弱点。电机**输出容性无功功率等于电机吸收感性无功功率**。电网的负载所需的无功均为感性，因此对发电机我们要求它既能发出有功功率，同时要求它能发出感性无功功率。可是感应发电机只能满足电网的有功功率要求，在无功功率方面，非但不能提供感性无功给电网，还要向电网吸取感性无功功率，这就限制了感应发电机的应用。

如果感应发电机单机运行而不是连接在电网，试考虑能否发电，即使转差率为负值。如果感应发电机单独运行时，在发电机出线端接有一组三相电容器，试应用直流发电机电压建起的物理过程来分析这时感应发电机能否建起电压。

第四章　同步电机

第一节　同步电机的基本功能及用途

同步电机的基本特点是无论它作为发电机运行还是电动机运行，其转子转速为某一固定的同步转速，即 $n=n_s$。同步转速是基波旋转磁场的转速，它取决于交流电源的频率和电机的极对数，$n_s=\frac{60f}{p}$。当同步电机接在电网上时无论作发电机或电动机运行，其频率就是我国电网的标准频率 50Hz。同步电机的转速与电机极对数 p 成反比，极对数必然是整数，所以同步电机的转速一定固定为某几个数值，如 $p=1$，则 $n=3000$r/min；$p=2$，$n=1500$r/min，依此类推。

同步电机最主要的用途是作为发电机，现在工农业所用的交流电能几乎全由同步发电机供给。虽然电站的能源可能不同，如热能、水的势能、核能等，但总是将它们转换为输入同步发电机的机械能，再由同步发电机转换为电能。鉴于我国电网是三相制，所以发电机均系三相同步发电机。

电网所需要的不仅是有功功率，同时还需要发电机能提供感性无功功率，同步发电机恰好具备提供给电网感性无功的能力。对比前面所述感应发电机，虽也能向电网提供有功功率，却必须从电网吸收感性无功功率，这就限制了具有结构简单优点的感应发电机的应用范围。

同步电机亦可作为电动机运行。由于它的转速固定，一般只用在不需要调速的大功率机械中。常在为了利用它能向电网提供感性无功的特点，以改善用户的功率因数时，才被采用。

第二节　同步电机的基本作用原理

我们熟知，导体与磁场有相对运动时，导体切割磁力线将产生感应电动势 $e=Blv$。当导体长度 l 和相对转速 v 一定时，电动势随时间变化的规律与磁场在空间的分布规律相一致，即 $e(t)$ 波与 $B(x)$ 波相似。因此，只要在同步电机气隙中能激励一个沿空间按正弦规律分布的旋转磁场 $B(x, t)$，便可使固定在定子上的导体中感应出在时间上按正弦规律变化的交流电动势 $e(t)$。

图 4-1 为同步电机作用原理示意图。定子结构与感应电机相同，由铁心和三相对称绕组构成，图中三相绕组仅以三个等效线圈表示。转子为磁极，在转子励磁绕组中通过直流电流便在空气隙中产生磁场 $B(x)$。合理的设计，可获得磁通密度 B 在空间基本上按正弦规律分布。当转子由原动机驱动后，$B(x)$ 将随转子一起旋转，在气隙中形成圆形旋转磁动势。为了与由三相对称电流流过三相对称绕组所产生的旋转磁场相区别，将上述旋转磁场称为**机械旋转磁场**。该旋转磁场切割定子三相绕组同样可获得三相对称电动势 $\dot{E}_A$、$\dot{E}_B$ 和 $\dot{E}_C$。

一对磁极掠过导体，导体电动势就变化一个周波。若每秒有 p 对磁极掠过导体，导体电动势频率 $f=p$。若转子极对数为 p，转子转速为 n（单位为 r/min），则导体电动势频率为

$$f=\frac{pn}{60} \tag{4-1}$$

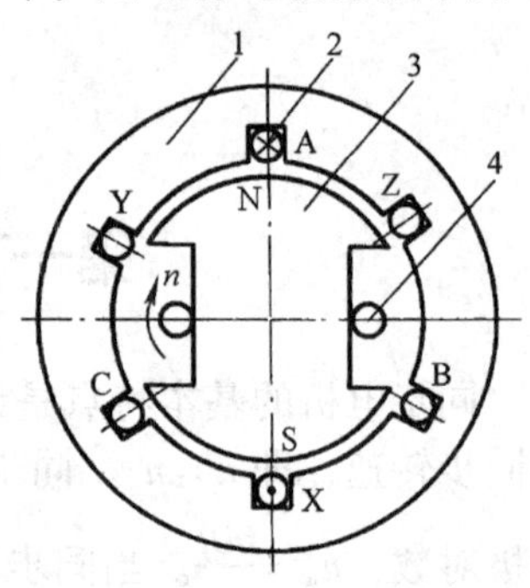

图 4-1　同步电机作用原理示意图
1—定子　2—定子三相绕组
3—转子　4—转子励磁绕组

极数已固定的同步发电机，要获得 50Hz 的电动势，原动机的转速必须有相应的固定数值，即上述同步转速。

由图 4-1 可见，当转子顺时针旋转，定子导体中 A 由感应电动势所产生的电流为流入纸面的方向，它和磁场作用产生的电磁转矩由左手定则确定亦为顺时针方向。导体固定在定子上不能运动，根据作用与反作用原理，转子上将受到同样大小但是为逆时针方向的阻转矩 T。转子如要保持原转速，必须增大输入转矩以克服阻转矩 T。定子电流与电动势同方向表示有电功率输出，输出的电功率由输入转子的机械功率来提供。换句话说，转子输入的机械功率通过上述物理过程转换为电功率输出。

同步发电机又是怎样向电网提供感性无功功率呢？

由于现代的电力系统容量很大，单台发电机和它相比是很小的，单台发电机运行状况的变化不会影响电网的电压和频率。用数学公式表示为 $U=\text{const}$，$f=\text{const}$。这样的电网称为**无穷大电网或无穷大汇流排**。

当一台同步发电机接在无穷大电网上运行时，如保持输入机械功率不变，则它输给电网的有功电功率亦基本不变。如在此条件下，调节转子的励磁电流，同步发电机输给电网的无功功率的大小甚至性质会相应发生改变，其物理过程可简述如下：

气隙机械旋转磁场在定子绕组中感应电动势为 $\dot{E}$，当有电流自绕组输给电网时，将产生一个由绕组阻抗引起的电压降 $\dot{I}Z$，才得到端电压 $\dot{U}$。为简单起见，不计绕组电阻，则按发电机惯例可得定子绕组电压关系式

$$\dot{U}=\dot{E}-\mathrm{j}\dot{I}x \tag{4-2}$$

当有功功率保持不变时，则电流的有功分量亦将固定不变。由式（4-2）可作出相量图，以电网电压亦即同步发电机的端电压 $\dot{U}$ 为参考轴如图 4-2 所示。设原来运行在状态“1”，如图中实线所示。现增大转子励磁电流，则气隙磁场及定子绕组感应电动势 $\dot{E}$ 均将相应增大，变为状态“2”。由于有功功率平衡关系不变，$\dot{I}_2$的有功分量 $I_{2\text{p}}=I_{1\text{p}}=I_{\text{p}}$，由此从 $\dot{E}_2$和 $\dot{U}$ 及 $\dot{I}_{\text{p}}$不变的关系求得 $\dot{I}_2$及 $\cos\varphi_2$。可见此时 $\dot{I}_2$的无功分量增大了，即增大了同步发电机向电网输出的无功功率（感性）。如减小励磁电流使 $|U|>|E|$ 如图中状态“3”。同理可求得 $\dot{I}_3$及 $\cos\varphi_3$。可见 φ_3

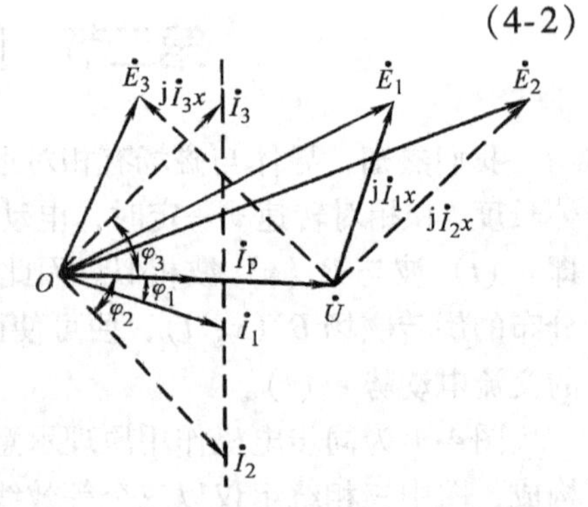

图 4-2　输出有功功率不变时调节励磁电流改变无功功率的简单相量图

相位角超前端电压 $\dot{U}$，无功功率不仅大小改变，连性质亦改变，由向电网输出感性无功功率变为输出容性无功功率了。

综上所述，当发电机与无穷大电网并联时，调节励磁电流的大小，就可以改变发电机的输出无功功率。不仅能改变无功功率的大小，而且能改变无功功率的性质。详细地、严格地分析将在第四节中讨论。

同步电机作为电动机运行时，定子三相绕组接到三相电源，在气隙中将激励一个电气旋转磁场，该磁场与转子有相同的极数，转子将被电气旋转磁场吸住而跟着旋转。当转子带有机械负载，阻力转矩增大，必须有更强的电气旋转磁场才能吸住转子跟着旋转。这意味着定子电流要相应增大，才能激励足以拖动转子的电气旋转磁场。电动机的有功功率平衡就是这样实现的。

同样原理，在有功功率平衡不变时，调节电动机的励磁电流，亦可以调节电动机向电网吸取无功功率的大小和性质。

式（4-2）中将绕组的电抗简单地写作 x，实际上同步电机的绕组电抗是非常复杂的。不同型式的电机，不同的运行方式，该电抗有不同的数值。各种电抗的数值又决定着同步电机的运行性质。这些电抗将在后文中详细介绍。

第三节　同步电机的基本构造

一、转子

同步电机都是磁极旋转式，电枢为定子。从电磁感应作用看，只要导体和磁场有相对运动，至于哪个静止，哪个转动，在理论上是没有区别的。实际上，电功率自转动体导入或引出，就必须通过滑动接触，而大电流、高电压的导入和引出，对滑动接触是极其困难甚至是不可能的。直流电机的容量受到限制，大功率要通过滑动接触就是主要原因之一。而同步电机的容量更大，几千安培电流，上万伏的电压更不能通过滑动接触导入或引出。同步电机励磁绕组的功率，仅为电枢功率的一小部分。一般电压亦不超过250V。因此，磁极旋转的转子结构较为合理，同步发电机无例外地采用磁极旋转式结构。

转子结构　同步电机的转子有两种构造型式：**凸极式**和**隐极式**。图4-3a为凸极式，磁极先制成后，再固定到转子磁轭上。图4-3b为隐极式，转子铁心为圆柱形，圆周上铣有槽和齿，铣有槽的部分约占圆周的2/3，无槽部分形成所谓大齿，即极面。励磁绕组为一分布绕组。图4-4为两极同步发电机的转子铁心剖面图。当极对数较少，转速较高时，采用隐极式结构。当极对数 $p \geqslant 3$ 时，由于构造上的困难，都采用凸极式结构。

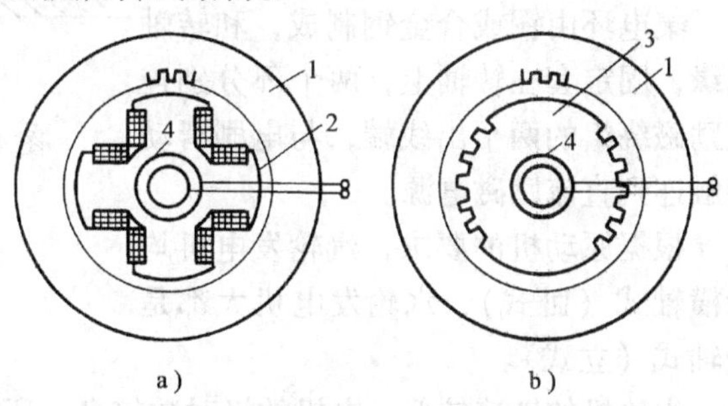

图4-3　同步电机基本构造型式

a）凸极式　b）隐极式

1—定子　2—凸极转子　3—隐极转子

4—集电环与电刷

在热电厂（核电厂）中，应用汽轮机为原动机，且和同步发电机直接耦合，整个机组称为**汽轮发电机组**。由于汽轮机高速时性能好，机组转速取最高值（限制于工频为50Hz）3000r/min，发电机为两极机。大容量汽轮发电机对转子材料要求极高，既要求有良好的导磁性能，还必须有很高的机械强度，常采用含铬、镍和钼的特种合金钢。由于转速高达3000r/min，故当转子直径为1m时，转子圆周线速度就达到157m/s，相应的离心力也就十分巨大。因此，受到转子材料机械强度的限制，一般转子直径限制在1m左右。为了增大电机容量，就只能增加转子长度。其转子长度l与转子外径D之比约为2.5~6，容量越大，比值越高。例如1000MW汽轮发电机转子长度为6.73m，转子外径为1.25m，l/D接近5.38。转子铁心一般与转轴锻成一体。

由于转子转速高，转子绕组受到巨大离心力，故须有足够机械强度并且用不导磁的铝青铜或硬铝制成的槽楔加以固定。有时在槽楔和转子导体之间，放有一细长铜片，各槽的铜片在两端短接，和感应电机的笼型绕组相似这一短路绕组称为**阻尼绕组**。汽轮发电机一个转子槽的剖面如图4-5所示。

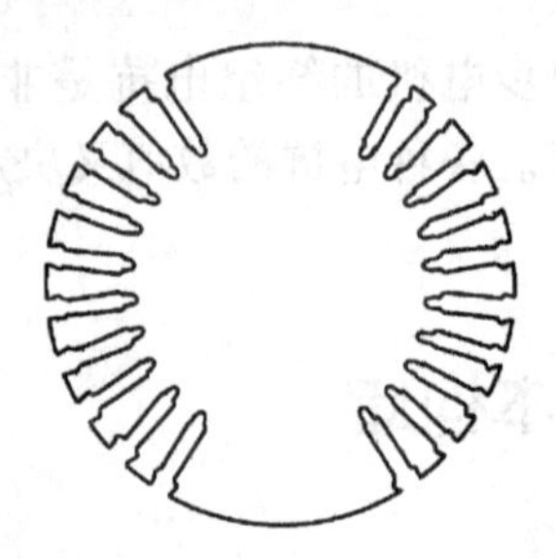

图4-4　两极同步发电机的转子铁心剖面图

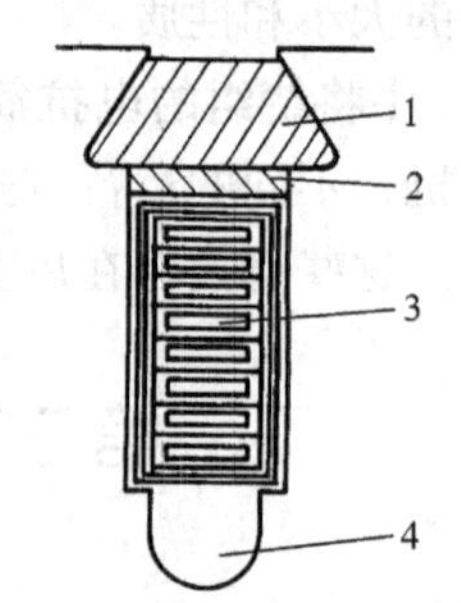

图4-5　汽轮发电机一个转子槽剖面

1—槽楔　2—阻尼条　3—转子绕组　4—通风槽

为保护励磁绕组的端接部分不因高速转动引发的离心力而损坏，采用如图4-6a的加固措施，用非磁性合金钢制成护环，中心环采用热套方法装配在转轴上。

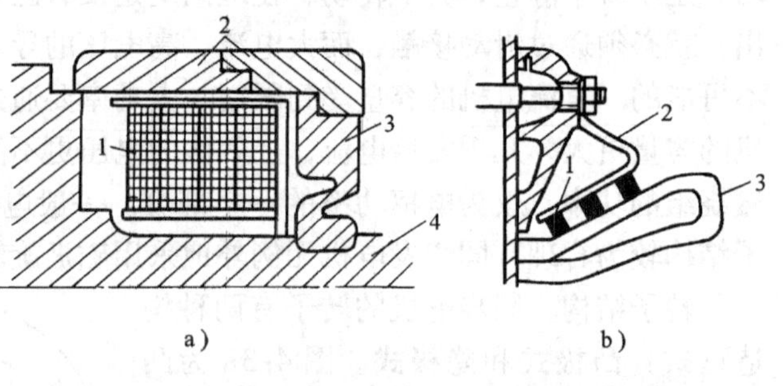

图4-6　定转子绕组端接部分的加固结构原理图

a) 转子

1—绕组端接　2—护环　3—中心环　4—机轴

b) 定子

1—箍环　2—托架　3—绕组端接

集电环由铜或合金钢制成，和转轴绝缘，固定套在转轴上，两个环分别连接励磁绕组的两个出线端，与电刷滑动接触连到直流励磁电源。

根据原动机的要求，汽轮发电机均为横轴式（卧式），水轮发电机大都是竖轴式（立式）。

水轮机的转速较低，电机的极对数较多，所以水轮发电机的转子都是凸极式。转子磁极常由厚度为1~2mm的钢片冲剪后叠成，上套由扁铜线绕制而成的线圈作为励磁绕组。磁极铁心表面截面积较大的凸出部分称为极靴，通常在极靴表面冲槽，设置铜条构成阻尼绕组。磁极根部常设燕尾形凸出部分，便于固定在转子磁轭上。由于大型水轮发电机转子直径很大，有的超过10m，所以为简化结构，转子轴与磁轭间有一个纯粹起机械连接作用的转子支架，如图4-7所示。

转子的支撑部件是轴承，汽轮发电机的轴座设在电机端盖外侧。通常采用滑动轴承，由高压油进行润滑和冷却。水轮发电机因是立式，所以支撑部件极为复杂。水轮发电机不同的结构型式（悬式和伞式），如图 4-8 所示。**推力轴承**支撑着水轮发电机组的转动部分（发电机转子和水轮机转子）的重量以及水流对水轮机转子产生的全部轴向压力，载重极大，常达数千吨以上。它是水轮发电机最难制造的部件。**导轴承**和轴平行，用以防止转轴产生径向摆动。水轮发电机的 l/D 比值一般不到 1/10，故称水轮发电机为扁平形，相应地称汽轮发电机为细长形。

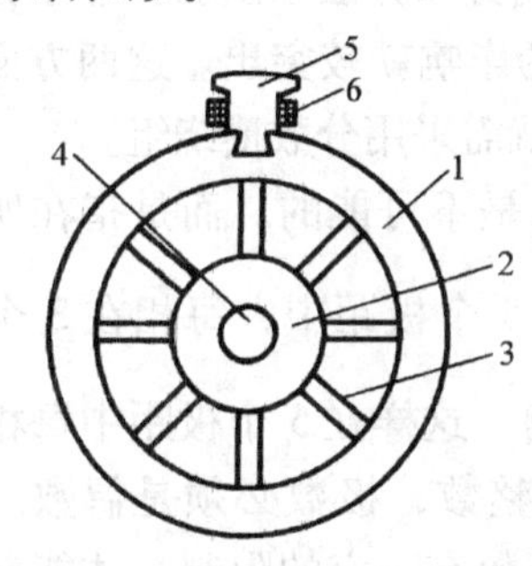

图 4-7 凸极机转子支架示意图
1—转子磁轭 2—轴套
3—支撑支架 4—轴
5—磁极 6—励磁线圈

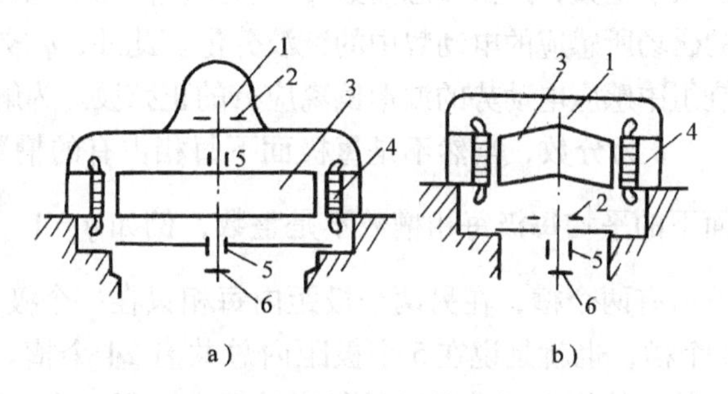

图 4-8 水轮发电机的构造示意图
a）悬式 b）伞式
1—转轴 2—推力轴承 3—转子 4—定子铁心和绕组
5—导轴承 6—联轴器

二、定子

定子包括铁心、绕组和机座。定子铁心由厚度为 0.35mm 或 0.5mm 的电工钢片裁剪冲压而成，与感应电机相似。唯同步发电机容量大，铁心尺寸大，当定子铁心外径大于 1m 时，为了合理利用材料，每层钢片常由若干块扇形片拼合组成。和变压器铁心的叠装方法一样，各层扇形片的并缝互相错开，如图 4-9 所示，压紧后仍为一整体的圆筒形铁心。为有利散热冷却，定子铁心分为许多叠片段，段间留有径向通风槽。水轮发电机的尺寸更大，为便于运输，将定子分成四至六瓣，或更多，分别制造后，运到电站再拼装成整体。

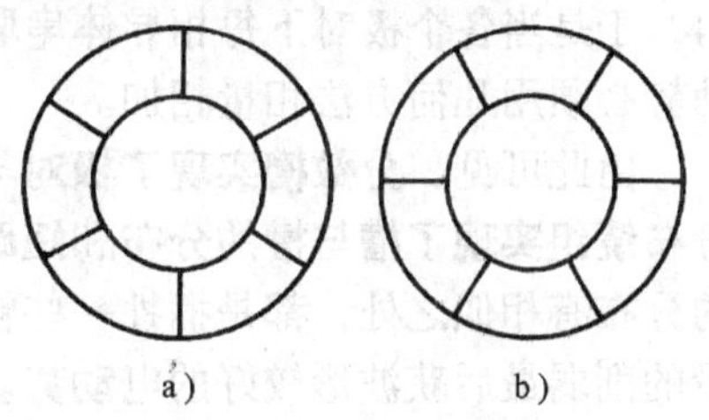

图 4-9 扇形片拼装时接缝错开示意图
a）奇数层 b）偶数层

定子绕组 一般采用双层三相对称绕组，其连接方式与感应电机相同。但由于同步电机容量大、电流大、电压高带来不少特点：电流大要求导体有较大的截面积；大截面积导体不仅加工不便，更会由于集肤效应增大附加损耗，因此常用多股较小截面积的铜线，沿长度适当地换位成编织型；电压高（一般同步发电机绕组出线电压高达 18～20kV）对绕组绝缘提出了高要求，一般都采用 F 级绝缘，如环氧玻璃布、粉云母带等材料对绕组进行绝缘，线圈放入已敷有槽绝缘材料的定子槽之前，应先进行真空浸渍处理，把残留在绝缘材料间隙中的空气驱走，然后在压力下把绝缘漆压入这些间隙内，以提高绕组的绝缘水平机械强度与导热性能。定子绕组端接部分需要用专门的装置加以固定，如图 4-6b 所示，以防止电机运行时，尤其发生短路故障时，巨大的电磁力可能损坏端接及其绝缘。近年来研发了**超高压发电机**，用圆形截面的电缆取代常规定子绕组的矩形截面导线，从而将传统的发电机输出电压 18～20kV 提高到几百千伏（已运行的超高压电机输出电压达

155kV)。因为这种电机与同容量传统发电机相比，电流小，减少了各种损耗，可使效率提高0.5%~2.0%。此外，采用超高压发电机尚可能少用变压器和断路器，简化冷却系统带来机械和土建工程方面的经济效益。

水轮发电机的定子绕组不同于感应电机或汽轮发电机。它常采用一种称为**分数槽绕组**的特殊绕组，即这种绕组的每极每相槽数 q 不是整数而是分数。例如 $q=b+c/d$。因为水轮发电机极数很多，极距相对较小，每极每相槽数 q 就不可能太大，否则总槽数过多，制造困难。若 q 取较小整数，则虽然总槽数可以较少，但却不能充分利用绕组的分布方法来削弱由非正弦分布的磁场所感应的电动势中的谐波分量。此外，q 较小时齿谐波的影响就较突出。这两方面都使绕组中感应电动势的波形偏离应有的正弦波。为解决上述矛盾就需采用分数槽绕组。

q 为分数，当然不是每极面下每相占有的槽数为分数，那是不可能的。而是指在所有极面下的平均每极每相槽数不是整数，例如 $q=1\dfrac{3}{5}$，即表示每5个极距中，每相在3个极面下占有两个槽，在另两个极距内每相只在一个极面下占一个槽。这样在5个极距中每相共占8个槽，也就是说在5个极距内总共有24个槽。槽数必须是整数，极数必须是偶数。对于整数 q 的绕组极数可以是任意的偶数，但 q 为分数的绕组，极数有一定的限制，才能获得三相对称绕组，这也是分数槽绕组的一个特点。**无论 q 为整数或分数，绕组的排列都必须满足各相绕组的感应电动势是对称的**这个条件，即各相感应电动势大小相等，时间上相差120°电角度的相位差。

无论每极每相槽数为分数或整数，每个极面下的相带划分是一样的，但两种情况下每个极面下的槽数是不同的，如图4-10所示。q 为整数时，每个极面下的槽数是整数，如图4-10a所示$\left(\text{该例为}\dfrac{Q_1}{2p}=6\right)$。$q$ 为分数时，每极面下的槽数不是整数$\left(\text{图例}\dfrac{Q_1}{2p}\text{在}5\sim6\text{之间}\right)$，如图4-10b所示。前者，当把各个极对依次重叠起来，则齿槽完全重合；后者，当极对重叠起来时齿槽不是各个重合，发现不同极对下的槽与槽之间有了一个位移角，于是当各个极对下每相导体串联时，它们的感应电动势必须用几何方法相量相加。

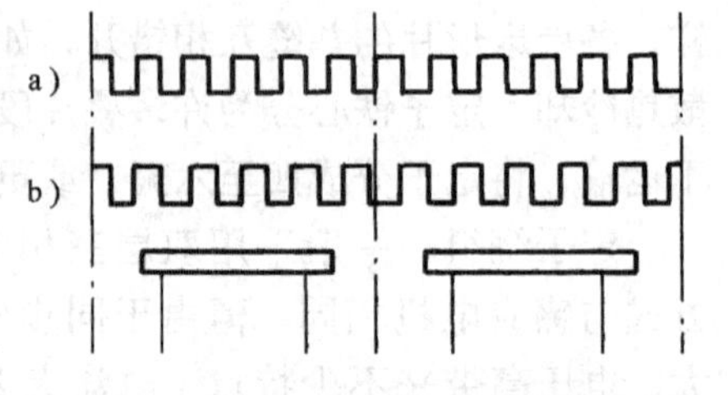

图4-10 每个极面下的定子槽数
a) q 为整数 b) q 为分数

由此可见，**分数槽实现了极对与极对间的分布**，与**分布绕组实现了槽与槽的分布**和**短距绕组实现了层与层的分布**有相似之处，都是牺牲一些幅值以换取对谐波分量的削弱最后获波形较好的电动势。

三、机座

常由钢板焊接而成，与外壳和端盖构成仅与风室沟通的密封系统。由于端盖靠近定子绕组的端接部分，有较强的端接漏磁通，为减小该漏磁通在端盖引起的铁耗，端盖常用非磁性材料铸造而成。为了安装方便，端盖都制成左右两半，与一般中小型电机端盖为整体、中心有轴承座和轴孔的结构不相同。在大型电机中，电磁负荷很大时，引起定、转子间的磁拉力增大，可能导致定子铁心产生双倍频率的振动。为了防止这种振动传递到机座甚至厂房，在铁心和机座间采用特殊的弹性隔振结构。

四、气隙

由于同步电机运行性能要求，同步电机的气隙较大。一般气隙长度在0.5~8cm之间。如某

1000MW 汽轮发电机的单边气隙就有 8cm。对于隐极机，如不考虑槽和齿的影响，可以认为沿着电枢圆周其气隙是均匀的。对于凸极机则不然，极面下的气隙较小，在两极之间，空气隙要大得很多。正由于气隙上的这个差别，在作理论分析时，隐极机较为简单，凸极机则较为复杂。

五、冷却系统

电机发热的热源是它在运行时的各种损耗。虽然大型同步发电机的效率很高，可达 98%以上，总损耗不到额定容量的 2%，例如 1000MW 汽轮发电机满载效率高达 98.98%。但是大型发电机的容量为几十万千瓦。这 2%的损耗的绝对值就非常可观，例如 300MW 和 1000MW 的汽轮发电机总损耗竟有 4MW 和 10.2MW。这样巨大的损耗功率在电机内转变为热能，如不采取相应的冷却措施，则电机的温度将迅速超过允许极限，导致绝缘老化损坏，最后烧毁电机。

除了热源容量大以外，大型汽轮发电机的散热比较困难是其另一个不利因素。电机容量大，必然体积也大。体积大增大了散热表面是有利的，但同时带来了散热途径增长的缺点，使电机内部温度不均匀，容易发生局部过热而烧坏电机。大型电机绕组电压高，相应地定子绕组绝缘也就很厚，绝缘材料的热阻很大，又增加了散热的困难。电机散热一般主要靠对流作用，汽轮发电机轴向长度很长，空气对流所受阻力大，空气和转子摩擦还要引起损耗，这些均增加了散热的困难。为此，同步发电机特别是大容量汽轮发电机，必须有有效的冷却系统，才能保证它正常运行。

同步发电机的冷却介质有空气、氢气和水三种，按散热方式主要分为**外冷**（表面冷却）和**内冷**（直接冷却发热体），也有两种兼用的方式。

1. 空气冷却

空气由转子两侧的风扇吸入，通过所设计的风道后，排出机外，将热量带走。热空气经机外的空气冷却器冷却后再送入机内重复利用。这样的空气封闭系统可以防止水分和灰尘等随空气进入机内，引起绝缘性能下降、风道堵塞等弊病。图 4-11 为一机内通风系统的示意图。

空冷方式结构简单，运行维护都方便。但空气的传热系数相对较小，冷却效果不理想。此外，加大通风量来提高散热作用，又会增大转子风扇的鼓风损耗和空气和转子间的风摩擦损耗。因此，空冷汽轮发电机的容量最大不超过 50MW。

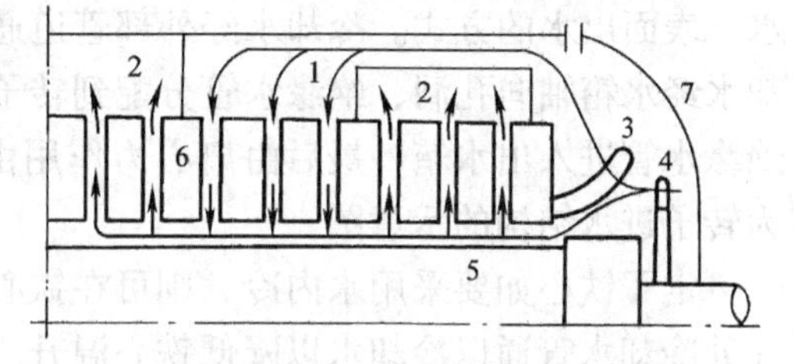

图 4-11 机内通风系统的示意图

1—进风区 2—出风区 3—绕组端接 4—风扇 5—转子 6—定子铁心 7—端盖

2. 氢气冷却

以氢气代替空气作为冷却介质。其系统基本与空冷相同，但氢气的导热系数比空气大 6~7 倍。用同样体积氢气和空气，前者可带走的热量远大于后者。氢气比重较空气轻十多倍，又可以大大减少通风和风摩擦损耗。此外，氢冷可防止绝缘材料氧化；氢气不助燃，当机内发生短路故障时，不会引起火灾。采取氢冷必须保持机内为正压力，机内氢气表压力应为（1.05~3）$\times 10^6$Pa，以防止空气渗入机内。因为氢气和空气混合是危险的，达到一定比例时可能发生爆炸。

氢冷汽轮发电机容量可达 50~150MW。

3. 内冷

上述为表面冷却，而内冷是使冷却介质直接接触绕组导体，使导体的热量不用再穿过绝缘层，就直接被介质带走。这就大大提高了冷却效果，改善了电机中最怕高温的绝缘材料的工作条件。内冷的冷却介质可以是氢气，亦可以是水。现有电机所应用的冷却介质中，以水的冷却能力最强，约为空气的50倍。内冷用氢气作为介质时，可在绕组导体间夹置几个内部通氢气的管子。转子氢内冷时，转子绕组和槽楔上钻有与槽底通风槽相通的小孔，氢气自槽底通风槽进入，冷却转子导体后再由小孔径向流入空气隙。氢气的流动性好，容易吹过细孔是其一大优点。当内冷用水作介质时，绕组采用空心导体，冷却水沿着导体内孔流通，直接将导体热量带走。定子绕组是静止的，所以冷却水系统比较简单。绕组是带电体，冷却水必须通过一段绝缘水管才能引到绕组导体孔中去。图4-12表示定子冷却水进出的示意图，冷却水进入环形总进水管，经过绝缘水管和水电接头分配到管形导体中去。流过绕组，冷却水变热后，同样须经过水电接头，绝缘水管汇集到环形总出水管，再从机内排出到机外冷却器中，冷却后再重复利用。

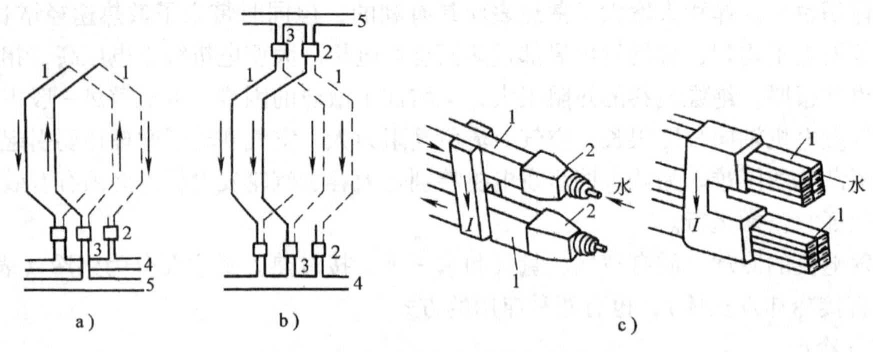

图4-12　定子冷却水进出的示意图
a）单边进出水　b）双边进出水　c）二种水电接头
1—空心导体　2—水电接头　3—绝缘水管　4—总出水管　5—总进水管

转子绕组随着转子高速旋转，它用水内冷就比较复杂。常用的进出水结构为中心孔进水、表面出水的方式。冷却水经外部管道通过转轴中心孔进入位于转子上的环状进水箱。冷却水经水箱轴向孔洞、绝缘水管分配到转子绕组的空心导体。冷却导体后，冷却水经同样的绝缘水管进入出水箱，最后由离心力作用由水箱辐向孔汇集到出水支座排出机外。图4-13为转子进水结构的示意图。

定子铁心如要采用水内冷，则可在铁心叠片间设置几处冷却水管通以冷却水以降低铁心温升。

对冷却水的水质有一定要求，一般未经处理的水，电导率较大含有杂质，不能作冷却水用，否则将引起导体电解腐蚀；堵塞导体内孔，引起局部过热等严重问题。在火电厂中汽轮机的凝结水水质较好，一般就用它作冷却水。

定、转子均采用水内冷，称为“**双水内冷**”也称为“**水、水、空**”冷却方式，这种方式是我国于1958年首先研制成功的，其容量已制成125MW、200MW、300MW。有时为了避免转子水内冷结构的复杂性，也采用定子绕组水内冷、转子绕组氢内冷、通风系统用氢气

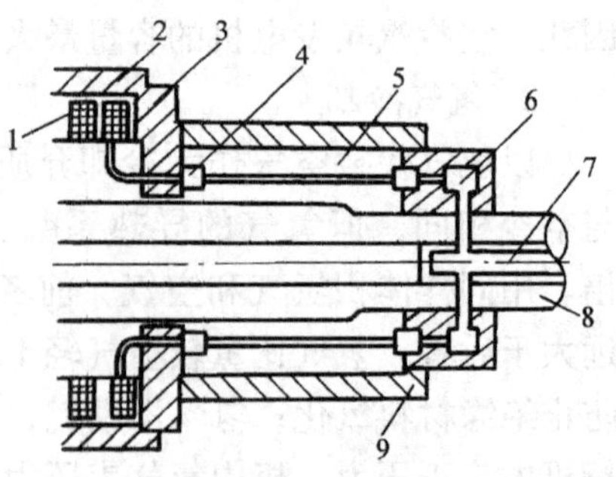

图4-13　转子进水结构的示意图
1—转子线圈　2—护环　3—中心环　4—绝缘水管和进水管接头　5—木垫块　6—进水箱　7—绝缘引水管　8—转轴　9—小护环

作介质进行表面冷却的方式，称为“水、氢、氢”冷却方式，其容量可达300MW、1000MW。

水轮发电机由于直径大，轴向长度短，冷却条件较好，大都采用空气表面冷却方式。

六、励磁系统

同步电机运行时转子绕组中必须输入直流励磁电流。提供该直流电流的装置总称励磁系统。励磁系统除了直流电源外，还有许多调节、保护装置。这里仅介绍同步发电机是如何获得直流励磁电流的，其余设备将在有关专业课中讨论。

同步发电机主要通过下列方式获得励磁电流。

1. 直流发电机供给励磁电流

这是应用于中、小型同步发电机的方式。最简单的用直流发电机励磁方式如图4-14所示。与同步发电机同轴旋转的直流发电机，亦称它为励磁机。调节电阻 R_f 可改变励磁机的端电压，亦就是改变同步发电机的励磁电压和同步发电机的励磁电流。由于并励直流发电机在低电压运行时运行性能不稳定，并且端电压调节不够灵敏，若将并励励磁机改为他励式便可克服上述缺点。改为他励需要一个直流电源以供给他励励磁机的励磁电流，它亦是一台直流发电机，称为**副励磁机**，相应地，那台他励直流发电机便称作**主励磁机**。一般副励磁机也和同步发电机同轴连接。

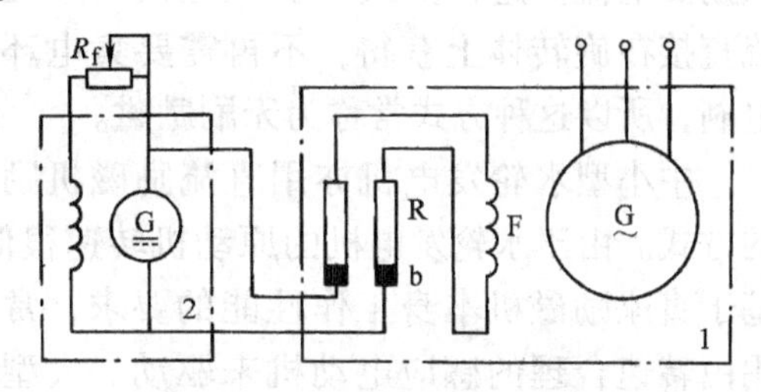

图4-14 直流发电机励磁方式

1—同步发电机 2—直流励磁机 F—同步机励磁绕组 R—集电环 b—电刷 R_f—励磁机励磁电阻

2. 静止半导体励磁

汽轮发电机的容量越来越大，相应的励磁机的容量也必须随之增大。例如一台1000MW容量的汽轮发电机，其励磁电流竟达5880A以上。更由于励磁机转速为3000r/min，这种参数的直流发电机制造极其困难。恰好电力电子技术和器件的发展，解决了这个难题。现在100MW以上的汽轮发电机普遍地采用交流励磁机配合半导体整流装置获得直流电流供给同步发电机作励磁电流的方式。图4-15为静止半导体励磁系统。交流主励磁机是普通的三相同步发电机，但为了整流后的励磁电流的纹波尽量小些，要求整流前的交流电有较高的频率。现在常用的主励磁机的频率为100Hz，交流副励磁机是一种特殊结构的永磁发电机，其频率为400Hz或500Hz，输出三相交流经可控整流装置供给交流主励磁机的励磁电流。

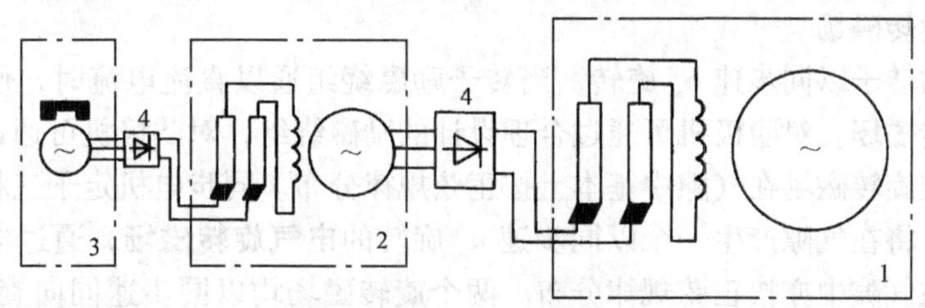

图4-15 静止半导体励磁系统

1—同步发电机 2—交流主励磁机 3—交流副励磁机 4—半导体整流装置

3. 旋转半导体励磁

静止半导体励磁方式虽然解决了直流励磁机制造困难的问题。但是同步发电机大达几千

安的励磁电流仍要通过电刷集电环这个滑动接触才输入到同步电机的励磁绕组。大电流通过滑动接触必然会引起严重的发热问题和电刷集电环间的磨损问题。为解决这个问题，可采用旋转半导体励磁方式。图4-16为旋转半导体励磁。1为同步发电机的转动部分，包括同步机本身的转子、交流主励磁机的电枢（与一般同步发电机的构造不同，为旋转电枢式），以及装在轴上与转轴一起旋转的整流装置。5是交流主励磁机的励磁绕组。特殊结构的交流副励磁机经可控整流装置向交流主励磁机提供励磁电流。这种方式同步发电机的励磁电流直接在旋转体上获得，不再需要集电环和电刷，所以这种方式常称为**无刷励磁**。

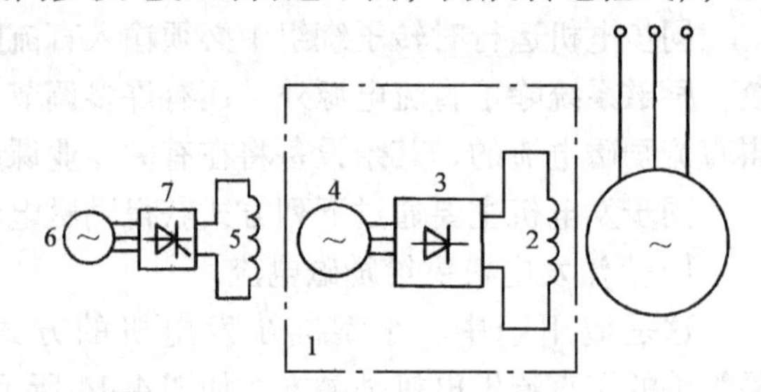

图4-16　旋转半导体励磁

1—同步机转动体　2—同步机励磁绕组　3—装在转子上的整流装置　4—交流主励磁机电枢　5—交流主励磁机的励磁绕组　6—交流副励磁机　7—静止的整流装置

中小型水轮发电机亦用直流励磁机励磁的方式。由于水轮发电机的原动机转速很低，基于直流励磁机本身工作性能的要求，常采用由转速合理的感应电动机来驱动。大型水轮发电机亦有采用交流励磁机和静止半导体励磁方式。

七、铭牌数据

铭牌上标出该同步发电机的额定数据，一般有

额定容量 S_N（或额定功率）：指输出的额定值，单位为MW；

额定电压 U_N：指线电压，单位为kV；

额定电流 I_N：指线电流，单位为A；

额定功率因数 $\cos\varphi_N$；

额定频率 f_N（或额定转速）：单位为Hz；

额定励磁电压 U_{fN}：单位为V；

额定励磁电流 I_{fN}：单位为A；

额定温升 θ_N：单位为°C。

第四节　同步电机的基本分析方法

一、两种旋转磁场

同步电机的转子以同步速 n_s 旋转，当转子励磁绕组通以直流电流时，便将在气隙中激励一个**机械旋转磁场**。对隐极机可通过合理设计的励磁绕组，对凸极机可通过合理设计的极靴弧形，使机械旋转磁场在气隙中基本上按正弦规律分布。同步电机定子三相绕组中流通三相对称电流时，将在气隙产生一个以同步速 n_s 旋转的**电气旋转磁场**，通过电枢绕组的合理设计，该磁场在气隙中亦按正弦规律分布。两个旋转磁场均以同步速同向旋转，相对静止，相互作用就能产生电磁转矩，进行能量传递和转换。而两个旋转磁场的**相对位置**决定着同步电机的运行方式。图4-17表示了两个旋转磁场的相对位置。图中定子的电气旋转磁场亦由一对虚拟的磁极来表示。图4-17a表示转子旋转磁场领先于定子旋转磁场，设两个磁场间的夹角为 δ_i，称它为**功率角**（简称**功角**）。设此时 $\delta_i>0$，转子上将受到一个与其转向相反的

电磁转矩，转子为保持同步转速，必须从原动机输入功率以克服该制动性质的阻转矩。这就意味着从转子输入的机械功率，通过气隙磁场传递到定子，转换为电功率输出，为发电机运行方式。

同理，可知图 4-17b 所示为电动机运行方式。这样通过两个旋转磁场的相互作用来说明同步电机的运行方式，与本章第二节的叙述是一致的，唯这里更形象一些。同步电机中的这种电磁转矩称为**同步转矩**。

二、电枢反应

这个名称在直流电机篇中已经熟悉，是指电枢绕组基波磁动势对磁极磁动势的影响，亦把电枢磁动势就直接简称为电枢反应。

在直流电机中，电枢磁动势在空间的位置始终固定地作用在交轴（Q 轴），和磁极磁场相对静止，如不计铁心饱和影响，电枢反应只影响气隙磁场的分布，而不影响每极磁通的数值。

在同步电机中电枢反应就比较复杂，虽然电枢磁动势和转子磁极磁动势亦相对静止，但两者的相对空间位置是变化的。其次，由于相对位置不同，电枢磁动势所遇到的气隙磁阻就可能不同，特别在凸极机中直轴和交轴处的磁阻大不相同。因此，同一大小的电枢磁动势将因它对主磁极的相对位置不同，而激励不同的磁场，产生不同的电枢反应。

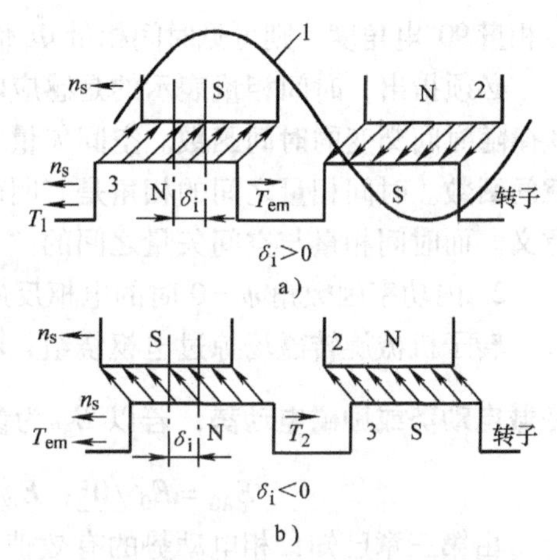

图 4-17 由两个旋转磁场相对位置说明同步电机运行情况

a) $\delta_i>0$ b) $\delta_i<0$

1—电气旋转磁场 2—定子虚拟磁极 3—转子

T_1—由原动机输入的转矩 T_2—电动机的负载转矩

在直流电机中如不计饱和作用和气隙磁场因电枢反应引起的畸变，可以不考虑电枢反应。同步电机中则基于上述分析，必须计入它的作用。事实上，它的作用直接影响同步电机的运行性能。

在具体分析电枢反应作用前，先介绍一下同步电机中的时、空关系。

1. 时间相量与空间矢量

磁动势和磁场是空间分布函数，电流和电动势是时间函数。如只考虑它们的基波分量，则可以分别以空间矢量和时间相量表示。因为两者都有相同的同步角频率，所以可以将它们画在同一坐标平面上。这种合并画在同一坐标上的时间相量和空间矢量图简称为时、空矢量图。画时间相量图和空间矢量图时应分别规定其参考轴，参考轴的选取是任意的。但是，如把相绕组轴线作为空间矢量参考轴，并设令时间相量参考轴与空间矢量参考轴重合，将对分析同步电机的电磁关系带来方便。图 4-18 就是按照上述方法选取参考轴画出的同步电机空载时的时、空矢量

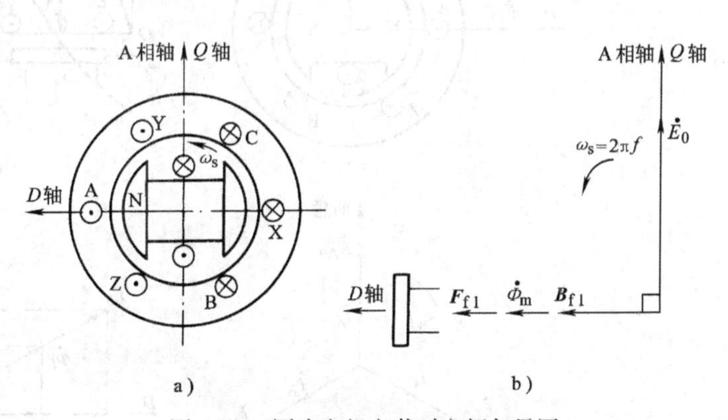

图 4-18 同步电机空载时空间矢量图

图。转子励磁电流激励的基波磁动势幅值为 F_{f1}，由它产生的基波磁通密度空间分布波的幅值为 B_{f1}，分别用空间矢量 $\boldsymbol{F}_{f1}$ 和 $\boldsymbol{B}_{f1}$ 表示。它们作用在转子绕组的轴线（直轴），随转子以角速度 ω_s 旋转。把定子三相绕组用等效三相集中绕组代替。图示瞬间 A 相绕组正位于极面中心，它所感应的电动势适为最大值，而它所匝链的主磁极磁通却适等于零。按照上述规则选取参考轴，感应电动势 $\dot{E}_0$ 相量应画在 A 相绕组的相轴上。感应 $\dot{E}_0$ 的磁通 $\dot{\Phi}_m$ 相量应超前于 $\dot{E}_0$ 相量 90°电角度，则可见时间相量 $\dot{\Phi}_m$ 恰和空间矢量 $\boldsymbol{F}_{f1}$ 和 $\boldsymbol{B}_{f1}$ 重合，如图 4-18b 所示。

必须指出，时间相量表示的是感应电动势、电压、电流和绕组所匝链的磁通，都是按正弦律随时间交变的**时间函数**。空间矢量表示的是空间按正弦律分布的磁动势和磁通密度波等**空间函数**。时间相量之间的相角是有明确物理意义的，空间矢量之间的相角也有明确的物理意义。而时间相量与空间矢量之间的“相角”是没有物理意义的，切勿混淆。

2. 内功率因数角 $\psi=0$ 时的电枢反应

转子机械旋转磁场掠过电枢绕组，将在定子三相绕组中感应出三相对称的电动势，称为**空载电动势或励磁电动势**，若以 $\dot{E}_{A0}$ 为参考轴则有

$$\dot{E}_{A0}=E_0\angle 0°;\ \dot{E}_{B0}=E_0\angle -120°;\ \dot{E}_{C0}=E_0\angle 120°$$

由第三章已知，相电动势的有效值 $E_0=4.44fN_1k_w\Phi_m$，式中 Φ_m 为主磁极每极的磁通量；电动势 E_0 在时间上滞后于磁通相量 90°电角度。

令励磁电动势 $\dot{E}_0$ 和电枢绕组中的负载电流 $\dot{I}$ 之间的相位角差为 ψ，它称为**内功率因数角**。实际上端电压 $\dot{U}$ 和负载电流 $\dot{I}$ 之间的相位角称为功率因数角 φ，它是可以测量的，而内功率因数角 $\boldsymbol{\psi}$ **是分析电机性能时所定义的一个角度**。因为只有在同步发电机空载 $\dot{I}=0$ 时才能量到

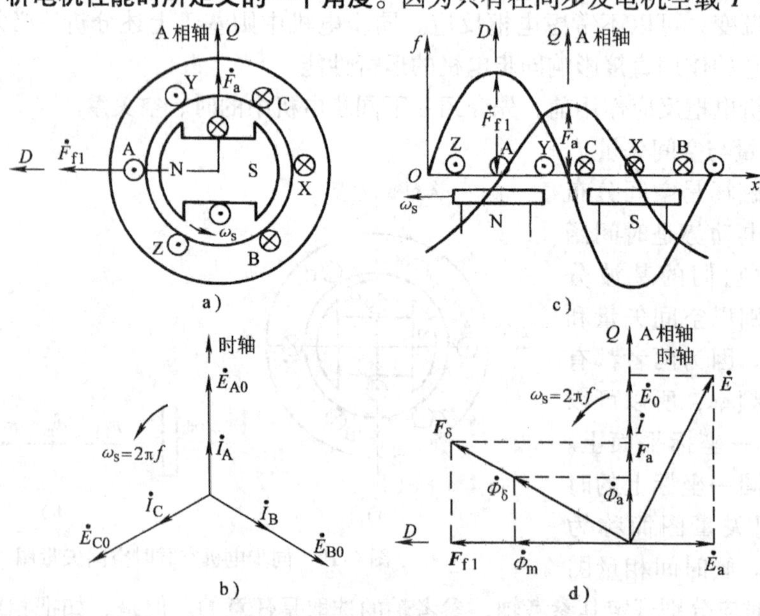

图 4-19　$\psi=0$ 时的电枢反应

a) 电机剖面示意图　b) 时间相量图　c) 磁动势空间分布图　d) 时、空矢量图

$\dot{E}_0$，这时没有电流，当然亦不存在电流与它的相位角；当 $\dot{I}\neq0$ 时，测量不到 $\dot{E}_0$，或者说它实际上并不存在，亦无所谓 $\dot{I}$ 和它之间的相位了。但是将在下面看到，引进了内功率因数角 ψ 对分析同步电机特性，特别是分析同步电机的电枢反应时，却带来了许多方便。

参看图 4-19a 表示同步电机的剖面简图，定子绕组由等效三相集中绕组表示。在图示瞬间，A 相绕组电动势为最大，假设 $\psi=0$ 所以 A 相电流也恰好为最大值。图 4-19b 为三相电动势、电流的时间相量图。在第三章中曾指出，三相定子电流所产生的合成基波磁动势 $\boldsymbol{F}_a$ 为一旋转磁动势，当那一相的电流达到最大瞬间，电枢旋转磁动势的幅值 F_a 恰好转到该相绕组的轴线处。现以 A 相绕组的轴线作为空间矢量的参考轴，则空间矢量 F_a 应画在 A 相轴线，即 Q 轴上。图 4-19c 画出了磁动势波空间展开图，可以看清 $\boldsymbol{F}_a$ 与 $\boldsymbol{F}_{f1}$（基波）的分布情况及相对位置。图 4-19d 是时、空矢量图。由于三相电动势和电流为对称三相值，所以图中仅画出 A 相的励磁电动势、电流和与 A 相匝链的主磁通 $\dot{\Phi}_m$，并把下标 A 省略，标为 $\dot{E}_0$、$\dot{I}$ 和 $\dot{\Phi}_m$。图中所选时间参考轴和空间参考轴是相对静止的，这样就可以把它们画在一个坐标平面上。$\boldsymbol{F}_{f1}$ 既代表主磁极的基波磁动势，为一空间矢量，亦表示时间相量 $\dot{\Phi}_m$ 的相位；$\dot{I}$ 既代表 A 相电流这一时间相量，又表示电枢基波磁动势 $\boldsymbol{F}_a$ 的空间相位。图 4-19d 中更表示了电机气隙中由 $\boldsymbol{F}_{f1}$ 与 $\boldsymbol{F}_a$ 合成的气隙合成磁动势 $\boldsymbol{F}_\delta$；由 $\boldsymbol{F}_{f1}$ 激励的磁通 $\dot{\Phi}_m$ 与由 $\boldsymbol{F}_a$ 激励的磁通 $\dot{\Phi}_a$ 合成的气隙合成磁通 $\dot{\Phi}_\delta$；由 $\dot{\Phi}_m$ 感应的电动势 $\dot{E}_0$ 与由 $\dot{\Phi}_a$ 感应的电动势 $\dot{E}_a$ 合成的 A 相合成电动势 $\dot{E}$。

可见，当 $\psi=0$ 时的电枢磁场作用在交轴（Q 轴），故称此刻的电枢反应为交磁作用。和直流电机的情况相同。

3. 内功率因数角为 $0<\psi<\frac{\pi}{2}$ 时的电枢反应

这是同步发电机最常见的运行情况。

参看图 4-20，$\dot{F}_a$ 滞后 A 相绕组轴线一个 ψ 角，因为隔一 ψ 角对应的时间 A 相电流才为最大值，$\boldsymbol{F}_a$ 才能转到 A 相轴线。把电枢磁动势空间波 $\boldsymbol{F}_a$ 用矢量分解法分解为**直轴分量** $\boldsymbol{F}_{ad}$ 和**交轴分量** $\boldsymbol{F}_{aq}$。$\boldsymbol{F}_{aq}$ 与图 4-19 中的 $\boldsymbol{F}_a$ 相同呈**交磁作用**，即它不改变每极磁通量，与直流电机中的电枢反应作用相似。而 $\boldsymbol{F}_{ad}$ 与 $\boldsymbol{F}_{f1}$ 反相，呈**去磁作用**。上述情况也可以这样来分析，

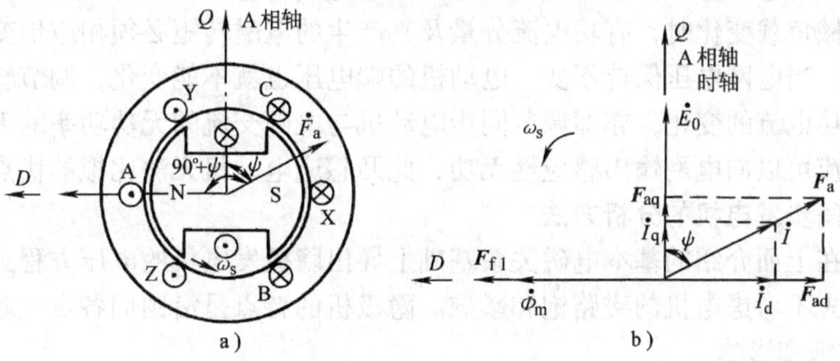

图 4-20　$0<\psi<\frac{\pi}{2}$ 时的电枢反应

将电枢负载电流 $\dot{I}$ 时间相量分解为两个分量：一个是和空载电动势 $\dot{E}_0$ 同相的分量 $\dot{I}_q$，称为**电流的交轴分量**，显然 $\dot{I}_q=\dot{I}\cos\psi$，为**电流对 E_0 的有功分量**。它所产生的电枢反应与图4-19一样，为作用于交轴的电枢反应 $\boldsymbol{F}_{aq}$；一个是和空载电动势成90°的分量 $\dot{I}_d$，称为**电流的直轴分量**，$\dot{I}_d=\dot{I}\sin\psi$，为**电流的无功分量**。它的电枢反应恰好作用在直轴，为直轴电枢反应 $\boldsymbol{F}_{ad}$。$\boldsymbol{F}_{aq}$ 与 $\boldsymbol{F}_{ad}$ 两个空间分量的合成便是总的电枢反应磁动势 $\boldsymbol{F}_a$。

按同样方法可分析 ψ 为其他任意值时的电枢反应。

4. 电枢反应是同步电机能量传递的依据

当同步发电机空载时，负载电流 $I=0$，没有电枢反应，因此也不存在由转子到定子的能量传递。当同步发电机带有负载时，$I\neq 0$，将产生电枢反应磁动势 $\boldsymbol{F}_a$，将 $\boldsymbol{F}_a$ 分解为交轴分量和直轴分量，图4-21a和b分别表示了 $\boldsymbol{F}_{aq}$、$\boldsymbol{F}_{ad}$ 与转子电流相互作用产生电磁力的情况。由图4-21a可见，由电流有功分量 I_q 产生的交轴电枢反应和转子电流作用，产生电磁力，并形成和转子转向相反的电磁转矩。发电机要输出有功功率，原动机必须增大驱动转矩，克服有功电流引起的阻力转矩，才能维持发电机的转速保持不变。能量就是这样由原动机输送给同步机转子再传递到定子电枢绕组，最后输出的。图4-21b表示电流无功分量 I_d 产生的直轴电枢反应和转子电流作用的情况。它们产生的电磁力不形成转矩，因此不需要原动机增加驱动转矩、增大输给同步发电机能量。但是直轴电枢反应对主磁场起着去磁（或磁化）作用，为维持同步发电机的端电压保持不变，须相应地增加（或减小）同步电机转子的直流励磁电流。

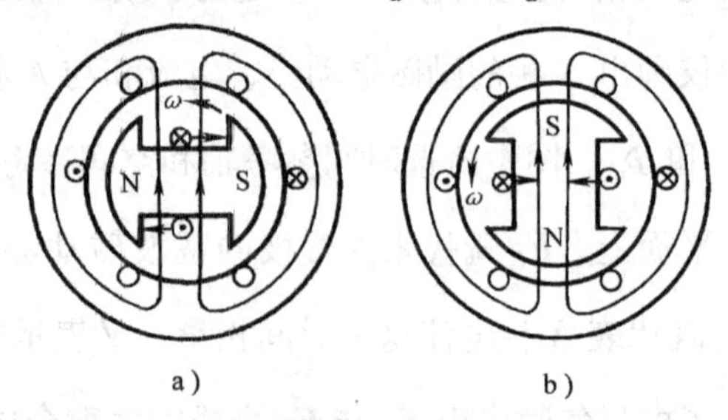

图4-21　电枢反应磁场与转子电流的相互作用
a) $\boldsymbol{F}_{aq}$ 的作用　b) $\boldsymbol{F}_{ad}$ 的作用

综上所述，为了维持发电机的转速不变，必须随着有功负载的变化调节由原动机输入的功率。为保持发电机的端电压不变，必须随着无功负载的变化相应地调节转子的直流励磁电流。更可以理解为同步发电机发出的**感性无功功率来之于直流励磁电流**。因为当 $0<\psi<\frac{\pi}{2}$ 时，发电机输出的无功功率为感性，这时的电枢反应 F_{aq} 分量呈去磁作用。为维持端电压不变，必须增大直流励磁电流。而感应电机不能输出感性无功正是由于它没有直流励磁电流。

同理，对同步电动机可作出类似的结论。这时有功电流所产生的电磁转矩为原动转矩。当所驱动的机械负载变化时，有功电流分量及其产生的电磁转矩必须相应地变化，才能维持电动机的转速。当电网电压保持不变，电动机的端电压也就不能变化，调节转子直流励磁电流只能引起无功电流的变化，亦即调节同步电动机与电网交流的无功功率的大小及性质。增大直流励磁电流可以向电网输出感应性无功，此乃感应电动机无法比拟的优点。

三、隐极同步发电机的分析方法

本小节将在上面介绍的基本电磁关系基础上导出隐极发电机的电压方程式、相量图及等效电路，并且先不考虑电机的磁路饱和影响。隐极机的特点是沿圆周各点气隙大小相等。

1. 不考虑饱和影响

这样就可以应用叠加原理，分别考虑主磁极磁动势 $\dot{F}_{f1}$ 及电枢磁动势 $\dot{F}_a$ 的作用，再把它

们的作用叠加起来。同时考虑到电枢电流除了激励三相合成磁场外，还有电枢绕组的漏抗 x_σ，以及绕组电阻的影响，可得

主磁极直流励磁电流 $I_f \rightarrow \boldsymbol{F}_{f1} \rightarrow \dot{\Phi}_m \rightarrow \dot{E}_0 \rightarrow$ ┐
　　　　　　　　　　　　　　　　　　　　　　├ $\rightarrow \dot{E}$
三相电枢绕组电流 $\dot{I} \rightarrow \boldsymbol{F}_a \rightarrow \dot{\Phi}_a \rightarrow \dot{E}_a \rightarrow$ ┘
　　　　　　　　　　$\rightarrow \dot{\Phi}_\sigma \rightarrow \dot{E}_\sigma = -\mathrm{j}\dot{I}x_\sigma$
　　　　　　　　　　$\rightarrow \dot{I}r_a$

按发电机惯例，写出电枢每相的电压方程式为

$$\left.\begin{aligned}\dot{E}_0 + \dot{E}_a - \dot{I}(r_a + \mathrm{j}x_\sigma) &= \dot{U} \\ \dot{E} &= \dot{E}_0 + \dot{E}_a\end{aligned}\right\} \tag{4-3}$$

因不计饱和，有

$$E_a \propto \Phi_a \propto F_a \propto I \tag{4-4}$$

在相位上，忽略铁心损耗则有 $\dot{I}$ 与 $\dot{\Phi}_a$同相，$\dot{E}_a$滞后 $\dot{\Phi}_a$亦即滞后 $\dot{I}$ 90°，因此 $\dot{E}_a$与 $\dot{I}$ 的比值为一电抗，用复数表示为

$$\dot{E}_a \approx -\mathrm{j}\dot{I}x_a \tag{4-5}$$

式中，x_a 称为**电枢反应电抗**，其物理意义为，电枢反应磁场在定子每相绕组中所感应的电动势 $\dot{E}_a$，可以把它看成是相电流产生的一个负电抗电压降，这个电抗便是电枢反应电抗 x_a。

将式（4-5）代入式（4-3）得

$$\dot{E}_0 = \dot{U} + \dot{I}[r_a + \mathrm{j}(x_a + x_\sigma)] = \dot{U} + \dot{I}(r_a + \mathrm{j}x_s) = \dot{U} + \dot{I}Z_s \tag{4-6}$$

式中，x_s 为**同步电抗**，$x_s = x_a + x_\sigma$；Z_s 为**同步阻抗**，$Z_s = r_a + \mathrm{j}x_s$。

图 4-22 画出了隐极同步发电机的等效电路。图 4-22b 是按式（4-6）画得的，以 $\dot{U}$ 为参考轴的相量图。图 4-22c 中则加画了与各电动势相对应的磁通。

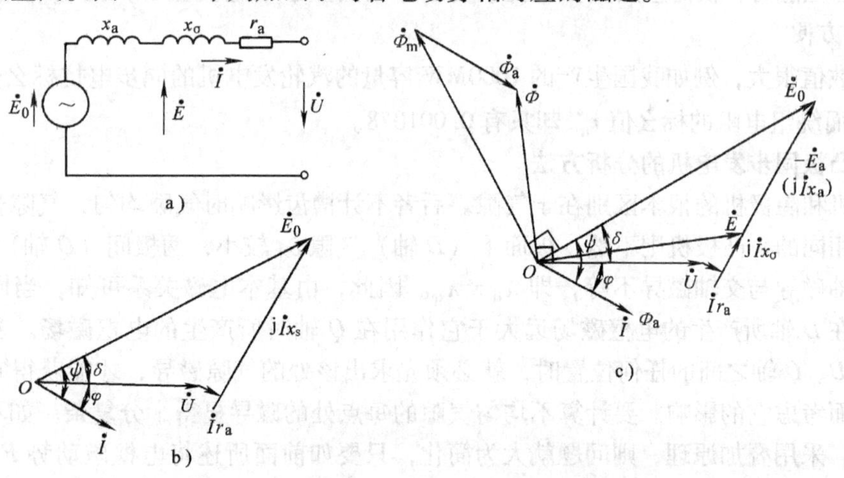

图 4-22 隐极同步发电机的等效电路和相量图

a）等效电路 b）图 a 的相量图 c）电动势相量与磁场的关系

2. 同步电抗

电抗是交流电机的一个重要参数，它决定着电机的性能。同步电抗更是同步电机的重要参数，要弄清它的物理意义。

第一，电枢反应电抗对应于通过空气隙的互磁通，亦即对应于定子电气旋转磁场，因此它的数值很大。且由于定子旋转磁动势由三相电流联合产生，它的幅值为每相脉动磁动势振幅的3/2倍，故电枢反应电抗是每相励磁电抗的3/2倍。显然，x_a 就更大于和定子绕组漏磁通相对应的定子每相漏抗。因为漏抗 x_σ 数值很小，所以同步电抗与电枢反应电抗在数值上相差不大。

第二，同步电机的电枢反应电抗和感应电机的励磁电抗 x_m 性质相仿，但因同步电机的气隙较长，在数值上要比感应电机的 x_m 为小。

第三，x_a 和 x_m 都对应于三相电流产生的旋转磁场，但都等于该磁场所感应的每相电动势和相电流之比。所以，x_a、x_s 和 x_m 均系**每相值**，且由于该磁场以同步速依次掠过各相绕组，故各相均有相等的电枢反应电抗和同步电抗。

第四，电枢反应磁场与转子都以同步速同方向旋转，定子磁场并不切割转子绕组，故在同步电机正常运行时，电枢绕组犹如二次侧开路或没有二次绕组的情况，同步电抗也就是定子方面的总电抗。虽然转子绕组在电路方面不起二次绕组的作用，但转子铁心为电枢旋转磁场所经磁路的一个组成部分，在磁路方面却起着重要作用，铁心的饱和与否，或饱和程度均影响着同步电抗的数值。于是有**饱和同步电抗**和**不饱和同步电抗**的区别。如把转子抽去，则定子电流所遇到的电抗将不再是电枢反应电抗或同步电抗，而是一个接近于绕组漏抗 x_σ 的一个电抗。

第五，只有当定子流过三相对称电流，即只有当空气隙磁场为圆形旋转磁场时，才有上述同步电抗。当定子绕组中电流为不对称三相时，或同步电机在瞬态过程中，反映出的电抗不再是 x_s，而将出现许多其他的电抗，将在后面文中介绍。

第六，实际应用中，往往不把 x_a+x_σ 分开，而直接应用同步电抗 x_s。因为在分析同步电机的稳态性能时，仅需应用同步电抗就行了。在测量求取电抗值时，测 x_s 亦较分别测 x_a 及 x_σ 来得方便。

x_s 的数值很大，例如我国生产的1000MW容量的汽轮发电机的同步电抗标幺值 x_s^* 竟达到2.61，而绕组电阻的标幺值 r_a^* 却只有0.001078。

四、凸极同步发电机的分析方法

凸极机和隐极机的根本区别在于气隙。后者不计槽齿影响时气隙均匀，气隙长度 δ 沿转子圆周是相同的。凸极机则不然，极面下（D 轴）气隙 δ_d 较小，两极间（Q 轴）气隙 δ_q 较大，故直轴磁导与交轴磁导不等，即 $\lambda_d \neq \lambda_q$。因此，由基本电磁关系可知，当同一电枢磁动势作用在 D 轴所产生的电枢磁场远大于它作用在 Q 轴时所产生的电枢磁场。若电枢磁动势作用在 D、Q 轴之间的任何位置时，就必须先求出该处的气隙磁导，才能获得它所产生的磁场，进而考虑它的影响。要计算不均匀气隙的每点处的磁导显得十分复杂。如不计铁心饱和的影响，采用叠加原理，则问题就大为简化，只要如前面所述将电枢磁动势 $\boldsymbol{F}_a$ 用矢量分解方法，分解成直轴分量 $\boldsymbol{F}_{ad}$ 和交轴分量 $\boldsymbol{F}_{aq}$，就可分别应用固定的直、交轴磁导求出它们产生的磁通密度 B_{ad} 和 B_{aq}，再分别考虑它们的作用，最后将二者的作用叠加起来，得到 F_a 所产生的总的作用。这样处理方法，称为**双反应法**。

综上所述，凸极同步发电机的机内电磁关系如下：

$$I_f \rightarrow \boldsymbol{F}_f \longrightarrow \dot{\boldsymbol{\Phi}}_m \rightarrow \dot{E}_0$$

$$\dot{I} \rightarrow \boldsymbol{F}_a \rightarrow \begin{cases} \boldsymbol{F}_{ad} \rightarrow \dot{\boldsymbol{\Phi}}_{ad} \rightarrow \dot{E}_{ad} \\ \boldsymbol{F}_{aq} \rightarrow \dot{\boldsymbol{\Phi}}_{aq} \rightarrow \dot{E}_{aq} \end{cases} \longrightarrow \dot{E}$$

$$\dot{I} \longrightarrow \dot{\boldsymbol{\Phi}}_\sigma \rightarrow \dot{E}_\sigma = -\mathrm{j}\dot{I}x_\sigma$$

$$\dot{I} \longrightarrow \dot{I}r_a$$

以发电机惯例由上述关系可写出电枢绕组每相的电压方程式为

$$\dot{E}_0 + \dot{E}_{ad} + \dot{E}_{aq} - \dot{I}\,(r_a + \mathrm{j}x_\sigma) = \dot{U} \tag{4-7}$$

与隐极机相似，电动势 $\dot{E}_{ad}$与 $\dot{E}_{aq}$分别可由电流 $\dot{I}_d$与 $\dot{I}_q$产生负的电抗负电压降来表示，即

$$\left.\begin{aligned} \dot{E}_{ad} &= -\mathrm{j}\,\dot{I}_d x_{ad} \\ \dot{E}_{aq} &= -\mathrm{j}\,\dot{I}_q x_{aq} \end{aligned}\right\} \tag{4-8}$$

式中，$\dot{I}_d = \dot{I}\sin\psi$；$\dot{I}_q = \dot{I}\cos\psi$；$\dot{I} = \dot{I}_d + \dot{I}_q$；$x_{ad}$为直轴电枢反应电抗；$x_{aq}$为交轴电枢反应电抗。

式（4-7）可进一步改写为

$$\begin{aligned} \dot{E}_0 &= \dot{U} + \dot{I}r_a + \mathrm{j}\,\dot{I}x_\sigma - \dot{E}_{ad} - \dot{E}_{aq} \\ &= \dot{U} + \dot{I}r_a + \mathrm{j}\,\dot{I}x_\sigma + \mathrm{j}\,\dot{I}_d x_{ad} + \mathrm{j}\,\dot{I}_q x_{aq} \end{aligned} \tag{4-9}$$

或

$$\begin{aligned} \dot{E}_0 &= \dot{U} + \dot{I}\,r_a + \mathrm{j}\,\dot{I}_d x_d + \mathrm{j}\,\dot{I}_q x_q \\ &= \dot{U} + \dot{I}\,r_a + \mathrm{j}\,\dot{I}_d\,(x_\sigma + x_{ad}) + \mathrm{j}\,\dot{I}_q\,(x_\sigma + x_{aq}) \end{aligned} \tag{4-10}$$

式中，x_d 为**直轴同步电抗**，$x_d = x_\sigma + x_{ad}$；x_q 为**交轴同步电抗**，$x_q = x_q + x_{aq}$；$\dot{E}_{ad} = -\mathrm{j}\,\dot{I}_d x_{ad}$，$\dot{E}_{aq} = -\mathrm{j}\,\dot{I}_q x_{aq}$。

若将式（4-10）用图 4-23 所示的相量图表示，可以清楚地看出各个量的关系。但要画出这个相量图，却遇到一个问题：要先知道内功率因数角 ψ，才能分解 $\dot{I}$ 为有功和无功分量，方能找到空载电动势 $\dot{E}_0$；ψ 为 $\dot{E}_0$和 $\dot{I}$ 间的夹角，只有找到 $\dot{E}_0$的位置方向，才能找到 ψ 角。这样就发生了相互牵制的矛盾。为能顺利画出凸极发电机的相量图，可作如下处理，即可解决这个矛盾。

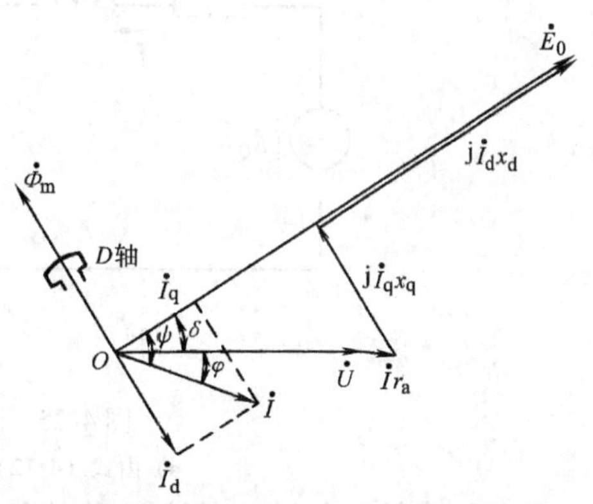

图 4-23 式（4-10）的相量图表示

在式（4-10）的右边增、减一项 $\mathrm{j}\,\dot{I}_d x_q$，可得

$$\dot{E}_0 = \dot{U} + \dot{I}\,r_a + \mathrm{j}\,\dot{I}_d x_d + \mathrm{j}\,\dot{I}_d x_q + \mathrm{j}\,\dot{I}_q x_q - \mathrm{j}\,\dot{I}_d x_q$$

$$= \dot{U} + \dot{I} r_a + j\dot{I} x_q + j\dot{I}_d (x_d - x_q)$$

移项后得

$$\dot{E}_0 - j\dot{I}_d (x_d - x_q) = \dot{U} + \dot{I} r_a + j\dot{I} x_q \tag{4-11}$$

由于相量 $\dot{I}_d$与$\dot{E}_0$垂直，所以 $j\dot{I}_d (x_d - x_q)$ 适与$\dot{E}_0$在同一线上。因此，可由式（4-11）的右边部分确定相量 $\dot{E}_0$的位置，即可找出内功率因数角ψ。凸极发电机的相量图具体作法是：以端电压$\dot{U}$ 作参考轴；按负载大小及性质画出负载电流 $\dot{I}$ 的相量；在相量 $\dot{U}$ 加上与 $\dot{I}$ 同相位的相量 $\dot{I} r_a$ 及超前 $\dot{I}$ 90°的相量 $j\dot{I} x_q$，便找到 E_0 的方向和内功率因数角 ψ，如图 4-24 所示；将 $\dot{I}$ 按相量分解方法，作出 $\dot{I}_d = \dot{I} \sin\psi$ 和 $\dot{I}_q = \dot{I} \cos\psi$；最后可按式（4-10），或设令

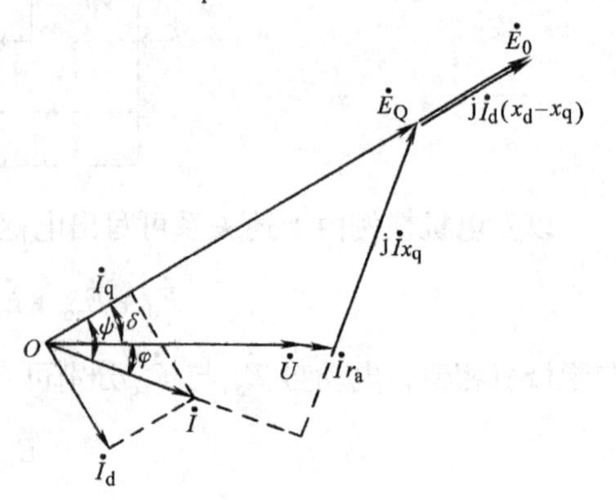

图 4-24 求内功率因数角 ψ

$$\dot{E}_Q = \dot{U} + \dot{I} r_a + j\dot{I} x_q \tag{4-12}$$

再按

$$\dot{E}_0 = \dot{E}_Q + j\dot{I}_d (x_d - x_q) \tag{4-13}$$

画全相量图。

$\dot{E}_Q$称为虚拟电动势，是一个实际上测量不到的电动势。但对它可由式（4-12）作出凸极同步发电机的等效电路，如图 4-25a 所示。由等效电路求得 $\dot{E}_Q$后，可按式（4-13）求得空载电动势 $\dot{E}_0$。亦可由式（4-9）作出凸极同步发电机的等效电路，如图 4-25b 所示。

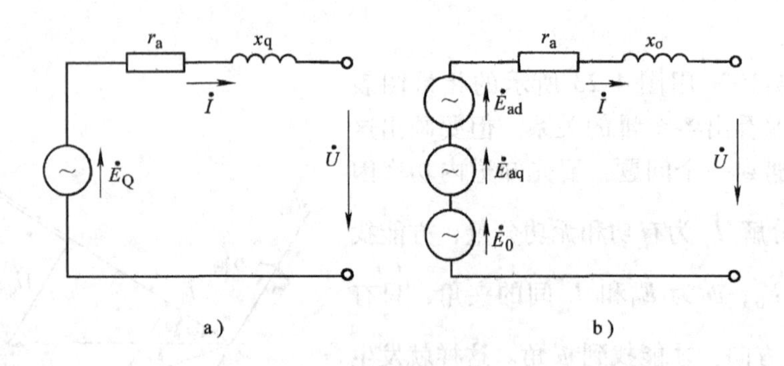

图 4-25 凸极发电机的等效电路

a) 由式（4-12）画出 b) 由式（4-9）画出

凸极机直轴处气隙远较交轴处的气隙为小，相应地直轴磁导就大于交轴磁导，因此 $x_d > x_q$。一般凸极机的 $x_d : x_q$ 均为 1∶0.6 左右。在隐极机中，由于气隙是均匀的，故 $x_d \approx x_q = x_s$，就不用区分 x_d、x_q，不必用双反应法，简单地用同步电抗 x_s 就可以了。

五、铁心饱和的影响

以上的分析均未考虑铁心的饱和现象。事实上，电机正常运行时，其磁路总存在一定程度饱和的，那是为了保证电机的经济和性能的合理性。考虑到饱和，线性叠加原理就不适用了。必须把电枢磁动势与转子励磁磁动势合并成气隙合成磁动势，再由该合成磁动势和发电机的空载特性求得电枢绕组的合成电动势。

由于电枢磁动势与转子磁动势的空间分布波形不同，在求合成气隙磁动势时，需要将电枢磁动势等效折算为转子磁动势。又由于隐极机的气隙均匀，凸极机的气隙不均匀。它们的电枢磁动势的折算方法将不相同，要分别予以讨论。

1. 同步电机的空载特性 $E_0=f\ (I_f)$

空载特性是所有电机的重要基本特性，实际上它代表了电机的磁化曲线。虽然同步发电机空载运行的机会是极少的，但通过它能知道电机铁心的饱和情况以及求取电机的一些重要参数和根据励磁电流找到决定电机运行性能的空载电动势 E_0。

同步电机的空载特性可通过计算或实验求得，前者属电机设计范畴，这里不展开讨论。实验求取的方法与第一章直流电机中的相仿。调节同步速旋转的转子励磁电流 I_f，电枢绕组开路，每次测定对应的电枢每相感应电动势 E_0。不同的是直流电机 E_0 是直流电动势，同步电机 E_0 是交流电动势的有效值。试验过程及注意点与直流电机空载试验相同。

同步发电机的空载特性常用标幺值表示。取额定相电压为电动势的基值，取 $E_0=U_N$ 时的励磁电流 I_{fN} 为励磁电流的基值。用这样的标幺值表示的空载特性，不论电机容量的大小，电压的高低，它们的空载特性彼此是非常相近的，表 4-1 为同步发电机的一条典型空载特性曲线的数据。

表 4-1　典型空载特性曲线数据

I_f^*	0.5	1.0	1.5	2.0	2.5	3.0	3.5
E_0^*	0.58	1.0	1.21	1.33	1.40	1.46	1.51

图 4-26 即为该空载特性曲线，$\overline{0d}$ 为气隙线 agl。饱和时，铁心部分所需磁动势 F_{Fe} 增大。定义当 $E_0^*=1.0$ 时的磁动势 $\overline{ac}$ 和气隙所需磁动势 $\overline{ab}$ 之比为电机的磁路**饱和系数** $k_\mu=ac/ab$。它反映了电机磁路的饱和程度，为了合理利用材料，一般设计 k_μ 为 1.2 左右。

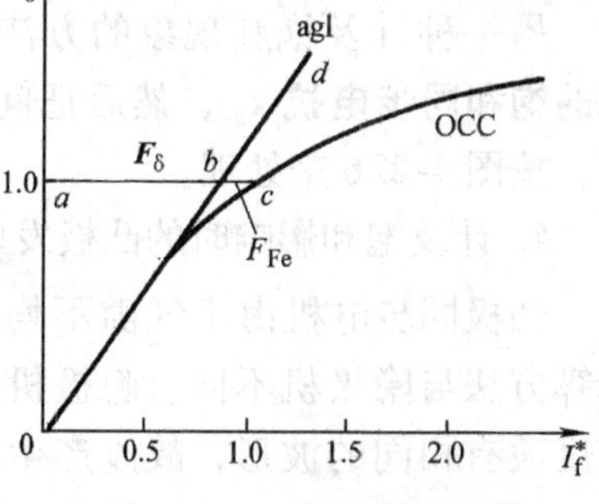

图 4-26　空载特性曲线

2. 隐极同步发电机电枢反应的折算

发电机带有负载时，气隙中不仅有转子磁动势 f_f，还有电枢反应磁动势 f_a。考虑到铁心饱和的影响，必须将电枢磁动势等效折算成转子磁动势。折算后的电枢磁动势便可和转子磁动势矢量相加获得气隙合成磁动势，这个合成磁动势可视作全由转子激励，便可以从空载特性来找出空载电动势 E_0 了。

由于同步电机的特性主要由基波电动势决定，而基波电动势是由基波磁场所感应，所以折算应以二者产生相等的基波磁场为折算条件。隐极机转子磁动势 f_f 为级形波，其幅值为 F_f，其基波分量的幅值为 F_{f1}，可由傅里叶级数求得，如图 4-27 所示。定义 F_{f1} 与 F_f 之比为励磁磁动势的**波形系数** k_f，即

$$k_f = \frac{F_{f1}}{F_f} \tag{4-14}$$

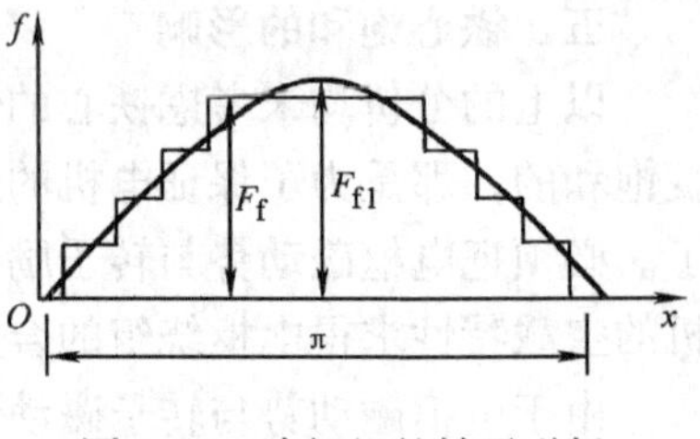

图 4-27 隐极机的转子磁场

它的大小与每个极面下小齿所占极弧的多少有关。

已知电枢磁动势f_a的基波幅值为F_a，折算到转子侧等效的级形波磁动势的幅值为F'_a，根据式（4-14），折算后的基波幅值$k_f F'_a$应与电枢磁动势的基波幅值相等，即

$$\left.\begin{aligned} k_f F'_a &= F_a \\ F'_a &= \frac{1}{k_f}F_a = k_a F_a \end{aligned}\right\} \tag{4-15}$$

式中，k_a称为隐极同步电机电枢磁动势折算的转子磁动势时应乘的折算系数，对隐极机它恰为转子磁动势波形系数的倒数。

3. 计及饱和影响时的隐极发电机

由于叠加原理不再适用。为此，应先求出气隙的合成磁动势$\boldsymbol{F}_\delta$，然后利用电机的空载特性曲线求出同步发电机带负载时的气隙磁通及合成电动势E，即有

$$\left.\begin{aligned} &\boldsymbol{F}_f \rightarrow \\ &\boldsymbol{F}_a \rightarrow k_a\boldsymbol{F}_a \rightarrow \boldsymbol{F}'_a \end{aligned}\right\} \rightarrow \boldsymbol{F}_\delta \rightarrow \dot{\Phi} \rightarrow \dot{E}$$

然后再减去电枢绕组每相的漏阻抗压降，便得同步发电机的端电压$\dot{U}$，即

$$\dot{E} - \dot{I}\ (r_a + jx_\sigma) = \dot{U} \tag{4-16}$$

与式（4-16）相应的相量图如图4-28所示，图中由空载特性曲线沟通了磁动势$\boldsymbol{F}_\delta$和电动势$\dot{E}$，又把磁动势间的关系

$$\boldsymbol{F}_f + k_a\boldsymbol{F}_a = \boldsymbol{F}_\delta \tag{4-17}$$

画在图中。因图中既有电动势相量，又有磁动势矢量，所以该图也称为**电动势—磁动势图**。

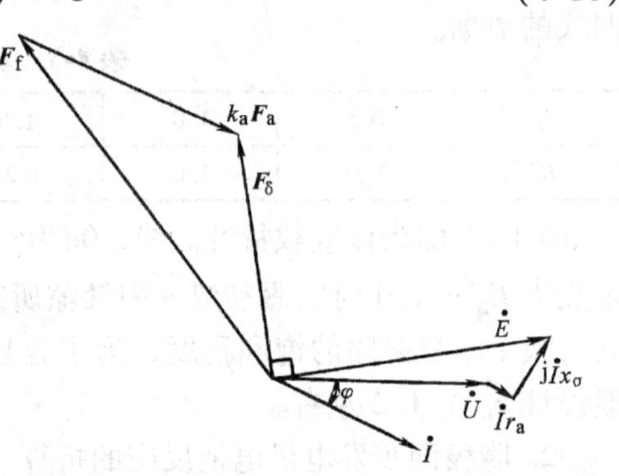

图 4-28 计及饱和时隐极机的相量图

另一种计及饱和现象的方法是找出同步电机的**饱和同步电抗** x_{ss}，然后把问题当作线性问题，按图4-22b来处理。

4. 计及饱和影响时的凸极发电机

凸极同步电机由于气隙不均匀，电枢反应磁动势的折算方法与隐极机不同。隐极机的电枢磁动势波与磁通密度波有相同的波形，故以产生相同的基波磁动势作为磁动势折算的条件；凸极机电枢磁动势波与磁通密度波的波形不同，则必须以产生相同的基波磁通密度作为磁动势折算的条件。由于凸极机主磁极磁动势波与隐极机不同，后者为级形波如图4-27所示，前者则为矩形波，如图4-29所示。所以二者的折算不相同。又由于直轴与交轴的电枢反应磁场波的波形不同，所以直、交轴的折

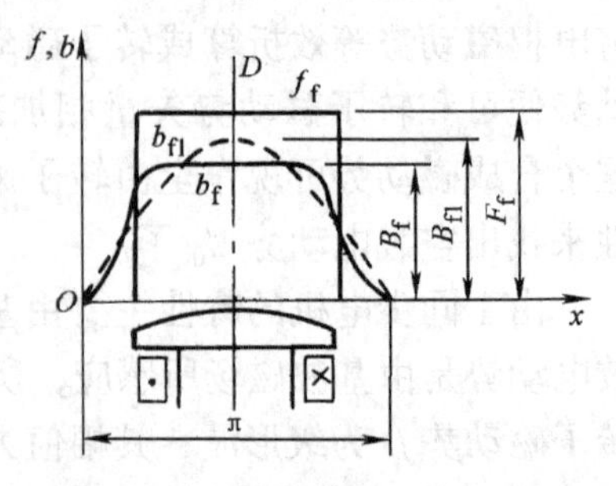

图 4-29 凸极机磁极磁动势与磁场分布波

算又不相同。图4-30表示了凸极机直轴与交轴电枢反应磁动势和磁通密度分布波。

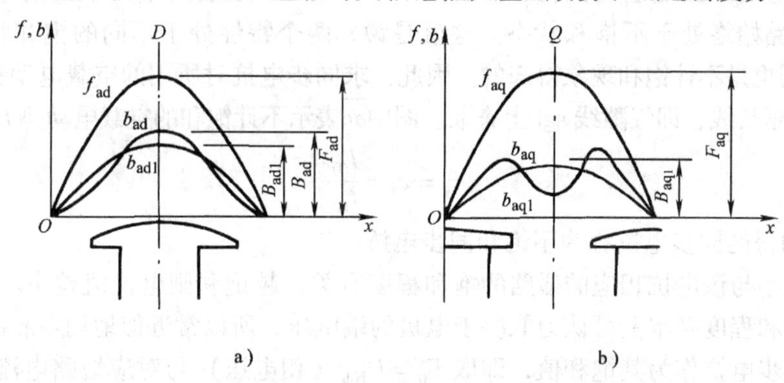

图4-30 凸极机直轴与交轴电枢反应磁动势和磁通密度分布波

a）直轴 b）交轴

经过与隐极机类似的推导可得

$$\left.\begin{aligned} F'_{ad} &= k_{ad}F_{ad} \\ F'_{aq} &= k_{aq}F_{aq} \end{aligned}\right\} \tag{4-18}$$

当将 F_{ad} 及 F_{aq} 折算后，就可以利用空载特性来找出电枢反应电动势 E_{ad} 和 E_{aq} 了。

六、同步电机稳态参数的测定

这里将通过一些基本试验来测定同步机的主要参数 x_s、x_d、x_q 及 x_σ。

1）由空载特性和短路特性测定隐极同步电机的同步电抗 x_s 或凸极同步电机的直轴同步电抗 x_d。

空载特性（OCC）已如前所述，它反映电机的磁化曲线，可由实验或计算获得。

短路特性（SCC）可由同步发电机的三相稳态短接试验测得。将同步电机三相定子绕组直接短接，调节以同步速旋转的转子励磁绕组的电流 I_f，使电枢短路电流 I_k 由零增加到1.2~1.3倍额定电流，逐点记录 I_f 及相应的 I_k，即得短路特性曲线 $I_k = f(I_f)$ 如图4-31b中SCC直线所示。

同步发电机短路时 $U=0$、$I=I_k$，因为 $r_a \ll x_s$（或 x_d），所以内功率因数角 $\psi\approx 90°$。这样，对隐极机而言，其时的电压方程式由式（4-6）变成

$$\dot{E}_0 = \dot{I}_k Z_s \approx \mathrm{j}\dot{I}_k x_s \tag{4-19}$$

对凸极机而言，因为 $\psi\approx 90°$，所以 $I_q = I\cos\psi = 0$、$I_d = I_k$，其时的电压方程式由式（4-10）变成

$$\dot{E}_0 = \dot{I}_k r_a + \mathrm{j}\dot{I}_k x_d \approx \mathrm{j}\dot{I}_k x_d \tag{4-20}$$

式（4-19）和式（4-20）的相量图如图4-31a所示。根据上述关系，将空载特性（OCC）和短路特性（SCC）画在同一坐标上，如图4-31b所示。在额定的励磁电流 I_{fN}（$\overline{Oa}$）时其所对应的空载电动势 $E_0 = U_N$（$\overline{ab}$）和短路电流 I_{k0}（$\overline{ad}$）之比，便为每相同步电抗 x_s 或直轴电抗 x_d。

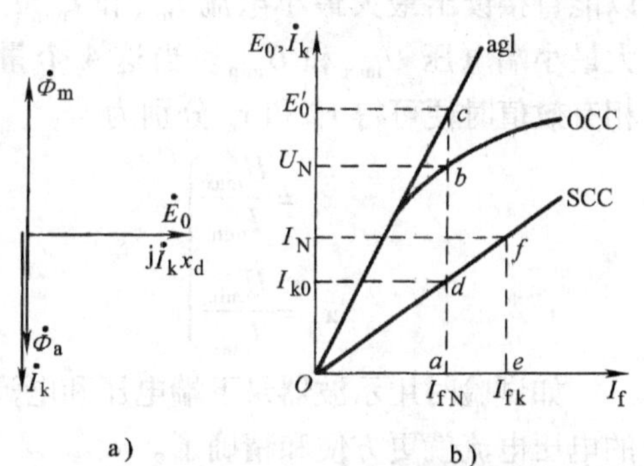

图4-31 由空载特性和短路特性测定同步电抗 x_s 或 x_d

a）短路时的相量图 b）由空载特性OCC与短路特性SCC求 x_d、x_s

但这里有一个问题，在测定空载特性时，由于磁路的饱和现象，当 I_f 增大到饱和区时，空

载特性将向下弯曲。在测定短路特性时，由图4-31a可见，电枢反应呈纯去磁作用，气隙磁通密度甚低，磁路始终处于不饱和状态。这就是说，两个特性处于不同的饱和状态，并且图4-31a的相量图也是不计饱和现象得来的。因此，求同步电抗时所用的空载电动势应从空载特性的直线部分延长线，即气隙线agl上查取。图中$\overline{ac}$表示不计饱和的空载电动势E_0'，于是

$$x_s = x_d = \frac{E_0'}{I_{k0}} \tag{4-21}$$

式（4-21）测得的同步电抗称为**不饱和同步电抗**。

电抗的大小与该电抗相应的磁路的饱和程度有关，越饱和则电抗值越小。实际运行时，电机磁路的饱和程度基本上可认为取决于电机的端电压，所以常近似地用空载电动势为额定端电压时的同步电抗作为其饱和值，即取$E_0 = U_{N\phi}$（相电压）与对应短路电流I_{k0}之比为**饱和同步电抗x_{ss}或饱和直轴同步电抗x_{ds}**

$$x_{ss} = x_{ds} \approx \frac{E_0}{I_{k0}} = \frac{U_N}{I_{k0}} \tag{4-22}$$

2）由转差率试验测定直轴同步电抗x_d和交轴同步电抗x_q。同步电机的转子励磁绕组开路，由原动机驱动转子转速接近同步速，约有$<1\%$的转差率。定子绕组上外施对称三相电压，其相序能使电枢旋转磁场与转子有相同的转向。为防止转子被电气旋转磁场牵入同步，外施三相电压应降低到额定值的20%以下。这样，定子旋转磁场便将以转差速率掠过转子，在转子中感应转差频率的电动势，如图4-32a所示。当定子磁场轴线与转子直轴重合时，电枢磁场磁路的磁阻为最小，相应的电枢绕组电抗达最大值，电枢电流为最小值。若定子外施的电源容量不大，则电枢电流变化时，由于它引起的电源内阻抗降落亦随之变化。输入到电枢的电流最小时，电枢端电压为最大，它们的变化如图4-32b、c所示。当定子磁场轴线与转子交轴重合时，则情况完全相反，由于转差率很低，电流表和电压表的指针来得及跟着摆动，所以能直接读出最大最小电流I_{max}和I_{min}；测得最大最小端电压U_{max}和U_{min}。当这4个量均系每相有效值时便可得x_d和x_q分别为

$$\left.\begin{aligned} x_d &= \frac{U_{max}}{I_{min}} \\ x_q &= \frac{U_{min}}{I_{max}} \end{aligned}\right\} \tag{4-23}$$

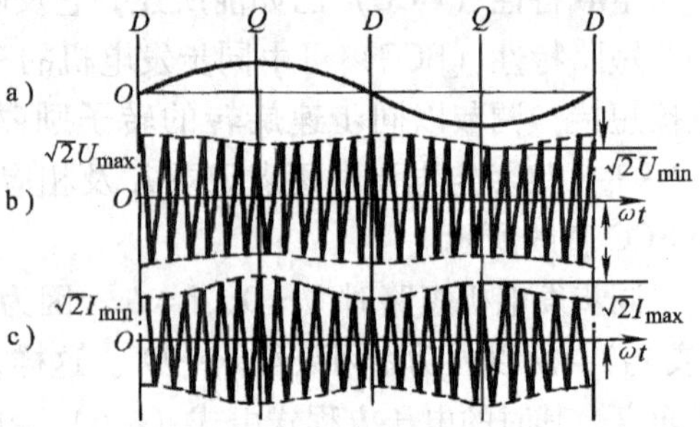

图4-32 用转差率试验测定x_d及x_q

a）转子电动势波形 b）定子端点电压波形 c）定子绕组电流波形

如试验时用示波器录下端电压和电流的波形，如图4-32b和c所示，则求式（4-23）中的电压电流就更方便和精确了。

现代同步电机的不饱和电抗标幺值的范围及其平均值如表4-2所示。

表4-2 同步电机的不饱和电抗标幺值的范围及其平均值

参数 \ 类别	汽轮发电机	凸极发电机	凸极电动机
x_d^*	$\frac{1.70}{0.90 \sim 2.50}$	$\frac{1.15}{0.65 \sim 1.60}$	$\frac{1.80}{1.50 \sim 2.20}$
x_q^*	$\approx 0.9x_d^*$	$\frac{0.75}{0.40 \sim 1.00}$	$\frac{1.15}{0.95 \sim 1.40}$

3）由零功率因数曲线求漏抗。负载特性在直流发电机一章中已定义过，是指当发电机负载电流一定时，端电压随 I_f 而变化的情况，在直流机中决定端电压变化的除了负载电流外，只有励磁电流，所以用表示式写出负载特性是

$$I=\text{const},\ U=f\ (I_f)$$

但在同步发电机中，功率因数决定着电枢反应的性质，可能为去磁作用亦可能为磁化作用，此情况较直流发电机复杂。同步发电机的负载特性便定义为

$$I=\text{const},\ \cos\varphi=\text{const},\ U=f\ (I_f)$$

当 I 和 $\cos\varphi$ 取不同数值时，$U=f\ (I_f)$ 就有相应不相同的形状。在这众多的负载特性中，最有实用意义的，除前述空载特性外，就是那条 $I=I_N$，$\cos\varphi=0$ 的所谓**零功率因数曲线 ZPFC**，或称为**感性负载特性曲线**。

（1）零功率因数时的电磁关系　当发电机带纯感应性负载时，电枢反应为纯粹去磁作用，只有 $\boldsymbol{F}_{ad}$ 而 $F_{aq}=0$。此时励磁磁动势 F_f 减去电枢反应磁动势 $k_{ad}\boldsymbol{F}_{ad}$ 以后，剩下的即为空气隙合成磁动势 $\boldsymbol{F}_\delta$，它产生的气隙合成磁通 $\dot{\Phi}$ 将在电枢绕组中感应出合成电动势 $\dot{E}$，$\dot{E}$ 减去漏抗压降（略去电枢电阻 r_a），就得到发电机的端电压 U，即

$$\dot{U}=\dot{E}-\mathrm{j}\dot{I}x_\sigma \tag{4-24}$$

考虑到式（4-3）和式（4-5）及 $x_s=x_\sigma+x_a$，式（4-24）可改写为

$$\dot{U}=\dot{E}_0-\mathrm{j}\dot{I}x_s \tag{4-25}$$

按式（4-24）可作出纯感应性负载 $\varphi=90°$时的相量图如图 4-33 所示。由图可见 $\dot{U}$ 和 $\dot{E}_0$同相，即 $\varphi=\psi=90°$。磁动势间的关系以及电动势间的关系都是代数关系，即

$$\left.\begin{aligned}U&=E-Ix_\sigma=E_0-Ix_s\\F_\delta&=F_f-k_{ad}F_{ad}\end{aligned}\right\} \tag{4-26}$$

（2）零功率因数曲线和空载特性曲线的关系　在图 4-34 空载特性图中，取任意励磁电流 $I_f=\overline{Om}$它对应于转子磁动势 F_f。令$\overline{mn}$为相当额定电流 I_N 产生的电枢反应去磁作用 $k_{ad}F_{ad}$ 的励磁电流。则$\overline{On}=\overline{Om}-\overline{mn}$便相当于气隙合成磁动势所对应的励磁电流。$\overline{an}$即为气隙合成磁场所感应的合成电动势 E。令$\overline{ab}=I_Nx_\sigma$ 为电枢漏抗压降。由式（4-26）可知，$U=E-I_Nx_\sigma=\overline{an}-\overline{ab}=\overline{bn}$；作$\overline{cm}$平行于$\overline{bn}$，且两者长度相等，即$\overline{bn}=\overline{cm}$，该 c 点即为零功率因数曲

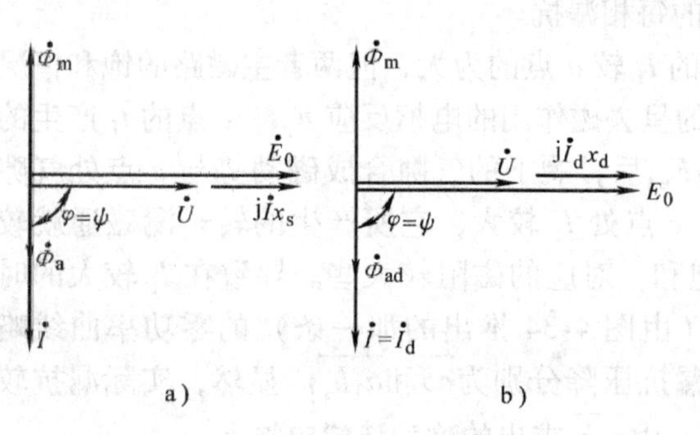

图 4-33　$\cos\varphi=0$ 时同步发电机的相量图

a）隐极机　b）凸极机

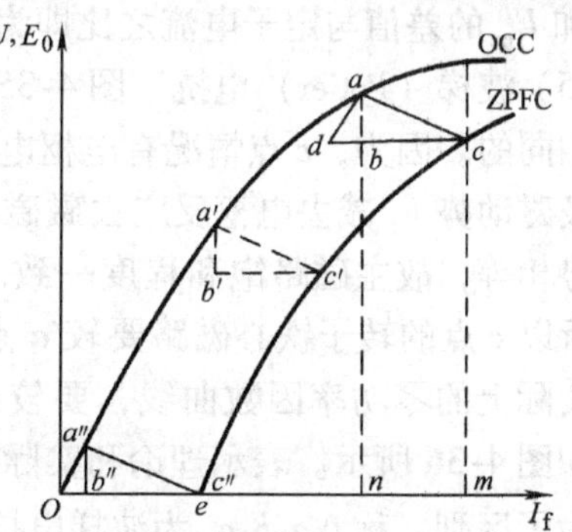

图 4-34　空载特性和零功率因数特性间的关系

线上相对于励磁电流为$\overline{Om}$的一个点。

由图可见，直角三角形 abc 的高$\overline{ab}$和底边$\overline{bc}=\overline{nm}$均正比于电枢电流，当电枢电流保持 I_N 不变时，该三角形的大小也就不变，通常称此直角三角形为**电抗三角形**。将此三角形的 a 点落在空载特性曲线上然后平移，则 c 点的轨迹即为零功率因数曲线（ZPFC）。

整条零功率因数曲线是很难用试验求取的。但曲线上的两个关键点 e 和 c，却可用简单方法求得。e 点处 $I=I_N$，$U=0$ 显然为一短路点，可由短路试验求得，短路试验中 $I_k=I_N$ 时的励磁电流 I_{fk} 便确定了 e 点的位置；c 点可这样求取，调节接在额定电压电网上的发电机的励磁电流及原动机的输入功率，使电机输出有功功率为零，电枢电流为纯电感性的额定电流（电机处在过激状态），此刻的励磁电流 I_f 及额定电压 U_N 就确定了零功率因数曲线上的 c 点。

（3）由空载特性和零功率因数曲线求漏抗　因为空载特性的下段为直线，图 4-34 中电抗三角形 abc 平移到横坐标时，形成斜边三角形 $Oa''c''$，c''点即短路点 e。因此，求 x_σ 的方法如下：从 c 点作直线 cd 和横轴平行，且使$\overline{cd}=\overline{eO}$，如图 4-35 所示。再从 d 点作一直线与空载曲线的气隙线 agl 相平行，该直线与空载特性曲线交于 a 点；从 a 点作垂线 ab 交 cd 与 b 点。显然$\overline{ab}=I_Nx_\sigma$，即求得每相电枢绕组的漏抗 x_σ。

（4）抽出转子法求漏抗　将发电机转子自电机内抽出，定子绕组外施降低的三相电压，使定子绕组电流有额定值，其时每相外施电压与额定电流之比即为每相漏阻抗，由于定子绕组电阻甚小，如略去电阻，则上述比值即为每相漏抗。

上述试验中测得的漏抗要比实际的略大，因为转子抽出后，定子绕组的漏磁通，除了应计入实际漏抗中的各种漏磁通外，还计入了位于转子所占空间的磁通。实际电机漏抗中这一部分漏磁通是不存在的。于是所测得的 x_σ 应进行修正。方法是在定子内腔中放置一探测线圈，该线圈绕在直径等于转子外径的框架上。线圈长宽相等于一个磁极面积，匝数为 N_{ex}，使它和上述那一部分磁通相匝链，该线圈将因匝链磁通感应电动势 E_{ex}，试验时同时测量定子外加电压、定子电流和探圈电动势。将探测线圈电动势按匝数比折算到定子侧，即 $E'_{ex}=E_{ex}\dfrac{N_1k_{w1}}{N_{ex}}$，$N_1k_{w1}$ 为定子每相有效匝数。外施电压 U 和 E'_{ex} 的差值与定子电流之比即为修正后的每相漏抗。

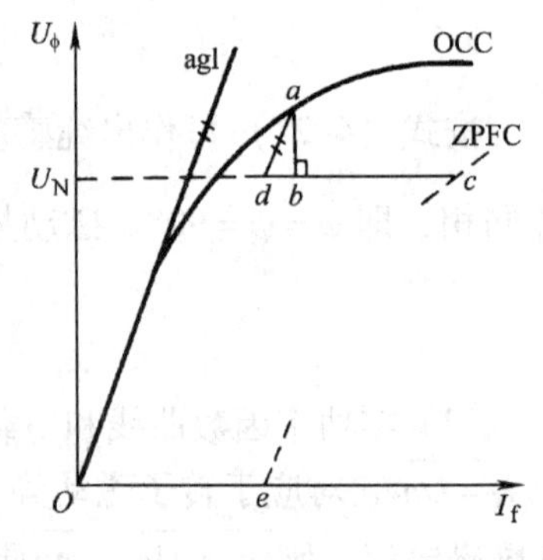

图 4-35　由 OCC 与 ZPFC 曲线求 x_σ

（5）波梯（Potier）电抗　图 4-35 中 c 点的 I_f 较 a 点的为大，但两者主磁路的饱和情况却是相同的。因为，c 点情况有电枢电流产生的呈去磁作用的电枢反应 F_{ad}，c 点的 I_f 产生的主磁极磁动势 F_f 减去电枢反应去磁磁动势 $k_{ad}F_{ad}$后，剩下的气隙合成磁动势与 a 点处气隙磁动势相等，故主磁路饱和程度一致。但是，c 点处 I_f 较大，它所产生的转子漏磁通就较大。所以 c 点的转子铁心磁路要较 a 点处为饱和，对应的磁阻较大些。导致在 I_f 较大的时候，实际上的零功率因数曲线，要较理论上（由图 4-34 推出的那一条）的零功率曲线略低，如图 4-36 所示。表示理论和实际情况的漏抗压降分别为$\overline{ab}$和$\overline{a_1b_1}$。显然，实际漏抗较大，为了区别，称$\triangle a_1b_1c_1$ 为波梯电抗三角形，由$\overline{a_1b_1}$求出的称为**波梯电抗 x_p**。

对汽轮发电机，因极间漏磁通较小，故而 $x_p\approx x_\sigma$；对水轮发电机，则 $x_p=(1.1\sim1.3)x_\sigma$。

在计算发电机供感性负载时，磁路情况和实测零功率因数曲线试验时的磁路情况比较接近。因此，这时用 x_p 代替 x_σ，可获得较满意的结果。

（6）求饱和同步电抗　由零功率因数特性可知其时的电压方程式如式（4-26）所示，即代数方程

$$E_0 - U = Ix_s \tag{4-27}$$

参看图 4-37，在零功率因数曲线上取 c 点，$\overline{ac}$表示额定端电压 U_N，$\overline{ab}$便表示相应的空载电动势 E_0，$\overline{bc}$便表示同步电抗电压降 $I_N x_s$（或 $I_N x_d$），可写出饱和同步电抗的标幺值为

$$x_{ss}^* = \frac{x_{ss}}{\dfrac{U_N}{I_N}} = \frac{I_N x_{ss}}{U_N} = \frac{\overline{bc}}{\overline{ac}} \tag{4-28}$$

磁路的饱和状况决定于空气隙中的合成磁场的数值，如不计漏阻抗电压降的影响，端电压的大小便决定了电机磁路的饱和情况。当发电机有不同的端电压时，x_{ss} 也就有不同的数值。由图 4-37 可见，不同的端电压 U，有相应的同步电抗电压降$\overline{b_1c_1}$，$\overline{b_2c_2}$，…。磁路越饱和，x_{ss}亦就越小。

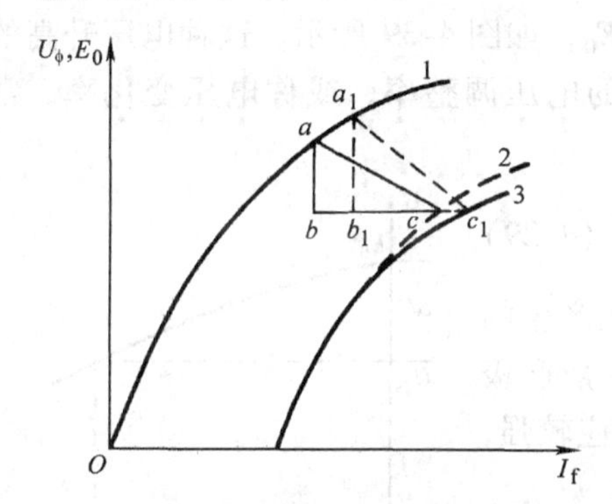

图 4-36　波梯电抗与漏抗的差别

1—OCC　2—理论 ZPFC　3—实际 ZPFC

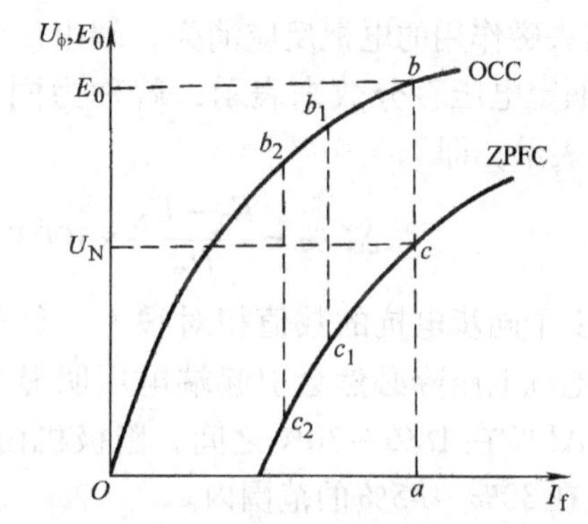

图 4-37　由 OCC 和 ZPFC 求饱和同步电抗

第五节　同步电机的基本特性

一、同步发电机正常运行时的特性

同步发电机正常运行是指其转速为额定值且保持不变，输出对称三相负载电流的稳态运行方式。这时，同步发电机有以下几个基本特性：

（1）空载特性　当 $I=0$ 时，$U=f(I_f)$。

（2）短路特性　当 $U=0$ 时，$I_k=f(I_f)$。

（3）负载特性　当 I 和 $\cos\varphi$ 为常数时，$U=f(I_f)$。

（4）外特性　当 I_f 和 $\cos\varphi$ 为常数时，$U=f(I)$。

（5）调整特性　当 U 和 $\cos\varphi$ 为常数时，$I_f=f(I)$。

前三种特性，如前所述，主要用来求取同步电机的一些主要参数；后两种特性主要是反映同步发电机运行性能。

1. 外特性

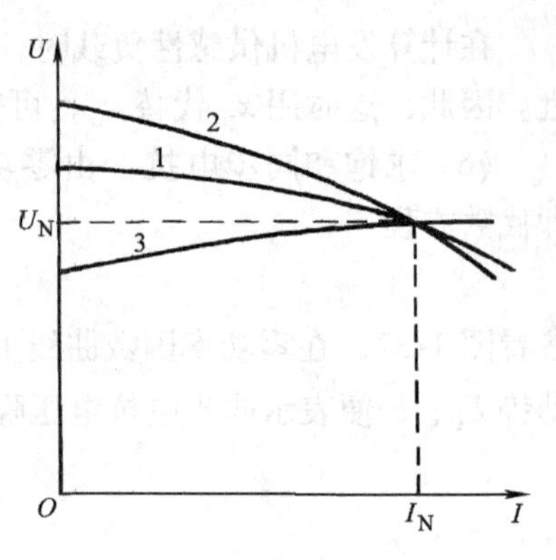

图4-38　同步发电机的外特性

1—I_f = const，$\cos\varphi$ = 1

2—I_f = const，$\cos\varphi$ = 0.8　滞后

3—I_f = const，$\cos\varphi$ = 0.8　超前

当 I_f = const；$\cos\varphi$ = const 时，$U = f(I)$ 参看图4-38，图中曲线表示了励磁电流 I_f 不变，不同性质功率因数时的外特性。$\cos\psi$ = 1 时，电枢反应虽呈交磁作用，但由于存在随电流增大而增大的定子绕组漏阻抗电压降的影响，外特性呈下降形，见图中曲线1。供给感性负载时，电枢反应呈去磁作用，空气隙合成磁场将随电枢电流增大而减弱，相应的 E 随之减小，加上定子漏阻抗压降，外特性更为下降，见图中曲线2。供给容性负载时，电枢反应呈磁化作用，外特性可能不下降甚至是上升的，见图中曲线3。

2. 电压调整率

当发电机运行在额定工作状态（$U = U_N$，$I = I_N$，$\cos\varphi = \cos\varphi_N$），在保持转速及励磁电流不变的条件下，卸去负载（$I$=0），则其端电压将发生变化。通常同步发电机的 $\cos\varphi_N$ 总是滞后的，所以 I = 0，呈去磁作用的电枢反应消失，端电压将升高为 E_0，如图4-39所示。这种电压升高的数值用额定电压百分数来表示，就称为同步发电机的电压调整率，或称电压变化率，常用 $\Delta U\%$ 表示，即

$$\Delta U\% = \frac{E_0 - U_N}{U_N} \times 100\% \tag{4-29}$$

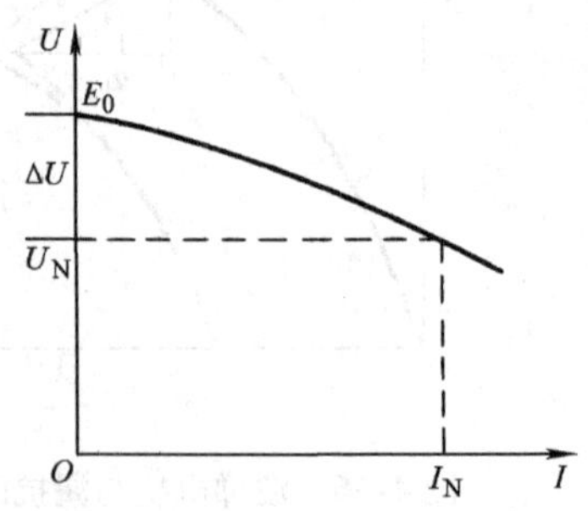

图4-39　额定工作时的外特性

由于同步电抗的数值相对很大，负载电流变化产生的同步电抗电压降必然会引起端电压明显的变化。一般凸极机的 $\Delta U\%$ 在18% ~30%之间，隐极机由于电枢反应较强，$\Delta U\%$ 在30% ~45%的范围内。

3. 调整特性

同步发电机正常运行情况下，当端电压和负载的功率因数一定时，表示负载电流和励磁电流之间关系的曲线称为调整特性，即

$$U = \text{const}, \cos\varphi = \text{const}, I_f = f(I)$$

图4-40表示了 $U = U_N$，不同 $\cos\varphi$ 时的调整特性。调整特性的变化趋势与外特性恰好相反。例如，曲线2，当感性负载电流增大时，为补偿电枢反应的去磁作用及漏阻抗电压降，以维持端电压不变，必须相应地增加励磁电流 I_f。

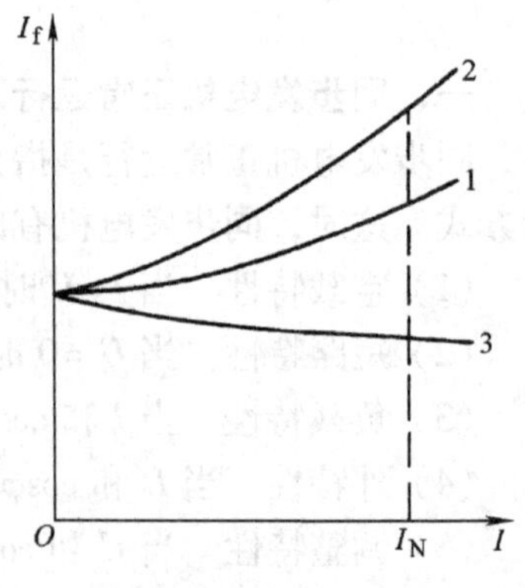

图4-40　调整特性

1—$\cos\varphi$ = 1　2—$\cos\varphi$ = 0.8　滞后

3—$\cos\varphi$ = 0.8　超前

4. 效率特性

同步发电机的输入功率 P_1 为自原动机输入的机械功率。原动机驱动同步发电机转子后，要克服机械损耗 p_{mech}、铁心损耗 p_{Fe} 和附加损耗 p_{ad}，余下的将由气隙磁场传递到定子，为电磁功率 P_{em}，它是由机械功率转变而来的电功率。再减去定子铜耗 p_{Cu1} 以后，便得到发电机输出的电功率 P_2。p_{mech} 和 p_{Fe} 常合并称为空载损耗 p_0。励磁回路所消耗的功率

一般由原动机或其他电源供给，故不包括在上述功率流程中，但计算效率时要计入p_{Cuf}。

$$\left.\begin{aligned}P_1&=p_{\mathrm{mech}}+p_{\mathrm{Fe}}+p_{\mathrm{ad}}+P_{\mathrm{em}}\\P_2&=P_{\mathrm{em}}-p_{\mathrm{Cu1}}\\p_{\mathrm{Cuf}}&=I_{\mathrm{f}}^2r_{\mathrm{f}}\end{aligned}\right\}\tag{4-30}$$

发电机的效率为输出输入功率之比，即

$$\eta=\frac{P_2}{P_1}=\left(1-\frac{\Sigma p}{P_2+\Sigma p}\right)\times100\%\tag{4-31}$$

效率特性是$U=U_{\mathrm{N}}$，$\cos\varphi=\cos\varphi_{\mathrm{N}}$时，$\eta=f(P_2)$，它的形状雷同一般发电机，过原点，有最高值。图4-41为某凸极机的效率特性。

现代大型同步发电机的效率大致在96%～99%的范围内。

5. 求取电压调整率

为求式（4-29）同步发电机的电压调整率，常用方法有二，现分述如下：

（1）电动势法　当同步发电机的同步电抗为已知时，可用同步发电机的相量图，通过简单的数学计算。由额定端电压U_{N}、额定电流I_{N}和额定功率因数$\cos\varphi_{\mathrm{N}}$求得相应的空载电动势E_0，即得该电机在额定运行时的电压调整率。如采用的同步电抗为不饱和值，则求得的电压调整率要比实际情况为大。若用饱和同步电抗，则求得的电压调整率将比较合理。

（2）电动势—磁动势图法　此方法的特点是不用同步电抗来反映电枢反应的作用，而是直接考虑电枢磁动势$\boldsymbol{F}_{\mathrm{a}}$，把它和主磁极磁动势$\boldsymbol{F}_{\mathrm{f}}$合并成气隙合成磁动势$\boldsymbol{F}_{\delta}$，再查空载特性来求取$E_0$。这样处理就较好地计及了饱和的影响。但此方法没有把电枢磁动势分解为直轴和交轴分量，即不考虑隐极机和凸极机的差别。实践表明，此法求得的结果误差很小，因此在工程上仍允许对凸极机也采用此方法。

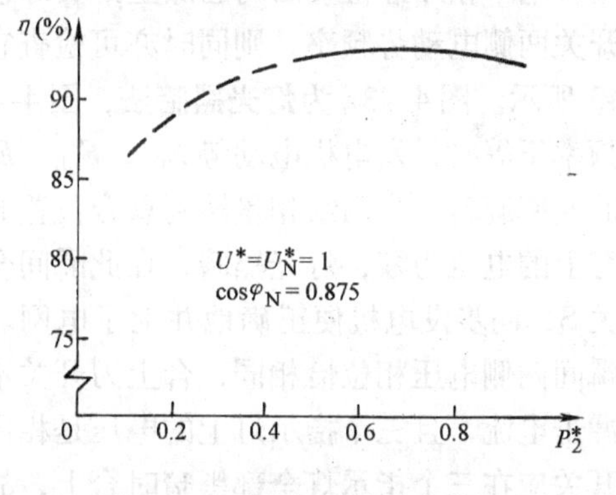

图4-41　某凸极机的效率特性

当空载特性、电枢电阻r_{a}、波梯电抗x_{p}、额定电流时电枢等效磁动势$k_{\mathrm{a}}F_{\mathrm{a}}$和电机的额定数据均为已知时，则可由下式求得对应于气隙合成磁场的电动势$\dot{E}$

$$\dot{E}=\dot{U}+\dot{I}r_{\mathrm{a}}+\mathrm{j}\dot{I}x_{\mathrm{p}}\tag{4-32}$$

为方便起见，将式（4-32）与空载特性曲线画在一起，如图4-42所示。由E在空载特性曲线上找出相应的气隙合成磁动势$\boldsymbol{F}_{\delta}$。作矢量$\boldsymbol{F}_{\delta}$超前于$\dot{E}$ 90°。由I算出$k_{\mathrm{a}}F_{\mathrm{a}}$，并作出矢量$k_{\mathrm{a}}\boldsymbol{F}_{\mathrm{a}}$。由$-k_{\mathrm{a}}F_{\mathrm{a}}$与$\boldsymbol{F}_{\delta}$合成求得主磁极磁动势$F_{\mathrm{f}}$。由$F_{\mathrm{f}}$在空载特性找到相应的电动势$E_0$即得$\Delta U\%$。

二、同步发电机与电网并联运行

现代电网中单机运行是极为罕见的。为提高供电的经济性、可靠性，无例外地由许多各类电厂并联构成电力系统（其$U=\mathrm{const}$，$f=\mathrm{const}$称无穷大电网）。每个电厂内又有多台发电机在并联运行。因此，同步发电机与无穷大电网并联是最常见、最主要的运行方式。

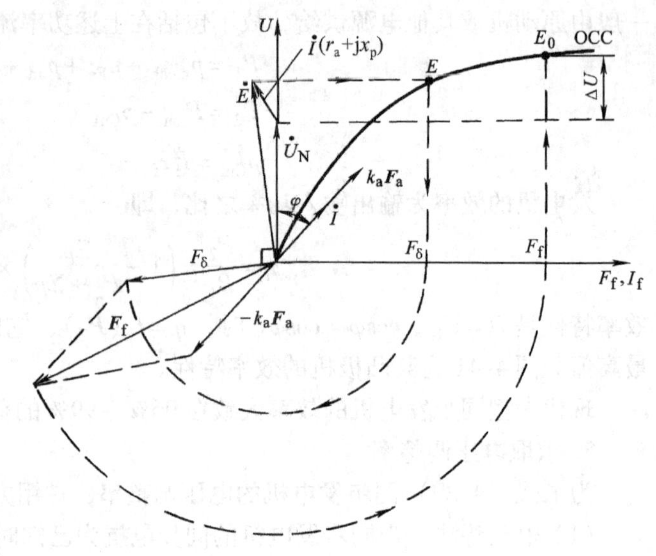

图4-42 用电动势—磁动势法求$\Delta U\%$

1. 同步发电机的整步

把同步发电机并联到电网的手续称为**整步**，亦叫并车。在并车时必须避免产生巨大的冲击电流，以防止发电机受到损伤，避免电网受到严重干扰。为此，并车前应保证发电机能满足下列三个条件：

1）发电机的和电网的相序必须一致。

2）发电机的和电网的频率相近。

3）发电机的 $\dot{E}_0$ 和电网电压 $\dot{U}$，两者大小相等。

为此，在合刀开关S并车前首先应调节发电机的励磁电流，使其空载电动势 E_{0a}、E_{0b}、E_{0c} 与电网电压 U_A、U_B、U_C 相等。其次检查发电机与电网的相序，一般运行电厂相序经检查后均已漆上红黄绿色，以后就不必每次检查了。若用同步指示灯检验刀开关两侧电动势频率，则同时亦可检查它们的相序。用来检查频率的同步指示灯接线如图4-43所示。图4-43a为**灯光黑暗法**，图4-43c为其指示灯上的电压变化情况。当刀开关S两侧频率不等时，发电机电动势 E_{0a}、E_{0b}、E_{0c} 相对于电网电压相量 U_A、U_B、U_C 以二者频率差的速率旋转，当两组相量转到重合位置时，指示灯上的电压为零，灯光黑暗，在此瞬间合上刀开关S，同步发电机便正确地并上了电网。因为该瞬间两侧电压相位恰相同，合上刀开关不会引起冲击电流，且三个指示灯上的电压是相同的，刀开关应在三个指示灯全部黑暗时合上，故称为灯光黑暗法。

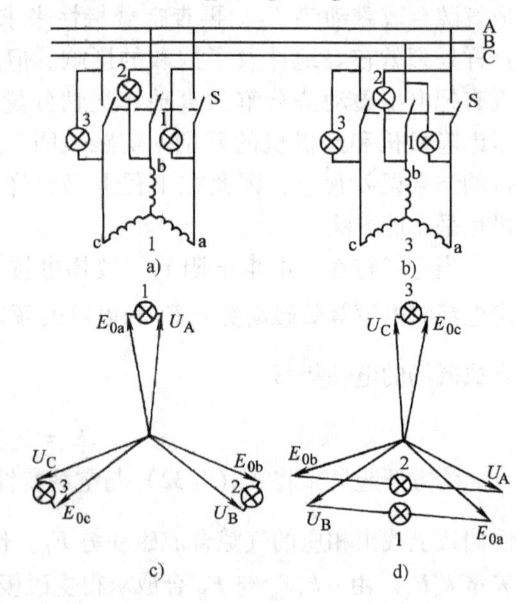

图4-43 同步指示灯接线

a）灯光黑暗法 b）灯光旋转法 c）灯光黑暗法，指示灯上的电压 d）灯光旋转法，指示灯上的电压

图4-43b、d为**灯光旋转法**接线及指示灯上所受电压的情况。可见这种接线，三个指示灯上所受电压不等，光亮度不同，依次明暗。当灯泡排成圆时，可见灯光在旋转，故称灯光旋转法。当直接接在电网某相和发电机相应相的指示灯3熄灭时，说明刀开关两侧电动势同相，为正确合闸瞬间。

上述同步指示灯亦可判别两侧相序是否一致。仔细观察图4-43，可发现如果两侧相序不一致，则黑暗法的指示灯，灯光将旋转；而灯光旋转法的灯光将不旋转，而三个指示灯同时明暗。

利用灯光法整步在现代的电厂中几乎已经淘汰，而代之以各种半自动或全自动并车装

置。这些装置也是根据整步要求，应用一些电器和电子线路能够半自动或全自动操作而已。灯光法具有直观易懂的特点，便于我们理解和掌握并车，所以仍在这里作了介绍。那些自动并车装置将在相关课程中介绍。

自整步法亦称为**粗整步法**，上述灯光法并车是属于准确整步法，由于它需要对每一个整步条件都进行检查和调节，所以费时较多。当急需将发电机并入电网时，应用准确法就感到太慢，不能满足电网需求。此外，若遇到电网频率和电压可能因故障而发生波动，准确整步法就更难实施了。这时候便可采用自整步法。具体操作如下：由原动机把发电机带到接近同步速；转子励磁绕组不加直流励磁电流，并且为了避免转子绕组在并车瞬间产生过电压而损坏，励磁绕组通过适当的电阻短路；合上并车刀开关将发电机接入电网，此时依靠定子磁场会将转子牵入同步；切除转子回路的短路电阻，加上正常的直流励磁电源，并调节励磁电流使定子电流在正常值范围内，自整步操作就全部完成。这种方法的优点是操作简便，迅速，缺点是合闸瞬间冲击电流较大。

2. 调节并在电网上的发电机的有功功率

并联到电网的发电机的任务就是向电网提供有功和无功功率。这里先讨论有功功率的调节。

根据能量守恒原理，要发电机向电网输出有功功率，必须增加发电机的输入功率，即增大原动机对发电机的驱动转矩 T_1，这可由调节汽轮机的进汽门或水轮机的进水门等措施来实现。如何进行定量分析？参看前面图 4-17a，当 T_1 增加瞬间，转子加速，气隙中的定子合成磁场与转子磁场间的空间角度 δ_i 便增大，如能找到 δ_i 与电磁功率 P_{em}之间关系，就可以对调节有功功率进行定量了。

本章图 4-17 中介绍的功率角 δ_i 为定子合成磁场与转子磁场间的空角夹角，亦即空间矢量 $\boldsymbol{F}_{f1}$ 与 $\boldsymbol{F}_{\delta}$ 之间的相位角。转子磁场感应 $\dot{E}_0$，定子合成磁场感应 $\dot{E}$。因此，时间相量 $\dot{E}$ 和 $\dot{E}_0$之间的相位角亦是 δ_i。在图 4-22 和图 4-23 的相量图中，称 $\dot{E}_0$和 $\dot{U}$ 之间的时间相位角为功率角 δ。这两个角度稍有不同，但由于 $\dot{E}$ 和 $\dot{U}$ 之间相差的只是一个漏阻抗电压降，两者的相位甚为接近，即 $\delta_i \approx \delta$，故在工程实用上就认为两者相等，不再加以区别，统称为功率角，并以 δ 表示。

定义当空载电动势 E_0 和端电压 U 保持不变时发电机输出的电磁功率 P_{em} 与功率角 δ 之间的关系 $P_{em}=f(\delta)$ 为发电机的**功角特性**。

大型同步发电机的电枢电阻相对甚小，通常可忽略不计。这样，电磁功率就等于输出电功率 P_2，即

$$P_{em}=P_2=mUI\cos\varphi \tag{4-33}$$

图 4-44 是重画图 4-23 的凸极发电机相量图，图中 $\varphi=\psi-\delta$，将其代入式（4-33），得

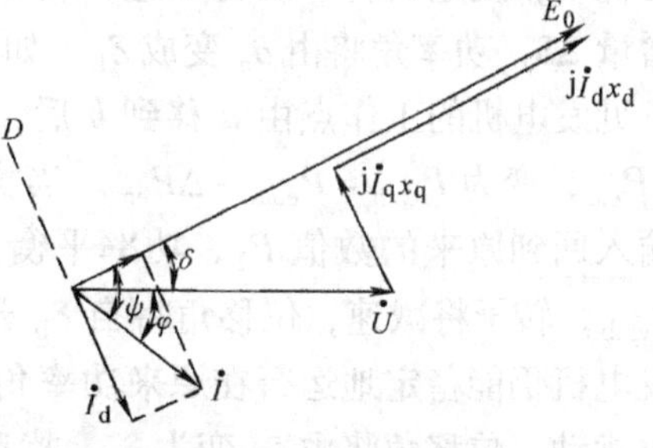

图 4-44 凸极发电机相量图

$$\begin{aligned}P_{em}&=mUI\cos(\psi-\delta)\\&=mUI(\cos\psi\cos\delta+\sin\psi\sin\delta)\\&=mU(I_q\cos\delta+I_d\sin\delta)\end{aligned} \tag{4-34}$$

由图4-44可见

$$I_q x_q = U\sin\delta, \qquad I_d x_d = E_0 - U\cos\delta$$

改写为 $I_q = \dfrac{U\sin\delta}{x_q}$，$I_d = \dfrac{E_0 - U\cos\delta}{x_d}$

代入式（4-34）经整理后得

$$P_{em} = m\frac{E_0 U}{x_d}\sin\delta + m\frac{U^2}{2}\left(\frac{1}{x_q}-\frac{1}{x_d}\right)\sin 2\delta \tag{4-35}$$

即为功角特性表达式。式中第一项称为**基本电磁功率**；第二项与电机励磁情况无关，仅存在于直轴、交轴磁阻不同的凸极机中，故称为**磁阻功率**，或称为**附加电磁功率**。显然，对于隐极发电机，气隙均匀，不存在第二项磁阻功率只有第一项基本电磁功率。

按式（4-35）作出的功角特性如图4-45所示。由图可见，凸极机的最大电磁功率（见曲线3），比具有同样 E_0、U 和 x_d 值的隐极机的最大电磁功率（见曲线1）大。后者出现在 $\delta = 90°$ 时，前者则小于90°，具体数值要视电机参数确定。正常情况下，附加电磁功率不大，只是基本电磁功率的10%～20%。

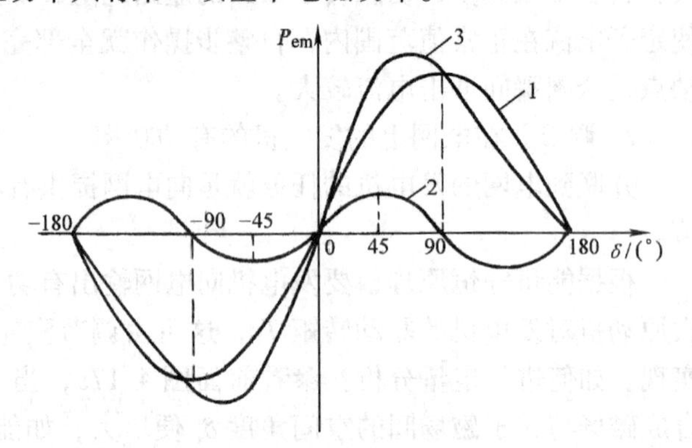

图4-45　凸极发电机的功角特性

1—基本电磁功率曲线　2—附加电磁功率曲线

3—总的电磁功率曲线

3. 静态稳定的概念

同步发电机的原动机，不论是汽轮机还是水轮机，它们的蒸汽参数或水源参数经常可能发生一些瞬息即逝的变化，导致发电机输入功率受到一些微小的扰动。同步发电机能在这种瞬时扰动消逝后，继续保持原来的平衡运行状态，就称这时同步发电的运行是“静态稳定”的，否则就是静态不稳定。

图4-46为发电机的功角特性。设发电机运行在 a 点，功率角为 δ_a，电磁功率为 P_{ema}，相应的发电机输入功率为 P_1。如果发电机受到一个使 P_1 增大的微小的瞬时扰动，发电机转子便将加速，转子就得到一个位移角增量 $\Delta\delta$，功率角将由 δ_a 变成 δ_b，如图4-46所示。由图可见发电机的工作点由 a 移到 b 后，电磁功率也增大了 ΔP_{em}，变为 $P_{emb} = P_{ema} + \Delta P_{em}$。当扰动消逝，发电机的输入回到原来的数值 P_1，功率平衡又遭破坏，即 $P_1 < P_{emb}$，转子将减速，位移角将自 δ_b 开始减小，直到位移角恢复到 δ_a 时，功率又趋于平衡，发电机仍能稳定地运行在原来功率角为 δ_a 的平衡状态。同理，P_1 受到一个使 P_1 减小的瞬时扰动，位移角将由 δ_a 变为 δ_c，扰动消除，能返回到 δ_a，回复到原来的平衡状态。由此可见，运行点 a，有自动抗扰动的能力，能保持静态稳定。

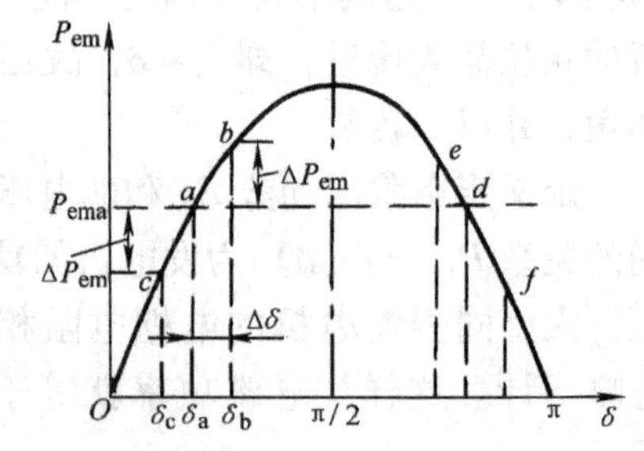

图4-46　关于静态稳定

如果发电机原来工作在 d 点，通过同样的分析可以知道，发电机受到瞬时扰动后，它的工作点不能回复到 d 点，不是位移角不断增大（图中 f 点），转子不断加速而失步（不再维

持同步转速)；就是位移角不断减小（图中 e 点），最后到达 a 点，才使功率平衡。因此，运行在 d 点是静态不稳定的。

综上所述，可以得到下列结论：**位于功角特性上升部分的工作点，都是静态稳定的**；下降部分的工作点都是静态不稳定的。

为了判断同步发电机是否静态稳定，并衡量其静态稳定的程度，亦就是上述稳定条件用数学式来表示，即

$$\frac{\Delta P_{em}}{\Delta\delta}>0 \quad 或 \quad \frac{dP_{em}}{d\delta}>0$$

并称$\frac{dP_{em}}{d\delta}$为**比整步功率或整步功率系数**，用符号 P_s 表示，对隐极发电机由式（4-35）有

$$P_s=\frac{dP_{em}}{d\delta}=m\frac{E_0U}{x_s}\cos\delta \tag{4-36a}$$

可见，当 $\delta<90°$时，P_s 为正，发电机是稳定的，功率角越小，稳定度越高；当 $\delta=90°$，$P_s=0$，达到了静态稳定的极限；当 $\delta>90°$，P_s 为负，发电机就静态不稳定。$P_s=f(\delta)$ 的关系如图 4-47 所示。由式（4-36a）可见，增大空载电动势 E_0，减小同步电抗 x_s 均可提高发电机的静态稳定程度。

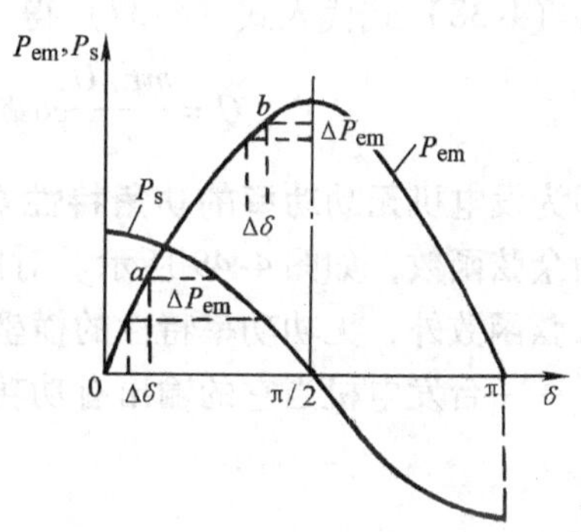

图 4-47 静态稳定的判据 $P_s=f(\delta)$

与感应电动机相似，同步发电机亦有过载能力这一技术指标。其定义亦为最大电磁功率 P_{emmax} 和额定电磁功率 P_{emN}之比，用 k_p 表示，有

$$k_p=\frac{P_{emmax}}{P_{emN}}=\frac{m\frac{E_0U}{x_s}}{m\frac{E_0U}{x_s}\sin\delta_N}=\frac{1}{\sin\delta_N} \tag{4-36b}$$

为保持一定的静态稳定程度，一般工作在 δ_N 在 30° ~40°之间，即过载能力约为 1.6 ~2.0。

必须指出，如果并联在电网上的发电机失去了静态稳定，由于发电机和电网二者的频率不同的，将引起一个很大的电枢电流。由于功率平衡被破坏，多余的功率可能引起转子超速，均将对发电机和电网运行造成损害，必须采取适当措施，以防止或减小其危害。

与静态稳定对应的是**动态稳定**，它是指并联在电网上的发电机，在受到突然增、减数量较大的负载的操作后，或在发生突然短路、电网电压突变等故障后，发电机仍能保持同步运行，则称为是动态稳定的，否则就是动态不稳定。动态稳定的讨论，涉及的问题极为复杂。首先是故障时，电网和发电机都处在过渡过程中，一些参量如 U、E_0、x_s 等都是暂态变量（下文将介绍）。前述由稳态参数求得的功角特性就不再适用了；其次，还须计及电网和发电机配备的一些快速反应的调节和保护装置的影响。需要通过大量的数学分析才能判断其动态是否稳定，在达到原平衡状态前的机、电会受到什么影响。

这里所介绍的静态和动态稳定，只是作一个概念性介绍；详细分析将在相关的后续课中进行。

4. 调节并在电网上的发电机的无功功率

由于电网不仅需要有功功率亦需要无功功率。因此，同步发电机与电网并联后，不但要向电网提供有功功率，还要对电网进行无功功率的交换。前面已介绍了发电机输出无功功率的定性分析，这里进一步介绍定量分析。为简单起见，仍以隐极机为对象，并忽略电枢电阻。同步发电机输出的无功功率为

$$Q = mUI\sin\varphi \tag{4-37}$$

按惯例设发电机输出感性无功功率时，Q 取正值。图4-48为重画的不计 r_a 时的隐极机相量图，由图可见

$$E_0\cos\delta = U + Ix_s\sin\varphi$$

或

$$I\sin\varphi = \frac{E\cos\delta - U}{x_s} \tag{4-38}$$

将（4-38）式代入式（4-37）得

$$Q = \frac{mE_0U}{x_s}\cos\delta - \frac{mU^2}{x_s} \tag{4-39}$$

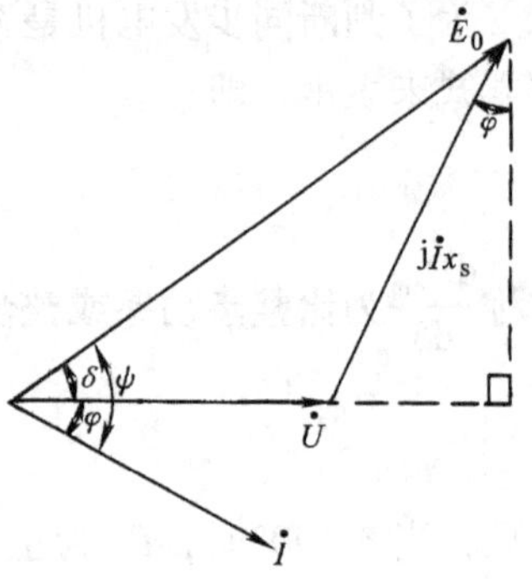

图4-48 重画隐极机相量图 设 $r_a=0$

即为发电机**无功功率的功角特性 $Q=f(\delta)$**。当励磁不变时，为余弦函数，如图4-49所示。对比两种电磁功率的功角特性，除一个为正弦函数，一个为余弦函数外，无功功率特性的横坐标要下移一个 mU^2/x_s。

一台发电机当它的输出有功功率不变时，则有

$$\text{及}\quad \left.\begin{aligned} P_2 &= mUI\cos\varphi = \text{const} \\ P_{em} &= \frac{mE_0U}{x_s}\sin\delta = \text{const} \end{aligned}\right\} \tag{4-40}$$

如不考虑同步电抗 x_s 的变化，式（4-40）可改写为

$$\left.\begin{aligned} I\cos\varphi &= \text{const} \\ E_0\sin\delta &= \text{const} \end{aligned}\right\} \tag{4-41}$$

如欲保持发电机输出的有功功率保持一定，则在调节励磁电流时，发电机必然会保持式（4-41）的关系。图4-50a是发电机输出一定的有功功率 $mUI\cos\varphi$ 时的相量图。这时候由式（4-41）可知，当调节励磁电流时，相量 $\dot{E}_0$ 的端点必然落在 $\overline{mm'}$ 线上，因为该线与横坐标间的距离为 $E_0\sin\delta$；相量 $\dot{I}$ 的端点必然落在 $\overline{nn'}$ 线上，因为该线与纵坐标相距 $I\cos\varphi$。

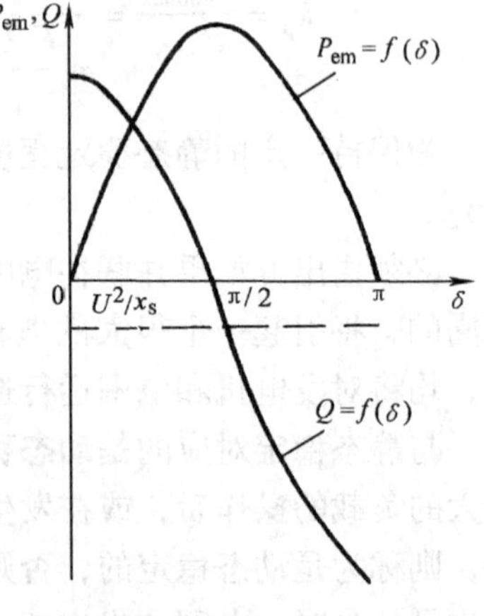

图4-49 隐极机的有功和无功功角特性

图4-50b画出 $P_2=\text{const}$ 时，不同励磁时的相量图。由图可得下列结论。

当调节励磁电流使空载电动势为 $\dot{E}_{01}$ 时，相应的电枢电流为 $\dot{I}_1$，$\varphi_1=0°$，发电机只向电网提供有功功率，没有无功功率的交换，称这时的励磁电流为**正常励磁**。

当调节励磁电流使空载电动势增大，例如图中的 $\dot{E}_{02}$，相应的电枢电流为 $\dot{I}_2$ 滞后于端电

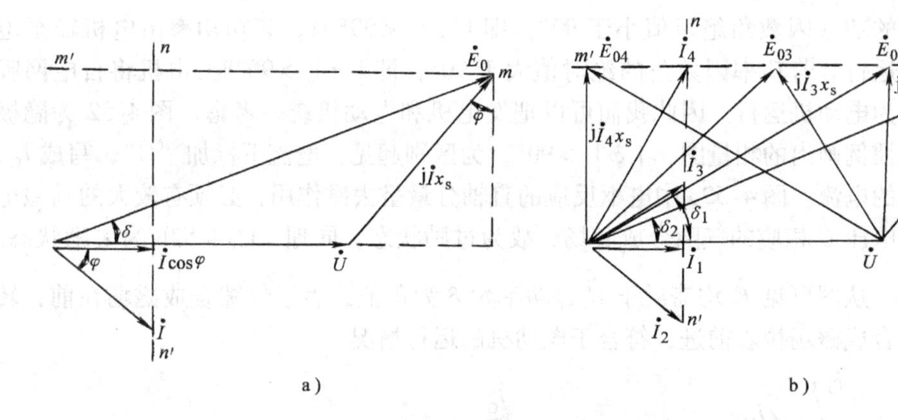

图 4-50 $P_2=\text{const}$ 时，调节励磁电流时的相量图

a）式（4-41）的相量图 b）不同励磁时的相量图

压 $\dot{U}$，发电机除向电网输出有功功率外，还供给电网感性无功功率。此时发电机的励磁状况称为**过励状态**。如继续增大励磁，电枢电流及滞后的功率因数角 φ 将同时增大，发电机将输出更多的感性无功功率。但功率角 δ 却随励磁增大而减小，发电机的稳定程度提高。过励的程度将受到励磁电流和电枢电流的限制。

励磁减小的情况与上述情况恰恰相反，例如励磁减小到空载电动势为 $\dot{E}_{03}$，相应的电枢电流为超前于 $\dot{U}$ 的 $\dot{I}_3$。此时，发电机除向电网输出有功功率外，还向电网提供电容性无功功率。这时发电机的励磁情况称为**欠励状态**。如果继续减小励磁电流，电枢电流 $\dot{I}$ 及超前的功率因数角 φ 将同时增大，发电机将输出更多的容性无功功率。此时，功角却随励磁减小而增大。当减小到空载电动势如图中的 $\dot{E}_{04}$ 时，δ 达到 90°，已处于静态稳定的极限状态。所以欠励的程度不仅要受电枢电流的限制，还要受稳定的制约。

综上所述，当发电机与无穷大电网并联时，调节励磁电流的大小，就可以改变发电机输出的无功功率，不仅能改变无功功率的大小，而且能改变无功功率的性质。当过励时，输出的电枢电流是滞后电流、发出感性无功功率。当欠励时，电枢电流是超前电流，发出容性无功功率。

V 形曲线，当发电机输出有功保持不变，表示电枢电流 I 与励磁电流 I_f 之间关系的曲线，由于其形状像字母“V”，故称它为 V 形曲线，如图 4-51 所示。对应于不同有功功率，有不同的 V 形曲线。V 形曲线的最低点，电枢电流最小，此时发电机的功率因数等于 1，曲线族最低点的连线为 $\cos\varphi=1$ 线，如图中虚线 1 所示，该线右边为过励状态，左侧为欠励状态。虚线 2 表示稳定极限，每一给定的有功功率的最小励磁受它的限制。

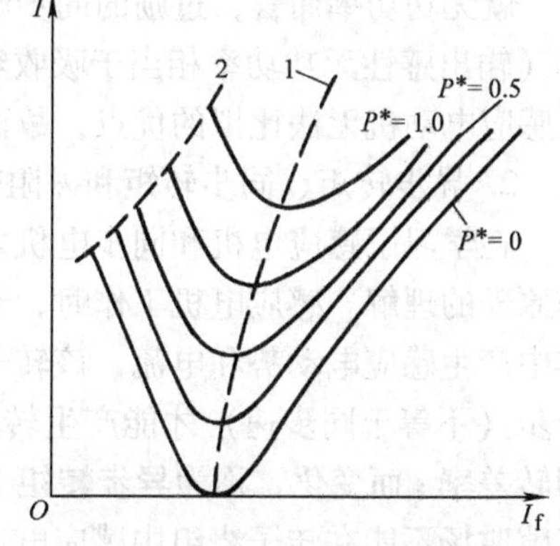

图 4-51 发电机的 V 形曲线

1—$\cos\varphi=1$ 线 2—稳定极限线

三、同步电动机

1. 同步电动机的基本特性

当同步电机接在电网上，按发电机惯例，同步电机

流向电网的电流的功率因数角绝对值小于90°，即｜φ｜ <90°时，有功功率由电机输至电网，是为发电机运行。若功率因数角的绝对值大于90°，即｜φ｜ >90°时，电机将自电网吸取有功功率，是为电动机运行。因此我们可以把发电机和电动机统一考虑。图4-52为隐极电动机按发电机惯例画出的相量图，｜φ｜ >90°，为区别起见，电流下标加“G”，写成I_G，为电机流向电网的电流。图4-52a中电枢反应的直轴分量呈去磁作用，必须有较大的励磁电流才能获得与端电压U相应的气隙合成磁场，故为过励状态。同理，图4-52b为欠励状态。

在这两种情况下，从图可见$\dot{E}_0$均滞后于$\dot{U}$，功率角δ为负值，表示气隙合成磁场在前，转子磁场在后，由合成磁场拉着前进，符合于电动机的运行情况。

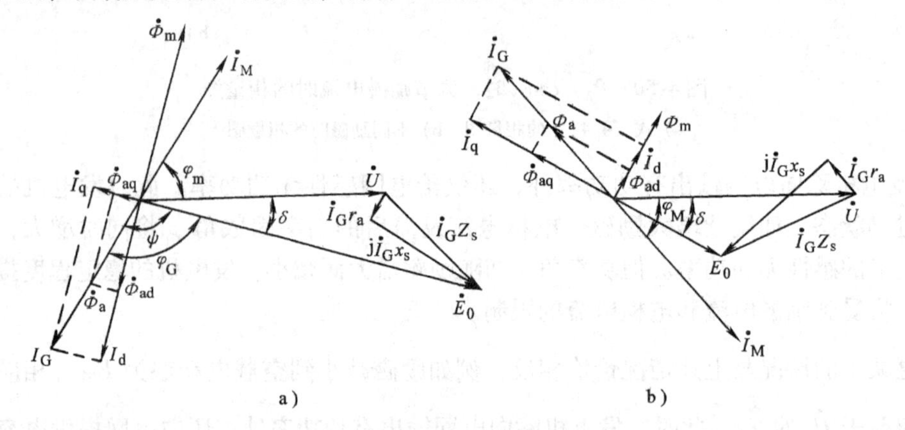

图4-52　按发电机惯例｜φ｜ >90°画出的表示电动机运行的相量图

a）过励状态　b）欠励状态

同理，可作出凸极电机按发电机惯例画出｜φ｜ >90°以电动机方式运行时的相量图。

如果作相量$\dot{I}_M$与相量$\dot{I}_G$相等且反相，则$\dot{I}_M$便可表示为同步电动机自电网吸收的电动机电流。从图4-52可看出，过励电动机将自电网吸收超前电流，电动机的功率因数角φ_M是超前的，欠励电动机将自电网吸收滞后电流，φ_M为滞后的功率因数角。

当然，亦可以按电动机惯例来分析同步电动机，即写出电动机的电压方程式，绘出相量图，分析其功角特性……。学者可试着自行推导分析。

就无功功率而言，过励的同步电动机犹如一容性无功负载，可以向电网提供感性无功功率（输出感性无功功率相当于吸收容性无功功率；输出滞后电流相当于吸收超前电流），这是感应电动机无法比拟的优点，故而同步电动机一般均运行在过励状态。

2. 异步转矩、同步转矩和磁阻转矩

在学习了感应电机和同步电机之后，通过对这三种转矩的讨论，可以加深对交流电机工作原理的理解。感应电机工作时，空气隙中以同步转速旋转的磁场切割转子导体，在转子导体中产生感应电动势和电流，该转子电流和空气隙磁场的相互作用形成转矩。转子转速必须异步（不等于同步速）才能产生转矩。这个转矩随着空气隙磁场与转子间的相对速度，亦即转差率s而变化，称为**异步转矩**T_{as}，即$T_{as}=f(s)$。同步电机工作时，转差率$s=0$，空气隙磁场不能在转子绕组中感应电动势和电流，因而不产生异步转矩。但在同步电机的转子上，有一个由直流激励的机械旋转磁场，这个磁场与定子磁场间将产生相互吸引力，从而形成电磁转矩。此种转矩称为**同步转矩**T_s。这个转矩将随两个磁场之间的相对位置而变化，

即 $T_s = f(\delta)$。

对于凸极电机还有一种转矩，它对应于式（4-35）中的第二项磁阻功率。我们熟知功率和对应的转矩间的关系及机械角速度 Ω 和电气角速度 ω 之间的关系为

$$\left.\begin{aligned} P &= T\Omega \\ p\Omega &= \omega \end{aligned}\right\} \qquad (4\text{-}42)$$

代入式（4-35）的第二项得**磁阻转矩** T_r，为

$$T_r = \frac{mp}{\omega}\frac{U^2(x_d - x_q)}{2x_d x_q}\sin 2\delta \qquad (4\text{-}43)$$

它是由定子磁场和沿着气隙有不同磁阻的转子相互作用而产生。图 4-53 表示了产生磁阻转矩 T_r 的形象化模型。定子磁场用一对旋转磁极来表示。转子没有励磁，但将受到定子磁场的磁化而与面对的定子磁极呈相反的极性。图 4-53a 所示相对位置 $\delta = 0$，这时磁力线未被扭曲，磁力线最短，转矩为零；见图 4-53b，$0 < \delta < 90°$，这时磁力线被扭曲而拉长，拉长后的磁力线力图收缩，因而有转矩产生；见图 4-53c，$\delta = 90°$，这时磁阻虽然较大，但磁力线却未被扭曲，故转矩亦为零。由式（4-43）可见，T_r 和 $\sin 2\delta$ 成正比，当 $\delta = 0°$，$\delta = 90°$ 时 $T_r = 0$；当 $\delta = 45°$ 时 T_r 为最大值。

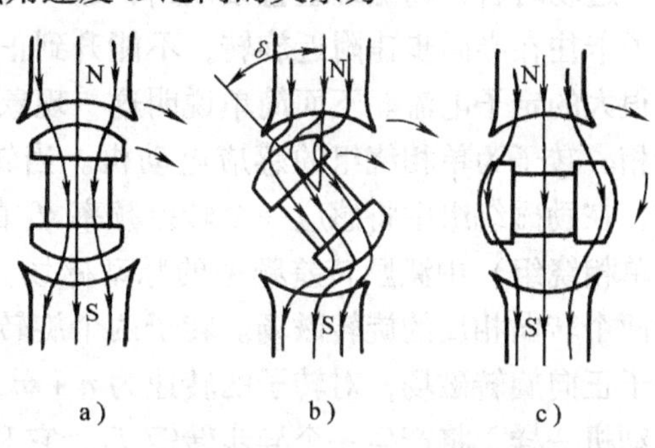

图 4-53　说明磁阻转矩 T_r 的形象化模型

有一种小型同步电动机，就是利用这种磁阻转矩工作的。当负载阻力转矩为某恒值时，没有励磁的转子将随着定子磁场同步旋转，且在转子磁轴与定子磁场轴线间保持某一 δ 角，以获得和负载转矩相等的磁阻转矩，使转子保持同步转速。这种电机称为**磁阻电机**。

3. 同步电动机的起动

加有直流励磁的同步电动机接到电网起动时，定子磁场以同步速旋转，而转子磁场尚保持静止不动，于是定子磁场以同步速相对于转子磁场旋转，某一瞬间定子磁场吸引转子磁场向前，另一瞬间定子磁场又推斥转子磁场向后，转子上受到的为一个方向在交变的电磁转矩，其平均值为零，同步电动机因此不能自己起动，必须借助其他措施。

同步电动机**异步起动**法　异步起动法是目前同步电动机常用的一种起动方法。采用此方法的电动机必须在转子磁极的极靴上设置起动绕组，亦常称它为阻尼绕组。起动绕组和感应电动机的笼型绕组相似，但在两极之间没有导条，实为一个不完整笼型绕组。当电机正常工作时，阻尼绕组中没有感应电动势，它不起任何作用，当电机不正常工作时，如起动、失步 $n \neq n_s$ 及瞬变过程中，阻尼绕组中将产生感应电动势，产生异步转矩，帮助起动、或对转子振荡起阻尼作用。起动时，第一步把同步电动机的励磁绕组经电阻短接；第二步是合上接通电源和定子绕组间的刀开关，由于起动绕组的作用，产生异步转矩使转子旋转，犹如感应电动机，异步转矩将驱动转子旋转并逐步接近同步转速。这个步骤中视电动机的容量、负载性质、电源情况等条件，确定采取全压或某种减压起动方式；第三步是打开被短接的励磁电路，并接通直流电源，输入直流励磁电流，激励转子磁场，它与定子磁场间的相互吸引力便将转子拉住，使转子跟着定子磁场以同步转速旋转，即所谓**牵入同步**。因此，上述起动过程分为两个阶段：异步起动使转子转速接近同步速，牵入同步。第四步是调节直流励磁电流，使同步电动机的定子电流有正常数值和合适的功率因数。

异步起动方法所需设备和操作均甚简单。但有一问题要加以注意，即励磁电路如何处理。

起动时若让励磁绕组开路。因为励磁绕组匝数很多，起动时定子磁场以同步转速掠过它，将感应出很高的电压，可能导致励磁回路的绝缘结构损坏，所以是很危险的。

起动时若让励磁绕组直接短路，这时将产生较大的附加转矩，亦称为**单轴转矩**，可能使转子卡住在半同步速附近旋转，不能升到正常的同步转速，此现象称为**半同步胶住**，并将引起很大的定子电流。下面简单说明这一现象的成因。异步起动时，同步电机犹如一台定子为三相、转子为单相绕组的感应电动机。当转子由起动绕组引起的异步转矩驱动到某转速n时，在励磁绕组中将感应一个转差频率sf_1的电动势和电流。这个电流将在励磁绕组（相当于单相绕组）中激励转差频率的脉动磁场。按第三章中讨论过的方法，将该脉动磁场分解为两个转向相反的旋转磁场。转子两个旋转磁场相对于转子的转速为sn_s。与转子同转向的转子正向旋转磁场，对转子的转速为$n+sn_s=n_s$，对定子磁场相对静止，像正常的三相感应电动机一样，将产生一个异步转矩T_1，它和转子起动绕组所产生的异步转矩合并成图4-54中曲线1。与转子转向相反的转子反向旋转磁场，对定子的相对转速为$n-sn_s=2n-n_s$是一随转子转速而变化的转速。它将在定子绕组中感应三相对称电动势，引起三相对称定子电流，它们的频率以f_0表示，则有

$$f_0=\frac{p(2n-n_s)}{60}=\frac{pn_s}{60}\left(\frac{2n-n_s}{n_1}\right)=f_1\left[1-\frac{2(n_s-n)}{n_s}\right]=(1-2s)f_1 \qquad (4\text{-}44)$$

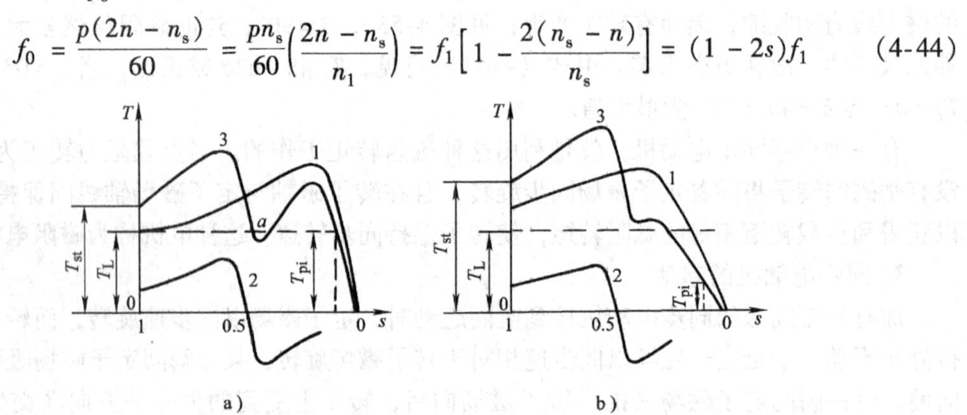

图4-54 同步电动机异步起动时的转矩—转差率曲线

a) T_{st}小，易半同步胶住 b) T_{st}大，可避免半同步胶住，但牵入转矩T_{pi}小

对该f_0频率的电流来说，转子是一次侧，定子是二次侧。该频率为f_0的三相电流在定子三相绕组中流通，将激励定子反向旋转磁场，它和转子反向旋转磁场相对静止，亦像正常异步电动机一样，产生一个异步转矩T_2。这个转矩即称为单轴转矩。它作用在定子上的方向和转子反向旋转磁场在空间的转向相同，但定子不能转动，根据作用与反作用定律，转子上将受到一个与转子反向旋转磁场在空间转向相反的转矩T_2。转子反向旋转磁场对定子的相对转速是变化的，为$2n-n_s$。

当$n<\frac{1}{2}n_s$时，$(2n-n_s)$为负数，表示转子反向旋转磁场的转向与转子转向相反，T_2作用在转子上的方向便与转子转向相同，为正转矩。

当$n>\frac{1}{2}n_s$时，$(2n-n_s)$为正数，表示转子反向旋转磁场的转向与转子转向相同。T_2作用在转子上的方向便与转子转向相反，为负转矩。

当$n=\frac{1}{2}n_s$时$(2n-n_s)=0$，转子反向旋转磁场对定子相对静止，不能在定子绕组中

感应电动势，引起电流，所以 $T_2=0$。

据上所述，可作出转子反向旋转磁场所产生的异步转矩 T_2 曲线如图 4-54 中的曲线 2 所示。

将图中曲线 1 和 2 叠加起来，就得起动时总的转矩曲线 3。图 4-54a 表示起动时负载转矩 T_L 大于曲线 3 中 $s=0.5$ 处的最小转矩，则该电动机就稳定旋转在 a 点，转速 $n\approx\frac{1}{2}n_1$，这种现象就是半同步胶住。

起动时励磁电路经电阻短接。这时候可以减小转子中频率为 f_2 的电动势所引起的电流，当然也就减小了转子反向旋转磁场和 T_2。此外，转子电阻增大可使曲线 1 的最大值左移（临界转差率增大），也有利于防止半同步胶住现象。

图 4-54 中的**牵入转矩** T_{pi} 是指 $s=0.05$ 瞬间电动机的异步转矩，它和起动转矩 T_{st} 为表示同步电动机异步起动性能的两个指标。

应用辅助电动机帮助起动。采用一台与同步电动机有相同极对数的小容量（一般只需为同步电动机容量的10%左右）感应电动机作为辅助电动机来驱动同步电动机，当转速接近同步速时，再用前述同步发电机的自整步法接入电网。

变频起动。同步电动机加上直流励磁，通过变频电源输入三相电流，自极低的频率使电动机转动，然后逐步增大频率，转子转速加快，一直升到额定频率，转子转速达额定值。这里起动转矩始终均是同步转矩。

四、同步补偿机

实际上它就是一台接在电网上，轴上不带机械负载的空载同步电动机。通过调节励磁电流对电网进行无功功率交流。它通常是工作在过励状态，向电网提供感性无功功率。

同步补偿机不带机械负载，其转轴可以不伸出机壳外，对部件的机械强度也要求不高。它的容量按过励时所能提供的无功功率来确定。主要受定、转子绕组的温升的限制。通常转子上常装有起动绕组，以便采用异步起动。

第六节　同步电机几种不正常运行

一、同步发电机的不对称运行

一般情况同步发电机均处于正常运行，亦即稳态对称运行，但当电网中有较大的单相负载，或发生短路等事故时，发电机就处于不正常运行状态。不正常运行情况很多，本节先讨论不对称运行时的同步发电机的性能和分析方法。

发电机本身构造总是三相对称的，所以当磁路为线性（忽略铁心饱和现象）时，便可利用已介绍过的对称分量法，将不对称的三相电压和电流分解为正序、负序和零序三个对称三相系统，分别求出这三序系统单独作用时电机的电流、转矩、功率、再把各个结果叠加起来，得到发电机在不对称运行时总的电流、转矩、功率。对于各对称系统只需计算它们一相的电路，并可应用前述正常运行的分析方法。

对于旋转电机，由于转子对正序、负序旋转磁场的反应不同，定子电路中反应出来的电抗不同，须分别讨论。

二、各序阻抗及对应的等效电路

对于隐极同步电机，转子电路是不对称的，直轴处有励磁绕组，交轴处没有；对凸极同步电机，除转子电路同样为不对称外，直轴与交轴的磁阻亦不对称。所以分析时须同时采用对称分量法和双反应理论，以导出各序阻抗和相应的等效电路。

1. 正序阻抗和正序等效电路

前面讨论的同步电机运行情况即为正序情况。在稳定状态下，同步电机的正序阻抗 Z_+ 就是同步阻抗 Z_s。

对隐极电机有

$$Z_+ = r_+ + jx_+ = r_a + jx_s = Z_s \tag{4-45}$$

对凸极电机，仍应用双反应理论，正序电流所遇到的阻抗为直轴同步阻抗和交轴同步阻抗。由于电枢电阻 r_a 远较同步电抗为小，分析时常常忽略不计。发电机不对称短路时，电枢电流的正序分量基本上为一纯感性电流，即 $\psi \approx 90°$，$I_{k+} = I_{k+d}$，$I_{k+q} \approx 0$，$x_+ = x_d$。由于定子为对称三相绕组空载电动势 $\dot{E}_0$ 即为正序电动势 $\dot{E}_+$。正序等效电路如图4-55所示。相应的**正序电压方程式为**

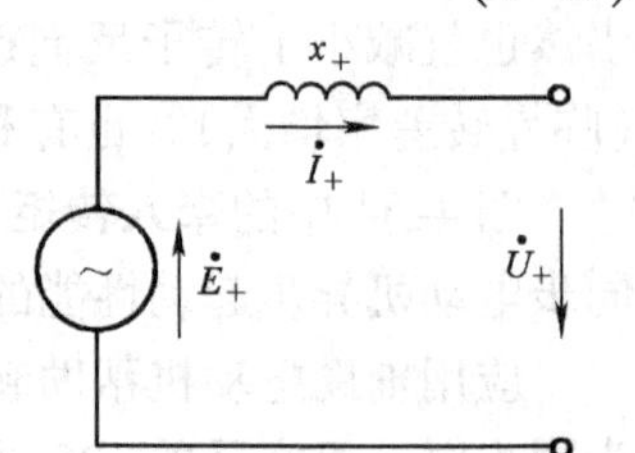

图4-55　同步发电机的正序等效电路

$$\dot{E}_+ = \dot{U}_+ + \dot{I}_+ Z_+ \approx \dot{U}_+ + j\dot{I}_+ x_+ = \dot{U} + j\dot{I}_+ x_s \tag{4-46}$$

2. 负序阻抗和负序等效电路

首先，我们假设隐极同步电机的转子绕组也为一对称多相绕组，由于阻尼绕组和整块铁心转子的阻尼作用，这个假设可认为是近似适合的。如此，则同步电机的情况便和感应电机相同。因为负序电流产生的反向电气旋转磁场对正向旋转的转子的相对转速等于两倍同步速。从电磁关系来看，此刻的同步电机恰如一台转差率 $s=2$ 的感应电动机。综上所述，可用 $s=2$ 的感应电动机的等效电路来表示同步电机的负序网络，如图4-56a所示。根据该图可算出负序阻抗 $Z_- = r_- + jx_-$。可见负序电阻 r_- 不再是电枢绕组的每相电阻，而是 Z_- 中的实数部分。由于 r_1 及 $r_2'/2$ 的数值很小，在分析负序阻抗时可将它们略去不计，图4-56a便变为图4-56b，可写出

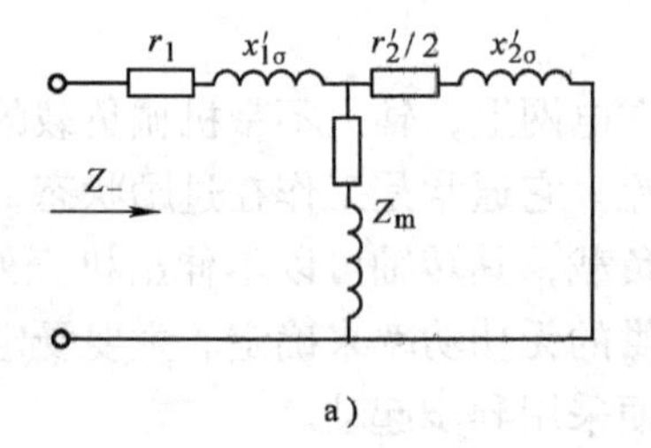

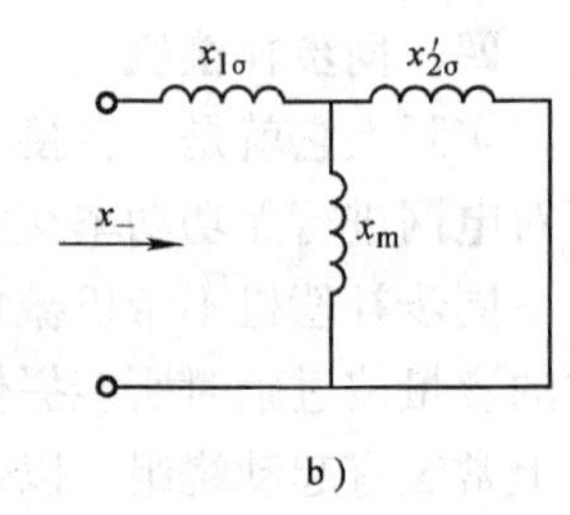

图4-56　表示同步发电机负序阻抗的等效电路
a) 计入电阻　b) 略去电阻

$$x_- = x_{1\sigma} + \frac{x_{2\sigma}' x_m}{x_{2\sigma}' + x_m} \tag{4-47}$$

这里有两种极限情况：一种是负序磁场对比转子漏磁通为很大时，即 $x_m \gg x_{2\sigma}'$，式（4-47）可写成

$$x_- = x_{1\sigma} + x_{2\sigma}' \tag{4-48}$$

另一种是同步电机有很强的阻尼系统，负序磁场为转子感应电流所产生的去磁磁动势所抵消，即 x_m 很小，则式（4-47）又可写成

$$x_- = x_{1\sigma} \tag{4-49}$$

此时负序电抗和定子漏抗相等。在实心转子的汽轮发电机中，很接近这种情况。

凸极同步电机的阻尼作用一般较差，负序磁场便可能较强。当负序磁场将交替掠过直轴和交轴。由于D、Q两轴磁阻不同，阻尼作用也不相同，负序磁动势产生的负序磁场的幅值将不断变化，负序电抗将在图4-57中的x_{-d}和x_{-q}之间交变。（注意：转子Q轴没有绕组）

严格说来，由于转子上的励磁绕组为单相绕组，阻尼绕组也非对称多相绕组，因此不能无条件地应用对称分量法。定子端点上的负序电压、流过定子的负序电流波形并不都是正弦波形。所以，负序电抗应为负序端电压的基波分量与定子绕组的负序电流的基波分量之比。更为复杂的是负序电抗的数值还与负载情况有关；在不同的短路情况下，负序电抗的数值也不尽相同。关于此点，这里就不再作深入讨论了。

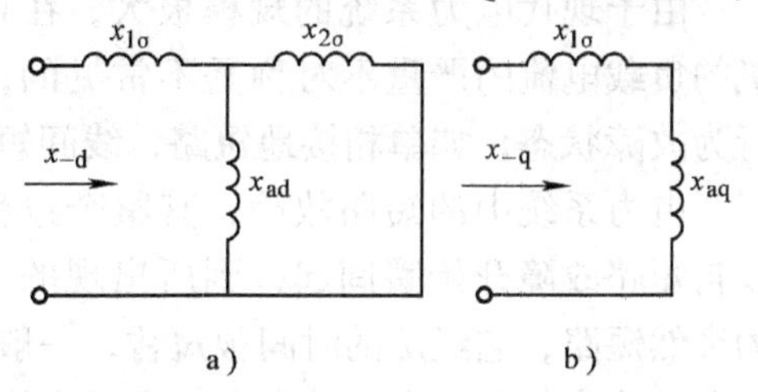

图4-57　无阻尼绕组时负序电抗的等效电路

a）直轴x_{-d}　b）交轴x_{-q}

测定负序电抗的方法之一，是对定子绕组外施一降低的三相对称电压，受试发电机的转子由原动机驱动为同步速，但其转向应与定子旋转磁场的转向相反，励磁绕组应予以短接。电压表、电流表和功率表的连接方法，和平常在三相线路中作测量时相同。根据各电表的读数，便可求出每相的负序电阻和电抗。

图4-58表示了同步发电机的负序等效电路。因为电枢绕组中的励磁电动势E_0为三相对称电动势，没有负序分量，即$\dot{E}_-=0$。**负序电压方程**为

$$0=\dot{U}_-+\dot{I}_-Z_- \tag{4-50}$$

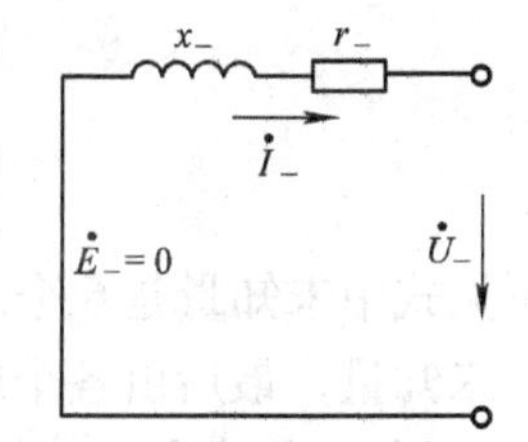

图4-58　同步发电机负序等效电路

3. 零序阻抗和零序等效电路

当大小相等，相位相同的零序电流流过三相对称的电枢绕组时，将激励三个脉动磁场，它们的振幅和相位均相同，但在空间互相间有120°电角度的位置差。根据基本三角关系，可知这样的三个脉动磁场的基波分量的合成磁场为零，即零序电流不会激励基波旋转磁场。因此，零序电流只产生定子漏磁通，相应的零序电抗具有漏抗的性质。

当定子绕组的型式不同时，零序电流与正序电流所产生的漏磁通亦将不同。例如双层短距绕组，其中某几个槽中的圈边，上下层属于不同的相。正序电流时槽内合成电流为两相电流的相量差。零序电流流通时，上下层圈边电流反相，槽内合成电流为零。因而双层短距绕组零序漏磁通小于正序漏磁通，相应的零序漏抗小于正序漏抗。

因为零序电流产生的磁通为漏磁通，不与转子绕组匝链，所以零序电阻就是电枢绕组的每相电阻。

为测定零序阻抗，可把三相电枢绕组串联起来，外施额定频率的单相电源，调节电压使流入的电流为额定值。励磁绕组短接。转子由原动机带动到同步速，根据常规方法接入电压、电流及功率表，按其读数可算出零序阻抗。

综上所述，可见同步发电机的各序电抗是不相同的，$x_+>x_->x_0$。

图4-59表示同步发电机的零序等效电路。由于电枢绕组中无零序电动势，即$\dot{E}_0=0$，所以相应的**零序电压方程式**为

$$0=\dot{U}_0+\dot{I}_0Z_0 \tag{4-51}$$

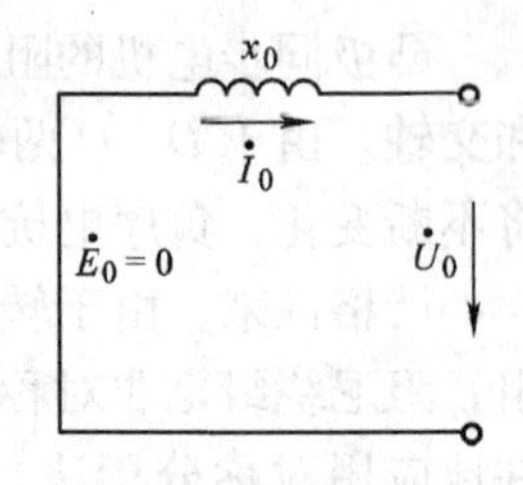

图4-59 同步发电机的零序等效电路

三、不对称短路（稳态）举例

由于现代电力系统的规模极大，在正常运行时，某台同步发电机的负载电流的严重不对称是不常见的，具有实际意义的不对称运行为故障状态，如单相接地短路、线间短路和两相接地短路。

电力系统中的短路故障，其整个过程分为两个阶段：第一个阶段自短路故障开始瞬间起，到所出现的巨大冲击电流衰减完毕，称为突然短路，它经历的时间很短暂，一般只有零点几秒到几秒，为一暂态过渡过程；第二阶段称为稳态短路，它自冲击电流衰减完毕开始，直到故障消除为止，期间短路电流已是幅值不变的稳定数值。发电机稳态短路所经历时间长短由系统要求及保护装置设定的时间来确定。下面先讨论不对称稳态短路，突然短路将在后文介绍。

一般说来，在分析不对称运行情况时，空载电动势和各序阻抗是已知的，待求量是各相的电流和电压。应用对称分量法来分析不对称运行时，先列出**相序方程式**。当不计各序阻抗中的电阻时，由式（4-46）、式（4-50）和式（4-51）可得如下式所示发电机的相序方程式

$$\left.\begin{aligned}\dot{U}_{A+}&=\dot{E}_A-j\dot{I}_{A+}x_+\\\dot{U}_{A-}&=0-j\dot{I}_{A-}x_-\\\dot{U}_{A0}&=0-j\dot{I}_{A0}x_0\end{aligned}\right\} \tag{4-52}$$

可见式中未知量是6个。为此必须按不对称运行的具体情况列出三个**端点方程式**才能求出6个未知量，最后由各个序的数值求出各相的实际电流和电压。

例1. 同步发电机的单相短路

如图4-60所示，不计短路发生前的电枢电流，即认为原来发电机为空载。由图可写出端点方程式

$$\left.\begin{aligned}\dot{U}_A&=0\\\dot{I}_B&=0\\\dot{I}_C&=0\end{aligned}\right\} \tag{4-53}$$

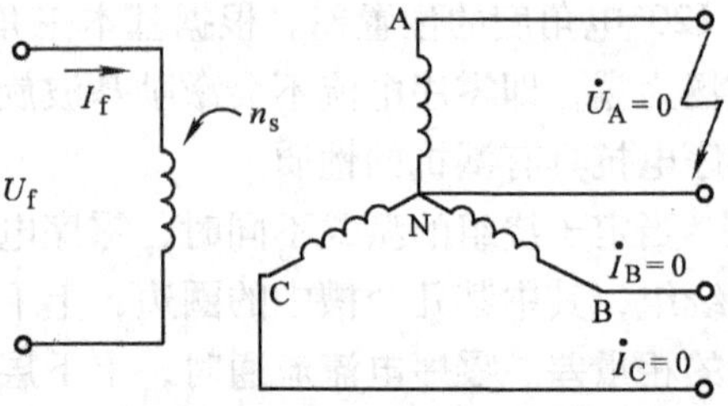

图4-60 同步发电机单相短路

将式（4-53）用对称分量表示为

$$\dot{U}_A=\dot{U}_{A+}+\dot{U}_{A-}+\dot{U}_{A0}=0 \tag{4-54}$$

参照式（2-71），其逆变换

$$\left.\begin{aligned}\dot{I}_{A+}&=\frac{1}{3}(\dot{I}_A+a\dot{I}_B+a^2I_C)=\frac{1}{3}\dot{I}_A\\\dot{I}_{A-}&=\frac{1}{3}(\dot{I}_A+a^2\dot{I}_B+a\dot{I}_C)=\frac{1}{3}\dot{I}_A\\\dot{I}_{A0}&=\frac{1}{3}(I_A+I_B+I_C)=\frac{1}{3}\dot{I}_A\end{aligned}\right\} \tag{4-55}$$

所以

$$\dot{I}_{A+}=\dot{I}_{A-}=\dot{I}_{A0}=\frac{1}{3}\dot{I}_{A}=\frac{1}{3}\dot{I}_{k(1)} \tag{4-56}$$

式中，$\dot{I}_{k(1)}$表示单相短路时的短路相电流。

联立求解式（4-52）～式（4-56）即可得出各相序的电流和电压。但对于此一特例，用等效电路更为直观和方便。根据式（4-56）三个相序的等效电路应该串联；根据式（4-54）各序电压之和为零，则等效电路串联后应该予以短接，如图4-61所示，并得

$$\dot{I}_{A+}=\dot{I}_{A-}=\dot{I}_{A0}=\frac{\dot{E}_{A}}{j(x_{+}+x_{-}+x_{0})} \tag{4-57}$$

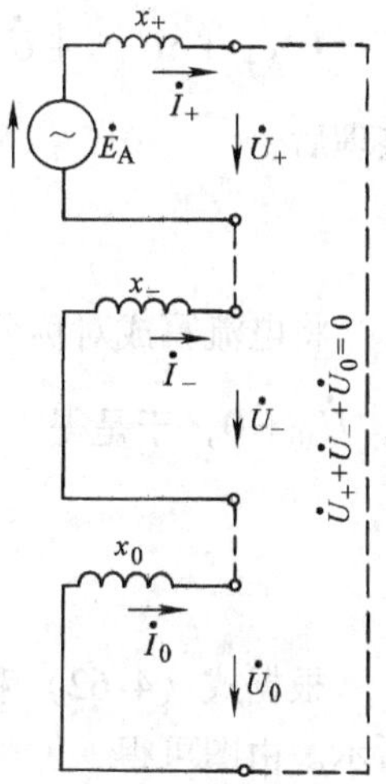

于是式（4-56）单相短路电流为

$$\dot{I}_{k(1)}=\dot{I}_{A}=\frac{3\dot{E}_{A}}{j(x_{+}+x_{-}+x_{0})} \tag{4-58}$$

将式（4-57）代入式（4-52）得各序电压为

$$\left.\begin{aligned}\dot{U}_{A+}&=\dot{E}_{A}-j\frac{\dot{E}_{A}x_{+}}{j(x_{+}+x_{-}+x_{0})}=\frac{\dot{E}_{A}(x_{-}+x_{0})}{x_{+}+x_{-}+x_{0}}\\\dot{U}_{A-}&=-j\frac{\dot{E}_{A}x_{-}}{j(x_{+}+x_{-}+x_{0})}=\frac{-\dot{E}_{A}x_{-}}{x_{+}+x_{-}+x_{0}}\\\dot{U}_{A0}&=-j\frac{\dot{E}_{A}x_{0}}{j(x_{+}+x_{-}+x_{0})}=\frac{-\dot{E}_{A}x_{0}}{x_{+}+x_{-}+x_{0}}\end{aligned}\right\} \tag{4-59}$$

图4-61 求单相短路时用的等效电路

最后可写出各相的电压表达式为

$$\left.\begin{aligned}\dot{U}_{A}&=0\\\dot{U}_{B}&=a^{2}\dot{U}_{A+}+a\dot{U}_{A-}+\dot{U}_{A0}\\&=\frac{\dot{E}_{A}}{x_{+}+x_{-}+x_{0}}[x_{-}(a^{2}-a)+x_{0}(a^{2}-1)]\\\dot{U}_{C}&=a\dot{U}_{A+}+a^{2}\dot{U}_{A-}+\dot{U}_{A0}\\&=\frac{\dot{E}_{A}}{x_{+}+x_{-}+x_{0}}[x_{-}(a-a^{2})+x_{0}(a-1)]\end{aligned}\right\} \tag{4-60}$$

由于负序电抗和零序电抗要比正序电抗小得多，由式（4-58）可见，单相短路电流远较三相对称电流短路为大，接近有$\dot{I}_{k(1)}\approx 3\dot{I}_{k(3)}$。

例2. 同步发电机的两相直接短路

同步发电机两相直接短路如图4-62所示。按图可写出端点方程式

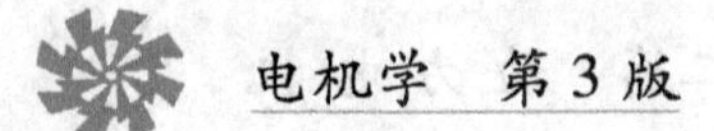

$$\left.\begin{aligned}&\dot{I}_A=0\\&\dot{U}_{BC}=\dot{U}_B-\dot{U}_C=0\\ \text{或}\quad&\dot{U}_B=\dot{U}_C\\&\dot{I}_B=-\dot{I}_C=\dot{I}_{k(2)}\end{aligned}\right\}\tag{4-61}$$

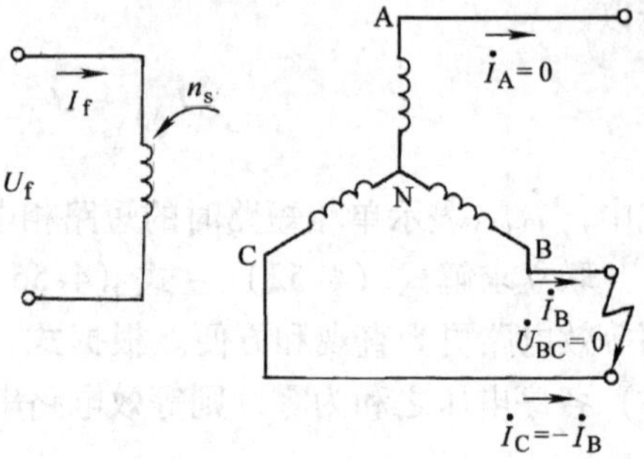

图4-62　同步发电机两相直接短路

将电压写成对称分量得

$$a^2\dot{U}_{A+}+a\dot{U}_{A-}+\dot{U}_{A0}=a\dot{U}_{A+}+a^2\dot{U}_{A-}+\dot{U}_{A0}$$

整理后
$$\dot{U}_{A+}(a^2-a)=\dot{U}_{A-}(a^2-a)$$

$$\dot{U}_{A+}=\dot{U}_{A-}\tag{4-62}$$

将电流写成对称分量，因绕组星形联结且无中性线，故电流中没有零序分量，即 $\dot{I}_{A0}=0$，$\dot{U}_{A0}=0$，于是得

$$\dot{I}_A=\dot{I}_{A+}+\dot{I}_{A-}+\dot{I}_{A0}=\dot{I}_{A+}+\dot{I}_{A-}=0$$

$$\dot{I}_{A+}+\dot{I}_{A-}=0\tag{4-63}$$

根据式（4-62）和式（4-63），此时的正序和负序等效电路可以对接起来，如图4-63所示。由图可得

$$\dot{I}_{A+}=-\dot{I}_{A-}=\frac{\dot{E}_A}{\mathrm{j}\,(x_++x_-)}\tag{4-64}$$

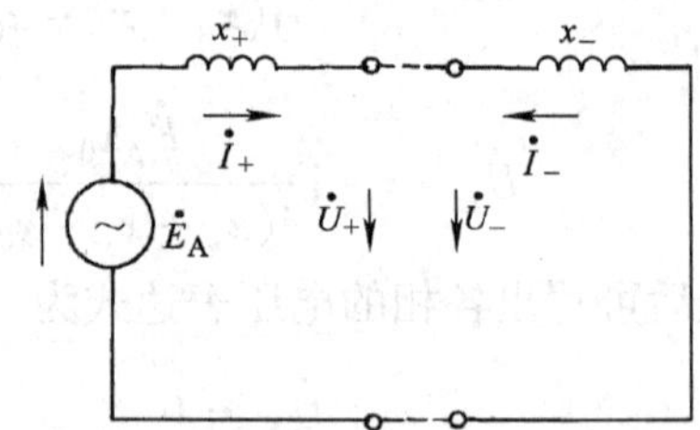

图4-63　两相短路时正、负序等效电路的连接

B相的对称分量电流

$$\dot{I}_{B+}=a^2\dot{I}_{A+}=\frac{a^2\dot{E}_A}{\mathrm{j}\,(x_++x_-)}$$

$$\dot{I}_{B-}=a\dot{I}_{A-}=-\frac{a\dot{E}_A}{\mathrm{j}\,(x_++x_-)}$$

最后可得短路电流

$$\dot{I}_{k(2)}=\dot{I}_B=\dot{I}_{B+}+\dot{I}_{B-}=\frac{\dot{E}_A}{x_++x_-}(-a^2+a)=-\sqrt{3}\frac{\dot{E}_A}{x_++x_-}\tag{4-65}$$

关于电压的情况，将式（4-64）代入式（4-52），稍加整理后得

$$\dot{U}_{A+}=\dot{U}_{A-}=\frac{\dot{E}_Ax_-}{x_++x_-}\tag{4-66}$$

未短路的A相电压为

$$\dot{U}_A=\dot{U}_{A+}+\dot{U}_{A-}=\frac{2\dot{E}_Ax_-}{x_++x_-}\tag{4-67}$$

短路相的电压为

$$\dot{U}_B = \dot{U}_C = a^2\dot{U}_{A+} + a\dot{U}_{A-} = \dot{U}_{A+}(a^2 + a) = -\dot{U}_{A+} = -\frac{1}{2}\dot{U}_A \tag{4-68}$$

由以上分析可见，两相短路电流 $I_{k(2)}$ 也较三相短路电流 $I_{k(3)}$ 为大，接近$\sqrt{3}$倍。

顺便指出，由两相短路分析得到一个有用的结果，通过两相短路试验可以测得同步电机的负序电抗。

将式（4-65）中的 $\dot{I}_{k(2)}$ 代入式（4-67）的 $\dot{U}_A$ 表达式，可得

$$\dot{U}_A = -\frac{2x_-}{\sqrt{3}}\dot{I}_{k(2)} \tag{4-69}$$

将式（4-69）代入式（4-68）得

$$\dot{U}_B = \dot{U}_C = \frac{x_-}{\sqrt{3}}\dot{I}_{k(2)} \tag{4-70}$$

即有

$$x_- = \frac{\sqrt{3}U_A}{2I_{k(2)}} \quad 或 \quad x_- = \frac{\sqrt{3}U_B}{I_{k(2)}} \tag{4-71}$$

因此，在进行两相直接短路试验时，测量短路电流 $I_{k(2)}$ 及正常相电压 U_A 或短路相电压 U_B，便可按式（4-71）求出负序电抗。

如果发电机的中心点没有引出来，测不到相电压，便无法由式（4-71）求得 x_-。但是，因为未短路相端点 A 和短路点间的电压是可以测出的，故 $\dot{U}_{BA}$ 可写成

$$\dot{U}_{BA} = \dot{U}_B - \dot{U}_A = -\frac{1}{2}\dot{U}_A - \dot{U}_A = -\frac{3}{2}\dot{U}_A$$

将式（4-69）中的 $\dot{U}_A$ 代入上式，有

$$\dot{U}_{BA} = \sqrt{3}\dot{I}_{k(2)}x_-$$

即有

$$x_- = \frac{U_{BA}}{\sqrt{3}I_{k(2)}} \tag{4-72}$$

四、同步电机的突然短路

同步发电机的同步电抗数值很大，所以它的稳态短路电流 $I_{k(3)}$ 不太大。但是突然短路就不同了，它是一个暂态过程，是一个从正常负载运行变化到稳态短路的过渡过程。在这过程中，短路电流中包含有自由分量。虽然自由分量是会按某个时间常数衰减的，衰减完毕，发电机便转入稳态短路状态。可是由于自由分量的存在，突然短路初瞬的冲击短路电流可达电机额定电流的二十多倍，将给发电机及电网带来严重后果。

同步发电机突然短路的严格分析，需要列出并求解多个回路的联立微分方程式组。更由于同步机转子为单相回路；阻尼绕组为不完整的多相电路；直轴与交轴磁路的磁阻不同等使问题变得非常复杂。详细地分析将在其他专业课中讨论。这里只从磁链守恒原理出发，形象化地阐明突然短路时发电机内的电磁过程，重点弄清突然短路时的电机参数和电流变化的物理概念。

1. 超导体闭合回路磁链不变原则

参看图 4-64，在图示瞬间合上刀开关 S 使绕组 1 突然短路，则绕组 1 的电压方程式为

$$ir + \frac{d\Psi}{dt} = 0 \qquad (4\text{-}73)$$

如把电阻 r 略去（绕组1犹如超导电路），则式（4-73）变成

$$\frac{d\Psi}{dt} = 0 \qquad (4\text{-}74)$$

它的通解为 $\Psi=\text{const}$，设图示瞬间 $t=0$，绕组匝链的磁链为 $\Psi_{t=0}$，于是可根据初始条件求得方程的特解为

$$\Psi = \Psi_{t=0} \qquad (4\text{-}75)$$

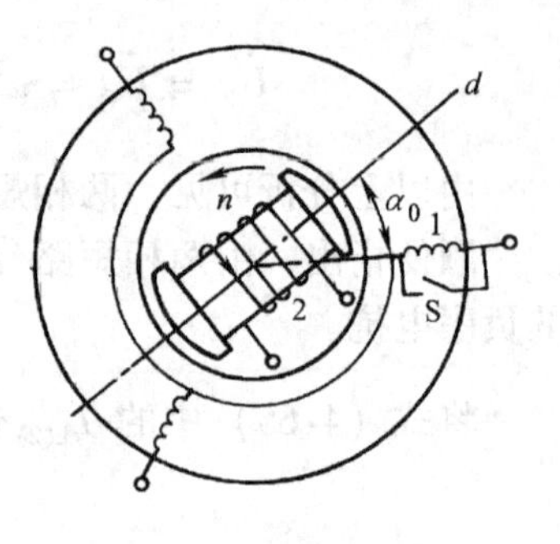

图4-64 说明超导体闭合回路磁链不变原则
1—定子绕组 2—转子绕组

式（4-75）表示，这个没有电阻的闭合绕组的磁链不会变化，永远等于突然短路瞬间，即 $t=0$ 时这个绕组所匝链的磁链 $\Psi_{t=0}$。这一简单关系称为**磁链不变原则**，也常称为**超导体闭合回路磁链守恒原理**。

在实际的闭合回路中，电阻总是存在的，由于电阻的影响，磁链将逐渐发生变化。但在突然短路初瞬，仍可认为磁链不能突变，也就是说，短路初瞬实际情况仍可用无电阻的超导体的情况来描述。

根据上述原理，当定子绕组突然短路初瞬，因为转子回路磁链守恒、定子短路电流所激励的电枢磁场不能穿过转子铁心，去改变转子回路原有的磁链、只能走漏磁磁路，相应的电抗就不再是数值很大的同步电抗，而近似漏抗性质的**瞬态电抗**或称为**暂态电抗**。由于实际的定、转子电路存在电阻，电枢磁场将逐渐穿过转子铁心，电抗由瞬态电抗最后转化为同步电抗，电机进入稳态。

2. 三相突然短路时的磁链

上面提及转子回路的磁链在突然短路初瞬守恒，电枢磁通不能穿过转子铁心去破坏其守恒原则，只能走漏磁磁路。实际上这只是结论。其物理过程可说明如下：在正常运行情况下，定子磁场幅值恒定和转子又相对静止，所以不能在转子绕组中感应电动势。突然短路，定子电流和电枢磁场幅值突变，就将在转子绕组中感应变压器电动势，该电动势产生电流激励磁场去抵消突然增大的定子磁场。初瞬间穿过转子铁心的磁通全被抵消，只剩定子漏磁通。这个转子电路所感应的变压器电动势产生的电流和激励的磁场均为要随电阻阻尼作用而衰减的**自由分量**，衰减完毕，电枢磁场就穿过转子铁心，电抗就恢复为同步电抗。

图4-65a表示同步发电机空载时，转子磁场在定子各个绕组中形成磁链 Ψ_{fA}、Ψ_{fB} 和 Ψ_{fC}，这些磁链均因转子旋转而在交变。因为此刻定子空载，不是闭合电路，不受制于磁链守恒原则。当 $t=0$ 时，发电机定子端点三相突然短路，成为闭合电路。突然短路初瞬，它们将遵循磁链守恒原则，保持 $t=0$ 时各自磁链 Ψ_{0A}，Ψ_{0B} 和 Ψ_{0C} 不变，如图中 $t=0$ 时所示。

可是转子继续以同步速旋转，对定子绕组形成的磁链仍企图按 Ψ_{fA}、Ψ_{fB} 和 Ψ_{fC} 变化，如何才能实现磁链守恒呢？现以A相为例，见图4-65b。A相必须有两个电流分量，分别形成两个磁链：一个是直流分量 $\Psi_{A-}=\Psi_{0A}$，以保持A相磁链不变，另一个是交流分量 $\Psi_{A\sim}=-\Psi_{fA}$，它始终去抵消转子产生匝链A相的磁链 Ψ_{fA}。A相中合成磁链为 $\Psi_{AA}=\Psi_{A-}+\Psi_{A\sim}$。对于B、C相的磁链 Ψ_{BB} 和 Ψ_{CC} 可用类似方法求出。

转子为闭合电路，亦应遵循磁链守恒原则。设转子励磁电流建立匝链本身的磁链为 Ψ_{ff}。现在有定子两种磁链：由 $\Psi_{A\sim}$、$\Psi_{B\sim}$ 和 $\Psi_{C\sim}$ 合成的圆形旋转磁场和转子同步旋转相对静止，

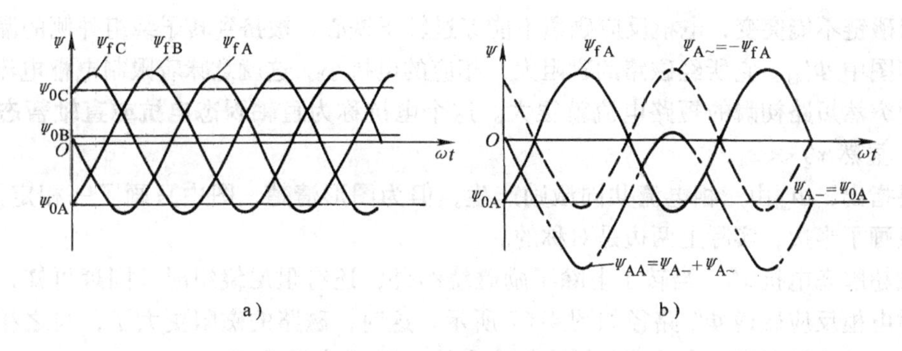

图 4-65 三相突然短路时的磁链变化情况

a）三相情况 b）A 相情况

它匝链转子绕组的磁链为大小不变的 $\Psi_{\eqsim}$⊖；另一种为定子直流分量磁链（Ψ_{A-}、Ψ_{B-} 和 Ψ_{C-}）在空间上是静止的，对转子绕组的相对转速为同步速，匝链转子回路形成一按 50Hz 交变的磁链 $\Psi_{\eqsim}$。于是转子将需有一个直流磁链 Ψ_{f-} 来抵消 $\Psi_{\eqsim}$；有一个交变磁链 $\Psi_{f\sim}$ 来抵消 $\Psi_{\simeq}$。励磁绕组中电流产生的匝链本身绕组的总磁链将是 $\Psi_f = \Psi_{ff} + \Psi_{f-} + \Psi_{f\sim}$。

对图中的磁链曲线，只要换以不同的比例尺，即可代表相应的电流曲线。例如 $\Psi_{A\sim}$ 可代表突然短路后定子 A 相电流中的**周期性分量**；Ψ_{A-} 可代表其**非周期性分量**。同样，$\Psi_{f\sim}$ 和 Ψ_{f-} 亦分别可代表突然短路后转子回路中感应产生的周期性和非周期性分量电流。

实际情况是定子、转子回路均有电阻存在，所以上述各电流分量将各按某个时间常数衰减，并最后消失。这时定子电流将是三相对称短路的稳态短路电流，转子回路将是正常的外施直流励磁电流。

3. 直轴瞬态电抗 x'_d 和直轴超瞬态电抗 x''_d

说到电抗就应联系到磁通，考虑该磁通所走的路径。任一线圈产生一定数量磁通所需的电流与磁通所经路的磁阻成正比。为产生同样的磁通，如磁阻小，所需的电流就较小，对应的电抗就较大；如磁阻大，所需的电流就较大，对应的电抗就较小。下面将根据这一概念来分析同步电机的各种电抗。

直轴瞬态电抗 x'_d 三相稳态短路时，端电压 U 等于零，电枢反应为纯去磁作用，如不计电枢电阻和漏抗的影响，电枢反应磁通 Φ_{ad} 与由转子激励的磁通 Φ_0 大小相等，方向相反。图 4-66a表示了稳定短路时的磁路情况。Φ_{ad} 穿过转子铁心而闭合，所遇到的磁阻较小，定子电流所遇到的电抗为数值较大的同步电抗 x_d。图 4-66b 为三相突然短路初瞬时的情况，此时由于

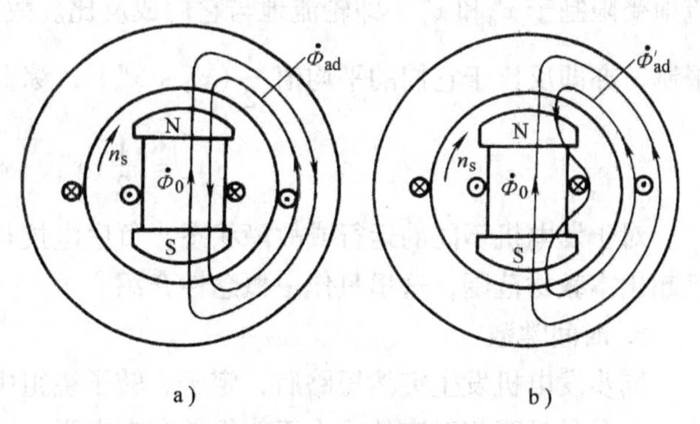

图 4-66 短路时电枢磁通所经的路径

a）稳定短路 b）突然短路初瞬

⊖ $\Psi_{\simeq}$ 下标“~”表示交流产生的旋转磁场，在绕组中形成的不变磁场“-”；
$\Psi_{\eqsim}$ 下标“-”表示空间固定的磁场，在绕组中形成的交变磁场“~”。

转子绕组磁链不能突变，电枢反应磁通不能穿过转子铁心，被挤到转子绕组外侧的漏磁路中去了，即图中Φ'_{ad}。它所经磁路的磁阻大，相应的电抗小。这就意味着限制电枢电流的电抗变小，使突然短路初瞬的短路电流就很大。这个电抗称为**直轴瞬态电抗或直轴暂态电抗**用x'_d表示。显然$x'_d \ll x_d$。

需要指出，Φ_{ad}由三相电流共同激励产生，但为图形清楚，图中只画了一相定子绕组，且磁通只画了半边，实际上两边是对称的。

直轴超瞬态电抗x''_d　当转子上除了励磁绕组外，还有阻尼绕组时，同理可知，突然短路初瞬时电枢反应磁通Φ''_{ad}路径如图4-67所示。这时，磁路的磁阻更大了，与之相应的电抗更小，称为**直轴超瞬态电抗或直轴次暂态电抗**，用x''_d表示且$x''_d < x'_d$。

在短路初瞬，定子绕组中的短路电流为x''_d所限制，由于阻尼绕组的匝数少、电感相应亦小，所以阻尼绕组中的感应电流衰减较快。一般在几个周波以后，电枢磁通即可穿过阻尼绕组而成为图4-66b中的Φ'_{ad}，由此电流将受x'_d的限制。当励磁绕组中的感应电流衰减完毕，电枢磁通即可穿过激磁绕组（即穿过转子铁心），成为Φ_{ad}，这时定子电流便为x_d所限制。

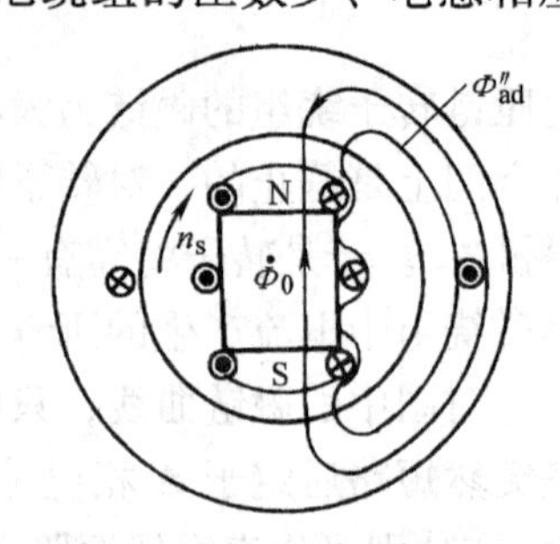

图4-67　有限尼绕组时突然短路初瞬电枢磁通所经路径

4. 交轴瞬态电抗x'_q和交轴超瞬态电抗x''_q

只有当发电机经阻抗短路时，电枢反应磁场才有交轴分量Φ_{aq}。在交轴没有励磁绕组，但有不完整的阻尼绕组，根据上面的分析，可知在突然短路初瞬，存在**交轴超瞬态电抗**或**交轴次暂态电抗x''_q**。当阻尼绕组中感应电流衰减完毕限制电流的交轴电抗转变为x_q，即交轴同步电抗，或者说$x'_q = x_q$，交轴瞬态电抗等于交轴同步电抗。

5. 超瞬态电抗与负序电抗间的关系

这里仅作简要介绍。设在转子同步旋转，转子绕组短接，在定子绕组外施一负序电压，即该电压产生的定子电流将激励一与转子转向相反的旋转磁场。显然，此时限制定子电流的将是负序电抗x_-，即反比于x_-。可是实际上电枢旋转磁场不断地掠过直轴与交轴，电流轮流地受限制于x''_d和x''_q，即轮流地与它们成反比。故可认为实际的电流受x''_d与x''_q的平均值所限制，亦即反比于它们的平均值$\frac{1}{2}(x''_d + x''_q)$，综上所述可得

$$x_- = \frac{1}{2}(x''_d + x''_q) \tag{4-76}$$

对于发电机不同的运行或故障状态，负序电抗与超瞬态电抗间还有其他关系，详细讨论已超出本教材范围，这里只作一概念性介绍。

6. 时间常数

同步发电机发生突然短路后，定子、转子绕组中将流过周期分量和非周期分量电流，其中某些分量是互相对应的。由于绕组总存在电阻，这些没有电源支持，由于电路突变而感应的自由分量电流，将按某些相关的时间常数衰减。当自由分量衰减完毕，发电机就转入稳态短路状态。

任何电路的时间常数都是电感与电阻的比值。例如转子上无阻尼绕组，定子绕组开路，则励磁绕组的时间常数T_{d0}为

$$T_{do}=\frac{L_{fo}}{r_f} \tag{4-77}$$

式中，L_{fo}为励磁绕组本身的总电感；r_f为励磁绕组的电阻；下标中的“o”表示从定子绕组开路。

若将定子绕组短路，L_{fo}便应改为L_{fk}，下表“k”表示定子绕组短路。与它们对应的励磁绕组电抗是x_{fo}和x_{fk}，显然$x_{fk}<x_{fo}$。

（1）时间常数T'_{d3}　突然短路电流中的周期分量所产生的旋转磁场，对转子相对静止。为保持转子回路中的磁链不变，在转子电路中必将感应一直流分量来抵消它。所以转子电路中的非周期性电流和定子回路中周期性电流相对应，它们将按同一时间常数衰减。当转子上无阻尼绕组时，定子三相短路，励磁绕组的时间常数便是T'_{d3}，下标“3”表示定子三相短路，上标“′”表示为瞬态量，有

$$T'_{d3}=\frac{L_{fk}}{r_f}=\frac{L_{fo}}{r_f}\frac{L_{fk}}{L_{fo}}=T_{do}\frac{x_{fk}}{x_{fo}} \tag{4-78}$$

在没有阻尼绕组时，转子绕组的非周期性电流及定子短路电流中的周期性分量均按T'_{d3}衰减。

（2）时间常数T''_{d3}　当转子有阻尼绕组，在短路初瞬，阻尼绕组的作用犹如瞬态时的励磁绕组。阻尼绕组中的感应电流按时间常数T''_{d3}衰减，同上方法，可写出

$$T''_{d3}=\frac{L''_{1d}}{r_{1d}}=\frac{x''_{1d}}{\omega r_{1d}} \tag{4-79}$$

式中，下标“1”表示阻尼绕组；上标“″”表示超瞬态过程的量。

突然短路电流中的超瞬态周期性分量i_{kc}与阻尼绕组中非周期感应电流相对应，均按T''_{d3}衰减。

（3）时间常数T_{a3}　突然短路电流中的非周期分量i_{ka}，它是为维持短路初瞬定子绕组的磁链Ψ_o而引起的，故衰减的时间常数将依定子绕组的电阻和电抗而定。当定子绕组的磁轴与转子直轴重合时，它的电抗为x''_d；当定子绕组的磁轴与转子交轴重合时，它的电抗为x''_q。实际上，转子同步速旋转，定子绕组磁轴轮流与转子直轴及交轴相重合。故时间常数中的电抗应是x''_d和x''_q的平均值，即$\frac{1}{2}(x''_d+x''_q)$，由式（4-76）可知，即为负序电抗，故定子绕组中非周期性短路电流分量的时间常数为

$$T_{a3}=\frac{x_-}{\omega r_a} \tag{4-80}$$

式中，r_a为定子绕组每相电阻；T的下标“a”表示非周期性分量。

由上述磁场在转子绕组中感应的是周期性电流，将亦按T_{a3}衰减。

7. 三相突然短路电流

短路电流中包含交流分量（即周期性分量）和直流分量（即非周期性分量）。前者各相大小相等，相位相差120°，是一组三相对称的电流分量。后者与短路的瞬时有关，由于短路初瞬各相绕组中的磁链是各不相同的，如图4-65a所示，各相的直流分量不相同，因此各相的短路电流是不相同的，下面将分析两个极限情况。

（1）当$\Psi_0=0$时的突然短路电流　设某相绕组中磁链为零的瞬间，突然发生三相短路，

即当 $t=0$ 时，$\Psi=\Psi_0=0$，因此，电流中没有为保持 Ψ_0 的直流分量。此时该相的感应电动势为最高值。由于短路电流近似为纯感性电流，它将滞后感应电动势 90°，故此时该相绕组中的电流恰过零点。该相的突然短路电流如图 4-68 所示。如对这短路电流作包络线，可见对横坐标是对称的。短路电流的起始值 I''_{dm}受 x''_d所限制。当阻尼绕组中感应电流按时间常数 T''_{d3}衰减完毕后，短路电流就受 x'_d所限制。当励磁绕组中感应电流按时间常数 T'_{d3}衰减完毕，短路电流便达到稳定值，受 x_d 所限制。

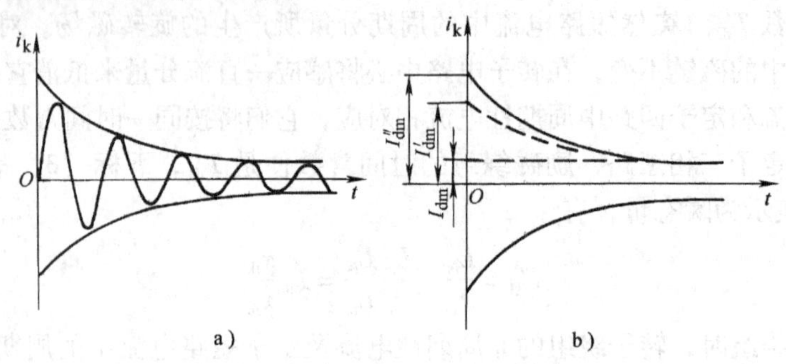

图 4-68 当 $\Psi_0=0$ 时，该相的短路电流

a) $i_k=f(t)$ b) 周期性短路电流外包线

由此可见，周期性短路电流可以分为三部分：第一部分为 $(I''_{dm}-I'_{dm})$，它将按时间常数 T''_{d3}衰减；第二部分为 $(I'_{dm}-I_{dm})$，它将按时间常数 T'_{d3}衰减；第三部分为 I_{dm}，为稳定短路电流的振幅。据此，可写出突然短路的表示式为

$$i_k=[(I''_{dm}-I'_{dm})\ e^{-\frac{t}{T''_{d3}}}+(I'_{dm}-I_{dm})\ e^{-\frac{t}{T'_{d3}}}+I_{dm}]\sin\omega t \tag{4-81}$$

如引入各种电抗，上式可写成

$$i_k=E_{0m}\left[\left(\frac{1}{x''_d}-\frac{1}{x'_d}\right)e^{-\frac{t}{T''_{d3}}}+\left(\frac{1}{x'_d}-\frac{1}{x_d}\right)e^{-\frac{t}{T'_{d3}}}+\frac{1}{x_d}\right]\sin\omega t \tag{4-82}$$

式中，E_{0m}为空载电动势的振幅。

（2）当 $\Psi_0=\Psi_{max}$ 时的突然短路电流 即当 $t=0$ 时，$\Psi=\Psi_0=\Psi_{max}$。此时该相绕组的感应电动势为零，因为短路电流滞后电动势 90°，故短路电流的周期分量 i_{kc} 瞬时值恰有负的最高值，$\Psi_0=\Psi_{max}$ 电流中必须有非周期分量 i_{ka}，它将按 T_{a3}时间常数衰减。该相突然短路电流如图 4-69 所示。总的短路电流电表示式为

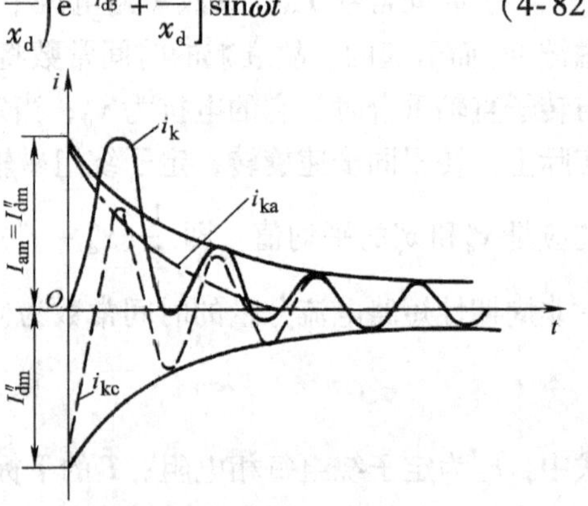

图 4-69 $\Psi_0=\Psi_{max}$时突然短路电流

$$i_k=E_{0m}\left[\left(\frac{1}{x''_d}-\frac{1}{x'_d}\right)e^{-\frac{t}{T''_{d3}}}+\left(\frac{1}{x'_d}-\frac{1}{x_d}\right)e^{-\frac{t}{T'_{d3}}}+\frac{1}{x_d}\right]\sin(\omega t-90°)+I_{am}e^{-\frac{t}{T_{a3}}} \tag{4-83}$$

这是一种最不利的突然短路情况，当 $t=\frac{T}{2}$时，出现最大冲击电流，近似为周期性电流 i_{kc}的起始振幅的 1 倍。

思 考 题

1. 为什么直流电机均是旋转电枢式，而同步发电机都是磁极旋转式？

2. 试例举汽轮发电机和水轮发电机在结构上的不同点，并说明理由。

3. 试比较同步发电机的各种励磁方式。

4. 什么叫分数槽绕组？为何要采用分数槽绕组？如 $q=1\frac{3}{5}$，则该绕组至少应有多少极对数？

5. 如何理解“分布绕组为槽与槽的分布，短距绕组为层与层的分布，分数槽绕组则实现了极对与极对间的分布”这句话。

6. 同步发电机增大容量，将受哪些困难所限制。

7. 直流电机、同步电机都有电枢反应，它们之间的根本区别是什么？

8. 感应电机和变压器所需的励磁电流只能由电网供给，而同步电机所需的励磁电流则可由转子方面和定子方面共同供给，试就不同地取得励磁电流的方式，对它们作一比较。

9. 同步电抗对应于什么磁通？为什么说同步电抗是对称三相电流所产生的电抗，而它的数值又是每相值？每相同步电抗与每相绕组本身的励磁阻抗有什么区别？

10. 什么叫双反应法？为什么凸极机要用双反应法来分析电枢反应？隐极机能不能，需要不需要应用双反应法？

11. 图 4-20 中哪些是空间矢量？哪些是时间相量？如何理解图中电流相量与电枢磁动势“同相”？

12. 试以同步电动机为对象，利用图 4-21 来证明有功电流能产生电动转矩，无功电流不产生转矩。

13. 试画出隐极发电机欠励时的简化相量图，并说明其时电枢反应的作用。

14. 试画出凸极发电机欠励时的相量图，并说明其时电枢反应的作用。

15. 在发电厂中经常测取各台发电机的空载特性，并将它和历年所测数据或该同步发电机的出厂数据相对比。如果发现所测得的曲线有下降，或三相电动势有了不对称，则说明该电机可能发生了什么问题？

16. 为什么从空载特性和短路特性不能测定同步电机的交轴同步电抗？为什么从空载特性和短路特性不能准确地测定同步电抗的饱和值？

17. 为什么同步电机的空气隙要比容量相当的感应电机的空气隙大？如把同步电机的空气隙制成和感应电机的空气隙一样小，有什么不好？如把感应电机的空气隙制成和同步机的空气隙一样大，又有什么不好？

18. 试比较用电动势法和电动势—磁动势法求同步发电机的电压调整率，有何区别。

19. 由第三章已知转差率 s 为感应电机的重要变量，而功率角 δ 则为同步电机的重要变量。它们是如何决定电机的运行性能的？其物理概念如何？

20. 什么是同步发电机的“静态稳定”？如何判断同步发电机保持静态稳定的能力？

21. 试画出隐极式同步电动机欠励时的相量图。

22. 试画出凸极式同步电动机欠励时的相量图。

23. 参看图 4-53，如定子铁心为隐极（圆筒形）能否产生磁阻转矩？

24. 什么叫单轴转矩？什么叫半同步胶住？如何减小单轴转矩以防止半同步胶住？

25. 试设计同步电动机采用辅助电动机起动时，同步电动机、机械负载和辅助电动机的连接草图。

26. 图 4-70 表示同步电机的相量图，$\dot{I}_1$、$\dot{I}_2$、$\dot{I}_3$和 $\dot{I}_4$为同步机的 4 种运行状况时的电流，试按发电机惯例在图中 P、Q 与 0 之间填上“ > ”或“ < ”符号。并注出 4 种工作状态的性质，发电机？电动机？运行在过励？还是欠励？

27. 同步发电机欲与电网并车，要满足哪些条件？如果条件不满足进行并车会产生什么后果？分析各个条件的必要性。

28. 自整步并车的优缺点是什么？什么时候宜采用自整步法并车？

29. 什么是同步发电机的功角特性？V形曲线？

30. 如何从物理概念来区分异步转矩和同步转矩？在感应电机中有没有同步转矩？在同步电机中有没有异步转矩？

31. 凸极同步电机的功角特性第二项磁阻转矩是同步转矩？还是异步转矩？

32. 同步电机的电枢电流是交流电，那么，我们说电流 $\dot{I}$ 自同步电机流向电网，应如何理解？

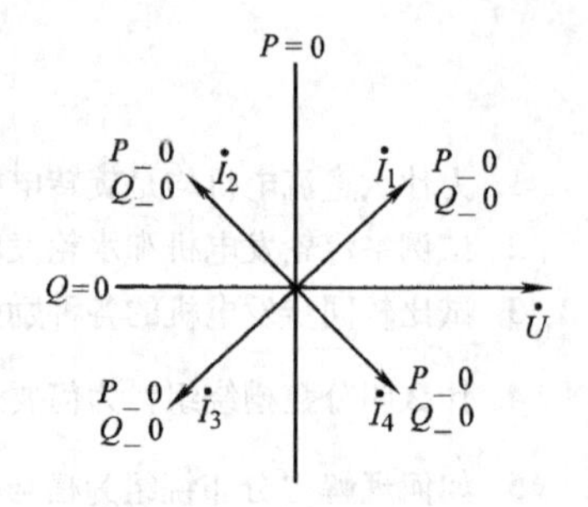

图4-70 思考题26的填空用相量图

33. 变压器与感应电机的相量图中，各有两个电压三角形，为什么在同步电机的相量图中只有一个电压三角形？

34. 如何理解同步电机吸收感性无功功率等于送出容性无功功率。过励同步电动机向电网吸收什么性质的无功功率？

35. 某工厂有一台自用同步发电机，没有和电网并联，独自供给负载。如发电机的原动机的输出功率保持不变，调节同步发电机的励磁电流，会出现什么现象？

36. 同步电机中，转子励磁绕组对正序旋转磁场起什么作用？对负序旋转磁场起什么作用？如何理解正序电抗即为同步电抗？为什么负序电抗要比正序电抗小得多，而零序电抗更小？当三相绕组中流过零序电流时，合成磁动势为多少？

37. 试分析下列结果：同步电机的转子由原动机驱动转速为 n_s，当定子绕组中流过单相电流时，将在转子励磁绕组中感应产生一个单相电流。这两个单相电流互相反应，将使定子电流和转子电流中都包含有高次谐波电流分量。结果是定子电流中包含有基波分量和所有的奇次谐波，转子电流中包含有直流和所有偶次谐波。

38. 同步电机有许多电抗，如 x_σ、x_{ad}、x_s、x_d、x_q、x_+、x_-，x_0，x'_d、x''_d、x'_q、x''_q，试说出它们的名称，并说出各出现在什么时候。

39. 突然短路电流的最大瞬时值可能达到额定电流的20倍左右，必然要对电机本身和电力系统带来危害，如：

1）电机绕组因受到过热而烧坏。

2）电流中的高次谐波将对通信线路产生干扰。

3）在电机内部产生巨大的电磁力，导致绕组的端接部分受到严重的机械损坏。

请理解上述危害的严重性。

40. 为什么说汽轮发电机的冷却最困难？什么叫“内冷式”？什么叫“双水内冷”？什么叫“水、氢、氢”冷却方法？

41. 同步发电机和同步电动机的转子上均设置有阻尼绕组，试分析阻尼绕组的功能。隐极式同步发电机的转子铁心能否起阻尼作用？

42. 本章第四节之五，在考虑铁心饱和时，讨论了电枢磁动势折算到转子的问题，试问这折算的用意是什么？与变压器中的归算有何异同？

习 题

4-1 设有一台3000r/min汽轮发电机的转子，沿转子圆周2/3的长度铣有槽，不铣槽的部分为大齿，每一大齿各占1/6圆周。在大齿两侧各有10槽，在槽中嵌入励磁绕组。可把这励磁绕组看作单相分布绕组。由于每一大齿占1/3极距，绕组所占位置为2/3极距，即相带为120°。试求该绕组的基波、3次和5次绕组分布因数。

4-2 题4-1中每一槽中的导体 $n_c=14$，当通入励磁电流为350A时，求转子励磁绕组产生的气隙磁动势的基波、3次谐波和5次谐波的幅值。

4-3 例题

上题的同步发电机有下列数据：电枢内径 $D_a=0.9\text{m}$，电枢轴向长度 $L_a=3\text{m}$，空气隙计算长度 $\delta=0.02\text{m}$，定子槽数 $Q=66$，电枢绕组为60°相带双层短距绕组，线圈节距 $y=22$，每线圈匝数 $n_c=1$。由题4-2求得气隙基波磁动势幅值 $F_1=25840\text{A}$，试求定子绕组每相基波空载电动势。

解 每极每相槽数 $q=\dfrac{Q}{2pm}=\dfrac{66}{2\times1\times3}=11$

槽角
$$\alpha=\frac{360°}{Q}=\frac{360}{66}=5.45°$$

极距
$$\tau=\frac{Q}{2p}=\frac{66}{2\times1}=33$$

每相匝数
$$N=2pqn_c=2\times1\times11\times1=22$$

定子绕组分布因数
$$k_{d1}=\frac{\sin\frac{q\alpha}{2}}{q\sin\frac{\alpha}{2}}$$

$$k_{d1}=\frac{\sin\frac{11\times5.45}{2}}{11\times\sin\frac{5.45}{2}}=\frac{0.5}{0.523}=0.956$$

节距因数
$$k_{p1}=\sin\frac{y_1}{\tau}90°=\sin\frac{22}{33}=0.866$$

气隙磁通密度基波幅值

$$B_{\delta1}=\mu_0\frac{F_1}{2\delta}=1.257\times10^{-6}\frac{25840}{0.04}\text{T}=0.812\text{T}$$

每极基波磁通

$$\Phi_{m1}=\frac{2}{\pi}B_{\delta1}\tau L_a=\frac{2}{\pi}B_{\delta1}\frac{\pi D_a}{2p}L_a$$

$$=\frac{2}{\pi}\times0.812\times\frac{\pi\times0.9}{2}\times3\text{Wb}=2.19\text{Wb}$$

定子每相空载基波感应电动势

$$E_1=4.44fk_{d1}k_{p1}N\Phi_{m1}=4.44\times50\times0.956\times0.866\times22\times2.19\text{V}=8855\text{V}$$

4-4 接题4-3，已知 $F_5=1080\text{A}$，试求定子每相空载5次谐波感应电动势。

4-5 例题

一台三相星形联结汽轮发电机。额定功率 $P_N=25000\text{kW}$，额定电压 $U_N=10500\text{V}$，额定电流 $I_N=1720\text{A}$，同步电抗 $x_s=2.3\Omega$，忽略电枢电阻，试求：

1）同步电抗标幺值 x_s^*；

2）额定运行且 $\cos\varphi=0.8$ 滞后时的 E_0^*；

3）额定运行且 $\cos\varphi=0.8$ 超前时的 E_0^*。

解 相电压 $U_{N\phi}=\frac{10500}{\sqrt{3}}\text{V}=6062\text{V}$

1）同步电抗标幺值 $x_s^*=\frac{x_sI_N}{U_{N\phi}}=\frac{2.3\times1720}{6062}=0.653$

2）作电动势相量图，如图4-22 不计电阻 r_a

设 U_N^* 为参考轴，即 $\dot{U}_N^*=1+\text{j}0$

依题意 $\dot{I}_N^*=1\angle-36.8°=0.8-\text{j}0.6$

$$\dot{E}_0^*=\dot{U}_N^*+\text{j}\dot{I}_N^*x_s^*=1+\text{j}\ (0.8-\text{j}0.6)\times0.653=1.487\angle20.6°$$
$$E_0^*=1.487$$

3）同理 $\dot{E}_0^*=1+\text{j}\ (0.8+\text{j}0.6)\times0.653=0.802\angle40.7°$
$$E_0^*=0.802$$

4-6 一台 $P_N=72500\text{kW}$，星形联结，$U_N=10.5\text{kV}$，额定功率因数 $\cos\varphi_N=0.8$（滞后）的水轮发电机，电枢电阻略去不计，$x_d^*=1$，$x_q^*=0.554$，试求额定负载时的空载电动势 E_0 及内功率因数角 ψ。

4-7 例题

一台凸极同步发电机，额定功率 $P_N=12500\text{kW}$，三相星形联结，50Hz，$U_N=10.5\text{kV}$ 额定功率因数为0.8（滞后），极对数 $p=16$，空载额定电压时的励磁电流为252A，电枢电阻可忽略不计，波梯电抗 $x_p=1.2x_\sigma$，$x_q^*=0.65$，空载特性数据如下表所示：

E_0^*	0.55	1.0	1.21	1.27	1.33
I_{f0}^*	0.52	1.0	1.56	1.76	2.1

短路特性为通过原点的直线，当 $I_k^*=1.0$ 时，$I_{fk}^*=0.965$，由额定电流时的零功率因数试验得知 $U^*=1.0$ 时，$I_f^*=2.115$，试求：

1）该机的转速；

2）x_p、x_σ、x_d（不饱和值）x_q；

3）用电动势—磁动势法求电压变化率。

解 （1）该机的转速 $n=\frac{60f}{p}=\frac{3000}{16}\text{r/min}=187.5\text{r/min}$。

（2）作图求答：

1）作空载特性，纵坐标取 U^*，横坐标取 I_f^* 作 $E_0^*=f\ (I_{f0}^*)$ 如曲线OCC，并作气隙线agl。

2）作短路特性，由 $I_{fk}^*=0.965$，$I_{kN}^*=1.0$ 的点 i 与原点连接得短路特性SCC、即 $\overline{Oe}=0.965$；$\overline{ei}=1.0$。

3）作零功率因数（额定电流时）的短路点 e，$\overline{Oe}=I_{fk}^*=0.965$；和额定电压点 c，图中 $\overline{cf}=U_N^*=1.0$，$\overline{Of}=I_f^*=2.115$。

4）求 x_p、x_σ：作横坐标平行线 $\overline{cd}=\overline{Oe}$；作 $\overline{da}$ 平行气隙线agl，交OCC于 a 点：由 a 点作垂线交 cd 线于 b 点，$\overline{ab}$ 即表示 x_p^*，量得 $\overline{ab}=0.16=$

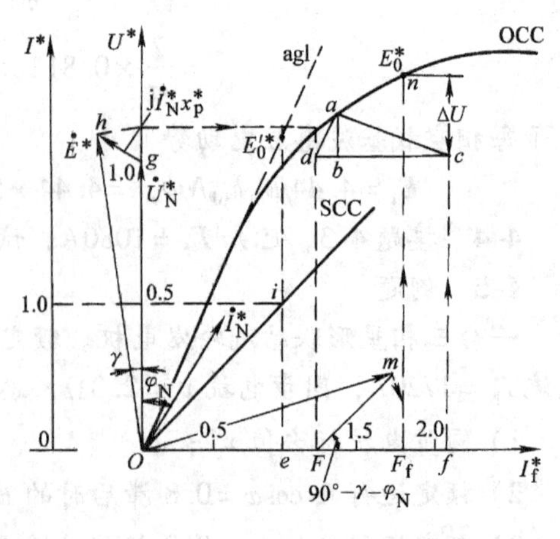

图4-71 习题例4-7的插图

x_p^*，因阻抗基数 $Z_b=\frac{U_{N\phi}}{I_N}$；而 $U_{N\phi}=\frac{10.5}{\sqrt{3}}\text{kV}=6.06\text{kV}$，$I_N=\frac{P_N}{\sqrt{3}U_N\cos\varphi_N}=\frac{12500}{\sqrt{3}\times10.5\times0.8}\text{A}=860\text{A}$，$Z_b=\frac{6.06}{0.86}\Omega=7.05\Omega$。

最后得

$$x_p=x_p^*\times7.05\Omega$$
$$=0.16\times7.05\Omega=1.13\Omega$$
$$x_\sigma=\frac{x_p}{1.2}=0.94\Omega$$

5）求 x_d（不饱和值）和 x_q：由 OCC 及 SCC 得 $x_d^*=\frac{E'^*_0}{I^*_{kN}}$量得 E'^*_0 即为 $x_d^*=1.06$。

$$x_d=1.06\times7.05\Omega=7.473\Omega$$
$$x_q=0.65\times7.05\Omega=4.58\Omega$$

（3）用电动势—磁动势法求电压变化率：

1）作$\overline{Og}=1.0=U_N^*$；作电流相量 $\dot{I}_N$滞后 $\dot{U}$ 一个 φ_N 角为 arccos0.8＝36.8°。

2）作$\overline{gh}=\text{j}I_N^*x_p^*=0.16$，$\overline{Oh}=\dot{E}^*$为气隙合成电动势。作图由 OCC 求得 $\dot{E}$ 所需的励磁电流$\overline{OF}=1.21$。

3）$\overline{bc}$为折算为转子电流的电枢反应去磁磁动势，即 $I_{fa}=0.78$，$\overline{OF}$加上 I_{fa}即为额定运行状态时所需的励磁电流 I_{fN}^*，它们应是相量相加，作长度等于$\overline{bc}$的 Fm 线与横坐标成 $90°-(\gamma+\varphi_N)$角，$\overline{Om}$即为所需的励磁电流 $I_{fN}^*=1.82$，即$\overline{OF}_f=1.82$。

4）由横轴取 I_{fN}^*在 OCC 上找到 n 点，即为额定运行时的空载电动势的标幺值 E_0^*，量得 $E_0^*-U_N^*=0.28$，所以 $\Delta U\%=28\%$。

4-8 一台水轮发电机的数据如下：额定容量 $S_N=8750\text{kV}\cdot\text{A}$，额定电压 $U_N=11000\text{V}$，星形联结，实验数据如下：

空载特性数据：

I_{f0}/A	456	346	284	241	211	186
E_0/V	15000	14000	13000	12000	11000	10000

三相短路特性数据：

I/A	115	230	345	460	575
I_f/A	34.7	74.0	113.0	152.0	191.0

当 $I=459\text{A}$ 及 $\cos\varphi\approx0$ 时，感应性负载特性的数据为

I_f/A	486	445	410.5	381	358.5	345
U/V	11960	11400	10900	10310	9800	9370

试作：

1）在方格纸上绘出以上特性曲线（注意适当选用比例尺）；

2）求 x_d 的饱和值及不饱和值，用实际值及标幺值表示；

3）求 x_σ 的实际值和标幺值；

4）用饱和同步电抗作电动势相量图求当额定运行情况 $\cos\varphi=0.8$（滞后）时的电压变

化率。

4-9 例题

一台三相，50Hz，星形联结，11kV，8750kV·A凸极水轮发电机，额定功率因数为0.8（滞后），每相同步电抗 $x_d=17\Omega$，$x_q=9\Omega$，电阻可以略去不计，试求：

1）同步电抗的标幺值；

2）额定运行情况下的功率角 δ_N 及空载电动势 E_0；

3）该机的最大电磁功率 $P_{em\,max}$，过载能力及产生最大功率时的功率角 δ。

解

1）额定电流
$$I_N=\frac{8750}{\sqrt{3}\times11}A=460A$$

额定相电压
$$U_N=\frac{11000}{\sqrt{3}}V=6350V$$

同步电抗的标幺值
$$x_d^*=x_d\frac{I_N}{U_N}=17\times\frac{460}{6350}=1.232$$
$$x_q^*=x_q\frac{I_N}{U_N}=9\times\frac{460}{6350}=0.654$$

2）先作出相量图，如图4-72所示，以下的计算都用标幺值。令端电压为参考轴，则有

$$\dot{U}_N^*=1.0+j0$$
$$\dot{I}_N^*=0.8-j0.6$$

参看图4-71，有

$$\dot{E}_Q^*=\dot{U}_N^*+j\dot{I}_N^*x_q^*$$
$$=1.0+j(0.8-j0.6)\times0.654$$
$$=1.392+j0.523$$
$$=1.487\underline{/20.6^\circ}$$

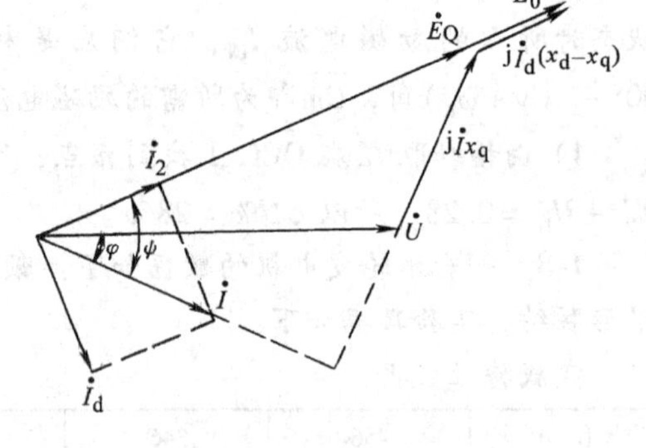

图4-72　凸极发电机相量图

即得　$\delta_N=20.6^\circ$

又由图可见内功率因数角
$$\psi=\delta_N+\varphi_N=20.6+36.87=57.47^\circ$$

直轴电流分量
$$I_d^*=1\sin57.47=0.843$$

由图有　$E_0^*=E_Q^*+I_d^*(x_d^*-x_q^*)=1.487+0.843\times(1.232-0.654)=1.974$

空载电动势实际值为
$$E_0=1.974\times6350V=12535V$$

3）将具体数据代入功角特性公式，得

$$P_{em}^*=\frac{E_0^*U^*}{x_d^*}\sin\delta+\frac{U^{*2}(x_d^*-x_q^*)}{2x_d^*x_q^*}\sin2\delta$$
$$=\frac{1.974}{1.232}\sin\delta+\frac{1.232-0.654}{2\times1.232\times0.654}\sin2\delta$$
$$=1.602\sin\delta+0.359\sin2\delta$$

令$\dfrac{dP_{em}^*}{d\delta}=0$，则有

$$\frac{dP_{em}^*}{d\delta}=1.602\cos\delta+0.718\cos2\delta=0$$

通过三角方程求解得

$$\cos\delta=\frac{-1.602\pm2.59}{2.872}$$

由于 $\cos\delta$ 必须小于1，故分子第二项取正号

$$\cos\delta=0.344$$

所以最大功率时，$\delta=69.9°$

$$\sin\delta=0.94,\qquad \sin2\delta=0.645$$

最大电磁功率的标幺值为

$$P_{em\max}^*=1.602\times0.94+0.359\times0.645=1.74$$

实际值为

$$P_{em\max}=1.74\times8750\text{kW}=15225\text{kW}$$

过载能力为

$$k_p=\frac{P_{em\max}}{P_N}=2.18$$

4-10　QFS-300-2 型汽轮发电机，$S_N=353\text{MV}\cdot\text{A}$，$I_N=11320\text{A}$，$U_N=18000\text{V}$。双星形联结，$\cos\varphi_N=0.8$（滞后），不饱和同步电抗标幺值 $x_s^*=2.26$，电枢电阻可忽略不计。当发电机并联在无穷大电网，运行在额定状态时，试求：

1）空载电动势 E_0；

2）功率角 δ_N；

3）电磁功率 P_{em}；

4）过载能力 k_p。

4-11　一台汽轮发电机在额定运行情况下的功率因数为0.8（滞后），同步电抗的标幺值 $x_s^*=1.0$，该机并联在无穷大电网上，试求：

1）当该机供给90%额定电流且有额定功率因数时，发电机输出的有功功率和无功功率、这时候的空载电动势 E_0 及功率角 δ；

2）如调节原动机方面的功率输入，使该发电机输出的有功功率达到额定运行情况的110%，励磁电流保持不变，这时的功率角 δ 为多少度？输出的无功功率将如何变化？如欲使输出的无功功率保持不变，试求空载电动势 E_0 及功率角 δ。

注：本题用标幺值运算，以电网电压亦即发电机的端电为参考轴，则电流的实数部分便为有功功率，虚数部分便为无功功率。

4-12　例题

一台凸极式同步电动机，同步电抗的标幺值为 $x_d^*=0.8$，$x_q^*=0.5$，电枢电阻及饱和现象可以忽略不计。

1）当该电动机在额定电压、额定电流及功率因数为1时，试求空载电动势 E_0 的标幺值和功角特性；

2）如果在有功功率不变的情况下，把励磁电流增加20%，求此时的电枢电流及功率因数；

3）如果在有功功率不变的情况下，把励磁电流减少20%，求此时的电枢电流及功率因数。

解　1）令电网电压为参考轴

$$\dot{U}^* = 1 + j0$$

依题意，电动机电流为 $\dot{I}_M^* = 1 + j0$

或发电机惯例电流 $\dot{I}_G^* = -1 + j0$

由图4-73a可见　　$\dot{U}^* + j\dot{I}_G^* x_q^* = 1 - j0.5$

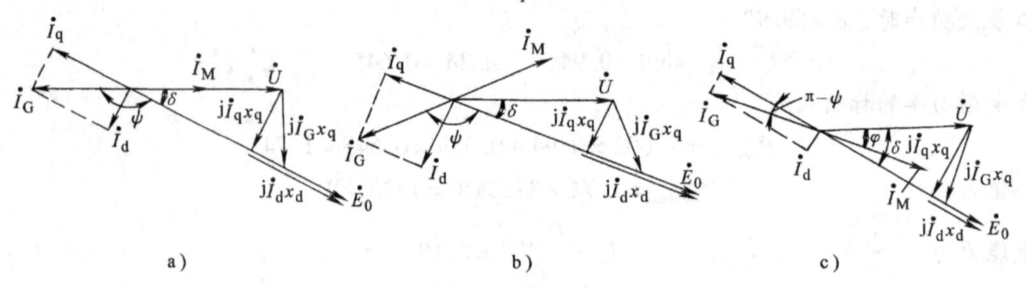

图4-73　习题例4-12的相量图

a）功率因数等于1　b）励磁增加20%　c）励磁减少20%

故功率角为　　$\delta = \arctan 0.5 = 26.6°$

$\dot{I}_G$的直轴与交轴分量分别为

$$I_d^* = I_G^* \sin\delta = 0.448$$

$$I_q^* = I_G^* \cos\delta = 0.894$$

空载电动势　　$E_0^* = U^* \cos\delta + I_d^* x_d^* = 0.894 + 0.448 \times 0.8 = 1.252$

将有关数值代入功角特性的表示式，得

$$P_{em}^* = \frac{E_0^* U^*}{x_d^*}\sin\delta + \frac{U^{*2}\ (x_d^* - x_q^*)}{2x_d^* x_q^*}\sin 2\delta$$

$$= \frac{1.252 \times 1}{0.8}\sin\delta + \frac{1\ (0.8 - 0.5)}{2 \times 0.8 \times 0.5}\sin 2\delta$$

$$= 1.565\sin\delta + 0.375\sin 2\delta$$

验算：当 $\delta = 26.6°$时，$\sin\delta = 0.448$，$\sin 2\delta = 0.8$

$$P_{em}^* = 1.565 \times 0.448 + 0.375 \times 0.8 = 1.0$$

表示上述计算正确。

2）当将励磁增加20%时，则 $E_0^* = 1.2 \times 1.252 = 1.502$

依题意 $P_{em}^* = 1.0$，即功角特性表示式等于1.0，则

$$P_{em}^* = \frac{1.502}{1.252}1.565\sin\delta + 0.375\sin 2\delta = 1.878\sin\delta + 0.375\sin 2\delta = 1.0$$

用试探法求解 δ，得 $\delta = 22.9°$，$\sin\delta = 0.389$，$\cos\delta = 0.992$

由图4-73b可得下列关系式：

$$I_d^* = \frac{E_0^* - U^* \cos\delta}{x_d^*} = \frac{1.502 - 0.992}{0.8} = 0.725$$

$$I_q^* = \frac{U^* \sin\delta}{x_d^*} = \frac{0.389}{0.5} = 0.778$$

于是电枢电流

$$I_G^* = \sqrt{I_d^{*2} + I_q^{*2}} = \sqrt{0.725^2 + 0.778^2} = 1.065$$

$$\varphi = 180° - \delta - 90° - \arctan\frac{I_q^*}{I_d^*} = 90° - 22.9° - 47° = 20.1°$$

$\dot{I}_M$的功率因数 $\cos\varphi = \cos 20.1° = 0.939$（超前）

3）当将励磁减少20%。则 $E_0^* = 0.8 \times 1.252 = 1.002$ 功角特性公式为

$$P_{em}^* = 1.252\sin\delta + 0.375\cos\delta$$

依题意有 $P_{em}^* = 1$，用试探法求得 $\delta = 32°$

则 $\sin\delta = 0.53$， $\cos\delta = 0.849$

与前面（2）中同样方法有

$$I_d^* = \frac{E_0^* - U^* \cos\delta}{x_d^*} = \frac{1.002 - 0.849}{0.8} = 0.191$$

$$I_q^* = \frac{U^* \sin\delta}{x_q^*} = \frac{0.53}{0.5} = 1.06$$

由图4-73c可见

$$\varphi = \delta - (\pi - \psi) = \delta - \arctan\frac{I_d^*}{I_q^*} = 32° - \arctan 0.18 = 32° - 10.2° = 21.8°$$

对 I_M^* 的功率因数为 $\cos\varphi = \cos 21.8° = 0.929$ （滞后）

电枢电流 $I_G^* = \sqrt{I_d^{*2} + I_q^{*2}} = \sqrt{0.191^2 + 1.06^2} = 1.077$

4-13 一台125MW汽轮发电机的各序电抗的标幺值分别为 $x_+^* = 1.867$，$x_-^* = 0.22$，$x_0^* = 0.069$，试求：

1）单相稳态短路电流 $I_{k(1)}$ 与三相稳态短路电流 $I_{k(3)}$ 之比；

2）两相稳态短路电流 $I_{k(2)}$ 与三相稳态短路电流 $I_{k(3)}$ 之比。

4-14 题4-13中的发电机，设空载电动势为额定值时发生下列短路，试求：

1）三相短路稳态电流（标幺值）；

2）单相短路稳态电流（标幺值）；

3）两相短路稳态电流（标幺值）。

4-15 例题

某工厂当前负载情况：消耗有功功率3000kW，功率因数0.8滞后，现增添一台同步电动机，功率为500kW，$\eta = 0.9$，功率因数可以为0.7超前。试求装置同步电动机后，工厂总的视在功率及功率因数。

解 工厂原来负载为 $P_1 = 3000\text{kW}$

视在功率 $S_1 = \frac{P_1}{\cos\varphi_1} = \frac{3000}{0.8}\text{kV}\cdot\text{A} = 3750\text{kV}\cdot\text{A}$

依题意 $\cos\varphi_1=0.8$（滞后） 则 $\sin\varphi_1=0.6$

无功功率 $Q_1=S_1\sin\varphi_1=3750\times0.6\text{kvar}=2250\text{kvar}$

新添同步电机消耗有功为 $P=\dfrac{500}{0.9}\text{kW}=555.6\text{kW}$

同步电动机可提供的感性无功功率 Q 为

$$Q=\frac{P}{\cos\varphi}\sin\varphi=\frac{555.6}{0.7}\times0.714\text{kvar}=566.8\text{kvar}$$

工厂总的无功功率变为

$$Q_2=Q_1-Q=(2250-566.8)\ \text{kvar}=1683.2\text{kvar}$$

有功功率消耗为 $P_2=P_1+P\ (3000+555.6)\ \text{kW}=3555.6\text{kW}$

$$S_2=\sqrt{P_2^2+Q_2^2}=\sqrt{3555.6^2+1683.2^2}\text{kV}\cdot\text{A}=3934\text{kV}\cdot\text{A}$$

$$\cos\varphi_2=\frac{P_2}{S_2}=\frac{3555.6}{3934}=0.904$$

4-16 题4-15中，工厂装置一台同步补偿机来改善功率因数，将功率因数提高为0.95滞后，则该补偿机的容量应为多少？(可不计同步补偿机的损耗)

4-17 例题

某300MW汽轮发电机有下列数据，均系标幺值。

$$x_d^*=2.27,\quad x_d'^*=0.2733,\quad x_d''^*=0.204$$

$$T'_{d3}=0.993\text{s},\quad T''_{d3}=0.0317\text{s},\quad T_{d3}=0.246\text{s}$$

设该发电机在空载电压为额定值时，发生三相短路，试求：

1）在最不利情况下的定子突然短路电流表达式；

2）最大瞬时冲击电流；

3）在短路后0.5s时的短路电流瞬时值；

4）在短路后2s时的短路电流瞬时值；

5）在短路后5s时的短路电流瞬时值。

解 1）应用式（4-83）

$$i_k^*=E_{0m}^*\left[\left(\frac{1}{x_d''^*}-\frac{1}{x_d'^*}\right)e^{-\frac{t}{T''_{d3}}}+\left(\frac{1}{x_d'^*}-\frac{1}{x_d^*}\right)e^{-\frac{t}{T'_{d3}}}+\frac{1}{x_d^*}\right]\sin\ (\omega t-90°)\ +I_{am}^*e^{-\frac{t}{T_{a3}}}$$

代入具体数据

$$E_{0m}^*=\sqrt{2}E_0^*=\sqrt{2}$$

$$\frac{1}{x_d''^*}-\frac{1}{x_d'^*}=\frac{1}{0.204}-\frac{1}{0.2733}=1.24$$

$$\frac{1}{x_d'^*}-\frac{1}{x_d^*}=\frac{1}{0.2733}-\frac{1}{2.27}=3.22$$

$$\frac{1}{x_d^*}=\frac{1}{2.27}=0.44$$

$$I_{am}^*=\frac{E_{0m}^*}{x_d''^*}=\frac{\sqrt{2}}{0.204}=6.93$$

$$i_k^* = \sqrt{2}\,[1.24\mathrm{e}^{-\frac{t}{0.0317}} + 3.22\mathrm{e}^{-\frac{t}{0.993}} + 0.44]\sin\left(100\pi t - \frac{\pi}{2}\right) + 6.93\mathrm{e}^{-\frac{t}{0.246}}$$

2）最大冲击电流出现在半周期瞬间，即当 $t = 0.01\mathrm{s}$ 时，则

$$\mathrm{e}^{-\frac{0.01}{0.0317}} = 0.73$$

$$\mathrm{e}^{-\frac{0.01}{0.993}} = 0.99$$

$$\mathrm{e}^{-\frac{0.01}{0.246}} = 0.9602$$

$$\sin\left(100\pi \times 0.01 - \frac{\pi}{2}\right) = \sin\frac{\pi}{2} = 1$$

故而

$$i_{k(\max)}^* = [1.75 \times 0.73 + 4.55 \times 0.99 + 0.622] \times 1 + 6.93 \times 0.9602$$
$$= 1.28 + 4.5 + 0.622 + 6.65 = 13.05$$

3）当 $t = 0.5\mathrm{s}$ 时

$$\mathrm{e}^{-\frac{0.5}{0.0317}} \approx 0$$

$$\mathrm{e}^{-\frac{0.5}{0.993}} = 0.604$$

$$\mathrm{e}^{-\frac{0.5}{0.246}} = 0.131$$

$$\sin\left(100\pi \times 0.5 - \frac{\pi}{2}\right) = \sin\left(50\pi - \frac{\pi}{2}\right) = -1$$

故得

$$i_{k(t=0.5\mathrm{s})}^* = [1.75 \times 0 + 4.55 \times 0.604 + 0.622](-1) + 6.93 \times 1.31$$
$$= -2.75 - 0.622 + 0.908 = -2.464$$

此时超瞬变分量已基本衰减完毕

4）当 $t = 2\mathrm{s}$ 时

$$\mathrm{e}^{-\frac{2}{0.0317}} \approx 0$$

$$\mathrm{e}^{-\frac{2}{0.993}} = 0.132$$

$$\mathrm{e}^{-\frac{2}{0.246}} \approx 0$$

$$\sin\left(100\pi \times 2 - \frac{\pi}{2}\right) = -1$$

故得

$$i_{k(t=2\mathrm{s})}^* = -(4.55 \times 0.132 + 0.622) = -1.223$$

此时非周期分量也已基本衰减完毕

5）当 $t = 5\mathrm{s}$ 时

$$\mathrm{e}^{-\frac{5}{0.993}} \approx 0$$

$$\sin\left(500\pi - \frac{\pi}{2}\right) = -1$$

故得

$$i_{k(t=5\mathrm{s})}^* = -0.622$$

此时短路电流的周期性，非周期瞬态分量均已衰减完毕，$i^*_{k(t=5s)}$已是稳态短路电流。

4-18　例题

关于凸极同步电机电枢磁动势的折算。

凸极机由于气隙不均匀，电枢磁动势的折算方法与稳极机不同。隐极机的电枢磁动势波与它所产生的磁通密度波有相同的波形，所以按产生相同的基波磁动势作为磁动势折算条件；凸极机因电枢磁动势与它所产生的磁通密度波有不同的波形，而感应产生电动势E_0的是磁通密度波，故必须以产生相同的基波磁通密度作为磁动势折算的条件。又由于直轴与交轴的电枢磁动势遇到的磁阻不同，它们产生的磁通密度波亦不相同。因此，F_{ad}和F_{aq}的折算值也不相同，需分别讨论。

这里讨论直轴电枢磁动势的折算。

参看图4-29凸极机的励磁磁动势f_f为一矩形波，其幅值为F_f。由于气隙不均匀，它所产生的磁通密度波b_f近似梯形，其幅值为B_f，它的基波分量幅值为B_{f1}。由于对称关系，f_f、b_f、F_{f1}及B_{f1}的轴线均在d轴。根据磁路基本关系，可知B_f与F_f存在下列关系式：

$$B_f=\frac{\mu_0}{k_\delta\delta_d}F_f \tag{4-84}$$

式中，k_δ为气隙系数；δ_d为d轴处气隙长度；$k_\delta\delta_d$为d轴处计算气隙长度。

定义　$k_B=B_{f1}/B_f$为直轴磁通密度分布曲线的波形系数，于是有

$$B_{f1}=k_BB_f=k_B\frac{\mu_0}{k_\delta\delta_d}F_f \tag{4-85}$$

参看图4-30a电枢磁动势产生的磁通密度为

$$B_{ad}=\frac{\mu_0}{k_\delta\delta_d}F_{ad} \tag{4-86}$$

由于气隙不均匀，所以b_{ad}与f_{ad}波形不同，设B_{ad1}为b_{ad}基波的幅值，并定义

$$k_d=\frac{B_{ad1}}{B_{ad}} \tag{4-87}$$

称直轴电枢磁通密度分布波的波形系数，则有

$$B_{ad1}=k_dB_{ad}=k_d\frac{\mu_0}{k_\delta\delta_d}F_{ad} \tag{4-88}$$

设F'_{ad}为F_{ad}的折算值，根据折算条件，幅值为F'_{ad}的矩形波转子磁动势所产生的基波磁通密度的幅值为$k_B\frac{\mu_0}{k_\delta\delta_d}F'_{ad}$，它应该与实际的直轴电枢磁动势$F_{ad}$产生的磁通密度基波幅值相同，即满足条件

$$k_B\frac{\mu_0}{k_\delta\delta_d}F'_{ad}=k_d\frac{\mu_0}{k_\delta\delta_d}F_{ad} \tag{4-89}$$

由此求得

$$F'_{ad}=\frac{k_d}{k_B}F_{ad}=k_{ad}F_{ad} \tag{4-90}$$

式中，k_{ad}为直轴电枢磁动势的折算系数，$k_{ad}=\frac{k_d}{k_B}$。

式（4-90）即为本章式（4-18）。

4-19　继续上例，参看图4-30b推导交轴电枢磁动势的折算系数k_{aq}。

第三篇

微特电机

前面介绍的4种电机，总称为**动力电机**，它们的主要功能是通过电磁感应作用，转换能量形式，提供我们所需要的能量。因此，衡量它们性能的主要是力能指标，例如效率、功率因数等。

随着自动控制技术的不断发展，对电机提出了各种各样的特殊要求。于是在普通动力电机的基础上，发展出许多种具有特殊功能的小功率电机，主要用于自动控制装置中，故称它们为**控制用微电机**。

控制用微电机主要分类如下：

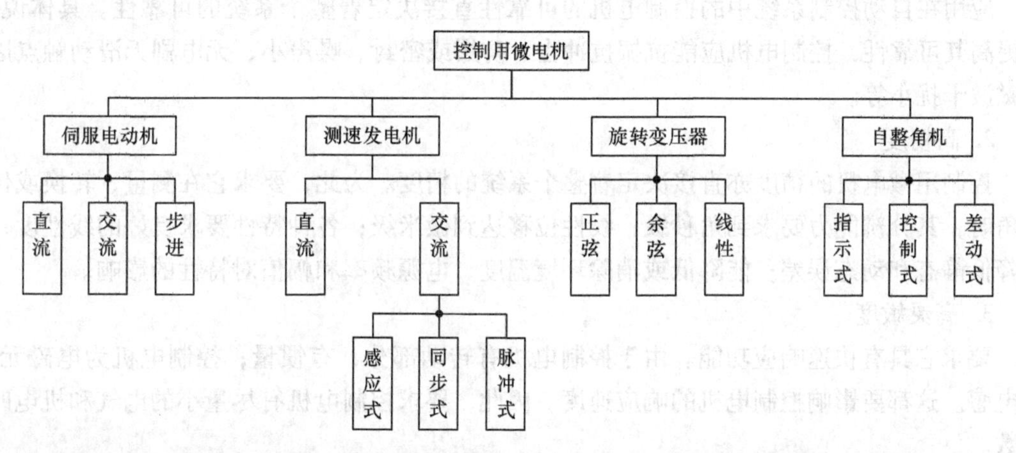

伺服电动机的功能是将输入的电信号转变为机械信号；**测速发电机**的功能是将机械转速转换为电信号；**旋转变压器**将输入的机械信号——旋转角度θ转换为与θ角有一定函数关系的输出电信号；**自整角机**的功能是把输入的机械信号（转速或转角），进行测量、指示或远距离传递。

下列为一简单的伺服系统框图，通过它可以显示控制用微电机在现代自动控制系统中的重要作用。

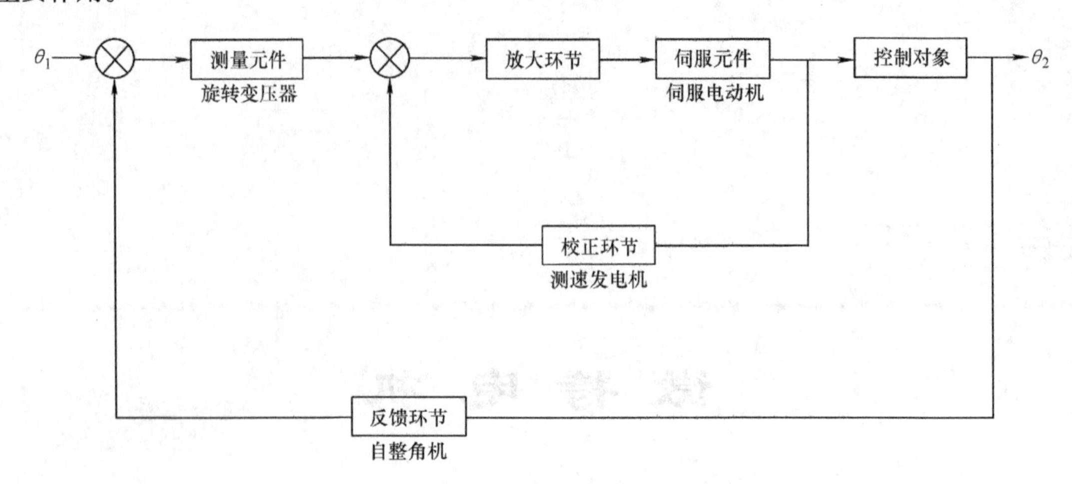

图中 θ_1、θ_2 为输入、输出信号，系统中的各个环节可以由各种控制用微电机构成。它们的功能综合起来，主要是实现对各种信号的测量、比较、转换、传递和放大。

众所周知，现代企业，例如发电厂、化工厂、钢铁厂等，如果没有一套可靠的自动控制系统，就无法正常地、经济地、安全地运转。在国防方面，不用说导弹、人造卫星等航天器，就是先进一些的火炮也都配备有各种形式的自动控制系统，以提高命中率。控制电机是作为自动控制系统的一种控制元件而出现的，也是随着自动控制系统的发展而发展的。因此，就确定了控制电机在现代科学技术中的地位。

对控制用微电机的基本要求：

1. 高可靠性

应用在自动控制系统中的控制电机的可靠性直接决定着整个系统的可靠性。具体说来，为提高其可靠性，控制电机应能抗振抗冲击、防爆或密封、噪声小、无电刷无滑动触点以及电磁波干扰小等。

2. 高精度

控制用微电机的精度亦直接决定着整个系统的精度。为此，要求它在测量、转换或传递转角时，其分辨能力要求到角秒级；线性位移达到微米级；各种特性要求良好的线性度；尽量降低静态和动态误差；能降低或消除环境温度、电源频率和幅值对特性的影响。

3. 高灵敏度

要求它具有快速响应功能。由于控制电机有转动部分，有惯量；控制电机为电磁元件，有电感。这都要影响控制电机的响应速度。因此，要求控制电机有尽量小的电气和机电时间常数。

4. 体积小重量轻

许多自动控制系统常受到重量和体积的限制。而一个系统中往往有多台控制电机，因此也要求其具有小而轻的特点，即体现一个“微”字。

在保证上述要求的基础上，亦希望它有较好的力能指标以及使用方便、容易维修、价格

合理。

为满足上述要求，控制电机常采用新的磁性材料（如稀土永磁材料）、绝缘材料（如高聚合物新型绝缘材料）、昂贵的导电材料（如银、金等）；新的结构：无刷无触点、印制电路、空心杯形转子；新的工作原理：如霍尔效应、压电陶瓷、电子器件等，制成种种特殊的控制用微电机。

本章将讨论的电机，它们主要的作用原理基本结构均和前述动力电机相仿。仍应用前面讲过的基本分析方法（等效电路、相量图、旋转磁场和交轴磁场理论、对称分量法等）来进行分析。这是因为一方面容易接受，另一方面也起着温故知新的作用。

第五章　伺服电动机

第一节　直流伺服电动机

一、概述

伺服电动机也称为执行电动机。直流伺服电动机的功能是将接收到的信号——直流控制电压 U_c 转变为机械信号——电动机机轴的转速。

直流伺服电动机的结构和一般直流电机相同，只是它的容量和体积都很小，是一台微型他励直流电动机。它有两个独立的电路：电枢回路和励磁回路。工作时一个接电源，另一个接收控制信号。如果磁极采用永久磁铁，则它只有一个控制回路（电枢绕组）用以接收电气信号。

根据图5-1所示直流电动机和第一章的式（1-40）有

$$n = \frac{U - 2\Delta U}{C_e \Phi} - \frac{T_{em} R_a}{C_e C_T \Phi^2} \tag{5-1}$$

由式（5-1）可见，改变电枢电压 U 或励磁磁通 Φ，都可以达到控制转速的目的。通过电枢电压来控制转速的方法叫**电枢控制**；通过磁通来控制转速的方法称为**磁极控制**。鉴于后者性能较差，以下只讨论常用的电枢控制。

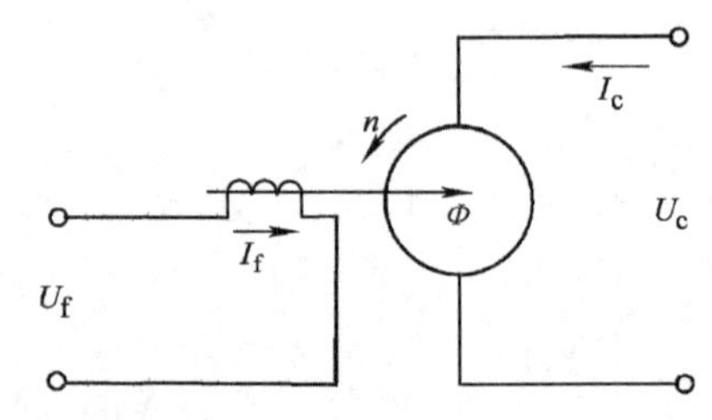

图5-1　直流伺服电动机

二、电枢控制的工作原理

图5-1所示直流电动机励磁绕组接至恒定的电压 U_f，信号电压 U_c 代替 U 加到控制绕组（电枢绕组），便是电枢控制直流伺服电动机的工作情况。伺服电动机的磁路设计在不饱和状态，所以可以不考虑磁化曲线的非线性影响，也可不计电枢反应。于是励磁电流 I_f 所激励的主磁通 Φ 将和 U_f 成正比，即有

$$\Phi = C_\Phi U_f \tag{5-2}$$

如果没有信号 $U_c = 0$，则 I_c（即电枢电流 I_a）也等于零，电动机转子上不会产生电磁转矩 T_{em}，转子静止不动。当伺服电动机接收到信号，$U_c \neq 0$，便有电流 I_c 流过电枢绕组，且产生电磁转矩为

$$T_{em} = C_T I_c \Phi = C_T C_\Phi I_c U_f \tag{5-3}$$

而开始旋转，其转速 $n \propto T_{em} \propto I_c \propto U_c$，即伺服电动机的转速与信号成正比。

当采用电枢控制时，一旦信号消失，$U_c = 0$，$I_c = 0$，$T_{em} = 0$，转子便停止旋转，$n = 0$。这种现象称为不存在自运转现象，是伺服电动机必须具备的性能。否则，信号消失，$n \neq 0$，电动机继续旋转，岂不是失控了。定义工作着的伺服电动机，当信号消失时，如果继续旋转，这现象称为**自运转现象**。

三、电枢控制直流伺服电动机的静态特性

为使所得特性具有普遍意义，下面各种数量将以标幺值表示。应用标幺值，关键是如何选用基数值。选用原则有三：第一，基数必须是一固定常数；第二，基数能通过计算或试验方便地确定；第三，选用基数后能使表示式简洁。前文所选基数一般均为额定值，符合上面三个原则。下文选取基数值不一定是额定值，但必须满足上述原则要求。

对控制回路，有

$$\left.\begin{aligned} I_c &= \frac{U_c - E_c}{r_c} \\ E_c &= C_e n\Phi = C_e C_\Phi n U_f \end{aligned}\right\} \tag{5-4}$$

式中，E_c 为电枢绕组亦即控制回路感应电动势；r_c 为电枢回路亦即控制回路的电阻，即式（5-1）中的 R_a。

取 U_f 为控制电压的基数，而控制电压的标幺值称为**信号系数**，用 α 表示，即

$$\alpha = U_c^* = \frac{U_c}{U_f} \quad 或\ U_c = \alpha U_f \tag{5-5}$$

将上述关系式代入电磁转矩表示式（1-19）可得

$$T_{em} = C_T I_c \Phi = \frac{1}{r_c}(C_T C_\Phi \alpha U_f^2 - C_T C_e C_\Phi^2 n U_f^2) \tag{5-6}$$

选用 $n=0$、即 $\alpha=1$ 时的电磁转矩为转矩标幺值的基数，即 $\alpha=1$ 时的起动转矩为基数

$$T_b = \frac{1}{r_c}(C_T C_\Phi U_f^2) \tag{5-7}$$

再选 $T_{em}=0$、$\alpha=1$ 时的转速为转速标幺值的基数，即 $\alpha=1$ 时的理想空载转速为基数

$$n_b = n_0 = \frac{1}{C_e C_\Phi} \tag{5-8}$$

因为即使在空载，T_{em}也不能为零，必须有微小的电磁转矩去克服机械损耗 p_{mech}才能使电动机旋转在 n_0，故称它为理想空载转速。由式（5-7）、式（5-8）可见，这两个基数都能方便地算出或实验测定。转速的标幺值用 ν 表示，即

$$\nu = \frac{n}{n_0} = n^* \tag{5-9}$$

转矩表示式用标幺值表示时为

$$T^* = \frac{T_{em}}{T_b} = \alpha - C_e C_\Phi n = \alpha - \frac{n}{n_0} = \alpha - \nu \tag{5-10}$$

可见如此选用标幺值基数后，用标幺值表示的电动机特性表达式（5-10）就非常简洁。

由式（5-10）可作出电枢控制直流伺服电动机的机械特性 $\nu=f(T^*)$，当 $\alpha=$ const 时；控制特性 $\nu=f(\alpha)$，当 $T^*=$ const（如图 5-2 所示），它们都是直线，都是单值函数，这是很大的优点。

四、动态特性简介

当伺服电动机的轴上机械负载不变时（$T_L=$ const），如控制信号突然自 α_1 升高为 α_2，由于电动机存在着电磁惯性和机械惯性，转速不是立即由与 α_1 对应的 ν_1（如图 5-2 控制特性所示那样）立即升高到与 α_2 对应的 ν_2，而是按某种规律渐渐地上升到 ν_2 的。显然，原来

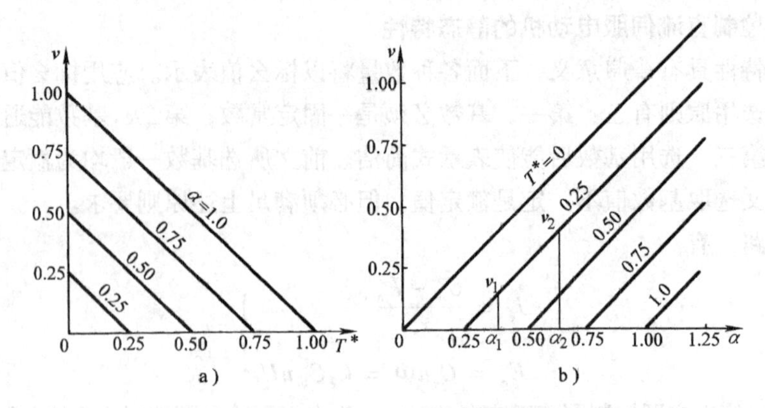

图 5-2　电枢控制直流伺服电动机的静态特性

a）机械特性　b）控制特性

电动机工作在状态“1”，电磁转矩 T_{em1} 和负载转矩相平衡，电枢电流亦稳定在 I_{c1}。现在信号突然增大到 α_2，而由于机械惯性，电动机转速不能突变，所以和电枢感应电动势 E_c 亦不会突变。于是电枢电流就将增大，相应地 T_{em} 亦将随之增大而超过负载转矩 T_L，电动机开始加速。随着转速升高，E_c 增大，这一趋势又反过来使 I_c 及电磁转矩减小，达到 ν_2 时，电枢电流和电磁转矩又必定仍等于原有数据，即 $I_{c2}=I_{c1}$；$T_{em2}=T_{em1}$，电动机才从一个稳定状态“1”达到一个新的稳定状态“2”，这中间的过程称为过渡过程。图 5-3 表示上述过渡过程中各个量的变化情况。

过渡过程的详细分析需列出电动机有关的动态方程式（微分方程）来求解。式（5-11）就是电枢控制伺服电动机的运动方程式（具体推导略）。

$$\tau_{ME}\tau_E\frac{d^2\Omega}{dt^2}+\tau_{ME}\frac{d\Omega}{dt}+\Omega(t)=K_\Omega U_c(t) \quad (5\text{-}11)$$

式中，τ_{ME} 为电动机的机电时间常数，$\tau_{ME}=\dfrac{2\pi r_c J}{60C_eC_T\Phi^2}$；$\tau_E$ 为电枢的电磁时间常数，$\tau_E=\dfrac{L_c}{r_c}$；K_Ω 为电动机的速度常数，$K_\Omega=\dfrac{2\pi}{60C_e\Phi}$；$J$ 为电动机转动部分总的转动惯量；L_c 为电枢回路亦即控制回路的电感。

如果各个常数 τ_{ME}、τ_E、K_Ω 及 $U_c(t)$ 为已知，就可求解该方程式，获得角速度 Ω 的变化规律。

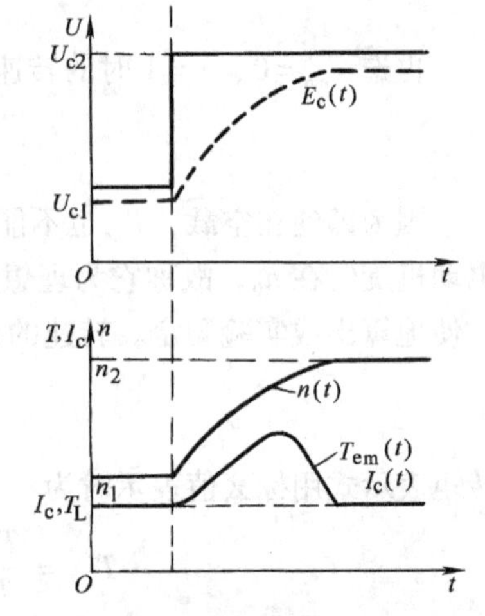

图 5-3　电枢控制时的过渡过程

伺服电动机作为自动控制系统中的一个元件，常常需要写出它的**传递函数**。传递函数的定义是在零初始条件下，输出量的拉普拉斯变换与输入量的拉普拉斯变换的比值，用符号 $T(s)$ 表示。电枢控制直流伺服电动机的传递函数为（推导略）

$$T(s)=\frac{\Omega(s)}{U_c(s)}=\frac{K_\Omega}{\tau_{ME}\tau_E s^2+\tau_{ME}s+1} \quad (5\text{-}12)$$

通常 $\tau_E \ll \tau_{ME}$，所以近似有

$$T(s) = \frac{K_{\Omega}}{\tau_{\mathrm{ME}}s + 1} \tag{5-13}$$

机电时间常数 τ_{ME}经推演可写成下列形式

$$\tau_{\mathrm{ME}} = \frac{2\pi}{60}\frac{Jn_0}{T_{\mathrm{st}}} = \frac{\Omega_0 J}{T_{\mathrm{st}}} \tag{5-14}$$

式中，T_{st}和 n_0 为信号为 U_{c} 时的起动转矩和空载转速。

由式（5-11）及式（5-14）可见，电动机轴上的转动惯量 J 与 τ_{ME}成正比，J 越大，过渡过程就越长；控制回路电阻（包括控制电源的电阻在内）r_{c} 与 τ_{ME}也成正比，所以要尽量减小 r_{c}，以缩短过渡过程的时间，提高电动机的灵敏度。

五、几种低惯量直流伺服电动机

为了改善伺服电动机的动态特性，引出了几种低惯性的伺服电动机。

1. 无槽电枢直流伺服电动机

电枢铁心表面无齿槽为一圆筒形，电枢绕组用玻璃丝带和环氧树脂粘合在铁心表面，这种结构同时使转动惯量及电枢绕组的电感都降低，有利于缩短过渡过程。

2. 空心杯形转子直流伺服电动机

直流电动机转子电枢铁心的作用主要是减小主磁路的磁阻；其次是固定电枢绕组。如将电枢绕组和电枢铁在机械上分离，电枢绕组在模具上绕成后用玻璃丝带和环氧树脂胶合成一杯形体，杯底中心固定有电动机转轴。电枢铁心为有中心孔的圆筒，一端固定在电动机端盖上，称为内定子。杯形绕组的轴穿过内定子中心孔，通过轴承放置在两侧端盖上，其结构示意图如图 5-4 所示。杯形转子在内、外定子间的气隙中旋转。可见其基本作用原理未变，但转轴的转动惯量大大降低；电枢绕组两侧均为气隙，其电感亦大为减小，均有利于改善动态特性。

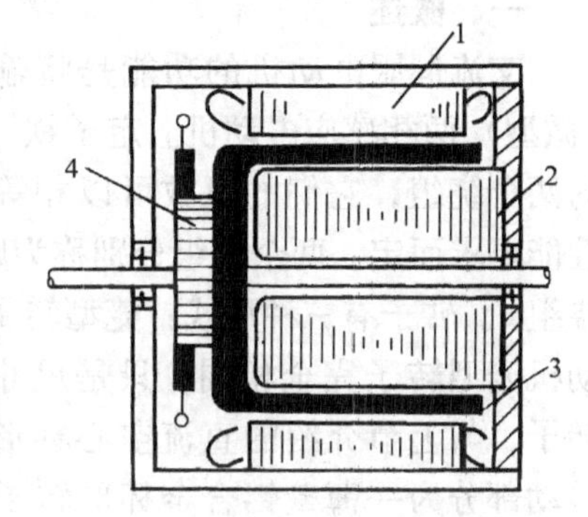

图 5-4 空心杯形转子伺服电动机结构示意图

1—外定子（磁轭和磁极） 2—内定子 3—杯形转子 4—换向器

如果为永磁电动机，则磁极亦可放在内定子上，外定子只作为主磁路的一部分。此种形式称为内磁场式空心杯形转子电动机。

3. 印制电路电枢直流伺服电动机

转子为胶木板制成的圆盘，上面印制电枢绕组，如图 5-5a 所示，虚线 2 表示在背面犹如槽中下层圈边。两侧导体由金属化孔 3 联通。利用圆盘内圆处导体裸露部分当作换向器，电刷沿轴向放置，以联通绕组与外面的静止电路。气隙为轴向。轴向磁化的多个磁极 5（一般用永久磁铁），由电动机两侧导磁外壳和软磁钢环 6 闭合形成所需的气隙磁场。这种结构电动机的基本作用原理未变，但却大大降低了电动机的转动惯量和电枢

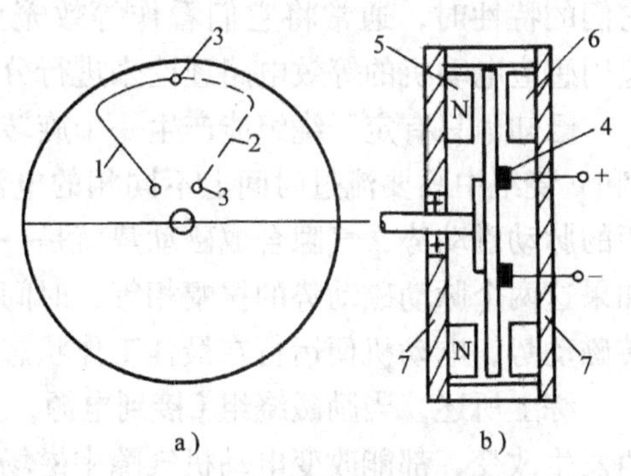

图 5-5 印制电路电动机示意图

a) 绕组一匝 b) 结构示意图

1—正面导体 2—反面导体（1、2 切割不同极性磁极的磁通） 3—金属化孔 4—换向器电刷 5—磁极 6—环形磁轭 7—导磁外壳

绕组的电感。

印制电路电动机不仅用作控制电动机，亦可作动力电动机，如采用多层印制电枢绕组，其容量可达几个千瓦。

六、无刷直流电动机

直流电动机虽然性能良好，但由于存在电刷和换向器这个滑动接触，容易产生火花和引起无线电干扰，这就限制了它的应用范围。无刷直流机就是为克服该缺点而发展起来的新型结构直流电动机。该部分内容将在第十章中介绍。

第二节　交流伺服电动机

一、概述

交流伺服电动机的功能是将输入的交流信号去控制转轴输出的转速。其结构是一台（微型）两相感应电动机。定子铁心同普通感应电动机，但槽中设置在空间相距90°电角度的两个绕组，它们的匝数可以相等亦可不等，将视性能要求而定。两个绕组分别称为励磁绕组f和控制绕组c。转子有三种形式：笼型转子，与普通感应电动机笼型转子完全相同，只是尺寸较小而已；空心转子，与上节介绍的直流空心杯形转子类似，只是转动部分为一薄壁铝合金杯形转子与转轴固定在一起，如图5-6所示；磁性材料杯形转子，此种结构由于杯壁导磁，因此可省去内定子铁心，但转子的转动惯量大于非磁性材料杯形转子结构。后两种结构的电动机的电磁转矩由杯壁中的感应电流（涡流）和定子磁场相互作用而产生。除了在设计这种整块转子的时候，要进行电磁场计算外，在分析和讨论它们的特性时，通常将它们看作等效笼型，并仍可应用感应电动机的等效电路理论来进行分析计算。

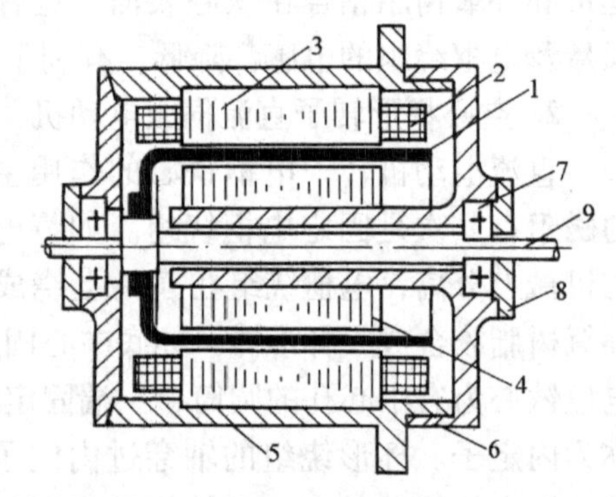

图5-6　空心转子交流伺服电动机结构示意图

1—杯形转子　2—定子绕组　3—外定子铁心　4—内定子铁心　5—机壳　6—端盖　7—轴承　8—轴承盖　9—转轴

已知，只有定子绕组能产生一个旋转磁动势，转子才能转动。根据旋转磁场理论，定子f和c绕组中只要流过时间上不同相的电流，激励起两个空间相距90°电角度，时间上不同相的脉动磁动势，气隙合成磁动势就是一个椭圆形旋转磁动势，转子便能产生转矩而旋转。如果这两个脉动磁动势的振幅相等，时间上相差90°电角度，则气隙合成磁动势便是圆形旋转磁动势，电动机便运行在最佳工作状态。

综上所述，当励磁绕组f接到电源，如果控制信号电压的大小或者它与励磁电压间的相角发生改变，都能改变电动机气隙中磁场的椭圆度，也就能影响电动机的工作状态，达到控制电动机输出转速的作用。据此，交流伺服电动机有下列4种控制方法。

1. 振幅控制

保持励磁电压的相位和幅值均不变，通过改变控制信号电压的幅值来改变电动机的转速，控制电压的相位则由移相器保证与励磁电压始终有90°电角度相位差，其原理图如图5-7a所示。

2. 相位控制

保持励磁电压的相位和幅值不变，通过移相器改变控制电压对励磁电压间的相角β来实现控制，如图5-7b所示。

3. 电容控制

励磁绕组串联电容后接到电源，当改变控制电压的幅值时，励磁回路中的电流将发生变化，导致电源电压在励磁绕组和电容器上的电压分配发生改变，使励磁绕组上的电压大小和它与控制电压之间的相位角均发生变化。也就是改变气隙磁场的椭圆度来控制电机的转速。由于这种控制方式两个电压的幅值和其间的相角都发生了变化，故亦称这种控制方法为振幅—相位控制，其原理接线图如图5-7c所示。

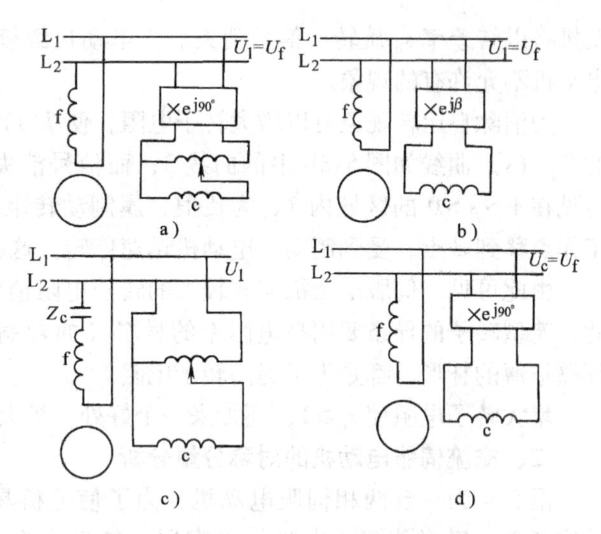

图5-7 交流伺服电动机控制电路原理图

a）振幅控制 b）相位控制 c）电容控制 d）双相控制

4. 双相控制

用移相器使加在两个绕组上的电压间的相位角固定为90°电角度，励磁电压的幅值与控制电压的幅值同步变化，即不论控制电压的大小，气隙磁场始终为圆形旋转磁场。由控制电压大小，使气隙磁场的幅值不同，产生的转矩不同来控制电机的转速。和前三种控制方法改变磁场椭圆度、改变正负序电磁转矩的大小、改变合成电磁转矩来控制转速不同，双相控制可获得输出功率和效率为最大。其原理接线图如图5-7d所示。

控制用伺服电动机应该是：①无信号时，转子不动，转速为零；②有信号时，电动机转速与信号间有线性关系；③信号消失，电动机应立刻停转。

前两点容易实现。无信号时，$U_c=0$，$U_f=U_1$，电机犹如一台单相感应电动机，它没有起动转矩$T_{st}=0$，电动机静止不动。当有信号时，气隙磁场为椭圆形旋转磁场，它可以分解为正、反两个圆形旋转磁场，各产生对应的正负序电磁转矩T_+和T_-，且二者大小不等其合成电磁转矩$T_\Sigma(s)$曲线的起动转矩$T_{\Sigma st}\neq0$，电动机起动旋转。信号变化使气隙磁场产生的T_Σ随之改变，电动机转速跟着变化。唯第三点存在问题。参看图5-8a，曲线1为对应于某信号时的椭圆形旋转磁场产生的合成电磁转矩的机械特性$T_\Sigma(s)$。当轴上负载阻力转矩为T_L时，电动机工作在a点，以转差率s_a的速率旋转。曲线2表示信号消失，气隙磁场变为脉动磁场时的合成转矩曲线$T_{\Sigma p}(s)$。电动机的工作点将由a点移到b点，电

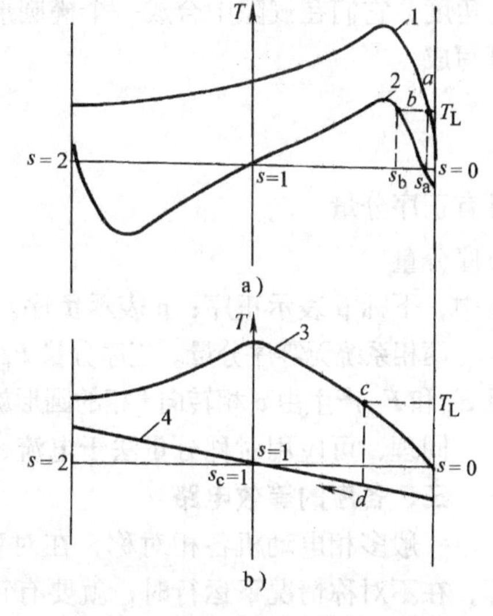

图5-8 不同转子电阻的$T(s)$曲线增大转子电阻克服自运转

a）$s_c<1$ b）$s_c=1$

动机将以转差率 s_b 旋转。信号消失后，电动机继续旋转，失控了，为自运转现象，是伺服电动机不允许有的现象。

为消除自运转现象可以增大转子电阻，使 $T(s)$ 曲线的临界转差率 $s_c \geqslant 1$。其时椭圆磁场的 $T_{\Sigma}(s)$ 曲线如图5-8b中的曲线3，而信号消失后的脉动磁场的 $T_{\Sigma p}(s)$ 曲线如曲线4，可见在 $1>s>0$ 的区域内 $T_{\Sigma p}$ 为负值，属制动转矩。如果原来工作在 c 点，则信号消失后，工作点移到 d 点，受到制动，电动机迅速停转。这就消除了自运转现象。

由此可见，伺服电动机应有较大的转子电阻值使 $s_c \geqslant 1$，就能满足上述第三个要求。为此，笼型转子的导条要用高电阻率的材料（如青铜、黄铜）制成；杯形转子用铝合金做成杯壁很薄的杯形，都是为了提高转子电阻。

增大转子电阻使 $s_c \geqslant 1$，还带来一个好处，扩大了稳定工作区。

二、交流伺服电动机的对称分量分析

图5-9为一台两相伺服电动机，为了使分析具有普遍意义，励磁绕组f串联一电容器，其阻抗为 Z_c；励磁绕组和控制绕组的匝数分别为 N_f 和 N_c，且设电压比 $k=N_f/N_c$。如绕组对称则可令 $k=1$；如果不是电容控制可令 $Z_c=0$。

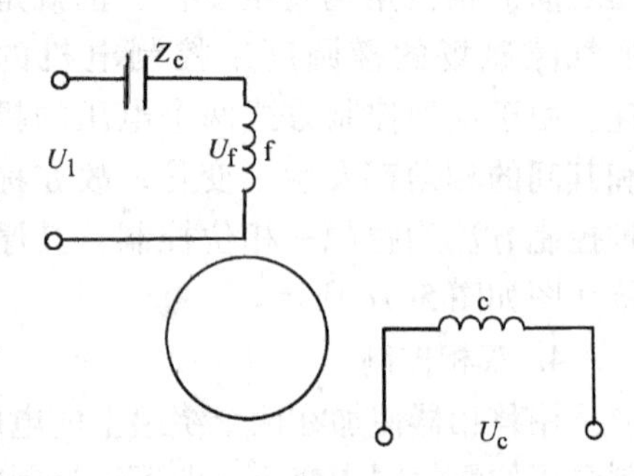

图5-9 交流伺服电动机原理电路图

这里应用的对称分量法与前述不同，是个两相不对称系统，所以可分解为两个对称系统，正序和负序。假设相序f－c为正序系统；相序c－f为负序系统。对称两相系统为两相量的幅值相等，相位相差90°电角度。前述三相对称系统相位差为120°所以算子为 $a=e^{j120}$，现在两相系统算子为 $j=e^{j90°}$。

如以磁动势为例，脉动磁动势 $\boldsymbol{F}_f$ 与 $\boldsymbol{F}_c$ 在一般情况下大小不等，相位差亦不一定是90°电角度，它们在气隙中合成一个椭圆形旋转磁动势。现应用对称分量法脉动磁动势 $\boldsymbol{F}_f$ 与 $\boldsymbol{F}_c$ 可写成

$$\left.\begin{aligned}\boldsymbol{F}_f &= \boldsymbol{F}_{fp}+\boldsymbol{F}_{fn}\\ \boldsymbol{F}_c &= \boldsymbol{F}_{cp}+\boldsymbol{F}_{cn}\end{aligned}\right\} \tag{5-15}$$

且有正序分量

负序分量

$$\left.\begin{aligned}\boldsymbol{F}_{cp} &= -j\boldsymbol{F}_{fp}\\ \boldsymbol{F}_{cn} &= j\boldsymbol{F}_{fn}\end{aligned}\right\} \tag{5-16}$$

式中，下标p表示正序；n表示负序。

两相系统无零序分量。正序分量 $\boldsymbol{F}_{fp}$ 和 $\boldsymbol{F}_{cp}$ 产生由f相转向c相的圆形旋转磁动势 $\boldsymbol{F}_p$；负序分量 $\boldsymbol{F}_{fn}$ 和 $\boldsymbol{F}_{cn}$ 产生由c相转向f相的圆形旋转磁动势 $\boldsymbol{F}_n$；$\boldsymbol{F}_p$ 与 $\boldsymbol{F}_n$ 合成气隙椭圆形旋转磁动势 $\boldsymbol{F}$。

同理，可应用对称分量法于电流、电动势系统。

三、各序的等效电路

一般多相电动机各相对称，在对称情况下运行时，只需用一相的等效电路来表示和计算，在不对称情况下运行时，就要有正、负、零序等效电路来分析了。伺服电动机一般都在不对称情况下运行，因此等效电路就有正序和负序两个，而伺服电动机的两相绕组一般也不对称（例如匝数不等，有无串联电容器），所以伺服电动机的各序的等效电路也不能独用一相来代表，于是两相伺服电动机便有4个等效电路，如图5-10所示。注意，图中各符号的

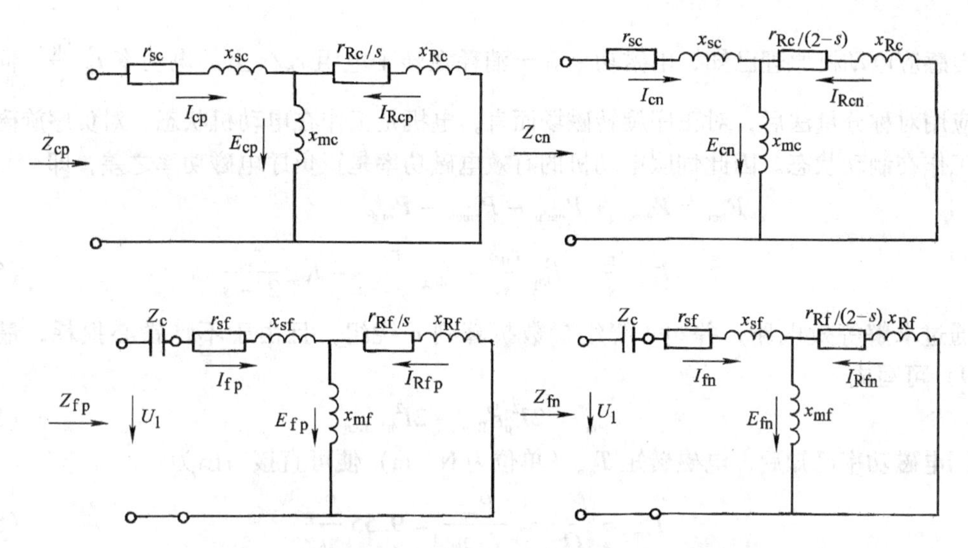

图 5-10　两相伺服电动机的 4 个等效电路（已略去铁耗）

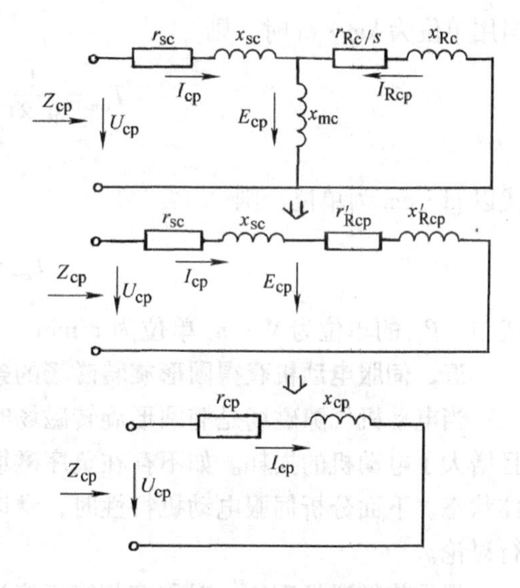

图 5-11　整理控制绕组正序等效电路

意义为：下标 s 表示定子，R 表示转子。有下标 R 的转子量均已折算到定子为简单起见折算量省略了“′”号。例如：Z_{sc}为控制绕组定子阻抗；x_{mf}为励磁绕组励磁电抗，r_{Rc}为折算到定子的控制绕组的转子电阻等等。图 5-10 的各个等效电路，均可整理后写出其全阻抗。图 5-11 表示了控制绕组正序全阻抗的整理过程。先将其转子参数和励磁参数合并，即 jx_{mc} 与 $r_{Rc}/s + jx_{Rc}$ 并联成 $Z'_{Rcp} = r'_{Rcp} + jx'_{Rcp}$。这里右上角的“′”含义是‘并联后’，然后令 $r_{cp} = r_{sc} + r'_{Rcp}$，$x_{cp} = x_{sc} + x'_{Rcp}$，$Z_{cp} = r_{cp} + jx_{cp}$，为控制回路正序的全阻抗，同样可得控制回路负序、励磁回路正、负序全阻抗 Z_{cn}、Z_{fp}、Z_{fn}。值得注意的是这些电阻、电抗均是转差率 s 的函数，而不是一个简单的常数。

四、伺服电动机的电压方程和电磁功率

作用在控制绕组上的信号电压 $\dot{U}_c$，除了需平衡该绕组的感应电动势 $\dot{E}_{cp}$和 $\dot{E}_{cn}$外，尚需平衡该绕组的漏阻抗电压降，因 $\dot{I}_c = \dot{I}_{cp} + \dot{I}_{cn}$，即有

$$\dot{U}_c = \dot{I}_c Z_{sc} - \dot{E}_{cp} - \dot{E}_{cn} = \dot{I}_{cp}(Z_{sc} + Z_{Rcp}') + \dot{I}_{cn}(Z_{sc} + Z_{Rcn}) = \dot{I}_{cp}Z_{cp} + \dot{I}_{cn}Z_{cn} \tag{5-17}$$

同理，对励磁绕组有

$$\begin{aligned}\dot{U}_1 &= \dot{I}_f(Z_{sf} + Z_c) - \dot{E}_{fp} - \dot{E}_{fn} \\ &= \dot{I}_{fp}(Z_{sf} + Z_c + Z_{Rfp}') + \dot{I}_{fn}(Z_{sf} + Z_c + Z_{Rfn}') \\ &= \dot{I}_{fp}Z_{fp} + \dot{I}_{fn}Z_{fn}\end{aligned} \tag{5-18}$$

由感应电动机原理已知，电磁功率等于消耗在转子电阻 r_R/s 上的电功率 $I_R^2 \frac{r_R}{s}$。伺服电动机应用对称分量法后，对正序旋转磁场而言，电机是工作在电动机状态，对负序旋磁场则电机工作在制动状态。因此伺服电动机的有效电磁功率是正负序电磁功率之差，即

$$
\begin{aligned}
P_{em} &= P_{emcp} + P_{emfp} - P_{emcn} - P_{emfn} \\
&= I_{Rcp}^2 \frac{r_{Rc}}{s} + I_{Rfp}^2 \frac{r_{Rf}}{s} - I_{Rcn}^2 \frac{r_{Rc}}{2-s} - I_{Rfn}^2 \frac{r_{Rf}}{2-s}
\end{aligned}
\tag{5-19}
$$

通过求解等效电路，并将 f 绕组参数折算到 c 绕组，且由于不计铁心损耗，最后式 (5-19) 可写成

$$P_{em} = 2I_{cp}^2 r'_{Rcp} - 2I_{cn}^2 r'_{Rcn} \tag{5-20}$$

当电磁功率已知后，电磁转矩 T_{em}（单位为 N · m）便可直接写出为

$$T_{em} = \frac{P_{em}}{\Omega_s} = \frac{P_{em}}{2\pi \frac{n_s}{60}} = 9.55 \frac{P_{em}}{n_s} \tag{5-21}$$

当用单位为 kgf · m 时，则

$$T_{em} = \frac{1}{9.81} \frac{P_{em}}{2\pi \frac{n_s}{60}} = 0.974 \frac{P_{em}}{n_s} \tag{5-22}$$

或以 gf · cm 为单位，则

$$T_{em} = 97400 \frac{P_{em}}{n_s} \tag{5-23}$$

式中，P_{em} 的单位为 W；n_s 单位为 r/min。

五、伺服电动机获得圆形旋转磁场的条件

当电动机气隙磁场是椭圆形旋转磁场时，由于存在负序磁场，不仅使电磁转矩减小，而且增大了电动机的损耗。如不存在负序磁场，则气隙磁场为圆形旋转磁场，电动机工作在最佳状态。下面分析伺服电动机特性时，常以获得圆形旋转磁场的条件为参考，所以这里先进行讨论。

根据旋转磁场理论，对称多相绕组流过对称多相电流，就能激励圆形旋转磁场。据此，可得各种控制方式时的这个条件。

振幅控制：当绕组 f、c 为对称时 $k=1$，则 $U_c = U_f$，便可获得圆形旋转磁场。设控制电压与励磁电压之比为信号系数 α，则条件即为 $\alpha = 1$，如 f、c 两绕组匝数不等，则令控制电压与折算到控制绕组的励磁电压之比为**有效信号系数 α_e** 即

$$\alpha_e = \frac{U_c}{U_f \frac{N_c}{N_f}} = \alpha \frac{N_f}{N_c} = k\alpha \tag{5-24}$$

则获得圆形旋转磁场的条件为 $\alpha_e = 1$。

相位控制：通常 $U_c = U_f$，而信号是两个电压间的相位角 β，令 $\sin\beta$ 为相位控制的信号系数，显然，获得圆形旋转磁场的条件是 $\sin\beta = 1$。

双相控制：通常 $k=1$，$U_c = U_f$，所以任何时候均为圆形旋转磁场，令 U_c/U_{cN} 为双相控

制的信号系数 α 以% 表示，这里 U_{cN}为额定控制电压。

电容控制：无法简单判断获得圆形旋转磁场的条件。因为 U_c 改变时 U_f 亦随着发生变化，只能从不存在负序磁场，即从负序电流为零出发来求这个条件。由电压方程式（5-17）和式（5-18）推得负序电流为零的条件是

$$(\alpha k^2 r_{cp} - k x_{cp}) + j(\alpha k^2 x_{cp} - \alpha x_c + k r_{cp}) = 0 \tag{5-25}$$

式中，$\alpha = U_c/U_1$ 为其信号系数；x_c 为电容的容抗。

式（5-25）成立的条件是，必须其实数、虚数部分均等于零，于是可得

$$\left.\begin{aligned} \alpha_o &= \frac{x_{cp}}{k r_{cp}} \\ x_{co} &= \frac{k^2(r_{cp}^2 + x_{cp}^2)}{x_{cp}} \end{aligned}\right\} \tag{5-26}$$

由式（5-26）可知，电容控制获得圆形旋转磁场必须同时满足两个条件，即信号系数为 α_o，电容的容抗为 x_{co}。可是式中 x_{cp}和 r_{cp}都是转差率的函数，所以选定了某个转速，找到获得圆形旋转磁场的条件，气隙磁场便为圆形旋转磁场，但当转速一变，磁场又变成椭圆形旋转磁场了。在自动控制系统中希望伺服电动机有尽可能大的起动转矩，故令起动时 $s = 1$ 来选 α_o 和 x_{co}，使起动时气隙旋转磁场为圆形。

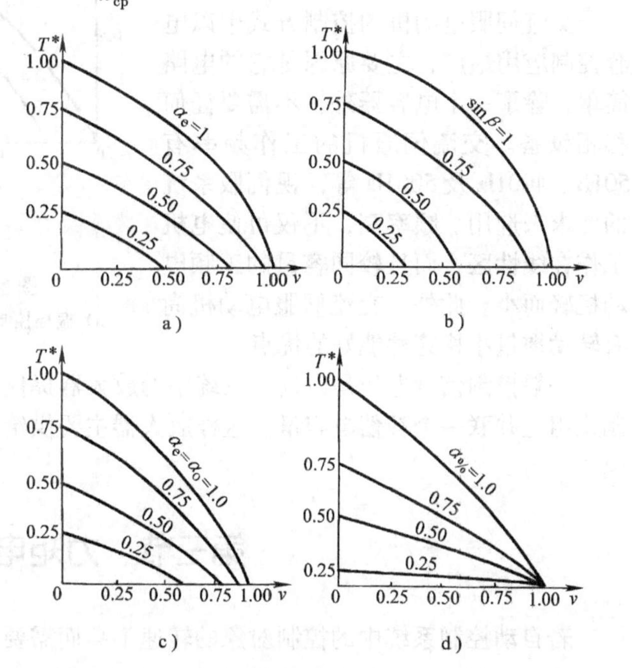

图 5-12　交流伺服电动机的机械特性

a）振幅控制　b）相位控制　c）电容控制　d）双相控制

六、交流伺服电动机的特性

不同控制方法时的特性是不同的，但它们的分析方法是一样的。即按控制方式写出 f、c 回路电压方程，求电流、电磁功率、电磁转矩最后画出有实用意义的机械特性和控制特性。可是所得公式十分复杂，阻抗都是转速的函数，要画出特性曲线仍十分困难。因此，用具体电机的典型参数代入电磁转矩表示式。用标幺值来画特性，仍有普遍的意义。标幺值中以 n_s 为转速基数，故转速标幺值 $\nu = n/n_s$；以圆形旋转磁场时的起动电磁转矩为转矩基数，故转矩标幺值为 $T_{em}^* = \dfrac{T_{em}}{T_{emsto}}$，（下标 st 表示起动，o 表示气隙磁场为圆形旋转磁场）；信号电压分别以 α_e、$\sin\beta$、α_o、$\alpha_{\%}$ 表示。图 5-12 和图 5-13 分别表示了各种控制方式时的机械特性和控制特性。

由图 5-13 可见，各种控制方式的控制特性都不是直线，但在转速标幺值 ν 较小时，特性均接近直线。所以为了获得线性的控制特性，可提高伺服电动机的工作频率。例如伺服电动机需要工作在 0 ~ 2400r/min 范围，当电源为 50Hz、$n_s = 3000$r/min 时，则 $\nu = 0 \sim 0.8$，工

作在非线性区；当电源为500Hz，$n_s=30000\text{r/min}$，则$\nu=0\sim0.08$，电动机便可工作在线性区了。

交流伺服电动机的传递函数为

$$T(s)=\frac{\Omega(s)}{U_c(s)}=\frac{k_T}{\tau_{em}s+1} \tag{5-27}$$

式中，k_T与直流伺服电动机传递函数中的k_Ω相似，它是一个与控制特性形状有关的系数，常称它为传递系数或电动机常数。

交流伺服电动机的控制方式中以电容控制应用最广，主要原因是它的电路简单，除了一个电容器外，不需要任何移相设备。交流伺服机的工作频率有50Hz、400Hz及500Hz等，视伺服系统的要求来选用。频率高，不仅可使电机工作在线性区，而且较同容量的工频电动机轻而小。此外，交流伺服电动机尚有转动惯量小快速性能好的优点。

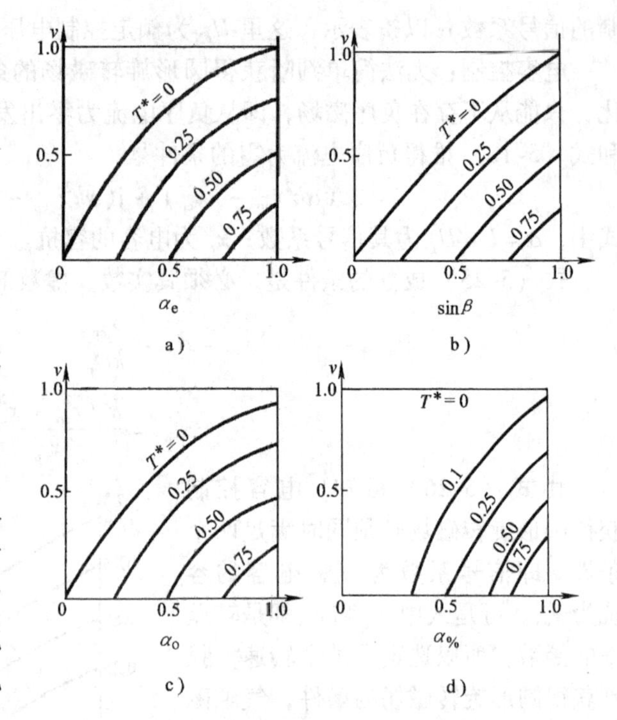

图5-13 交流伺服电动机的控制特性

a) 振幅控制 b) 相位控制 c) 电容控制 d) 双相控制

一般控制信号电压是由伺服系统中的放大器提供的。有时，为减轻放大器的负担，在控制绕组上并联一个补偿电容量。这样放大器主要供给控制绕组的有功电流，电容器补偿无功电流。

第三节 力矩电动机

若自动控制系统中的控制对象的转速不高而需要的转矩较大，则一般交、直流伺服电动机都难以胜任，因为它们的特性恰是转速高而转矩（功率）较小，不能直接满足控制对象的要求。虽然，中间加上减速机构，可以解决这个矛盾，但却带来许多缺陷，系统变得复杂，降低了精度和快速性能，还可能出现死区。力矩电动机就是为解决该矛盾而诞生的。力矩电动机的特点是力矩大，转速低、能在堵转条件下长期工作（由设计保证）。可以证明，当转子体积、磁通密度、电流密度相同的条件下，转子直径增大一倍，则电磁转矩也增大一倍，所以力矩电动机都制成扁平形。

交流力矩电动机转子常采用笼型，且选取较多的极对数p，以降低转速。极对数多要求定子槽数相应增多。但齿宽有一定限制，所以定子槽数不可能无限增多。为此只能选每极每相槽数$q=1$，甚至取$q<1$的分数槽绕组。

直流力矩电动机，一般采用永磁式，多极结构，例如$p=4$或8。电枢绕组都采用单波（串联式）绕组，使电动机转速降低，并增大转矩常数C_T，以获得较大的电磁转矩。

连续堵转转矩是指在长期堵转状态，温升不超过允许值时，所能输出的最大转矩，这时

的电枢电压称为连续堵转电压，相应的电流称为连续堵转电流，这些都是力矩电动机的额定指标内容。电动机温升与电动机散热情况有关，所以铭牌上还标明力矩电动机的散热条件及对环境的要求。

思考题

1. 家用电器如吸尘器、粉碎搅拌机等的转速往往高于3000r/min，家庭电源均为220V 50Hz的单相电源。试问同步、异步电动机能有这样高的转速吗？

2. 一般电机的转子、铁心和绕组是合成一体的，空心杯形转子却将二者分离，试分析其可能性及目的，并比较交流和直流杯形转子电机内定子的铁心损耗。

3. 试比较直流伺服电动机的两种控制方法的优缺点。

4. 霍尔无刷电动机的转向能否改变？如何改变？

5. 交流伺服电动机的结构有笼型转子、非磁性杯形转子和磁性杯形转子三种，试比较它们的优缺点。

6. 增大交流伺服机的转子电阻带来哪些好处？

7. 交流伺服电动机提高电源频率有何好处？

8. 试对交流、直流伺服电动机作一比较。

9. 力矩电动机的性能有何特点？

10. 分析伺服电动机的动态特性就是研究静止的伺服电动机突然加上信号电压 U_c（犹如加上一阶跃信号电压 U_c）后，转子转速的变化过程，是如何从 $n=0$ 到达与 U_c 相应的转速 n 的。试问动态方程式中为何不用转速 n（单位为r/min）而用 Ω（单位为rad/s）？

11. 直流伺服电动机电枢控制时的理想空载转速为 $n_0=\dfrac{U_c}{C_e\Phi}$，试分析所谓理想空载是省略不计哪些内容，为什么当信号电压为 U_c 时，理想空载转速为 $\Omega_0=k_\Omega U_c$？

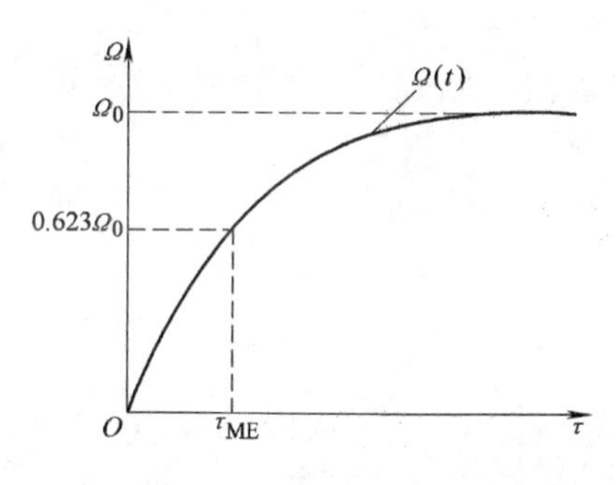

图5-14　思考题12图

12. 机电时间常数 τ_{ME} 是表示伺服电动机动态特性的一个重要参数，它可由式（5-14）根据产品目录中的数据得出，亦可由实验求得。由式（5-11）可解得 $\Omega(t)=k_\Omega U_C(1-e^{-\frac{t}{\tau_{ME}}})$。当 $t=\tau_{ME}$ 时，有 $\Omega(t)=0.632k_\Omega U_C$。参看图5-14图中画出了 $\Omega(t)$ 变化曲线，因为 $k_\Omega U_C$ 为阶跃信号电压时的空载转速 Ω_0，由曲线上相对于 $0.632\Omega_0$ 的横坐标即为机电时间常数 τ_{ME}，试问如何才能测得 $\Omega(t)$ 曲线？

13. 一些交流控制电机为了获得满意的特性，常采用400Hz、500Hz甚至1000Hz的电源。发现同样容量的电机，上述中频电机的体积比较工频电机的体积要小，这是什么原因。

习题

5-1　一台直流伺服电动机，额定电压27V，转速9000r/min，功率28W，转动惯量 $J=6.228\times10^{-6}\text{kg}\cdot\text{m}^2$。当控制电压 $U_c=13\text{V}$ 时，测得 $n_0=4406\text{r/min}$，堵转转矩 $T_{st}=0.1006\text{N}\cdot\text{m}$。按标准规定电动机的机电时间常数应不大于30ms，试问该电动机的机电时间常数是否符合要求？

5-2　交流两相伺服电动机，当控制和励磁绕组匝数不等，且 $k=N_f/N_c$ 时，根据两相对称分量表示的电流关系有

$$\dot{I}_{f} = \dot{I}_{fp} + \dot{I}_{fn}$$

$$\dot{I}_{c} = \dot{I}_{cp} + \dot{I}_{cn}$$

以及

$$\dot{I}_{fp}N_{f} = \mathrm{j}\dot{I}_{cp}N_{c}$$

$$I_{pn}N_{f} = -\mathrm{j}I_{cn}N_{c}$$

或

$$k\dot{I}_{fp} = \mathrm{j}I_{cp}$$

$$k\dot{I}_{fn} = -\mathrm{j}I_{cn}$$

试求电流 $\dot{I}_{cp}$和 $\dot{I}_{cn}$的表达式。

第六章　步进电动机

第一节　概　　述

步进电动机是将电脉冲信号转换成角位移的伺服电动机。它每接收一个电脉冲，转子就转过一角度 θ_s，称为**步距角**。由于这种电动机的转动是断续地一步步进行的，所以被称为步进电动机。

步进电动机的脉冲信号，一般由脉冲分配器和功率放大器两部分组成的驱动器提供，并由它确定输入脉冲的个数、频率、分配到各控制绕组的次序以及同时输入控制绕组的数目。

步进电动机的种类很多，主要有：反应式、永磁式、混合式。近来又发展有直线步进电动机和平面步进电动机等。

步进电动机广泛应用于各种程序控制系统中，如数控机床、计算机外围设备、自动仪表和军事工业。步进电动机大部分情况下是用作伺服电动机，结合液压力矩放大装置等环节去驱动控制对象。近年来由于大力矩步进电动机的问世，也可用来直接驱动控制对象。大功率的步进电动机输出转矩已达数十牛 · 米，可直接用作驱动电动机。

第二节　基本工作原理

步进电动机的定子一般为凸极式，设置多相绕组用作控制绕组来接收电脉冲。转子亦为凸极，可由软铁或永久磁铁构成，也可以是带齿的圆柱形铁心。下面以反应式步进电动机为例来说明其工作原理。

参看图 6-1，三相反应式步进电动机，定子为凸极式，共有三对磁极，磁极上设置控制绕组。相对的两个极的线圈串联连接，形成一相控制绕组。转子用软磁材料制成，也是凸极，但转子上没有绕组。图示转子为两极，步进电动机中称转子极为齿极，转子齿极数以 Q_r 表示。下面通过几种基本控制方式来说明其工作原理。

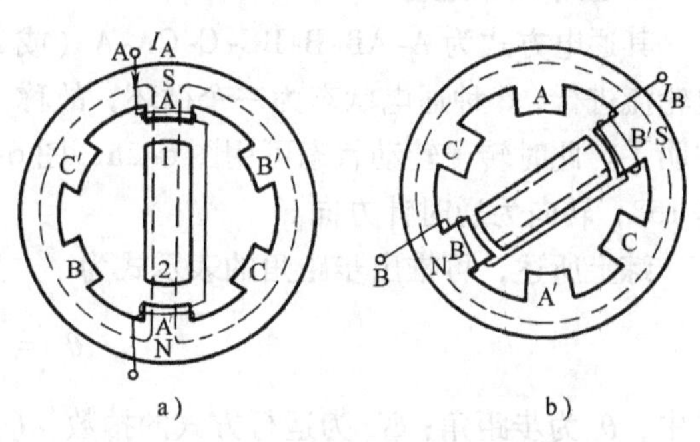

图 6-1　三相反应式步进电动机

a) A 相通电时　b) B 相通电时

1. 三相单三拍运行

首先向 A 相馈电，I_A 将 A 相一对极励磁呈 N 和 S 极性。由于磁场对转子铁心的电磁吸力，形成转矩，使转子齿轴线对准 A 相磁极的轴线。这现象也可以这样来理解，A 相通电时，转子齿对定子相对位置不同，则 A 相磁路的磁导也不同，那个使 A 相磁路的磁导为最大的转子齿位置，就是该时的稳定平衡位置，即转子稳定在齿轴与 A 相磁极轴线相重合的位置。这就是确定转子齿轴线位置的基本依据。其次，向 B 相馈电时（A 相断电），据上述依据，转子将转过 60°，达到转子齿轴线

与B相磁极轴线相重合的位置。即步距角 θ_s 为60°。当通电方式按A-B-C-A的顺序对三相轮流馈电时，转子将按顺时针方向一步一个 θ_s 角地转动，如图6-1所示。

所谓三相单三拍的含义是："三相"指步进电动机为三相；"单"指同时只有一相控制绕组通电；"三拍"表示三种通电状态为一个循环，即三次通电状态后，又回复到起始状态。图6-1中如果通电方式仍是三相单三拍，但次序改为A-C-B-A，即可见电动机将一步一个 θ_s 角向逆时针方向转动。

如图6-1的转子改为4个极（齿），则同理可知此时的步距角将是 $\theta_s=30°$，如图6-2所示。

2. 三相双三拍运行

这里的"双"字表示同时有两相控制绕组通电，即通电方式为AB-BC-CA-AB或AB-CA-BC-AB。图6-3表示转子为4极的步进电动机当AB两相同时通电时的情况。图中转子为稳定平衡位置，其时AB相磁路的磁导为最大。显然，当通电方式由AB改变为BC（或CA时），转子将顺时针（逆时针）转子将转过一步一个 θ_s 角且 $\theta_s=30°$。

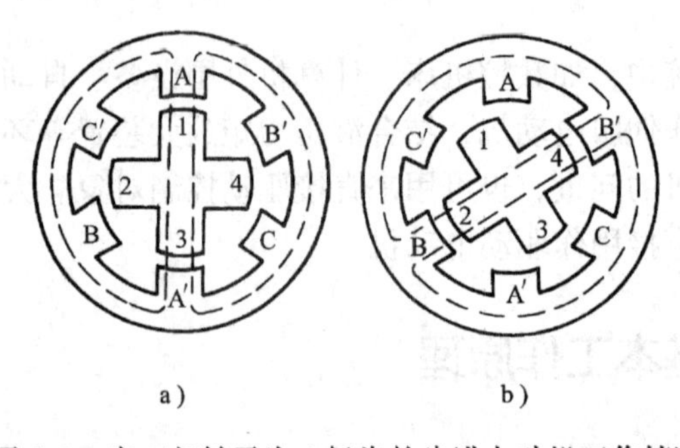

图6-2 定三相转子为4极齿的步进电动机工作情况
a）A相通电 b）B相通电

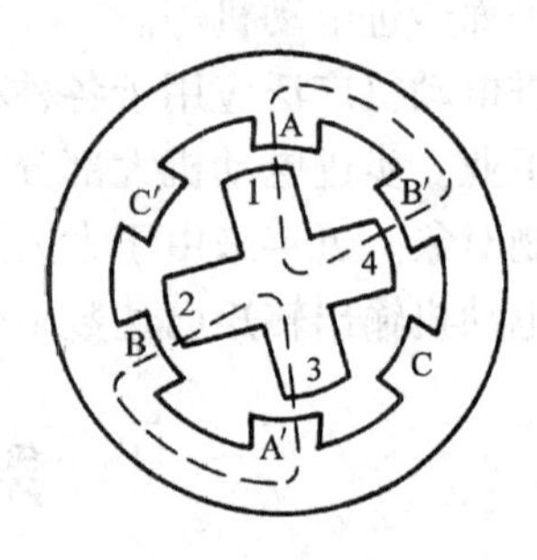

图6-3 图6-2中的步进电动机当AB相同时通电时的情况

3. 三相六拍运行

其通电方式为A-AB-B-BC-C-CA-A（或A-AC-C-CB-B-BA-A），即一相通电和两相通电轮流进行，6种通电状态为一个循环，故称"六拍"。因通电相有"单"有"双"就不再注明了。此时转子转动状态可用图6-2a、图6-3、图6-2b来阐明，可见此时的步距角 θ_s 将是15°，转向为逆时针方向。

综上所述，可推出步距角的表示式为

$$\theta_s=\frac{360°}{N_b Q_r} \tag{6-1}$$

式中，θ_s 为步距角；N_b 为运行方式的拍数；Q_r 为转子齿数。

步进电动机可以制成不同的相数，可以按三相的模式写出不同相数时的运行方式。

第三节 基本构造

步进电动机的构造形式众多。首先，介绍小步距角反应式步进电动机，其基本构造如图6-4所示。上述步进电动机 θ_s 为15°、30°，在实际应用中常嫌太大，为提高精度和扩大其功能，制成小步距角电动机。图6-4的例子，转子为带齿软磁材料，$Q_r=40$，定子三相6极，

极靴开有齿槽，其齿距与转子齿距相等。根据前述工作原理，当B相通电时，转子的稳定平衡位置如图6-4所示。B相磁极齿与转子齿对齐。为清晰起见，将图6-4中定转子齿的相对位置放大成图6-5。图中只画了三个极，因为另三个极的情况是相同的。图6-5b表示图6-4中B相通电时的情况。B相磁极的齿与转子齿对齐，而A相磁极齿相对转子齿右移1/3齿距，即$t/3$；C相磁极齿相对转子齿左移1/3齿距，是为B相通电时的转子稳定平衡位置。显然，下一拍如C相通电则转子将左移$t/3$；如下一拍A相通电，则转子将右移$t/3$。因为转子齿数$Q_r=40$，所以齿距为360°/40=9°，所以该机运行在三相单三拍时$\theta_s=9°/3=3°$。同理，由图6-6可见，三相双三拍运行时，θ_s亦是3°。综合图6-5与图6-6，可知当运行在三相6拍时，$\theta_s=1.5°$。

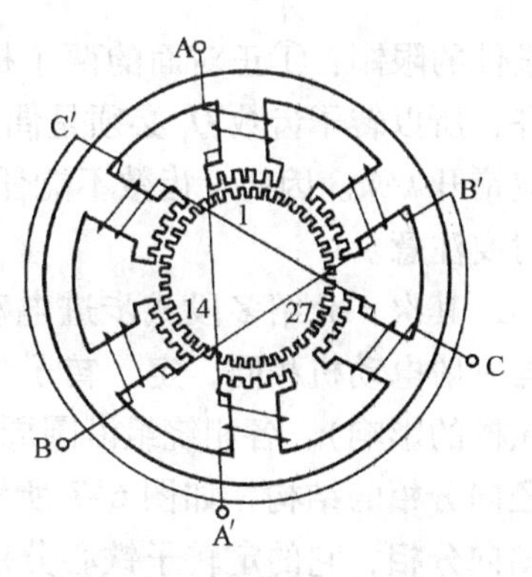

图6-4　小步距角反应式三相步进电动机，当B相通电时转子的稳定平衡位置

反应式步进电动机的相数等于定子极对数，即$m=p$，转子齿数Q_r的数值要受下列两个

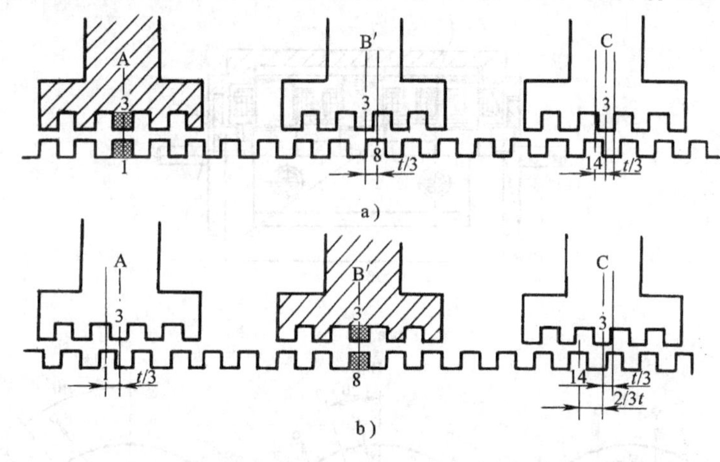

图6-5　图6-4电动机齿的相对位置

a）A相通电　b）B相通电

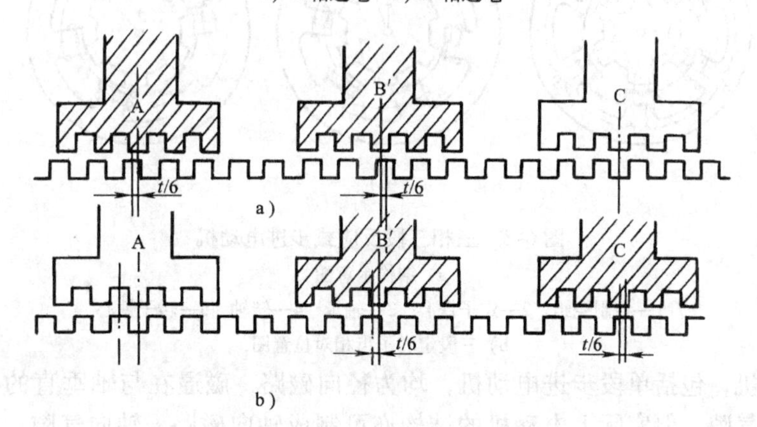

图6-6　图6-4电动机齿的相对位置

a）A、B相通电　b）B、C相通电

条件的限制：①正对面的两个极属于同一相，某相通电时，这两个极的齿都应与转子齿对齐，所以转子齿数 Q_r 必须是偶数；②某相磁极的齿与转子齿对齐时，相邻磁极齿与转子齿应错开 t/m。因此，齿数不能任意确定，相应地步距角亦将不是随意的，在选用步进电动机时要注意。

其次，介绍多段式步进电动机。前述步进电动机与一般电动机相同，定、转子均为一段铁心（不计通风槽的影响），各相绕组沿圆周均匀排列，所以也叫做**径向分相**的结构，如图6-7所示。与它相对的是所谓**轴向分相**，它的定转子铁心分成 m 段，所以也称为**多段式**结构。图6-8为一种三相三段反应式步进电动机。每段为一相，每一段上的磁极上都设置同一相的控制绕组，如图6-8b所示。通电相的一段定、转子齿均对齐，磁路磁导最大，处于稳定平衡位置，则其余两段定、转子齿均错开 $1/m$ 齿距，图示为错开20°。亦即此时 $\theta_s=20°$。

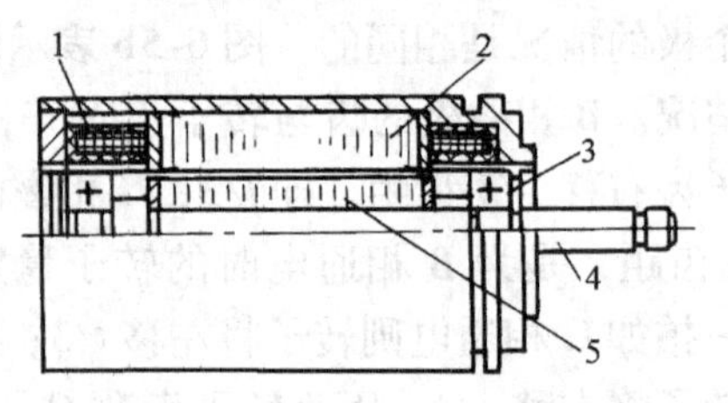

图6-7　单段式径向分相结构示意图
1—控制绕组　2—定子铁心　3—轴承　4—转轴　5—转子铁心

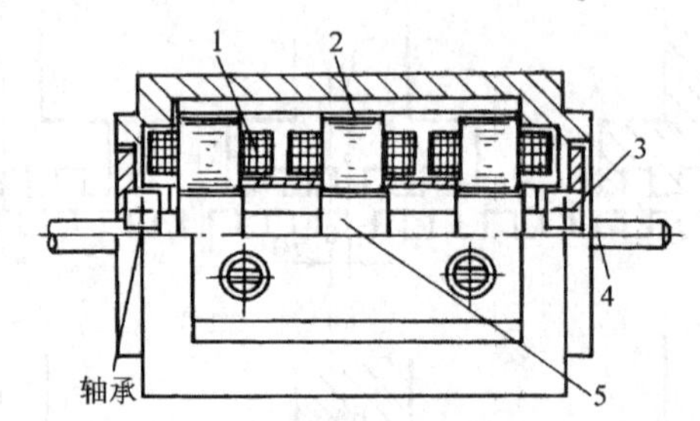

a）

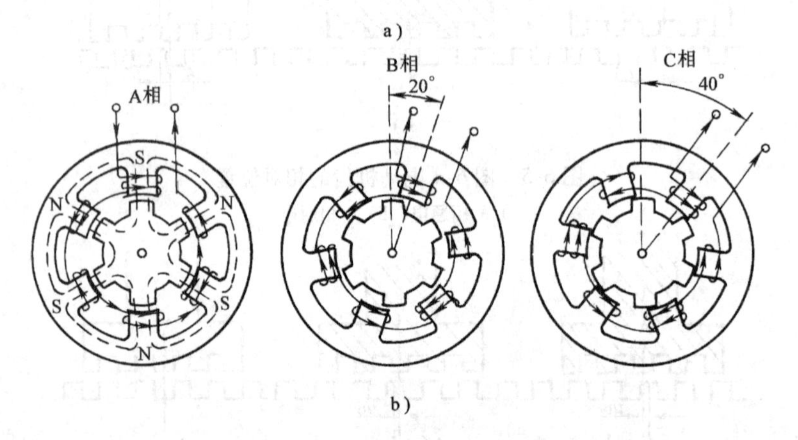

b）

图6-8　三相三段反应式步进电动机
a）结构示意图
1—控制绕组　2—定子铁心　3—轴承　4—转轴　5—转子铁心
b）三段定转子齿相对位置图

一般电动机，包括单段步进电动机，均为径向磁路，磁通在与轴垂直的径向截面中流通；均为径向气隙。但实际上电动机的结构亦可制成轴向磁路、轴向气隙，如图6-9和图6-10所示。

单段和多段式电机，从体形来看前者扁平，后者相对细长，其性能则是相同的，如何选

用将视对电动机体积的要求而定。

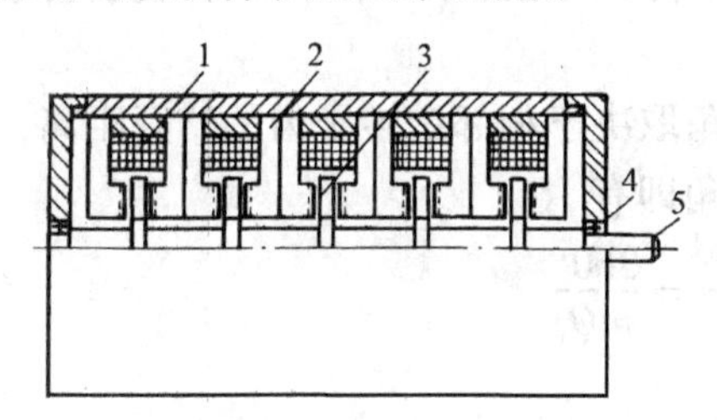

图6-9 多段式轴向磁路和径向气隙结构示意图

1—控制绕组 2—定子磁极 3—转子磁极和铁心 4—轴承 5—轴

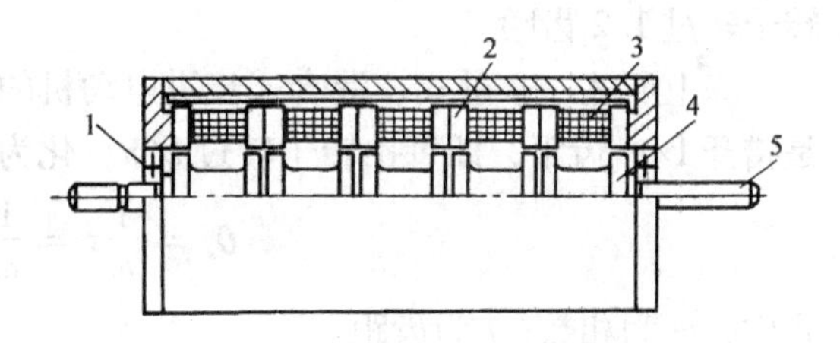

图6-10 多段式轴向磁路轴向气隙的结构示意图

1—轴承 2—定子铁心 3—控制绕组铁心 4—转子铁心 5—轴

第三，永磁式步进电动机的结构种类很多，图6-11是一种较典型的形式。定子为凸极，控制绕组为两相、相隔一极的绕组属同一相。转子为两对永久磁铁磁极。A相加正脉冲时，第1、3、5、7极激励磁场，极性为S、N、S、N，可见转子稳定位置恰如图6-11所示。然后，B相加正脉冲，第2、4、6、8极分别呈S、N、S、N极性，于是转子转过45°。第三拍A相加负脉冲，奇数极极性呈N、S、N、S。与第一拍相反，这时转子恰好被吸而又转过45°。余类推。

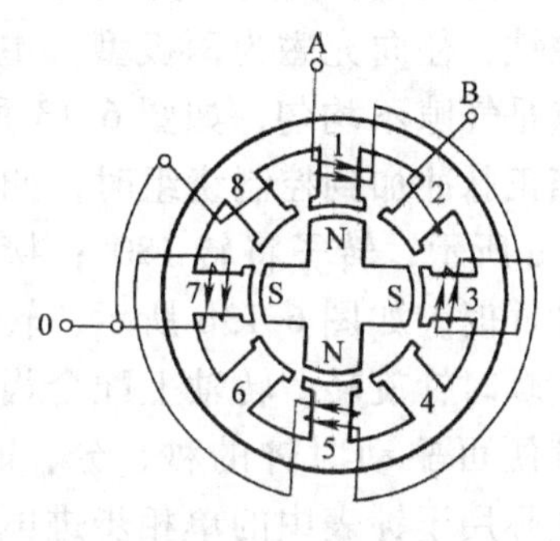

图6-11 一种永磁式步进电动机的结构原理图

（为清晰起见B相绕组未画出）

这种电动机步距角较大，控制电源需有正负脉冲，优点是消耗的电功率比反应式步进电动机小。在断电没有信号输入时，它有定位转矩，即表示它的转子只能锁定在某几个位置，不像反应式电动机，当无信号时，其转子位置可以是任意的。

第四，永磁感应子式步进电动机（混合式步进电动机）。这种电动机的原理结构图如图6-12所示，其定子结构与小步距角单段反应式步进电动机相似，其相数、极数同图6-11。转子中段为轴向充磁的环形永久磁铁，两端软铁制成圆周开了齿槽的转子铁心，沿轴向两端铁心上的子齿错过1/2齿距，定转子齿槽的齿距是相同的。图6-12中剖面Ⅰ-Ⅰ的转子铁心整个圆周呈N极性，Ⅱ-Ⅱ剖面处呈S极性。当A相通电时，奇数磁极被激励，依次呈N、S、N、S极性，磁极1′、3、5′、7将吸住转子，使转子处于图示稳定平衡位置。当改为B

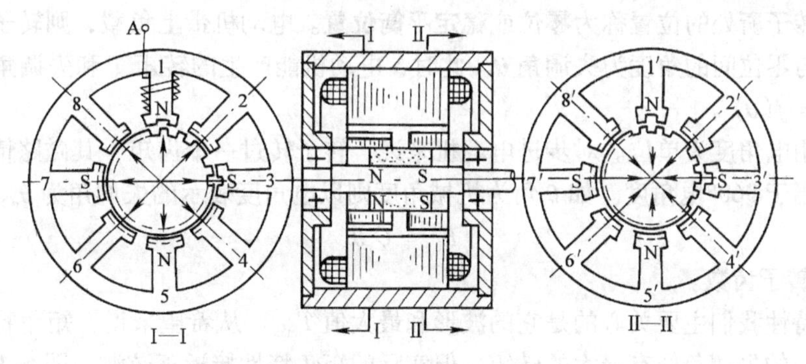

图6-12 混合式步进电动机

相通电时，偶数磁极被激励，依次呈S、N、S、N极性，磁极2、4′、6、8′将吸引转子，使转子转过1/2齿距。

综上所述，永磁式、混合式步进电动机的步距角取决于相邻定转子齿的错开距离，一般是错开1/m齿距，即每拍转子转过t/m，化为步距角即有

$$\theta_s = \frac{1}{m}t = \frac{1}{m}\frac{360°}{Q_r} = \frac{360°}{mQ_r} \tag{6-2}$$

式中，m为相数；t为齿距。

第五，单相步进电动机。广泛应用于钟、手表中的步进电动机常常是单相式，亦即是只有一个接受信号的绕组，其转子为圆片状永久磁铁，径向充磁为两极型。主要特点是气隙不均匀，如图6-13所示。当正脉冲加到控制绕组时，如图6-13a所示，转子将转180°；接受负脉冲时，如图6-13b所示，转子继续顺时针旋转。转轴上配合齿轮系统便可驱动时钟的秒、分、时针。实际用于钟表中的单相步进电动机的结构体形甚小，定、转子铁心均成片状，绕组线圈铁心拆装简便。为节约用电、延长电池寿命，脉冲宽度一般只有8～10μs。

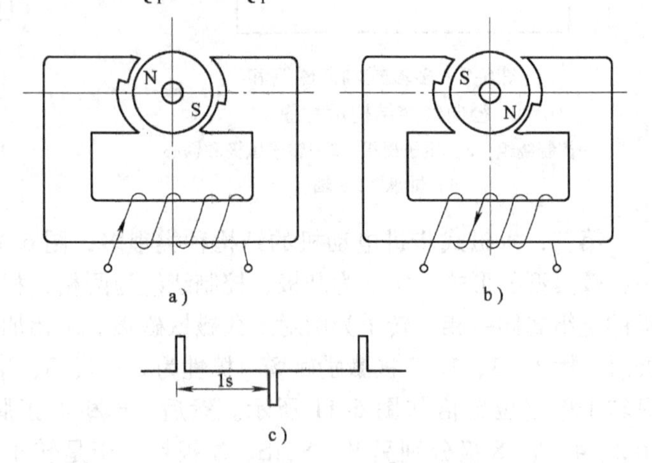

图6-13 单相步进电动机原理图

a) 接受正脉冲前转子位置 b) 接受正脉冲后，亦即接受负脉冲前转子位置 c) 秒脉冲信号

第四节 基本特性

步进电动机的基本特性由矩角特性、单脉动运行、连续脉冲运行以及一些技术数据来阐明，现分述如下：

1. 矩角特性

当电动机为理想空载（指负载转矩包括摩擦转矩在内等于零），且电动机在某一种通电状态下，其转子所处的位置称为**零位**或**稳定平衡位置**。电动机带上负载，则转子位置便将偏离零位，称与零位间的角度为**失调角** $\boldsymbol{\theta}$。此时，电动机能产生的转矩T和失调角的关系称为**矩角特性** $T=f(\theta)$。

失调角用电角度为单位。对步进电动机来说，转子转过一个齿矩，其磁路情况转过了一个周期，相当于360°电角度。如θ角为机械角度则以电角度表示的失调角为θ_e，即有

$$\theta_e = Q_r\theta \tag{6-3}$$

式中，Q_r为转子齿数。

对矩角特性我们主要关心的是它的波形和最大值T_{max}。从希望来说，矩角特性以接近矩形为好，微小的失调角便有最大的转矩。但实际的矩角特性接近正弦波，图6-14a为一实测的矩角特性曲线。曲线的最大转矩正比于控制绕组的电流平方及同时通电的相数。

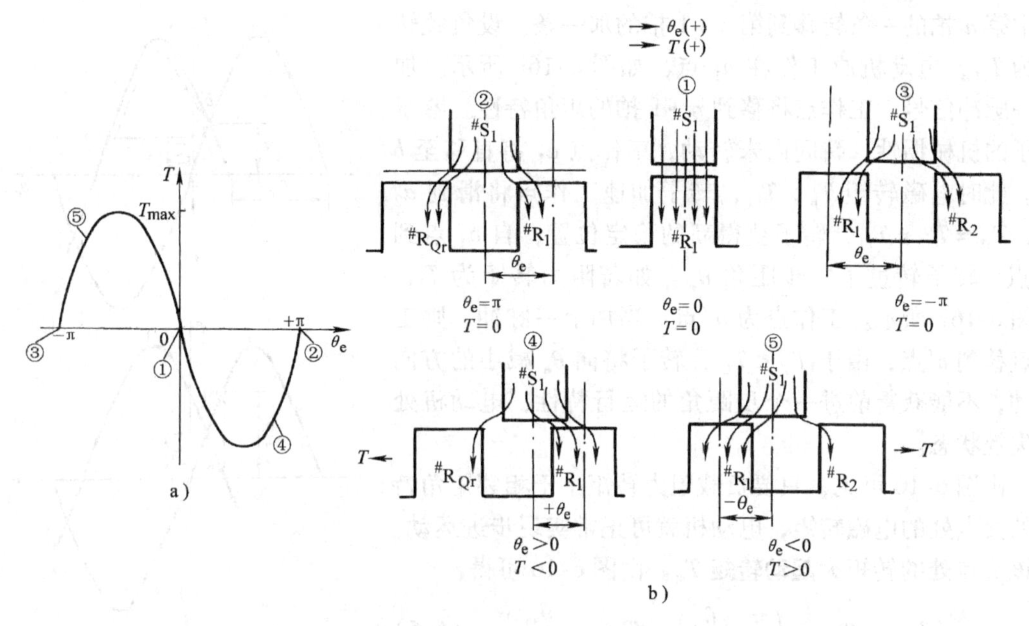

图6-14 步进电动机的 $T=f(\theta)$

a）矩角特性曲线 b）转矩和失调角正方向的设定

$^{\#}S_1$—定子1号齿 $^{\#}R_1$、$^{\#}R_2$、$^{\#}R_{Qr}$—转子第1、2和第 Q_r 齿

在分析步进电动机的工作特性时，不仅要知道某一条矩角特性，而且要知道各个通电状态下的矩角特性，即所谓矩角特性曲线族。图6-15表示了三相单三拍运行方式时的矩角特性曲线族。曲线族中每一相邻曲线错开一个以电角度表示的步距角 $\theta_{se}=Q_r\theta_s$，即有

$$\left.\begin{aligned}\theta_s&=\frac{2\pi}{N_bQ_r}\quad(\text{机械弧度})\\\theta_{se}&=\frac{2\pi}{N_b}\quad(\text{电弧度})\end{aligned}\right\}\qquad(6\text{-}4)$$

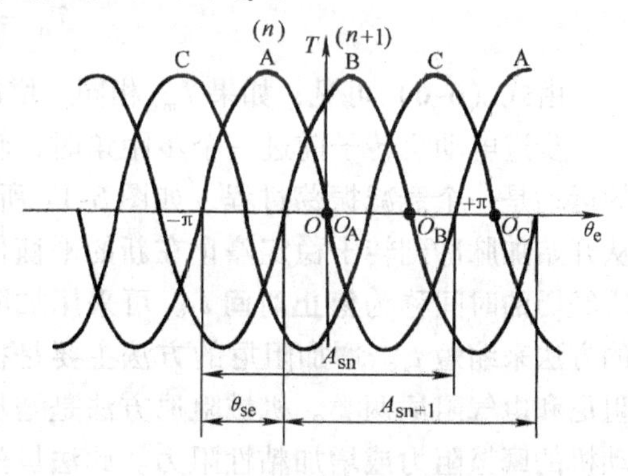

图6-15 三相单三拍运行时矩角特性曲线族，$\theta_{se}=\frac{2\pi}{3}$

A_{sn}—第 n 拍静态稳定区

A_{sn+1}—第 $n+1$ 拍静态稳定区

图6-15为三相单三拍运行时的矩角特性曲线族。设第 n 拍（A相通电）时的稳定平衡点为 O_n（即 O_A），若有外力干扰使转子偏离该点，只要偏离的角度在图中（$-\pi\sim+\pi$）之间，则当干扰消失，转子将在电磁转矩作用下回复到 O_n 点。因此，称（$-\pi\sim+\pi$）这个区域为第 n 拍的静态稳定区 A_{sn}。当通电方式自 n 拍变为 $n+1$ 拍时（B相通电），同理可知，（$-\pi+\theta_{se}$）~（$+\pi+\theta_{se}$）为第 $n+1$ 拍的静态稳定区 A_{sn+1}。当通电方式自 n 拍变为 $n+1$ 拍时，只要该瞬间转子位置在区域 A_{sn+1} 内，转子便将转过一步距角 θ_{se}，到达新的稳定平衡位置 O_{n+1}（即 O_B），故 A_{sn+1} 亦称为 n 拍到 $n+1$ 拍的动态稳定区。

2. 单脉动运行

它是指仅只对电动机加上一个控制脉冲的运行方式。电动机的工作点将自矩角特性曲线

族中第 n 拍的一条转移到第 $n+1$ 拍的那一条。设负载转矩为 T_{L1}，电动机原工作在 a_1 点，如图 6-16a 所示。加上一脉冲信号，工作点将移到 $n+1$ 拍的矩角特性。鉴于转子的机械惯性，瞬间尚未转动，工作点 a_1 将直移至 b 点。此时电磁转矩 $T_b > T_{L1}$，转子加速工作点将滑到 a_2 点，$T_{a2}=T_{a1}=T_{L1}$，转子获得新的稳定位置，自 a_1 点到 a_2 点，转子转过了一步距角 θ_{se}。如若阻力转矩为 T_{L2}，如图 6-16b 所示。工作点为 a_1' 点，当加上一脉冲，则工作点移到 b' 点，由于 $T_{b'} < T_{L2}$，转子将向 θ_e 减小的方向滑动，不能获得前进一个步距角的运行特性，电动机处于失控状态。

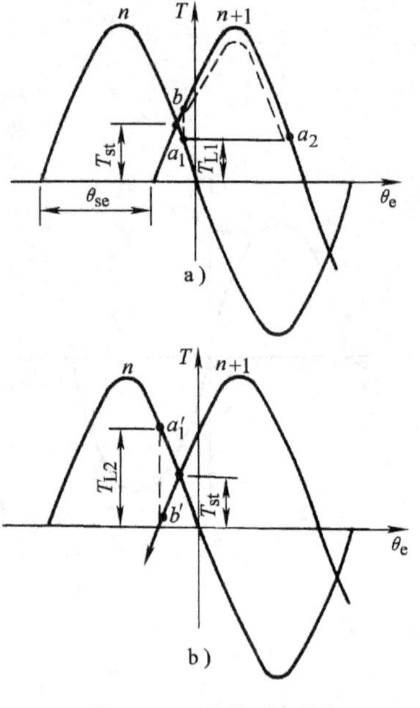

图 6-16　单脉冲运行

a）T_{L1} 较小时　b）T_{L2} 较大时

由图 6-16 可见，只要负载阻力转矩小于相邻矩角特性的交点处的电磁转矩，电动机就可正常实现步进运动。称该交点处的转矩为**起动转矩** T_{st}。由图 6-16 可得

$$T_{st} = T_{max}\sin\left(\frac{\pi-\theta_{se}}{2}\right) = T_{max}\cos\frac{\theta_{se}}{2} \qquad (6\text{-}5)$$

考虑到式（6-4），式（6-5）可写成

$$T_{st} = T_{max}\cos\frac{\pi}{N_b} \qquad (6\text{-}6)$$

由式（6-6）可见，如果 T_{max} 相同，增加拍数，减小步距角可以增大起动转矩。

步进电动机转子前进一个步距角时，转子的运动是一个衰减振荡过程，如图 6-17 所示。从开始加脉冲到转子稳定停止在新的平衡位置所经历的时间称为**停止时间** t_s。可采用加阻尼的方法来缩短 t_s。增加阻尼的方法主要是机械阻尼和电气阻尼两类。机械阻尼方法是增加电动机的摩擦阻力或增加粘性阻力。此法虽然有效，但加大了转子的惯性，使电动机的快速响应性能变坏。电气阻尼方法简便，效果好，因此应用广泛，常用的有：①多相励磁阻尼法，如改三相单三拍运行方式为三相双三拍运行方式，有一相在两拍间均通电，该相的磁场在转子运动过程中起着阻尼作用；②延迟断开法，使原通电相在新通电相通电一段时间再断开，其作用与前一方法相似，如三相单三拍运行时采用延迟断开法，效果同前一方法，但可节省电源消耗功率。

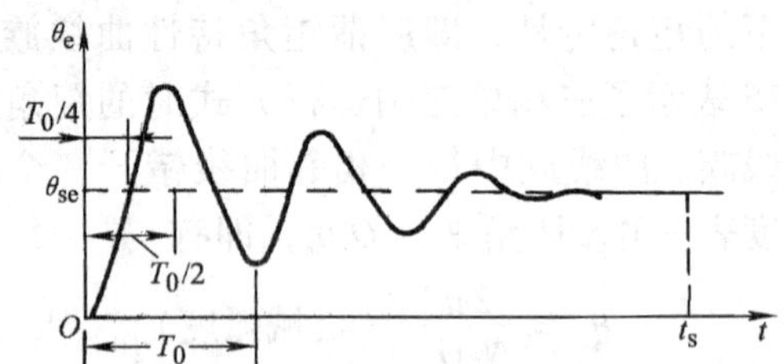

图 6-17　转子运动衰减振荡过程及停止时间的定义

3. 连续脉冲运行

步进电动机在实际应用时，较多的是工作在连续脉冲状态，而且外加脉冲的频率往往在很大范围内变动，所以必须了解脉冲频率对电动机工作的影响。设连续脉冲信号的频率为 f，则一个脉冲的持续时间 $t_p=\dfrac{1}{f}$（单位为 s）。参看图 6-17，图中 T_0 为转轴自由振荡的周期。当 t_p 在 $0 \sim T_0$ 时段内时，第二个脉冲在振荡曲线不同点来到，转子的响应显然是不同的。例

如t_p在$T_0/4 \sim T_0/2$间，转子运动方向与第二脉冲作用同方向；t_p在$T_0/2 \sim T_0$之间则转子运动方向与第二脉冲作用的方向相反。总之当$t_p < t_s$时，转子的响应是很复杂的。但如果$t_p > t_s$，在t_p时间内，转子振荡已衰减完毕，已处于新的平衡位置，转子的角速度已为零。所以这种频率的连续脉冲运行犹如连续的单脉冲运行，如图6-18所示。

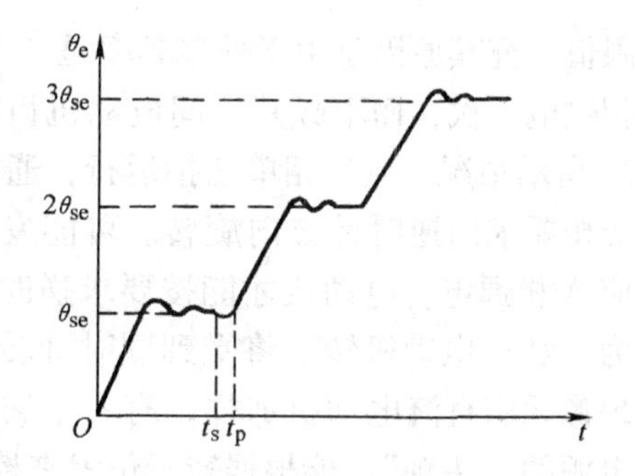

图6-18　连续脉冲运行$t_p > t_s$

连续脉冲的频率受下列两个指标的制约：①**连续运行频率f_c**为使电动机不失步（每拍走一步为正常运行，每拍不走或多走均为失步）地运行的极限频率。它的数值随轴上负载的增加而下降。小步距角步进电动机的连续运行频率可达每秒一万步以上；②**极限起动频率f_{st}**：当电动机的负载一定时，如果外加控制脉冲频率超过某一临界值，电动机便会起动不起来，这一临界值称为极限起动频率。参看图6-19，设原来工作点为O点（空载）加上下一个脉冲，工作点将由O移到a点，并沿$n+1$拍曲线滑动，如当滑动到b点时，再下一个脉冲来到，工作点将移到$n+2$拍曲线上的c点，其时电磁转矩为负值，转子将减速而无法前进而失步。如果信号频率较低，等工作点滑到b'点未来下一个脉冲，工作点将滑到$n+2$拍曲线的c'点，有正转矩。转子仍能加速前进。所以只要工作点能落在动态稳定区内，电动机就能不失步地正常工作。这个极限起始频率亦与电动机的负载转矩及转子的转动惯量有关。

限极起动频率总小于连续运行频率，一般空载起动频率约为数千赫兹。

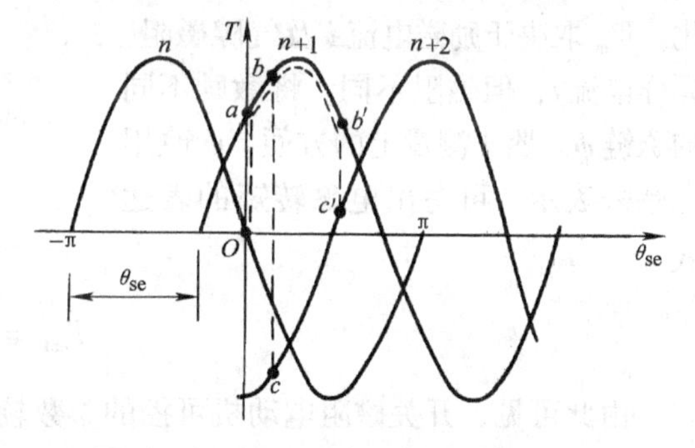

图6-19　说明极限起动频率

4. 步进电动机的精度

由下列指标来表示。**零位误差和不灵敏区**：理论上电动机空载时转子应处于零位，即$\theta_e = 0$，$T_{em} = 0$。实际上因轴上不可避免存在摩擦阻力转矩T_f，所以当$\theta_e = \Delta$时，其电磁转矩小于摩擦阻力转矩，即$T_{em} < T_f$，则转子将稳定在$\pm\Delta$区域内的任何位置，故称该区域为不灵敏区，Δ角表示了零位误差。**步距误差**：理论步距角与实际步距角的误差称为步距误差，以其最大值来表示电动机的精度。**步距累积误差**：电动机走了n步后，理论上应转过$n\theta_s$，它和实际上转过的角度之差称为累积误差，以最大累积误差来指示电动机的精度。上述误差的成因，主要是磁性材料不均匀，气隙不均匀，冲片齿槽分度不均匀等制造工艺方面的问题。

第五节　开关磁阻调速电动机

先回顾一下反应式步进电动机。图6-20为熟知的大步角步进电动机，定子6个极上设三相绕组，转子4个齿，步距角$\theta_s = \dfrac{360°}{N_b Q_r}$，当连续脉冲运行时其转速（单位为r/min）为$n = \dfrac{\theta_s f_c}{360°} \times 60 = \dfrac{60 f_c}{N_b Q_r}$，式中各符号的意义同前。为保证电动机不失步，连续运行的频率有极

限值。究其原因是由于外施频率是“主观”的，每隔 $1/f$，对某相供电一次，而不顾其瞬间电动机齿极的具体位置。例如图6-20所示情况，按三相单三拍运行，通电方式为A-B-C-A，转子应按要求向逆时针方向旋转。可能发生这样的情况，图示瞬间应A相通电，电动机才能按要求逆时针旋转。若此瞬间通电相为C相，电动机转子将受到顺时针转矩，导致电动机失控。如果像无刷直流电动机那样，有一个转子位置传感器，以改变外电源的“主观”，能根据转子位置来控制频率，保证每一瞬间都向应该通电的相通电，就大大提高了电动机运行的可靠性并可以大大提高控制电源的频率。综上所述，图6-20所示电动机，配上一个可控的开关电路，根据转子位置来合理地正确地导通和关断各相电路，便成为一台调速性能好（控制灵敏、调速范围广），损耗小，效率高，结构简单，价格合理的电动机。亦因此被命名为开关磁阻调速电动机。

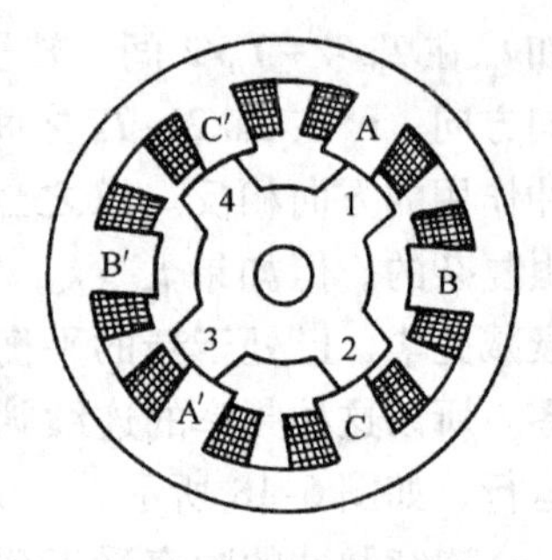

图6-20　三相6/4极反应式步进电动机截面图

开关磁阻电动机的基本构成如图6-21所示。

根据电磁场基本理论，得知磁阻电动机的电磁转矩来自气隙磁场储能 W_m 因转子位置 θ 角改变而发生的变化。W_m 取决于励磁电流 i 及气隙磁阻，同样电流 i，但磁阻不同，将激励不同的磁链 ψ。鉴于测量上的方便，ψ 改用电感来表示。可写出电磁转矩的表达式

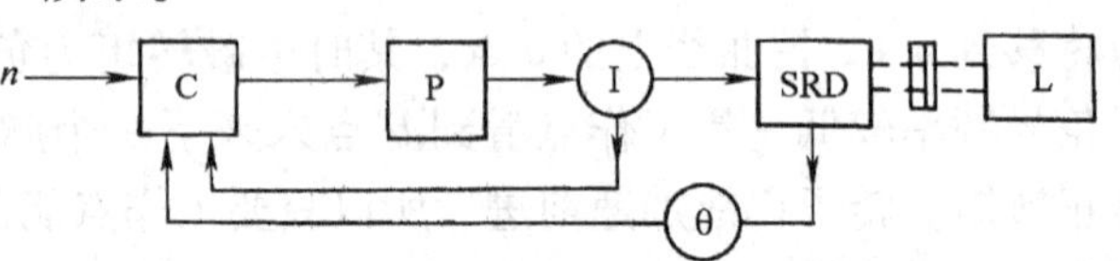

图6-21　开关磁阻电动机的基本组成

SRD—开关磁阻电动机　L—机械负载　θ—位置传感器

I—电流检测器　C—控制器　P—功率变换器

$$T_{em} = ki^2 \frac{\partial L}{\partial \theta} \tag{6-7}$$

由此可见，开关磁阻电动机可控的参数较多：控制电流 i 的幅值；直流电源的电压；控制电流的持续时间等。所以图6-21中设有电流检测装置。位置检测装置视传感器的不同而不同，应用较多的是光电式和电磁式传感器。

开关磁阻电动机本体结构较简单，就相数分有单相、两相、三相和四相等，就定转子齿极配合常用的有6/4、8/6、12/8等。

应用范围较宽广，例如：在宽广调速范围内部需要有较高效率的风机、水泵类负载；要求起动转矩大、低速性能好的电动车辆；需要频繁正转反转，电气制动的机床；需要高速驱动的负载，如调速范围10000～20000r/min的吸尘泵离心干燥机；环境较恶劣的矿井、冶金行业等均是开关磁阻机能胜任的场所。

思　考　题

1. 如何理解和应用反应式步进电动机的转子应使励磁磁路的磁阻为最小位置这一作用原理，此原理亦即Aligement Principle。

2. 写出步进电动机四相八拍的通电方式，如要改变转向应如何改变通电方式？

3. 如何理解三相双三拍运行、三相六拍运行方式比三相单三拍运行有较好的阻尼作用？

4. 步进电动机的结构中什么叫径向分相、轴向分相；什么叫径向磁路、轴向磁路？电动机中径向与轴向磁路的导磁体有什么区别？

5. 步进电动机的步矩角为 θ_s，当连续脉冲的频率为 f_c，试写出步进电动机的转速（单位为 r/min）和每一转要走多少步（用 s 表示）的表示式。

6. 步进电动机的控制绕组的电感使控制电流上升缓慢，将影响工作频率。图 6-22b 为一种双电源驱动电路，它的作用是提高控制电流上升速度。由图 6-22a 可见，电流达到正常工作电流 I_w，不同电压所需时间不同，用某高电压时需 t_1，用正常控制电压时需 t_2。V_1 与 V_2 为 NPN 型晶体管，单稳触发器正常时输出低电平，受正脉冲触发输出高电平，经一设定时间单稳触发器又自动回复正常状态，输出低电平。试分析该电路的功能，能否获得相当于减小控制绕组电感影响的作用？

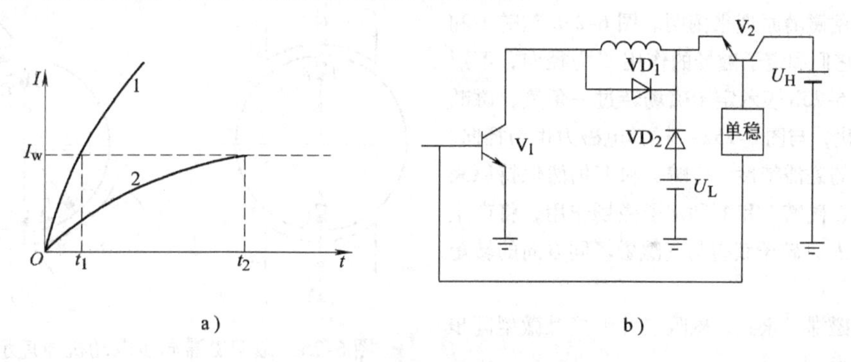

a)　　　　b)

图 6-22　步进电动机的驱动电源

a）不同电压时电流上升速度

1—高电压　2—低电压

b）一种双电源的电路

7. 试比较开关磁阻调速电动机与反应式步进电动机的异同。

8. 图 6-23 为一台外转子单相开关磁阻电动机，内定子的绕组为一环形线圈，设置在 6 个 C 形磁极槽内，通电后将形成轴向和径向组合的磁场，如图 6-23c 所示。当转子齿接近定子极时接通电源，转子受到电磁转矩旋转。为避免转子被吸住受制动，当转子转过一角度后断开电源，让转子靠惯性继续旋转，当转子齿接近下一定子齿时再接通电源。如此循环重复，实现了从电能到机械能的转换。

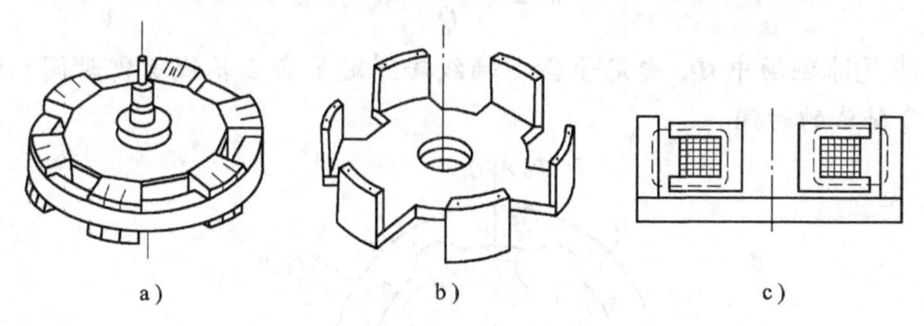

a)　　　　b)　　　　c)

图 6-23　外转子单相开关磁阻电动机

a）内定子　b）外转子　c）磁路系统

如果外转子齿为充磁后的永久磁铁。当电源为市电频率 50Hz。试分析该电动机的工作情况。这就是应用较广的微风吊扇的驱动电动机。

9. 图 6-24a～d 所示为几种微型无接触同步电动机的转子。它们的定子为三相或单相分裂绕组，加上电源后能产生气隙旋转磁场，试分析其结构的作用。

10. 图 6-25 为另一种微型无接触电动机，定子为常规结构，转子由磁滞回线很宽硬磁材料制成。其作

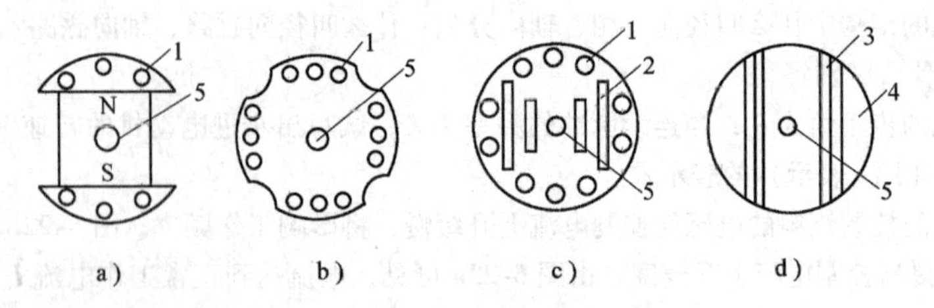

图6-24 几种微型无接触同步电动机的转子

1—笼型导条 2—充铝内槽 3—铸铝 4—铁心 5—转轴

用可简单地用磁畴原理来阐明。图6-25a 磁畴1和1′被磁化，它们和定子磁场的作用 F 为径向，不形成转矩。图6-25b 表示定子磁场转过一角度，磁畴2和2′被磁化，与图6-25a 一样其电磁力也为径向。但由于材料的磁滞特性，磁畴1和1′仍然保持原来极化的磁性、磁畴1和1′和定子磁场作用，将产生切向电磁力 F_t，转子获得与气隙磁场同方向的转矩而运转。

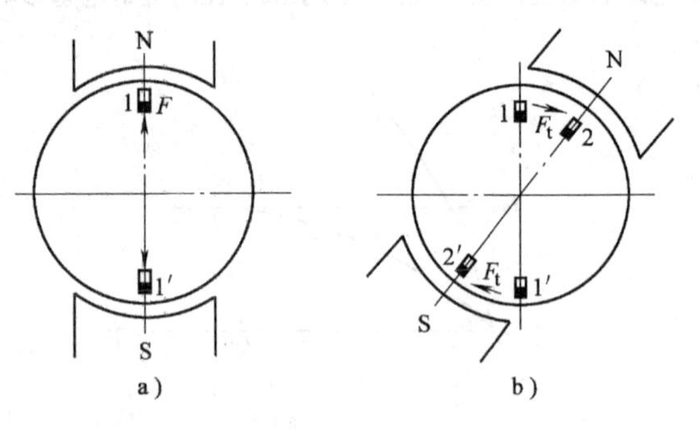

图6-25 微型磁滞同步电动机原理示意图

试比较磁滞、永磁、磁阻三种无接触微型同步电动机的特点。

习 题

6-1 一台定子三相6极，转子齿数 $Q_r=4$ 的反应式步进电动机，工作在50Hz的控制电源，其最小可能的步距角是多少？连续运行时，最高转速为多少？

6-2 图6-26为一个同步磁阻型减速电动机的截面图。设定子齿数为 Q_s，转子齿数为 Q_r。定子槽中设置三相绕组（或多相绕组）以产生转速为 n_s 的气隙圆形旋转磁场，试证明转子的转速

$$n=\frac{Q_r-Q_s}{Q_r}n_s$$

提示：图中气隙磁场中 Φ_δ 由定子齿1轴线转到定子齿2轴线所需时间，恰等于转子齿2′转到定子齿2轴线的时间。

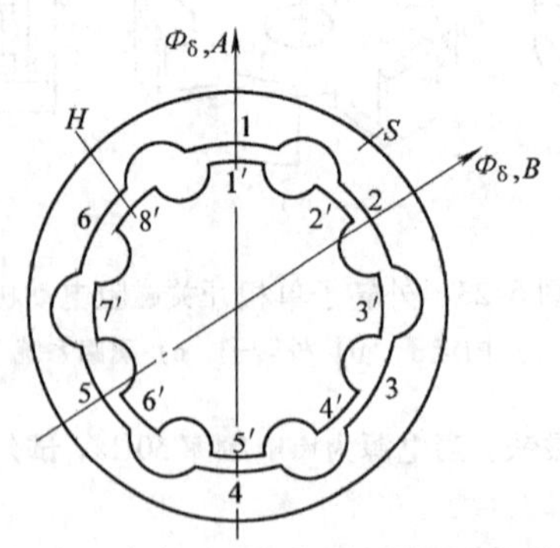

图6-26 同步磁阻型减速电动机截面图

第七章　测速发电机

第一节　概　　述

在自动控制系统中，常需将机械转速转变为电信号，测速发电机就是能完成这个要求的一种电磁装置。它除了能测量平均转速及瞬时转速外，还可作为进行微分和积分的解算元件，并常用作提高系统精度及稳定性的校正元件。

测速发电机的输出电压 U_{out} 和输入的转速 n 间的关系，称为**输出特性**。对测速发电机的特性有以下要求：输出特性有良好的线性关系；剩余电压（转速为零时的输出电压）U_r 要小；U_{out} 能同时反映被测对象的转向；温度变化对输出电压的影响要小；运行时噪声、无线电干扰要小；摩擦阻转矩和惯性要小，以获得高灵敏度和不因被测对象连上测速发电机而增大惯性，导致对象原有状态的改变。

根据输出电压的不同，测速发电机主要分为直流测速发电机和交流测速发电机两大类。交流测速发电机又可分为脉冲式、同步式和异步式。

第二节　直流测速发电机

1. 直流测速发电机的基本作用原理

根据励磁方式，直流测速发电机有他励式和永磁式两种。他励式与直流伺服电动机在结构上并无差别；永磁式亦只是定子磁极为永久磁铁外，其余部分与他励式相同，主要优点是省去了一个励磁电源。

直流测速发电机实际上就是一台微型直流发电机。根据直流电机理论［见式（1-12）］，空载电枢电动势的表示式为

$$E_0 = C_e n \Phi_0 \tag{7-1}$$

式中，Φ_0 为电机空载时的每极磁通，如不考虑电枢反应，则任何负载时，Φ_0 为常数；电枢电动势 $E_0 = E_a = C_1 n$。

由图 7-1 可写出端电压方程式为

$$U_{out} = E_a - I_a \sum r_a = E_a - \frac{U_{out}}{R_L} \sum r_a \tag{7-2}$$

或

$$U_{out} = \frac{C_1 n}{1 + \frac{\sum r_a}{R_L}} = C_2 n \tag{7-3}$$

即为直流测速发电机的输出特性，是一线性方程式。不同负载电阻时的特性如图 7-2 所示。

2. 直流测速发电机的误差

图 7-2 所示特性是不计电枢反应的去磁作用和认为 $\sum r_a$ 是常数得出的。实际上，电枢反应将使气隙每极磁通 Φ_0 减小；$\sum r_a$ 中的电刷接触电阻 r_b 不是常数，一般情况下电刷接触电

压降 $I_a r_b = \Delta U_b$ 近似为一常数。这些影响将使输出特性不再呈直线。

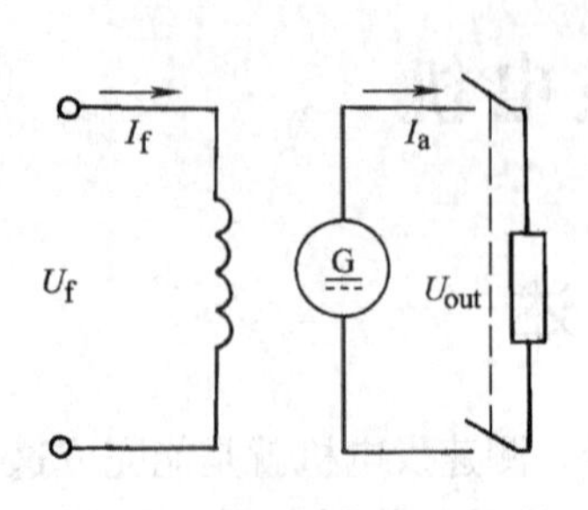

图 7-1 直流测速发电机

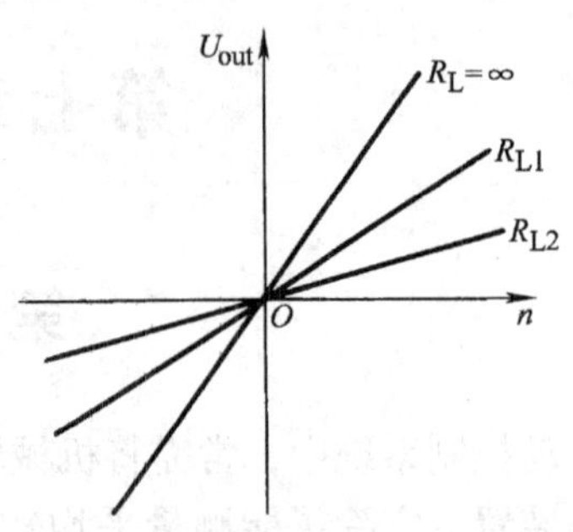

图 7-2 直流测速发电机的理想输出特性
$R_{L1} > R_{L2}$

图 7-3 为直流测速发电机的实际输出特性曲线。图中转速在 $0 \sim \pm n_d$ 之间，电枢端电压为零，这个区域称为**不灵敏区或无信号区**。将 $I_a \sum r_a = I_a r_a + 2\Delta U_b$ 的关系代入式（7-3），参照图 7-1，再写出端点方程，可得

$$U_{out} = \frac{C_1 n - 2\Delta U_b}{1 + \frac{r_a}{R_L}} \tag{7-4}$$

可见只有当 $C_1 n > 2\Delta U_b$ 时，才有输出电压。要减小不灵敏区则必须减小电刷接触电压降 ΔU_b。常采用金属电刷及不易氧化的金属制成换向片。尽量增大负载电阻 R_L，以减小电枢电流及电枢反应，可使输出特性保持线性。

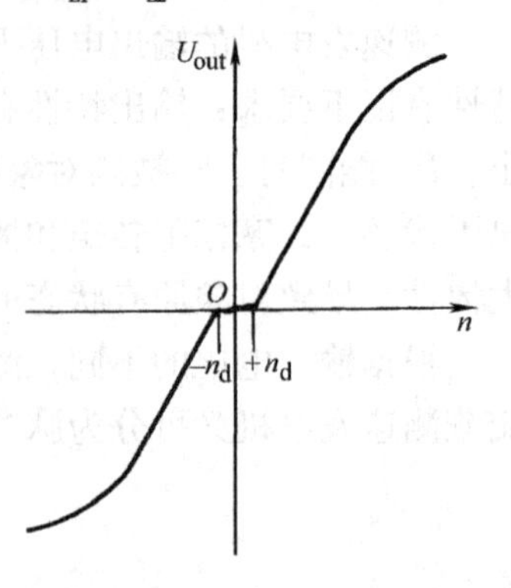

图 7-3 直流测速发电机的实际输出特性

此外，如励磁绕组的电阻因温度变化而变化，则将导致励磁电流和气隙每极磁通发生相应变化，从而影响输出电压的数值。为此，可采用恒流源来励磁，或在机外串一比励磁绕组电阻 r_f 大得多的附加电阻，以减小 r_f 因温度变化而引起的励磁电流的变化。

直流测速发电机主要的缺点是存在换向器和电刷，会产生自控系统所不允许有的火花和无线电干扰。

3. 无刷直流测速发电机

无刷直流测速发电机结构类型很多，图 7-4 为一种霍尔无刷直流测速发电机原理示意图。当转子旋转时，空心杯转子切割永磁内定子的磁通，产生感应电动势 E_r 和转子电流 I_r。按直流发电机的工作原理，I_r 将激励交轴磁场 Φ_q，Φ_q 在经过外定子闭合路径时，穿过霍尔元件。当霍尔元件通有一定的直流电流 I_H 时，霍尔元件的电压端将产生霍尔电动势 E_H。由于 $E_H \propto \Phi_q \propto I_r \propto E_r \propto n$。所以 E_H（两个霍尔元件的电动势串联以增大输出电压的幅值）即为测速发电机的输出电压。

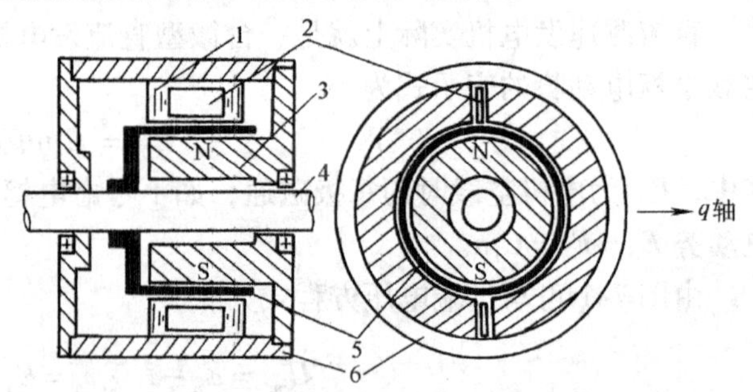

图 7-4 霍尔无刷直流测速发电机原理示意图
1—外定子 2—霍尔元件 3—永磁内定子 4—轴 5—空心杯形转子 6—外壳

这种电机无齿槽，无绕组，结构简单，便于小型化，如材料性能和制造工艺较好，可以获得满意的输出特性。

第三节 同步测速发电机和脉冲测速发电机

同步测速发电机实际上就是一台单相永磁微型同步发电机，转子为永久磁铁制成的磁极，定子为一单相绕组，该绕组作为输出绕组。当转子以 n（单位为 r/min）旋转时，该绕组感应的电动势大小及频率为

$$\left.\begin{aligned} f &= \frac{pn}{60} \\ E &= 4.44 f N k_w \Phi_m = kn \end{aligned}\right\} \tag{7-5}$$

可见感应电动势的大小和频率均随转速变化，前者是所需要的测速发电机的功能，但是后者却导致电机本身的阻抗和负载阻抗都随转速而改变，所以这种测速发电机的输出特性就不是线性。通常只用作指示式转速计。

脉冲式测速发电机种类甚多，图 7-5 是其原理示意图。以软铁制成的齿轮直接安装在被测对象的转轴上，齿轮可以制得很薄，转动惯量很小。定子由条形永久磁铁和软铁组成门形组件，两个门柱软铁上绕有线圈，串联后输出电动势。齿轮旋转，槽和齿交替擦过门柱，使永久磁铁磁路的磁阻交替变化，相应地使输出线圈匝链的磁通发生变化而感应出电动势。该电动势经数字电子电路整形成为矩形脉冲波。根据脉冲数及齿轮齿数便知被测转轴的转速。

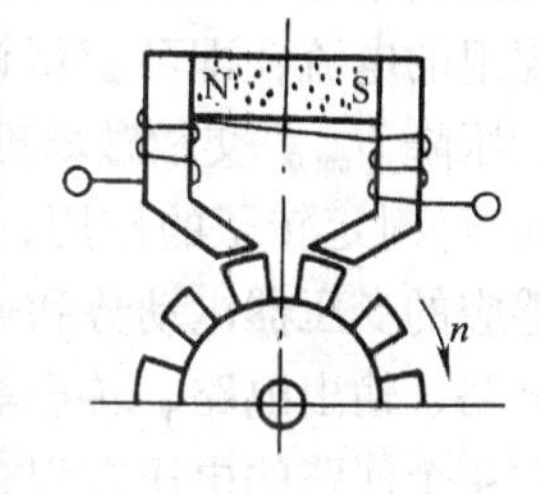

图 7-5 一种脉冲测速发电机的原理示意图

这种测速发电机结构简单、紧凑、转动惯量小，在数字技术应用日益广泛的今天，其使用范围十分宽广。

第四节 交流异步测速发电机

1. 交流异步测速发电机的结构和基本作用原理

目前应用较广的是杯形转子结构，它和空心杯形转子交流伺服电动机完全相同。转子用电阻率较高的材料，杯壁厚度约 0.2～0.3mm。定子上有空间相距 90°电角度的绕组、一个作为励磁绕组 f，外施交流励磁电源；一个作为输出绕组。尺寸较小的测速发电机两个绕组都设置在内定子上；机壳外径大于 36mm 时，常将励磁绕组嵌在外定子铁心槽中，输出绕组嵌在内定子表面槽中；内定子铁心还配有可以回旋一个角度的装置，可以调节两个绕组间的相对位置，以减小或消除由于工艺问题，使两绕组轴线非严格的 90°电角度而带来的所谓零态信号电压。

参看图 7-6 异步测速发电机的工作原理图，频率为 f 的励磁电源 U_f 外加到匝数 N_f 的励磁绕组 w_f 上，发电机气隙中将激励一个脉动磁场 H_d。当转子静止 $n=0$ 时，转子中只有由 Φ_d 感应的变压器电动势 e_{Rdt}（下标表示转子 R 中由 d 轴磁场产生的 t 变压器电动势），该电动势产生的电流所激励的磁场也作用在 d 轴，与位于 q 轴的输出绕组正交，不会在其中感应电动势。所以 $n=0$ 时，输出绕组 $U_{out}=0$。当转子以 n 旋转时，转子除了仍有 e_{Rdt} 外，尚有转子切割 Φ_d 而感应的速率电动势 e_{Rdr}（下标 r 表示旋转电动势）。这个电动势产生的电流所激励的磁场则作用在 q 轴。根据电机基本理论知道，e_{Rdr} 及其产生的电流及 Φ_q 的频率均与

Φ_d 即和励磁电源的频率相同，而与转速 n 无关。Φ_q 与输出绕组同轴，将在输出绕组中感应变压器电动势 e_{qt}，即输出电压 U_{out}。其频率为电源频率 f；其大小 $U_{out} \propto \Phi_q \propto e_{Rdr} \propto n$。

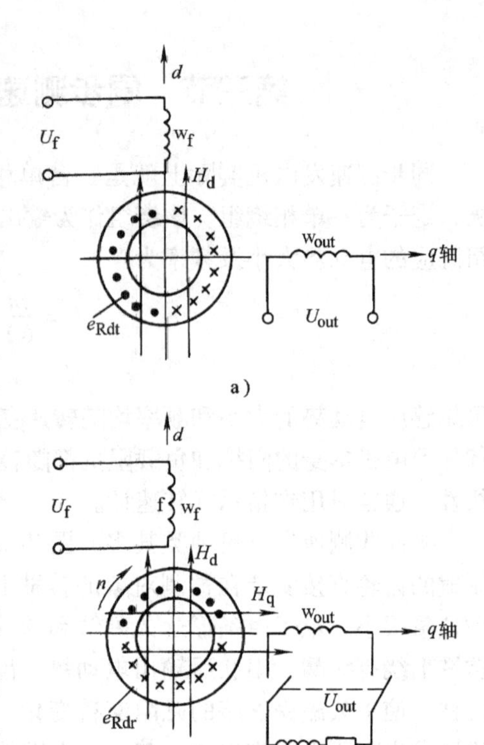

图7-6 异步测速发电机的工作原理

a）转子不动时（$n=0$）

b）转子旋转时（$n\neq0$）

2. 异步测速发电机的输出特性

分析异步测速发电机通常应用旋转磁场理论或交轴磁场理论，将 H_d、H_q 两个空间相距90°电角度，时间上不同相的脉动磁场，分解为两对向相反方向旋转、幅值不等的圆形磁场，然后分别考虑各个旋转磁场的作用，再合成以获得测速发电机的特性，这种方法也就是对称分量分析方法。前面分析交流伺服电动机就应用了此种方法。只要求出输出绕组的电流，即可获得该电流在负载阻抗 Z_L 上的电压降 U_{out}。交轴磁场理论分析方法是直接分析 H_d 和 H_q 对定转子的作用，写出它们在定转子电路中感应的变压器电动势和速率电动势，写出定子励磁电路、输出电路、转子等效的 d 轴绕组和 q 轴绕组共4个回路的电压方程式，然后求解方程式找出输出绕组的电流，再乘上输出绕组的负载阻抗，即是 U_{out}。

无论哪种方法，推导输出特性的过程都十分复杂，但两方法获得的结论是相同的，输出特性的表示式为

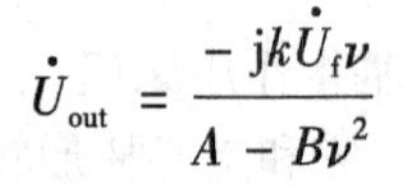

$$\dot{U}_{out} = \frac{-jk\dot{U}_f\nu}{A - B\nu^2} \tag{7-6}$$

式中，k 为励磁绕组（w_f）和输出绕组（w_{out}）的匝数比，即 $k=N_f/N_{out}$；$\dot{U}_f$ 为励磁电源电压；ν 为以同步转速 n_s 为基数的转速标幺值；A 与 B 为与异步测速发电机参数及负载阻抗有关的一个很复杂的复数。

由式（7-6）可见，异步测速发电机的输出特性因分母中有 ν^2 项，故 U_{out} 与 n 不呈线性关系；其次，$\dot{U}_{out}$ 的幅值与相位都要随负载阻抗改变而变化，不仅负载阻抗大小，而且负载阻抗的性质亦都要影响 $\dot{U}_{out}$。

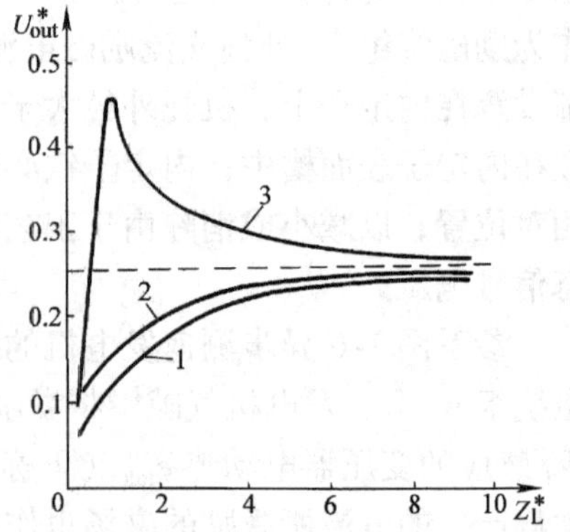

图7-7 当 $\nu=0.5$ 时，$U^*_{out}=f(Z^*_L)$

1—纯电阻负载 2—纯电感负载 3—纯电容负载

3. 误差和负载阻抗对输出电压的影响

因式（7-6）中的复数系数 A 和 B 中均包含负载阻抗 Z_L，所以输出电压与 Z_L 的关系非常复杂。经分析，可得图7-7所示曲线，它表示了当转速为某一定值

（图中 $\nu=0.5$）时，输出电压与负载阻抗的大小和性质间的关系。坐标均以标幺值表示。U_{out}^*的基数是励磁电压 U_f，Z_L^* 的基数是归算到励磁绕组的转子电阻，即 k^2r_{rf}。由图可见，不论什么性质负载，只要 Z_L^* 比较大时，Z_L^* 的变化便不会引起 U_{out}^*明显的改变；纯电阻负载和纯电容负载对 U_{out}^*的影响是相反的，故应采用阻容负载，以获得 Z_C^* 在较大变化范围内，不致引起 U_{out}^*的变化；总的说来，Z_L 应尽量大些（测速发电机说明书中对 Z_L 的数值有具体要求）。

输出特性为非线性是由于式（7-6）的分母中有 ν^2 项，称 ν^2 项为零时的输出特性为理想输出特性，即

$$U_i=\frac{-jk\dot{U}_f\nu}{A} \tag{7-7}$$

当 ν 为某一定值时，理想输出电压 U_i 与实际输出电压 U_{out}绝对值的差，称为**幅值误差**。该误差常用理想输出电压的百分数表示，即

$$\Delta U\%=\frac{U_i-U_{out}}{U_i}\times100\%=-\frac{|A|-|A-B\nu^2|}{|A-B\nu^2|}\times100\% \tag{7-8}$$

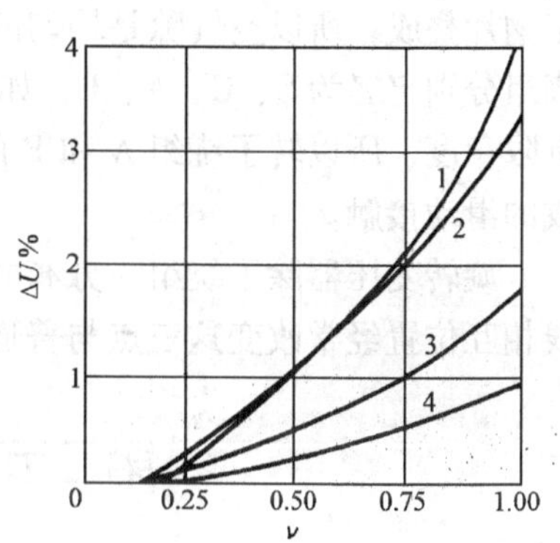

图 7-8　$\Delta U\%=f(\nu)$

1—$Z_L\to\infty$　2—电感负载

3—电阻负载　4—电容负载

图 7-8 表示了不同负载阻抗性质时的误差曲线。由图可见，不论什么负载，当 $\nu<0.2$ 时，$\Delta U\%$ 接近于零。为此，为减小幅值误差，宜采用高频励磁电源的测速发电机，因为提高同步转速就可以降低相对转速。

由于材料和工艺不良等原因，当 $n=0$ 时，$U_{out}\neq0$，这个电压称为**剩余电压或零态信号**。为消除这个电压，常采用各种补偿措施，即输出回路中加入一个电压去抵消剩余电压。

对测速发电机要求较高的场合，应对测速发电机的电源频率及环境和测速发电机本身的温度采取措施，以保证其稳定性。

思　考　题

1. 交流测速发电机的交轴磁通的频率为什么与转子转速无关？输出电动势的频率为多少？
2. 试设计一种脉冲测速发电机的原理结构图。
3. 为什么直流和交流异步测速发电机都要求接到输出绕组的负载阻抗应尽量大一些？（一般产品说明书上都注明应接负载的欧姆数）

习　　题

7-1　直流测速发电机的不灵敏区、交流测速发电机的零态信号各是什么含义？是如何产生的？如何减小或消除它们？

7-2　试比较交流同步测速发电机与交流异步测速发电机的基本特点，并指出它们的应用范围。

第八章 旋转变压器

第一节 概 述

在自动控制系统中常常遇到需要远距离测量、传输或复现一个机械角度的情况，这可以由旋转变压器或自整角机来实现。本节先讨论旋转变压器。

旋转变压器的结构和绕线转子感应电动机相似。定子、转子铁心均由冲有槽齿的圆形电工钢片叠成，所以空气隙是均匀的。定、转子铁心上各嵌有两个轴线互相垂直且对称的分布绕组分别定名为S、C、A、B，如图8-1所示。一般情况，旋转变压器的转子只需转动一个有限角度，所以转子绕组A和B的4个端点可以直接用软导线引出，毋需集电环和电刷构成的滑动接触。

旋转变压器除了绕组为分布式，铁心磁路有空气隙，一、二次（定、转子）绕组的轴线相互位置经常改变这三点与普通变压器不同外，其基本作用原理与普通变压器相同。

第二节 正弦和余弦旋转变压器

定子S绕组接至交流电源，转子A绕组作为输出绕组，便是一台正弦旋转变压器，如图8-2所示。由于绕组C和B开路未用，因此图中没有画出。

此时，S绕组将产生一个作用在d轴的脉动磁通Φ_S，Φ_S沿空间按正弦规律分布。由图可见，Φ_S将在A绕组中感应电动势E_A，E_A的表示式为

$$E_A = 4.44fN_A\Phi_S\sin\alpha = E_{A\max}\sin\alpha \tag{8-1}$$

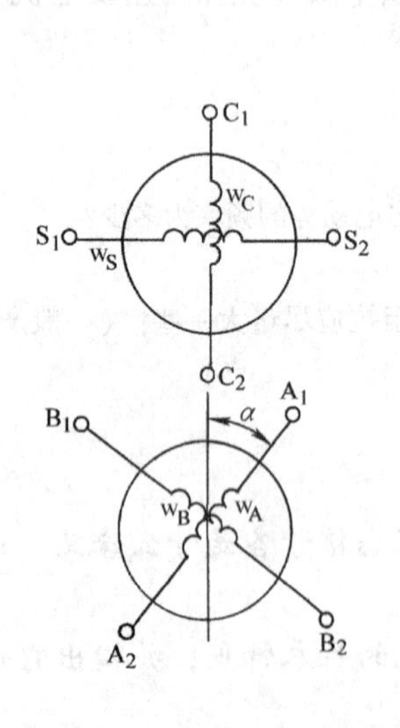

图8-1 旋转变压器的示意图

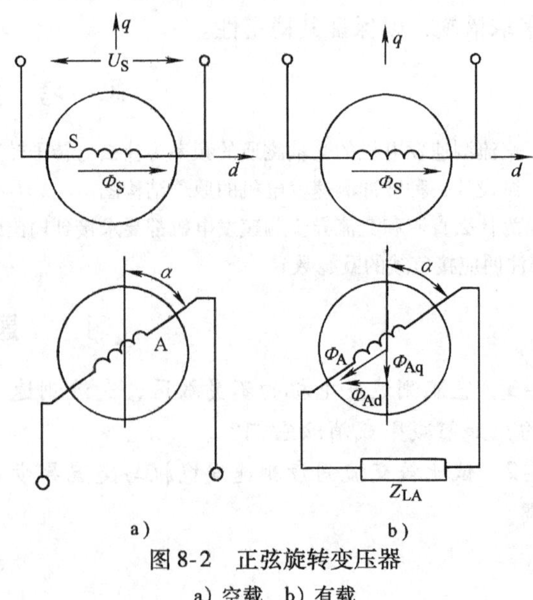

图8-2 正弦旋转变压器

a) 空载 b) 有载

式中，N_A 为 w_A 绕组的有效匝数；α 为 w_A 绕组与 q 轴间的夹角。

同理，Φ_S 将在 S 绕组中感应电动势 E_S，有

$$E_S = 4.44fN_S\Phi_S \tag{8-2}$$

令 $k=N_A/N_S$ 为转子绕组有效匝数与定子绕组有效匝数之比，则式（8-1）可改写成

$$E_A = kE_S\sin\alpha \tag{8-3}$$

空载时，如果 U_S 为常数，则 E_S 也为常数，式（8-3）指出绕组 A 的空载电动势 E_A 与转子回转角 α 间呈正弦函数关系，所以 A 绕组常称为**正弦输出绕组**。

当变压器接上负载阻抗 Z_{LA}，如图 8-2b 所示，则 A 绕组中将有负载电流 I_A 流通，并激励作用在 A 绕组轴线的脉冲磁通 Φ_A。用矢量分解法将 Φ_A 分解为 Φ_{Ad} 和 Φ_{Aq}，有

$$\left.\begin{aligned}\Phi_{Ad} &= \Phi_A\sin\alpha\\ \Phi_{Aq} &= \Phi_A\cos\alpha\end{aligned}\right\} \tag{8-4}$$

根据变压器基本作用原理，U_S 为常数时，按照磁动势平衡作用，S 绕组的电流将因 Φ_{Ad} 的去磁作用而增大。换言之，S 绕组中的电流增量，恰用以补偿 Φ_{Ad}，使 d 轴的磁通近似不变。

在 q 轴，Φ_{Aq} 与 S 绕组正交，无互感作用，不能被 S 绕组中的电流来补偿。于是 Φ_{Aq} 将在绕组 A 中感应自感电动势 E_{AL}，为

$$E_{AL} = 4.44fN_A\Phi_{Aq}\cos\alpha = 4.44fN_A\Phi_A\cos^2\alpha \tag{8-5}$$

因为 $\Phi_A \propto I_A$，由图 8-2b 有 $\dot I_A = \dfrac{\dot E_A}{Z_{\sigma A}+Z_{LA}}$，这里 $Z_{\sigma A}$ 为 A 绕组的漏阻抗，考虑到这些关系，式（8-5）可写成

$$\dot E_{AL} = C\frac{\dot E_A}{Z_{\sigma A}+Z_{LA}}\cos^2\alpha \tag{8-6}$$

此时，Φ_S 在 A 绕组中的感应电动势为 E_{AM}，其表示式同式（8-3）。A 绕组总的电动势 E_A 应是两项之和，即

$$\dot E_A = \dot E_{AM} + \dot E_{AL} \tag{8-7}$$

在时间相位上，$\dot E_S$ 和 $\dot E_{AM}$ 均由 Φ_S 所产生，所以两者同相位；Φ_{Aq} 不匝链 S 绕组，犹如普通变压器的漏磁通，它感应的电动势 E_{AL} 便为漏抗电动势，将滞后 $\dot I_A$ 90°电角度。最后 E_A 可写成

$$\dot E_A = \dot E_{AM} + \dot E_{AL} = k\dot E_S\sin\alpha - jC\frac{\dot E_A}{Z_{\sigma A}+Z_{LA}}\cos^2\alpha \tag{8-8}$$

或

$$\dot E_A = \frac{k\dot E_S\sin\alpha}{1+j\dfrac{C}{Z_{\sigma A}+Z_{LA}}\cos^2\alpha} \tag{8-9}$$

由式（8-9）可见，带了负载以后，输出电动势与回转角间的关系已非正弦，由分母中的 $\cos^2\alpha$ 带来了畸变。

如果图 8-2 中以绕组 B 替换成绕组 A，同理可得

$$\dot{E}_{B}=\frac{k\dot{E}_{S}\cos\alpha}{1+j\dfrac{C}{Z_{\sigma B}+Z_{LB}}\sin^{2}\alpha} \tag{8-10}$$

所以B绕组称为余弦输出绕组。

第三节　旋转变压器的补偿问题

输出特性畸变是由负载电流产生的Φ_{Aq}所引起，所谓补偿就是减小或消除Φ_{Aq}。有两种补偿方法：其一是二次侧补偿，如图8-3a所示，正、余弦输出绕组同时分别接负载阻抗Z_{LA}和Z_{LB}，此时负载电流将在绕组A和B中激励Φ_{A}和Φ_{B}，并可分解为Φ_{Ad}、Φ_{Aq}和Φ_{Bd}、Φ_{Bq}；其中d轴分量将按磁动势平衡作用，为S绕组所补偿。而Φ_{Aq}与Φ_{Bq}的方向相反，起相互抵消作用。如负载阻抗Z_{LA}与Z_{LB}选择适当（一般令$Z_{LA}=Z_{LB}$），交轴磁通将大大削弱，甚至消除。其二为一次侧补偿，如图8-3b所示。定子绕组C位于交轴，与Φ_{Aq}完全耦合，如C绕组接上Z_{LC}，则Φ_{Aq}在C绕组中感应电动势，产生电流I_{c}，激励产生与Φ_{Aq}呈去磁作用的Φ_{C}。如Z_{LC}选择适当（一般$Z_{LC}=0$，C绕组直接短接），交轴磁通亦将大大削弱，甚至消除。

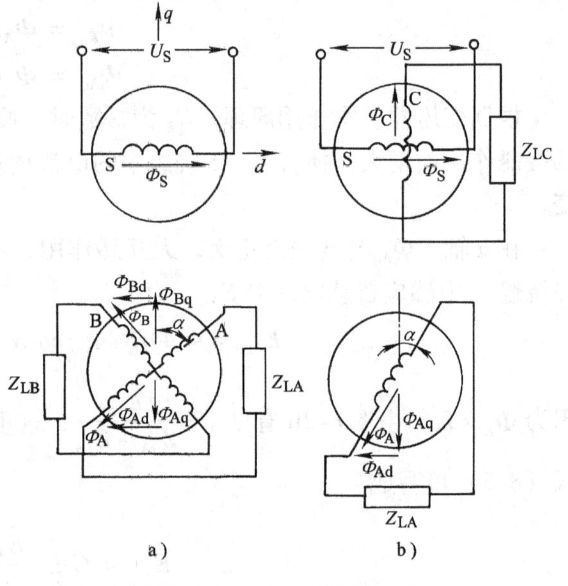

图8-3　旋转变压器的补偿

a）二次侧补偿　b）一次侧补偿

综上所述，一次侧补偿方法简单，将C绕组短接即成；当对输出电动势的函数关系要求很高时，可以同时采用一、二次侧补偿；当负载阻抗很大时，由于负载电流甚小，Φ_{Aq}亦很小，亦可不用任何补偿。

第四节　线性旋转变压器

这种旋转变压器的特性是输出电压与旋转角α成线性关系。

我们知道，α很小时，$\sin\alpha\approx\alpha$，当$\alpha<4.5°$时，二者的相对线性误差小于0.1%，其时，正弦旋转变压器可以视作线性旋转变压器。但当α增大时，其误差迅速增大，就必须采用线性旋转变压器了。

数学上可以证明，若旋转变压器的输出电压与转子转角α有如下的函数关系：

$$U_{out}=\frac{\sin\alpha}{1+0.52\cos\alpha}\text{V} \tag{8-11}$$

则α在±60°范围内，其相对线性误差仍能保持小于0.1%。

欲使输出特性有上述函数关系，旋转变压器应按图8-4a接线。定子S绕组与转子B绕

组串联后接到电源，为一次绕组；A绕组为输出绕组；补偿绕组C经阻抗Z_{LC}闭合，其作用仍为补偿交轴磁场。此时，$I_S=I_B$，所以可以想象为一匝数为（$N_S+N_B\cos\alpha$）的绕组作用在直轴，作为一次绕组，而绕组A为二次绕组如图8-4b所示。于是二次绕组和一次绕组的匝数比k_T为

$$k_T=\frac{N_A}{N_S+N_B\cos\alpha} \tag{8-12}$$

因为A和B为对称绕组，$N_A=N_B$，而$k=N_A/N_S$，故式（8-12）可写成

$$k_T=\frac{k}{1+k\cos\alpha} \tag{8-13}$$

由图8-2b和式（8-3）得

$$E_A=k_TE_S\sin\alpha=\frac{kE_S\sin\alpha}{1+k\cos\alpha} \tag{8-14}$$

由式（8-14）可见，只要N_A/N_S设计为0.52，这时输出绕组的电动势就能满足式（8-11），当α在$\pm60°$范围内时，则输出特性有良好的线性关系。

图8-4为一次侧补偿的线性旋转变压器，它需补偿的交轴磁通有两部分：Φ_{Aq}和Φ_{Bq}。线性旋转变压器亦可同二次侧补偿，但其对Z_{LA}和Z_{LB}有一定要求，实用中较难实现，故很少采用。

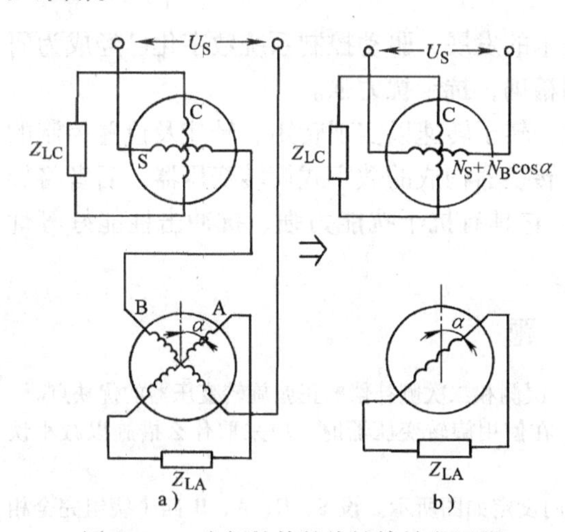

图8-4　一次侧补偿的线性旋转变压器

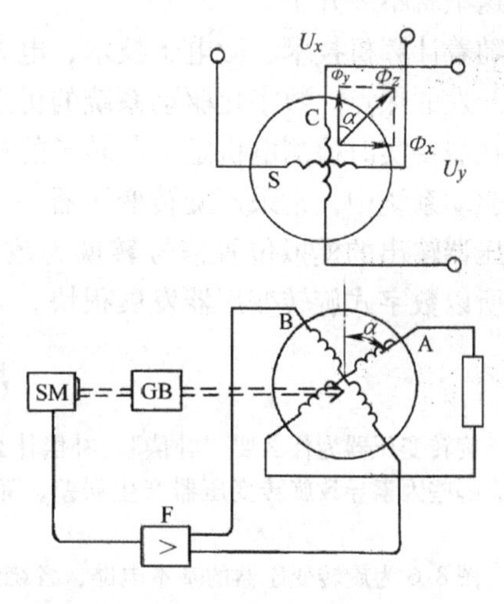

图8-5　用旋转变压器求矢量合成

第五节　应用举例

这里举一个矢量合成的例子，即已知矢量z的直角坐标分量x、y，求z的大小。

参看图8-5，定子S和C绕组分别施加时间上同相，大小正比于x、y的交流电压U_x、U_y。不计铁心饱和，则有

$$\left.\begin{aligned}x\propto U_x\propto I_S\propto H_x\\ y\propto U_y\propto I_C\propto H_y\end{aligned}\right\} \tag{8-15}$$

式中，H_x、H_y为两个时间上同相的脉动磁场。

H_z为H_x、H_y合成的脉动磁场。由图8-5可见

$$H_z^2 = H_x^2 + H_y^2 \tag{8-16}$$

$$\alpha = \arctan\frac{\Phi_x}{\Phi_y} \tag{8-17}$$

所以当转子转过 α 角，绕组 A 与 Φ_z 在空间重合时，Φ_z 将在 A 绕组中感应最大值的电动势 E_A，它就表示了合成矢量 z 的幅值，而转子旋转角就是合成矢量的相位。图中 B 绕组的输出经放大器去驱动伺服电动机。电动机经减速器轮箱去转动旋转变压器的转子。这样，系统将自动停止在 α 位置，A 绕组输出代表合成矢量的电动势 E_A。

一般的旋转变压器都是 $p=1$ 两极机。因为 $p=1$，则机械角度和电角度是一样的，一个输出电压对应一个输入的回转角。若 $p>1$，则将出现一个输出电压对应 p 个旋转角的情况，输入输出成为多值函数，不符合自控系统的要求。但是为了提高旋转变压器的精度，增大 p 是个有效措施。由于配合某些控制电路可以解决多值函数的问题，所以新型的**多极回转变压器**就得到了发展。一般多极旋转变压器的极对数 p 可达 15 ~ 36，但是电动机槽数受到电机尺寸及制造工艺的限制，不能太多。于是就得采用所谓分数槽正弦绕组。这种绕组的特点是绕组的每个元件有不同的匝数。元件的匝数是根据要求获得的气隙磁动势波的波形进行调制来确定的。这种电机由于 p 大、极距小，气隙长度和极距之比 δ/τ 增大，气隙磁场分布规律极为复杂，这时的磁场已不能简单地用“路”的方法来处理，需用“场”的理论来分析计算，这里就不展开了。

随着计算机技术、微电子技术、电力电子技术的发展，驱动控制系统数字化已经成为研究和开发的热点。数字化驱动系统的优点是控制精确，抗干扰力强。

在需要实时检测电机定子与转子的相对位置、转子转速以实现转矩、转速及位置控制的数字驱动系统中，常采用旋转变压器——模-数转换器构成的数字式旋转变压器。后者将旋转变压器输出的模拟位置信号转换为数字信号。它具有抗干扰能力强、抗冲击性能好等优点，所以数字式旋转变压器发展很快。

思 考 题

1. 旋转变压器为什么要“补偿”，补偿什么？比较一次侧和二次侧补偿的正弦旋转变压器的优缺点。

2. 哪些因素导致旋转变压器产生误差、降低精度？在使用旋转变压器时，应采取什么措施以减小误差。

3. 图 8-6 为旋转变压器的基本电路，各绕组的正方向设定如图所示。设 S、C、A、B 四个绕组完全相同，即它们的有效匝数相同为 N，各绕组的漏阻抗相同为 Z_σ。各绕组间的互感电抗最大值为

$$x_{SAmax} = x_{SBmax} = x_{CAmax} = x_{CBmax} = x_M$$

$$x_{SC} = x_{AB} = 0$$

如图 8-6 情况，位置角为 α，则它们之间的互感电抗不是最大，而是

$$x_{SA} = x_M\sin\alpha \qquad x_{CA} = x_M\cos\alpha$$

$$x_{SB} = x_M\cos\alpha \qquad x_{CB} = -x_M\sin\alpha$$

则各绕组本身回路的总阻抗为

$$Z_{SS} = Z_\sigma + jx_m$$

$$Z_{CC} = Z_\sigma + jx_m + Z_{LC}$$

$$Z_{AA} = Z_\sigma + jx_m + Z_{LA}$$

$$Z_{BB} = Z_\sigma + jx_m + Z_{LB}$$

式中，$x_m = \omega\Lambda N^2$，Λ 为主磁路的磁导；x_m 为各绕组的励磁阻抗。

试按上述设定写出旋转变压器4个回路的基本方程式。又若S、C绕组有效匝数为N_S，A、B绕组的有效匝数为N_B，则互抗的表示式将有什么变化？

4. 旋转变压器应用于单通道角度传递系统的原理接线图如图8-7所示。图中RT_1称为发送机，RT_2称为控制变压器。RT_1的转子绕组w_{A1}接单相交流电源，另一转子绕组w_{B1}用作补偿绕组。RT_1与RT_2的定子绕组w_{S1}和w_{S2}，w_{C1}和w_{C2}各自对接。RT_2的转子绕组w_{B2}为输出绕组，试证明输出电动势$E_{out}\alpha\sin(\alpha_2-\alpha_1)=\sin\delta$。式中的$\delta$称为失调角。

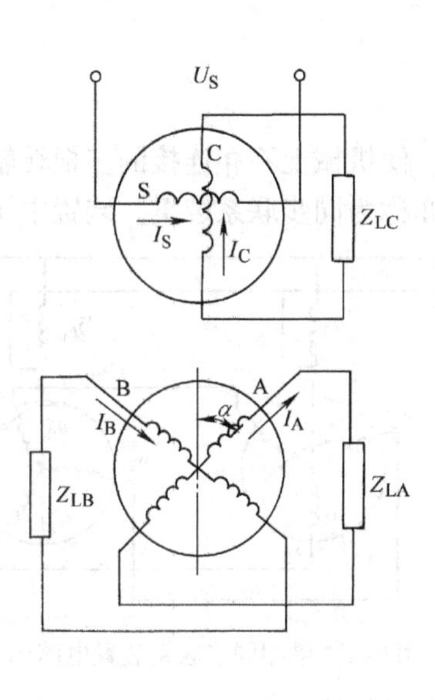

图8-6　回转变压器电流正方向的设定

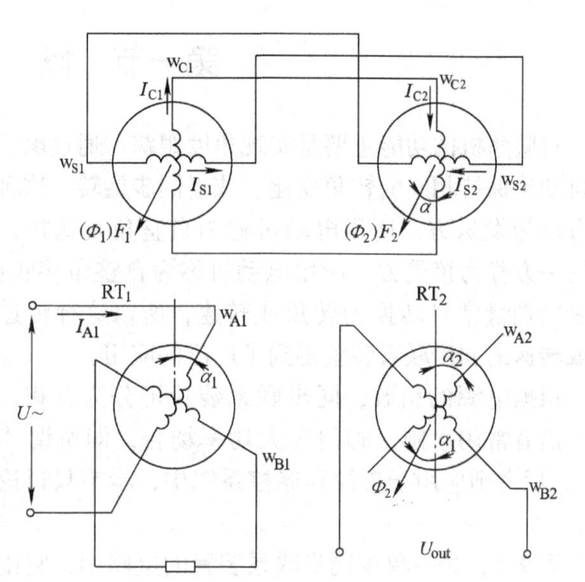

图8-7　回转变压器应用于单通道角度传递系统的原理接线图

习　题

8-1　试证明式（8-11）当$\alpha=\pm60°$范围内，其相对线性误差小于0.1%。

8-2　为提高旋转变压器的精度，发展了一种新型的多极旋转变压器，它的极对数不是1而是p。转子转动1°，在电气方面相当于转过的角度为p度。在测微小角度时，就大大提高了精度。一般多极旋转变压器的极对数$p=15\sim36$，但电机槽数受到电机尺寸和制造工艺的限制，不能太多，于是有了采用较少槽数来形成较多极数的所谓分数槽正弦绕组。图8-8是一个总槽数为96的分数槽正弦绕组的1/6，试问该部分绕组当激励后可产生的气隙磁场的极对数为多少？

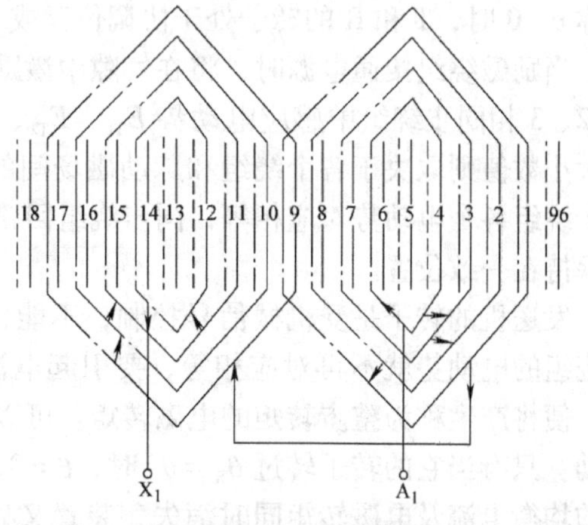

图8-8　分数槽正弦绕组

注：1. 各线圈的匝数是不同的，由专门的设计来确定，这里不详细展开。

2. 标出槽中导体的方向，然后用右手螺旋定则确定磁场极性和极对数。

第九章　自整角机

第一节　概　　述

自整角机的功能主要是实现角度跟踪。通过电的联系，使机械上不相连接的多根转轴能够自动地保持相同的转角变化，或者同步旋转。这种系统亦称为同步联系装置。装置中主动一方称为发送方，所用电动机称为自整角发送机；被动的一方称为接受方，所用电动机称为自整角接收机。许多物理量常可转换为转角或转速，所以这种传递转角或转速的同步联系装置得到了广泛的应用。

根据电源的相数，同步联系装置可分为三相、单相，前者常用水闸、阀门等大功率场合，即所谓“电轴”，后者则应用于自控和遥控系统中，本节只讨论后者。

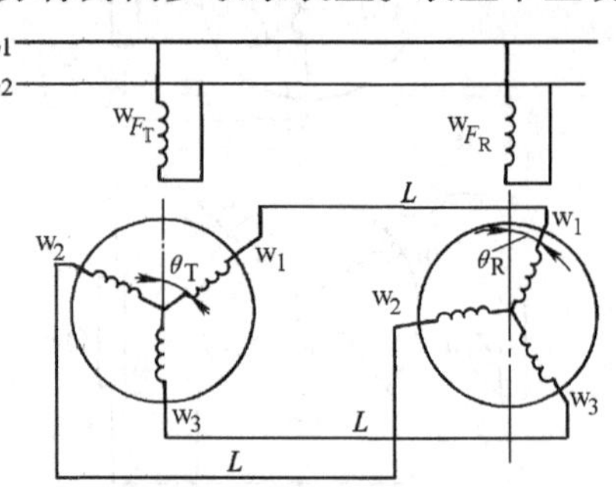

图 9-1　单相同步联系装置电路图

图 9-1，是一单相同步联系装置的电路图，它由两台完全相同的自整角机所组成。一个用作发送机 T；另一个用作接收机 R。它们的单相励磁绕组 w_{F_T}和 w_{F_R}接到同一个电源。它们的三相同步绕组 w_1、w_2、w_3 通过连线 L 对应连通。图中 θ_T 和 θ_R 分别为 T 和 R 的**位置角**，即它们是第 1 相同步绕组 w_1 的轴线和励磁绕组 w_{F_T}轴线间的夹角。定义 θ 为**失调角**，即

$$\theta = \theta_T - \theta_R \tag{9-1}$$

并称 $\theta=0$ 时，T 和 R 的转子处于协调位置或一致位置。

当励磁绕组接通电源时，将在气隙中激励一个脉动磁场。该磁场和同步绕组匝链，将在 1、2、3 相同步绕组中感应电动势 E_{T1}、E_{T2}、E_{T3} 以及 E_{R1}、E_{R2} 和 E_{R3}，它们在时间上同相，其大小数值则取决于各个绕组和脉动磁场间的相对位置。当 T 和 R 处于一致位置时，两个同步绕组各个电动势对应相等，同步绕组回路中便没有电流，也就不会产生转矩，两台电机就保持在一致位置。

发送机的转子是受机械信号控制，不能任意转动的。当它接受一个信号 θ_T，则两组同步绕组的电动势就不再对应相等，要引起电流，称为均衡电流。该电流和气隙磁场相互作用，便将产生称为**整步转矩**的电磁转矩。可以自由转动的接收机的转子在转矩的作用下便将转动。只有当它的转子转过 $\theta_R=\theta_T$ 时，$\theta=0$，同步绕组各个感应电动势又对应相等，回路中的均衡电流及电磁转矩同时消失，装置又处于一致位置，但接收机已转过了 θ_R，实现了转角的传递，亦即实现了转角的跟踪。

上述情况称为**回转运行**。转角的连续变化便形成转速。因此，该装置也就可传递转速，这种工作方式称为**旋转运行**或**动态运行**。一般自整角机旋转运行时有一个限制转速，通常为 500r/min，因为转速升高将使整步转矩减小，精度降低，甚至丧失正常工作能力，不能传递

转角。

自整角机按使用要求不同，分为**力矩式**和**控制式**两类。力矩式自整角接收机轴上只带像指针之类的轻负载，直接由接收机的整步转矩驱动，由它所组成的自整角机系统为开环系统，常用于远距离指示，例如指示阀门的开启度、升降机的位置、液面高度等，故亦称为指示式运行。控制式自整角机常和伺服系统组成随动系统，它的接收机轴上不直接带负载，而是输出和失调角呈正余弦函数的交流电压。其接收机的工作状况犹如变压器，故常称为自整角变压器。

第二节 基本结构

自整角机的基本结构是单相集中绕组——励磁绕组和三相对称分布绕组——同步绕组，分别设置在定、转子铁心上。通常是励磁绕组设置在定子凸极上，三相同步绕组设置在转子上，由三个集电环引出。接收机工作时，θ_R 到达新的一致位置的过程和步进电动机相似，其位置角亦有一个振荡过程如图 9-2b 所示。如阻尼时间 t_d 较长，便将影响系统的正常工作。为此，接收机转子上常设置阻尼装置。和同步电动机相似，可利用阻尼绕组来实施电气阻尼。此外也常用机械阻尼器，图 9-3 便是一种两级惯性摩擦阻尼器。轴套固定在接收机转轴，惯性轮套在轴套上，二者间可有相对运动，其间的摩擦起着阻尼作用。当接收机转子突然转动，由于惯性作用，惯性轮不动，轴套与惯性轮间产生摩擦转矩 T_1，当接收机转角大于 $\alpha/2$ 时，弹簧 3 受到销钉 2 的阻碍，又产生了弹簧与轴套间的摩擦转矩，总的阻力转矩变为 T_2，故称为两级惯性摩擦阻尼器。

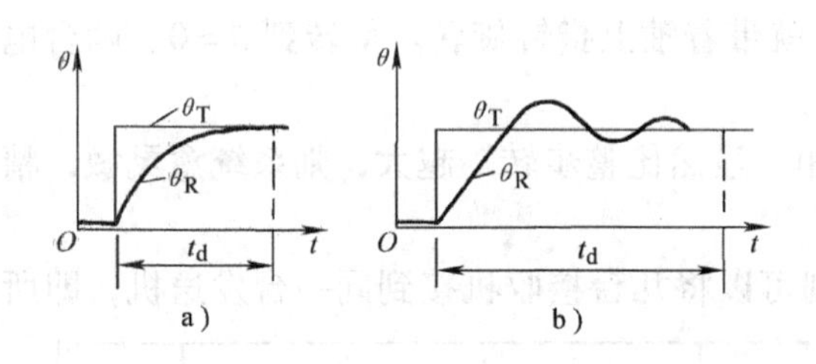

图 9-2 接收机的阻尼时间 t_d

a) 加有阻尼装置时 b) 无阻尼装置的振荡过程

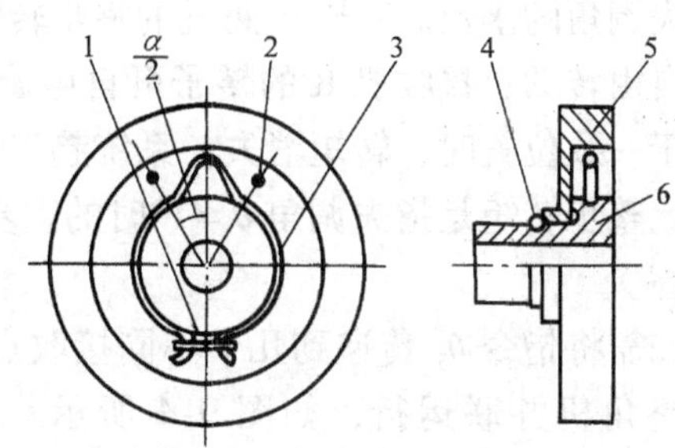

图 9-3 两级惯性摩擦阻尼器

1—锁片 2—销钉 3—弹簧 4—弹簧环 5—惯性轮 6—轴套

第三节 自整角机的指示式运行

接收机轴上仅带指针一类的轻机件的情况称为指示式运行，其电路图见图 9-1。发送机 T 和接收机 R 的励磁绕组都将激励一个沿气隙按正弦分布的脉动磁场，它们将在 T 和 R 的同步绕组中感应变压器电动势如下：

$$\left.\begin{aligned} E_{T1} &= E_S\cos\theta_T; & E_{R1} &= E_S\cos\theta_R \\ E_{T2} &= E_S\cos(\theta_T - 120°); & E_{R2} &= E_S\cos(\theta_R - 120°) \\ E_{T3} &= E_S\cos(\theta_T + 120°); & E_{R3} &= E_S\cos(\theta_R + 120°) \end{aligned}\right\} \tag{9-2}$$

式中，E_S 为同步绕组中最大可能的变压器电动势的有效值，也就是某个同步绕组的轴线与励磁绕组轴线相重合时，该同步绕组中所感应的电动势。

因为T和R完全相同，又接在同一电源，所以两台电机的 E_S 是相等的，即 $E_{ST}=E_{SR}=E_S$。需要指出的是式（9-2）中诸电动势在时间上是同相的。这也是同步绕组三个绕组用1、2、3标志，而不用A、B、C的原因。

参看图9-1，由式（9-2）写出同步绕组回路电压方程，求出均衡电流，列出各同步绕组的磁动势并将其分解为 d、q 轴分量，最后合成 d、q 轴磁动势如下：

$$\left.\begin{aligned}F_{Td}&=-\frac{3}{4}F_m(1-\cos\theta)\\F_{Tq}&=\frac{3}{4}F_m\sin\theta\\F_{Rd}&=-\frac{3}{4}F_m(1-\cos\theta)\\F_{Rq}&=-\frac{3}{4}F_m\sin\theta\end{aligned}\right\}\tag{9-3}$$

由式（9-3）可见，这些磁动势与发送机接收机的位置角 θ_T 和 θ_R 无关，只是失调角 θ 的函数。

同步绕组激励的磁场与励磁绕组激励的磁场相互作用产生整步转矩 T_S，当指示式运行时，有

$$T_S=T_{S1max}\sin\theta\tag{9-4}$$

亦是失调角的函数。T与R两机的整步转矩大小是相等的。发送机T的转子是受指令控制，不能自由转动；接收机R的转子可自由旋转，就带着轴上指针旋转。待转到 $\theta=0$、两台电机处于一致位置时，转矩消失，系统趋于稳定。

比整步转矩是指失调角 $\theta=1°$时的整步转矩，显然比整步转矩越大，则系统愈灵敏，精度越高。

如需将指令 θ_T 传递到几个不同接收点，则可以将几台接收机接到同一台发送机，即所谓自整角机并联运行，如图9-4所示。此时，每一台接收机的均衡电流是发送机的 $1/m$，每台接收机的整步转矩将减小，为一对一运行时的 $\frac{2}{m+1}$ 倍。这里的 m 为并联的接收机台数。

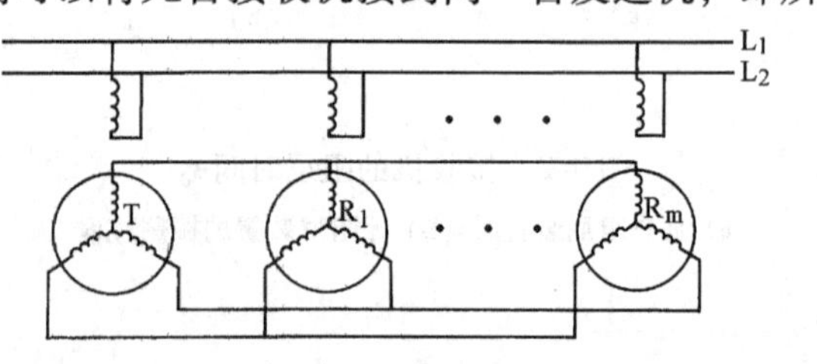

图9-4　自整角机并联运行

并联的接收机台数有限制，在发送机的说明书中有规定。并联的接收机应有同一型号和相同精度，不然，接收机之间将产生相互干扰，将严重影响系统的工作。

指示式运行的精度取决于发送机和接收机的精度。发送机的功能是输出与指令 θ_T 符合式（9-2）的电动势。同步绕组电动势和位置角 θ_T 的理论关系曲线如图9-5所示。实际上由于材料、工艺等因素，达不到图示理想状态。理论和实际之间的差值称为**电气不对称度**，由它来标志发送机的精度。逐点检测既困难亦不必要。规定检测图9-5中电动势的6个过零点，称为**六点法**。即实侧电动势 E_{12}、E_{23} 与 E_{31} 为零的实际位置角，与理论位置角的角度差

为误差角，以其中正负最大误差角的绝对值的算术平均值为衡量发送机精度的电气不对称度，其单位是“°”。

指示式同步联系装置接受指令 θ_T，接收机指示 θ_R，由于存在摩擦阻力等因素，θ_R 不一定等于 θ_T，亦称两者之差为误差角，用 $\delta\theta$ 表示，由它来标志装置的精度。规定用 72 点法来测定装置的精度。即发送机正反转每隔 10°测一次 θ_R，$\delta\theta=\theta_T-\theta_R$ 共得 72 个 $\delta\theta$。取其不同转向时测得的最大误差角绝对值的算术平均值 $\Delta\theta$ 来标志装置的精度。$\Delta\theta<0.75°$为一级精度，$\Delta\theta>1.5°$为三级精度。如果装置的发送机精度为一级（电气不对称度 <0.25°）时，装置的精度亦即认为是接收机的精度。

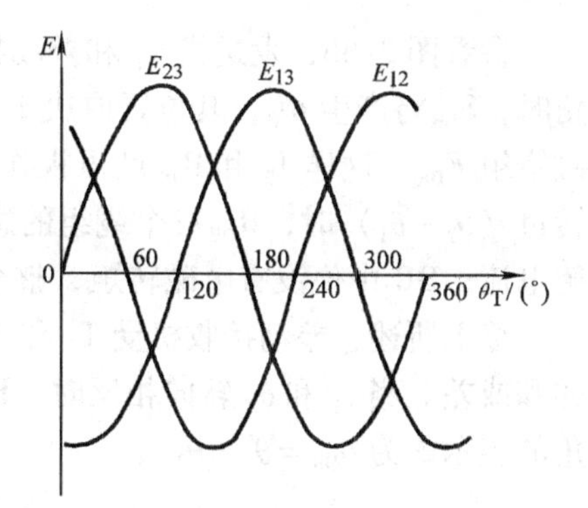

图 9-5　同步绕组输出电动势和位置角间关系曲线

第四节　差动式自整角机

如需要由两台发送机来控制一台接收机，便可采用差动式自整角机。

差动式自整角机的结构和普通自整角机不同，而与绕线转子感应电动机相似。定、转子均系隐极式，都装有三相对称绕组，并且各接成星形，转子的三个引出端由集电环电刷引出。此外，它的特点是定子、转子有相同的槽数、绕组型式、匝数和参数。

差动式自整角机一般和两台普通自整角机共同组成同步联系装置。它可作为接收机亦可作为发送机。

图 9-6b 表示差动式自整角机作为接收机的情况，T_1、T_2 为发送机，接至同一交流电源，它们的同步绕组分别接至差动式接收机 DR 的定子和转子绕组。先观察图 9-6a，接收机没有加励磁，此时只有发送机的同步绕组有电动势，同步绕组回路的电流取决于 E_{T1}、E_{T2} 和 E_{T3}，求出电流后，这三个均衡电流在接收机中将激励三个磁动势，可算出其 d、q 轴合成磁动势为

$$\left.\begin{aligned}F_{Rd}&=-\frac{3}{2}F_m\cos\theta_T\\F_{Rq}&=\frac{3}{2}F_m\sin\theta_T\end{aligned}\right\}\tag{9-5}$$

由式（9-5）可见，接收机合成磁动势 F_R 的空间位置如图 9-6a 所示，即当发送机转过 θ_T 角时，接收机的合成磁动势对同步绕组 1 向相反方向转过 θ_T 角。

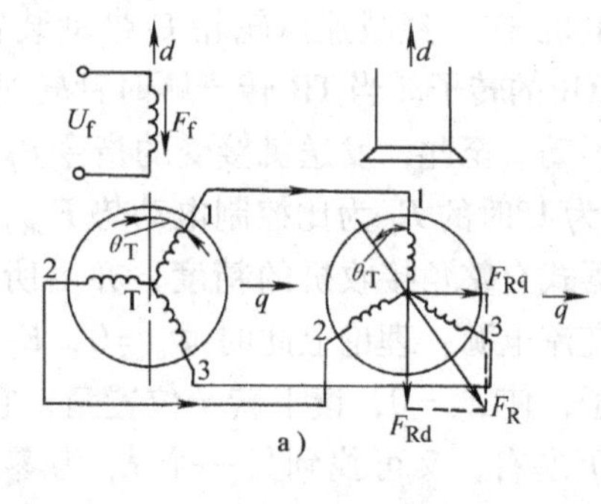

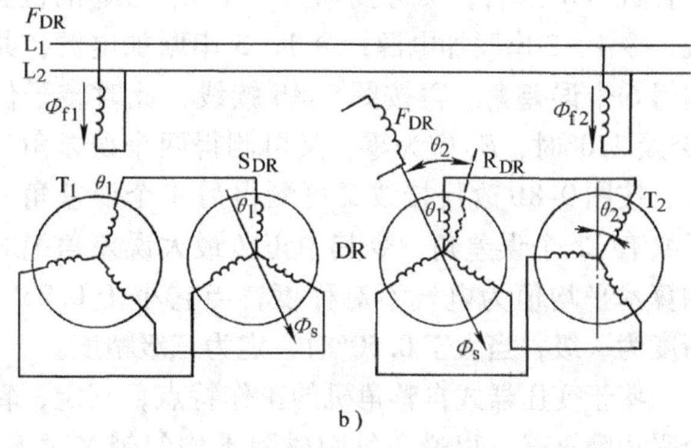

图 9-6　接线图及其工作情况
a）接收机无励磁情况　b）差动式自整角接收机

参看图9-6b，发送机T_1和差动接收机DR定子S_{DR}的情况和图9-6a相同。当T_1转过θ_1角时，S_{DR}将产生Φ_S，其位置取决于T_1的θ_1。Φ_S对差动式接收机犹如该轴线上有一定子励磁绕组F_{DR}，这样T_2和R_{DR}就可视作一对普通的发送机接收机，只有当差动接收机转子R_{DR}转过（$\theta_2-\theta_1$）时，R_{DR}三个绕组的感应电动势和T_2的三个同步绕组电动势相等，不出现均衡电流，DR中便没有电磁转矩，整个系统趋于稳定的一致位置。

综上所述，差动接收机受T_1和T_2控制，其转子R_{DR}将输出（指示）两台发送机位置角的和或差。当θ_1和θ_2转向相反时，R_{DR}将转过（$\theta_1+\theta_2$）角。差动式自整角接收机转子位置角的表示式为$\theta_{DR}=\theta_1\pm\theta_2$。

第五节　自整角机的变压器式运行

当同步联系装置需驱动一阻转矩较大的负载时，便可采用变压器式运行方式。

参看图9-7，T为普通自整角发送机。TR为变压器式自整角接收机，它的励磁绕组用作输出绕组，输出控制电动势E_c。

TR无励磁，情况和图9-6a相似，当T转过一个角度θ_T，则TR中激励磁场Φ_r，Φ_r相对于同步绕组1反方向（逆时针）转过θ_T。Φ_r的直轴分量$\Phi_1\sin\theta_T$将匝链输出绕组，并感应变压器电动势E_c。可见$E_c\propto\Phi_r\sin\theta_T$。$E_c$经放大器放大输至伺服电机SM，经减速齿轮箱G带动装置的负载L和TR的转子。当TR转子顺时针转过θ_T角，Φ_r转动到交轴，$\Phi_{rd}=0$，$E_c=0$，伺服系统稳定不动。至此，发送机接受的指令θ_T已传递到TR的转子及与其耦合的机械负载。

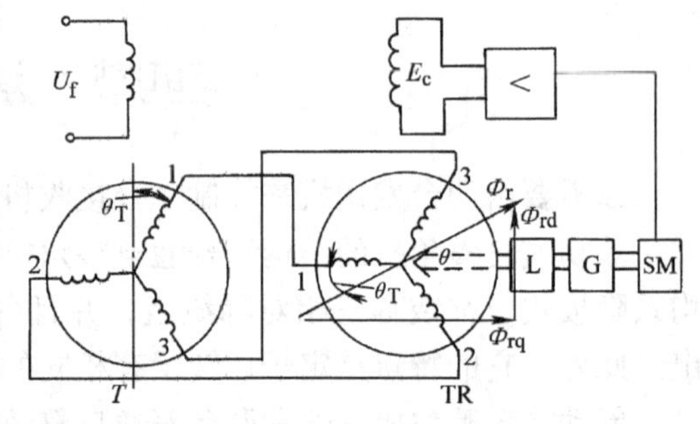

图9-7　自整角的变压器运行方式

称θ_T为1°时的E_c为比控制电动势E_{CR}，显然E_{CR}越大系统越灵敏。

变压器式自整角接收机的精度，亦由所谓电气不对称度来标志。参看图9-8a，两相串联后接到交流电源，理论上此时$\Phi_d=0$，$E_c=0$；实际上由于材料，工艺等因素$E_c\neq0$。微微转动转子，使$E_c=0$，读下转子位置角，它与理论位置角之差便为误差角。不改接线，转子转过180°左右，又可找到另一个E_c为零的位置角。同理，可得第二个误差角。改换接线，令1、2串联加电源；令1、3串联加电源，共可测得6个误差角。再按图9-8b接线，此时转子位于90°及270°时，E_c应为零，又可测得两个误差角。同理，按图9-8b改换接线又可测得另4个误差角。这样共有12个误差角。令其中正负最大误差角绝对值的算术平均值为电气不对称度，当它小于0.25°时，精度为一级，当大于0.50°时，定为三级精度。

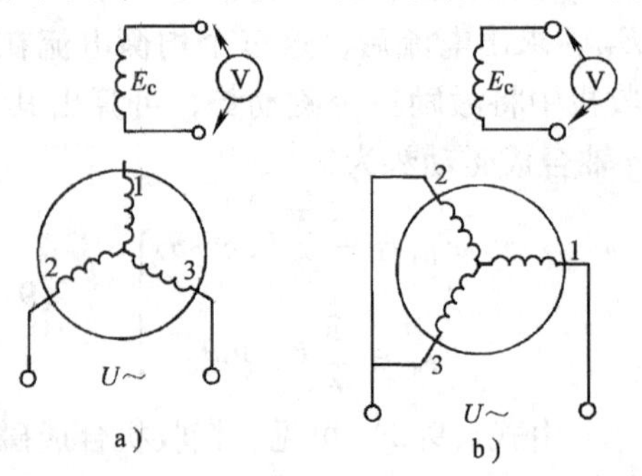

图9-8　变压器式接收机精度测定的两个接线图
a) 0°时　b) 90°时

鉴于变压器式自整角机的工作特点，其定、转子全采用隐极式，以避免气隙磁阻不均匀带来对E_c幅值的影响，输出绕组相应采用分布绕组亦有助于消除谐波磁动势带来的影响；其转子由伺服系统驱动或制

动，对转轴的摩擦阻力限制不严，故可适当加大电刷集电环间的压力，以提高滑动接触工作的可靠性。

为提高同步联系装置的灵敏度、精确度，与旋转变压器一样，可以采用多极自整角机。

思考题

1. 自整角机的单相励磁绕组设置在定子上，三相同步绕组设置在转子上；或者相反设置，即励磁绕组设在转子上、同步绕组设在定子上，试分析两种设置的优缺点。

2. 图9-9所示为无触点自整角机。图中1为定子铁心，其内圆槽中嵌有三相同步绕组2。两个环形线圈7串联成电机的励磁绕组，它激励轴向磁场。5是两个环形铁心，构造与定子铁心相同，但无槽齿，不带绕组，其外圆与称为外导磁体的6相接触，图中表示4组外导磁体固定在机壳9中，机壳一段用铝铸成。转子由两叠互相分开的L形电工钢片3和中间的非磁性材料（铝）间隔物8构成，钢片3的平面和机轴平行，它和转轴4一起用铝铸成整体，然后加工成圆柱体转子。t_1为定子铁心的齿，δ_1、δ_2为定子铁心和转子间的空气隙，δ_3、δ_4为环形铁心5与转子间的气隙。试写出电机磁路路径。没有线圈又不是永久磁铁，转子是如何呈现极性的？

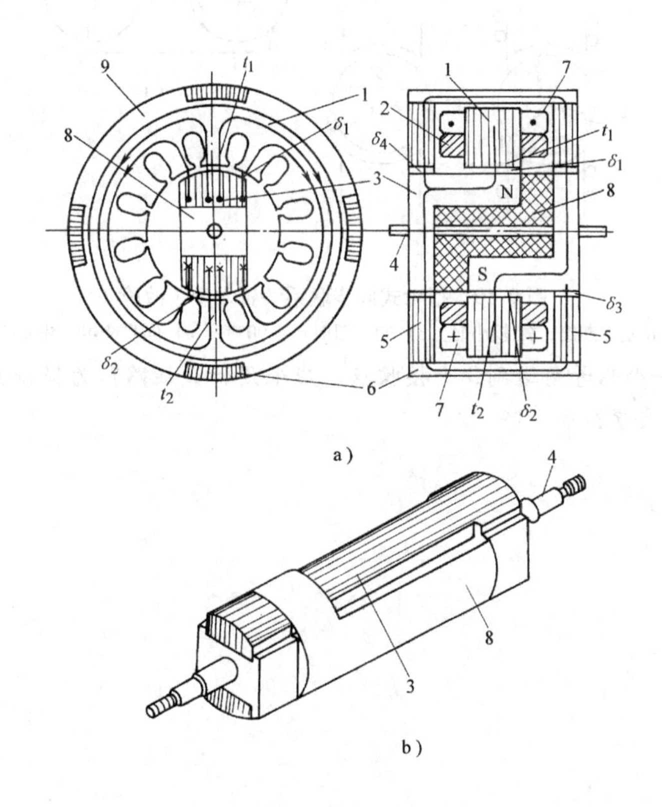

图9-9　无触点自整角机

a）磁路结构　b）转子外形

3. 图9-6中如果T_1及差动式电机的转子R_{DR}是接收指令，不能自由转动，而T_2的转子可自由转动。于是构成两个发送机（T_1和差动式电机）控制一台接收机的系统（图中T_2成了接收机），试参照指示式和变压器式自整角机确定精度的原则，拟出该系统精度的测定方法。

4. 旋转变压器和自整角机的输入控制信号都是转角，为扩大它们的功能，可将某些物理量转换成转

角。试举几个例子，并说明是如何将非转角量转换为转角的。

习 题

9-1 图9-10为指示式同步联系装置发生故障的情况。图9-10a、b为接收机R的励磁绕组断路时的两种情况，当发送机位置角θ_T不同，图9-10a中θ_T较小，图9-10b中θ_T大于90°。图9-10c为一相同步绕组断路。试分析三种情况中接收机转子可能出现的位置角θ_R。

注：为清晰起见，图9-10a、b中同步绕组间的连线未予画出，它们的连接仍是1-1、2-2、3-3相连。

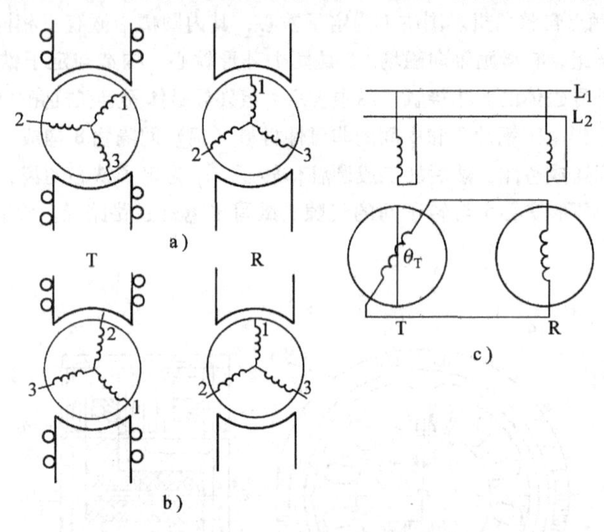

图9-10 指示式同步联系装置发生了故障

a）R励磁断路，θ_T较小时 b）同a图但θ_T>90°时 c）同步绕组一相断线时

9-2 如欲将一个信号角送到3个接收点，应采用什么线路？为保证系统的精度对选用的自整角机有什么要求？

第十章　永磁无刷直流电动机

第一节　概　述

直流电动机起动和调速性能好，堵转转矩大，被广泛应用于各种调速和伺服系统中。但是，直流电动机具有电刷和换相器组成的机械换相装置，其间的滑动接触，严重影响电动机的控制精度和运行可靠性，缩短电动机寿命，需要经常性的维护，所产生的火花会引起无线电干扰；另一方面，电刷-换相器装置又使直流电动机结构变得复杂，工作噪声大。为了取代有刷直流电动机的电刷-换相器结构的机械接触装置，人们对此进行了长期的探索。微电子技术、电力电子技术和电机控制技术的快速发展，高性能永磁材料的应用，使这种愿望得以实现。本章介绍的永磁无刷直流电动机（Permanent Magnet Brushless DC Motor），是集永磁电动机、微处理器、功率变换器、检测元件、控制软件和硬件于一体的新型机电一体化产品，它采用功率电子开关（如功率 MOSFET、IGBT）和位置传感器代替电刷和换相器，既保留了直流电动机良好的运行性能，又具有交流电动机结构简单、维护方便和运行可靠等特点，在航空航天、数控装置、机器人、计算机外围设备、汽车电器、电动车辆和家用电器的驱动中获得了越来越广泛的应用。

第二节　基本结构和工作原理

永磁无刷直流电动机主要由永磁电动机本体、转子位置传感器和电子换相电路（逆变器）三部分组成，图 10-1 所示为其原理框图。直流电源通过电子换相电路向电动机定子绕组供电，由位置传感器检测电动机转子位置并发出电信号去控制功率电子开关的导通或关断，使电动机转动。

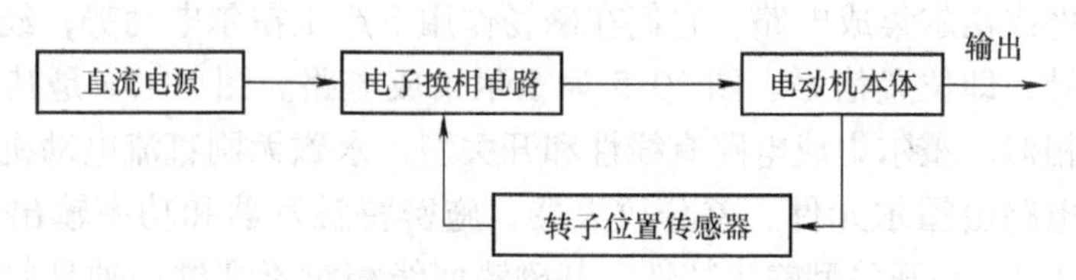

图 10-1　永磁无刷直流电动机的原理框图

一、基本结构

永磁无刷直流电动机的结构简图如图 10-2 所示，各主要组成部分的结构分述如下。

1. 电动机本体

电动机本体是一台反装式的普通永磁直流电动机，它的电枢放在定子上，永磁磁极放在转子上，结构与永磁式同步电动机相似。定子铁心中安放对称的多相绕组（通常是三相绕组），绕组可以是分布式或集中式，接成星形或封闭形，各相绕组分别与电子换相电路中的相应功率开关管连接。永磁转子多用铁氧体（Ferrite）或钕铁硼（NdFeB）等永磁材料制

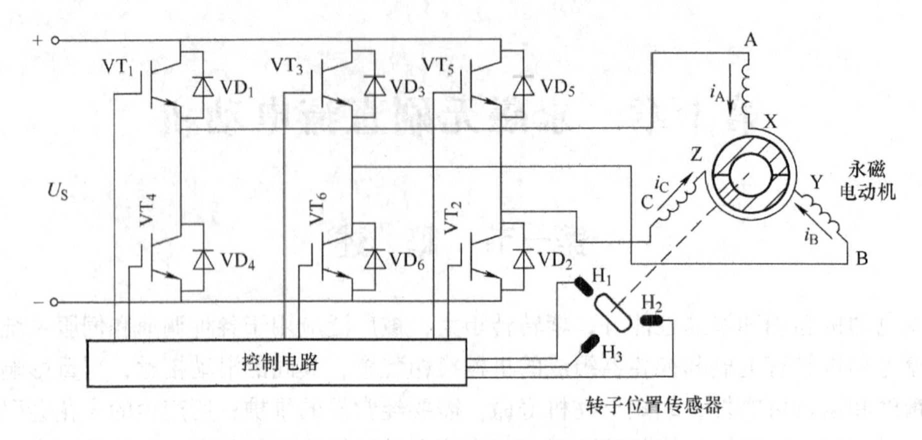

图 10-2　永磁无刷直流电动机的结构简图

成，不带笼型绕组等任何起动绕组，有表面贴装式和内嵌式等结构，如图 10-3 所示。

2. 逆变器

逆变器主电路有桥式和非桥式两种，如图 10-4 所示。其中图 a、b 是非桥式开关电路，其他是桥式开关电路。在电枢绕组与逆变器的多种连接方式中，以图 a 的星形三相三状态和图 c 的星形三相六状态使用最广泛。

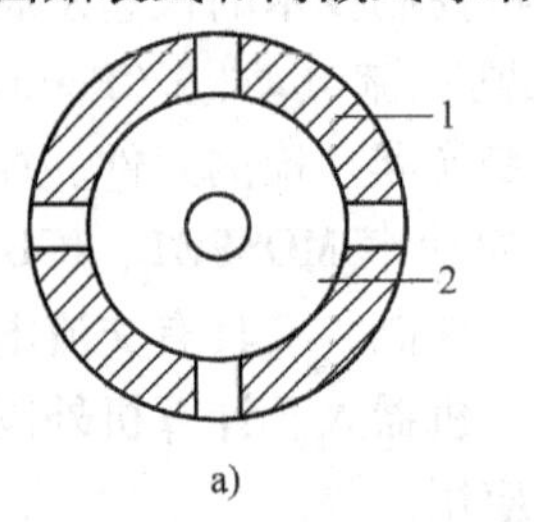

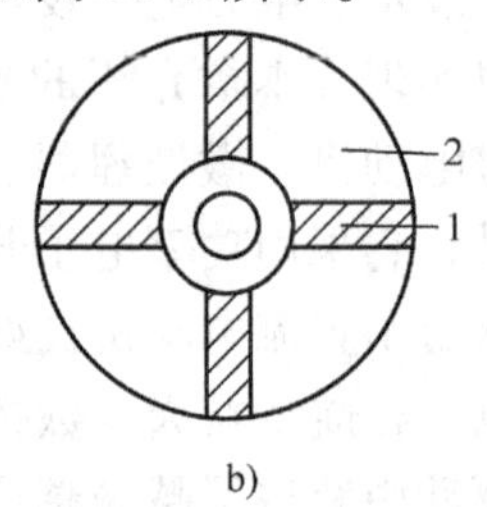

图 10-3　永磁转子结构形式

a）表面贴装式　b）内嵌式

1—磁钢　2—铁心

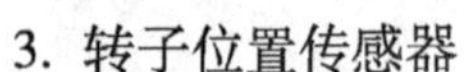

3. 转子位置传感器

位置传感器是永磁无刷直流电动机的重要组成部分，用来检测转子磁场相对于定子绕组的位置，以决定功率电子开关的导通顺序。常见的有磁敏式、电磁式和光电式。

（1）磁敏式位置传感器　磁敏式位置传感器利用电流的磁效应进行工作，所组成的位置检测器由与转子同极数的永磁检测转子和多只空间均布的磁敏元件构成。目前，常用的磁敏元件为霍尔元件或霍尔集成电路，它们在磁场作用下产生霍尔电动势，经整形、放大后得到所需的电压信号，即位置信号。图 10-5 为霍尔集成电路。图 10-5a 是其外形图，它和小型的片式晶体管相似。霍尔集成电路有线性和开关型，永磁无刷直流电动机中一般使用开关型。开关型集成电路由霍尔元件、差分放大器、施密特触发器和功率输出电路组成，如图 10-5b 所示。图 10-5c 是开关型输出特性，其磁滞回线相对于零磁场轴是非对称的，霍尔元件输出电压的极性随磁场方向的变化而变化。当外加磁感应强度高于 B_{OP}时，输出电平由高变低，传感器处于开状态。当外加磁感应强度低于 B_{RP}时，输出电平由低变高，传感器处于关状态。从图中可以看出，工作特性有一定的磁滞 B_H，这有利于开关动作的可靠性。不同型号传感器的 B_{OP}、B_{RP}和 B_H 不同，如型号为 UGN－3020 的开关型霍尔传感器，其 B_{OP}为 0. 022～0. 035T，B_{RP}为 0. 005～0. 0165T，B_H 为 0. 002～0. 0055T。一般，配套磁钢的磁感应强度应大于 0. 15T。

霍尔位置传感器结构简单、体积小，但对环境和工作温度有一定限制。霍尔位置传感器是永磁无刷直流电动机中使用较多的一种。

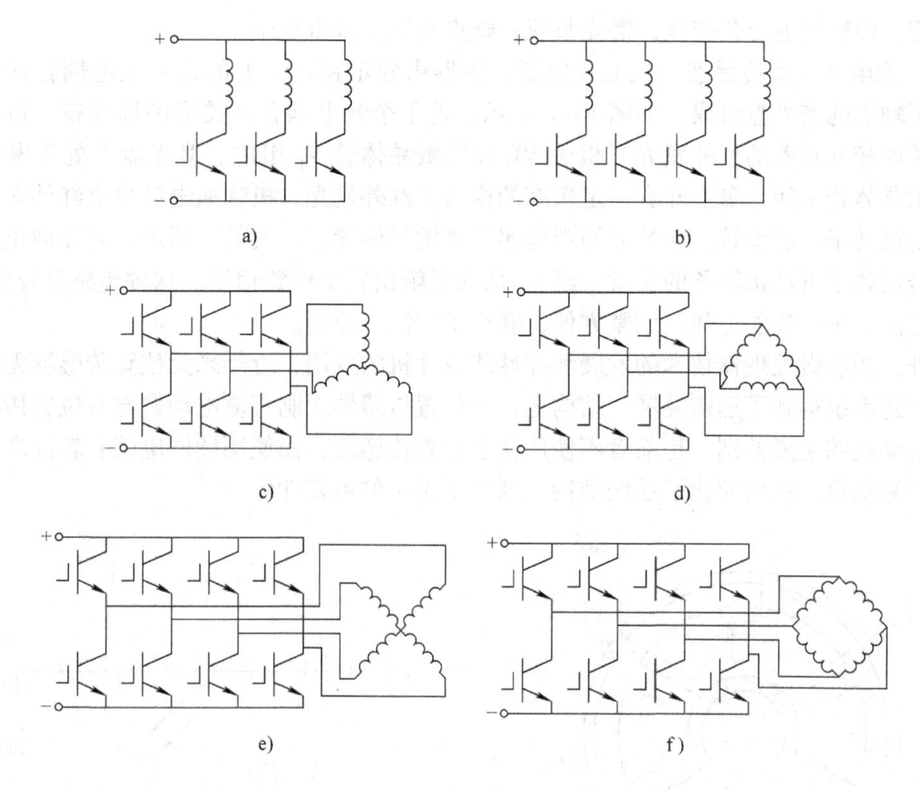

图 10-4　逆变器主电路

a）星形三相三状态　b）星形四相四状态　c）星形三相六状态
d）封闭三相六状态　e）正交两相四状态　f）封闭四相四状态

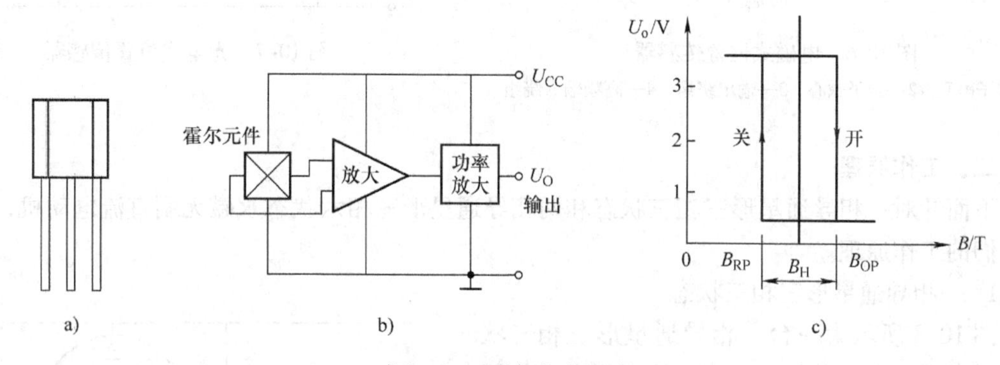

图 10-5　霍尔集成电路

a）外形　b）电路原理　c）开关型输出特性

（2）电磁式位置传感器　电磁式位置传感器利用电磁效应来测量转子位置，其结构如图 10-6 所示。传感器由定子和转子两部分组成。定子由磁心、高频励磁绕组和输出绕组组成。定、转子磁心均由高频导磁材料（如软磁铁氧体）制成。电动机运行时，输入绕组中通入高频励磁电流，当转子扇形磁心处在输出绕组下面时，输入和输出绕组经定、转子磁心耦合，输出绕组中感应出高频信号，经滤波整形处理后，用于控制逆变器开关管。这种传感器机械强度较高，可经受较大的振动冲击，它的输出信号较大，一般不需要放大便可驱动功率开关管，但输出电压是交流，需先整流；缺点是过于笨重复杂。

（3）光电式位置传感器 光电式位置传感器由固定在定子上的几个光电耦合开关和固定在转子轴上的遮光盘组成，如图10-7所示。若干个光电耦合开关沿圆周均布，每个光电耦合开关由相互对着的红外发光二极管VL和光敏晶体管V_1组成。遮光盘P处于发光二极管和光敏晶体管中间，盘上开有一定角度的窗口。红外发光二极管通电后发出红外光，遮光盘随电动机转子一起旋转，红外光间断地照在光敏晶体管上，使其不断地导通和截止，它输出的信号反映了电动机转子的位置，经V_2放大后输出转子位置信号。这种传感器轻便可靠，安装精度高，抗干扰能力强，调整方便，获得了广泛的应用。

另外，随着微处理器技术的发展和高性能单片机的应用，近年来无位置传感器无刷直流电动机调速系统得到了迅速发展。结构上，无位置传感器无刷直流电动机与有位置传感器无刷直流电动机的主要差别，是前者不使用转子位置传感器，而使用硬件电路和软件来间接获取转子位置信息，从而简化了系统结构，增加了系统的可靠性。

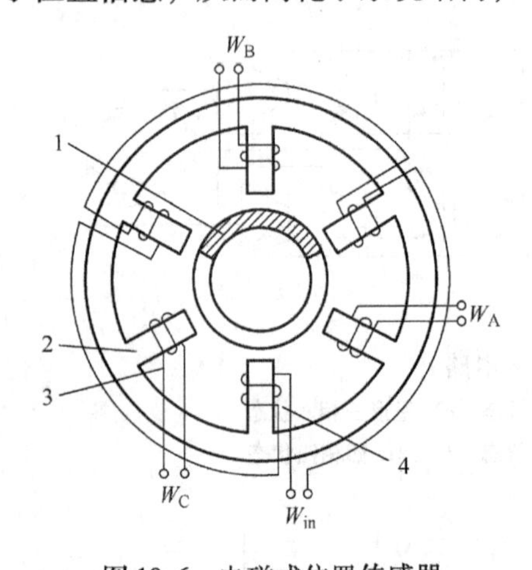

图10-6 电磁式位置传感器

1—转子磁心 2—定子磁心 3—输出绕组 4—高频输入绕组

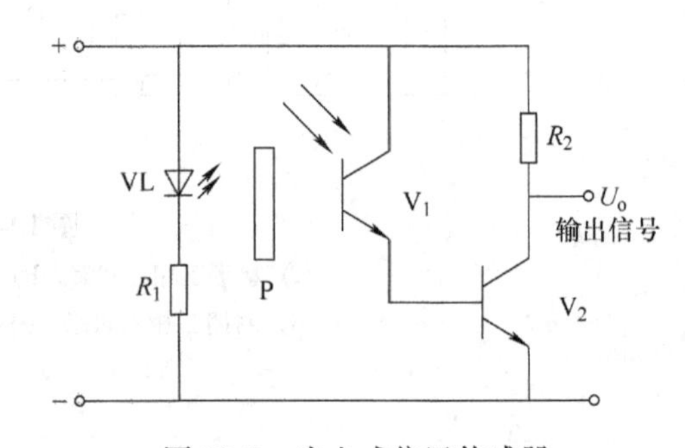

图10-7 光电式位置传感器

二、工作原理

下面针对一相导通星形三相三状态和两相导通星形三相六状态永磁无刷直流电动机，分析它们的工作原理。

1. 一相导通星形三相三状态

图10-8所示为一台一相导通星形三相三状态永磁无刷直流电动机（$p=1$），三只光电位置传感器H_1、H_2、H_3在空间对称均布，互差120°电角度，遮光圆盘与电动机转子同轴连接，调整圆盘缺口与转子磁极的相对位置使缺口边沿位置与转子磁极的空间位置相对应。

设缺口位置使光电传感器H_1受光而输出高电平，功率开关管VT_1导通，电流流入A相绕组，形成位于A相绕组轴线上的电枢磁动势F_A。

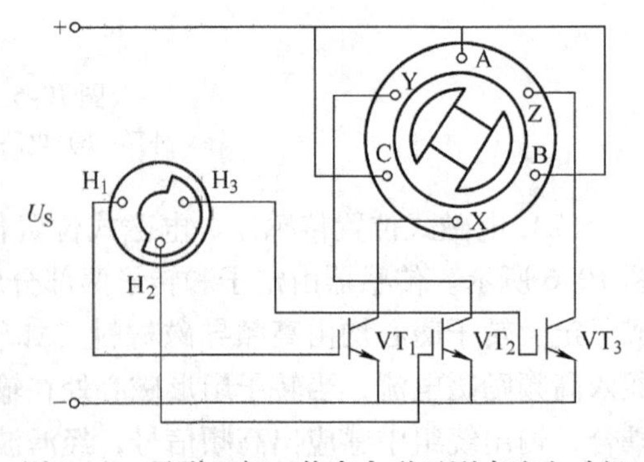

图10-8 星形三相三状态永磁无刷直流电动机

F_A 顺时针方向超前于转子磁动势 F_f150°电角度，如图 10-9a 所示。电枢磁动势 F_A 与转子磁动势 F_f 相互作用产生转矩，拖动转子顺时针方向旋转。电流流通路径为：电源正极→A 相绕组→VT_1 管→电源负极。当转子转过 120°电角度至图 10-9b 所示位置时，与转子同轴安装的圆盘转到使光电传感器 H_2 受光、H_1 遮光，功率开关管 VT_1 关断，VT_2 导通，A 相绕组断开，电流流入 B 相绕组，电流换相。电枢磁动势变为 F_B，F_B 在顺时针方向继续领先转子磁动势 F_f150°电角度，两者相互作用产生转矩，又驱动转子顺时针方向旋转。电流流通路径为：电源正极→B 相绕组→VT_2→电源负极。当转子磁极转到图 10-9c 所示位置时，电枢电流从 B 相换相到 C 相，产生的电磁转矩继续使电动机转子旋转，直至重新回到图 10-9a 的起始位置，完成一个循环。

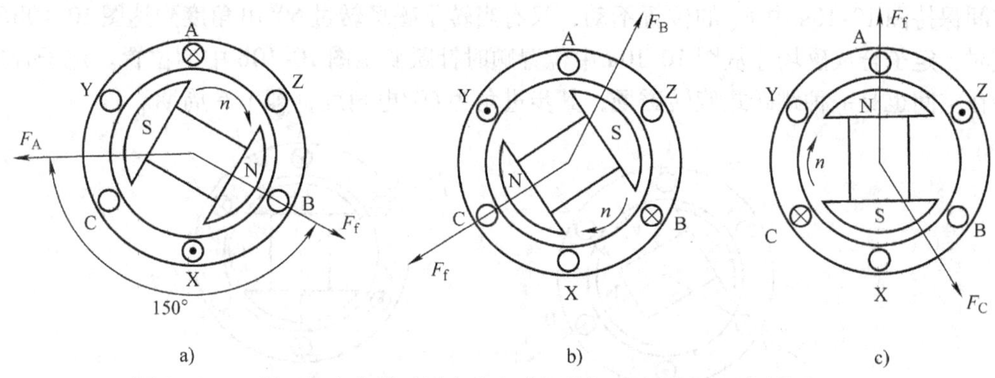

图 10-9　三相三状态永磁无刷直流电动机绕组通电顺序和磁动势位置图

a）A 相导通　b）B 相导通　c）C 相导通

从上面的分析可知，由于同轴安装的转子位置传感器的作用，定子三相绕组在位置传感器信号的控制下依次通电，转子每转过 120°，功率管就换相一次，换相顺序为 VT_1→VT_2→VT_3…。这样，定子绕组产生的电枢磁场和旋转的转子磁场在空间始终保持近似垂直（相位差为 30°～150°电角度，平均为 90°电角度）关系，以产生最大电磁转矩。

转子每转过 120°电角度（1/3 周期），逆变器开关管换相一次，定子磁场状态就改变一次。可见，电动机有 3 个磁状态，每一个状态对应不同相的开关管导通，每个功率开关元件导通 120°电角度（1/3 周期），逆变器为 120°导通型；另一方面，每一个状态导通的开关管与不同相绕组相联，每一个状态导通一相，每相绕组中流过电流的时间相当于转子转过 120°电角度的时间。

同时也可以看出，换相过程中的电枢磁场不是匀速旋转磁场而是跳跃式的步进磁场，由这种磁场产生的电磁转矩是脉动的，使电动机工作时产生转速波动和噪声。解决该问题的方法之一是增加转子一周内的磁状态数，如采用两相导通三相六状态工作模式。

2. 两相导通星形三相六状态

对于上述三相永磁无刷直流电动机，当配上图 10-4c 所示的逆变器时可实现两相导通星形三相六状态运行，其原理接线如图 10-2 所示。

当转子永磁体转到图 10-10a 所示位置时，转子位置传感器发出磁极位置信号，经过控制电路逻辑变换后驱动逆变器，使功率开关管 VT_1、VT_6 导通（见图 10-2），A 进 B 出，绕组 A、B 通电，电枢电流在空间形成磁动势 F_A，如图 10-10a 所示。此时定、转子磁场相互作用拖动转子顺时针方向转动。电流流通路径为：电源正极→VT_1→A 相绕组→B 相绕组→

VT_6→电源负极。当转子转过60°电角度，到达图10-10b中位置时，位置传感器输出的信号，经逻辑变换后使开关管VT_6截止，VT_2导通，此时VT_1仍导通。绕组A、C通电，A进C出，电枢电流产生的空间合成磁场如图10-10b所示，定、转子磁场相互作用使转子继续顺时针方向转动。电流流通路径为：电源正极→VT_1→A相绕组→C相绕组→VT_2→电源负极。依次类推，每当转子沿顺时针方向转过60°电角度时，功率管就进行一次换相。随着电动机转子的连续转动，功率开关管的导通顺序依次为VT_2、VT_3→VT_3、VT_4→VT_4、VT_5→VT_5、VT_6→VT_6、VT_1、…，使转子磁场始终受到定子合成磁场的作用而沿顺时针方向连续转动。

从图10-10a到图10-10b的60°电角度范围内，转子磁场顺时针连续转动，而定子磁场在空间保持图10-10a中F_A的位置不动，只有当转子磁场转过60°电角度到达图10-10bF_f的位置时，定子合成磁场才从图10-10a中位置顺时针跃变至图10-10b中的位置。定子合成磁动势在空间也是一种跳跃式旋转磁场，其步进角为60°电角度，即1/6周期。

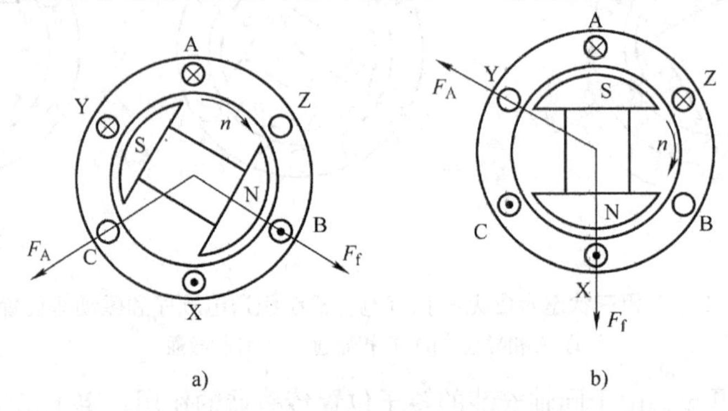

图10-10 两相导通三相星形六状态永磁无刷直流电机工作原理示意图

a) A、B相导通 b) A、C相导通

转子每转过60°电角度（1/6周期），逆变器开关管换相一次，定子磁场状态就改变一次。可见，与一相导通三相三状态不同，两相导通三相六状态控制方式时电动机有6个磁状态，每一个状态各有不同相的上、下桥臂开关管导通，每个功率开关元件导通120°电角度(1/3周期)，逆变器为120°导通型；另一方面，每一个状态导通的两个开关管与不同相绕组相连，每一个状态导通两相，每相绕组中流过电流的时间相当于转子转过120°电角度的时间。两相导通星形三相六状态永磁无刷直流电动机的三相绕组与开关管导通顺序表见表10-1。

表10-1 两相导通星形三相六状态永磁无刷直流电动机的三相绕组和开关管导通顺序表

电角度	0°—60°	60°—120°	120°—180°	180°—240°	240°—300°	300°—360°
导通顺序	A	A	B	B	C	C
	B	C	C	A	A	B
VT_1	←导通	导通→				
VT_2		←导通	导通→			
VT_3			←导通	导通→		
VT_4				←导通	导通→	
VT_5					←导通	导通→
VT_6	←导通→					←导通→

永磁无刷直流电动机采用两相导通三相星形六状态工作方式，逆变器开关管换相一次，转子转过60°电角度，而一相导通星形三相三状态永磁无刷直流电动机，逆变器开关管换相一次，转子转过120°电角度。所以，两相导通三相星形六状态永磁无刷直流电动机工作时的转矩脉动较小，也降低了振动和噪声。

第三节 基本特性

一、基本方程

永磁无刷直流电动机的基本物理量有反电动势、电枢电流、电磁转矩和转速等，这些物理量的表达式与电动机的气隙磁场分布、绕组型式有着密切的关系。气隙磁场的波形可以分为方波、梯形波或正弦波，由磁路结构、永磁体的形状和充磁方式决定。在永磁无刷直流电动机中，大量使用方波形状的气隙磁场，其理想波形如图10-11所示。当定子绕组采用集中整距绕组，方波磁场在定子绕组中感应的电动势为梯形波。这种具有方波气隙磁感应强度分布、梯形波反电动势的无刷直流电动机称为方波电动机。方波电动机在控制时常采用方波电流驱动，即与120°导通型三相逆变器相匹配，由逆变器向方波电动机提供三相对称的、宽度为120°电角度的方波电流。对于两相导通三相星形六状态永磁无刷直流电动机，方波气隙磁感应强度在空间的宽度应大于120°电角度，在定子绕组中感应的反电动势的平顶宽度也应大于120°电角度，方波电流的宽度为120°电角度。方波电流与电动势同相位，如图10-12所示。

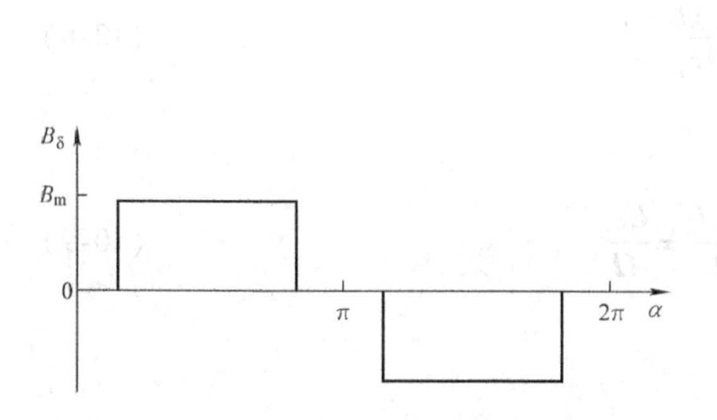

图10-11 方波气隙磁场分布

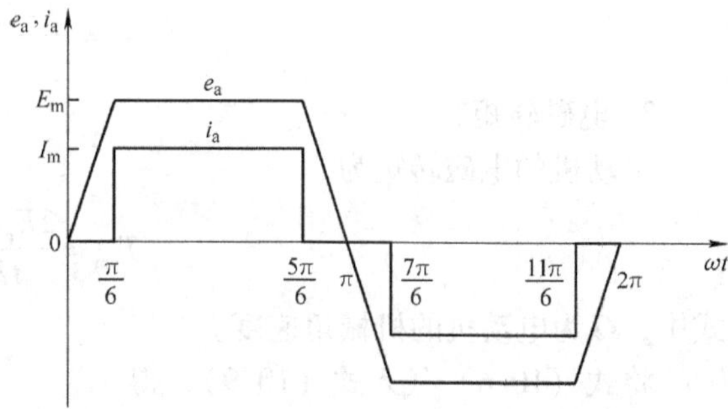

图10-12 梯形波反电动势与方波电流

下面以两相导通三相六状态永磁无刷直流电动机为例，分析方波电动机的反电动势、电枢电流、电磁转矩和转速表达式。为了便于分析，特作如下假设：①忽略电枢绕组的电感，电枢电流可以突变；②不考虑开关管导通和关断动作的过渡过程，认为每一相电流是瞬时产生和关断的。

1. 电枢绕组感应电动势

设电枢每相绕组串联匝数为N，每相感应电动势为

$$E_{ph} = 2Ne \tag{10-1}$$

$$e = B_\delta lv \tag{10-2}$$

式中，e为单根导体在气隙磁场中的感应电动势；B_δ为气隙磁感应强度；l为导体的轴向有效长度；v为导体相对于磁场的线速度。

由于

$$v=\frac{\pi D}{60}n=2p\tau\frac{n}{60} \tag{10-3}$$

方波气隙磁感应强度对应的每极磁通为

$$\Phi_\delta=B_\delta\alpha_i\tau l \tag{10-4}$$

式中，n、D、τ 和 p 分别为电动机转速、电枢内径、极距和极对数；α_i 为计算极弧系数。

将式（10-2）、式（10-3）和式（10-4）代入式（10-1）得每相绕组感应电动势为

$$E_{ph}=\frac{p}{15\alpha_i}N\Phi_\delta n \tag{10-5}$$

则线电动势为

$$E=2E_{ph}=\frac{2p}{15\alpha_i}N\Phi_\delta n=C_e\Phi_\delta n \tag{10-6}$$

式中，C_e 为电动势常数，$C_e=\frac{2p}{15\alpha_i}N$。

2. 电枢电流

每个导通时间内的电压平衡方程式为

$$U-2\Delta U=E+2I_ar_a \tag{10-7}$$

式中，U、ΔU、I_a 和 r_a 分别为电源电压、一个功率开关管管压降、每相绕组电流和每相绕组电阻。

由式（10-7）得

$$I_a=\frac{U-2\Delta U-E}{2r_a} \tag{10-8}$$

3. 电磁转矩

电动机的电磁转矩为

$$T_{em}=\frac{2E_{ph}I_a}{\Omega}=\frac{EI_a}{\Omega} \tag{10-9}$$

式中，Ω 为电动机的机械角速度。

将式（10-6）代入式（10-9），得

$$T_{em}=\frac{4p}{\pi\alpha_i}N\Phi_\delta I_a=C_T\Phi_\delta I_a \tag{10-10}$$

$$C_T=\frac{4p}{\pi\alpha_i}N$$

4. 转速

将式（10-6）代入式（10-7），得

$$n=\frac{U-2\Delta U-2I_ar_a}{C_e\Phi_\delta} \tag{10-11}$$

空载转速为

$$n_0=\frac{U-2\Delta U}{C_e\Phi_\delta}=7.5\alpha_i\frac{U-2\Delta U}{pN\Phi_{\delta0}} \tag{10-12}$$

式中，$\Phi_{\delta0}$ 为空载每极磁通。

5. 电动势系数与转矩系数

电动势系数为

$$k_{\mathrm{e}}=\frac{E}{n}=C_{\mathrm{e}}\Phi_{\delta}=\frac{2p}{15\alpha_{i}}N\Phi_{\delta} \tag{10-13}$$

转矩系数为

$$k_{\mathrm{T}}=\frac{T_{\mathrm{em}}}{I_{\mathrm{a}}}=C_{\mathrm{T}}\Phi_{\delta}=\frac{4p}{\pi\alpha_{i}}N\Phi_{\delta} \tag{10-14}$$

同理可得一相导通星形三相三状态永磁无刷直流电动机的基本表达式。

二、运行特性

1. 机械特性

由式（10-11）可得永磁无刷直流电动机的机械特性为

$$n=\frac{U-2\Delta U}{C_{\mathrm{e}}\Phi_{\delta}}-\frac{2r_{\mathrm{a}}}{C_{\mathrm{e}}C_{\mathrm{T}}\Phi_{\delta}^{2}}T_{\mathrm{em}} \tag{10-15}$$

可见，永磁无刷直流电动机的机械特性与有刷直流电动机的机械特性表达式相同。图 10-13 所示的机械特性曲线产生弯曲现象，是由于转矩较大时，开关管管压降ΔU随着电流增大而增加较快，加在绕组上的电压有所减小，使特性曲线偏离直线而向下弯曲。

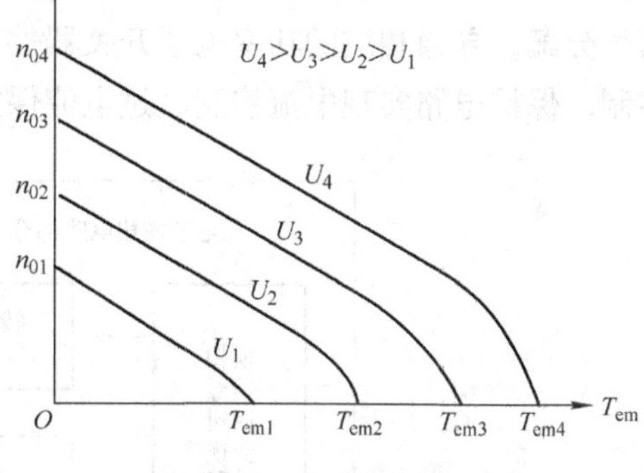

图 10-13　机械特性曲线

2. 调节特性

根据式（10-8）、式（10-10）和式（10-11）可分别求得调节特性的始动电压U_0和斜率K，即

$$U_{0}=\frac{2r_{\mathrm{a}}T_{\mathrm{em}}}{C_{\mathrm{T}}\Phi_{\delta}}+2\Delta U \tag{10-16}$$

$$K=\frac{1}{C_{\mathrm{e}}\Phi_{\delta}} \tag{10-17}$$

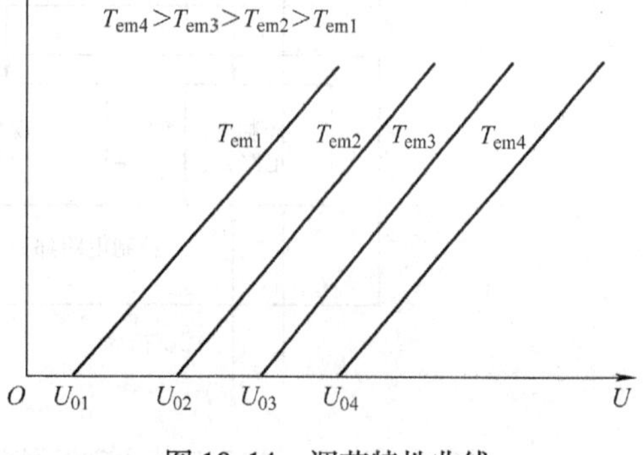

图 10-14　调节特性曲线

得到调节特性曲线如图 10-14 所示。

从机械特性和调节特性可见，永磁无刷直流电动机具有与有刷直流电动机一样良好的控制性能，可以通过改变电压实现无级调速。

第四节　基本控制方法

永磁无刷直流电动机的控制方法，按有无转子位置传感器，可分为有位置传感器控制和无位置传感器控制。

永磁无刷直流电动机既具有有刷直流电动机良好的调速性能，又没有电刷和换向器，这主要是因为它用转子位置传感器替代了电刷，用电子换相电路（逆变器）替代了机械式换向器之故。因此，电子控制系统是永磁无刷直流电动机不可缺少的组成部分，否则这种电动机不能运行。

一、有位置传感器控制

图10-15所示是永磁无刷直流电动机的控制系统框图。由图可见，永磁电动机本体、转子位置传感器和电子换相电路是最基本的组成部分。转子位置传感器产生的转子位置信号，被送至转子位置译码电路，经放大和逻辑变换形成正确的换相顺序信号，去触发导通相应功率开关元件，使之按一定顺序接通或关断绕组，确保电枢产生的步进磁场和转子永磁磁场保持平均的垂直关系，以利于产生最大转矩。换相信号逻辑变换电路则可在控制指令的干预下，根据现行运行状态和对正转、反转，电动、制动、高速及低速等要求实现换相（触发）信号分配，导通相应的功率电子开关器件，产生相应大小和方向的转矩，实现电动机的运行控制。保护电路实现电流控制、过电流保护、欠电压保护和过热保护等。

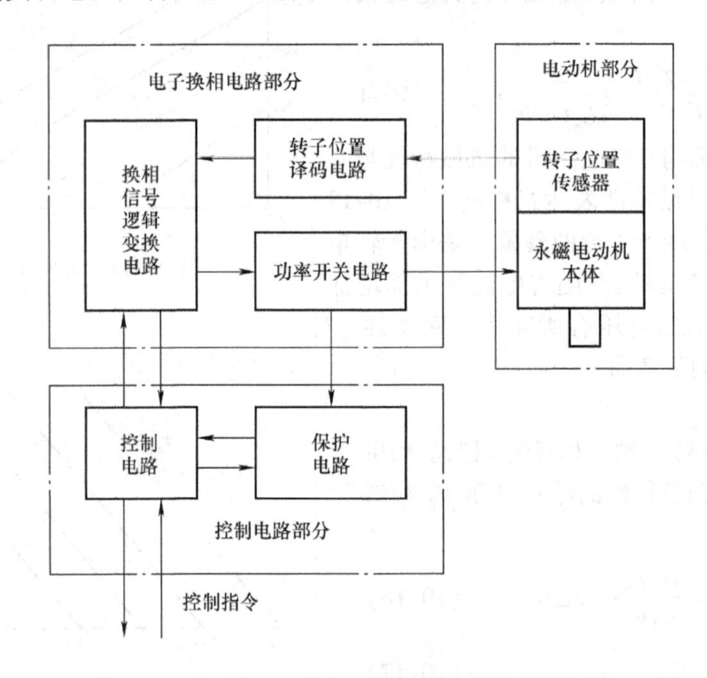

图10-15　永磁无刷直流电动机的控制系统框图

1. 转速控制

永磁无刷直流电动机的转速控制原理与普通直流电动机相同，通过脉宽调制（PWM）方法改变电压大小来调节速度。

在某些控制电路中，PWM信号可由直流电平信号（调制波）与高频三角载波相交的模拟电路方法或直流PWM专用芯片获得，采用微机输出与速度相应的直流电平调制信号调节电压大小，控制永磁无刷直流电动机的转速。

2. 正转、反转控制

对于有刷直流电动机，只要改变励磁磁场的极性或电枢电流的方向，就可实现电动机反转。对于永磁无刷直流电动机，实现电动机反转的原理与有刷直流电动机是一样的，但由于所用功率开关管的单向导电性，不能简单地靠改变电源电压的极性使电动机反转，而是通过改变绕组的通电顺序来实现的。

对图 10-16 所示的三相三状态永磁无刷直流电动机，若欲使电动机顺时针方向转动，则应由 A 相导通切换到 B 相导通，然后 C 相，通电顺序为 A→B→C；反之，若欲使电动机逆时针方向转动，则应由 B 相导通切换到 A 相导通，然后 C 相导通，通电顺序为 B→A→C。

显然，若有两套位置传感器，一套控制正传，另一套控制反转，通过逻辑电路很容易实现位置传感器输出信号的切换。但这种做法是不经济的。下面介绍如何利用原有的位置传感器的输出信号来控制电动机的反转。

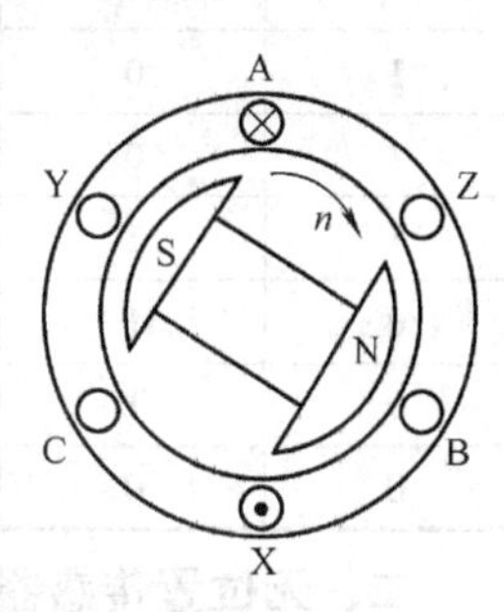

图 10-16 A 相绕组通电瞬时转子位置

图 10-17 所示为光电式位置传感器在反转时遮光板与通电相的关系。在图 10-17a 中，遮光板遮住光敏接收元件 H_2，而使 H_1 透光。这时，如果按原来正转控制电路应该使 A 相通电，但在反转时，应使 C 相通电；转子反转 120 °后，遮光板遮住 H_1，使 H_3 透光，如图 10-17b 所示，正转时应使 C 相通电，反转时应给 B 相通电；转子再转过 120 °电角度，如图 10-17c 所示，H_2 透光，这时必须给 A 相通电才能继续反转。所以，利用同一套位置传感器，正转、反转时光敏接收元件对通电相的控制关系见表 10-2。

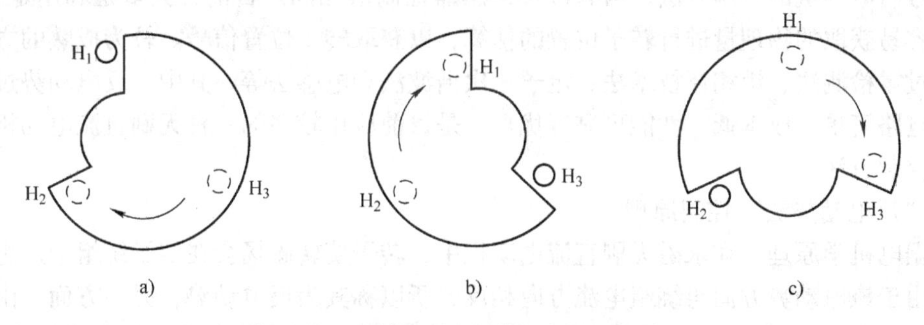

图 10-17 反转时遮光板位置与通电相关系

a）C 相通电 b）B 相通电 c）A 相通电

表 10-2 正转、反转时光敏接收元件与通电相的控制关系

正转		反转	
光敏接收元件	通电相	光敏接收元件	通电相
H_1	A 相	H_1	C 相
H_2	B 相	H_3	B 相
H_3	C 相	H_2	A 相

为了实现利用同一套位置传感器进行正转、反转控制，通过设计一个逻辑电路来实现，并将传感器的控制信号转换成如表 10-2 所示的控制关系。

永磁无刷直流电动机调速系统若使用两相导通星形三相六状态工作方式，转子每转过 60 °电角度转换一种状态。根据位置传感器的输出信号 H_1、H_2、H_3，按表 10-3 确定功率开关导通的逻辑关系和导通状态。

表10-3 二相导通方式霍尔式位置传感器信号与功率开关导通逻辑关系

正转				反转			
H_1	H_2	H_3	导通管	H_1	H_2	H_3	导通管
1	0	1	VT_1、VT_2	1	0	1	VT_4、VT_5
1	0	0	VT_2、VT_3	0	0	1	VT_3、VT_4
1	1	0	VT_3、VT_4	0	1	1	VT_2、VT_3
0	1	0	VT_4、VT_5	0	1	0	VT_1、VT_2
0	1	1	VT_5、VT_6	1	1	0	VT_6、VT_1
0	0	1	VT_6、VT_1	1	0	0	VT_5、VT_6

二、无位置传感器控制

无位置传感器控制方式一般指的是电动机无机械式位置传感器，即不在永磁无刷直流电动机的定子上直接安装位置传感器来检测转子位置。但是在电动机的控制运行过程中，转子位置换相信号是必需的。所以，永磁无刷直流电动机无位置传感器控制的关键是设计一转子位置信号检测电路，从硬件和软件两个方面来间接获取可靠的转子位置信号。检测得到转子位置信号后电动机的控制方法，与有位置传感器控制法相同。目前，大多是利用定子电压、电流等容易获取的物理量进行转子位置的估算，以获取转子位置信号。较为成熟的方法有反电动势过零检测法、锁相环技术法、定子三次谐波法和电感法等，其中，反电动势过零检测法具有电路简单、成本低、性能可靠等优点，是目前应用较多的一种无刷直流电动机无位置传感器控制方法。

1. “反电动势法”控制原理

根据电机学原理，在永磁无刷直流电动机中，转子旋转磁场会在定子绕组中产生感应电动势，由于该电动势方向与绕组电流方向相反，所以称其为反电动势；另一方面，由前面分析可知，当定子绕组采用集中整距绕组时，方波磁场在定子绕组中感应的电动势为梯形波。“反电动势法”无位置传感器控制方法主要面向的就是这种具有方波气隙磁密分布、梯形波反电动势的永磁无刷直流电动机。

如图10-18a所示，在 T_0 时刻转子d轴滞后B相绕组轴线 π/6 电弧度。为使电动机转子顺时针转动，触发逆变器功率管 VT_1 和 VT_2（参见图10-2），电流经 VT_1 管，从A相绕组流入，C相绕组流出，再由 VT_2 管回到电源。B相绕组不通电，没有电流通过，称为悬空相。这时，定子合成磁场方向为图中所示的 F_A 方向，F_A 和转子磁场相互作用产生电磁转矩，推动转子继续朝顺时针方向转动。当转子转过 π/6 电弧度后，在 T_1 时刻，转子d轴正好与B相绕组轴线相重合，此时B相绕组的反电动势 e_B 为零，如图10-18b所示。理想情况下，反电动势过零点出现在每次换相后 π/6 电弧度的时刻。反过来说从反电动势过零时刻开始，延迟 π/6 电弧度时间后就是下一次换相时刻。图10-19给出了反电动势波形和逆变器功率管触发顺序的组合关系，图中不考虑由于功率管开关动作的过渡过程所造成的反电动势信号上升下降中的延迟。

2. “反电动势法”的实现方法

由“反电动势法”的原理可知，只要知道反电动势的过零点就可以知道转子的位置信息。但是，在实际应用中，绕组中的反电动势是难以直接获得的，因此，需要采用其他方法

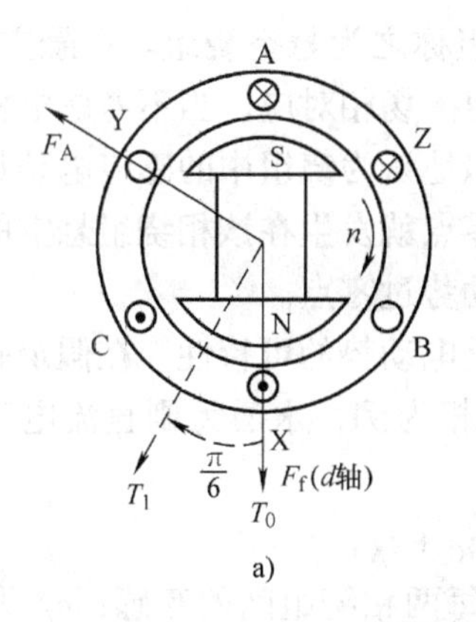

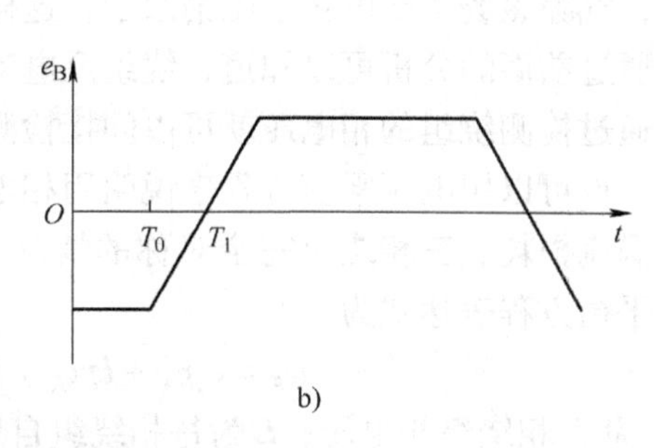

图 10-18 “反电动势法”原理图

a）定转子磁动势相对位置 b）梯形波反电动势

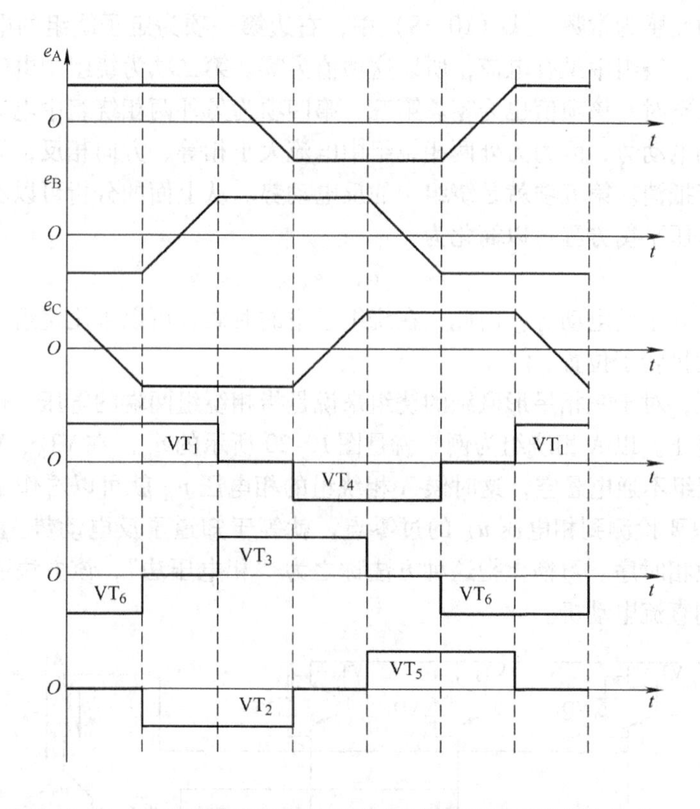

图 10-19 反电动势波形和逆变器功率管触发顺序的组合关系

来获取反电动势波形，找出过零点。目前，对应于反电动势过零检测法有两种等效方法，分别称之为“相电压法”和“端电压法”。

（1）相电压法 由两相导通星形三相六状态永磁无刷直流电动机工作原理可知，永磁无刷直流电动机任意一相绕组的输出端都有三种状态，即高电压态，绕组接到电源正端，有电流流入；低电压态，绕组接到电源负端，有电流流出；高阻态，此时绕组处于不导电状态。电动机运行中，在任意时刻逆变器中总有一相的功率器件是全部关断的，也就是说，对应该相的电动机绕组输出端处于高阻态，通常把该相绕组称之为悬空绕组。在悬空时间内，该绕组的相电压等于其感应电动势，该感应电动势与气隙磁场相对应。当不考虑电枢反应磁场的影响，气隙磁场主要由转子磁钢激励，这样可以近似地认为绕组中的感应电动势等于反电动势。通过前面的分析可以知道，绕组反电动势的过零点就发生在该相绕组悬空的时间段内，所以通过检测绕组的相电压就可以间接检测到反电动势过零点。

另外，也可以用电压平衡方程来说明用相电压等效反电动势的可行性。在假定磁路不饱和、不计涡流损耗、三相绕组完全对称的情况下，以A相为例，永磁无刷直流电动机运行时相电压平衡方程表达式为

$$u_A = i_A r_A + Lpi_A + Mpi_B + Mpi_C + e_A \tag{10-18}$$

式中，u_A 为A相绕组相电压；L 为每相绕组自感；M 为每两相绕组间的互感；e_A 为A相绕组的电动势；$p = \mathrm{d}/\mathrm{d}t$ 为微分算子。

对于方波无刷直流电动机，由于转子磁阻不随转子位置的变化而变化，因而定子绕组的自感和绕组间的互感为常数。式（10-18）中，右边第一项为定子绕组的电阻压降，当该相绕组悬空的时候，绕组中没有电流，所以这项值为零。第二项为绕组中电流变化引起的自感电动势，绕组悬空时，该项值也为零。第三、第四项为另外两相绕组中电流的变化在该相绕组中引起的互感电动势，因为另外两相绕组中电流大小相等、方向相反，因此，这两项互感电动势的值相互抵消。第五项就是绕组中的反电动势。从上面的分析可以看出，当该相绕组悬空的时候，电压平衡方程可以简化为

$$u_A = e_A \tag{10-19}$$

即绕组的相电压等于反电动势。由此，在绕组悬空的时候，可以采用绕组的相电压来替代反电动势检测电动机转子位置。

所谓相电压，对于三相星形联结的绕组来说是指相绕组两端的电压，也就是绕组端部到中心点之间的电压。以A相绕组为例，就是图10-20所示的 u_A。在 VT_5、VT_6 两个功率管导通期间，A相绕组不通电悬空，这时候A相绕组的相电压 u_A 就可以看作是该绕组的反电动势 e_A。所以，只要检测到相电压 u_A 的过零点，就等于知道了反电动势 e_A 的过零点，从而确定逆变器的换相时序。习惯上把这种方法称之为“相电压法”，该方法适用于有中性点引出线的永磁无刷直流电动机。

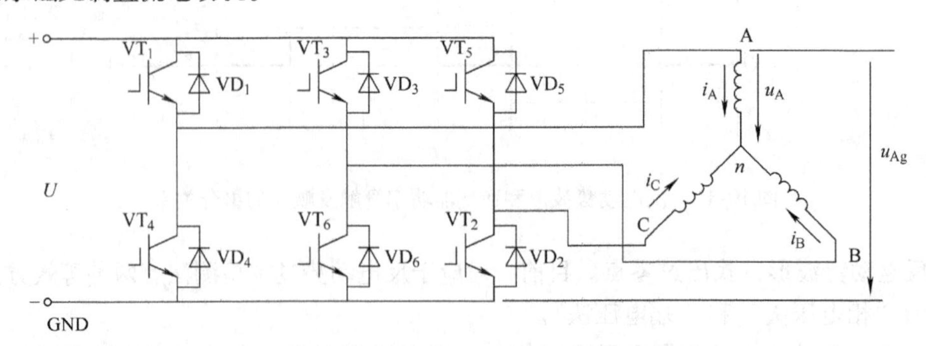

图10-20　相电压法、端电压法原理图

（2）端电压法　大部分无刷直流电动机都没有中性点引出线，因此，就引入了“端电压法”的概念。对于星形联结的三相绕组来说，所谓端电压是指绕组端部至电源地之间的

电压，这里用u_{Ag}来表示。从端电压的定义不难看出，端电压就是在相电压的基础上加上中性点对地的电压。用u_{ng}表示中性点对地电压，这样，可以得出

$$u_{Ag}=u_A+u_{ng}=e_A+u_{ng} \tag{10-20}$$

根据三相绕组的对称性，由式（10-18）可以推导出三相绕组端电压平衡方程的矩阵表达式

$$\begin{pmatrix}u_{Ag}\\u_{Bg}\\u_{Cg}\end{pmatrix}=\begin{pmatrix}r_a&0&0\\0&r_a&0\\0&0&r_a\end{pmatrix}\cdot\begin{pmatrix}i_A\\i_B\\i_C\end{pmatrix}+\begin{pmatrix}L&M&M\\M&L&M\\M&M&L\end{pmatrix}p\begin{pmatrix}i_A\\i_B\\i_C\end{pmatrix}+\begin{pmatrix}e_A\\e_B\\e_C\end{pmatrix}+\begin{pmatrix}u_{ng}\\u_{ng}\\u_{ng}\end{pmatrix} \tag{10-21}$$

式中，u_{Ag}、u_{Bg}、u_{Cg}分别为A、B、C三相绕组的端电压。

任一时刻，永磁无刷直流电动机只有两相绕组导通，导通的两相绕组中电流大小相等、方向相反，第三相绕组悬空，电流为零，将矩阵中三个方程相加可得

$$u_{Ag}+u_{Bg}+u_{Cg}=e_A+e_B+e_C+3u_{ng} \tag{10-22}$$

假定该时刻A相绕组悬空，B、C两相绕组导通，则B、C两相绕组的反电动势大小相等、方向相反，将式（10-20）代入式（10-22）可得

$$u_{ng}=\frac{u_{Bg}+u_{Cg}}{2} \tag{10-23}$$

绕组导通时，假设电流从C相流入，B相流出，则C相绕组和B相绕组的端电压之和等于电源电压U。则

$$u_{ng}=\frac{U}{2} \tag{10-24}$$

将式（10-24）代入式（10-20）可得

$$e_A=u_{Ag}-u_{ng}=u_{Ag}-\frac{U}{2} \tag{10-25}$$

所以，只要能够检测到$u_{Ag}-\frac{U}{2}$的过零点就可以知道转子在该时刻的位置。根据电动机的三相对称关系，可确定B、C相的过零点时刻，据此控制逆变器功率管的导通与关断，实现电动机的换相。这就是“端电压法”的原理。

3. 无位置传感器永磁无刷直流电动机的起动

由式（10-6）可知，永磁无刷直流电动机的反电动势取决于每极磁通和转速的乘积。如保持每极磁通不变，则反电动势正比于电动机转速。当永磁无刷直流电动机转子静止或低速运行时，反电动势为零或者很小。此时，无法根据反电动势来判断转子的位置，也就是说电动机没有自起动能力，需要寻求其他方法来起动。无位置传感器无刷直流电动机常用他控同步起动方式起动，也叫“三段式”起动法。该方法将永磁无刷直流电动机的起动过程分为三个阶段，即转子定位、外同步加速和外同步到自同步切换。这样既可以使电动机转向可控，又可以在电动机达到一定转速后再进行切换，确保了起动的可靠性。

（1）转子预定位　转子的初始位置决定逆变器首先导通哪两个功率开关管，使电动机起动。预定位时，由控制器决定转子的初始位置，即给电动机其中两相绕组通电，产生一个合成磁场。在该磁场作用下，转子向合成磁场的轴线方向旋转，直到转子磁极与该合成磁场轴线重合。如图10-21所示，假设对A相和C相绕组通电，电流从A相绕组流入C相绕组

流出，产生合成磁场 F_A，使转子磁极转到合成磁场轴线的位置。

通电之前，转子的位置是随机的。开始通电瞬间，转子磁场和定向磁场间作用产生的电磁转矩是不确定的值。尤其是转子d轴和定向磁场夹角为180°时，产生的电磁转矩为零，理论上无法使转子定位到预定的位置。实际上，在这种情况下，转子处于一个非稳定平衡状态，任意的随机扰动都会使得转子偏离该位置，一旦转子偏离了这个位置，就会在电枢磁场的作用下，向电枢磁动势轴线位置旋转。因此，只要施加一定的电压，控制绕组电流，产生足够的电磁转矩就会使转子定位到预定的位置。

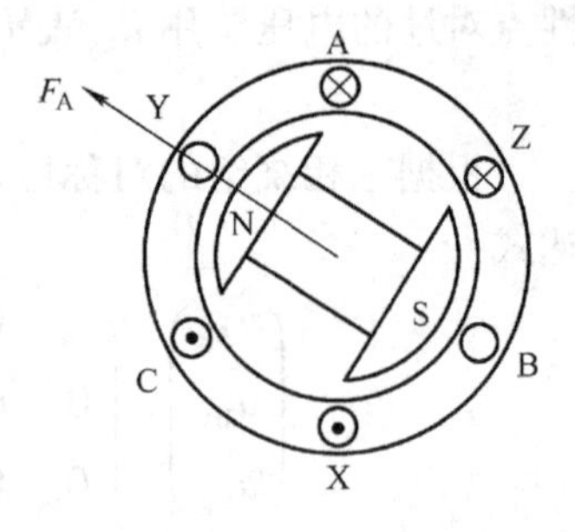

图 10-21 转子预定位示意图

转子到达定位平衡点以后，并不立刻静止，将在平衡点附近作摆动。在黏滞摩擦和磁滞涡流阻尼的作用下，经过几次摆动后静止在预定位点。所以，为了使转子有足够的时间定位，两相通电需要保持一定的时间，同时调节PWM信号占空比保持适当的电流，以产生足够的电磁转矩保证转子转到预定的位置。对预定位所需要的外施电压值和预定位时间，可以利用电动机机械运动方程和转矩方程来进行估算。

简化的电动机机械运动方程和转子机械角速度分别为

$$J\frac{\mathrm{d}\Omega}{\mathrm{d}t}=T_{\mathrm{em}}-T_l \tag{10-26}$$

$$\Omega=\frac{\mathrm{d}\theta}{\mathrm{d}t} \tag{10-27}$$

若给定预定位时间，结合其他参数，由式（10-26）、式（10-27），结合式（10-10），可求得 T_{em} 和 i_A，根据绕组电阻可以估算出预定位需要的外施电压。由于绕组电感、转子转动过程中反电动势和被忽略的黏滞摩擦的影响，实际的外施电压比估算值略大。

（2）外同步加速 完成转子定位后，对电动机加速，使电动机达到一定转速，产生足够大的反电动势而检测其过零点。外同步加速是按照预先设置好的换相顺序使功率管轮流导通，同时，逐步升高换相频率，加大外施电压，直到达到预定频率为止。

外同步加速是一个开环运行过程，每次换相并不知道转子是否转到了相应的换相位置，如果转子偏离换相位置太多，外同步加速就会失败。因此，外同步加速过程中需要合理控制绕组外施电压的大小，尽量使电动机换相接近最佳换相逻辑，保证外同步加速的成功。最佳换相逻辑是指在悬空相绕组反电动势过零点延迟对应30°电角度时间的时刻进行换相，实际上这就是使用位置传感器时的换相位置。在外同步加速过程中，应调整外施电压和换相时间，使实际换相位置接近最佳换相位置，在这种状态下运行的电动机加速平稳，振动小，是理想的加速状态。

（3）外同步到自同步的切换 电动机起动加速达到一定转速以后，就可以从外同步运行转换到根据反电动势过零信号换相的自同步阶段，这个过程称之为从外同步到自同步的切换。切换也是永磁无刷直流电动机无位置传感器运行的关键之一。

首先，需要确定切换速度，即电动机的外同步运行速度达到多少时进行切换。由前面分析可知，电动机在静止或低速的时候反电动势为零或很小，无法作为判断转子位置的依据。通常，选择电动机转速为最高转速的15%～20%作为切换转速。

其次，需要确定切换时电动机外同步运行的状态。当永磁无刷直流电动机处于最佳换相逻辑换相运行，外同步换相信号和自同步换相信号完全同步，此时可以实现平稳切换。

永磁无刷直流电动机外同步运行时，按照设定的时间间隔换相，一般并不能达到最佳换相逻辑的状态。为确保切换成功，在电动机转速达到切换速度后，需要对电动机的运行状态进行调整，并使切换时电动机的运行状态满足一定要求，以免外同步信号和自同步信号之间相差过大，导致电动机切换不稳定，出现失步，甚至停转。

4. 有位置传感器控制和无位置传感器控制方式的比较

无刷直流电动机运行时需要检测转子位置信号，以控制逆变器功率管的换相，实现电动机的调速运行。带位置传感器永磁无刷直流电动机控制是通过位置传感器检测转子位置，以保证各相绕组的换相，相对而言，其控制方法简单，控制电路成本低。然而，带位置传感器有其自身不可避免的缺点：

（1）增大了电动机的体积　安装了位置传感器后，电动机结构变复杂了，也相对增大了电动机体积，妨碍了电动机的小型化，特别是对微型电动机。

（2）增加了电动机成本　容量在数百瓦以下的小容量方波型永磁无刷直流电动机常用的霍尔集成电路位置传感器的成本，相对于电动机本体来说所占比例较大。

（3）可靠性差　一台三相方波电动机若采用霍尔集成电路位置传感器，至少增加五根连线。过多的引线使得系统的可靠性变差。

（4）传感器的输出信号易受到干扰　传感器的输出信号都是弱电信号，在高温、低温、湿度大、有腐蚀物质、空气污浊等工作环境及振动、高速运行等工作条件下，都会降低传感器的可靠性。若传感器损坏，还可能连锁反应引起逆变器等器件的损坏。

（5）传感器的安装精度对电动机的运行性能影响很大，相对增加了生产工艺的难度。

由此可见，虽然带位置传感器的控制方式简单、方便，但一定程度上限制了永磁无刷直流电动机的推广和应用，相对而言无位置传感器方式在控制上有更大的灵活性和比较大的优势。在很多特殊场合，比如冰箱、空调中的压缩机电动机等，由于工作环境差，必须采用无位置传感器控制方式。因此，永磁无刷直流电动机的无位置传感器控制近年来的应用越来越广泛。

小　结

永磁无刷直流电动机具有普通直流电动机的控制特性。它使用位置传感器及电子换相电路代替传统直流电动机中的电刷和换向器，是一种集永磁电动机、电力电子技术、计算机技术和现代控制技术于一体的高技术机电一体化产品。

位置传感器是永磁无刷直流电动机的重要部件，它具有多种结构形式，对电机的起动和运行有着重要的作用。永磁无刷直流电动机的工作特性与一般直流电动机类似，但它的各种特性及电动势、转矩系数都与电枢绕组连接方式有关。应根据实际使用场合和要求，合理选择电枢绕组连接方式。

永磁无刷直流电动机通过改变电源电压实现无级调速，既可以进行开环调速，也可以实现闭环控制。改变电枢绕组导通相序可以改变电动机的转向。

永磁无刷直流电动机的无位置传感器控制是利用定子电压、电流等容易获取的物理量检测转子位置，以得到转子位置信号。反电动势过零检测法通过检测悬空相反电动势的过零点获取转子的位置信息，与其等效的是“相电压法”和“端电压法”。

无刷直流电动机转子静止或低速运行时，反电动势为零或者很小，因此，反电动势法无位置传感器无刷直流电动机没有自起动能力，常用他控同步起动方式起动。该方法将永磁无刷直流电动机的起动过程分为三个阶段，即转子定位、外同步加速和外同步到自同步切换，也称作“三段式”起动法。

思考题

1. 永磁无刷直流电动机与普通直流电动机相比有何区别？
2. 位置传感器在永磁无刷直流电动机中起到什么作用？
3. 如果电动机转子是多极对数时，如何设计位置传感器结构？
4. 当转矩较大时，永磁无刷直流电动机的机械特性为什么会向下弯曲？
5. 永磁无刷直流电动机能否使用交流电供电？

习题

10-1　简述永磁无刷直流电动机采用二相导通三相星形六状态的工作原理。

10-2　比较三相星形联结二相导通方式与三相星形联结一相导通方式有何不同？

10-3　试分析“反电动势法”无位置传感器永磁无刷直流电动机控制原理。

10-4　在无位置传感器无刷直流电动机控制中，“相电压法”和“端电压法”是如何与“反电动势法”等效的？

10-5　什么是无位置传感器无刷直流电动机控制的“三段式”起动法？

第十一章　单相交流串励电动机

第一节　概　　述

单相交流串励电动机属于交流换向器电动机的一种。本章介绍其结构特点、工作原理、运行特性和调速方法等。

这种电动机具有以下一些优点：

（1）使用方便　这种电动机虽具有直流电动机的结构，但可交、直流两用。改变输入电压大小，可以调节其转速，且调速十分方便。

（2）转速高、体积小、重量轻　其他交流电动机的转速都与电源频率有关，当电源频率为50Hz时，转速不会超过3000r/min。但单相交流串励电动机的转速却不受电源频率和极数的限制，大多设计在4000～27000r/min之间。电机转速越高，电机中铁磁材料的用量越少，因此电机的体积重量相应减小。例如，8000r/min的单相交流串励电动机的体积只有相同功率的2800r/min单相异步电动机的一半。

（3）起动转矩大、过载能力强　单相串励电动机的起动转矩很大，可高达额定转矩的4～6倍，而其他单相交流电动机大多在1倍以下，所以既适用于电动工具（不易被卡住、制动，有大的过载能力），也适宜于作带重负载起动用的伺服电动机。

单相串励电动机由于优点突出，其产量相当大，应用极为广泛。它主要用于各类电动工具、家用电器、医疗器械和小型机床，如手电钻、冲击电钻、电磨、电刨、电锯、电剪刀、电扳手、羊毛剪、电链锯、电动螺钉旋具（俗称螺丝刀）、吸尘器、搅拌器、电吹风、地板打蜡机和电动缝纫机等。它也可制成通用电动机型式，作驱动及伺服电动机使用。

第二节　基本结构和工作原理

一、基本结构

从原理上讲，如将一台直流串励电动机接到交流电源上，由于磁通和电流都将同时改变方向，电磁转矩的方向仍将保持不变，电动机仍可工作。但因下述原因，该电动机的运行情况将十分恶劣，甚至不能运转：①直流电机磁极铁心与定子磁轭均系铸钢制成，将有很大的涡流损耗；②在励磁绕组和电枢绕组中将有很大的电抗电压降；③换向元件中将产生直流电机所没有的短路电动势，使换向发生困难，甚至产生严重的换向火花。单相交流串励电动机在结构上应能解决以上问题。所以，单相串励电动机的结构与传统直流电动机在总体上相似，只在细节处有所不同。

图11-1是单相串励电动机的典型结构图，它由定子和转子两大部分组成。定子由定子铁心、定子绕组、机壳、端盖和电刷装置等组成，转子包括电枢铁心、电枢绕组、换向器、转轴等部件。

（1）**定子铁心**　由0.5mm厚硅钢片冲制成如图11-2a所示的扁圆形二极形状冲片，叠压成定子铁心。冲片的叠合紧固采用空心铆钉铆合的方法，也可采用焊接的方法。

(2) **定子绕组**　定子绕组又称串励绕组，由漆包圆铜线绕制成集中绕组，嵌入定子铁心窗框，端部用绳、扣片或塑料框架与定子铁心紧固。

(3) **转子铁心**　转子铁心亦称电枢铁心，由0.5mm厚硅钢片冲制成图11-2b所示形状冲片，沿圆周各槽均匀分布，叠压成圆柱体，将转轴压入铁心轴孔。

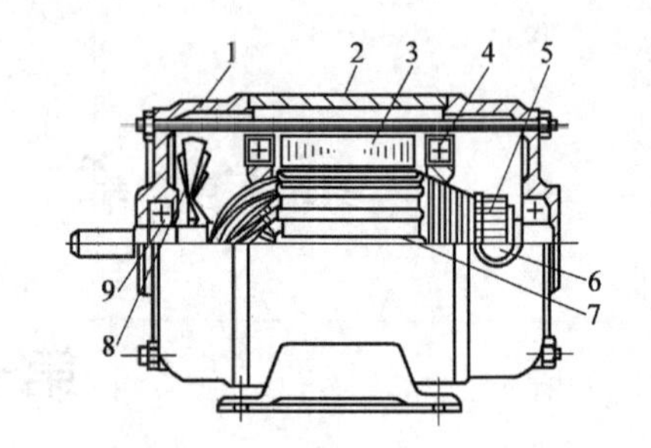

图11-1　单相串励电动机结构图

1—端盖　2—机壳　3—定子铁心　4—定子绕组　5—换向器　6—电刷装置　7—电枢　8—风扇　9—轴承

(4) **电枢绕组**　电枢绕组采用单迭绕组，由漆包圆铜线绕制成的线圈嵌入转子铁心槽中。每个线圈元件的首尾端分别焊接到相邻的两个换向片上，全部元件依次串联成闭合回路，如图11-3所示。

(5) **换向器**　换向器曾称整流子。小功率单相串励电动机采用的换向器有钩形换向器和槽形换向器，图11-4为槽形换向器结构图，在纯铜换向片间使用云母片绝缘。

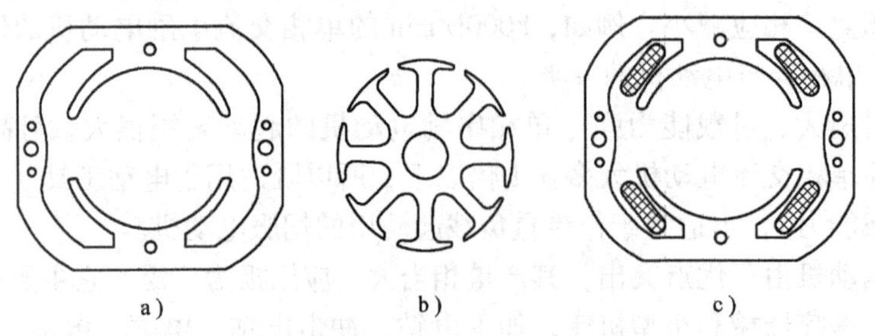

图11-2　定、转子冲片

a) 定子冲片　b) 转子冲片　c) 定子结构

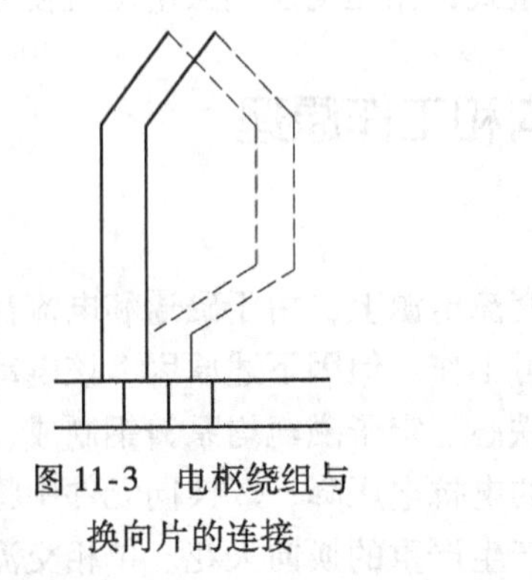

图11-3　电枢绕组与换向片的连接

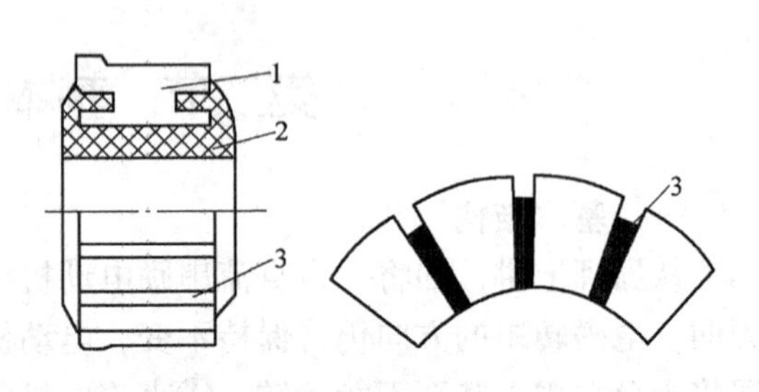

图11-4　槽形换向器结构图

1—换向片　2—塑料壳体　3—云母片

二、工作原理

如图11-5所示为单相串励电动机工作原理图，将单相串励电动机的励磁绕组与电枢绕组串联，当在其端部施加直流电压时，便有直流电流流过励磁绕组和电枢绕组，励磁电流 I_f 与电枢电流 I_a 相等。励磁绕组的电流 I_f 将产生磁通 Φ，它与电枢电流 I_a 相作用产生电磁转矩 T_{em}，驱动转子旋转。这就是直流串励电动机的工作原理。根据直流电机原理，电磁转矩为

$$T_{em} = C_T \Phi I_a \tag{11-1}$$

式中，C_T 为转矩常数，$C_T=\dfrac{pZ}{2\pi a}$，a、p、Z 分别为电枢绕组并联支路对数、电动机极对数和电枢总导体数。

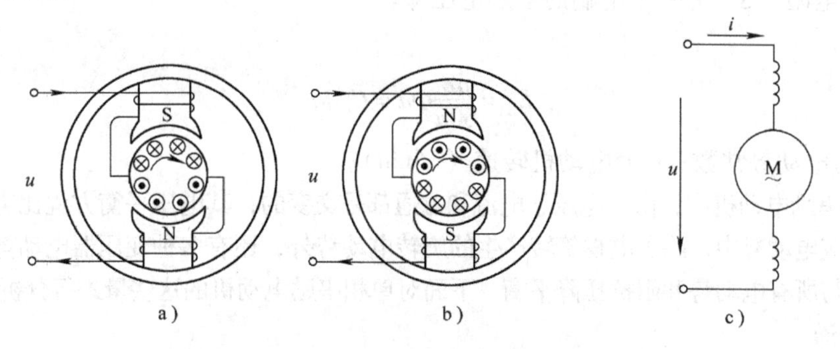

图 11-5 单相串励电动机工作原理图

a)、b) 电源为正、负半周时的工作情况 c) 电路图

电磁转矩 T_{em}、电枢电流 I_a 和磁通 Φ 随时间变化的关系示意于图 11-6a 中。将单相交流电压接入该电动机，即是一台单相串励电动机。设流入电动机的电流 $i=i_f=i_a=I_m\sin\omega t$。在忽略换向元件损耗和铁耗的情况下，励磁磁通与电流 i_f 同相位，即

$$\phi(t)=\Phi_m\sin\omega t \tag{11-2}$$

电枢电流与该磁通相互作用产生的电磁转矩为

$$T_{em}(t)=C_T\phi(t)i(t) \tag{11-3}$$

电磁转矩随时间变化的关系示意于图 11-6b 中。励磁绕组和电枢绕组中流过同一个电流。在交流电的正半周 $0\leqslant\omega t<\pi$，电流为正，磁通 Φ 也为正，产生正的电磁转矩；在交流电的负半周 $\pi\leqslant\omega t<2\pi$，电枢电流反向，由于励磁绕组与电枢绕组串联，励磁电流及磁通也反向，所以电磁转矩的方向不变。显然电磁转矩是一脉动转矩，但平均值为正，故能驱动电动机连续旋转。

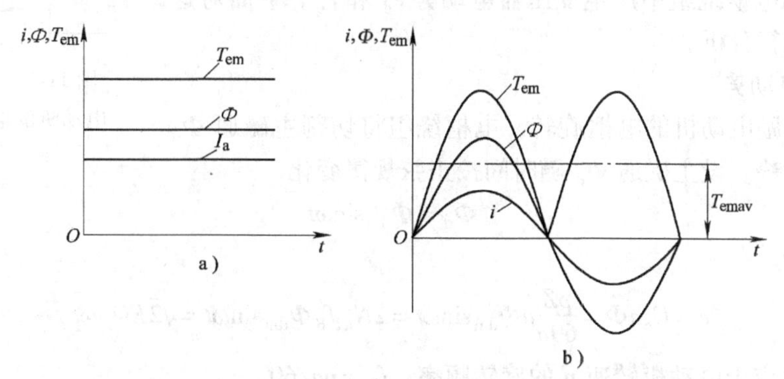

图 11-6 单相串励电动机的电枢电流、磁通和电磁转矩

a) 直流串励 b) 单相串励

第三节 单相串励电动机的工作特性

对于直流串励电动机，其电压方程为

$$U=E_a+I_a(R_a+R_f)+2\Delta U \tag{11-4}$$

式中，E_a 为电枢绕组切割主磁通产生的感应电动势，即反电动势；R_a、R_f 分别为电枢绕组和励磁绕组电阻；ΔU 为一个电刷的接触电压降。

反电动势为

$$E_a=\frac{pZ}{60a}\Phi n=C_e\Phi n \tag{11-5}$$

式中，C_e 为电动势常数；n 为电动机转速（r/min）。

在单相串励电动机中，由于电压、电流和磁通都是交变的，其电压平衡方程比直流电机要复杂得多。感应电动势中，除了电枢旋转产生的旋转电动势外，还有多种变压器电动势存在，电动机端电压要与所有电动势和阻抗压降平衡。下面对单相串励电动机的这些量进行分析。

一、磁通

由单相串励电动机的结构原理图可知，励磁电流 i_f 流过励磁绕组产生的主磁通 Φ，位于电动机的直轴方向（磁极中心线上），以 Φ_d 表示，Φ_d 在空间静止，随时间按电源频率 f 正弦规律交变。

另一方面，电枢电流流过电枢绕组，由电刷将电枢电流分成两条支路，如图 11-7 所示。电枢电流产生的磁通 Φ_q 的方向与磁极中心线垂直，而与电刷轴线一致，Φ_q 称为交轴磁通。Φ_q 在空间也是静止的，随时间以频率 f 按正弦规律脉振。

二、感应电动势

由上面的分析可知，在单相串励电动机中存在励磁电流产生的主磁通 Φ_d 和电枢绕组电流产生的交轴磁通 Φ_q，主磁通 Φ_d 位于直轴方向，交轴磁通 Φ_q 位于与直轴相垂直的交轴方向。电枢旋转切割主磁通 Φ_d 产生旋转电动势 e；另一方面，主磁通 Φ_d 和交轴磁通 Φ_q 均是以电源频率 f 交变的脉动磁场，它们将分别在励磁绕组和电枢绕组中产生变压器电动势 e_d 和 e_q。下面对这几个电动势进行分析。

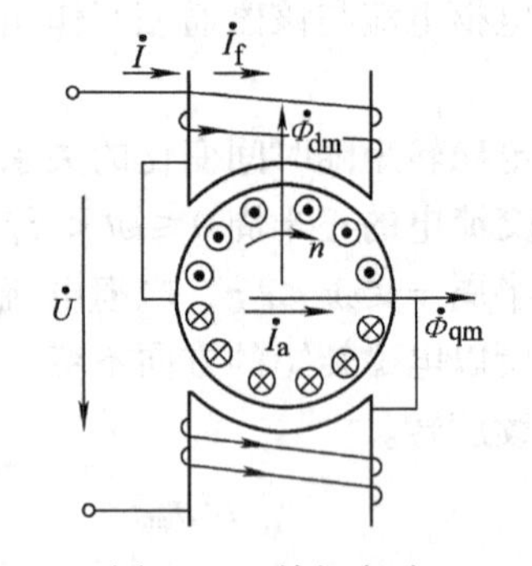

图 11-7 单相串励电动机的电压和电流

1. 旋转电动势

当单相串励电动机的电枢旋转，电枢绕组将切割主磁通 Φ_d 产生旋转电动势。设主磁通 Φ_d 随时间按正弦规律变化

$$\Phi_d=\Phi_{dm}\sin\omega t \tag{11-6}$$

则旋转电动势

$$e=C_e n\Phi=\frac{pZ}{60a}n\Phi_{dm}\sin\omega t=2N_a f_R\Phi_{dm}\sin\omega t=\sqrt{2}E\sin\omega t \tag{11-7}$$

式中，f_R 为对应于电动机转速 n 的旋转频率，$f_R=pn/60$。

旋转电动势有效值为

$$E=\sqrt{2}N_a f_R\Phi_{dm}=\frac{1}{\sqrt{2}}C_e n\Phi_{dm} \tag{11-8}$$

若考虑换向元件损耗和铁耗，磁通 Φ_{dm} 相位上滞后电流 i_f 一个 φ_0 角，即

$$i=i_f=i_a=\sqrt{2}I\sin\omega t \tag{11-9}$$

$$\Phi_d=\Phi_{dm}\sin(\omega t-\varphi_0) \tag{11-10}$$

旋转电动势

$$e=\sqrt{2}E\sin(\omega t-\varphi_0) \tag{11-11}$$

旋转电动势是反电动势，它与磁通方向相反。以相量表示为

$$\dot{E}=-\sqrt{2}N_a f_R \dot{\Phi}_{dm} \tag{11-12}$$

即旋转电动势与旋转频率、电枢串联匝数和主磁通成正比。

2. 主磁通 Φ_d 在励磁绕组中产生的变压器电动势

设励磁绕组匝数为 N_f，则由主磁通 Φ_d 在励磁绕组中产生的变压器电动势为

$$\begin{aligned}e_d &= -N_f\frac{d\Phi_d}{dt}=-N_f\frac{d[\Phi_{dm}\sin(\omega t-\varphi_0)]}{dt}=N_f\Phi_{dm}\omega\sin(\omega t-\varphi_0-90°)\\ &=\sqrt{2}E_d\sin(\omega t-\varphi_0-90°)\end{aligned} \tag{11-13}$$

其中

$$E_d=4.44fN_f\Phi_{dm} \tag{11-14}$$

对应的相量形式为

$$\dot{E}_d=-j4.44fN_f\dot{\Phi}_{dm} \tag{11-15}$$

3. 交轴脉动磁通 Φ_q 在电枢绕组中感应的变压器电动势

电枢电流 i_a 产生的交轴脉动磁通 Φ_q 在电枢绕组中感应的变压器电动势为

$$e_q=-N_a\frac{d\Phi_q}{dt}$$

因为

$$\Phi_q=\Phi_{qm}\sin\omega t$$

所以

$$e_q=-N_a\frac{d(\Phi_{qm}\sin\omega t)}{dt}=N_a\Phi_{qm}\omega\sin(\omega t-90°)=\sqrt{2}E_q\sin(\omega t-90°) \tag{11-16}$$

其中

$$E_q=4.44fN_a\Phi_{qm} \tag{11-17}$$

其相量形式为

$$\dot{E}_q=-j4.44fN_a\dot{\Phi}_{qm} \tag{11-18}$$

三、电压平衡方程及相量图

单相串励电动机的电源电压与感应电动势和漏阻抗压降平衡，其电压平衡方程为

$$\dot{U}=-\dot{E}-\dot{E}_d-\dot{E}_q+\dot{I}(R_a+R_f)+j\dot{I}(X_a+X_f)+2\Delta\dot{U} \tag{11-19}$$

式中，$\dot{I}(R_a+R_f)$ 为电枢绕组和励磁绕组电阻压降；$j\dot{I}(X_a+X_f)$ 为电枢绕组和励磁绕组漏抗压降；$2\Delta\dot{U}$ 是一对电刷的接触压降，与电流相位一致。

取电流 $\dot{I}$ 作为参考相量，主磁通 $\dot{\Phi}_d$ 滞后电流 $\dot{I}$ 一个损耗角 φ_0，根据电压平衡方程式(11-19)作出的相量图如图 11-8 所示。图中 φ 为单相串励电动机

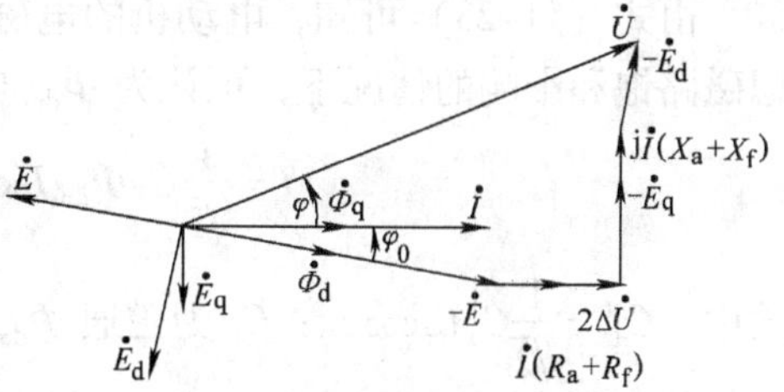

图 11-8 单相串励电动机电压相量图

的功率因数角。

由相量图，功率因数角 φ 可表示为

$$\varphi = \arctan\frac{U_x}{U_y} = \arctan\frac{E_q + I(X_a + X_f) + E_d\cos\varphi_0 - E\sin\varphi_0}{I(R_a + R_f) + E_d\sin\varphi_0 + E\cos\varphi_0 + 2\Delta U} \tag{11-20}$$

由于 φ_0 很小，为了清楚地表示转速等因素对功率因数的影响，式（11-20）可简化为

$$\varphi = \arctan\frac{E_d + E_q + I(X_a + X_f)}{E} \tag{11-21}$$

由式（11-21）可知，旋转电动势 E 越大，功率因数越高。因 $E = \frac{1}{\sqrt{2}}C_e n\Phi_{dm}$，故转速越高，功率因数 $\cos\varphi$ 越高；另一方面，当转速一定时，$E_d + E_q + I$（$X_a + X_f$）越小，$\cos\varphi$ 越高。因 $E_q \propto N_a$，$X_a \propto N_a^2$，因此减少电枢绕组的匝数也可以提高单相串励电动机的功率因数。

四、电磁转矩

设单相串励电动机的电刷位于几何中线，电动机的电磁转矩为

$$T_{em}(t) = C_T\Phi_d(t)i(t) \tag{11-22}$$

将式（11-9）、式（11-10）代入式（11-22），得

$$T_{em}(t) = C_T\Phi_{dm}\sqrt{2}I\sin(\omega t - \varphi_0)\sin\omega t = \frac{1}{\sqrt{2}}C_T\Phi_{dm}I[\cos\varphi_0 - \cos(2\omega t - \varphi_0)] = T + T_{2f} \tag{11-23}$$

式中

$$T = \frac{1}{\sqrt{2}}C_T\Phi_{dm}I\cos\varphi_0 \tag{11-24}$$

为电磁转矩的平均值，是交流串励电动机的工作转矩。

式（11-23）中

$$T_{2f} = \frac{1}{\sqrt{2}}C_T\Phi_{dm}I\cos(2\omega t - \varphi_0) \tag{11-25}$$

为2倍频率脉动转矩，其平均值为零。该转矩对外不作功，但增大了电动机工作时的振动和噪声。

五、工作特性

单相串励电动机的工作特性，可以用4条曲线来表示，就是在电源电压恒定的情况下，$I = f$（T_{em}），$P_2 = f$（T_{em}），$\eta = f$（T_{em}）和 $\cos\varphi = f$（T_{em}）。在分析电流、转速和转矩关系的基础上，给出单相串励电动机的工作特性。

1. $I = f$（T_{em}）

由式（11-23）可知，电动机的电磁转矩 T_{em} 决定于磁通 Φ_{dm} 与电流 I 的乘积，在不考虑磁路饱和影响的情况下，可认为 Φ_{dm} 与 I 成正比，因此

$$T = \frac{1}{\sqrt{2}}C_T\Phi_{dm}I\cos\varphi_0 = \frac{1}{\sqrt{2}}C_T C_f I^2\cos\varphi_0 = C_T' I^2 \tag{11-26}$$

式中，$C_T' = \frac{1}{\sqrt{2}}C_T C_f\cos\varphi_0$；$C_f$ 为磁通 Φ_{dm} 与电流 I 的比例常数。

式（11-26）表示的曲线为抛物线，如图11-9所示。电流 I 随转矩 T_{em} 的增大而增大，

由于电动机磁路饱和的影响，I 增大得较快，所以后一段曲线实际按图示的虚线上升。

2. $I=f(n)$

略去电刷接触压降 $2\Delta U$，认为 $\varphi_0=0$，由电压相量图得旋转电动势 E 为

$$E=U\cos\varphi-I(R_a+R_f)=\frac{1}{\sqrt{2}}C_e n\Phi_{dm} \tag{11-27}$$

由式（11-27）得电动机转速

$$n=\frac{U\cos\varphi-I(R_a+R_f)}{\frac{1}{\sqrt{2}}C_e\Phi_{dm}} \tag{11-28}$$

将 $\Phi_{dm}=C_f I$ 代入式（11-28），得

$$n=\frac{U\cos\varphi}{\frac{1}{\sqrt{2}}C_e C_f I}-\sqrt{2}\,\frac{R_a+R_f}{C_e C_f} \tag{11-29}$$

由式（11-29）可见，单相串励电动机的转速与电枢电流成反比关系，负载增大（电流增大），转速下降，轻负载时，转速会升得很高，空载转速可能高到危险值。从几何学原理知道，$I=f(n)$ 代表一条双曲线，如图 11-9 所示。

3. $n=f(T_{em})$

将式（11-26）电磁转矩表达式代入式（11-29），并认为 $\varphi=0$，整理后得

$$n=\frac{U}{C'\sqrt{T}}-\sqrt{2}\,\frac{R_a+R_f}{C_e C_f} \tag{11-30}$$

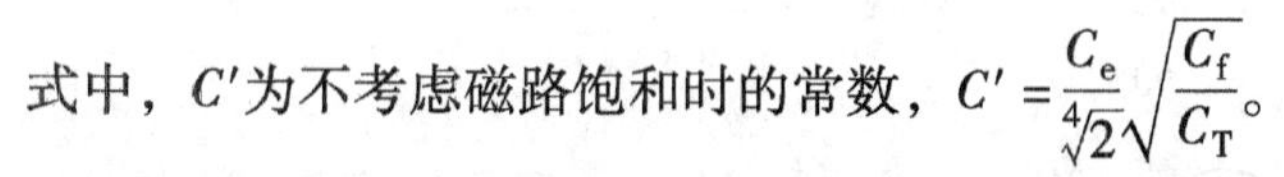

式中，C' 为不考虑磁路饱和时的常数，$C'=\frac{C_e}{\sqrt[4]{2}}\sqrt{\frac{C_f}{C_T}}$。

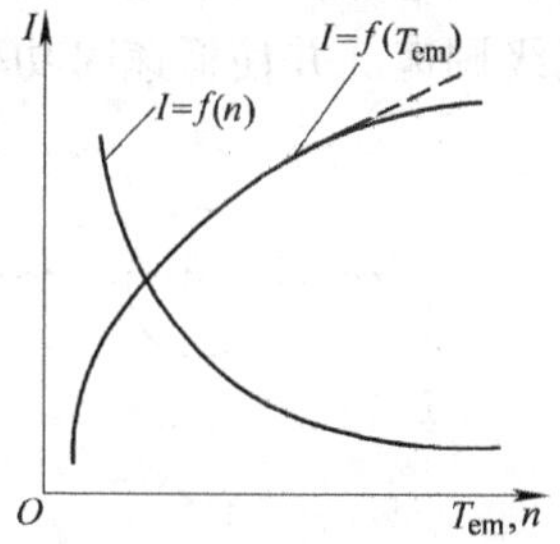

图 11-9 单相串励电动机的电流与转矩、转速的关系

由式（11-30）得到电动机的转速-转矩特性曲线，即电动机的机械特性，如图 11-10 所示。转矩增大，转速 n 下降，转矩减小时，转速上升，该特性很软，即所谓的串励特性。伴随着串励特性，单相串励电动机具有高的制动转矩，不易被制动，过载能力强。这种具有串励特性的电动机特别适用于电动工具中，可以起到自动调节转速的作用。

4. $\cos\varphi=f(T_{em})$

单相串励电动机功率因数与转矩的关系曲线如图 11-11 所示。在转矩较小时，功率因数

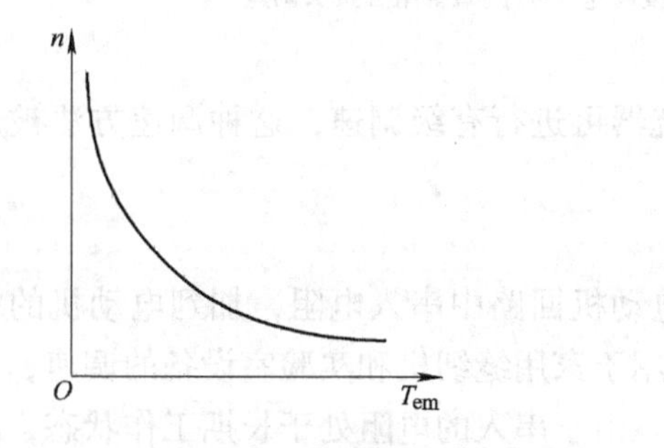

图 11-10 单相串励电动机的机械特性曲线

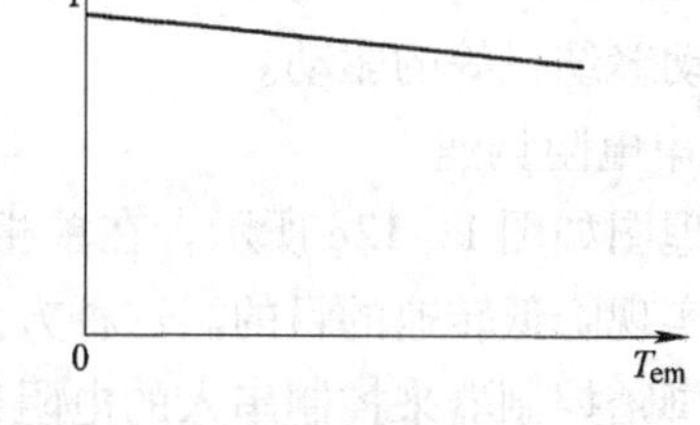

图 11-11 单相串励电动机功率因数与转矩的关系曲线

较高，转矩增大后，功率因数有所下降。但总体而言，单相串励电动机的功率因数较高，一般在0.9左右，高转速的电动机可高于0.95，曲线的下降较平缓，甚至接近于水平的直线。

第四节　单相串励电动机的调速

由单相串励电动机的转速表达式（11-28）可知，在负载不变的情况下，可通过下列三种方法来调节电动机的转速：

1）改变电源电压 U。

2）改变励磁磁通 Φ_d。

3）改变电动机绕组串联电阻 R_a+R_f。

由于小功率单相串励电动机多用于电动工具和家用电器的驱动，对调速特性要求不高，调速范围也不宽，一般调速比5∶1左右。所以，采用的调速方法以实用简单为原则。

一、改变电源电压调速

1. 利用串联单向或双向晶闸管（Silicon-controlled Rectifier，SCR）调压调速

调速原理图如图11-12a所示，改变晶闸管的导通角，就可以改变施加到单相串励电动机的端电压，调节电动机的转速。用于电动工具时，晶闸管调速常和齿轮变速相结合，实现无级调速。并使低速时功率不会下降太多，保证了低速时具有足够的驱动转矩。

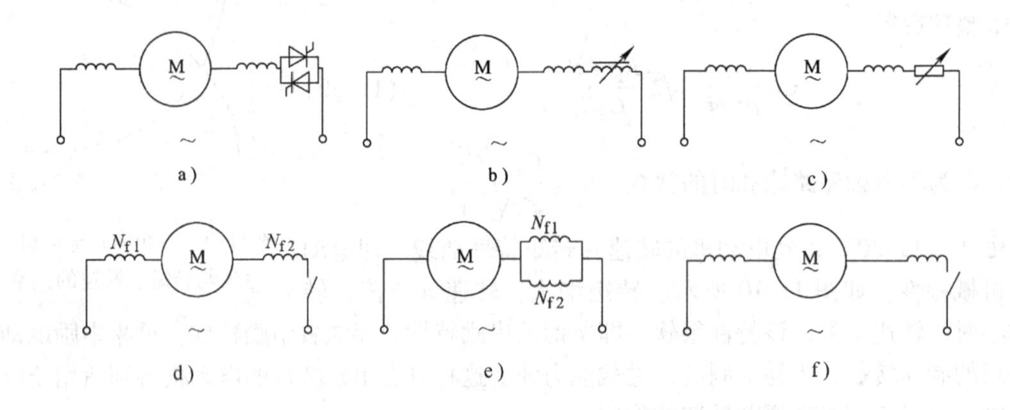

图11-12　单相串励电动机常用的调速原理图

a）串联双向晶闸管调压调速　b）串联电抗器调速　c）串联电阻调速

d）、e）串励绕组串接改并接调速　f）励磁绕组分接头调速

2. 串联电抗器调速

原理图如图11-12b所示，使用可变电抗器可进行有级调速，这种调速方法被广泛用于家用电动缝纫机等的驱动。

3. 串电阻调速

原理图如图11-12c所示。在单相串励电动机回路中串入电阻，加到电动机的端电压将减小，实现降低转速的目的。这种方法广泛用于家用缝纫机和实验室设备的调速，家用缝纫机通过脚踏控制器来控制串入的电阻值大小。由于串入的电阻处于长期工作状态，故电阻应按照连续工作方式选择。

二、改变励磁磁通调速

增大励磁磁通 Φ_d，电动机转速下降，减小励磁磁通，转速上升。

1）将两个串励绕组由串接（并接）改为并接（串接），即将图 11-12d 改接为图 11-12e。将串接改为并接，在不考虑磁路饱和影响的情况下，每个串励绕组中的励磁电流减为原来的 1/2，磁动势降低为原来的 1/2，磁通减少，转速上升。反之，由并接改为串接，磁通上升，转速下降。这种方法常用于搅拌器单相串励电动机的调速。

2）励磁绕组分级抽头调速。调速原理图如图 11-12f 所示，励磁绕组上有 3 个抽头，电源接至不同抽头位置，励磁绕组的匝数 N_f 不同。改变励磁绕组匝数，即改变了励磁磁动势和主磁通，励磁绕组匝数多，磁动势 $F_f = N_f I_f$ 大，磁通 Φ_d 大，转速降低；反之，转速升高。这种调速方法用于搅拌器等家用电器。

三、串电阻调速

原理图如图 11-12e 所示。在单相串励电动机回路中串入电阻，加到电动机的端电压将减小，实现降低转速的目的。这种方法广泛用于家用缝纫机和实验室设备的调速，家用缝纫机通过脚踏控制器来控制串入的电阻值大小。由于串入的电阻处于长期工作状态，故电阻应按照连续工作方式选择。

第五节　单相串励电动机产生的干扰及其抑制措施

单相串励电动机转速高，转子上的换向器与电刷存在滑动接触，电动机绕组换向时，换向元件中的电流快速变化而产生换向火花，引起很强的噪声和无线电干扰，必须加以抑制。下面简单介绍抑制干扰的措施。

一、噪声及其抑制措施

根据产生噪声的原因，可将单相串励电动机的噪声分为通风噪声、机械噪声和电磁噪声。

1. 通风噪声

通风噪声由于电动机的冷却风扇转动以及转子表面的不光滑而产生。噪声大小决定于风扇大小、形状、转速高低、风路风阻及转子表面粗糙度等。

风扇直径越大，噪声越大；风叶边缘与通风室的间隙过小，会产生笛声；由于风叶形状与风扇结构不合理，造成涡流，会产生噪声；风扇刚度不够，受气流撞击时发生振动，也会引起噪声。抑制噪声的措施有：

1）选用合适的风叶材质，合理设计风叶形状，在许可情况下，尽量缩小风扇直径，保证风叶边缘与通风室具有足够的间隙，并严格校动平衡。

2）电枢槽口和绕组端部表面尽量光滑平整。

2. 机械噪声

机械噪声主要来源于轴承、电刷和换向器的摩擦及转子的不平衡。抑制的措施有：

1）选用优质密封轴承。控制轴承的装配误差在允许范围内，装配时不允许敲打，选用优质润滑脂及合适的黏度，可以降低轴承的噪声。

2）转子部分要严格校动平衡，并确保动平衡精度。

3）选用合适的电刷材质、形状、压力，选用合适的换向器材质，严格控制换向器的圆度，保证表面光滑，并采用坚固牢靠的刷盒刷握结构。

3. 电磁噪声

单相串励电动机的电磁噪声，是由于转子齿槽产生的周期性单边磁拉力的变化和气隙中磁场随时间脉动使磁拉力产生周期性变化而引起的。抑制办法有：

1）转子采用斜槽，斜槽距离为转子齿距的整数倍。

2）增大定子、转子间气隙并降低气隙磁通密度。

3）采用不均匀气隙，增大极尖气隙可减小换向火花，通常电动机的极尖气隙约增大一倍。

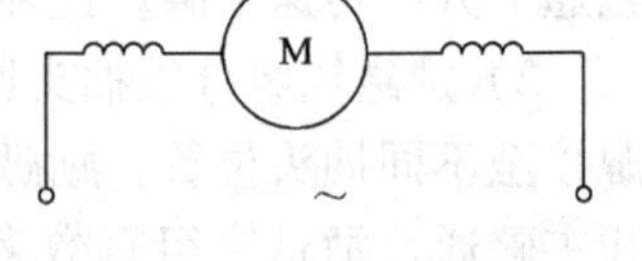

图 11-13 励磁绕组对称布置

二、无线电干扰的抑制

单相串励电动机工作时将产生严重的无线电干扰。绕组的换向火花，如同一个高频发射器，对周围的电子设备产生强烈的无线电干扰。另一种干扰，是通过电源线将换向产生的干扰脉动电动势传入公共的电网而干扰与电网相接的其他电气设备。这些干扰主要由换向引起，因此，抑制措施有：

1）改善换向，降低换向火花的级别。

2）采用金属机壳对电动机进行屏蔽，将屏蔽接地。连接导线选用屏蔽电缆，并将屏蔽接地。

3）将电动机的两个励磁绕组分别对称接在电枢两端，增加了高频传输阻抗。如图 11-13 所示。

4）在电动机出线端加装滤波器，如图 11-14 所示。其中滤波电容量为 0.1 ~ 1μF，电感 L 的值约为 50 ~ 500μH。

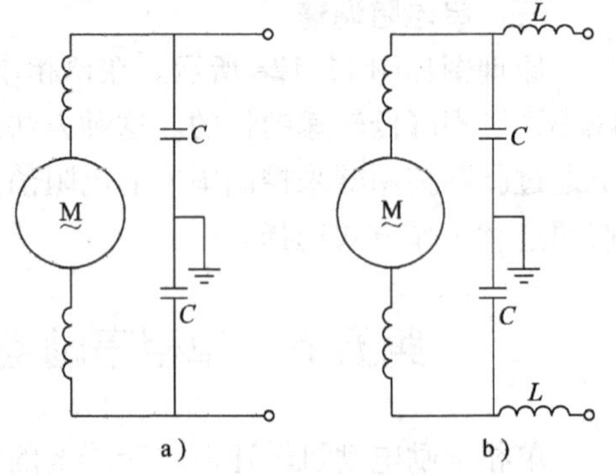

图 11-14 抗干扰滤波器

a）电容滤波器 b）电容电感滤波器

思 考 题

1. 一台普通直流串励电动机接到交流电源上，能否正常工作？为什么？
2. 单相串励电动机中有哪几种感应电动势？它们分别是由什么磁通感应产生的？
3. 为什么单相串励电动机的转速比一般交流电动机高得多？

习 题

11-1 简述单相串励电动机的调速方法。

11-2 简述单相串励电动机产生的干扰及其抑制措施。

第十二章　直线电动机简介

随着科技发展的需要，除了前述各种旋转电动机外，又出现了一些新型电动机，其种类甚多，本章只介绍常见的有发展前途的直线电动机，其目的除了拓宽学者视野外，亦起着巩固和深化电机基本原理的作用。

在生活、生产、交通运输以及军事等领域常遇到直线运动的机械。过去传统的方法是利用机械方法将电动机等原动机的旋转运动转变为直线运动。这种方法的装置体积大、效率低、精度不高。直线电动机是一种直接将电能转换为直线运动的驱动机械，它省去了中间转换机构，并具有速度范围宽、推力大、精度高等特点。

从工作原理来看，前面介绍过的直流电动机、感应电动机或同步电动机、步进电动机等旋转电动机均可改制成直线电动机。现以应用较广的交流感应直线电动机为例来说明直线电动机的形成、工作原理和基本构造。

一、直线感应电动机

图 12-1a 所示为笼型感应电动机的原理结构剖面图，如想像将它径向切开，并展成如图 12-1b 的直线状，即为一台直线电动机。

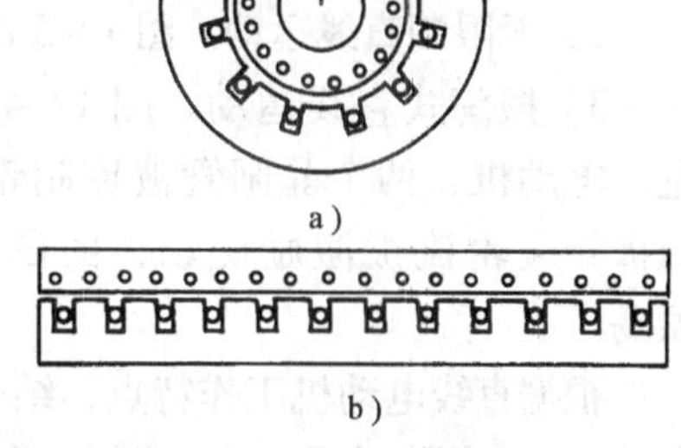

图 12-1　直线电动机的形成
a) 设想将笼型转子感应电动机径向切开
b) 设想将 a) 展开，形成直线电动机

原来的定子一侧现改称一次侧，原来转子一侧改称为二次侧。转子的名称不能再用了，因为它不转动。一次侧和二次侧中任一侧可以是固定不动的称为**定子**，另一侧可以直线运动的称为“**动子**”。图中的定子三相分布绕组中通以三相电流时，与普通感应电动机相似，将激励一个从电流领前相转向电流滞后相的磁场。在普通感应电动机中即为圆形旋转磁场，而今定子绕组沿直线敷设磁场便是等幅的**行波磁场**，其平移速度为 v_s（单位为 m/s），可由同步速 n_s 及电动机尺寸求出：

$$v_s = \frac{n_s}{60}2p\tau = 2\tau f \tag{12-1}$$

式中，τ 为极距(m)；其余符号定义同前。

图中动子为二次侧，可以与笼型转子相似，钢板上开槽，嵌入铜条，铜条两端用铜带焊接短路;亦可用铸造方法，铝条铝带一起铸就。如二次侧较长时，亦可用钢板敷铜或铝制成。为保证定子、动子运动时不相擦，气隙应设计较大。动子为直线运动，故支撑的为平面滑动轴承。

行波磁场在二次侧感应电动势和电流，电流与行波磁场作用在动子上产生电磁力，使动子作直线运动。设动子运动的速度为 v（单位为 m/s），v 与 v_s 之差以 v_s 的百分数表示称为速差率，与感应电动机中的转差率相似，亦以 s 表示，则有

$$s = \frac{v_s - v}{v_s} \tag{12-2}$$

显然，与普通感应电动机一样，直线感应电动机的转差率范围为$0<s\leqslant1$。

直线电动机的结构和它的运动规律密切相关：

1）在有限长度内往复运动，可以水平或垂直运动，如图12-2a为水平运动的电动大门，图12-2b为垂直运动的电锤（一次侧通电时，动子上升，弹簧起蓄能作用，下降时弹簧释放能量加上动子自重去锤击工件）。

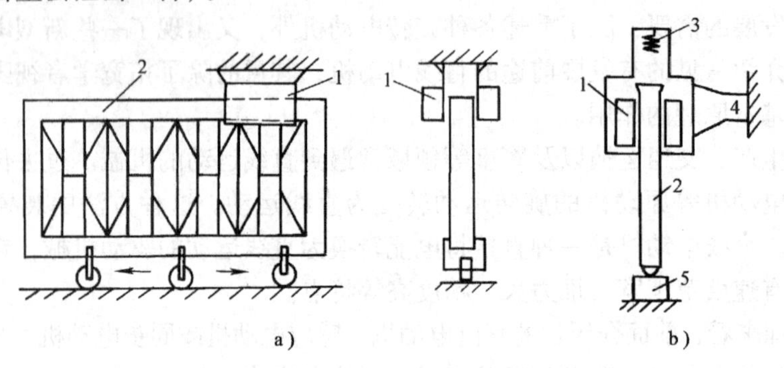

图12-2　有限长度内往复运动的直线电动机举例

a）电动大门　b）电锤

1—一次侧定子　2—二次侧动子　3—弹簧　4—支架　5—模具

2）无限制直线运动。图12-3所示为用于传输带的直线电动机，带金属的传输带为动子。

3）振荡式直线运动。图12-4为一种磁阻式振荡直线电动机，两个晶闸管被控制轮流导通，左右两侧磁极相应轮流被激励磁场，由磁阻拉力使动子左右振荡。

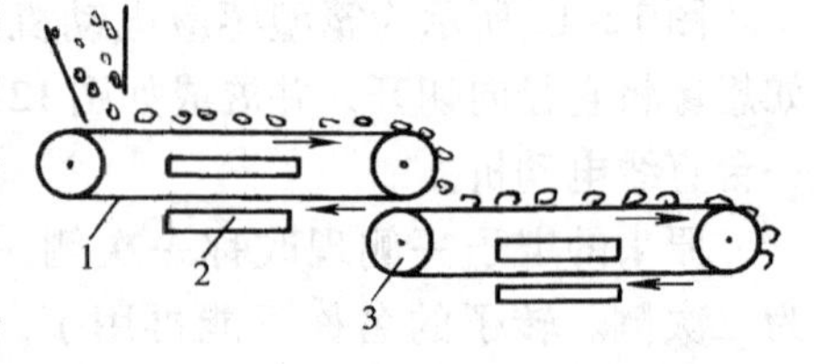

图12-3　传输带上的直线电动机

1—二次侧　2—一次侧　3—滑轮

根据直线电动机工作特点，结构上又分为一次侧为定子、二次侧为动子；长一次短二次、短一次长二次；单边型和双边型；扁平型和管道型，如图12-5所示。

感应式直线电动机的一次绕组与普通感应电动机的不尽相同。前者铁心和绕组都是断开的，而后者铁心为圆筒形，所以铁心及设置在上面的绕组是连续的，无头无尾。图12-6画出了一个简单的例子。三相、14槽、双层叠绕组，$p=2$，$\tau=3$，$y=2$。由图可见，槽1、2和13、14中只有一个线圈边。

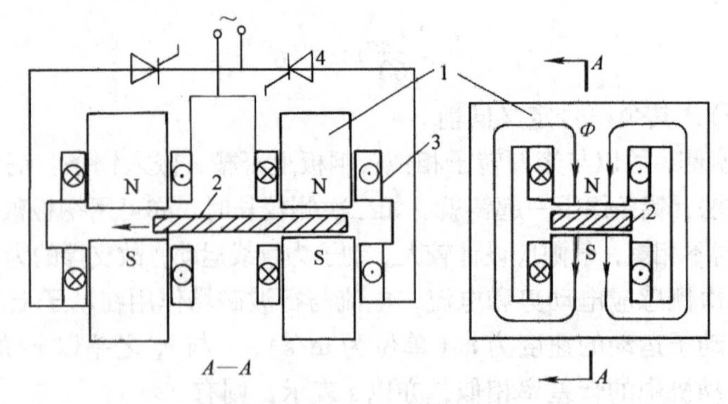

图12-4　振荡式直线电动机

1—一次侧定子　2—二次侧动子　3—励磁线圈　4—晶闸管

边端效应是直线电动机特有的不良效应，会影响电动机的性能。由图 12-6 可见，两端和中间的互电感因铁心断开，绕组不对称且不相等。各相互感不等，则即使外施三相对称电源，三相电流亦不对称。利用对称分量法把不对称三相电流分解为正、负、零序分量，将分别激励正向、反向行波磁场和脉动磁场，后两个磁场一个产生阻力，一个增加损耗，均不利于电动机的运行，这个影响称为静态纵向（运动方向）边端效应。当动子运动时，还存在另一种边端效应，因为动子在进入和离开铁心断开端时，磁导发生变化，将在该处二次侧感应电动势和电流，引起阻力和附加损耗，均将影响直线电动机的性能，为动态纵向边端效应。这些边端效应需通过特殊的方法来减小。

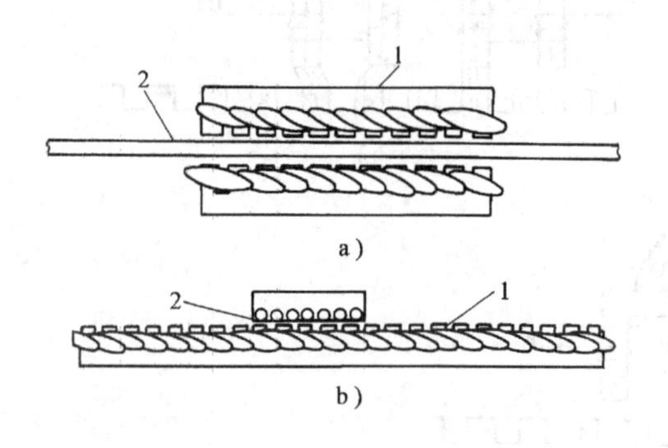

图 12-5　不同结构的直线电动机
a）双边型短一次长二次　b）单边型长一次短二次
1——一次侧　2—二次侧

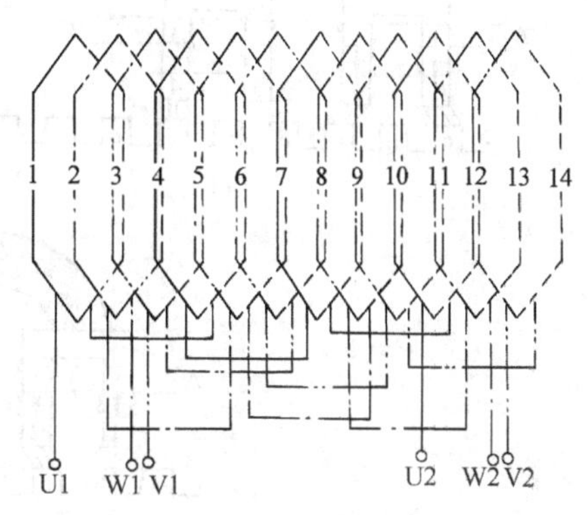

图 12-6　一个简单的直线感应电动机一次绕组展开图

二、直线步进电动机

与普通步进电动机一样，接收一个脉冲，动子就直线走过一步。鉴于它可由数字控制器和微处理机提供信号，实现有一定精度的位置和速度控制，所以广泛地应用于精密设备、计算机外围设备及智能仪器等领域。图 12-7 所示为两相步进直线电动机的几种不同结构，其

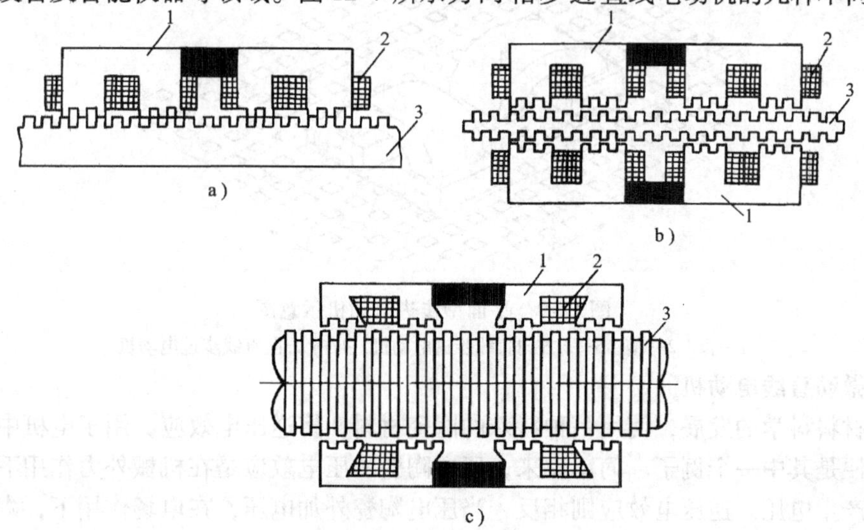

图 12-7　步进直线电动机（两相）
a）单边一次　b）双边一次　c）管形
1——一次铁心　2——一次绕组　3—二次铁心

作用原理完全与普通反应式步进电动机相同。

图12-8是一种混合式步进直线电动机，一次侧为永久磁铁PM加上两个门字形软铁，每个软铁上绕有励磁线圈以接收控制信号，信号电源为正负脉冲轮流向绕组供电。图12-8a、b、c分别表示B绕组加正脉冲、A绕组加负脉冲、B绕组加负脉冲的情况。可见每拍定子与动子移过1/4个齿距的直线距离。

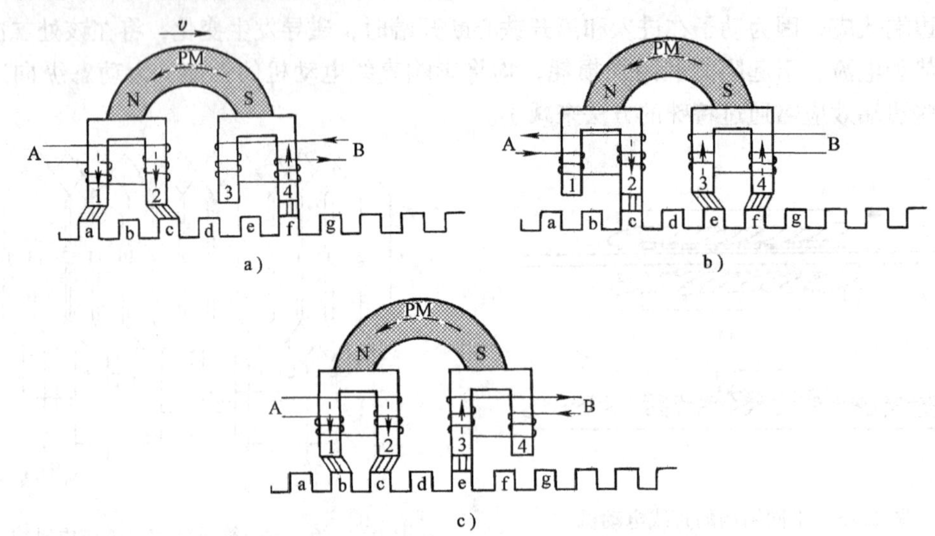

图12-8 混合式步进直线电动机工作原理图

a）B加正脉冲信号 b）A加负脉冲信号 c）B加负脉冲信号

如若将上述两台混合式步进直线电动机正交组合在一起，便成为如图12-9所示的动子可作平面运动的步进电动机。

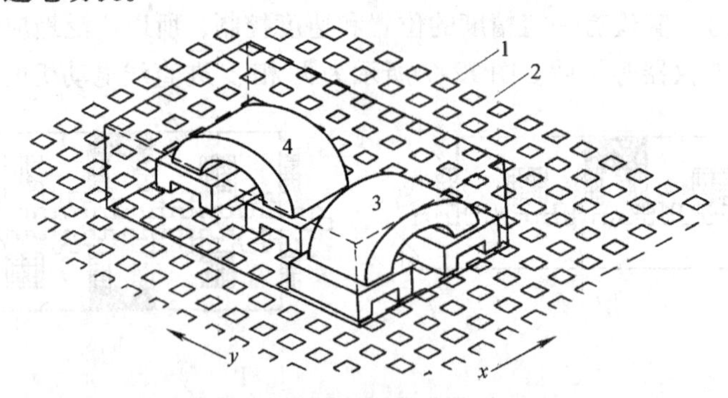

图12-9 平面型步进电动机示意图

1—齿 2—槽 3—x方向直线步进电动机 4—y方向直线步进电动机

三、微动直线电动机

随着材料科学的发展，使用一种特殊的陶瓷材料，将逆压电效应，用于电机中，微动直线电动机便是其中一个例子。简单说来，压电陶瓷的压电效应是在机械外力作用下，陶瓷晶体两端会产生电压。逆压电效应则相反，当压电陶瓷外加电压，在电场作用下，陶瓷晶体会发生变形。即加上电压，会使陶瓷在某个方向的长度伸长一个微米级的增量Δ，当电压消失，则Δ同时消失。

图12-10a为这样电动机的模型。在V形槽中放置一用压电陶瓷制成的空心圆柱体C，

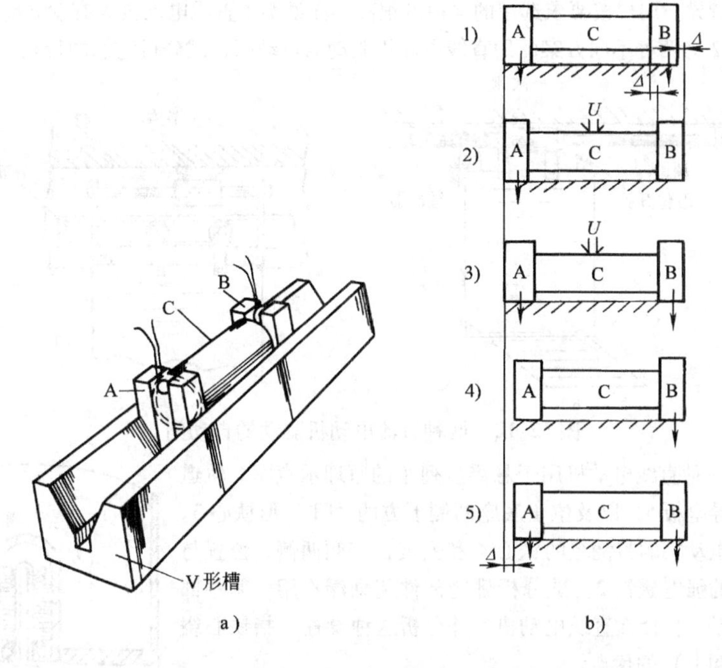

图 12-10　一种利用压电陶瓷制成的微动直流电动机
a）换型　b）工作程序

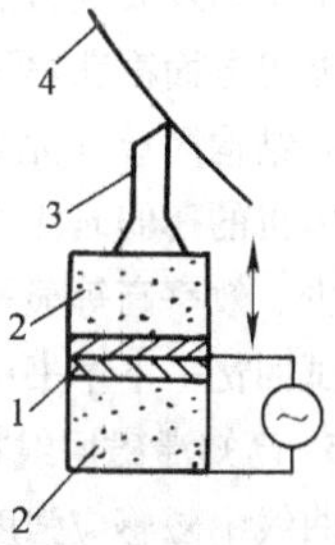

其两端固定有电磁铁 A、B，电磁铁可在 V 形槽中作精密的滑移，当电磁铁线圈通电时，该电磁铁将被吸住在 V 形槽中不能动弹。陶瓷体 C 内外表面引出两根导线接到可控电源。图12-10b表示了电动机的工作原理。图中：①A、B 通电，C 不加电压，保持原长度，并吸住在 V 形槽中；②A 保留通电状态，B 断电，C 加电压，因逆压电效应伸长Δ，并使 B 前移Δ；③B 通电吸住在 V 形槽中；④A 及 C 断电，C 恢复原长度，拉住 A 前移Δ；⑤A 恢复通电，对比①动子前进了Δ直线距离。

图 12-11　最简单的将振转换为旋转的电动机原理
1—压电陶瓷　2—金属块
3—振动片　4—转子摩擦片

四、超声波电动机

一端固定的压电陶瓷，加以高频电源，它纵向或横向的伸缩便形成振动，这个机械振动通过各种不同的方法可以转换成旋转运动，按此原理构成的电动机，因为压电陶瓷的工作频率可大于 20kHz，故称它为超声波电动机。最简单可行的方法如图 12-11 所示，该种振动以切线分力去推动带摩擦片的电动机转子。

超声波电动机与传统电动机相比较，具有转速低（虽然振动频率高，但振幅小加上运动变换带来的减速作用，所以转速不高，为几十到几百转/分），力矩较大的可用以直接驱动机械负载；动作响应快，控制性能好；运行无噪声等优点。缺点主要是需要高频电源；不能常期连续工作，目前尚只能制造功率较小的电动机（功率小于 1kW），且价格比较贵。主要应用在汽车、照相机、医疗机械、航空航天等领域。

思　考　题

1. 试就直线电动机的：①工作原理归类；②结构形态归类；③速度等方面作一总结。可见直线电动机的形态众多，功能特异。用户按要求选用的自由度很高，亦说明了直线电动机大有发展前途。

2. 参看图12-12为两种不同方案的用直线电动机驱动的自动门，试分析它们的特点。

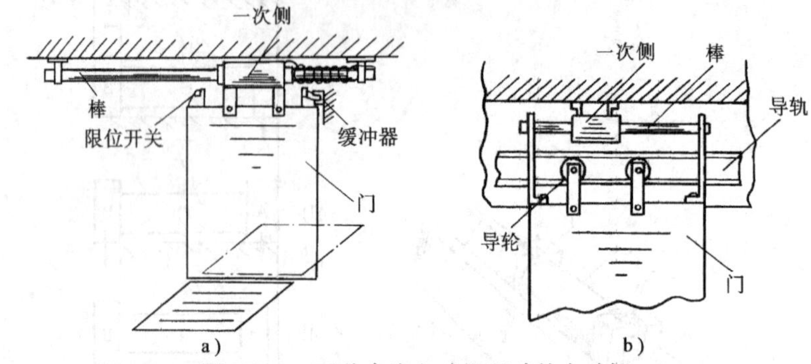

图12-12　两种直流电动机驱动的自动门

3. 图12-13是一种直线电动机用于悬浮型列车的原理示意图。轨道底座1上固定有长导电板5，以及位于底座两侧下方的“⊓”形铁心3。车厢上有三相直线电动机的带绕组的铁心4和安装在车厢两侧，位置与“⊓”形铁心相对的强电磁铁2。试分析哪些部件起悬浮作用；哪些部件起驱动作用。这是一台什么直线电动机？并分析这种设置（指铁心绕组及电磁铁放在车厢上）的优点。

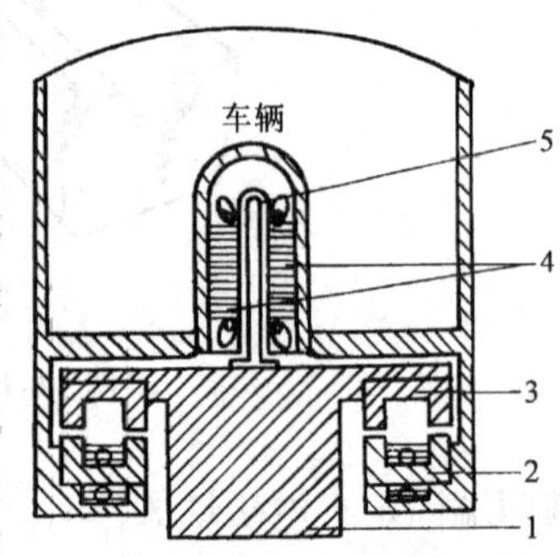

图12-13　一种悬浮型列车的原理示意图

4. 永磁材料经过近一个世纪的开发，自性能较好的铝镍钴、铁氧体、稀土钴发展到目前性能更佳的钕铁硼。在磁性能、稳定性和机械加工性能等方面都获得了可喜的改进，特别适合于制造电动机。永磁电动机具有结构简单（尤其当永磁体用在电机转子上代替电励磁磁极时，可省掉电机的薄弱环节之一的滑动接触）、运行可靠、体积小、重量轻、损耗少、效率高等显著优点、以致永磁体几乎已进入所有类型的电机、遍及各种使用领域。

试回忆一下本书中曾介绍了哪些永磁电动机。

5. 已知滞磁回线在第二象限的部分为去磁曲线（或退磁曲线），它是永磁材料的基本特性曲线。可见去磁曲线中磁感应强度 B_m 为正值而磁场强度 H_m 为负值（参看图0-7）。这说明在永磁体中二者方向相反。永磁体是一个磁势源与电路中的电源相类似，电源中流通电流，沿电流流通方向是电位升即电动势；永磁体中磁通流经的方向其磁位亦是上升即磁动势，如图12-14所示。图中 F_c 为永磁体磁动势源的计算磁动势，对于给定的永磁体性能和尺寸，它是一个常数，Λ_0 为永磁体的一个恒定内磁导。称永磁体以外的磁路为外磁路。F_m 和 Φ_m 为永磁体向外磁路提供的磁动势和磁通。

对一台永磁直流电机而言，空气隙、电枢铁心，定子磁轭为外磁路。永磁磁极提供的 Φ_m 可分为两部分：与电枢绕组匝链的主磁通 Φ_δ；不匝链电枢绕组的漏磁通 Φ_σ，电机空载时（$I_a=0$）外磁路的等效磁路如图12-15所示，图中 Λ_δ 和 Λ_σ 分别为主磁导和漏磁导。

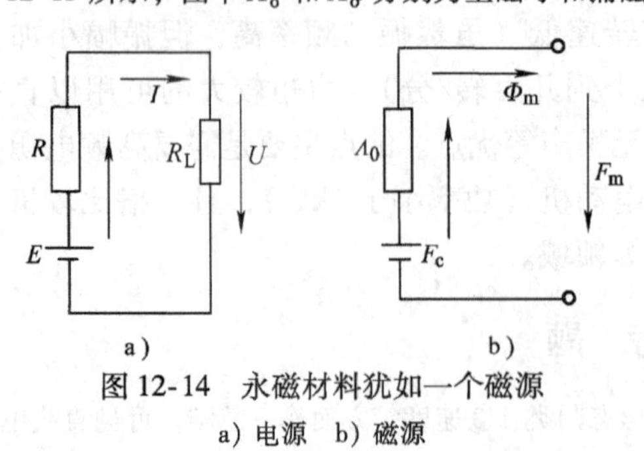

图12-14　永磁材料犹如一个磁源
a）电源　b）磁源

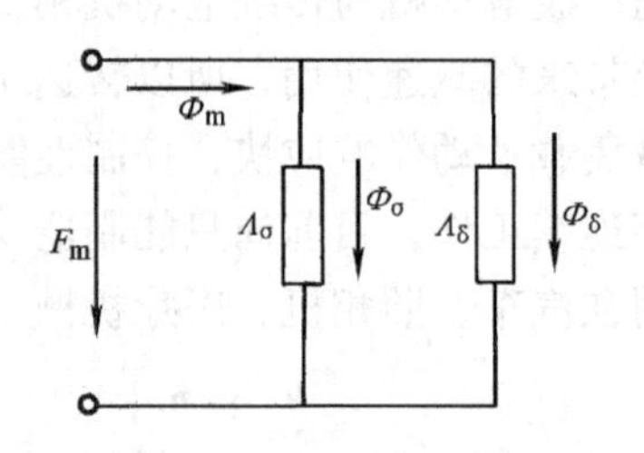

图12-15　空载时永磁直流电机外磁路的等效磁路

如电机有电枢电流，并设 F_a 为电枢磁动势，试绘出负载时的永磁直流电机的等效磁路。

6. 永磁材料的去磁曲线决定着永磁的特性，但是对已充磁的永磁材料决定它的工作点的不是去磁曲线而是回复直线。参看图12-16，当永磁体受到退磁磁场强度 H_p 时，磁通密度将沿去磁曲线 B_rP 下降。如到达 P 点后消去外加退磁磁场强度 H_p，则磁通密度不是沿退磁曲线而是沿 PBR 曲线上升。如再加 H_p 则磁通密度将沿曲线 $RB'P$ 下降到 P 点，形成了一个局部磁滞回线。由于该回线很窄，近似地用一条直线$\overline{PR}$来代替，直线$\overline{PR}$称为回复直线。永磁体的工作点，磁性能将由回复直线来反映。如果此后永磁体又受到一个去磁场强度 $H_Q > H_P$ 的作用，则磁通密度将沿$\overline{PR}$及 PQ 曲线下降到 Q 点。以后的变化将沿新的回复直线$\overline{QS}$变化，不能再回到原来的回复直线$\overline{PR}$上去了。永磁体的这种不可逆变化造成了其性能的不稳定性，应力求避免发生。其办法就是根据该永磁体应用场合中可能遇到的最大去磁磁场强度 H_Q，找出相应的回复直线$\overline{QS}$，然后按该回复直线来确定永磁体的工作点。

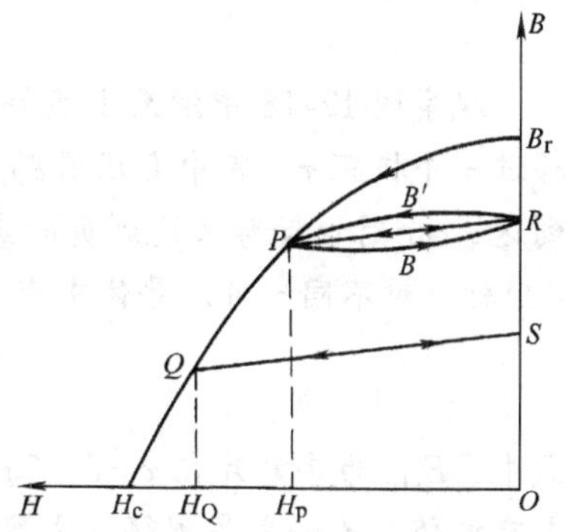

图 12-16　去磁曲线与回复直线

某单位购买了一台永磁直流力矩电动机，发现随机附有一个与转子同直径、同长度的圆柱形铁心。说明书上提示，要抽出转子检修时，必须用该圆柱形心去顶出电机转子，否则再组装时，电动机性能将发生变化。试分析这是什么原因。

大部分的稀土永磁材料的去磁曲线全部为直线，回复直线与去磁曲线相重合。可以使永磁电机运行性能保持稳定、效果十分理想。

习　题

12-1　有一种用于高精度位置检测的元件，叫感应同步器，测量直线位移的为直线感应同步器。采用与制造印制电路板类似的工艺制成绕组如图12-17所示。其基板是导磁体，定尺上为单相连续绕组，滑尺上系两相绕组，它们每个绕组元件由两根很窄的导电片组成，因此每个绕组元件匝数为1。

其工作原理可用图12-18来说明，当定尺绕组上施加单相交流电源时，将在气隙中产生脉动磁场，由图可见，每个导电片犹如一个磁极。该磁场将在滑尺的导电片中感应变压器电动势为

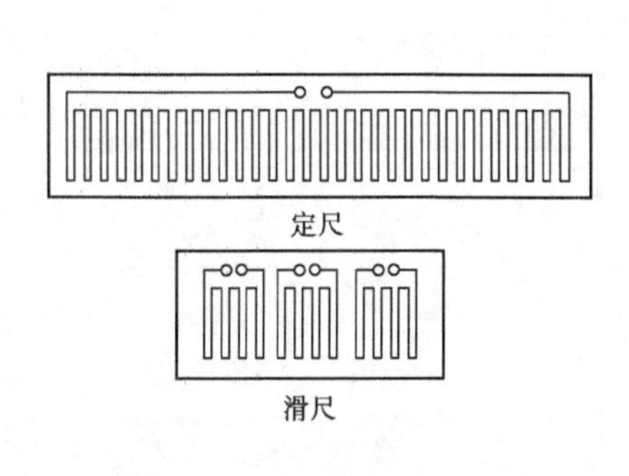

图 12-17　直线式感应同步器

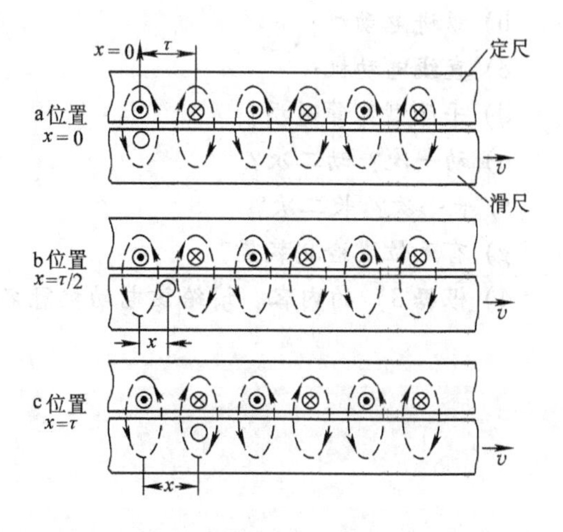

图 12-18　直线式感应同步器的工作原理

$$e=\sqrt{2}E\sin\omega t$$

观察图12-18中滑尺上某导电片（如图中由“○”表示）由位置$x=0$移动到$x=\tau$，即移过一个极距τ，其中变压器感应电动势由$x=0$时的最大值经$x=\tau/2$时的电动势过零点，到达$x=\tau$时电动势又达到负的最大值，即导体电动势振幅变化了半个周期。如用滑尺位移x坐标，对不同x时，导体中变压器感应电动势为

$$E_{s1}=E_{s1m}\cos\left(\frac{180°}{\tau}x\right)$$

式中，E_{s1m}为导电片在$x=0$，2τ，4τ，…位置时的变压器感应电动势的有效值，亦即它的最大有效值，为一容易测得（或算出）的常数。

滑尺绕组设由N根导电片串联组成，则滑尺一个绕组的总电动势有效值为

$$E_s=NE_{s1}=NE_{s1m}\cos\left(\frac{180°}{\tau}x\right)$$

可见当测得滑尺一个绕组的电动势E_s，由上式就可求得滑尺的直线位移量x。

如滑尺上另一个绕组2的轴线在空间与绕组1相隔$\tau/2$，即相当于错开90°电角度，试写出绕组2的电动势表示式。

又：1）滑尺绕组中上述电动势的频率为多少？

2）滑尺绕组中除上述电动势外，还有其他的电动势吗？

3）若将定尺、滑尺制成圆盘形或弧形，它又会具有什么功能？

12-2 一台用来提升可磁化的金属粉末的电动机，其主要结构为：一根非磁性材料的管子，下端插入粉末储存仓；顶部带有向下出口的弯头，以输出粉末到传送带；管子上套有若干个等距离分布的环形励磁线圈；为减小磁阻线圈外箍以C形铁心。要求：

1）画出上述电动机的示意草图；

2）分析该电动机是如何工作的：线圈应施以什么性质的励磁电流？各线圈的通电方式：同时加电压到各线圈？依次通电？还是按某规律通电？

3）用下列术语描写该电动机：

a）开关磁阻电动机；

b）步进电动机；

c）直线电动机；

d）平面型？管道型？

e）动一次？动二次？

f）长一次？长二次？

g）有无位置检测装置？

4）根据3）的内容，请给该电动机冠名。

第十三章　风力发电机

第一节　概　　述

风力发电具有清洁无污染、运行成本低、建设周期短和控制灵活等优点，是发展新能源和可再生能源的重点领域。风力发电系统主要包括风力机、发电机、电力电子变换器和控制器等，发电机及变流器是风力发电机组的核心部件，实现机械能到风能的转换和变换，决定着整个风力发电机系统的性能。

根据发电机类型，主流风力发电机系统可分为直驱式永磁风力发电系统和非直驱双馈式异步风力发电系统。典型的直驱式永磁风力发电系统结构示意图如图 13-1 所示，其主要包括风力机、永磁同步发电机、全功率变换器等。风力机通过叶片捕获风能并将其转换成机械能，永磁同步发电机由风力机拖动将风能转换为幅值和频率波动的交流电能，全功率变换器再将变化的交流电转变为与电网保持一致的交流电能。

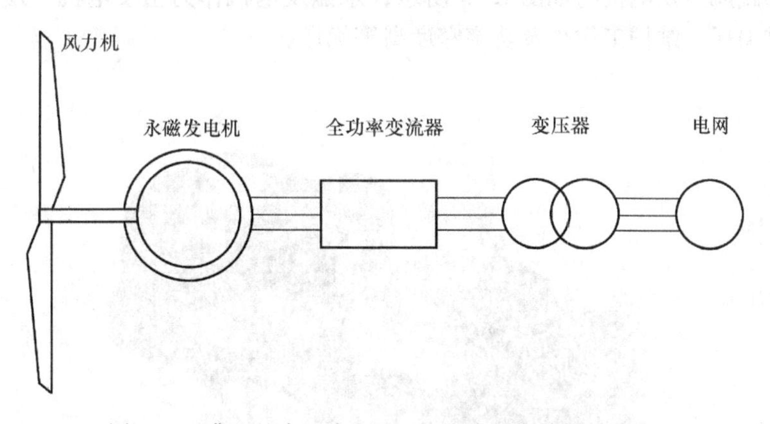

图 13-1　典型的直驱式永磁风力发电系统结构示意图

非直驱双馈式异步发电系统是目前兆瓦级风力发电系统采用最多的拓扑形式，系统组成如图 13-2 所示，主要由带集电环的绕线转子发电机和双向变流器组成。异步发电机的定子绕组通过变压器与电网连接，转子绕组通过集电环经变流器、变压器与电网相连。控制转子电流的频率、幅值、相位和相序可实现变速恒频控制，电功率可通过定子和转子与电网实现能量交换。

双馈式异步发电系统具有控制灵活、方便，机组运行效率高，变频装置体积小、成本低、容量小，可实现有功、无功功率的独立调节等优点。但是，双馈发电机组一般都需要使用齿轮箱增速，齿轮箱的体积、重量、成本随着机组容量的增加而升高，故障率高，维护工作量大，同时带来噪声污染。

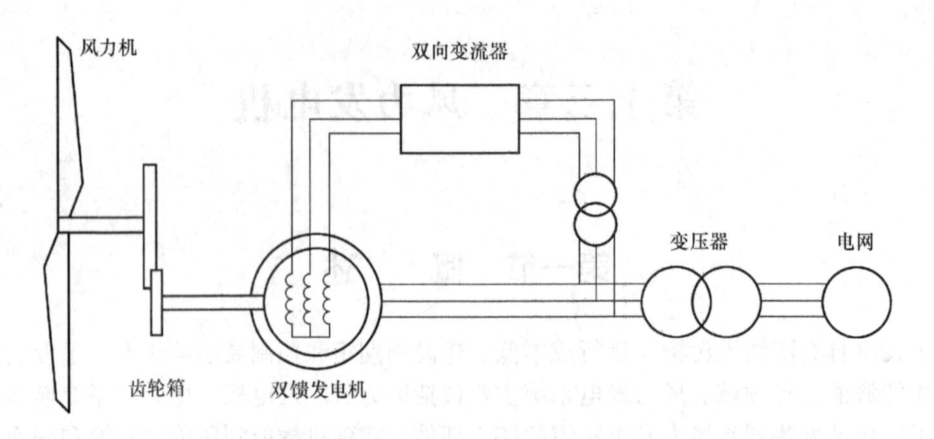

图 13-2 双馈式风力发电系统结构示意图

第二节 直驱式永磁风力发电机

一、简介

直驱式永磁风力发电机组如图 13-3 所示，永磁发电机作为主发电机，发电机具有结构简单、无励磁损耗、维护工作少及功率密度高等优点。

图 13-3 直驱式永磁风力发电机组

直驱式结构中发电机的转轴与风力机直接相连，发电机转速由风速决定往往较低。为提高单机容量，直驱式永磁风力发电机采用多极结构，发电机直径较大，同等容量的直驱式永磁风力发电机的体积和重量远大于双馈式发电机，导致直驱式永磁风力发电机的运输、吊装、维护等工作难度增加。另外，发电机转轴与风机直接连接，风力变化带来的冲击载荷等直接作用在发电机上，增加了永磁风力发电机设计和优化工作的难度。

二、直驱式永磁风力发电机的基本结构和工作原理

直驱式永磁风力发电机由定子和转子两部分组成，定、转子之间为气隙，一种典型的直

驱式永磁风力发电机的基本结构如图 13-4 所示。发电机定子包括铁心和电枢绕组，电枢绕组为三相对称绕组，各相绕组轴线空间相差 120° 电角度。发电机转子包括转轴、转子轭和永磁体。永磁体为扇形或瓦形结构，径向充磁。永磁体粘贴在转子轭表面，N、S 极永磁体沿着铁心圆周交替排列。

发电机转子旋转时，永磁体在气隙中建立旋转磁场，该磁场切割电机的电枢绕组，并在绕组中产生感应电动势，对外输出交流电。交流电的频率由发电机转速和极对数决定。

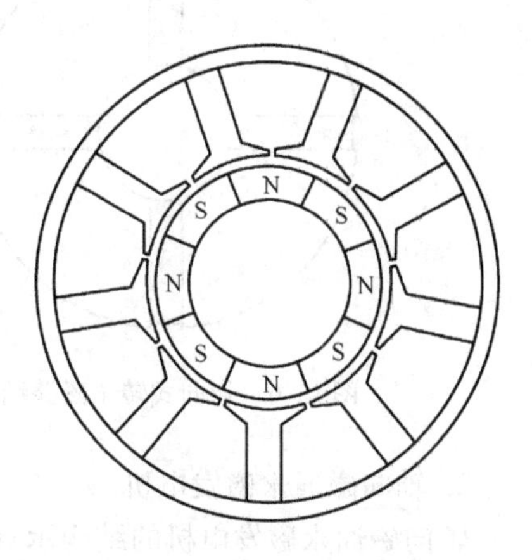

图 13-4　永磁风力发电机的基本结构

三、直驱式永磁风力发电机的结构类型

按照发电机内主磁通的方向，直驱式永磁风力发电机可分为径向磁通永磁发电机、轴向磁通永磁发电机以及横向磁通永磁发电机。

1. 径向磁通永磁发电机

径向磁通永磁发电机的气隙磁场是径向的，主磁通沿径向穿过气隙，到达定子或转子。按照永磁体磁化方向与转子旋转方向的相互关系，径向磁通永磁发电机还可分为径向式转子磁路结构和切向式转子磁路结构，以及混合式转子磁路结构。径向式转子磁路结构是将永磁体粘贴在转子铁心表面，N、S 极永磁体沿着铁心圆周交替排列。根据相邻两块永磁体的相对位置不同，径向式转子磁路结构又可分为磁极凸出式结构和磁极凹入式结构，分别如图 13-5a 和图 13-5b 所示。对于径向式转子磁路结构，为防止在离心力作用下永磁体发生脱离或位置偏移，需要对永磁体进行加固处理，通常加装不导磁套筒。径向式转子磁路结构中永磁体的磁化方向与气隙磁通的轴线一致，永磁体离气隙较近，漏磁较小。但因仅有一个永磁体截面提供每极磁通，故气隙磁通密度相对较低。

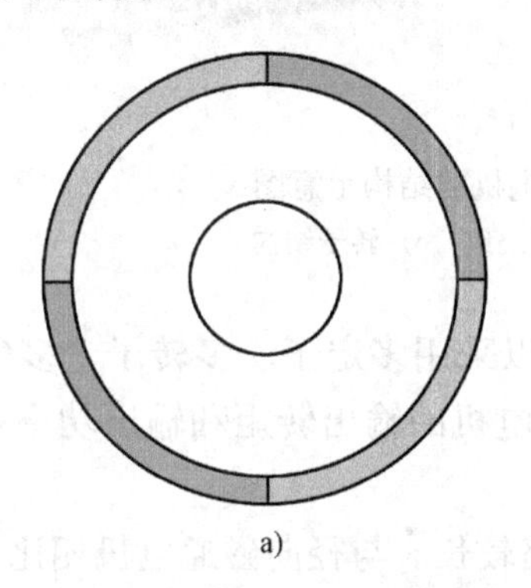

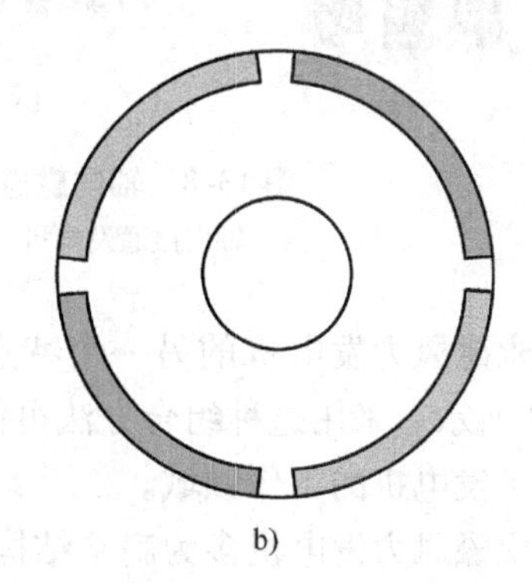

图 13-5　径向式转子磁路结构
a）磁极凸出式　b）磁极凹入式

切向式转子磁路结构是将永磁体置于转子铁心内的预置槽中，永磁体多为矩形结构，切向充磁，如图 13-6 所示。这种结构中永磁体位于槽内，不存在上述径向式转子磁路结构的问题，适用于高速场合。

混合式转子磁路结构如图13-7所示，这种结构中永磁体采用多种方式组合排列，同时具有切向磁路和径向磁路的特点。但因永磁体数量较多，安放工艺复杂，加工制造较难。

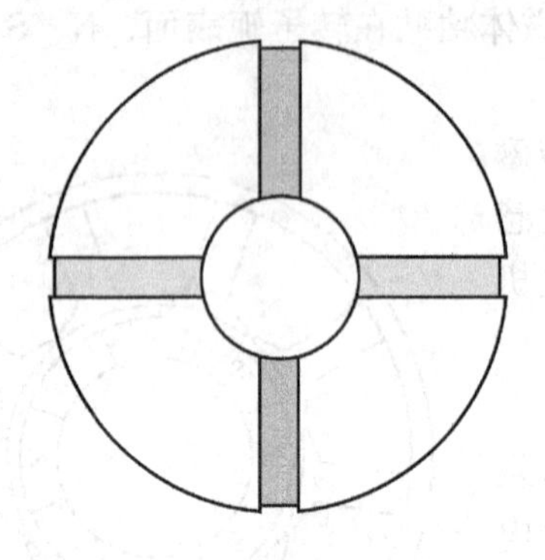

图13-6 切向式转子磁路结构

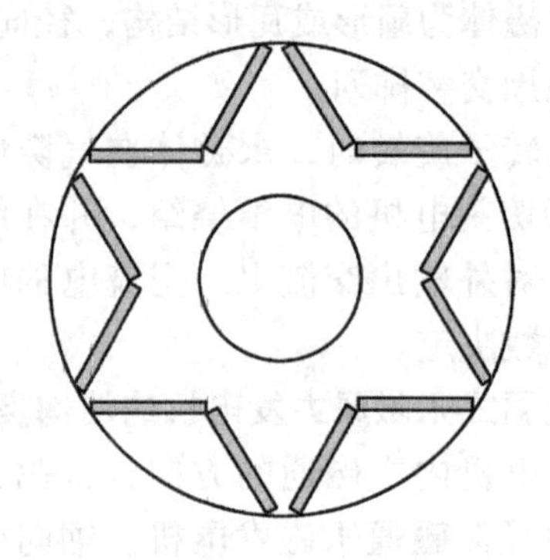

图13-7 混合式转子磁路结构

2. 轴向磁通永磁发电机

轴向磁通永磁发电机的结构示意图如图13-8所示。轴向磁通永磁发电机的气隙磁场是轴向的，主磁通沿着轴线方向穿过气隙到达定子和转子。电枢绕组位于发电机定子盘上，多为三相对称绕组。发电机转子上放置有扇形或圆柱形的永磁体，N极、S极永磁体交替粘贴在转子圆盘上，永磁体磁化方向为轴向。

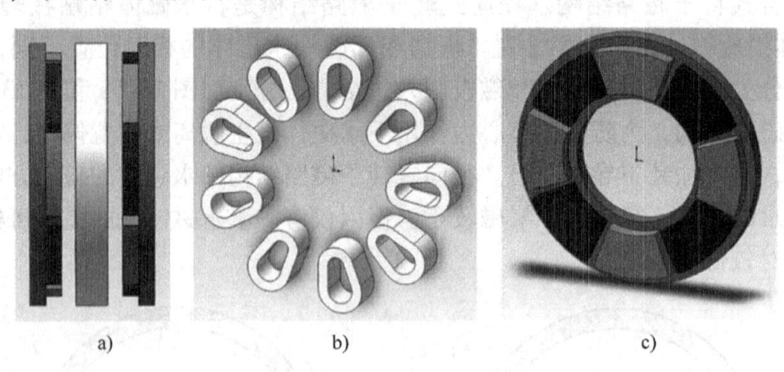

a) b) c)

图13-8 轴向磁通永磁发电机的结构示意图

a）轴向磁通发电机 b）定子绕组 c）转子结构

轴向磁通永磁风力发电机的另一个特点是可以采用多定子、多转子、多气隙的组合结构，如图13-9所示。采用这种组合方法可使得发电机的输出转矩和输出功率根据需要来灵活扩展，拓展了发电机的工作领域。

轴向磁通永磁风力发电机多为扁平结构，磁路较长。与径向磁通电机相比，轴向磁通永磁风力发电机重量轻、转矩和功率密度高。轴向磁通永磁风力发电机的气隙面积较大，对加工精度有严格要求。若存在结构不对称时，轴向磁通永磁风力发电机中将出现轴向磁拉力，会加重轴承负荷，带来严重的振动和噪声。

3. 横向磁通永磁风力发电机

横向磁通永磁风力发电机是一种有别于传统径向和轴向磁通发电机的新型发电机，其结构如图13-10所示。该发电机定子齿槽与电枢绕组在空间上互相垂直，发电机主磁通沿着发

电机旋转方向与转轴方向。传统发电机在定子铁心所在平面上存在磁负荷和电负荷的竞争，两者相互制约。横向磁通永磁风力发电机的主磁通与电枢绕组在结构上实现了完全解耦，定子铁心和电枢绕组的结构尺寸相互独立，有利于发电机电磁负荷的选取，为发电机设计提供了广阔的自由度和灵活性。

图 13-9　组合式轴向磁通永磁风力发电机结构示意图

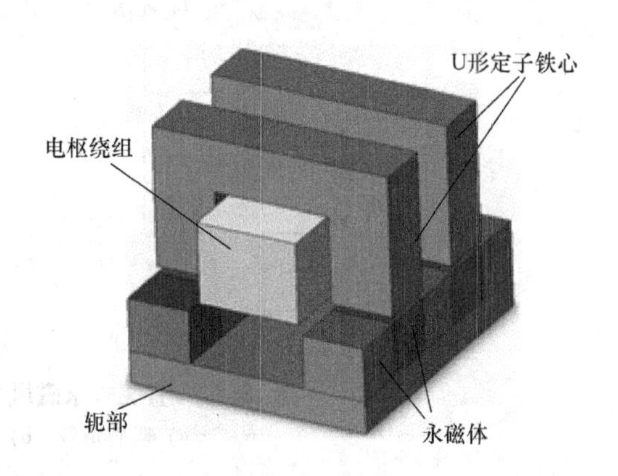

图 13-10　横向磁通永磁风力发电机的结构示意图

相比而言，横向磁通永磁风力发电机的结构稍显复杂，对制造工艺水平要求较高，发电机成本也较高。

四、直驱式永磁风力发电机的运行特性

1. 相量图

忽略电机内的磁路饱和及铁心损耗的影响，假设电枢绕组每相的空载电动势为 $\dot{E}_0$，电枢绕组的端电压为 $\dot{U}$，$\dot{I}$ 为电枢绕组的电流，r 为电枢电阻，x_σ为定子漏抗，x_a为电枢反应电抗。定子漏抗 x_σ和电枢反应电抗 x_a是用来表征对称稳态运行时电枢旋转磁场和电枢漏磁场的一个综合参数。则有下面等式

$$\dot{E}_0 = \dot{U} + \dot{I}r + j\dot{I}x_\sigma + j\dot{I}x_a \tag{13-1}$$

根据上面等式，可以画出直驱式永磁风力发电机的相量图，如图 13-11 所示。

图 13-11 中，φ 为功率因数角，$\dot{E}_\delta$ 为气隙合成磁场在电枢绕组中产生的合成电动势，则可得直驱式永磁风力发电机的等效电路如图 13-12 表示。

2. 电动势波形

电压波形畸变率是指电压波形中不包括基波在内的所有各次谐波有效值二次方和的二次方根值与该波形有效值的百分比，它是衡量直驱式永磁风力发电机性能优劣的重要标志，用 k_u来表示，即

$$k_u = \frac{\sqrt{U_2^2 + U_3^2 + \cdots}}{U_1} \tag{13-2}$$

式中，U_ν为线电压中 ν（$\nu = 1, 2, 3, \cdots$）次谐波的有效值；U_1为线电压的基波有效值。

降低电压波形畸变率的措施，包括采用分布绕组、短距绕组、正弦绕组和斜槽等，还可以优化永磁体形状，以改善气隙磁场波形。除此之外，也可以增设极靴，优化极靴形状构成

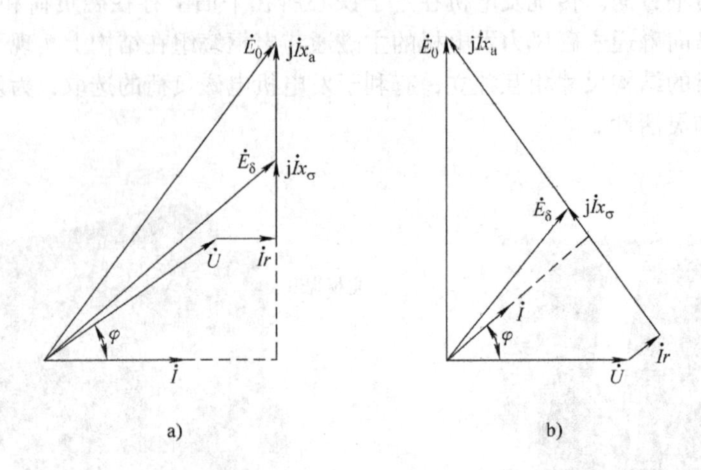

图13-11 直驱式永磁风力发电机的相量图

a）阻感负载 b）阻容负载

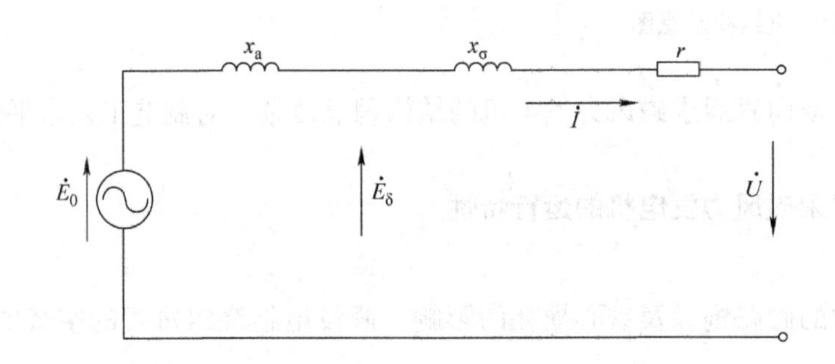

图13-12 直驱式永磁风力发电机的等效电路

不均匀气隙，选用合适的极弧系数等，使发电机气隙磁场分布波形尽可能接近正弦。

3. 数学模型

为简化分析，假设：①忽略铁心饱和效应；②不计涡流和磁滞损耗；③忽略高次谐波的影响；④无阻尼绕组。

建立基于转子DQ轴旋转坐标系的电机数学模型，以转子永磁体磁极中心线为D轴，Q轴为沿转子旋转方向超前D轴90°电角度。直驱式永磁风力发电机的电压和磁链可表示为

$$u_d = p\psi_d + i_d r\omega \tag{13-3}$$

$$u_q = p\psi_q + i_q r\omega \tag{13-4}$$

$$\psi_d = L_d i_d \tag{13-5}$$

$$\psi_q = L_q i_q \tag{13-6}$$

式中，u_d、u_q分别为定子D轴和Q轴电压；i_d、i_q分别为D轴和Q轴电流；L_d、L_q分别为定子绕组D轴和Q轴电感；ψ_d、ψ_q分别为D轴和Q轴磁链；r为定子绕组相电阻；ψ_f为永磁磁链；ω为电角速度；p为微算子。

直驱式永磁风力发电机的电磁转矩方程为

$$T_{em} = \frac{3}{2}pi_q(i_d(L_d - L_q) + \psi_f) \tag{13-7}$$

直驱式永磁风力发电机的运动方程为

$$T_{mech} = \frac{J}{p}\frac{d\omega}{dt} + T_{em} \tag{13-8}$$

$$\omega = p\Omega \tag{13-9}$$

式中，T_{mech}为机械转矩；T_{em}为电磁转矩；J为电机转动惯量（$kg \cdot m^2$）；Ω为机械角速度（rad/s）；p为极对数。

4. 运行特性

直驱式永磁风力发电机的气隙磁场由永磁体建立，发电机制造好后气隙磁场难以调节，转子速度和负载电流变化时，发电机的输出电压很难维持恒定。随负载电流的变化，发电机端电压和输出功率的变化趋势如图13-13所示。

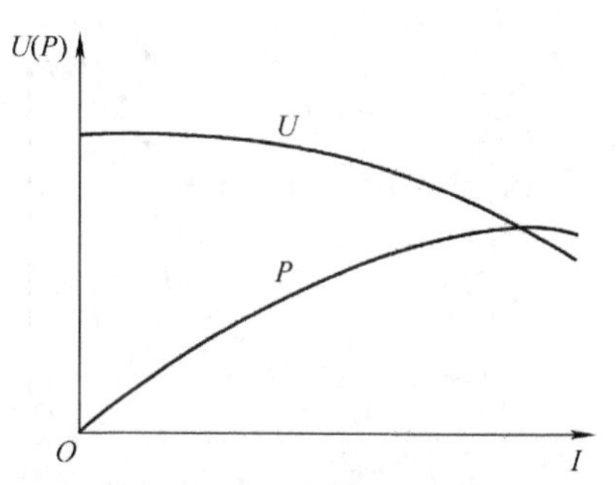

图13-13　直驱式永磁风力发电机的外特性曲线

忽略定子电阻，直驱式永磁风力发电机的电磁功率可表示为

$$P_{em} = 3UI\cos\varphi = 3E_0I_q \tag{13-10}$$

按照DQ轴理论，发电机的电枢绕组电流I可表示为

$$I = \sqrt{I_d^2 + I_q^2} \tag{13-11}$$

采用$i_d=0$控制策略控制直驱式永磁风力发电机运行时，电枢绕组中流过的电流全部为Q轴电流，即有

$$I = I_q = \frac{P_{em}}{3E_0} \tag{13-12}$$

则定子电压为

$$U = \sqrt{E_0^2 + (Ix_s)^2} = \sqrt{E_0^2 + \frac{(P_{em}x_s)^2}{9E_0^2}} \tag{13-13}$$

这里，x_s为同步电抗，$x_s = x_a + x_\sigma$。

功率因数可表示为

$$\cos\varphi = \frac{E_0}{\sqrt{E_0^2 + \frac{(P_{em}x_s)^2}{9E_0^2}}} \tag{13-14}$$

因此，当直驱式永磁风力发电机转速一定时，发电机的空载电动势不变，发电机定子电流、电压和功率因数与电磁功率的关系如图13-14所示。

直驱式永磁风力发电机在$i_d=0$控制策略下，定子相电压相位上滞后于电流，输出电压幅值高于空载电动势幅值，定子电流与电磁功率呈线性关系，定子电压随电磁功率的增大而增大，功率因数随电磁功率的增大而减小。

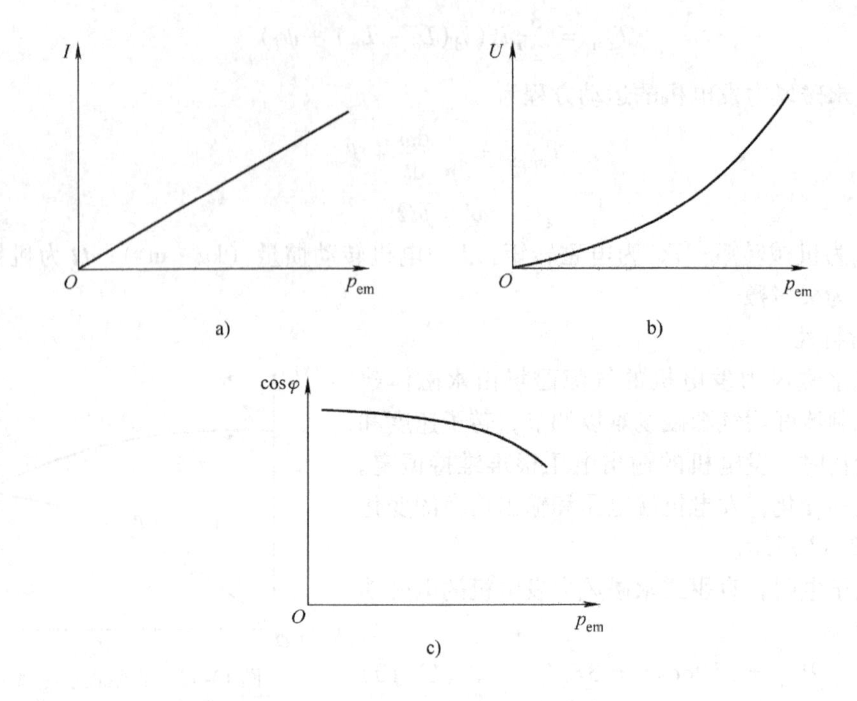

图 13-14　$i_d=0$ 控制策略下永磁发电机的特性曲线

a）电流曲线　b）电压曲线　c）功率因数曲线

第三节　双馈式异步风力发电机

一、简介

在变桨距、变速风电机组中，常用双馈式异步发电机作为核心部件。双馈式异步发电机的定子绕组接电网，转子接交流励磁变换器，定子、转子都参与馈电。双馈式异步发电机的运行转速可以大于、等于或小于同步转速（由电网频率与发电机极对数决定）。双馈式异步发电机具有独立的转子励磁绕组，可对其功率因数进行独立控制，因此双馈式异步发电机可以看作具有同步发电机特性的交流励磁的异步发电机。

传统同步发电机的励磁电流为直流，通过调节励磁电流的大小来调节无功功率。双馈式异步发电机采用交流励磁，可调节电流的幅值、频率和相位。改变励磁电流的频率可实现变速恒频运行，改变励磁电流的相位可控制转子磁场的空间位置，改变发电机输出电动势与电网电压间的相位差，调节发电机的功率角。采用交流励磁不仅能调节无功分量，还可以调节有功分量。若同时改变励磁电流的幅值和相位，可同时调节无功和有功，可见双馈式异步发电机在功率调节上更加灵活。

二、双馈式异步风力发电机的基本结构和工作原理

双馈式异步发电机主要由定子和转子组成，其定子结构与传统感应发电机定子相同，包括铁心和三相电枢绕组。转子结构与感应发电机和同步电机相似但略有不同。双馈式异步发电机的转子上带有电刷和集电环，连接交流电源，可以输入或输出电能，励磁电源的频率对

转子的速度有决定作用。图 13-15 为双馈式异步发电机。

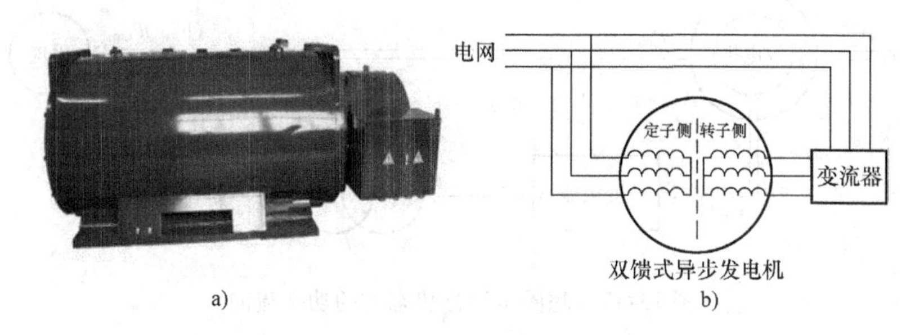

图 13-15 双馈式异步发电机

a）实物图片 b）绕组联结方式

双馈式异步发电机采用交流励磁。当励磁电流的幅值为零时，发电机可视为感应发电机，如果电流的频率为零则发电机可视为同步发电机。当双馈式异步发电机工作在异步运行状态且速度不变时，发电机定子和转子电流产生的旋转磁场相对静止，定转子绕组中的电流频率与转子转速的关系为

$$f_1 = \frac{p}{60}n + f_2 \tag{13-15}$$

式中，f_1为定子绕组电流频率，$f_1 = pn_s/60$；n_s为同步转速；p 为发电机极对数；n 为转子转速；f_2为转子绕组电流频率，$f_2 = sf_1$。

根据转子转速的不同，双馈式发电机有如下三种运行状态：

（1）亚同步运行状态　此时 $n < n_s$，转差率 $s > 0$，转子电流产生的旋转磁场方向与转子旋转方向相同，变流器从电网吸收能量并将其输入发电机，发电机输出功率为（$1 - s$）P_{em}，此时系统的功率流向如图 13-16 所示。

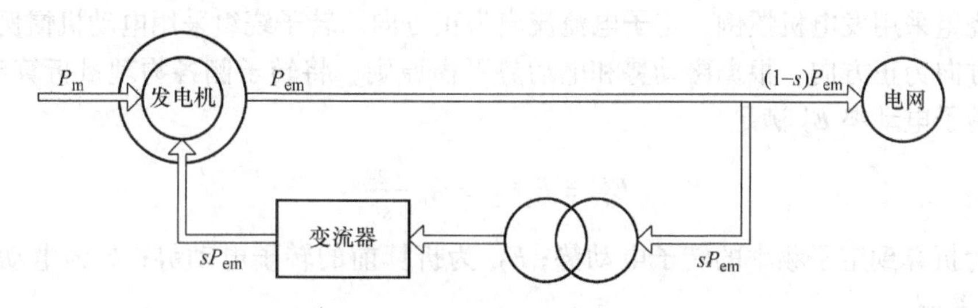

图 13-16 亚同步运行状态时的功率流向

（2）超同步运行状态　此时 $n > n_s$，转差率 $s < 0$，转子电流产生的旋转磁场方向与转子旋转方向相反。转子绕组通过变流器向电网输出转差功率，发电机的定子和转子绕组同时对外输出电能，转子输出的电能经双向变流器流入电网，发电机总输出功率为$(1 + |s|)P_{em}$，此时系统的功率流向如图 13-17 所示。

（3）同步运行状态　此时 $n = n_s$，转子绕组中的电流为直流，电网与转子绕组之间无功率交换，变流器向转子提供直流励磁，此时双馈式异步发电机可等效为同步发电机。

三、双馈式异步风力发电机的基本方程、等效电路、相量图

为分析方便，假定：

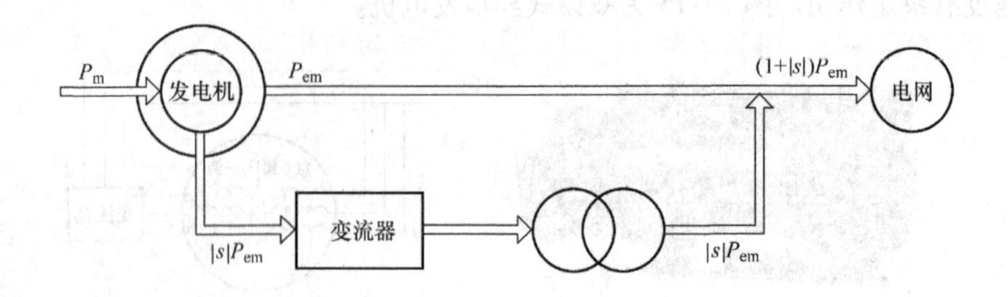

图 13-17 超同步运行状态时的功率流向

1）忽略定转子的电流谐波；

2）忽略定转子空间磁动势谐波；

3）忽略发电机铁心损耗；

4）忽略发电机铁心饱和的影响；

5）转子励磁电源能提供满足要求的转子电流；

6）发电机定子绕组与无穷大电网连接。

当双馈式异步发电机转子以速度 n 旋转，转子绕组中施加转差频率 sf_1 的三相对称电源时，转子电流产生的基波旋转磁动势 F_2 相对于转子以转差速度 sn_s 旋转，相对于定子以同步速旋转，该磁动势与定子三相电流产生的定子基波磁动势 F_1 相对静止，在气隙中形成合成磁动势 F_m。根据电磁感应定律，合成磁动势 F_m 在气隙中产生的合成磁场将在定子、转子绕组中分别感应电动势 E_1 和 E_2，感应电动势的频率，以及电机转子转速、旋转磁场速度、转差速度 n_2 之间具有如下关系：

$$n_s = n + n_2 = n + sn_s \tag{13-16}$$

$$f_1 = f + f_2 \tag{13-17}$$

定子绕组采用发电机惯例，定子电流流出为正方向。转子绕组采用电动机惯例，转子电流以流入方向为正方向。根据磁动势和电动势平衡原则，将转子侧各物理量折算到定子侧。折算后的转子电动势 E_2' 满足

$$E_2' = k_e E_2 = k_e \frac{E_{2s}}{s} \tag{13-18}$$

式中，E_2 为折算到定子频率的转子电动势；E_{2s} 为折算前的转子电动势；k_e 为电动势折算系数；s 为转差率。

进行频率归算和绕组归算后，转子漏抗 $x_{2\sigma}'$ 可表示为

$$x_{2\sigma}' = k_e k_i x_{2\sigma} = k_e k_i \frac{x_{2\sigma s}}{s} \tag{13-19}$$

式中，$x_{2\sigma}$ 为折算到定子频率的转子漏抗；$x_{2\sigma s}$ 为折算前的转子漏抗；k_i 为电流折算系数。

于是，转子每相电流可表示为

$$I_2' = \frac{E_2' - \frac{U_2'}{s}}{\frac{r_2}{s} + jx_{2\sigma}'} \tag{13-20}$$

式中，U_2' 为转子绕组端电压折算值。

折算后得到双馈式异步发电机的基本方程式为

$$\begin{cases} \dot{U}_1 = \dot{E}_1 - \dot{I}_1(r_1 + jx_{1\sigma}) \\ \dot{U}_2' = \dot{E}_1 + \dot{I}_2'(r_2' + jx_{2\sigma}') \\ \dot{E}_1 = \dot{I}_m(r_m + jx_m) \\ \dot{I}_m = \dot{I}_2' - \dot{I}_1 \\ \dot{E}_1 = \dot{E}_2' \end{cases} \tag{13-21}$$

式中，$\dot{E}_1$、$\dot{E}_2$ 分别为定、转子绕组的感应电动势；$\dot{I}_1$、$\dot{I}'_2$ 分别为定、转子绕组的电流；$\dot{U}_1$、$\dot{U}_2$ 分别为定、转子绕组的端电压；r_1、r_2' 分别为定、转子绕组电阻；$x_{1\sigma}$、$x_{2\sigma}'$ 分别为定、转子绕组的漏抗；$\dot{I}_m$ 为励磁回路电流；r_m、x_m 分别为励磁回路电阻和电抗，转子侧各物理量均为折算后值。

根据基本方程，可得到双馈式异步发电机的等效电路如图 13-18 所示。

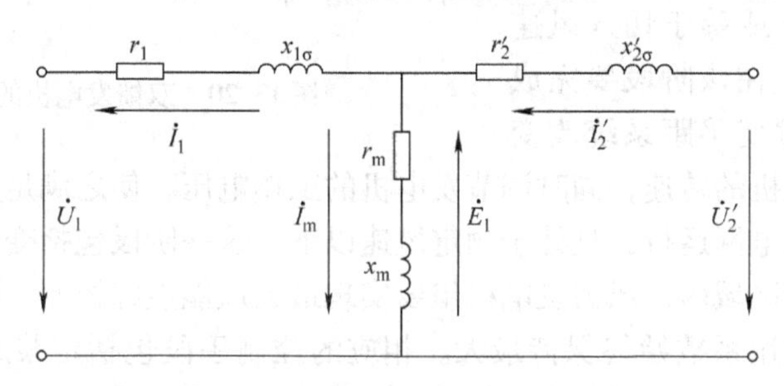

图 13-18　双馈式异步发电机的等效电路图

双馈式异步发电机的相量图如图 13-19 所示。

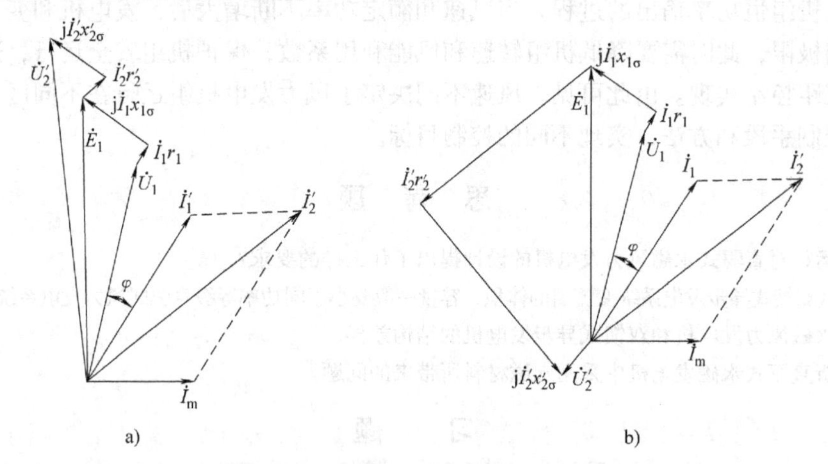

图 13-19　双馈式异步发电机的相量图

a）亚同步运行　b）超同步运行

当忽略系统阻转矩阻尼系数和扭转弹性转矩系数时，双馈式异步发电机的运动方程为

$$T_{\text{mech}} = \frac{J}{p}\frac{d\omega}{dt} + T_{\text{em}} \tag{13-22}$$

式中，T_{em}为发电机的电磁转矩；T_{mech}为风力机提供的驱动转矩；J为风电机组的转动惯量；ω为转子电气角速度。

四、双馈式异步风力发电机的运行控制

双馈式异步发电机的运行可以分为三个阶段：起动阶段、并网阶段和恒功率阶段，如图13-20所示。三个阶段与机组速度直接相关，各个阶段的控制目标和控制方法不同。图13-20中的1、2段对应切入风速ω_s，2、3段对应并网阶段的变速运行区域，而3、4段对应并网阶段的恒速运行区域，ω_n为额定转速，4、5段对应恒功率阶段。

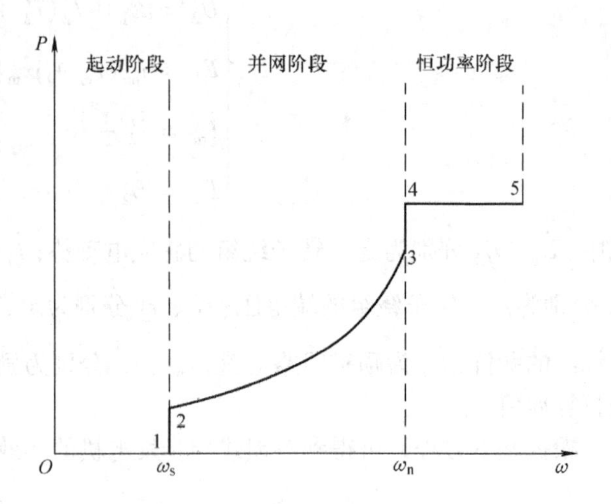

图13-20　双馈发电机的运行区间

起动阶段是指风速从零上升到切入风速，在风速大于或等于切入风速后发电机并网发电。在该阶段要完成并网控制，一般通过变桨距系统改变桨叶节距来调节发电机的转速，同时调节发电机的工作电压，使之满足并网条件。并网阶段是指风力发电机并入电网运行，且处于额定风速以下，这一阶段包括变速运行区域和恒速运行区域。在变速运行区域内，风力发电机组要实现最大风能追踪控制，机组转速随风速变化而变化，确保风能利用系数始终保持最大。相应的控制手段包括定桨距控制和输出功率控制。当机组进入恒速运行区域时，为了保护机组而放弃最大风能追踪，将机组转速限制到最大允许速度上，这一过程通过变桨距控制系统来实现。恒功率阶段是指风速超过机组额定速度后，发电机组恒功率输出的过程。当风速和额定功率不断增大后，发电机和变换器的输出功率将达到极限，此时需要降低机组转速和风能利用系数，保护机组安全运行，这一过程也是通过变桨距控制实现。由此可见，风速不同决定了风力发电机组运行在不同区域，需要采用不同的控制手段和方法，实现不同的控制目标。

思 考 题

1. 低速运行对直驱式永磁风力发电机的设计提出了什么样的要求？
2. 为什么双馈式异步发电系统变流器的体积、容量一般要小于同功率等级直驱式风力发电系统变流器？
3. 比较永磁风力发电机和双馈式异步发电机的结构差异。
4. 试分析直驱式永磁发电机中采用永磁材料所带来的问题。

习　　题

13-1　简述永磁风力发电机的优缺点。

13-2　简述双馈式异步发电机的优缺点。

13-3　分析双馈式异步发电机的几种不同运行状态。

13-4　比较直驱式永磁风力发电系统和双馈式异步发电系统各方面的性能。

部分习题参考答案

第一篇　总论

0-3　1）线圈应有的匝数1400匝；

2）匝数为1640匝。

0-5　1）a边受到的电磁力$F_{ea}=80N$，b边受到的电磁力$F_{eb}=160N$。力、磁场和电流方向符合左手定则。转矩$T=0$；

2）a边受到的电磁力$F_{ea}=80N$，b边受到的电磁力$F_{eb}=0$。力、磁场和电流方向符合左手定则。转矩$T=F_{ea}b=16N\cdot m$。

第二篇　动力电机

第一章　直流电机

1-1　1）额定负载时的电磁转矩$T=66.07N\cdot m$；

2）额定负载时的效率$\eta=85.36\%$。

1-3　1）额定电流$I_N=93.1A$；

2）电枢导体感应电动势的频率$f=95Hz$；

3）额定情况下每极磁通$\Phi=0.0085Wb$。

1-4　1）额定电流$I_N=43.5A$；

2）额定输入转矩$T=50.9N\cdot m$；

3）每极磁通$\Phi=0.0085Wb$；

4）感应电动势的频率$f=95Hz$；

5）单波绕组。

1-10　1）空载转速$n_0=1213.4r/min$；

2）转速变化率$\Delta n=0.0552$；

3）额定电磁转矩$T_{em}=173.1N\cdot m$；

4）额定效率$\eta=87.95\%$。

第二章　变压器

2-1　高压侧：额定线电压110kV，额定线电流84A，额定相电压63.5kV，额定相电流84A；

低压侧：额定线电压11kV，额定线电流840A，额定相电压11kV，额定相电流485A。

2-4　使用近似等效电路得：$U_1=36792V$，$I_1=17.9A$，$P_1=493.3kW$，$\eta=0.973$。

2-5　使用简化等效电路得：$U_1=36792V$，$I_1=17.1A$，$P_1=489.5kW$，$\eta=0.981$，误差

分析略。

2-6　$u_a^*=0.0158$，$u_r^*=0.063$，功率因数为0.8（滞后）时，$\Delta U\%=-2.516\%$，$U_2=6458.5\text{V}$；功率因数为0.8（超前）时，$\Delta U\%=5.044\%$，$U_2=5982.2\text{V}$。

2-7　1）效率 $\eta=0.974$；

2）最大效率时的负载系数 $\beta_e=0.589$，最大效率 $\eta_{max}=0.977$；

3）全日效率 $\eta=0.9725$。

2-10　1）两台变压器的短路电压分别为 $u_{kI}^*=0.0568$，$u_{kII}^*=0.0532$；

2）每一台变压器供给的负载 $S_I=382\text{kV}\cdot\text{A}$，$S_{II}=818\text{kV}\cdot\text{A}$；

3）变压器Ⅱ先满载，两台变压器并联后所能供给的最大负载 $S=1467\text{kV}\cdot\text{A}$。

2-14　1）电压比 $k_{AT}=1.546$；

2）额定容量和绕组容量比2.83；

3）电压调整率 $\Delta U\%=1.19\%$，效率 $\eta=99.44\%$。

第三章　感应电机

3-2　每相绕组的串联匝数 $N=\dfrac{2pqn_c}{a}=480$ 匝，基波绕组因数 $k_{w1}=0.902$，5次谐波绕组因数 $k_{w5}=-0.038$，7次谐波绕组因数 $k_{w7}=0.136$。

3-3　基波：幅值2922A，转速1500r/min，正向旋转；

5次谐波：幅值24.6A，转速300r/min，反向旋转；

7次谐波：幅值62.76A，转速214r/min，正向旋转。

3-4　圆形旋转磁动势，振幅之比 $m/2$。

3-5　1）$i_b=2\sin(\omega t+90^\circ)$；

2）$i_b=\sin(\omega t+90^\circ)$。

3-6　额定转速717.75r/min，运行在700r/min时的转差率 $s=0.0667$，起动时转差率 $s=1$，空载时转差率 $s=0$。

3-7　额定运行效率 $\eta_N=0.891$，输出转矩 $T=74.29\text{N}\cdot\text{m}$。

3-10　机械特性简化实用表达式 $T_{em}/T_{max}=\dfrac{2}{\dfrac{s}{s_c}+\dfrac{s_c}{s}}$，机械特性曲线 $T_{em}=\dfrac{119.38}{\dfrac{s}{0.149}+\dfrac{0.149}{s}}$。

3-11　1）极数 $2p=6$，同步转速 $n_s=1000\text{r/min}$，额定转差率 $s_N=0.043$；

2）额定输入功率 $P_{1N}=3.614\text{kW}$，额定输入电流 $I_{1N}=6.82\text{A}$；

3）定子绕组的绕组因数 $k_{w1}=0.966$，每相匝数 $N=240$ 匝；

4）每极磁通 $\Phi_m=0.00364\text{Wb}$，最高磁通密度 $B_m=0.67\text{T}$；

5）每一转子导条的感应电动势 $E_{21}=0.0173\text{V}$，频率 $f_2=2.15\text{Hz}$；

6）电枢磁动势幅值 $F_{m1}=711.5\text{A}$。

3-12　1）极对数 $p=2$，同步转速 $n_s=1500\text{r/min}$，额定转差率 $s_N=0.00287$；

2）定子额定输入功率 $P_{1N}=100.56\text{kW}$，额定输入电流 $I_{1N}=22.5\text{A}$；

3）定子绕组的绕组因数 $k_{w1}=0.925$，每相匝数 $N_1=320$ 匝；

4）转子绕组的绕组因数 $k_{w2}=0.9567$，每相匝数 $N_2=20$ 匝；

5）每极磁通 $\Phi_m=0.0237\text{Wb}$；

6）转子每相感应电动势 $E_{2s}=2.89\text{V}$，频率 $f_2=1.435\text{Hz}$；

7）最高磁通密度 $B_m=0.75\text{T}$；

8）定子基波旋转磁动势幅值 $F_{m1}=4495.5\text{A}$。

3-13 效率 $\eta=0.87$，转差率 $s=0.04$，转速 $n=1440\text{r/min}$，电磁转矩 $T_{em}=37\text{N}\cdot\text{m}$，负载机械转矩 $T_L=36.5\text{N}\cdot\text{m}$。

3-14 T形等效电路参数 $r_2'=0.32\Omega$，$x_{1\sigma}=x_{2\sigma}'=2.59\Omega$，$r_m=1.067\Omega$，$x_m=19.35\Omega$。

3-15 T形等效电路：$P_1=12.21\text{kW}$，$p_{Cu1}=971\text{W}$，$p_{Fe}=280\text{W}$，$P_M=10.96\text{kW}$，$p_{Cu2}=365\text{W}$，$P_i=10.60\text{kW}$，$p_{mech}=100\text{W}$（假设不变），$P_2=10.50\text{kW}$，$T_{max}=117.89\text{N}\cdot\text{m}$（$T_N=69.70\text{N}\cdot\text{m}$），$K_m=1.69$，$s_k=0.101$。

简化等效电路：$P_1=13.68\text{kW}$，$p_{Cu1}+p_{Fe}=1.28\text{kW}$，$P_M=12.40\text{kW}$，$p_{Cu2}=409\text{W}$，$P_i=11.99\text{kW}$，$p_{mech}=100\text{W}$（假设不变），$P_2=11.89\text{kW}$，$T_{max}=129.84\text{N}\cdot\text{m}$（$T_N=78.95\text{N}\cdot\text{m}$），$K_m=1.64$，$s_k=0.097$。

3-17 1）$I_{st}=516\text{A}$，$\cos\varphi_{1st}=0.324$；

2）$I_N=101\text{A}$，$K_I=5.1$；

3）$T_{st}=0.963\text{N}\cdot\text{m}$；

4）$T_N=326.5\text{N}\cdot\text{m}$，$K_{st}=0.003$；

5）$r_{2st}'=0.326\Omega$，$I_{st}=356\text{A}$；

6）$r_{2st}'=0.85\Omega$，$T_{st}=735.3\text{N}\cdot\text{m}$；

7）$r'_\Delta=0.056\Omega$。

3-18 $I_{Yst}=172.1\text{A}$，$T_{Yst}=0.321\text{N}\cdot\text{m}$。应用自耦变压器减压起动，电网起动电流 $I_{1st}=129\text{A}$，电动机起动电流 $I_{st}=258\text{A}$。

3-19 1）起动电流倍数 $I_{st*}=2.167$，起动转矩倍数 $T_{st*}=0.667$；

2）选电压比为80%抽头，电网起动电流 $I_{1st*}=4.16$，电动机起动电流 $I_{st*}=5.2$，起动转矩 $T_{st*}=1.28$。

3-22 输入电流 $I_1=3.57\text{A}$，功率因数 $\cos\varphi_1=0.645$（滞后），输出机械功率 $P_2=193\text{W}$，转速 $n=1710\text{r/min}$，转矩 $T_2=1.08\text{N}\cdot\text{m}$，效率 $\eta=61.6\%$。

第四章 同步电机

4-1 基波绕组分布因数 $k_{d1}=0.827$，3次谐波绕组分布因数 $k_{d3}=0$，5次谐波绕组分布因数 $k_{d5}=0.173$。

4-2 $F_1=25840\text{A}$，$F_3=0$，$F_5=1080\text{A}$。

4-4 $E_5=74.87\text{V}$。

4-6 空载电动势 $E_0=10.24\text{kV}$，内功率因数角为56.31°。

4-8 2）饱和电抗实际值 $x_d=4.3\Omega$，标幺值 $x_d^*=0.31$；不饱和实际值 $x_d=10.37\Omega$，标幺值 $x_d^*=0.75$；

3）实际值 $x_\sigma=3.04\Omega$，标幺值 $x_\sigma^*=0.22$；

4）电压变化率1.39%。

4-10　1）空载电动势 $E_0=30865.1\text{V}$；

2）功率角 $\delta_N=37.4^\circ$；

3）电磁功率 $P_{em}=282.4\text{MW}$；

4）过载能力 $k_p=1.65$。

4-11　1）有功功率0.72，无功功率0.54，空载电势 $E_0^*=1.70$，功率角 $\delta=25.1^\circ$

2）功率角 $\delta=31.2^\circ$，感性无功功率由原来的0.54变成0.454，即原来的84.1%。$E_0^*=1.77$，功率角 $\delta=23.5^\circ$。

4-13　1）$I_{k(1)}/I_{k(3)}=1.395/0.535$；

2）$I_{k(2)}/I_{k(3)}=0.83/0.535$。

4-14　1）三相短路稳态电流 $I_{k(3)}^*=0.535$；

2）单相短路稳态电流 $I_{k(1)}^*=1.395$；

3）两相短路稳态电流 $I_{k(2)}^*=0.830$。

4-16　容量为514.5kvar。

第三篇　微特电机

第五章　伺服电动机

5-1　机电时间常数28ms，满足要求。

5-2　$\dot{I}_{cp}=-\text{j}k\dot{I}_{fp}$，$\dot{I}_{cn}=\text{j}k\dot{I}_{fn}$。

第六章　步进电动机

6-1　步距角15°，最高转速125r/min。

6-2　根据时间相等，列写如下方程：$\dfrac{\dfrac{360}{Q_s}}{n_s}=\dfrac{\dfrac{360}{Q_s}-\dfrac{360}{Q_r}}{n}$，

由上述方程可得 $n=\dfrac{Q_r-Q_s}{Q_r}n_s$。

第七章　测速发电机

7-1　当直流测速发电机的转速在0～$\pm n_d$之间时，发电机电枢端电压为零，这个区域称为不灵敏区。这种现象是由电刷接触电压降 ΔU_b 造成的，为减小接触电压降，常采用金属电刷及不易氧化的金属制成换向片等。

由于材料和工艺不良等原因，当发电机转速为零时，其输出电压不为零，这个不为零的电压称为零状态信号。为消除该电压，可采用各种补偿措施，即输出回路中加入一个电压去抵消剩余电压。

7-2　交流同步测速发电机转子为永久磁铁制成的磁极，定子输出绕组为单相绕组，通常只用作指示式转速计。

交流异步测速发电机转子用电阻率较高的材料，杯壁厚度约0.2～0.3mm，定子上有空

间相距90°电角度的绕组：一个为励磁绕组，外施交流励磁电源；另一个为输出绕组。

第八章　旋转变压器

8-1　提示：将函数在零点做泰勒级数展开，忽略高阶项后，输出电压近似为

$$U=\left(\frac{25}{38}\alpha+\frac{25}{8664}\alpha^3-\frac{70}{20577}\alpha^5\right)\mathrm{V}$$

由此可见，3阶和5阶项的系数非常小，忽略这两项后，输出电压U与角度α成线性关系，且当$\alpha < \pm 60°$时误差小于0.1%。

8-2　极对数为5。

第九章　自整角机

9-1　图9-10a中接收机转子保持不动；图9-10b中接收机转子保持不动；图9-10c中接收机转子偏转θ_T角度。

9-2　采用并联运行线路，并联的接收机应有统一型号和相同的精度，否则接收机之间将产生相互干扰，影响系统工作。

第十一章　单相交流串励电动机

11-1　1）改变电源电压；2）改变励磁磁通；3）改变电动机绕组串联电阻。

11-2　1）噪声干扰，包括通风噪声、机械噪声和电磁噪声。抑制措施包括选用合适的风叶材质，合理设计风叶形状；电枢槽口和绕组端部平滑处理；较好的转子动平衡；选用优质密封轴承；定子采用斜槽结构；增大气隙，减小气隙磁通密度；采用不均匀气隙等。

2）无线电干扰。抑制措施包括改善换向，降低换向火花级别；采用金属机壳对电动机进行屏蔽；增加高频传输阻抗；在电动机出线端加装滤波器。

第十二章　直线电动机简介

12-1　1）$E_s = NE_{slm}\sin\left(\frac{180}{\tau}x\right)$，频率为电源频率；

2）变压器电动势和运动电动势；

3）角度测量。

参考文献

[1] 吴大榕．电机学［M］．北京：中国水利水电出版社，1979.
[2] 汤蕴璆，史乃．电机学［M］．北京：机械工业出版社，2000.
[3] 李发海，等．电机学［M］．北京：科学出版社，1991.
[4] Mulukutla S Sarma. Electric Machines［M］. Dubuque，Iowa：WMC Brown Publishers. 1985.
[5] J Hindmarsh. Electrical Machines and their Applications［M］. Oxford：Pergamon Press. 1977.
[6] 哈尔滨工业大学，成都电机厂．步进电动机［M］．北京：科学出版社，1979.
[7] 杨渝钦．控制电机［M］．北京：机械工业出版社，2001.
[8] S A Nasar，I Boldea. Linear Motion Electric Machines［M］. New York：A Wiley - Interscience Publication，1976.
[9] 周鹗，徐德淦，卜开贵．微电机［M］．北京：中国工业出版社，1962.
[10] 刘迪吉．开关磁阻调速电动机［M］．北京：机械工业出版社，1994.
[11] 程明．微特电机及系统［M］．北京：中国电力出版社，2008.
[12] 叶金虎，等．现代无刷直流永磁电动机［M］．北京：科学出版社，2007.
[13] 张琛．直流无刷电动机原理及应用［M］. 2 版，北京：机械工业出版社，2004.
[14] 林明耀，李强，杨佩琪. 无位置传感器无刷直流电机转子位置误差分析及其补偿［J］. 微特电机，2003，31（6）：8 - 11.
[15] 张智尧，林明耀，周谷庆. 无位置传感器无刷直流电动机无反转起动及其平滑切换［J］. 电工技术学报，2009，24（11）：26 - 32.
[16] 林明耀，刘文勇，周谷庆．基于直接反电动势法的无刷直流电机准确换相新方法［J］．东南大学学报，2010，40（1）：89 - 94.
[17] 汪镇国．单相串激电动机的原理设计制造［M］．上海：上海科学技术文献出版社，2002.
[18] 黄守道，高剑，罗德荣．直驱永磁风力发电机设计及并网控制［M］．北京：电子工业出版社，2014.
[19] 贺益康，胡家兵，Lie Xu（徐烈）．并网双馈异步风力发电机运行控制［M］．北京：中国电力出版社，2012.
[21] 霍志红，郑源，左潞，等．风力发电机组控制技术［M］. 北京：中国水利水电出版社，2010.
[22] 唐任远．特种电机［M］. 北京：机械工业出版社，1997.